JN299781

代数関数体と符号理論

Algebraic Function Fields and Codes, Second Edition

Henning Stichtenoth 著

新妻 弘 訳

共立出版

Translation from English language edition:
Algebraic Function Fields and Codes
by Henning Stichtenoth
Copyright © 2008 Springer Berlin Heidelberg
Springer Berlin Heidelberg is a part of Springer Science + Business Media
All Rights Reserved

Japanese translation rights arranged with
Springer-Verlag GmbH
through Japan UNI Agency, Inc., Tokyo

第2版への序文

「代数関数体と符号」の第1版の出版から15年を経た後，Springer Verlag社の数学編集者たちにより，この本を改訂増補することを勧められた．

非常に多くの小さい訂正をしたほか，第2版は二つの点で第1版とは異なっている．最初に，各章の終わりに一連の演習問題を含めた．これらの演習問題のあるものはかなり易しく，読者が基礎的な概念を理解するための助けになり，その他のものは発展した問題で，追加した題材に対応している．二つ目は"Asymptotic Bounds for the Number of Rational Places"（有理的座の個数に対する漸近的限界）と題された新しい章が付け加えられたことである．この章には有限体上の関数体の漸近的理論の詳細な解説があり，それはある漸近的に良い塔と最良の塔の具体的な構成を含んでいる．これらの塔に基づいて，Tsfasman-Vladut-Zink Theoremの完全でかつ自己完結的な証明が与えられる．この定理はおそらく関数体の符号理論へのもっとも美しい応用である．代数関数体から構成された符号は，最初V. D. ゴッパによって導入された．したがって，私は第1版ではそれらをgeometric Goppa code（幾何学的ゴッパ符号）と呼んだ．この術語は文献では一般に受け入れられなかったので，第2版ではより一般的なalgebraic geometry code（代数幾何符号），あるいはAG code（AG符号）という術語を用いる．

第2版を準備する際にご助力いただいたAlp Basenや，Arnaldo Garcia, Cem Güneri, Sevan Harput, Alev Topzoğluに感謝したい．さらに，追加した演習問題の作成に携わった人たちの名前を引用しなかったが，それらに協力していただいたすべての人たちに感謝する．

İstanbul, September 2008

Henning Stichtenoth

第1版への序文

K 上の代数関数体とは，有理関数体 $K(x)$ 上有限次の代数拡大体のことである（基礎体 K は任意の体としてよい）．この種の体拡大は代数幾何学や数論，そしてコンパクトリーマン面の理論のようなさまざまな数学の分野で自然に現れる．したがって，非常に多様な観点から代数関数体を研究することができる．

代数幾何学においては，代数曲線 $C = \{(\alpha, \beta) \in K \times K \mid f(\alpha, \beta) = 0\}$ の幾何学的性質に興味がある．ただし，$f(X, Y)$ は代数的閉体 K 上 2 変数の既約多項式である．C 上の有理関数体 $K(C)$（これは K 上の代数関数体である）は，曲線 C の幾何学に関する非常にたくさんの情報を含んでいることが分かる．代数関数体のこの側面は，代数幾何学に関するいくつかの文献に述べられている．たとえば，文献 [11] や [18], [37], [38] などがある．

また，複素解析学のほうから代数関数体に入っていくこともできる．コンパクトリーマン面 S 上の有理型関数は，複素数体 $\mathbb{C}$ 上の代数関数体 $\mathcal{M}(\mathcal{S})$ をつくる．ここで，再び関数体は対応しているリーマン面を研究するための強力な道具となる．文献 [10] あるいは [20] を参照せよ．

本書では，自己充足的でかつ純粋に代数的な代数関数体の解説を与える．この方法は（複素数体 $\mathbb{C}$ で）R. デデキントや L. クロネッカー，H. M. ウェーバーらによって 19 世紀に始められた．文献 [20] を参照せよ．そしてこの方法はさらに，20 世紀の最初の 50 年の間に，E. アルティンや H. ハッセ，F. K. シュミット，A. ヴェイユらによって発展してきた．標準的な文献は C. シュヴァレーの *Introduction to the Theory of Algebraic Functions of One Variable* [6]（1 変数の代数関数論）（1951 年に出版された）と文献 [7] である．代数的整数論との密接な関係は文献 [1] と [9] で明確に述べられている．

代数関数への代数的アプローチは，代数幾何学を介して学ぶ方法よりも初等的である．すなわち，ガロア理論を含めたいくつかの体の代数拡大の基本的な知識のみが仮定されている．2 番目の利点は，関数体のいくつかの主要な結果（リーマン・ロッホの定理のような）を任意の定数体上の関数体に対して非常に速く導くことができる，ということである．このことは代数関数の符号理論への応用に関する説明を容易にする．これは本書の第二の目的である．

誤り訂正符号は $\mathbb{F}_q^n$ の部分空間，すなわち，有限体 $\mathbb{F}_q$ 上 n 次元の標準的なベクトル空間

のことである．このような符号は，情報の信頼度が高いことを必要とする伝達に対して広く用いられている．1975年にV. D. ゴッパが注意したように，$\mathbb{F}_q$ 上の代数関数体を用いて興味ある符号の大きなクラスを構成することができる．これらの符号の性質は，対応している関数体の性質に密接に関連している．また，リーマン・ロッホの定理はそれらの主要なパラメーター（次元や，最小距離）に対して，多くの場合に厳密な評価を提供する．

ゴッパの構成法はもっとも重要なものであるが，それは単に符号と代数関数を結びつけるだけではない．たとえば，ハッセ・ヴェイユの定理（これは有限な定数体上の関数体の理論において基本的である）はあるトレース符号における符号語の重みに関する評価を与える．

本書の簡単な概略は次のようである．

代数関数体の一般論が，第1章や第2章，第3章で展開される．最初の章では，基礎的な概念が導入され，リーマン・ロッホの定理のA. ヴェイユによる証明が与えられる．第3章はおそらくもっとも重要である．この章は，具体的な関数体をうまく扱うために必要な道具を提供する．すなわち，有限次拡大における座（place）の分解や分岐，差積，フルヴィッツの種数公式，定数拡大の理論などである．微分とヴェイユ微分の間の関係とともに P-進完備化が第4章で扱われる．

第5章は有限定数体上の関数体を扱う．この章はハッセ・ヴェイユ限界を少し改良しただけでなく，ハッセ・ヴェイユの定理のボンビエリによる証明も含んでいる．一般論の実例として，以下のような関数体のいくつかの具体的な例が第6章で論じられる．すなわち，楕円関数体や超楕円関数体，有理関数体のクンマー拡大やアルティン・シュライアー拡大などである．

第2章や第8章，第9章は代数関数体の符号理論への応用にあてる．符号理論の簡単な導入に続いて，代数関数体によるゴッパ符号の構成が第2章で説明される．また，これらの符号がBCH符号や古典的ゴッパ符号の重要なクラスと共有する関係も，この章で解説されている．第8章は次のようないくつかの補足を含んでいる．幾何学的ゴッパ符号の留数表現や，符号の自己同型写像，漸近問題，幾何学的ゴッパ符号の復号などである．また，エルミート関数体に付随した符号の詳細な解説を与える．文献上でこれらの符号はしばしば幾何学的ゴッパ符号の有用性に対する判定として用いられる．

第9章は部分体部分符号とトレース符号についてのいくつかの結果を含んでいる．それらの次元に対する評価が与えられ，ハッセ・ヴェイユ限界を用いて，重みや次元，そしてこれらの符号の最小距離が得られる．

読者の便宜のため，二つの付録を付け加えた．付録Aは本書でしばしば用いられる体論からの結果の要約である．幾何学的ゴッパ符号についての多くの論文が代数幾何学の言葉で書かれているので，付録Bは代数関数体と代数曲線論の間の一種の辞書の役割を果たすであろう．

謝辞

まず，私が代数関数論を学んだ P. Roquette 先生に恩義を受けている．というのは，ハイデルベルグ大学で 20 年前に受けた講義は，本書の代数関論に本質的な影響を与えているからである．

原稿を注意深く読んでくれた何人かの同僚に私は感謝したい．D. Ehrhard, P. V. Kumar, J. P. Pedersen, H.-G. Rück, C. Voss, K. Yang である．彼らは初期の版においてたくさんの部分を改良し，非常に多くのミスプリントを修正し．また間違いを減らしてくれた．

Essen, March 1993

Henning Stichtenoth

目次

第1章 代数関数論の基礎　1
- 1.1 座 1
- 1.2 有理関数体 10
- 1.3 付値の独立性 14
- 1.4 因子 18
- 1.5 リーマン・ロッホの定理 27
- 1.6 リーマン・ロッホの定理の帰結 36
- 1.7 ヴェイユ微分の局所成分 43
- 1.8 演習問題 47

第2章 代数幾何符号　53
- 2.1 符号 53
- 2.2 代数幾何符号 56
- 2.3 有理代数幾何符号 65
- 2.4 演習問題 74

第3章 代数関数体の拡大　77
- 3.1 関数体の代数拡大 78
- 3.2 関数体の部分環 88
- 3.3 局所整基底 93
- 3.4 ヴェイユ微分のコトレースとフルヴィッツの種数公式 103
- 3.5 差積 113
- 3.6 定数拡大 127
- 3.7 ガロア拡大 I 136
- 3.8 ガロア拡大 II 147
- 3.9 関数体の合成における分岐と分解 155
- 3.10 非分離拡大 161

3.11　関数体の種数に対する評価 164
　3.12　演習問題 169

第4章　代数関数体の微分　175

　4.1　導分と微分 175
　4.2　P-進完備化 182
　4.3　微分とヴェイユ微分 191
　4.4　演習問題 201

第5章　有限定数体上の代数関数体　207

　5.1　関数体のゼータ関数 207
　5.2　ハッセ・ヴェイユの定理 219
　5.3　ハッセ・ヴェイユ限界の改良 232
　5.4　演習問題 237

第6章　代数関数体の例　241

　6.1　楕円関数体 241
　6.2　超楕円関数体 249
　6.3　有理関数体の順巡回拡大 252
　6.4　$K(x)$ の初等アーベル p-拡大，char $K = p > 0$ 258
　6.5　演習問題 262

第7章　有理的座の個数に対する漸近的限界　269

　7.1　伊原の定数 $A(q)$ 269
　7.2　関数体の塔 272
　7.3　順である塔 286
　7.4　野性的な塔 289
　7.5　演習問題 314

第8章　代数幾何符号の詳細　317

　8.1　$C_\Omega(D, G)$ の留数表現 317
　8.2　代数幾何符号の自己同型写像 319
　8.3　エルミート符号 321
　8.4　Tsfasman-Vladut-Zink の定理 326
　8.5　代数幾何符号の復号 332
　8.6　演習問題 338

第9章 部分体部分符号とトレース符号 341

- 9.1 部分体部分符号とトレース符号の次元 341
- 9.2 トレース符号の重み 346
- 9.3 演習問題 357

付録A 体　　論 359

- A.1 代数拡大 359
- A.2 埋め込みと K-同型写像 360
- A.3 多項式の根の添加 360
- A.4 代数的閉包 361
- A.5 体の標数 361
- A.6 分離多項式 361
- A.7 体の分離拡大 362
- A.8 純非分離拡大 362
- A.9 完　全　体 362
- A.10 単純代数拡大 363
- A.11 ガロア拡大 363
- A.12 ガロア理論 363
- A.13 巡回拡大 364
- A.14 ノルムとトレース 365
- A.15 有　限　体 367
- A.16 超越拡大 367

付録B 代数曲線と関数体 369

- B.1 アフィン多様体 369
- B.2 射影多様体 370
- B.3 アフィン多様体による射影多様体の被覆 372
- B.4 アフィン多様体の射影閉包 373
- B.5 有理写像と射 373
- B.6 代数曲線 374
- B.7 曲線間の写像 375
- B.8 曲線の非特異モデル 375
- B.9 代数関数体に付随した曲線 375
- B.10 非特異曲線と代数関数体 376
- B.11 代数的閉体でない体上の多様体 376

B.12 代数的閉体でない体上の曲線 377
B.13 一つの例 378

記号表　381
参考文献　385
訳者あとがき　389
索　引　391

第 1 章

代数関数論の基礎

この章では以下のような代数関数体の理論の基礎的な定義と結果を紹介する．付値，座，因子，関数体の種数，アデール，ヴェイユ微分，そしてリーマン・ロッホの定理などである．

第 1 章を通して，K は任意の体を表す．

K が特別な性質をもつと仮定するのは，後の章になってからである（たとえば，有限体である K は符号理論にとって特に興味のあるものである）．

1.1 座

定義 1.1.1　体 K 上の **1 変数代数関数体**（algebraic function field of one variable）F/K とは，K 上超越的な元 $x \in F$ が存在して F が $K(x)$ の有限次代数拡大となるような拡大体 $F \supseteq K$ のことである．

簡単のため，F/K を単に**関数体**（function field）という．明らかに，和や積，代数的な元の逆元もまた代数的であるから，集合 $\widetilde{K} := \{z \in F \mid z \text{ は } K \text{ 上代数的}\}$ は F の部分体になる．この体 $\widetilde{K}$ は F/K の**定数体**（constant field）と呼ばれている．このとき，$K \subseteq \widetilde{K} \subsetneqq F$ である．明らかに，$F/\widetilde{K}$ は $\widetilde{K}$ 上の関数体である．$\widetilde{K} = K$ が成り立つときに，K は F において**代数的に閉じている**（algebraically closed）という（あるいは，K は F の**完全定数体**（full constant field）であるという）．

注意 1.1.2　K 上超越的な F の元は次のように特徴付けられる．$z \in F$ が K 上超越的であるための必要十分条件は，$F/K(z)$ が有限次拡大になることである．証明は明らかである．

例 1.1.3　代数関数体のもっとも単純な例は**有理関数体**（rational function field）である．すなわち，K 上超越的な元 $x \in F$ が存在して $F = K(x)$ をみたすとき，F/K は**有理的**（rational）であるという．任意の元 $0 \neq z \in K(x)$ は次のような一意的な表現をもつ．

$$z = a \cdot \prod_i p_i(x)^{n_i}, \quad 0 \neq a \in K,\ n_i \in \mathbb{Z}. \tag{1.1}$$

ただし，各 $p_i(x) \in K[x]$ は互いに相異なるモニック既約多項式である．

　関数体 F/K はしばしば有理関数体 $K(x)$ の単純代数拡大として表現される．すなわち，適当な既約多項式 $\varphi(T) \in K(x)[T]$ に対して $\varphi(y) = 0$ をみたす $y \in F$ により，$F = K(x, y)$ と表される．F/K が有理関数体でなければ，すべての元 $0 \neq z \in F$ が式 (1.1) と類似の既約な分解をもつかどうかはそれほど明らかなことではない．実際，F の既約元が意味するところさえ明らかではない．表現 (1.1) に密接に関係しているもう一つの問題は，次のようなものである．すなわち，与えられた元 $\alpha_1, \ldots, \alpha_n \in K$ に対して $\alpha_1, \ldots, \alpha_n$ においてあらかじめ与えられた零点（または極）の位数をもつすべての有理関数を求めよ．任意の関数体に対して，正確にこれらの問題を定式化するために，付値環と座の概念を導入しよう．

定義 1.1.4　関数体 F/K の**付値環**（valuation ring）とは，次の性質をみたす環 $\mathcal{O} \subseteq F$ のことである．

(1) $K \subsetneq \mathcal{O} \subsetneq F$,
(2) すべての $z \in F$ に対して，$z \in \mathcal{O}$ であるか，または $z^{-1} \in \mathcal{O}$ が成り立つ．

　この定義は有理関数体 $K(x)$ の場合における以下のような考察により動機付けされる．すなわち，モニックな既約多項式 $p(x) \in K[x]$ が与えられたとき，次のような集合を考える．

$$\mathcal{O}_{p(x)} := \left\{ \frac{f(x)}{g(x)} \mathrel{\bigg|} f(x),\ g(x) \in K[x],\ p(x) \nmid g(x) \right\}.$$

容易に分かるように $\mathcal{O}_{p(x)}$ は $K(x)/K$ の付値環である．$q(x)$ がもう一つのモニック既約多項式であるとき，$\mathcal{O}_{p(x)} \neq \mathcal{O}_{q(x)}$ が成り立つ．

命題 1.1.5　$\mathcal{O}$ を関数体 F/K の付値環とする．このとき，次は同値である．

(a) $\mathcal{O}$ は局所環である．すなわち，$\mathcal{O}$ は唯一つの極大イデアル $P = \mathcal{O} \setminus \mathcal{O}^\times$ をもつ．ただし，$\mathcal{O}^\times = \{z \in \mathcal{O} \mid \exists w \in \mathcal{O}, zw = 1\}$ である．
(b) $0 \neq x \in F$ とする．このとき，$x \in P \iff x^{-1} \notin \mathcal{O}$．
(c) F/K の定数体 $\widetilde{K}$ に対して，$\widetilde{K} \subseteq \mathcal{O}$ でかつ $\widetilde{K} \cap P = \{0\}$ が成り立つ．

【証明】
(a) $P := \mathcal{O} \setminus \mathcal{O}^\times$ が $\mathcal{O}$ のイデアルであることを証明する（$\mathcal{O}$ の真のイデアルは単元を含むことはできないので，このことより，P が $\mathcal{O}$ の唯一つの極大イデアルであることが分かる）．
  (1) $x \in P$, $z \in \mathcal{O}$ とする．すると，$xz \notin \mathcal{O}^\times$ となる（そうでないとすると，x は単元になってしまうからである）．ゆえに，$xz \in P$ を得る．
  (2) $x, y \in P$ とする．一般性を失わずに，$x/y \in \mathcal{O}$ と仮定することができる．このとき，$1 + x/y \in \mathcal{O}$ となる．ゆえに，(1) より $x + y = y(1 + x/y) \in P$ を得る．
  以上より，P は $\mathcal{O}$ のイデアルである．
(b) 明らかである．
(c) $z \in \widetilde{K}$ として，$z \notin \mathcal{O}$ と仮定する．すると $\mathcal{O}$ は付値環であるから，$z^{-1} \in \mathcal{O}$ となる．z^{-1} は K 上代数的であるから，ある元 $a_1, \ldots, a_r \in K$ が存在して，$a_r(z^{-1})^r + \cdots + a_1 z^{-1} + 1 = 0$ が成り立つ．ゆえに，$z^{-1}(a_r(z^{-1})^{r-1} + \cdots + a_1) = -1$ と変形され，$z = -(a_r(z^{-1})^{r-1} + \cdots + a_1) \in K[z^{-1}] \subseteq \mathcal{O}$ を得る．したがって，$z \in \mathcal{O}$ となる．しかし，これは仮定 $z \notin \mathcal{O}$ に矛盾する．以上より，$\widetilde{K} \subseteq \mathcal{O}$ を示した．$\widetilde{K} \cap P = \{0\}$ は明らかである． □

定理 1.1.6　$\mathcal{O}$ を関数体 F/K の付値環とし，P をその唯一つの極大イデアルとする．このとき，次が成り立つ．
(a) P は単項イデアルである．
(b) $P = t\mathcal{O}$ と表せば，任意の元 $0 \neq z \in F$ は適当な $n \in \mathbb{Z}$ と $u \in \mathcal{O}^\times$ によって $z = t^n u$ という形で一意的に表される．
(c) $\mathcal{O}$ は単項イデアル整域である．$P = t\mathcal{O}$ とすれば，任意のイデアル $\{0\} \neq I \subseteq \mathcal{O}$ は適当な $n \in \mathbb{N}$ により $I = t^n \mathcal{O}$ と表される．

上記の性質をもつ環を**離散付値環**（discrete valuation ring）という．定理 1.1.6 の証明は本質的に次の補題に依存する．

補題 1.1.7　$\mathcal{O}$ を代数関数体 F/K の付値環，P をその唯一つの極大イデアルとし，$0 \neq x \in P$ とする．$x_1, \ldots, x_n \in P$ を $x_1 = x$ で $x_i \in x_{i+1} P$ $(i = 1, \ldots, n-1)$ をみたす元と

する．このとき次が成り立つ．
$$n \leq [F : K(x)] < \infty.$$

【証明】 注意 1.1.2 と命題 1.1.5 (c) より，$F/K(x)$ は有限次拡大であるから，$x_1, \ldots, x_n$ が $K(x)$ 上 1 次独立であることを証明すれば十分である．そこで，$\varphi_i(x) \in K(x)$ として，自明でない 1 次従属である関係式 $\sum_{i=1}^n \varphi_i(x) x_i = 0$ が存在したと仮定する．ここで，すべての $\varphi_i(x)$ は x の多項式であり，$\varphi_i(x)$ の少なくとも一つは x で割り切れないと仮定することができる．a_i を $\varphi_i(x)$ の定数項とする．すなわち，$a_i := \varphi_i(0)$ である．また $j \in \{1, \ldots, n\}$ を，$a_j \neq 0$ でかつすべての $i > j$ に対して $a_i = 0$ をみたすものとする．このとき，次の式を得る．

$$-\varphi_j(x) x_j = \sum_{i \neq j} \varphi_i(x) x_i. \tag{1.2}$$

ただし，$i = 1, \ldots, n$ に対して $\varphi_i(x) \in \mathcal{O}$ であり（$x = x_1 \in P$ であるから），また $i < j$ に対して $x_i \in x_j P$ かつ $i > j$ に対して $\varphi_i(x) = x g_i(x)$ である．ここで，$g_i(x)$ は x の多項式である．式 (1.2) を x_j で割ると，次の式が得られる．

$$-\varphi_j(x) = \sum_{i<j} \varphi_i(x) \frac{x_i}{x_j} + \sum_{i>j} \frac{x}{x_j} g_i(x) x_i.$$

右辺の各和は P に属しているので，$\varphi_j(x) \in P$ である．一方，$g_j(x) \in K[x] \subseteq \mathcal{O}$ と $x \in P$ により $\varphi_j(x) = a_j + x g_j(x)$ と表されるから，$a_j = \varphi_j(x) - x g_j(x) \in P \cap K$ を得る．しかし，$a_j \neq 0$ であるから，このことは命題 1.1.5 (c) に矛盾する． □

【定理 1.1.6 の証明】
(a) P は単項イデアルではないと仮定し，$0 \neq x_1 \in P$ なる元を選ぶ．$P \neq x_1 \mathcal{O}$ であるから，$x_2 \in P \setminus x_1 \mathcal{O}$ をみたす元 x_2 がある．このとき，$x_2 x_1^{-1} \notin \mathcal{O}$ となり，命題 1.1.5 (b) より $x_2^{-1} x_1 \in P$ を得る．ゆえに，$x_1 \in x_2 P$ が成り立つ．すると帰納法によって，P において，すべての $i \geq 1$ に対して $x_i \in x_{i+1} P$ をみたす無限列 $x_1, x_2, x_3, \ldots$ が得られる．しかし，これは補題 1.1.7 に矛盾する．

(b) 表現 $z = t^n u$，$u \in \mathcal{O}^\times$ の一意性は明らかであるから，z がそのように表現されることを示せばよい．z または z^{-1} が $\mathcal{O}$ に属しているので，$z \in \mathcal{O}$ と仮定することができる．$z \in \mathcal{O}^\times$ ならば，$z = t^0 z$ と表される．そこで，$z \in P$ である場合を考えればよい．次の元の列

$$x_1 = z,\ x_2 = t^{m-1},\ x_3 = t^{m-2},\ \ldots,\ x_m = t$$

の長さは補題 1.1.7 によって有界であるから，$z \in t^m \mathcal{O}$ をみたす最大の自然数 $m \geq 1$ が存在する．このとき，$z = t^m u$，$u \in \mathcal{O}$ と表される．すると，u は $\mathcal{O}$ の単元でなけ

ればならない（そうでないとすると，$u \in P = t\mathcal{O}$ であるから，$u = tw$, $w \in \mathcal{O}$ と表され，ゆえに $z = t^{m+1}w \in t^{m+1}\mathcal{O}$ となる．これは m の最大性に矛盾するからである）．

(c) $\{0\} \neq I \subseteq \mathcal{O}$ をイデアルとする．このとき，集合 $A := \{r \in \mathbb{N} \mid t^r \in I\}$ は空ではない（実際，$0 \neq x \in I$ とすれば，$x = t^r u$, $u \in \mathcal{O}^\times$ と表され，ゆえに $t^r = xu^{-1} \in I$ となるからである）．$n := \min(A)$ とおく．このとき，以下において $I = t^n \mathcal{O}$ であることを示す．$t^n \in I$ であるから，包含関係 $I \supseteq t^n \mathcal{O}$ は明らかである．逆に，$0 \neq y \in I$ とする．すると，$w \in \mathcal{O}^\times$ と $s \geq 0$ により $y = t^s w$ と表される．ゆえに，$t^s \in I$ となり，$s \geq n$ を得る．したがって，$y = t^n \cdot t^{s-n} w \in t^n \mathcal{O}$ が成り立つ． □

定義 1.1.8

(a) 関数体 F/K の**座**（place）P とは，F/K のある付値環 $\mathcal{O}$ の極大イデアルのことである．$P = t\mathcal{O}$ となるすべての元 $t \in P$ を P の**素元**（prime element）という（別の術語では local parameter あるいは uniformizing variable という）．

(b) $\mathbb{P}_F := \{P \mid P \text{ は } F/K \text{ の座}\}$. すなわち，関数体 F/K のすべての座の集合を $\mathbb{P}_F$ で表す．

$\mathcal{O}$ を F/K の付値環とし，P をその極大イデアルとする．このとき，$\mathcal{O}$ は P によって一意的に定まる．すなわち，$\mathcal{O} = \{z \in F \mid z^{-1} \notin P\}$ が成り立つ．命題 1.1.5 (b) を参照せよ．したがって，$\mathcal{O}_P := \mathcal{O}$ は座 P の**付値環**と呼ばれる．

座のもう一つの役に立つ表現は，付値環という術語により与えられる．

定義 1.1.9 F/K の**離散付値**（discrete valuation）とは，以下の五つの性質をもつ関数 $v : F \to \mathbb{Z} \cup \{\infty\}$ のことである．

(1) $v(x) = \infty \iff x = 0$.
(2) すべての $x, y \in F$ に対して，$v(xy) = v(x) + v(y)$ が成り立つ．
(3) すべての $x, y \in F$ に対して，$v(x+y) \geq \min\{v(x), v(y)\}$ が成り立つ．
(4) $v(z) = 1$ をみたす元 $z \in F$ が存在する．
(5) すべての $0 \neq a \in K$ に対して $v(a) = 0$ が成り立つ．

上記の定義において，記号 ∞ は $\mathbb{Z}$ に属している元ではなく，すべての $m, n \in \mathbb{Z}$ に対して $\infty + \infty = \infty + n = n + \infty = \infty$ と $\infty > m$ をみたすある元を意味している．(2) と (4) からすぐに，$v : F \to \mathbb{Z} \cup \{\infty\}$ が全射であることが分かる．性質 (3) は**三角不等式**（triangle inequality）と呼ばれている．「付値」と「三角不等式」の概念は次の注意によって正当化される．

注意 1.1.10 v を定義 1.1.9 の意味における F/K の離散付値とする．実数 $0 < c < 1$ を固定し，関数 $|\ |_v : F \to \mathbb{R}$ を以下の式によって定義する．

$$|z|_v := \begin{cases} c^{v(z)}, & z \neq 0, \\ 0, & z = 0. \end{cases}$$

この関数は通常の絶対値の性質をもつことが容易に分かる．すなわち，通常の三角不等式 $|x+y|_v \leq |x|_v + |y|_v$ は，定義 1.1.9 の条件 (3) からただちに得られる．

より強い形の三角不等式は公理から導かれ，しばしば非常に役に立つ．

補題 1.1.11 （強三角不等式） v を F/K の離散付値とする．$x, y \in F$ が $v(x) \neq v(y)$ をみたすとき，$v(x+y) = \min\{v(x), v(y)\}$ が成り立つ．

【証明】 $0 \neq a \in K$ に対して $v(ay) = v(y)$ が成り立つ（(2) と (5) により）．特に，$v(-y) = v(y)$ であることに注意しよう．$v(x) \neq v(y)$ であるから，$v(x) < v(y)$ と仮定することができる．$v(x+y) \neq \min\{v(x), v(y)\}$ と仮定する．このとき，(3) より $v(x+y) > v(x)$ となる．すると，$v(x) = v((x+y)-y) \geq \min\{v(x+y), v(y)\} > v(x)$ を得る．これは矛盾である． □

定義 1.1.12 座 $P \in \mathbb{P}_F$ に対して，以下の性質をみたす関数 $v_P : F \to \mathbb{Z} \cup \{\infty\}$（これはあとで F/K の付値となることが分かる）を対応させる．すなわち，P の素元 t を選ぶ．すると，すべての $0 \neq z \in F$ は $u \in \mathcal{O}_P^\times$ と $n \in \mathbb{Z}$ により $z = t^n u$ という形に一意的に表される．そこで，$v_P(z) := n$ とし，また $v_P(0) := \infty$ と定義する．

ここで，以下のことに注意しよう．この定義は P にのみ依存し，t の選び方には依存しない．実際，t' を P のもう一つの素元とするとき，$P = t\mathcal{O} = t'\mathcal{O}$ である．ゆえに，ある元 $w \in \mathcal{O}_P^\times$ により $t = t'w$ と表される．したがって，$t^n u = (t'^n w^n) u = t'^n (w^n u)$ を得る．ただし，$w^n u \in \mathcal{O}_P^\times$ である．

定理 1.1.13 F/K を関数体とするとき，次が成り立つ．
(a) 座 $P \in \mathbb{P}_F$ に対して，上で定義した関数 v_P は F/K の離散付値である．さらに次が成り立つ．
$$\begin{aligned} \mathcal{O}_P &= \{z \in F \mid v_P(z) \geq 0\}, \\ \mathcal{O}_P^\times &= \{z \in F \mid v_P(z) = 0\}, \\ P &= \{z \in F \mid v_P(z) > 0\}. \end{aligned}$$

(b) 元 $z \in F$ が P の素元であるための必要十分条件は，$v_P(z) = 1$ となることである．
(c) 逆に，v を F/K の離散付値とする．このとき，集合 $P := \{z \in F \mid v(z) > 0\}$ は F/K の座であり，$\mathcal{O}_P = \{z \in F \mid v(z) \geq 0\}$ は対応している離散付値環である．
(d) F/K のすべての付値環 $\mathcal{O}$ は，F の真の極大な部分環である．

【証明】

(a) 明らかに，v_P は定義 1.1.9 の性質 (1) や (2), (4), (5) をもつことが分かる．三角不等式 (3) を証明するために，$x, y \in F$ とし，$v_P(x) = n$, $v_P(y) = m$ とおく．$n \leq m < \infty$ と仮定することができるから，$u_1, u_2 \in \mathcal{O}_P^\times$ として，$x = t^n u_1$, $y = t^m u_2$ と表される．このとき，$x + y = t^n(u_1 + t^{m-n} u_2) = t^n z$, $z \in \mathcal{O}_P$ と表される．$z = 0$ ならば，$v_P(x+y) = \infty > \min\{m, n\}$ となる．そうでないとすると，$k \geq 0$ かつ $u \in \mathcal{O}_P^\times$ として $z = t^k u$ と表されるからである．したがって，

$$v_P(x+y) = v_P(t^{n+k} u) = n + k \geq n = \min\{v_P(x), v_P(y)\}$$

を得る．以上で，v_P が F/K の離散付値であることを証明した．(a) の残りの部分は，(b) と (c) の証明と同様にして明らかである．

(d) $\mathcal{O}$ を F/K の付値環，P をその極大イデアル，v_P を P に対応する離散付値とし，$z \in F \setminus \mathcal{O}$ とする．$F = \mathcal{O}[z]$ を示さなければならない．このために，$y \in F$ を任意の元とする．十分大きな $k \geq 0$ に対して，$v_P(y z^{-k}) \geq 0$ が成り立つ（$z \notin \mathcal{O}$ であるから，$v_P(z^{-1}) > 0$ となることに注意しよう）．したがって，$w := y z^{-k} \in \mathcal{O}$ とおけば，$y = w z^k \in \mathcal{O}[z]$ が得られる． □

定理 1.1.13 によれば，結局，関数体の座や付値環，離散付値環は本質的に同じであることが分かる．

P を F/K の座とし，$\mathcal{O}_P$ をその付値環とする．P は極大イデアルであるから，その剰余環 $\mathcal{O}_P/P$ は体となる．$x \in \mathcal{O}_P$ に対して，$x(P) \in \mathcal{O}_P/P$ を，P を法とする x の剰余類として定義する．すなわち，$x(P) = x + P \in \mathcal{O}_P/P$ である．$x \in F \setminus \mathcal{O}_P$ に対しては，$x(P) := \infty$ とする（ここで，∞ は定義 1.1.9 におけるものとは異なった意味で用いられていることに注意せよ）．命題 1.1.5 によって，$K \subseteq \mathcal{O}_P$ でかつ $K \cap P = \{0\}$ が成り立つことを知っている．ゆえに，剰余写像 $\mathcal{O}_P \to \mathcal{O}_P/P$ は K から $\mathcal{O}_P/P$ への標準的な埋め込み写像を定義する．したがって，以後つねにこの埋め込みにより K を $\mathcal{O}_P/P$ の部分体として考えることにする．この議論は K のかわりに $\widetilde{K}$ としても同じように適用することができるので，$\widetilde{K}$ も同様にして $\mathcal{O}_P/P$ の部分体として考えることができる．

定義 1.1.14　$P \in \mathbb{P}_F$ とする.

(a) $F_P := \mathcal{O}_P/P$ を P の**剰余体** (residue class field) という. F から $F_P \cup \{\infty\}$ への写像 $x \mapsto x(P)$ を P に関する**剰余写像** (residue class map) という. ときどき, $x \in \mathcal{O}_P$ に対して記号 $x + P := x(P)$ を用いることもある.

(b) $\deg P := [F_P : K]$ を P の**次数** (degree) という. 次数 1 の座を F/K の**有理的な座** (rational place) という.

座の次数はつねに有限である. すなわち, より正確には次の命題が成り立つ.

命題 1.1.15　P を F/K の座とし, $0 \neq x \in P$ とすると, 次が成り立つ.

$$\deg P \leq [F : K(x)] < \infty.$$

【証明】　最初に, 注意 1.1.2 により, $[F : K(x)] < \infty$ であることに注意しよう. したがって, $z_1, \ldots, z_n \in \mathcal{O}_P$ を任意の元として, その剰余類 $z_1(P), \ldots, z_n(P) \in F_P$ が K 上 1 次独立ならば, $z_1, \ldots, z_n$ が $K(x)$ 上 1 次独立であることを証明すれば十分である. そこで, 非自明な 1 次関係式

$$\sum_{i=1}^{n} \varphi_i(x) z_i = 0, \quad \varphi_i(x) \in K(x) \tag{1.3}$$

が存在すると仮定する. 一般性を失わずに, $\varphi_i(x)$ は x の多項式であり, それらの少なくとも一つは x で割り切れないと仮定できる. すなわち, $\varphi_i(x) = a_i + x g_i(x)$, $a_i \in K$, $g_i(x) \in K[x]$ と表したとき, ある i について $a_i \neq 0$ となっている. $x \in P$ でかつ $g_i(x) \in \mathcal{O}_P$ であるから, $\varphi_i(x)(P) = a_i(P) = a_i$ を得る. 式 (1.3) に剰余写像を適用すると, 次の式が得られる.

$$0 = 0(P) = \sum_{i=1}^{n} \varphi_i(x)(P) z_i(P) = \sum_{i=1}^{n} a_i z_i(P).$$

これは $z_1(P), \ldots, z_n(P)$ が K 上 1 次独立であることに矛盾する. □

系 1.1.16　F/K の定数体 $\widetilde{K}$ は K の有限次拡大体である.

【証明】　証明には $\mathbb{P}_F \neq \emptyset$ であるという事実を用いる (これは系 1.1.20 において証明される). ある $P \in \mathbb{P}_F$ を選ぶ. $\widetilde{K}$ は剰余写像 $\mathcal{O}_P \to F_P$ によって F_P に埋め込まれるから, $[\widetilde{K} : K] \leq [F_P : K] < \infty$ が成り立つ. □

注意 1.1.17　P を F/K の有理的な座, すなわち $\deg P = 1$ とする. このとき, $F_P = K$ となるから, 剰余写像は F を $K \cup \{\infty\}$ に写像する. 特に, K が代数的閉体であるとき,

すべての座は有理的となり，元 $z \in F$ を次のような関数としてみることができる．

$$z := \begin{cases} \mathbb{P}_F & \longrightarrow & K \cup \{\infty\}, \\ P & \longmapsto & z(P). \end{cases} \tag{1.4}$$

これが，F/K はなぜ**関数体**と呼ばれているのかという理由である．K の元は式 (1.4) の意味における関数として解釈したとき定数関数である．この理由から K は F の**定数体**と呼ばれる．次の術語もまた式 (1.4) により正当化される．

定義 1.1.18 $z \in F$ かつ $P \in \mathbb{P}_F$ とする．$v_P(z) > 0$ のとき，P を z の**零点**（zero）といい，$v_P(z) < 0$ のとき，P を z の**極**（pole）という．$v_P(z) = m > 0$ とするとき，P は z の**位数**（order）m の零点といい，$v_P(z) = -m < 0$ とするとき，P は z の**位数** m の極という．

次に，F/K の座が存在するかどうかという問題を考察する．

定理 1.1.19 F/K を関数体とし，R を F の部分環で $K \subseteq R \subseteq F$ をみたすものとする．$\{0\} \neq I \subsetneq R$ は R の真のイデアルであると仮定する．このとき，座 $P \in \mathbb{P}_F$ が存在して，$I \subseteq P$ と $R \subseteq \mathcal{O}_P$ をみたす．

【証明】 次のような集合を考える．

$$\mathcal{F} := \{ \mathcal{S} \mid S \text{ は } F \text{ の部分環で } R \subseteq S \text{ と } IS \neq S \text{ をみたす} \}.$$

（IS は定義によりすべての有限和 $\sum a_\nu s_\nu, a_\nu \in I, s_\nu \in S$ の集合であり，これは S のイデアルである）．$R \in \mathcal{F}$ であるから，$\mathcal{F}$ は空集合ではない．また，包含関係による順序で $\mathcal{F}$ は帰納的である．実際，$\mathcal{H} \subseteq \mathcal{F}$ を $\mathcal{F}$ の全順序部分集合としたとき，$T := \bigcup \{S \mid S \in \mathcal{H}\}$ は $R \subseteq T$ をみたす F の部分環である．$IT \neq T$ を示さなければならない．これが成り立たないと仮定すると，$1 = \sum_{\nu=1}^n a_\nu s_\nu, a_\nu \in I, s_\nu \in T$ と表される．$\mathcal{H}$ は全順序部分集合であるから，ある $S_0 \in \mathcal{H}$ が存在して，$s_1, \ldots, s_n \in S_0$ をみたす．すると，このとき，$1 = \sum_{\nu=1}^n a_\nu s_\nu \in IS_0$ が得られる．これは矛盾である．

ツォルンの補題により，$\mathcal{F}$ には極大元が存在する．すなわち，$R \subseteq \mathcal{O} \subseteq F$ と $I\mathcal{O} \neq \mathcal{O}$ をみたす環 $\mathcal{O} \subseteq F$ が存在し，これらの性質に関して $\mathcal{O}$ は極大である．以下において $\mathcal{O}$ は F/K の付値環であることを示す．

$I \neq \{0\}$ でかつ $I\mathcal{O} \neq \mathcal{O}$ であるから，$\mathcal{O} \subsetneq F$ でかつ $I \subseteq \mathcal{O} \setminus \mathcal{O}^\times$ が成り立つ．$z \notin \mathcal{O}$ と $z^{-1} \notin \mathcal{O}$ をみたす元 $z \in F$ が存在したと仮定する．このとき，$I\mathcal{O}[z] = \mathcal{O}[z]$ かつ $I\mathcal{O}[z^{-1}] = \mathcal{O}[z^{-1}]$ が成り立つ．ゆえに，適当な元 $a_0, \ldots, a_n, b_0, \ldots, b_m \in I\mathcal{O}$ が存在して，

次の二つの式が成り立つ．

$$1 = a_0 + a_1 z + \cdots + a_n z^n, \tag{1.5}$$

$$1 = b_0 + b_1 z^{-1} + \cdots + b_m z^{-m}. \tag{1.6}$$

明らかに，$n \geq 1$ でかつ $m \geq 1$ である．式 (1.5) と式 (1.6) における m, n は最小であるように選ぶことができ，また $m \leq n$ と仮定することができる．式 (1.5) に $1 - b_0$ をかけ，式 (1.6) に $a_n z^n$ をかけると，以下の式が得られる．

$$1 - b_0 = (1 - b_0)a_0 + (1 - b_0)a_1 z + \cdots + (1 - b_0)a_n z^n,$$
$$0 = (b_0 - 1)a_n z^n + b_1 a_n z^{n-1} + \cdots + b_m a_n z^{n-m}.$$

これらの式を加えると，$1 = c_0 + c_1 z + \cdots + c_{n-1} z^{n-1}$ が得られる．ただし，$c_i \in I\mathcal{O}$ である．これは式 (1.5) における n の最小性に矛盾する．以上により，すべての $z \in F$ に対して，$z \in \mathcal{O}$ であるか，または $z^{-1} \in \mathcal{O}$ であることを証明した．したがって，$\mathcal{O}$ は F/K の付値環である． □

系 1.1.20 F/K を関数体とする．$z \in F$ が K 上超越的ならば，z は少なくとも一つの零点と少なくとも一つの極をもつ．特に，$\mathbb{P}_F \neq \emptyset$ が成り立つ．

【証明】 環 $R = K[z]$ とイデアル $I = zK[z]$ を考える．定理 1.1.19 より，$z \in P$ をみたす座 $P \in \mathbb{P}_F$ が存在する．ゆえに，P は z の零点である．同様の議論により，z^{-1} は零点 $Q \in \mathbb{P}_F$ をもつ．このとき，Q は z の極である． □

系 1.1.20 は次のように解釈される．F/K の定数体 $\widetilde{K}$ に属していない任意の元 $z \in F$ は，注意 1.1.17 の意味における定数でない関数を与える．

1.2 有理関数体

任意の関数体における付値と座を詳細に理解するために，もっとも簡単な場合におけるこれらの概念の正確な理解が必要不可欠である．このために，有理関数体 $F = K(x)$ の場合にこれらの概念がどのようなものを表しているかを考察しよう．ただし，x は K 上の超越元である．任意のモニック既約多項式 $p(x) \in K[x]$ に対して $K(x)/K$ の付値環

$$\mathcal{O}_{p(x)} := \left\{ \frac{f(x)}{g(x)} \,\middle|\, f(x), g(x) \in K[x],\, p(x) \nmid g(x) \right\} \tag{1.7}$$

を考える．その極大イデアルは

$$P_{p(x)} = \left\{ \frac{f(x)}{g(x)} \mid f(x), g(x) \in K[x],\ p(x) \mid f(x),\ p(x) \nmid g(x) \right\} \tag{1.8}$$

である．特に，$p(x)$ が 1 次式であるとき，すなわち，$p(x) = x - \alpha$, $\alpha \in K$ であるときは，略して

$$P_\alpha := P_{x-\alpha} \in \mathbb{P}_{K(x)} \tag{1.9}$$

と書くことにする．次に，$K(x)/K$ のもう一つの付値環 $\mathcal{O}_\infty$ がある．すなわち，

$$\mathcal{O}_\infty := \left\{ \frac{f(x)}{g(x)} \mid f(x), g(x) \in K[x],\ \deg f(x) \le \deg g(x) \right\} \tag{1.10}$$

で，その極大イデアルは

$$P_\infty = \left\{ \frac{f(x)}{g(x)} \mid f(x), g(x) \in K[x],\ \deg f(x) < \deg g(x) \right\} \tag{1.11}$$

である．この座を $K(x)/K$ の**無限遠の座** (infinite place) という．これらの名前は $K(x)/K$ の生成元 x の特別な選択に依存していることに注意せよ（たとえば，$K(x) = K(1/x)$ であるから，$1/x$ に関する無限遠の座は x に関する座 P_0 である）．

命題 1.2.1 $F = K(x)$ を有理関数体とする．

(a) $P = P_{p(x)} \in \mathbb{P}_{K(x)}$ を式 (1.8) によって定義された座とする．ただし，$p(x)$ は既約多項式である．このとき，$p(x) \in K[x]$ は P の素元であり，対応している付値 v_P は以下のように記述される．
$z \in K(x) \setminus \{0\}$ を

$$z = p(x)^n \cdot \frac{f(x)}{g(x)}, \quad n \in \mathbb{Z},\ f(x), g(x) \in K[x]$$

のように表す．ただし，$p(x) \nmid f(x)$, $p(x) \nmid g(x)$ である．このとき，$v_P(z) = n$ と定義する．
剰余体 $K(x)_P = \mathcal{O}_P/P$ は $K[x]/(p(x))$ に同型である．この同型写像は次のようである．

$$\phi := \begin{cases} K[x]/(p(x)) & \longrightarrow & K(x)_P, \\ f(x) \bmod p(x) & \longmapsto & f(x)(P). \end{cases}$$

したがって，$\deg P = \deg p(x)$ である．

(b) 特殊な $p(x) = x - \alpha$, $\alpha \in K$ の場合に，$P = P_\alpha$ の次数は 1 であり，剰余写像は

$$z(P) = z(\alpha), \quad z \in K(x)$$

により与えられる．ただし，$z(\alpha)$ は次のように定義されたものである．$f(x), g(x) \in K[x]$ を互いに素である多項式として，$z = f(x)/g(x)$ と表したとき，

$$z(\alpha) = \begin{cases} f(\alpha)/g(\alpha), & g(\alpha) \neq 0, \\ \infty, & g(\alpha) = 0. \end{cases}$$

(c) 最後に，$P = P_\infty$ を式 (1.11) により定義された $K(x)/K$ の無限遠の座とする．このとき，$\deg P_\infty = 1$ である．P_∞ の素元は $t = 1/x$ である．対応している付値 v_∞ は次の式により与えられる．

$$v_\infty(f(x)/g(x)) = \deg g(x) - \deg f(x).$$

ここで，$f(x), g(x) \in K[x]$ である．P_∞ に対応している剰余写像は，$z \in K(x)$ に対して $z(P_\infty) = z(\infty)$ により定義される．ただし，$z(\infty)$ は次のように定義される．

$$z = \frac{a_n x^n + \cdots + a_0}{b_m x^m + \cdots + b_0}, \quad a_n, b_m \neq 0$$

と表したとき，

$$z(\infty) = \begin{cases} a_n/b_m, & n = m, \\ 0, & n < m, \\ \infty, & n > m. \end{cases}$$

(d) K は $K(x)/K$ の完全定数体である．

【証明】 この命題のいくつか本質的な部分のみを証明する．残りの部分は簡単に示される．

(a) $P = P_{p(x)}$ とする．$p(x) \in K[x]$ は既約である．イデアル $P_{p(x)} \subseteq \mathcal{O}_{p(x)}$ は明らかに $p(x)$ により生成されるので，$p(x)$ は P の素元である．剰余体に関する主張を証明するために，次のような環準同型写像を考える．

$$\varphi : \begin{cases} K[x] & \longrightarrow & K(x)_P, \\ f(x) & \longmapsto & f(x)(P). \end{cases}$$

明らかに，φ の核は $p(x)$ により生成されたイデアルである．さらに，以下のようにして φ は全射であることが分かる．$z \in \mathcal{O}_{p(x)}$ ならば，$p(x) \nmid v(x)$ をみたす多項式 $u(x), v(x) \in K[x]$ により $z = u(x)/v(x)$ と表される．このとき，適当な $a(x), b(x) \in K[x]$ が存在して，$a(x)p(x) + b(x)v(x) = 1$ が成り立つ．ゆえに，z は

$$z = 1 \cdot z = \frac{a(x)u(x)}{v(x)} p(x) + b(x)u(x)$$

と表され，したがって $z(P) = (b(x)u(x))(P)$ は φ の像に属する．以上より，φ は $K[x]/(p(x))$ から $K(x)_P$ の上への同型写像を引き起こす．

(b) 次に，$P = P_\alpha$, $\alpha \in K$ とする．$f(x) \in K[x]$ ならば，$(x - \alpha)|(f(x) - f(\alpha))$ であり，ゆえに $f(x)(P) = (f(x) - f(\alpha))(P) + f(\alpha)(P) = f(\alpha)$ を得る．任意の元 $z \in \mathcal{O}_P$ は $(x - \alpha) \nmid g(x)$ をみたす多項式 $f(x), g(x) \in K[x]$ により，$z = f(x)/g(x)$ と表すことができる．したがって，$g(x)(P) = g(\alpha) \neq 0$ であるから，以下の式を得る．

$$z(P) = \frac{f(x)(P)}{g(x)(P)} = \frac{f(\alpha)}{g(\alpha)} = z(\alpha).$$

(c) $1/x$ が P_∞ の素元であることを示せば十分である．明らかに，$1/x \in P$ である．元 $z = f(x)/g(x) \in P_\infty$ を考える．このとき，$\deg f < \deg g$ をみたしている．すると，

$$z = \frac{1}{x} \cdot \frac{xf}{g}, \quad \deg(xf) \leq \deg g$$

と表される．これより，$z \in (1/x)\mathcal{O}_\infty$ であることが分かる．ゆえに，$1/x$ はイデアル P_∞ を生成する．したがって，$1/x$ は P_∞ の素元である．

(d) $K(x)/K$ の次数 1 の座 P を選ぶ（すなわち，$P = P_\alpha$, $\alpha \in K$ である）．$K(x)$ の定数体 $\widetilde{K}$ は剰余体 $K(x)_P$ の中へ埋め込まれるから，$K \subseteq \widetilde{K} \subseteq K(x)_P = K$ が成り立つ． □

定理 1.2.2 有理関数体 $K(x)/K$ には，式 (1.8) と式 (1.11) により定義される $P_{p(x)}$ と P_∞ 以外の座は存在しない．

系 1.2.3 $K(x)/K$ における次数 1 のすべての座の集合と $K \cup \{0\}$ の間には，1 対 1 対応がある．

この系は命題 1.2.1 と定理 1.2.2 により明らかである．代数幾何学の術語では（付録 B を参照せよ），$K \cup \{0\}$ は通常 K 上の**射影直線** $\mathbf{P}^1(K)$ として解釈される．ゆえに，$K(x)/K$ における次数 1 の座は $\mathbf{P}^1(K)$ の点と 1 対 1 に対応する．

【定理 1.2.2 の証明】 P を $K(x)/K$ の座とする．次のように二つの場合に分けて考察する．

（場合 1） $x \in \mathcal{O}_P$ と仮定する．すると，$K[x] \subseteq \mathcal{O}_P$ である．$I := K[x] \cap P$ とおけば，これは $K[x]$ のイデアルである．実際，これは素イデアルである．剰余写像は埋め込み $K[x]/I \hookrightarrow K(x)_P$ を誘導する．ゆえに，命題 1.1.5 より $I \neq \{0\}$ を得る．したがって，$I = K[x] \cap P = p(x) \cdot K[x]$ をみたすモニック既約多項式 $p(x) \in K[x]$ が（一意的に）存在する．$p(x) \nmid g(x)$ をみたすすべての多項式 $g(x) \in K[x]$ は I に属さない．ゆえに，$g(x) \notin P$ であり，命題 1.1.5 より，$1/g(x) \in \mathcal{O}_P$ となる．以上より，

$$\mathcal{O}_{p(x)} = \left\{ \frac{f(x)}{g(x)} \;\middle|\; f(x), g(x) \in K[x],\ p(x) \nmid g(x) \right\} \subseteq \mathcal{O}_P$$

であることが示された．定理 1.1.13 より，付値環は $K(x)$ の真の極大な部分環であるから，$\mathcal{O}_P = \mathcal{O}_{p(x)}$ であることが分かる．

（場合 2）　次に $x \notin \mathcal{O}_P$ とする．このとき，$K[x^{-1}] \subseteq \mathcal{O}_P$ かつ $x^{-1} \in P \cap K[x^{-1}]$ となり，ゆえに $P \cap K[x^{-1}] = x^{-1} K[x^{-1}]$ が成り立つ．場合 1 のようにして，

$$\begin{aligned}
\mathcal{O}_P &\supseteq \left\{ \frac{f(x^{-1})}{g(x^{-1})} \;\middle|\; f(x^{-1}),\ g(x^{-1}) \in K[x^{-1}],\ x^{-1} \nmid g(x^{-1}) \right\} \\
&= \left\{ \frac{a_0 + a_1 x^{-1} + \cdots + a_n x^{-n}}{b_0 + b_1 x^{-1} + \cdots + b_m x^{-m}} \;\middle|\; b_0 \ne 0 \right\} \\
&= \left\{ \frac{a_0 x^{m+n} + \cdots + a_n x^m}{b_0 x^{m+n} + \cdots + b_m x^n} \;\middle|\; b_0 \ne 0 \right\} \\
&= \left\{ \frac{u(x)}{v(x)} \;\middle|\; u(x),\ v(x) \in K[x],\ \deg u(x) \le \deg v(x) \right\} \\
&= \mathcal{O}_\infty.
\end{aligned}$$

以上より，$\mathcal{O}_P = \mathcal{O}_\infty$ でかつ $P = P_\infty$ が証明された．　□

1.3　付値の独立性

　この節の主要な結果は「弱近似定理 1.3.1」である（これは「独立性定理」とも呼ばれている）．この定理は本質的に次のことを主張している．すなわち，$v_1, \ldots, v_n$ が F/K の相異なる離散付値で $z \in F$ とするとき，値 $v_1(z), \ldots, v_{n-1}(z)$ を知っていても $v_n(z)$ については何も結論することはできない．定理 1.3.1 は 1.6 節で本質的に改良される．

定理 1.3.1（弱近似定理（weak approximation theorem））　F/K を関数体，$P_1, \ldots, P_n \in \mathbb{P}_F$ を F/K の相異なる座とする．このとき，任意の元 $x_1, \ldots, x_n \in F$ と任意の整数 $r_1, \ldots, r_n \in \mathbb{Z}$ に対して，ある元 $x \in F$ が存在して，すべての $i = 1, \ldots, n$ について以下の式が成り立つ．

$$v_{P_i}(x - x_i) = r_i.$$

系 1.3.2　すべての関数体は無限に多くの座をもつ．

【系 1.3.2 の証明】　有限個の座 $P_1, \ldots, P_n$ しかないと仮定する．定理 1.3.1 より，$i = 1, \ldots, n$ に対して $v_{P_i}(x) > 0$ をみたす 0 でない元 $x \in F$ が存在する．このとき，x は零点

をもつので，x は K 上超越的である．ところが，x は極をもたない．これは系 1.1.20 に矛盾する． □

【定理 1.3.1 の証明】 証明は多少技巧的であるから，いくつかの段階に分けて示す．簡単のため，v_{P_i} を v_i と書くことにする．

(第 1 段) $v_1(u) > 0$ でかつ $i = 2, \ldots, n$ に対して $v_i(u) < 0$ をみたす元 $u \in F$ が存在する．

(第 1 段の証明) 帰納法を用いる．$n = 2$ について，付値環は F の極大な真の部分環であるから (定理 1.1.13 参照)，$\mathcal{O}_{P_1} \not\subseteq \mathcal{O}_{P_2}$ かつ $\mathcal{O}_{P_1} \not\supseteq \mathcal{O}_{P_2}$ が成り立つ．ゆえに，$y_1 \in \mathcal{O}_{P_1} \setminus \mathcal{O}_{P_2}$ と $y_2 \in \mathcal{O}_{P_2} \setminus \mathcal{O}_{P_1}$ が存在する．このとき，$v_1(y_1) \geq 0$, $v_2(y_1) < 0$, $v_1(y_2) < 0$, $v_2(y_2) \geq 0$ が成り立つ．すると，元 $u := y_1/y_2$ は求める性質 $v_1(u) > 0$, $v_2(u) < 0$ をもつ．

$n > 2$ に対して，帰納法の仮定により，$v_1(y) > 0$ でかつ $v_2(y) < 0, \ldots, v_{n-1}(y) < 0$ をみたす元 y が存在する．ここで，$v_n(y) < 0$ ならば証明は終了する．$v_n(y) \geq 0$ の場合は $v_1(z) > 0$, $v_n(z) < 0$ なる元 z を選び，$u := y + z^r$ とおく．ここで，$r \geq 1$ は $i = 1, \ldots, n-1$ に対して $r \cdot v_i(z) \neq v_i(y)$ をみたすように選ぶ (明らかにこれは可能である)．したがって，$v_1(u) \geq \min\{v_1(y), r \cdot v_1(z)\} > 0$ となり，かつ $i = 2, \ldots, n$ に対して $v_i(u) = \min\{v_i(y), r \cdot v_i(z)\} < 0$ となる (強三角不等式を用いることに注意せよ)．

(第 2 段) $v_1(w - 1) > r_1$ でかつ $i = 2, \ldots, n$ に対して $v_i(w) > r_i$ をみたす元 $w \in F$ が存在する．

(第 2 段の証明) 第 1 段と同様にして u を選び，$w := (1 + u^s)^{-1}$ とおく．十分大きな $s \in \mathbb{N}$ に対して，$v_1(w-1) = v_1(-u^s(1+u^s)^{-1}) = s \cdot v_1(u) > r_1$ であり，また $i = 2, \ldots, n$ に対して $v_i(w) = -v_i(1 + u^s) = -s \cdot v_i(u) > r_i$ が成り立つ．

(第 3 段) $y_1, \ldots, y_n \in F$ が与えられたとき，$i = 1, \ldots, n$ に対して $v_i(z - y_i) > r_i$ をみたす元 $z \in F$ が存在する．

(第 3 段の証明) すべての $i, j \in \{1, \ldots, n\}$ に対して $v_i(y_j) \geq s$ が成り立つように $s \in \mathbb{Z}$ を選ぶ．第 2 段によって，
$$v_i(w_i - 1) > r_i - s \quad \text{かつ} \quad v_i(w_j) > r_i - s \quad (j \neq i)$$
をみたす $w_1, \ldots, w_n$ が存在する．このとき，$z := \sum_{j=1}^n y_j w_j$ が求める性質をもつ．

以上より，定理 1.3.1 の証明を完成させる準備が整った．第 3 段より，$i = 1, \ldots, n$ に対して $v_i(z - x_i) > r_i$ をみたす元 $z \in F$ が存在する．次に，$v_i(z_i) = r_i$ をみたす元 z_i を選ぶ (これは明らかに可能である)．再び第 3 段により $i = 1, \ldots, n$ に対して $v_i(z' - z_i) > r_i$ をみたす元 z' がある．ゆえに，
$$v_i(z') = v_i((z' - z_i) + z_i) = \min\{v_i(z' - z_i), v_i(z_i)\} = r_i.$$

$x := z + z'$ とおけば，求める式が得られる．
$$v_i(x - x_i) = v_i((z - x_i) + z') = \min\{v_i(z - x_i), v_i(z')\} = r_i.\qquad\square$$

1.4 節において，K 上超越的な元 $x \in F$ は極と同数の零点をもつ（正しく数えた場合）ことを示す．この結果に向けての重要な第一歩は，補題 1.1.7 と命題 1.1.15 の両方を強めた形の次の命題である．弱近似定理はその証明において重要な役割を果たす．

命題 1.3.3 F/K を関数体とし，$P_1, \ldots, P_r$ を元 $x \in F$ の零点とするとき，次の式が成り立つ．
$$\sum_{i=1}^{r} v_{P_i}(x) \cdot \deg P_i \leq [F : K(x)].$$

【証明】 $v_i := v_{P_i}$，$f_i := \deg P_i$，$e_i := v_i(x)$ とおく．すべての i に対して，次の式をみたす t_i が存在する．
$$v_i(t_i) = 1, \quad v_k(t_i) = 0 \ (k \neq i).$$

次に，元 $s_{i1}, \ldots, s_{if_i} \in \mathcal{O}_{P_i}$ を，$s_{i1}(P_i), \ldots, s_{if_i}(P_i)$ が K 上の剰余体 F_{P_i} の基底をなすように選ぶ．定理 1.3.1 を弱い形で適用すれば，すべての i, j に対して，次の式が成り立つような元 $z_{ij} \in F$ が存在する．
$$v_i(s_{ij} - z_{ij}) > 0, \quad v_k(z_{ij}) \geq e_k \ (k \neq i). \tag{1.12}$$

このとき，以下の元は $K(x)$ 上 1 次独立であることを証明する．
$$t_i^a \cdot z_{ij}, \quad 1 \leq i \leq r, \ 1 \leq j \leq f_i, \ 0 \leq a < e_i.$$

これらの元の個数は $\sum_{i=1}^{r} f_i e_i = \sum_{i=1}^{r} v_{P_i}(x) \cdot \deg P_i$ に等しく，ゆえに命題 1.3.3 はこの主張から導かれる．

そこで，$K(x)$ 上の非自明な 1 次関係式
$$\sum_{i=1}^{r} \sum_{j=1}^{f_i} \sum_{a=0}^{e_i-1} \varphi_{ija}(x) \, t_i^a z_{ij} = 0 \tag{1.13}$$

が存在したと仮定する．一般性を失わずに，$\varphi_{ija}(x) \in K[x]$ であり，$\varphi_{ija}(x)$ の少なくとも一つは x で割り切れないと仮定することができる．このとき，次の条件をみたす添字 $k \in \{1, \ldots, r\}$ と $c \in \{0, \ldots, e_k - 1\}$ が存在する．
$$\begin{aligned} &x \mid \varphi_{kja}(x), \quad \forall a < c, \ \forall j \in \{1, \ldots, f_k\}, \\ &x \nmid \varphi_{kja}(x), \quad \exists j \in \{1, \ldots, f_k\}. \end{aligned} \tag{1.14}$$

式 (1.13) に t_k^{-c} をかけると，次の式が得られる．

$$\sum_{i=1}^{r}\sum_{j=1}^{f_i}\sum_{a=0}^{e_i-1}\varphi_{ija}(x)\,t_i^a t_k^{-c} z_{ij} = 0. \tag{1.15}$$

$i \neq k$ については，

$$v_k(\varphi_{ija}(x)\,t_i^a t_k^{-c} z_{ij}) = v_k(\varphi_{ija}(x)) + a v_k(t_i) - c v_k(t_k) + v_k(z_{ij})$$
$$> 0 + 0 - c + e_k > 0$$

であるから，式 (1.15) のすべての項は P_k に属している．
$i = k$ でかつ $a < c$ については，次のようである．

$$v_k(\varphi_{kja}(x)\,t_k^{a-c} z_{kj}) \geq e_k + a - c \geq e_k - c > 0.$$

($x | \varphi_{kja}(x)$ であり，ゆえに $v_k(\varphi_{kja}(x)) \geq e_k$ であることに注意せよ．)
$i = k$ でかつ $a > c$ については，次のようである．

$$v_k(\varphi_{kja}(x)\,t_k^{a-c} z_{kj}) \geq a - c > 0.$$

以上の結果と式 (1.15) を結びつけると，次を得る．

$$\sum_{j=1}^{f_k}\varphi_{kjc}(x) z_{kj} \in P_k. \tag{1.16}$$

$\varphi_{kjc}(x)(P_k) \in K$ であること，また少なくとも一つは $\varphi_{kjc}(x)(P_k) \neq 0$（式 (1.14) より）であることに注意せよ．すると，式 (1.16) より K 上の非自明な 1 次関係式

$$\sum_{j=1}^{f_k}\varphi_{kjc}(x)(P_k) \cdot z_{kj}(P_k) = 0$$

が得られる．ところが，$z_{k1}(P_k),\dots,z_{kf_k}(P_k)$ は F_{P_k}/K の基底であるから，これは矛盾である． □

系 1.3.4 関数体 F/K においては，すべての元 $0 \neq x \in F$ は有限個の零点と極しかもたない．

【証明】 x が定数ならば，x は零点も極ももたない．x が K 上超越的ならば，命題 1.3.3 より，零点の個数 $\leq [F : K(x)]$ である．同じ議論により，x^{-1} は有限個の零点しかもたない． □

1.4 因子

代数関数体 F/K の定数体 $\tilde{K}$ は K の有限次拡大体である，系 1.1.16 を参照せよ．ゆえに，F は $\tilde{K}$ 上の関数体と考えることができる．したがって，次の仮定（本書全体を通してこれを仮定する）は代数関数論にとって本質的なものではない．

これ以後，F/K はつねに 1 変数代数関数体とし，K は F/K の完全定数体を表すものとする．

定義 1.4.1　F/K の**因子群** (divisor group) とは，F/K のすべての座により生成された自由アーベル群として定義され，$\mathrm{Div}(F)$ と表される．$\mathrm{Div}(F)$ の元は F/K の**因子** (divisor) であるという．言い換えると，因子とは次のような形式的な和のことである．

$$D = \sum_{P \in \mathbb{P}_F} n_P P, \quad n_P \in \mathbb{Z}.$$

ただし，ほとんどすべての座 P について $n_P = 0$ である[1]．

因子 D の**台** (support) は次のような集合として定義される．

$$\mathrm{supp}\, D := \{\, P \in \mathbb{P}_F \mid n_P \neq 0 \,\}.$$

この記号を用いて，$S \supseteq \mathrm{supp}\, D$ をみたす有限集合 $S \subseteq \mathbb{P}_F$ により

$$D = \sum_{P \in S} n_P P$$

と書くことも多い．

$P \in \mathbb{P}_F$ により，$D = P$ と表される因子を**素因子** (prime divisor) という．二つの因子 $D = \sum n_P P$ と $D' = \sum n'_P P$ は，係数ごとに加えられる．すなわち，

$$D + D' = \sum_{P \in \mathbb{P}_F} (n_P + n'_P) P.$$

因子群 $\mathrm{Div}(F)$ の零元は次のような因子である．

$$0 := \sum_{P \in \mathbb{P}_F} r_P P, \quad \text{すべての } r_P = 0.$$

$Q \in \mathbb{P}_F$ と $D = \sum n_P P \in \mathrm{Div}(F)$ に対して，$v_Q(D) := n_Q$ と定義する．したがって，

$$\mathrm{supp}\, D = \{\, P \in \mathbb{P}_F \mid v_P(D) \neq 0 \,\}, \quad D = \sum_{P \in \mathrm{supp}\, D} v_P(D) \cdot P$$

---

[1]【訳注】有限個以外の座 P について $n_P = 0$ という意味である．

と表される．$\mathrm{Div}(F)$ 上の半順序は次のように定義される．

$$D_1 \le D_2 :\iff v_P(D_1) \le v_P(D_2), \quad \forall P \in \mathbb{P}_F.$$

$D_1 \le D_2$ でかつ $D_1 \ne D_2$ であるとき，$D_1 < D_2$ と書く．$D \ge 0$ をみたす因子は**正因子** (positive divisor)，または**有効因子** (effective divisor) という．因子の次数は

$$\deg D := \sum_{P \in \mathbb{P}_F} v_P(D) \cdot \deg P$$

として定義される．これは準同型写像 $\deg : \mathrm{Div}(F) \to \mathbb{Z}$ を与える．

系 1.3.4 によって，零でない元 $x \in F$ は $\mathbb{P}_F$ において有限個の零点と極しかもたない．したがって，次の定義は意味をもつ．

定義 1.4.2 $0 \ne x \in F$ とする．Z（または N）により，$\mathbb{P}_F$ における x の零点（または極）の集合を表す．このとき，次のように定義する．

$$(x)_0 := \sum_{P \in Z} v_P(x) P, \quad x \text{ の零因子 (zero divisor)},$$
$$(x)_\infty := \sum_{P \in N} (-v_P(x)) P, \quad x \text{ の極因子 (pole divisor)},$$
$$(x) := (x)_0 - (x)_\infty, \quad x \text{ の主因子 (principal divisor)}.$$

明らかに，$(x)_0 \ge 0$，$(x)_\infty \ge 0$ であり，次が成り立つ．

$$(x) = \sum_{P \in \mathbb{P}_F} v_P(x) P. \tag{1.17}$$

定数である元 $0 \ne x \in F$ は，次の式により特徴付けられる．

$$x \in K \iff (x) = 0.$$

この関係は系 1.1.20 からすぐに導かれる（前に，K は F で代数的に閉じていることを一般的に仮定したことに注意せよ）．

定義 1.4.3 主因子の集合

$$\mathrm{Princ}(F) := \{\, (x) \mid 0 \ne x \in F \,\}$$

を F/K の**主因子群** (group of principal divisors) という．式 (1.17) により，$0 \ne x, y \in F$ に対して $(xy) = (x) + (y)$ が成り立つので，これは $\mathrm{Div}(F)$ の部分群である．剰余群

$$\mathrm{Cl}(F) := \mathrm{Div}(F)/\mathrm{Princ}(F)$$

を F/K の**因子類群**（divisor class group）という．因子 $D \in \mathrm{Div}(F)$ に対して，剰余群 $\mathrm{Cl}(F)$ において対応している元を $[D]$ により表し，D の**因子類**（divisor class）という．二つの因子 $D, D' \in \mathrm{Div}(F)$ は，$[D] = [D']$ であるとき，すなわち，適当な元 $x \in F \setminus \{0\}$ により $D = D' + (x)$ と表されるとき，**同値**（equivalent）であるといい，次のように表す．

$$D \sim D'$$

これは明らかに同値関係である．

次の定義は代数関数論において基本的な役割を果たす．

定義 1.4.4 因子 $A \in \mathrm{Div}(F)$ に対して，A に付随した**リーマン・ロッホ空間**（Riemann-Roch space）を次のように定義する．

$$\mathscr{L}(A) := \{\, x \in F \mid (x) \geq -A \,\} \cup \{0\}.$$

この定義は次のように解釈される．すなわち，

$$A = \sum_{i=1}^{r} n_i P_i - \sum_{j=1}^{s} m_j Q_j, \quad n_i > 0,\ m_j > 0$$

と表されているとき，$\mathscr{L}(A)$ は次のようなすべての元 $x \in F$ から構成される．

- x は $j = 1, \ldots, s$ に対して Q_j で位数 $\geq m_j$ の零点をもち，
- x は座 $P_1, \ldots, P_r$ においてのみ極をもつことが可能であり，P_i $(i = 1, \ldots, r)$ における極の位数は n_i 以下である．

注意 1.4.5 $A \in \mathrm{Div}(F)$ とする．このとき，次が成り立つ．

(a) $x \in \mathscr{L}(A)$ であるための必要十分条件は，すべての $P \in \mathbb{P}_F$ に対して $v_P(x) \geq -v_P(A)$ となることである．

(b) $\mathscr{L}(A) \neq \{0\}$ であるための必要十分条件は，$A' \sim A$ でかつ $A' \geq 0$ をみたす因子 A' が存在することである．

これらの注意は自明であるが，それにもかかわらず，それらは非常に役に立つ．特に，(b) は頻繁に用いられるであろう．

補題 1.4.6 $A \in \mathrm{Div}(F)$ とする．このとき，次が成り立つ．

(a) $\mathscr{L}(A)$ は K 上のベクトル空間である．
(b) A' が A に同値である因子ならば，$\mathscr{L}(A) \simeq \mathscr{L}(A')$ が成り立つ（K 上のベクトル空間として同型である）．

【証明】

(a) $x, y \in \mathscr{L}(A)$, $a \in K$ とする.このとき,すべての $P \in \mathbb{P}_F$ に対して,$v_P(x+y) \geq \min\{v_P(x), v_P(y)\} \geq -v_P(A)$ と $v_P(ax) = v_P(a) + v_P(x) \geq -v_P(A)$ が成り立つ.ゆえに,注意 1.4.5 (a) によって,$x+y$ と ax は $\mathscr{L}(A)$ に属する.

(b) 仮定より,ある $0 \neq z \in F$ により $A = A' + (z)$ と表される.そこで,次のような写像を考える.

$$\varphi : \begin{cases} \mathscr{L}(A) & \longrightarrow & F, \\ x & \longmapsto & xz. \end{cases}$$

この写像はその像が $\mathscr{L}(A)$ に含まれる K-線形写像である.同様にして,

$$\varphi' : \begin{cases} \mathscr{L}(A') & \longrightarrow & F, \\ x & \longmapsto & xz^{-1} \end{cases}$$

は $\mathscr{L}(A')$ から $\mathscr{L}(A)$ への K-線形写像である.これらの写像は互いに逆写像であるから,φ は $\mathscr{L}(A)$ と $\mathscr{L}(A')$ との間の同型写像となる. □

補題 1.4.7

(a) $\mathscr{L}(0) = K$.
(b) $A < 0$ ならば,$\mathscr{L}(A) = \{0\}$ である.

【証明】

(a) $0 \neq x \in K$ に対して,$(x) = 0$ となるので,$K \subseteq \mathscr{L}(0)$ を得る.逆に,$0 \neq x \in \mathscr{L}(0)$ ならば,$(x) \geq 0$ である.これは x が極をもたないことを意味しているから,系 1.1.20 により,$x \in K$ となる.

(b) $0 \neq x \in \mathscr{L}(A)$ が存在すると仮定する.すると,$(x) \geq -A > 0$ となり,このことは x が少なくとも一つの零点をもつが,極をもたないことを意味している.これは不可能である. □

以下において,さまざまな K-ベクトル空間を考察する.このときのベクトル空間 V の次元を $\dim V$ で表す.次の目標は,任意の因子 $A \in \text{Div}(F)$ に対してリーマン・ロッホ空間 $\mathscr{L}(A)$ は有限次元であることを証明することである.

補題 1.4.8 A, B は F/K の因子で $A \leq B$ をみたすものとする.このとき,$\mathscr{L}(A) \subseteq \mathscr{L}(B)$ であり,次が成り立つ.

$$\dim(\mathscr{L}(B)/\mathscr{L}(A)) \leq \deg B - \deg A.$$

【証明】 $\mathscr{L}(A) \subseteq \mathscr{L}(B)$ であることは明らかである．もう一つの主張を証明するために，ある $P \in \mathbb{P}_F$ により $B = A + P$ と仮定することができる．一般の場合はこれから帰納法により導かれる．$v_P(t) = v_P(B) = v_P(A) + 1$ をみたす元 $t \in F$ を選ぶ．$x \in \mathscr{L}(B)$ に対して $v_P(x) \geq -v_P(B) = -v_P(t)$ が成り立つ．ゆえに，$xt \in \mathcal{O}_P$ となる．以上より，次のような K-線形写像が得られる．

$$\psi : \begin{cases} \mathscr{L}(B) & \longrightarrow & F_P, \\ x & \longmapsto & (xt)(P). \end{cases}$$

元 x が ψ の核に属するための必要十分条件は，$v_P(xt) > 0$ となること，すなわち，$v_P(x) \geq -v_P(A)$ が成り立つことである．ゆえに，$\mathrm{Ker}(\psi) = \mathscr{L}(A)$ が成り立つ．これより，ψ は $\mathscr{L}(B)/\mathscr{L}(A)$ から F_P への単射である K-線形写像を引き起こす．したがって，次のように求める式が得られる．

$$\dim(\mathscr{L}(B)/\mathscr{L}(A)) \leq \dim F_P = \deg B - \deg A. \qquad \square$$

命題 1.4.9 任意の因子 $A \in \mathrm{Div}(F)$ について，空間 $\mathscr{L}(A)$ は K 上の有限次元ベクトル空間である．正因子 A_+ と A_- により $A = A_+ - A_-$ と表せば，次が成り立つ．

$$\dim \mathscr{L}(A) \leq \deg A_+ + 1.$$

【証明】 $\mathscr{L}(A) \subseteq \mathscr{L}(A_+)$ であるから，次の式を示せば十分である．

$$\dim \mathscr{L}(A_+) \leq \deg A_+ + 1.$$

$0 \leq A_+$ であるから，補題 1.4.8 より，$\dim(\mathscr{L}(A_+)/\mathscr{L}(0)) \leq \deg A_+$ が成り立つ．また，$\mathscr{L}(0) = K$ であるから，最終的に $\dim \mathscr{L}(A_+) = \dim(\mathscr{L}(A_+)/\mathscr{L}(0)) + 1 \leq \deg A_+ + 1$ と結論することができる． $\square$

定義 1.4.10 $A \in \mathrm{Div}(F)$ に対して，整数 $\ell(A) := \dim \mathscr{L}(A)$ を因子 A の**次元** (dimension) という．

代数関数論においてもっとも重要な問題の一つは，因子の次元を計算することである．以降の節において，この問題に関心をもって考察していくことになる．この問題に対する答えはリーマン・ロッホの定理 1.5.15 によって与えられる．

まず，命題 1.3.3 を強めた形のものを証明することによって始めよう．大雑把に言えば，次の定理は，零点と極を正確に数えれば元 $0 \neq x \in F$ は同じ個数の零点と極をもつ，ということを述べている．

1.4 因子

定理 1.4.11 すべての主因子の次数は零である．より正確に言うと，$x \in F \setminus K$ について $(x)_0$ と $(x)_\infty$ をそれぞれ x の零因子と極因子とすれば，次が成り立つ．

$$\deg(x)_0 = \deg(x)_\infty = [F : K(x)].$$

系 1.4.12
(a) A と A' は $A \sim A'$ をみたしている因子とする．このとき，$\ell(A) = \ell(A')$ と $\deg A = \deg A'$ が成り立つ．
(b) $\deg A < 0$ ならば $\ell(A) = 0$ である．
(c) 次数が零の因子 A について，次は同値である．
  (1) A は主因子である．
  (2) $\ell(A) \geq 1$．
  (3) $\ell(A) = 1$．

【系 1.4.12 の証明】
(a) 補題 1.4.6 と定理 1.4.11 からすぐに導かれる．
(b) $\ell(A) > 0$ と仮定する．注意 1.4.5 によって，$A' \sim A$ をみたす因子 $A' \geq 0$ が存在する．ゆえに，$\deg A = \deg A' \geq 0$ を得る．
(c) (1)⇒(2) $A = (x)$ が主因子ならば，$x^{-1} \in \mathscr{L}(A)$ となり，ゆえに $\ell(A) \geq 1$ を得る．
 (2)⇒(3) 次に $\ell(A) \geq 1$ でかつ $\deg A = 0$ と仮定する．このとき，ある因子 $A' \geq 0$ により $A \sim A'$ となる（注意 1.4.5 (b) を参照）．条件 $A' \geq 0$ と $\deg A' = 0$ より $A' = 0$ が成り立つ．すると，補題 1.4.7 より $\ell(A) = \ell(A') = \ell(0) = 1$ が得られる．
 (3)⇒(1) $\ell(A) = 1$ でかつ $\deg A = 0$ と仮定する．$0 \neq z \in \mathscr{L}(A)$ を選べば，$(z) + A \geq 0$ となる．$\deg((z) + A) = 0$ であるから，$(z) + A = 0$ が得られ，したがって，$A = -(z) = (z^{-1})$ は主因子である． □

【定理 1.4.11 の証明】 $n := [F : K(x)]$ とおき，また

$$B := (x)_\infty = \sum_{i=1}^{r} -v_{P_i}(x) P_i$$

とおく．ここで，$P_1, \ldots, P_r$ は x のすべての極である．このとき，命題 1.3.3 により

$$\deg B = \sum_{i=1}^{r} v_{P_i}(x^{-1}) \cdot \deg P_i \leq [F : K(x)] = n$$

が成り立つ．ゆえに，残りは $n \leq \deg B$ を示せばよい．$F/K(x)$ の基底 $u_1,\ldots,u_n$ を選び，$i=1,\ldots,n$ に対して $(u_i) \geq -C$ をみたす因子 $C \geq 0$ を選ぶ．このとき，次が成り立つ．

$$\ell(lB+C) \geq n(l+1), \quad \forall l \geq 0. \tag{1.18}$$

このことは，$0 \leq i \leq l$ と $0 \leq j \leq n$ に対して，$x^i u_j \in \mathscr{L}(lB+C)$ であるという事実からすぐに導かれる（$u_1,\ldots,u_n$ は $K(x)$ 上 1 次独立であるから，上記の元 $x^i u_j$ は K 上 1 次独立であることに注意せよ）．$c := \deg C$ とおけば，命題 1.4.9 により，$n(l+1) \leq \ell(lB+C) \leq l \cdot \deg B + c + 1$ を得る．以上より，すべての $l \in \mathbb{N}$ に対して

$$l(\deg B - n) \geq n - c - 1 \tag{1.19}$$

が成り立つ．式 (1.19) の右辺は l に無関係であるから，式 (1.19) は $\deg B \geq n$ のときかつそのときに限り成り立つ．

以上で，$\deg(x)_\infty = [F:K(x)]$ であることを証明した．$(x)_0 = (x^{-1})_\infty$ であるから，結論として $\deg(x)_0 = \deg(x^{-1})_\infty = [F:K(x^{-1})] = [F:K(x)]$ が成り立つ． □

例 1.4.13 再び，1.2 節と同様に有理関数体 $F = K(x)$ を考える．元 $0 \neq z \in K(x)$ は，元 $a \in K \setminus \{0\}$ と，互いに素なモニック多項式 $f(x), g(x) \in K[x]$ によって $z = a \cdot f(x)/g(x)$ と表すことができる．また，$f(x)$ と $g(x)$ を

$$f(x) = \prod_{i=1}^{r} p_i(x)^{n_i}, \quad g(x) = \prod_{j=1}^{s} q_j(x)^{m_j}$$

と表す．ただし，$p_i(x), q_j(x) \in K[x]$ は相異なる互いに素なモニック既約多項式である．このとき，$\mathrm{Div}(K(x))$ における z の主因子は，次のように表される．

$$(z) = \sum_{i=1}^{r} n_i P_i - \sum_{j=1}^{s} m_j Q_j + (\deg g(x) - \deg f(x)) P_\infty. \tag{1.20}$$

ただし，P_i と Q_j はそれぞれ $p_i(x)$ と $q_j(x)$ に対応する座を表す．1.2 節を参照せよ．したがって，任意の関数体における主因子は，有理関数体において現れる既約多項式への分解のかわりになるものと考えられる．

再び任意の代数関数体 F/K を考察する．命題 1.4.9 において，すべての因子 $A \geq 0$ に対して不等式

$$\ell(A) \leq 1 + \deg A \tag{1.21}$$

が成り立つことを示した．実際，式 (1.21) は次数 ≥ 0 のすべての因子に対して成り立つ．これを確かめるために，$\ell(A) > 0$ と仮定することができる．このとき，注意 1.4.5 より，あ

る因子 $A' \geq 0$ により $A \sim A'$ となる．ゆえに，系 1.4.12 より $\ell(A) = \ell(A') \leq 1 + \deg A' = 1 + \deg A$ が得られる．

次に，式 (1.21) における不等式と同様な，$\ell(A)$ に対する下界の存在を証明したい．

命題 1.4.14　すべての因子 $A \in \mathrm{Div}(F)$ に対して，次の条件をみたす定数 $\gamma \in \mathbb{Z}$ が存在する．
$$\deg A - \ell(A) \leq \gamma.$$

ここで強調したいことは，γ は因子 A には独立であり，関数体 F/K にのみ依存するということである．

【証明】　初めに補題 1.4.8 より，
$$A_1 \leq A_2 \implies \deg A_1 - \ell(A_1) \leq \deg A_2 - \ell(A_2) \tag{1.22}$$

が成り立つことに注意しよう．元 $x \in F \setminus K$ を固定し，特定の因子 $B := (x)_\infty$ を考える．定理 1.4.11 の証明と同様にして，すべての $\ell \geq 0$ に対して $\ell(lB + C) \geq (l+1) \cdot \deg B$ が成り立つような因子 $C \geq 0$ が（x に依存して）存在する．式 (1.18) を参照せよ．一方，補題 1.4.8 によって $\ell(lB + C) \leq \ell(lB) + \deg C$ が成り立つ．これらの不等式を結びつけると，次の式を得る．
$$\ell(lB) \geq (l+1) \deg B - \deg C = \deg(lB) + ([F : K(x)] - \deg C).$$

ゆえに，ある $\gamma \in \mathbb{Z}$ によって，すべての $l > 0$ に対して
$$\deg(lB) - \ell(lB) \leq \gamma \tag{1.23}$$

が成り立つ．式 (1.23) は lB を任意の $A \in \mathrm{Div}(F)$ で置き換えても成り立つことを（上記の γ によって）示したい．

　（主張）任意の因子 A に対して，因子 A_1, D と整数 $l \geq 0$ が存在して，$A \leq A_1$，$A_1 \sim D$ かつ $D \leq lB$ が成り立つ．

この主張を用いると，命題 1.4.14 は容易に導かれる．すなわち，
$$\begin{aligned}
\deg A - \ell(A) &\leq \deg A_1 - \ell(A_1) &&(\text{式 (1.22) により}) \\
&= \deg D - \ell(D) &&(\text{系 1.4.12 より}) \\
&\leq \deg(lB) - \ell(lB) &&(\text{式 (1.22) により}) \\
&\leq \gamma. &&(\text{式 (1.23) により})
\end{aligned}$$

【主張の証明】 $A_1 \geq A$ をみたす $A_1 \geq 0$ を選ぶと，十分大きな整数 l に対して次が成り立つ．
$$\begin{aligned}\ell(lB - A_1) &\geq \ell(lB) - \deg A_1 \quad &\text{(補題 1.4.8 により)}\\ &\geq \deg(lB) - \gamma - \deg A_1 \quad &\text{(式 (1.23) より)}\\ &> 0.\end{aligned}$$

したがって，ある元 $0 \neq z \in \mathscr{L}(lB - A_1)$ が存在する．ここで，$D := A_1 - (z)$ とおけば，$A_1 \sim D$ であり，かつ $D \leq A_1 - (A_1 - lB) = lB$ が成り立つ．これらが求める式であった． □

定義 1.4.15 関数体 F/K の**種数**（genus）g は，次のように定義される．
$$g := \max\{\ \deg A - \ell(A) + 1 \mid A \in \mathrm{Div}(F)\ \}.$$

この定義は命題 1.4.14 により意味をもつことに注意しよう．結局，種数は関数体のもっとも重要な不変量であることが明らかになる．

系 1.4.16 関数体 F/K の種数は非負整数である．

【証明】 種数 g の定義において，$A = 0$ とする．すると，$\deg(0) - \ell(0) + 1 = 0$ が得られ，ゆえに $g \geq 0$ となる． □

定理 1.4.17（リーマンの定理） F/K を種数 g の関数体とする．このとき，

(a) すべての因子 $A \in \mathrm{Div}(F)$ に対して次が成り立つ．
$$\ell(A) \geq \deg A + 1 - g.$$

(b) 関数体 F/K にのみ依存する整数 c が存在して，次の条件をみたす．すなわち，$\deg A \geq c$ であるときはいつでも次の等式が成り立つ．
$$\ell(A) = \deg A + 1 - g.$$

【証明】
(a) これはまさしく種数の定義そのものである．
(b) $g = \deg A_0 - \ell(A_0) + 1$ をみたす因子 A_0 を選び，$c := \deg A_0 + g$ とおく．このとき，$\deg A \geq c$ ならば，次が成り立つ．
$$\ell(A - A_0) \geq \deg(A - A_0) + 1 - g \geq c - \deg A_0 + 1 - g = 1.$$

ゆえに，元 $0 \neq z \in \mathscr{L}(A - A_0)$ が存在する．そこで，因子 $A' := A + (z)$ を考える．これは $A' \geq A_0$ である．すると，

$$\begin{aligned}\deg A - \ell(A) &= \deg A' - \ell(A') &&\text{(系 1.4.12 により)}\\ &\geq \deg A_0 - \ell(A_0) &&\text{(補題 1.4.8 により)}\\ &= g - 1.\end{aligned}$$

したがって，$\ell(A) \leq \deg A + 1 - g$ を得る． $\square$

例 1.4.18 有理関数体 $K(x)/K$ は種数 $g = 0$ をもつことを示したい．これを示すために，P_∞ を x の極因子を表すものとする（命題 1.2.1 における記号を用いる）．$r \geq 0$ に対して，ベクトル空間 $\mathscr{L}(rP_\infty)$ を考える．元 $1, x, \ldots, x^r$ は明らかに $\mathscr{L}(rP_\infty)$ の元である．ゆえに，十分大きな整数 r に対して次が成り立つ．

$$r + 1 \leq \ell(rP_\infty) = \deg(rP_\infty) + 1 - g = r + 1 - g.$$

したがって，$g \leq 0$ を得る．また，すべての関数体に対して $g \geq 0$ であるから，$g = 0$ であることが示された．

一般には関数体の種数を決定することは難しい．第 3 章の大部分はこの問題の解決に捧げられる．

1.5 リーマン・ロッホの定理

本節では，F/K は種数 g の代数関数体を表すものとする．

定義 1.5.1 因子 $A \in \mathrm{Div}(F)$ に対して，整数

$$i(A) := \ell(A) - \deg A + g - 1$$

を A の**特殊指数** (index of specialty) という．

リーマンの定理 1.4.17 は，$i(A)$ が非負整数であること，また，$\deg A$ が十分大きいならば $i(A) = 0$ であることを述べている．この節においては，あるベクトル空間の次元として $i(A)$ という量に対するいくつかの解釈を与える，このために「アデール」という概念を導入する．

定義 1.5.2 関数体 F/K の**アデール**（adele）とは，写像

$$\alpha : \begin{cases} \mathbb{P}_F & \longrightarrow & F, \\ P & \longmapsto & \alpha_P \end{cases}$$

のことである．ただし，ほとんどすべての $P \in \mathbb{P}_F$ に対して $\alpha_P \in \mathcal{O}_P$ である．アデールは直積 $\prod_{P \in \mathbb{P}_F} F$ の一つの元としてみることができる．したがって，記号 $\alpha = (\alpha_P)_{P \in \mathbb{P}_F}$，またはさらに短くして $\alpha = (\alpha_P)$ を用いることもある．集合

$$\mathcal{A}_F := \{\, \alpha \mid \alpha \text{ は } F/K \text{ のアデール} \,\}$$

を F/K の**アデール空間**（adele space）という．この空間は明らかな方法で K 上のベクトル空間とみなすことができる（実際，$\mathcal{A}_F$ は環とみることもできるが，この環構造は使われることはない）．

元 $x \in F$ の**主アデール**（principal adele）とは，その成分がすべて x に等しいアデールのことである（x は有限個の極しかもたないので，この定義は意味があることに注意せよ）．これは**対角埋め込み**（diagonal embedding）$F \hookrightarrow \mathcal{A}_F$ を与える．F/K の付値 v_P は $v_P(\alpha) := v_P(\alpha_P)$ と定義することによって，自然に $\mathcal{A}_F$ へ拡張することができる（ここで，α_P はアデール α の P-成分という）．定義によって，ほとんどすべての $P \in \mathbb{P}_F$ に対して $v_P(\alpha) \geq 0$ が成り立つ．

アデールの概念は文献上では必ずしも一貫して用いられていないことに注意せよ．ある数学者は本書でアデールと呼んでいるものに対して，**分割**（repartition）という術語を用いている．また，ほかの数学者は，すべての $P \in \mathbb{P}_F$ に対して $\alpha(P)$ が P-進完備化 $\widehat{F}_P$ の一つの元であるような写像 α をアデール（または分割）と呼んでいる（第 4 章を参照せよ）．

定義 1.5.3 $A \in \mathbb{P}_F$ に対して，次の集合を定義する．

$$\mathcal{A}_F(A) := \{\, \alpha \in \mathcal{A}_F \mid v_P(\alpha) \geq -v_P(A),\ \forall P \in \mathbb{P}_F \,\}.$$

これは明らかに $\mathcal{A}_F$ の K-部分空間である．

定理 1.5.4 すべての因子 A に対して，特殊指数 $i(A)$ は次のように表される．

$$i(A) = \dim(\mathcal{A}_F/(\mathcal{A}_F(A) + F)).$$

ここで，通常のように dim は K-ベクトル空間としての次元を意味している．ベクトル空間 $\mathcal{A}_F$ や $\mathcal{A}_F(A)$，そして F は無限次元であるが，定理は商空間 $\mathcal{A}_F/(\mathcal{A}_F(A) + F)$ が K

上有限次元であることを述べている．系として，F/K の種数に対する別の特徴付けが得られる．

系 1.5.5　　$g = \dim(\mathcal{A}_F/(\mathcal{A}_F(0) + F))$.

【系 1.5.5 の証明】　　$i(0) = \ell(0) - \deg(0) + g - 1 = 1 - 0 + g - 1 = g.$ □

【定理 1.5.4 の証明】　　いくつかの段階に分けて証明する．

（第 1 段）　$A_1, A_2 \in \mathrm{Div}(F)$ でかつ $A_1 \leq A_2$ とする．このとき，$\mathcal{A}_F(A_1) \subseteq \mathcal{A}_F(A_2)$ であり，また次の等式が成り立つ．
$$\dim(\mathcal{A}_F(A_2)/\mathcal{A}_F(A_1)) = \deg A_2 - \deg A_1. \tag{1.24}$$

（第 1 段の証明）　$\mathcal{A}_F(A_1) \subseteq \mathcal{A}_F(A_2)$ は自明である．式 (1.24) を示すためには，$A_2 = A_1 + P$，$P \in \mathbb{P}_F$ の場合を証明すれば十分である（一般の場合は帰納法により導かれる）．まず，$v_P(t) = v_P(A_1) + 1$ をみたす $t \in F$ を選び，次の K-線形写像を考える．
$$\varphi : \begin{cases} \mathcal{A}_F(A_2) & \longrightarrow & F_P, \\ \alpha & \longmapsto & (t\alpha_P)(P). \end{cases}$$
φ が全射であること，および φ の核が $\mathcal{A}_F(A_1)$ であることは容易に確かめられる．したがって，
$$\deg A_2 - \deg A_1 = \deg P = [F_P : K] = \dim(\mathcal{A}_F(A_2)/\mathcal{A}_F(A_1)).$$

（第 2 段）　前と同様に，$A_1, A_2 \in \mathrm{Div}(F)$ でかつ $A_1 \leq A_2$ とする．このとき，次が成り立つ．
$$\begin{aligned}\dim((\mathcal{A}_F(A_2) + F)/(\mathcal{A}_F(A_1) + F)) \\ = (\deg A_2 - \ell(A_2)) - (\deg A_1 - \ell(A_1)).\end{aligned} \tag{1.25}$$

（第 2 段の証明）　次のような線形写像の完全系列がある．
$$\begin{aligned}0 \longrightarrow \mathscr{L}(A_2)/\mathscr{L}(A_1) \xrightarrow{\sigma_1} \mathcal{A}_F(A_2)/\mathcal{A}_F(A_1) \\ \xrightarrow{\sigma_2} (\mathcal{A}_F(A_2) + F)/(\mathcal{A}_F(A_1) + F) \longrightarrow 0.\end{aligned} \tag{1.26}$$

ここで，σ_1 と σ_2 は明らかな方法で定義されるものである．実際，自明でないのは，σ_2 の核が σ_1 の像に含まれることだけである．これを示すために，$\alpha \in \mathcal{A}_F(A_2)$ が $\sigma_2(\alpha + \mathcal{A}_F(A_1)) = 0$ をみたすものとする．このとき，$\alpha \in \mathcal{A}_F(A_1) + F$ となり，ゆえに，ある $x \in F$ が存在して $\alpha - x \in \mathcal{A}_F(A_1)$ をみたす．$\mathcal{A}_F(A_1) \subseteq \mathcal{A}_F(A_2)$ であるから，最終的に $x \in \mathcal{A}_F(A_2) \cap F = \mathscr{L}(A_2)$ を得る．したがって，$\alpha + \mathcal{A}_F(A_1) = x + \mathcal{A}_F(A_1) = \sigma_1(x + \mathscr{L}(A_1))$

はσの像に属する．式 (1.26) の完全性から，式 (1.24) を用いると，次のように求める式 (1.25) が得られる．

$$\dim (\mathcal{A}_F(A_2) + F)/(\mathcal{A}_F(A_1) + F)$$
$$= \dim(\mathcal{A}_F(A_2)/\mathcal{A}_F(A_1)) - \dim(\mathscr{L}(A_2)/\mathscr{L}(A_1))$$
$$= (\deg A_2 - \deg A_1) - (\ell(A_2) - \ell(A_1)).$$

（第 3 段） B を $\ell(B) = \deg B + 1 - g$ をみたす因子とする．このとき，次が成り立つ．

$$\mathcal{A}_F = \mathcal{A}_F(B) + F. \tag{1.27}$$

（第 3 段の証明） 最初に，$B_1 \geq B$ に対して次の式が（補題 1.4.8 によって）成り立つことに注意する．

$$\ell(B_1) \leq \deg B_1 + \ell(B) - \deg B = \deg B_1 + 1 - g.$$

一方，リーマンの定理 1.4.17 により $\ell(B_1) \geq \deg B_1 + 1 - g$ である．したがって，$B_1 \geq B$ なる任意の因子 B_1 に対して次が成り立つ．

$$\ell(B_1) = \deg B_1 + 1 - g. \tag{1.28}$$

さて，式 (1.27) を証明しよう．$\alpha \in \mathcal{A}_F$ とする．明らかに，$\alpha \in \mathcal{A}_F(B_1)$ をみたす因子 $B_1 \geq B$ を見つけることができる．式 (1.25) と式 (1.28) によって，

$$\dim(\mathcal{A}_F(B_1) + F)/(\mathcal{A}_F(B) + F) = (\deg B_1 - \ell(B_1)) - (\deg B - \ell(B))$$
$$= (g-1) - (g-1) = 0.$$

これは $\mathcal{A}_F(B) + F = \mathcal{A}_F(B_1) + F$ であることを意味している．$\alpha \in \mathcal{A}_F(B_1)$ であるから，$\alpha \in \mathcal{A}_F(B) + F$ が得られ，式 (1.27) が証明された．

（定理 1.5.4 の証明の完成） さて今度は任意の因子 A を考える．リーマンの定理 1.4.17 (b) より，ある因子 $A_1 \geq A$ が存在して $\ell(A_1) = \deg A_1 + 1 - g$ をみたす．式 (1.27) より，$\mathcal{A}_F = \mathcal{A}_F(A_1) + F$ であり，以下のように式 (1.25) によって求める定理の等式が得られる．

$$\dim(\mathcal{A}_F/(\mathcal{A}_F(A) + F)) = \dim(\mathcal{A}_F(A_1) + F)/(\mathcal{A}_F(A) + F)$$
$$= (\deg A_1 - \ell(A_1)) - (\deg A - \ell(A))$$
$$= (g-1) + \ell(A) - \deg A = i(A). \qquad \square$$

定理 1.5.4 は次のように言い換えることができる．すなわち，すべての因子 $A \in \mathrm{Div}(F)$ に対して次の等式が成り立つ．

$$\ell(A) = \deg A + 1 - g + \dim(\mathcal{A}_F/(\mathcal{A}_F(A) + F)). \tag{1.29}$$

これは後の節において証明するリーマン・ロッホの定理の予備的な形である．

次にヴェイユ微分の概念を導入する．これは因子の特殊指数に対する第二の解釈をもたらすであろう．

定義 1.5.6 F/K の**ヴェイユ微分**（Weil differential）とは，K-線形写像 $\omega: \mathcal{A}_F \to K$ で，ある因子 $A \in \mathrm{Div}(F)$ による空間 $\mathcal{A}_F(A) + F$ の上で零となるものである．また，
$$\Omega_F := \{\, \omega \mid \omega \text{ は } F/K \text{ のヴェイユ微分}\,\}$$
を F/K の**ヴェイユ微分加群**（module of Weil differentials）という．また，$A \in \mathrm{Div}(F)$ に対して，次のようにおく．
$$\Omega_F(A) := \{\, \omega \in \Omega \mid \omega \text{ は } \mathcal{A}_F(A) + F \text{ 上で零}\,\}.$$

Ω_F は明らかな方法で K-ベクトル空間としてみることができる（実際，ω_1 が $\mathcal{A}_F(A_1)+F$ 上零で，かつ ω_2 が $\mathcal{A}_F(A_2)+F$ 上零ならば，$A_3 \leq A_1$ と $A_3 \leq A_2$ をみたすすべての因子 A_3 に対して $\omega_1 + \omega_2$ は $\mathcal{A}_F(A_3) + F$ の上で零となり，また $a \in K$ に対して $a\omega$ は $\mathcal{A}_F(A_1) + F$ の上で零となる）．明らかに $\Omega_F(A)$ は Ω_F の部分空間である．

補題 1.5.7 $A \in \mathrm{Div}(F)$ に対して，$\dim \Omega_F(A) = i(A)$ が成り立つ．

【証明】 $\Omega_F(A)$ は自然な方法で $\mathcal{A}_F/(\mathcal{A}_F(A) + F)$ 上の 1 次形式のつくる空間に同型である．$\mathcal{A}_F/(\mathcal{A}_F(A) + F)$ は定理 1.5.4 によって次元 $i(A)$ の有限次元ベクトル空間であるから，補題はこれよりすぐに得られる． □

補題 1.5.7 から得られる簡単な結果は $\Omega_F \neq 0$ である．これを示すために，次数 ≤ -2 の因子 A を選ぶ．このとき，
$$\dim \Omega_F(A) = i(A) = \ell(A) - \deg A + g - 1 \geq 1$$
が成り立つ．したがって，$\Omega_F(A) \neq 0$ である．

定義 1.5.8 $x \in F$ と $\omega \in \Omega_F$ に対して，
$$(x\omega)(\alpha) := \omega(x\alpha)$$
によって写像 $x\omega: \mathcal{A}_F \to K$ を定義する．

$x\omega$ がまた F/K のヴェイユ微分となることは容易に確かめられる．実際，ω が $\mathcal{A}_F(A)+F$ 上で零ならば，$x\omega$ も $\mathcal{A}_F(A+(x)) + F$ 上で零となるからである．明らかに，上記の定義は Ω_F に F 上のベクトル空間の構造を与える．

命題 1.5.9 Ω_F は F 上 1 次元のベクトル空間である.

【証明】 $0 \neq \omega_1 \in \Omega_F$ を選ぶ ($\Omega_F \neq 0$ であることはすでに分かっている). すべての $\omega_2 \in \Omega_F$ に対して, $\omega_2 = z\omega_1$ をみたすある元 $z \in F$ が存在することを示さなければならない. $\omega_2 \neq 0$ と仮定することができる. $\omega_1 \in \Omega_F(A_1)$ と $\omega_2 \in \Omega_F(A_2)$ をみたす $A_1, A_2 \in \mathrm{Div}(F)$ を選ぶ. 因子 B (あとで特定される) に対して, 単射 K-線形写像

$$\varphi_i : \begin{cases} \mathscr{L}(A_i + B) & \longrightarrow & \Omega_F(-B), \\ x & \longmapsto & x\omega_i \end{cases} \quad (i = 1, 2)$$

を考える.

(主張) 因子 B を適当に選ぶと, 次の式が成り立つ.

$$\varphi_1(\mathscr{L}(A_1 + B)) \cap \varphi_2(\mathscr{L}(A_2 + B)) \neq \{0\}.$$

この主張を用いると, 以下のように命題の証明を非常に速く完成させることができる. すなわち, $x_1\omega_1 = x_2\omega_2 \neq 0$ をみたすように $x_1 \in \mathscr{L}(A_1 + B)$ と $x_2 \in \mathscr{L}(A_2 + B)$ を選ぶことができる. このとき, $\omega_2 = (x_1 x_2^{-1})\omega_1$ が得られ, これが求めるものであった.

【主張の証明】 線形代数における簡単でよく知られた事実から始める. すなわち, U_1, U_2 を有限次元ベクトル空間 V の部分空間とすると, 次が成り立つ.

$$\dim(U_1 \cap U_2) \geq \dim U_1 + \dim U_2 - \dim V. \tag{1.30}$$

次に, $B > 0$ を以下の式をみたす十分大きな次数をもつ因子とする (これはリーマンの定理 1.4.17 により可能である).

$$\ell(A_i + B) = \deg(A_i + B) + 1 - g, \quad i = 1, 2.$$

$U_i := \varphi_i(\mathscr{L}(A_i + B)) \subseteq \Omega_F(-B)$ とおく. すると,

$$\dim \Omega_F(-B) = i(-B) = \dim(-B) - \deg(-B) + g - 1$$
$$= \deg B - 1 + g$$

であるから,

$$\dim U_1 + \dim U_2 - \dim \Omega_F(-B)$$
$$= \deg(A_1 + B) + 1 - g + \deg(A_2 + B) + 1 - g - (\deg B + g - 1)$$
$$= \deg B + (\deg A_1 + \deg A_2 + 3(1 - g))$$

を得る. 括弧の中の項は B には独立であるから, $\deg B$ が十分大きければ次の式が成り立つ.

$$\dim U_1 + \dim U_2 - \dim \Omega_F(-B) > 0.$$

式 (1.30) より $U_1 \cap U_2 \neq \{0\}$ であることが分かる．これより上記の主張が証明された．   □

 任意のヴェイユ微分 $\omega \neq 0$ に対して，ある因子を結びつけたい．このために，固定した ω に対して次のような因子の集合を考える．

$$M(\omega) := \{\, A \in \mathrm{Div}(F) \mid \omega \text{ は } \mathcal{A}_F(A) + F \text{ 上で零} \,\}. \tag{1.31}$$

補題 1.5.10　　$0 \neq \omega \in \Omega_F$ とする．このとき，すべての $A \in M(\omega)$ に対して $A \leq W$ をみたし一意的に定まる因子 $W \in M(\omega)$ が存在する．

【証明】　　リーマンの定理によって，関数体 F/K にのみ依存するある定数 c が存在して，次数 $\geq c$ のすべての $A \in \mathrm{Div}(F)$ に対して $i(A) = 0$ が成り立つ．定理 1.5.4 より，$\dim(\mathcal{A}_F/(\mathcal{A}_F(A) + F)) = i(A)$ であるから，すべての $A \in M(\omega)$ に対して $\deg A < c$ が成り立つ．ゆえに，最大次数の因子 $W \in M(\omega)$ を選ぶことができる．

 W が補題の性質をもたないと仮定する．このとき，$A_0 \not\leq W$ をみたす因子 $A_0 \in M(\omega)$ が存在する．すなわち，ある $Q \in \mathbb{P}_F$ に対して $v_Q(A_0) > v_Q(W)$ である．このとき，

$$W + Q \in M(\omega) \tag{1.32}$$

を証明する．これは W の次数が最大であることに矛盾することになる．

 以下，式 (1.32) を証明する．アデール $\alpha = (\alpha_P) \in \mathcal{A}_F(W + Q)$ を考え，α を $\alpha = \alpha' + \alpha''$ と表す．ただし，

$$\alpha'_P := \begin{cases} \alpha_P, & P \neq Q, \\ 0, & P = Q, \end{cases} \quad \text{また} \quad \alpha''_P := \begin{cases} 0, & P \neq Q, \\ \alpha_Q, & P = Q. \end{cases}$$

このとき，$\alpha' \in \mathcal{A}_F(W)$ かつ $\alpha'' \in \mathcal{A}_F(A_0)$ である．ゆえに，$\omega(\alpha) = \omega(\alpha') + \omega(\alpha'') = 0$．したがって，$\omega$ は $\mathcal{A}_F(W+Q) + F$ の上で零となり，式 (1.32) は証明された．W の一意性はいま明らかである．   □

 次の定義は上の補題によって意味をもつ．

定義 1.5.11
(a) **ヴェイユ微分 $\omega \neq 0$ の因子** (ω) とは，以下の条件により一意的に定まる関数体 F/K の因子のことである．
  (1) ω は $\mathcal{A}_F(\omega) + F$ 上で零となる．
  (2) ω が $\mathcal{A}_F(\omega) + F$ 上で零ならば，$A \leq (\omega)$ である．
(b) $0 \neq \omega \in \Omega_F$ と $P \in \mathbb{P}_F$ に対して，$v_P(\omega) := v_P((\omega))$ と定義する．

(c) 座 P について，$v_P(\omega) > 0$ であるとき，P は ω の **零点** であるといい，$v_P(\omega) < 0$ であるとき，P は ω の **極** であるという．ヴェイユ微分 ω は $v_P(\omega) > 0$ であるとき，P で **正則** （regular）であるといい，また，すべての座 $P \in \mathbb{P}_F$ で正則であるとき，ω は **正則** （regular; holomorphic）であるという．

(d) 因子 W は，ある $\omega \in \Omega_F$ によって $W = (\omega)$ と表されるとき，F/K の **標準因子** （canonical divisor）であるという．

注意 1.5.12　定義より，すぐに次の二つのことが分かる．
$$\Omega_F(A) = \{\ \omega \in \Omega_F \mid \omega = 0 \ \text{または}\ (\omega) \geq A\ \},$$
$$\Omega_F(0) = \{\ \omega \in \Omega_F \mid \omega\ \text{は正則である}\ \}.$$

補題 1.5.7 と定義 1.5.1 の結果として，次の式が成り立つ．
$$\dim \Omega_F(0) = g.$$

命題 1.5.13

(a) $0 \neq x \in F$ と $0 \neq \omega \in \Omega_F$ に対して，$(x\omega) = (x) + (\omega)$ が成り立つ．

(b) F/K の任意の二つの標準因子は同値である．

この命題より，F/K の標準因子の全体は因子類群 $\mathrm{Cl}(F)$ において一つの同値類 $[W]$ をつくる．この因子類を F/K の **標準因子類** （canonical divisor class）という．

【命題 1.5.13 の証明】　ω が $\mathcal{A}_F(A) + F$ 上で零となるならば，$x\omega$ も $\mathcal{A}_F(A + (x)) + F$ 上で零となる．ゆえに，次が成り立つ．
$$(\omega) + (x) \leq (x\omega).$$
同様にして，$(x\omega) + (x^{-1}) \leq (x^{-1}x\omega) = (\omega)$．これらの不等式を結びつけると，次の式を得る．
$$(\omega) + (x) \leq (x\omega) \leq -(x^{-1}) + (\omega) = (\omega) + (x).$$

(a) はこれより示される．(b) は (a) と命題 1.5.9 より得られる．　□

定理 1.5.14（双対定理（duality theorem））　A を任意の因子とし，$W = (\omega)$ を F/K の標準因子とする．このとき，写像
$$\mu : \begin{cases} \mathscr{L}(W - A) & \longrightarrow & \Omega_F(A), \\ x & \longmapsto & x\omega \end{cases}$$

は K-ベクトル空間の同型写像である．特に，次が成り立つ．

$$i(A) = \ell(W - A).$$

【証明】 $x \in \mathscr{L}(W - A)$ に対して，

$$(x\omega) = (x) + (\omega) \geq -(W - A) + W = A$$

が成り立つ．ゆえに，注意 1.5.12 より $x\omega \in \Omega_F(A)$ を得る．したがって，μ は $\mathscr{L}(W - A)$ を $\Omega_F(A)$ に写像する．明らかに μ は線形でかつ単射である．μ が全射であることを示すために，ヴェイユ微分 $\omega_1 \in \Omega_F(A)$ を考える．命題 1.5.9 によって，ある $x \in F$ により $\omega_1 = x\omega$ と表すことができる．すると，

$$(x) + W = (x) + (\omega) = (x\omega) = (\omega_1) \geq A$$

であるから，$(x) \geq -(W - A)$ を得る．ゆえに，$x \in \mathscr{L}(W - A)$ となり，$\omega_1 = \mu(x)$ を得る．以上より，$\dim \Omega_F(A) = \mathscr{L}(W - A)$ であることを証明した．補題 1.5.7 より，$\dim \Omega_F(A) = i(A)$ であるから，これは $i(A) = \mathscr{L}(W - A)$ であることを意味している．□

以上で得られたこの節の結果を要約すると，リーマン・ロッホの定理を得る．これは代数関数体の理論の中でもっとも重要な定理である．

定理 1.5.15（リーマン・ロッホの定理） W を F/K の標準因子とする．このとき，任意の因子 $A \in \mathrm{Div}(F)$ に対して，次が成り立つ．

$$\ell(A) = \deg A + 1 - g + \ell(W - A).$$

【証明】 この証明は定理 1.5.14 と $i(A)$ の定義の簡単な結果である．□

系 1.5.16 標準因子 W に対して，次が成り立つ．

$$\deg W = 2g - 2 \quad \text{かつ} \quad \ell(W) = g.$$

【証明】 $A = 0$ に対して，リーマン・ロッホの定理と補題 1.4.7 より，次が成り立つ．

$$1 = \ell(0) = \deg 0 + 1 - g + \ell(W - 0).$$

ゆえに，$\ell(W) = g$ を得る．$A = W$ とおけば，

$$g = \ell(W) = \deg W + 1 - g + \ell(W - W) = \deg W + 2 - g$$

を得る．したがって，$\deg W = 2g - 2$ を得る．□

リーマン・ロッホの定理より，ある定数 c が存在して，$\deg A \geq c$ ならば $i(A) = 0$ となることをすでに知っている．この定数の選び方について，さらに正確な解説を与えよう．

定理 1.5.17 A を次数が $\deg A \geq 2g - 1$ である F/K の因子とするとき，次が成り立つ．
$$\ell(A) = \deg A + 1 - g.$$

【証明】 W を標準因子とするとき，$\ell(A) = \deg A + 1 - g + \ell(W - A)$ が成り立つ．$\deg A \geq 2g - 1$ でかつ $\deg W = 2g - 2$ であるから，結論として $\deg(W - A) < 0$ が成り立つ．したがって，系 1.4.12 より，$\ell(W - A) = 0$ を得る． □

この定理における下界 $2g - 1$ は望みうる最良の値である．なぜならば，標準因子 W に対して，系 1.5.16 より
$$\ell(W) > \deg W + 1 - g$$
が成り立つからである．

1.6 リーマン・ロッホの定理の帰結

これまでと同様に，F/K を種数 g の代数関数体とする．リーマン・ロッホの定理から得られるさまざまな結果を考察したい．最初の目標は，リーマン・ロッホの定理が種数とともに F/K の標準因子類を特徴付けることを示すことである．

命題 1.6.1 整数 $g_0 \in \mathbb{Z}$ と因子 $W_0 \in \mathrm{Div}(F)$ は，すべての $A \in \mathrm{Div}(F)$ に対して，
$$\ell(A) = \deg A + 1 - g_0 + \ell(W_0 - A) \tag{1.33}$$
を満足しているものと仮定する．このとき，$g_0 = g$ となり，W_0 は標準因子である．

【証明】 式 (1.33) において，それぞれ $A = 0$, $A = W_0$ とおけば，$\ell(W_0) = g_0$ と $\deg W_0 = 2g_0 - 2$ を得る（系 1.5.16 の証明を参照せよ）．W を F/K の標準因子とする．$\deg A > \max\{2g - 2, 2g_0 - 2\}$ をみたす因子 A を選ぶ．このとき，定理 1.5.17 より，$\ell(A) = \deg A + 1 - g$ が得られ，式 (1.33) より $\ell(A) = \deg A + 1 - g_0$ が成り立つ．ゆえに，$g = g_0$ となる．最後に，式 (1.33) で A を W に置き換える．すると，
$$g = (2g - 1) + 1 - g + \ell(W_0 - W)$$
が得られ，ゆえに，$\ell(W_0 - W) = 1$ となる．$\deg(W_0 - W) = 0$ であるから，このことは $W_0 - W$ が主因子であることを意味している（系 1.4.12 参照）．したがって，$W_0 \sim W$ を得る． □

標準因子のもう一つの役に立つ特徴付けは次の命題である．

命題 1.6.2 因子 B が標準因子であるための必要十分条件は，$\deg B = 2g-2$ と $\ell(B) \geq g$ が成り立つことである．

【証明】 $\deg B = 2g-2$ かつ $\ell(B) \geq g$ が成り立つと仮定する．標準因子 W を一つ選ぶ．このとき，
$$g \leq \ell(B) = \deg B + 1 - g + \ell(W-B) = g - 1 + \ell(W-B)$$
が成り立つ．ゆえに，$\ell(W-B) \geq 1$ である．$\deg(W-B) = 0$ であるから，系 1.4.12 によって，$W \sim B$ を得る． □

さて，ここで有理関数体を特徴付ける段階になった．

命題 1.6.3 関数体 F/K に対して，次の条件は同値である．

(1) F/K は有理関数体である．すなわち，体 K 上超越的な元 x が存在して，$F = K(x)$ と表される．

(2) 関数体 F/K の種数は 0 であり，$\deg A = 1$ をみたすある因子 $A \in \mathrm{Div}(F)$ が存在する．

【証明】

(1)⇒(2) 例 1.4.18 を参照せよ．

(2)⇒(1) $g = 0$ でかつ $\deg A = 1$ とする．$\deg A \geq 2g - 1$ であるから，定理 1.5.17 より，$\ell(A) = \deg A + 1 - g = 2$ が成り立つ．ゆえに，ある正因子 A' が存在して $A \sim A'$ が成り立つ（注意 1.4.5 (b) を参照せよ）．$\ell(A') = 2$ であるから，ある元 $x \in \mathscr{L}(A') \setminus K$ が存在する．ゆえに，$(x) \neq 0$ でかつ $(x) + A' \geq 0$ である．$A' \geq 0$ でかつ $\deg A' = 1$ なので，これは $A' = (x)_\infty$ であるとき，すなわち，x の極であるときにのみ可能である．さて，ここで定理 1.4.11 より，
$$[F:K(x)] = \deg(x)_\infty = \deg A' = 1$$
となる．したがって，$F = K(x)$ を得る． □

注意 1.6.4 種数 0 の有理的でない関数体が存在する（この関数体は命題 1.6.3 によって，次数 1 の因子をもたない）．しかしながら，K が代数的閉体または有限体であるならば，次数 1 の因子がつねに存在する（代数的閉体に対して，このことは明らかである．また，有限な定数体に対しては後の第 5 章でこれを証明する）．したがって，この場合には，

$g = 0$ であることと F/K が有理的であることは同値である.

この時点で,種数 > 0 である関数体の例を与えるのが適当であるように思われる.しかしながら,このような例をあげるのは第6章まで先送りにする.第6章では,種数の計算にすぐに使えるさらに良い方法が得られるからである.

1.6節の次の応用は,弱近似定理を強化することである.

定理 1.6.5(強近似定理(strong approximation theorem)) $S \subsetneq \mathbb{P}_F$ は $\mathbb{P}_F$ の真部分集合であり,$P_1, \ldots, P_r \in S$ とする.任意の元 $x_1, \ldots, x_r \in F$ と,任意の整数 $n_1, \ldots, n_r \in \mathbb{Z}$ が与えられていると仮定する.このとき,次の性質をもつ元 $x \in F$ が存在する.

$$v_{P_i}(x - x_i) = n_i, \quad i = 1, \ldots, r,$$
$$v_P(x) \geq 0, \quad \forall P \in S \setminus \{P_1, \ldots, P_r\}.$$

【証明】 次の式により定義されるアデール $\alpha = (\alpha_P)_{P \in \mathbb{P}_F}$ を考える.

$$\alpha_P := \begin{cases} x_i, & P = P_i,\ i = 1, \ldots, r, \\ 0, & \text{それ以外の } P \text{ のとき}. \end{cases}$$

$Q \in \mathbb{P}_F \setminus S$ を一つ選ぶ.十分大きな自然数 $m \in \mathbb{N}$ に対して,定理1.5.4と定理1.5.17によって次の式が成り立つ(定義1.5.1で与えられた特殊指数の定義に注意せよ).

$$\mathcal{A}_F = \mathcal{A}_F\left(mQ - \sum_{i=1}^{r}(n_i + 1)P_i\right) + F.$$

よって,$z - \alpha \in \mathcal{A}_F(mQ - \sum_{i=1}^{r}(n_i + 1)P_i)$ をみたす元 $z \in F$ が存在する.これより次のことが分かる.

$$v_{P_i}(z - x_i) > n_i, \quad i = 1, \ldots, r, \tag{1.34}$$
$$v_P(z) \geq 0, \quad P \in S \setminus \{P_1, \ldots, P_r\}. \tag{1.35}$$

ここで,$v_{P_i}(y_i) = n_i$ をみたす元 $y_1, \ldots, y_r \in F$ を選ぶ.上と同様にして,以下の式をみたす元 $y \in F$ が存在する.

$$v_{P_i}(y - y_i) > n_i, \quad i = 1, \ldots, r, \tag{1.36}$$
$$v_P(y) \geq 0, \quad P \in S \setminus \{P_1, \ldots, P_r\}. \tag{1.37}$$

このとき,$i = 1, \ldots, r$ に対して,式(1.36)と強三角不等式によって

$$v_{P_i}(y) = v_{P_i}((y - y_i) + y_i) = n_i \tag{1.38}$$

が成り立つ．$x := y + z$ とおけば，式 (1.38) より

$$v_{P_i}(x - x_i) = v_{P_i}(y + (z - x_i)) = n_i \qquad (i = 1, \ldots, r)$$

を得る．すると，$P \in S \setminus \{P_1, \ldots, P_r\}$ に対して，式 (1.35) と式 (1.37) より，$v_P(x) = v_P(y + z) \geq 0$ が成り立つ． □

次に，唯一つの極をもつ F の元を考察する．

命題 1.6.6 $P \in \mathbb{P}_F$ とする．任意の $n \geq 2g$ に対して，極因子 $(x)_\infty = nP$ をもつ元 $x \in F$ が存在する．

【証明】 定理 1.5.17 より，$\ell((n-1)P) = (n-1)\deg P + 1 - g$ と $\ell(nP) = n \cdot \deg P + 1 - g$ が成り立つことが分かる．ゆえに，$\mathscr{L}((n-1)P) \subsetneq \mathscr{L}(nP)$ である．このとき，すべての元 $x \in \mathscr{L}(nP) \setminus \mathscr{L}((n-1)P)$ は極因子 nP をもつ． □

定義 1.6.7 $P \in \mathbb{P}_F$ とする．整数 $n \geq 0$ は，$(x)_\infty = nP$ をもつ元 $x \in F$ が存在するとき，P の**極値** (pole number) であるという．そうでないとき，n は P の**空隙値** (gap number) であるという．

明らかに，n が P の極値であるための必要十分条件は，$\ell(nP) > \ell((n-1)P)$ が成り立つことである．さらに，P の極値の集合は加法半群 $\mathbb{N}$ の部分半群である（これを示すためには，$(x_1)_\infty = n_1 P$ かつ $(x_2)_\infty = n_2 P$ ならば，$x_1 x_2$ は極因子 $(x_1 x_2)_\infty = (n_1 + n_2)P$ をもつことを確かめればよい）．

定理 1.6.8（ワイエルシュトラス空隙定理（Weierstrass gap theorem）） 関数体 F/K が種数 $g > 0$ をもち，P が次数 1 の座であると仮定する．このとき，P のちょうど g 個の空隙値 $i_1 < \cdots < i_g$ が存在する．ただし，

$$i_1 = 1 \text{ かつ } i_g \leq 2g - 1.$$

【証明】 命題 1.6.6 より，P の空隙値は $\leq 2g - 1$ であり，0 は極値である．ここで，空隙値についての次のような明白な特徴付けがある．

$$i \text{ は } P \text{ の空隙値である} \iff \mathscr{L}((i-1)P) = \mathscr{L}(iP).$$

次に，ベクトル空間の列

$$K = \mathscr{L}(0) \subseteq \mathscr{L}(P) \subseteq \mathscr{L}(2P) \subseteq \cdots \subseteq \mathscr{L}((2g-1)P) \tag{1.39}$$

を考える．ここで，定理 1.5.17 より，$\dim \mathscr{L}(0) = 1$ であり，$\dim \mathscr{L}((2g-1)P) = g$ である．また，すべての i に対して次が成り立つ．

$$\dim \mathscr{L}(iP) \leq \dim \mathscr{L}((i-1)P) + 1.$$

補題 1.4.8 を参照せよ．ゆえに，式 (1.39) において，$\mathscr{L}((i-1)P) \subsetneq \mathscr{L}(iP)$ をみたすちょうど $g-1$ 個の整数 $1 \leq i \leq 2g-1$ がある．残りの g 個の整数は P の空隙値である．

最後に，1 が空隙値であることを示さなければならない．そうではないと仮定すると，1 は P の極値である．極値は加法半群をつくるから，すべての整数 $n \in \mathbb{N}$ は極値となる．ゆえに，まったく空隙値が存在しなくなる．これは $g > 0$ に矛盾する． □

注意 1.6.9 K は代数的閉体であると仮定する．このとき，F/K のほとんどすべての座は同じ空隙値の列をもつことを証明することができる（したがって，これらを関数体 F/K の空隙値と呼ぶ）．F/K のこのような座を**通常の座**（ordinary place）という．すべての通常でない座は F/K の**ワイエルシュトラス点**（Weierstrass point）と呼ばれる．F/K の種数が ≥ 2 ならば，少なくとも一つのワイエルシュトラス点が存在する．文献 [21] または [45] を参照せよ．

次数が < 0 である因子 A については，系 1.4.12 より $\mathscr{L}(A) = \{0\}$ が成り立つ．一方，$\deg A > 2g - 2$ ならば，定理 1.5.17 より $\ell(A) = \deg A + 1 - g$ である．ゆえに，これらの場合に A の次元は $\deg A$（と種数）にのみ依存する．そこで，$0 \leq \deg A \leq 2g - 2$ である場合をより詳細に考察したい．ここでは，状況はむしろ複雑であるが，それでも一般的な結果がいくつかある．

定義 1.6.10 因子 $A \in \mathrm{Div}(F)$ は $i(A) = 0$ であるとき，**非特殊因子**（non-special divisor）であるといい，そうでないときの A は**特殊因子**（special divisor）という．

この定義からすぐに得られる結果を列挙しよう．

注意 1.6.11
(a) A は非特殊因子である $\iff \ell(A) = \deg A + 1 - g$．
(b) $\deg A > 2g - 2$ ならば，A は非特殊因子である．
(c) 因子 A が特殊あるいは非特殊であるという性質は，因子類群における A の因子類 $[A]$ にのみ依存する．
(d) 標準因子類は特殊因子である．
(e) $\ell(A) > 0$ でかつ $\deg A < g$ をみたすすべての因子 A は特殊因子である．

(f) A が非特殊因子で $B \geq A$ ならば，B は非特殊因子である．

【証明】
(a) $i(A)$ の定義から明白である．
(b) まさに定理 1.5.17 である．
(c) $\ell(A)$ と $\deg A$ が A の因子類にのみ依存するという事実から導かれる．
(d) 標準因子 W に対して，定理 1.5.14 より $i(W) = \ell(W - W) = 1$ が成り立つ．ゆえに，W は特殊因子である．
(e) $1 \leq \ell(A) = \deg A + 1 - g + i(A)$ である．$\deg A < g$ であるから，$i(A) \geq g - \deg A > 0$ を得る．したがって，A は特殊因子である．
(f) A が非特殊因子であるための必要十分条件は，$\mathcal{A}_F = \mathcal{A}_F(A) + F$ が成り立つことである．定理 1.5.4 を参照せよ．$B \geq A$ ならば，$\mathcal{A}_F(A) \subseteq \mathcal{A}_F(B)$ であるから，これより (f) が導かれる． □

上記の注意 1.6.11 (e) については，次の結果が興味深い．

命題 1.6.12 $T \subseteq \mathbb{P}_F$ は $|T| \geq g$ をみたす次数 1 の座の集合であると仮定する．このとき，$\deg B = g$ でかつ $\operatorname{supp} B \subseteq T$ をみたす非特殊因子 $B \geq 0$ が存在する．

【証明】 証明の決定的に重要な部分は次の主張である．

(主張) 任意の g 個の相異なる因子 $P_1, \ldots, P_g \in T$ と，$\ell(A) = 1$ でかつ $\deg A \leq g - 1$ をみたす因子 $A \geq 0$ に対して，$\ell(A + P_j) = 1$ をみたす添字 $j \in \{1, \ldots, g\}$ が存在する．

この主張が偽であると仮定する．このとき，$\ell(A + P_j) > 1$ であり，$j = 1, \ldots, g$ に対して，元 $z_j \in \mathscr{L}(A + P_j) \setminus \mathscr{L}(A)$ が存在する．
$$v_{P_j}(z_j) = -v_{P_j}(A) - 1 \quad \text{かつ} \quad v_{P_i}(z_j) \geq -v_{P_i}(A), \quad i \neq j$$
であるから，強三角不等式より，$g + 1$ 個の元 $1, z_1, \ldots, z_g$ は K 上 1 次独立であることが分かる．$\deg D = 2g - 1$ をみたす因子 $D \geq A + P_1 + \cdots + P_g$ を選ぶ．このとき，$1, z_1, \ldots, z_g \in \mathscr{L}(D)$ となり，ゆえに $\ell(D) \geq g + 1$ である．一方，リーマン・ロッホの定理より $\ell(D) = \deg D + 1 - g = g$ であるから，これは矛盾である．これより主張は証明された．

いま，命題 1.6.12 の証明は非常に簡単である．上の主張より，$j = 1, \ldots, g$ に対して $\ell(P_{i_1} + \cdots + P_{i_j}) = 1$ をみたす因子 $0 < P_{i_1} < P_{i_1} + P_{i_2} < \cdots < P_{i_1} + \cdots + P_{i_g} =: B$ が存在する (ただし，$i_\nu \in \{1, \ldots, g\}$ で，これらは重複してもよい)．特に，$\ell(B) = 1$ である．

$$\deg B + 1 - g = g + 1 - g = 1 = \ell(B)$$

であるから，因子 B は非特殊因子である（注意 1.6.11 (a) 参照）． □

次数 $\leq 2g - 2$ である任意の因子の次元に対する不等式で，この節を締めくくろう．

定理 1.6.13（クリフォードの定理（Clifford's theorem）） $0 \leq \deg A \leq 2g - 2$ をみたすすべての因子 A に対して次が成り立つ.

$$\ell(A) \leq 1 + \frac{1}{2} \cdot \deg A.$$

クリフォードの定理の証明における主要な部分は次の補題である．

補題 1.6.14 因子 A と B は $\ell(A) > 0$ と $\ell(B) > 0$ をみたしていると仮定する．このとき，次が成り立つ.

$$\ell(A) + \ell(B) \leq 1 + \ell(A + B).$$

【補題 1.6.14 の証明】 $\ell(A) > 0$ と $\ell(B) > 0$ であるから，$A \sim A_0$ と $B \sim B_0$ をみたす $A_0, B_0 \geq 0$ を見つけることができる（注意 1.4.5 参照）．集合

$$X := \{\, D \in \mathrm{Div}(F) \mid D \leq A_0, \ \mathscr{L}(D) = \mathscr{L}(A_0) \,\}$$

は，$A_0 \in X$ であるから空集合ではない．すべての $D \in X$ に対して $\deg D \geq 0$ であるから，最小の次数をもつ因子 $D_0 \in X$ が存在する．このとき，すべての $P \in \mathbb{P}_F$ に対して，次が成り立つ.

$$\ell(D_0 - P) < \ell(D_0). \tag{1.40}$$

次の式を証明したい．

$$\ell(D_0) + \ell(B_0) \leq 1 + \ell(D_0 + B_0). \tag{1.41}$$

この不等式 (1.41) より補題は次のようにすぐに導かれる．

$$\ell(A) + \ell(B) = \ell(A_0) + \ell(B_0) = \ell(D_0) + \ell(B_0)$$
$$\leq 1 + \ell(D_0 + B_0) \leq 1 + \ell(A_0 + B_0) = 1 + \ell(A + B).$$

式 (1.41) を示すために，K が無限体であるという条件をさらに仮定する（実際，あとで有限定数体の場合における補題 1.6.14 を証明する．定理 3.6.3 (d) を参照せよ）．$\mathrm{supp}\, B_0 = \{P_1, \ldots, P_r\}$ とする．このとき，$i = 1, \ldots, r$ に対して，$\mathscr{L}(D_0 - P_i)$ は $\mathscr{L}(D_0)$

の真の部分空間である．また，無限体上のベクトル空間は有限個の真の部分空間の和集合としては表せないから，次のような元 z が存在する．

$$z \in \mathscr{L}(D_0) \setminus \bigcup_{i=1}^{r} \mathscr{L}(D_0 - P_i). \tag{1.42}$$

次の K-線形写像を考える．

$$\varphi : \begin{cases} \mathscr{L}(B_0) & \longrightarrow & \mathscr{L}(D_0 + B_0)/\mathscr{L}(A_0), \\ x & \longmapsto & xz \bmod \mathscr{L}(A_0). \end{cases}$$

式 (1.42) より，φ の核は K であることが容易に分かる．ゆえに，次の式が得られる．

$$\dim \mathscr{L}(B_0) - 1 \leq \dim \mathscr{L}(D_0 + B_0) - \dim \mathscr{L}(A_0).$$

これより式 (1.41) が証明された． □

【定理 1.6.13 の証明】 $\ell(A) = 0$ は自明である．同様に，$\ell(W - A) = 0$ ならば（ここで，W は標準因子である），$\deg A \leq 2g - 2$ であるから，次の式を得る．

$$\ell(A) = \deg A + 1 - g = 1 + \frac{1}{2} \deg A + \frac{1}{2}(\deg A - 2g) < 1 + \frac{1}{2} \deg A.$$

$\ell(A) > 0$ でかつ $\ell(W - A) > 0$ である場合の考察が，まだ残っている．補題 1.6.14 を適用することができ，次の式を得る．

$$\ell(A) + \ell(W - A) \leq 1 + \ell(W) = 1 + g. \tag{1.43}$$

一方，リーマン・ロッホの定理によって

$$\ell(A) - \ell(W - A) = \deg A + 1 - g \tag{1.44}$$

が成り立つ．式 (1.43) と式 (1.44) を加えると，求める結果を得る． □

1.7 ヴェイユ微分の局所成分

1.5 節において**対角埋め込み** $F \hookrightarrow \mathcal{A}_F$ を考察した．この写像は元 $x \in F$ を対応している主アデールに写像する．次に，任意の $P \in \mathbb{P}_F$ に対して，もう一つの**局所埋め込み**（local embedding）$\iota_P : F \hookrightarrow \mathcal{A}_F$ を導入する．

定義 1.7.1 $P \in \mathbb{P}_F$ とする．

(a) $x \in F$ に対して $\iota_P(x) \in \mathcal{A}_F$ を，P-成分が x でその他は 0 であるアデールとする．

(b) ヴェイユ微分 $\omega \in \Omega_F$ に対して，その**局所成分**（local component）$\omega_P : F \to K$ を次の式により定義する．
$$\omega_P(x) := \omega(\iota_P(x)).$$

明らかに，ω_P は K-線形写像である．

命題 1.7.2 $\omega \in \Omega_F$ でかつ $\alpha = (\alpha_P) \in \mathcal{A}_F$ とする．このとき，高々有限個の座 P に対して，$\omega_P(\alpha_P) \neq 0$ であり，次が成り立つ．
$$\omega(\alpha) = \sum_{P \in \mathbb{P}_F} \omega_P(\alpha_P).$$
特に，次が成り立つ．
$$\sum_{P \in \mathbb{P}_F} \omega_P(1) = 0. \tag{1.45}$$

【証明】 $\omega \neq 0$ と仮定することができ，ω の因子を $W := (\omega)$ とおく（定義 1.5.11 を参照せよ）．ある有限集合 $S \subseteq \mathbb{P}_F$ が存在して，
$$v_P(W) = 0 \quad \text{かつ} \quad v_P(\alpha_P) \geq 0, \quad \forall P \notin S$$
をみたす．$\beta = (\beta_P) \in \mathcal{A}_F$ を次のように定義する．
$$\beta_P := \begin{cases} \alpha_P, & P \notin S, \\ 0, & P \in S. \end{cases}$$
このとき，$\beta \in \mathcal{A}_F(W)$ であり，かつ $\alpha = \beta + \sum_{P \in S} \iota_P(\alpha_P)$ が成り立つ．ゆえに，$\omega(\beta) = 0$ となり，次の式を得る．
$$\omega(\alpha) = \sum_{P \in S} \omega_P(\alpha_P).$$
なぜなら，$P \notin S$ に対して $\iota_P(\alpha_P) \in \mathcal{A}_F(W)$ であり，ゆえに，$\omega_P(\alpha_P) = 0$ となるからである． □

第 4 章において，等式 (1.45) は F/K の微分に対する「留数の定理」にほかならないことを示す．

次に，ヴェイユ微分はその局所成分によって一意的に定まることを示そう．

命題 1.7.3

(a) $\omega \neq 0$ を F/K のヴェイユ微分とし，$P \in \mathbb{P}_F$ とする．このとき，次が成り立つ．
$$v_P(\omega) = \max\{\, r \in \mathbb{Z} \mid v_P(x) \geq -r \text{ であるすべての } x \in F \text{ に対して } \omega_P(x) = 0 \,\}.$$
特に，ω_P は恒等的に 0 ではない．

(b) $\omega, \omega' \in \Omega_F$ とし,ある $P \in \mathbb{P}_F$ に対して $\omega_P = \omega'_P$ ならば,$\omega = \omega'$ となる.

【証明】

(a) 定義によって,$v_P(\omega) = v_P(W)$ であることを思い出そう.ただし,$W = (\omega)$ は ω の因子を表す.$s := v_P(\omega)$ とおく.$v_P(x) \geq -s$ をみたす $x \in F$ について,$\iota_P(x) \in \mathcal{A}_F(W)$ が成り立つ.ゆえに,$\omega_P(x) = \omega(\iota_P(x)) = 0$ である.$v_P(x) \geq -s-1$ をみたすすべての $x \in F$ について,$\omega_P(x) = 0$ であると仮定する.$\alpha = (\alpha_Q)_{Q \in \mathbb{P}_F} \in \mathcal{A}_F(W+P)$ とおく.このとき,

$$\alpha = (\alpha - \iota_P(\alpha_P)) + \iota_P(\alpha_P)$$

と表すことができ,$\alpha - \iota_P(\alpha_P) \in \mathcal{A}_F(W)$ かつ $v_P(\alpha_P) \geq -s-1$ である.ゆえに,

$$\omega(\alpha) = \omega(\alpha - \iota_P(\alpha_P)) + \omega_P(\alpha_P) = 0$$

となる.したがって,ω は $\mathcal{A}_F(W+P)$ の上では零となるが,これは W の定義に矛盾する.

(b) $\omega_P = \omega'_P$ ならば,$(\omega - \omega')_P = 0$ となる.ゆえに,(a) より $\omega - \omega' = 0$ を得る. □

再び,有理関数体 $K(x)/K$ を考える.1.2 節で導入した記号を用いる.すなわち,P_∞ は x の極因子,P_a は $x - a$ ($a \in K$) の零因子を表す.次の結果は第 4 章で重要となる.

命題 1.7.4 有理関数体 $F = K(x)$ に対して,次が成り立つ.

(a) 因子 $-2P_\infty$ は標準因子である.
(b) $(\eta) = -2P_\infty$ と $\eta_{P_\infty}(x^{-1}) = -1$ をみたす唯一つのヴェイユ微分 $\eta \in \Omega_{K(x)}$ が存在する.
(c) 上記のヴェイユ微分 η の局所成分 η_{P_∞} と η_{P_a} は,それぞれ以下の式をみたす.

$$\eta_{P_\infty}((x-a)^n) = \begin{cases} 0, & n \neq -1, \\ -1, & n = -1. \end{cases}$$

$$\eta_{P_a}((x-a)^n) = \begin{cases} 0, & n \neq -1, \\ 1, & n = -1. \end{cases}$$

【証明】

(a) $\deg(-2P_\infty) = -2 = 2g - 2$ であり,かつ $\ell(-2P_\infty) = 0 = g$ であるから,命題 1.6.2 より $-2P_\infty$ は標準因子である.

(b) $(\omega) = -2P_\infty$ をみたすヴェイユ微分 ω を選ぶ．このとき，ω は空間 $\mathcal{A}_{K(x)}(-2P_\infty)$ 上では零であるが，$\mathcal{A}_{K(x)}(-P_\infty)$ 上では恒等的に零ではない．

$$\dim \mathcal{A}_{K(x)}(-P_\infty)/\mathcal{A}_{K(x)}(-2P_\infty) = 1$$

（定理 1.5.4 の証明における等式 (1.24) を参照せよ）と，

$$\iota_{P_\infty}(x^{-1}) \in \mathcal{A}_{K(x)}(-P_\infty) \setminus \mathcal{A}_{K(x)}(-2P_\infty)$$

が成り立つので，

$$\omega_{P_\infty}(x^{-1}) = \omega(\iota_{P_\infty}(x^{-1})) =: c \neq 0$$

と結論することができる．$\eta := -c^{-1}\omega$ とおけば，$(\eta) = -2P_\infty$ と $\eta_{P_\infty}(x^{-1}) = -1$ を得る．η の一意性は容易に証明される．η^* が η と同じ性質をもてば，$\eta - \eta^*$ は空間 $\mathcal{A}_{K(x)}(-P_\infty)$ 上で零となり，これは $\eta - \eta^* = 0$ であることを意味している．

(c) ヴェイユ微分は主アデール上で零になるから，命題 1.7.2 より次を得る．

$$0 = \eta((x-a)^n) = \sum_{P \in \mathbb{P}_{K(x)}} \eta_P((x-a)^n). \tag{1.46}$$

$P \neq P_\infty$ かつ $P \neq P_a$ に対して，$v_P((x-a)^n) = 0$ が成り立つ．ゆえに命題 1.7.2 より $\eta_P((x-a)^n) = 0$ を得る．すると，式 (1.46) より次が成り立つ．

$$\eta_{P_\infty}((x-a)^n) + \eta_{P_a}((x-a)^n) = 0. \tag{1.47}$$

$n < -2$ の場合には，$v_{P_\infty}((x-a)^n) \geq 2$ が成り立つ．ゆえに，命題 1.7.3 より $\eta_{P_\infty}((x-a)^n) = 0$ を得る．次に，同様にして式 (1.47) より $\eta_{P_a}((x-a)^n) = 0$ が得られる．$n \geq 0$ であるときは，命題 1.7.3 より $\eta_{P_a}((x-a)^n) = 0$ が成り立つ．すると，再び式 (1.47) より，$\eta_{P_\infty}((x-a)^n)$ に対する結果が得られる．

最後に，$n = -1$ の場合を考察する．

$$\frac{1}{x-a} = \frac{a}{x(x-a)} + \frac{1}{x} \quad \text{かつ} \quad \iota_{P_\infty}\left(\frac{a}{x(x-a)}\right) \in \mathcal{A}_{K(x)}(-2P_\infty)$$

であるから，$\eta_{P_\infty}((x-a)^{-1}) = \eta_{P_\infty}(x^{-1}) = -1$ であることが分かる（η の定義により）．すると，式 (1.47) より $\eta_{P_a}((x-a)^{-1}) = 1$ が得られる． □

1.8 演習問題

1.1 有理関数体 $K(x)/K$ を考え，$z = f(x)/g(x) \in K(x) \setminus K$ を定数でない元とする．ただし，$f(x), g(x) \in K[x]$ は互いに素であるとする．$\deg(z) := \max\{\deg f(x), \deg g(x)\}$ を z の次数と呼ぶ．

(i) $[K(x) : K(z)] = \deg(z)$ を証明し，$K(z)$ 上 x の最小多項式を書き表せ（計算を避けるために，定理 1.4.11 と例 1.4.13 を用いてもよい）．

(ii) $K(x) = K(z)$ であるための必要十分条件は，$ad - bc \neq 0$ をみたす $a, b, c, d \in K$ によって $z = (ax + b)/(cx + d)$ と表されることであることを証明せよ．

1.2 体の拡大 L/M に対して，$\mathrm{Aut}(L/M)$ によって L/M の自己同型群を表す（すなわち，M 上で恒等写像である L の自己同型写像のことである）．$K(x)/K$ を K 上の有理関数体とする．このとき，次を示せ．

(i) すべての $\sigma \in \mathrm{Aut}(K(x)/M)$ に対して，$ad - bc \neq 0$ かつ $\sigma(x) = (ax+b)/(cx+d)$ をみたす $a, b, c, d \in K$ が存在する．

(ii) $ad - bc \neq 0$ をみたす $a, b, c, d \in K$ に対して，$\sigma(x) = (ax+b)/(cx+d)$ をみたす唯一つの自己同型写像 $\sigma \in \mathrm{Aut}(K(x)/M)$ が存在する．

(iii) $\mathrm{GL}_2(K)$ により，K 上の可逆な 2×2 行列のつくる群を表す．$A = \begin{pmatrix} a & c \\ b & d \end{pmatrix} \in \mathrm{GL}_2(K)$ に対して，σ_A により，$\sigma_A(x) = (ax+b)/(cx+d)$ をみたす $K(x)/K$ の自己同型写像を表す．このとき，A を σ_A に移す写像は $\mathrm{GL}_2(K)$ から $\mathrm{Aut}(K(x)/K)$ への準同型写像であることを示せ．また，その核は $\begin{pmatrix} a & 0 \\ 0 & a \end{pmatrix}$，$a \in K^\times$ という形の対角行列の集合であり，したがって次の同型が成り立つ．

$$\mathrm{Aut}(K(x)/K) \simeq \mathrm{GL}_2(K)/K^\times.$$

（この群 $\mathrm{GL}_2(K)/K^\times$ は射影線形群と呼ばれ，$\mathrm{PGL}_2(K)$ で表される）．

1.3 L を体とし，G を L の自己同型群とするとき，

$$L^G := \{w \in L \mid \sigma(w) = w, \ \forall \sigma \in G\}$$

を G の**不変体** (fixed field) という．G が有限群ならば，L/L^G は次数 $[L : L^G] = \mathrm{ord}(G)$ の有限次拡大であることはよく知られている．次に，$G \subseteq \mathrm{Aut}(K(x)/K)$ を K 上の有理関数体 $K(x)$ の自己同型群の有限な部分群であるとする．

$$z := \sum_{\sigma \in G} \sigma(x), \quad u := \prod_{\sigma \in G} \sigma(x)$$

とおく．このとき，次を示せ．

(i) $z \in K$ であるか，または $K(z) = K(x)^G$ である．
(ii) $u \in K$ であるか，または $K(u) = K(x)^G$ である．
(iii) (i) における両方の選択肢に対して，有限部分群 $G \subseteq \mathrm{Aut}(K(x)/K)$ の例をあげよ（また，(ii) においても同様のことをせよ）．

$\boxed{1.4}$ $K(x)$ を K 上の有理関数体とする．このとき，次のリーマン・ロッホ空間の基底を求めよ．
$$\mathscr{L}(rP_\infty), \quad \mathscr{L}(rP_\alpha), \quad \mathscr{L}(rP_{p(x)}).$$
ただし，$r \geq 0$ であり，また，座 $P_\infty, P_\alpha, P_{p(x)}$ は 1.2 節と同じものとする．

$\boxed{1.5}$ （部分分数による有理関数の表現）
(i) すべての元 $z \in K(x)$ は，次のように表されることを示せ．
$$z = \sum_{i=1}^{r} \sum_{j=1}^{k_i} \frac{c_{ij}(x)}{p_i(x)^j} + h(x).$$
ただし，この式に現れる多項式や整数に関しては，以下の条件をみたすものとする．
(a) $p_1(x), \ldots, p_r(x)$ は $K[x]$ において相異なるモニック既約多項式である．
(b) $k_1, \ldots, k_r \geq 1$．
(c) $c_{ij}(x) \in K[x]$ でかつ $\deg(c_{ij}(x)) < \deg(p_i(x))$ である．
(d) $1 \leq i \leq r$ に対して $c_{ik_i}(x) \neq 0$ である．
(e) $h(x) \in K[x]$．
$r = 0$ の場合も含めていることに注意せよ．このとき，それは単に $z = h(x) \in K[x]$ であることを意味している．
(ii) 上記の z の表現は一意的であることを示せ．

$\boxed{1.6}$ $F = K(x)$ を K 上の有理関数体とする．$\mathcal{A}_F = \mathcal{A}_F(0) + F$ であることを直接証明せよ（系 1.5.5 により，これは有理関数体の種数が 0 であることの別証明を与える）．

$\boxed{1.7}$ 代数関数体と代数体（すなわち，有理数体 $\mathbb{Q}$ の有限次拡大体のことである）の間には多くの類似性がある．ここで，最初の例を与える．
体 L の**付値環**とは，部分環 $\mathcal{O} \subsetneq L$ で，すべての元 $z \in L$ に対して $z \in \mathcal{O}$ であるか，または $z^{-1} \in \mathcal{O}$ が成り立つという性質をもつ環のことである．
(i) すべての付値環は局所環であることを証明せよ（すなわち，この環は唯一つの極大イデアルをもつ）．
(ii) 次に $L = \mathbb{Q}$ を考える．すべての素数 $p \in \mathbb{Z}$ に対して，$\mathbb{Z}_{(p)} := \{a/b \in \mathbb{Q} \mid a, b \in \mathbb{Z},\ p \nmid b\}$ は $\mathbb{Q}$ の付値環であることを証明せよ．$\mathbb{Z}_{(p)}$ の極大イデアルは何か？
(iii) $\mathcal{O}$ を $\mathbb{Q}$ の付値環とする．$\mathcal{O}$ は適当な素数 p により $\mathcal{O} = \mathbb{Z}_{(p)}$ と表されることを示せ．

以下の問題において，F/K は完全定数体を K とする種数 g の関数体を表すものとする．

1.8 $g > 0$ であり，かつ A は $\ell(A) > 0$ をみたす因子であると仮定する．$\ell(A) = \deg A + 1$ であるための必要十分条件は，A が主因子になることである．これを示せ．

1.9 次の条件は同値であることを証明せよ．
(a) $g = 0$.
(b) $\deg(A) = 2$ かつ $\ell(A) = 3$ をみたす因子 A が存在する．
(c) $\deg(A) \geq 1$ かつ $\ell(A) > \deg(A)$ をみたす因子 A が存在する．
(d) $\deg(A) \geq 1$ かつ $\ell(A) = \deg(A) + 1$ をみたす因子 A が存在する．

$\operatorname{char} K \neq 2$ の場合には，次の条件も上記の条件と同値である．
(e) ある元 $x, y \in F$ が存在して，$F = K(x, y)$ と $y^2 = ax^2 + b$, $a, b \in K^{\times}$ をみたす．

1.10 $\mathbb{R}(x)$ を実数体上の有理関数体とする．
(i) 多項式 $f(T) := T^2 + (x^2 + 1) \in \mathbb{R}(x)[T]$ は $\mathbb{R}(x)$ 上既約であることを示せ．
$F := \mathbb{R}(x, y)$ とおく．ただし，$y^2 + x^2 + 1 = 0$ である．すると (i) より，$[F : \mathbb{R}(x)] = 2$ である．このとき，次を示せ．
(ii) $\mathbb{R}$ は F の完全定数体であり，$F/\mathbb{R}$ は種数 $g = 0$ をもつ．
(iii) $F/\mathbb{R}$ は有理関数体ではない．
(iv) $F/\mathbb{R}$ のすべての座は次数 2 をもつ．

1.11 $\operatorname{char} K \neq 2$ と仮定する．$F = K(x, y)$ は次の条件をみたすものとする．
$$y^2 = f(x) \in K[x], \quad \deg f(x) = 2m + 1 \geq 3.$$
このとき，次を示せ．
(i) K は F の完全定数体である．
(ii) x の極となる唯一つの座 $P \in \mathbb{P}_F$ が存在し，またこの座は y の唯一つの極でもある．
(iii) すべての $r \geq 0$ に対して，元 $1, x, x^2, \ldots, x^r, y, xy, \ldots, x^s y$ は $\mathscr{L}(2rP)$ に属している．ただし，$0 \leq s < r - m$ である．
(iv) F/K の種数は $g \leq m$ をみたしている．

■**注意**■ 多項式 $f(x)$ が重複因子をもたなければ，実際 $g = m$ であることを，あとで証明する．例 3.7.6 を参照せよ．

1.12 $K = \mathbb{F}_3$ を 3 個の元からなる体とし，$K(x)$ を K 上の関数体とする．このとき，以下のことを示せ．
(i) 多項式 $f(T) = T^2 + x^4 - x^2 + 1$ は $K(x)$ 上既約である．
(ii) y を上記の多項式 $f(T)$ の零点として，$F = K(x, y)$ とする．$\tilde{K}$ を F の完全定数体とする．このとき，$\tilde{K}$ は 9 個の元からなり，$F = K(x)$ が成り立つ．

$\boxed{1.13}$ F/K は次数 1 の座 $P \in \mathbb{P}_F$ をもつと仮定する．このとき，ある元 $x, y \in F$ が存在して $[F : K(x)] = [F : K(y)] = 2g+1$ と $F = K(x, y)$ をみたすことを示せ．

$\boxed{1.14}$ V, W を K 上のベクトル空間とする．V と W の**非退化ペア**（non-degenerating pairing）とは，以下の条件をみたす双線形写像 $s : V \times W \to K$ のことである．すなわち，$v \neq 0$ なるすべての $v \in V$ に対してある $w \in W$ が存在して $s(v, w) \neq 0$ をみたし，$w \neq 0$ なるすべての $w \in W$ に対してある $v \in V$ が存在して $s(v, w) \neq 0$ をみたしている．そこで，関数体を F/K とし，因子 $A \in \mathrm{Div}(F)$ と零でないヴェイユ微分 $\omega \in \Omega_F$ を考え，$W := (\omega)$ とおく．このとき，$s(x, \alpha) := \omega(x\alpha)$ によって定義される写像 $s : \mathscr{L}(W - A) \times \mathcal{A}_F / (\mathcal{A}_F(A) + F) \to K$ は矛盾なく定義されること，また，これは非退化ペアであることを示せ．

$\boxed{1.15}$ 定数体 K は代数的閉体であると仮定する．このとき，すべての整数 $d \geq g$ に対して，$\deg A = d$ と $\ell(A) = \deg(A) + 1 - g$ をみたす因子 $A \in \mathrm{Div}(F)$ が存在することを示せ．

$\boxed{1.16}$ $i(A)$ は因子 $A \in \mathrm{Div}(F)$ の特殊指数を表すものとする．このとき，次を示せ．
  (i) $i(A) \leq \max\{0, 2g - 1 - \deg(A)\}$.
  (ii) $i(A) > 0$ と仮定する．すべての因子 B に対して，次が成り立つ．
$$\ell(A - B) \leq i(B).$$
  ■ヒント■ 単射準同型写像 $\mu : \mathscr{L}(A - B) \to \Omega_F(B)$ を見つけよ．
  (iii) (ii) の特別な場合として，次のことを示せ．
$$i(A) > 0 \implies \ell(A) \leq g.$$

$\boxed{1.17}$ $\ell(C) > 0$ をみたす因子 $C \in \mathrm{Div}(F)$ に対して，次のように定義する．
$$|C| := \{ A \in \mathrm{Div}(F) \mid A \sim C \text{ かつ } A \geq 0 \}.$$
この集合は C に対応する**線形系**（linear system）と呼ばれる．明らかに，線形系は因子類 $[C] \in \mathrm{Cl}(F)$ にのみ依存する．この因子類 $[C]$ は，すべての $A \in |C|$ に対して $B \leq A$ となる因子 $B > 0$ が存在しないとき，**原始的**（primitive）であるという．このとき次を示せ．
  (i) 次数 $\geq 2g$ のすべての因子類は原始的である．
  (ii) $g \geq 1$ に対しては，標準因子類は原始的である．
  (iii) $g \geq 1$ とし，W を標準因子，P を次数 1 の座とする．このとき，因子類 $[W + P]$ は原始的ではない．

$\boxed{1.18}$ 整数 $\gamma := \min\{ [F : K(z)] \mid z \in F \}$ を F/K の**最小被覆葉数**または**ゴナリティ**（gonality）という．また，すべての $r \geq 1$ に対して，次の整数を定義する．
$$\gamma_r := \min\{ \deg(A) \mid A \in \mathrm{Div}(F) \text{ かつ } \ell(A) \geq r \}.$$

整数の列 $(\gamma_1, \gamma_2, \gamma_3, \ldots)$ を F/K の**ゴナリティ列**（gonality sequence）という．
  (i) $\gamma_1 = 0$ であり，かつ $\gamma_2 = \gamma$ であることを示せ．

ここで，有理的な座 $P \in \mathbb{P}_F$ が存在すると仮定する．このとき，以下の (ii)〜(viii) を証明せよ．

  (ii) すべての整数 $r \geq 1$ に対して，$\deg(A_r) = \gamma_r$ かつ $\ell(A_r) = r$ をみたす因子 $A_r \geq 0$ が存在する．
  (iii) すべての $r \geq 1$ に対して $\gamma_r < \gamma_{r+1}$ が成り立つ．
  (iv) すべての $r > g$ に対して $\gamma_r = r + g - 1$ が成り立つ．
  (v) $g \geq 1$ ならば，$\gamma_g = 2g - 2$ が成り立つ．
  (vi) すべての $r \in \{1, \ldots, g\}$ に対して $\gamma_r \geq 2(r-1)$ が成り立つ．
  (vii) $g \geq 2$ ならば，$r \leq g$ が成り立つ．
  (viii) $\Gamma := \{j \geq 0 \mid \gamma_r = j$ をみたす r は存在しない$\}$ とする．このとき，
    (1) $|\Gamma| = g$.
    (2) $1 \in \Gamma$ であり，$g \geq 1$ ならば $2g - 1 \in \Gamma$ が成り立つ．

第 2 章

代数幾何符号

本章では，ゴッパによる代数関数体を用いた誤り訂正符号の構成を解説する．最初に，符号理論の概念を簡単に概説することから始めよう．次に，代数幾何符号（AG 符号）を定義し，それらの主要な性質を解説する．有理関数体により構成されたこの符号は，2.3 節において詳細に論じられる．

2.1　符　　号

符号理論の基本的な概念をいくつか導入しよう．これらの概念に不慣れな読者は，誤り訂正符号について書かれた適当な本の入門的な章を参照していただきたい．

$\mathbb{F}_q$ は q 個の元からなる有限体を表す．そこで，n-列 $a = (a_1, \ldots, a_n)$, $a_i \in \mathbb{F}_q$ を元とする n 次元ベクトル空間 $\mathbb{F}_q^n$ を考える．

定義 2.1.1　　$a = (a_1, \ldots, a_n)$ と $b = (b_1, \ldots, b_n) \in \mathbb{F}_q^n$ に対して，次のようにおく．

$$d(a,b) := |\{ i \, ; \, a_i \neq b_i \}|.$$

この関数 d を $\mathbb{F}_q^n$ 上の**ハミング距離** (Hamming distance) という．元 $a \in \mathbb{F}_q^n$ の**重み** (weight) は次のように定義される．

$$\mathrm{wt}(a) := d(a, 0) = |\{ i \, ; \, a_i \neq 0 \}|.$$

容易に確かめられるように、ハミング距離は $\mathbb{F}_q^n$ 上の距離を与える。すべての $a, b, c \in \mathbb{F}_q^n$ に対して、**三角不等式** (triangle inequality) $d(a, c) \leq d(a, b) + d(b, c)$ が成り立つ。

定義 2.1.2　**符号** C とは（アルファベット $\mathbb{F}_q$ 上の）$\mathbb{F}_q^n$ の線形部分空間のことである。C の元を**符号語** (code word) という。n を C の**長さ** (length) といい、$\dim C$ （$\mathbb{F}_q$-ベクトル空間としての）を C の**次元** (dimension) という。$[n, k]$ **符号**とは、長さ n で次元 k の符号のことである。

符号 $C \neq 0$ の**最小距離** (minimum distance) $d(C)$ は次のように定義される。

$$d(C) := \min\{\, d(a, b) \mid a, b \in C,\ a \neq b\,\} = \min\{\, \mathrm{wt}(c) \mid 0 \neq c \in C\,\}.$$

最小距離 d をもつ $[n, k]$ 符号は $[n, k, d]$ 符号と呼ばれる。

注意 2.1.3　一般的には、有限集合 $A \neq \emptyset$ に対して、任意の空でない部分集合 $C \subseteq A^n$ として符号を定義することができる。$A = \mathbb{F}_q$ でかつ $C \subseteq \mathbb{F}_q^n$ が線形空間であるとき、C は**線形符号** (linear code) と呼ばれる。実際に使われているほとんどの符号はこの種の符号であり、したがって、本書でも線形符号のみを扱い、「線形」という形容詞を付けないで単に「符号」という術語を用いる。

最小距離 $d = d(C)$ をもつ符号 C に対して、$t := [(d-1)/2]$ とおく（ここで、$[x]$ は実数 x の整数部分を表す。すなわち、$[x] \in \mathbb{Z}$ と $0 \leq \varepsilon < 1$ により $x = [x] + \varepsilon$ と表される）。このとき、C は t-**誤り訂正符号** (t-error correcting code) という。次のことは明らかである。すなわち、$u \in \mathbb{F}_q^n$ として、ある $c \in C$ に対して $d(u, c) \leq t$ ならば、c は $d(u, c) \leq t$ をみたす唯一つの符号語である。

ある特定の符号 C を具体的に記述するための簡単な方法は、C の（$\mathbb{F}_q$ 上のベクトル空間としての）基底を書き下すことである。

定義 2.1.4　C を $\mathbb{F}_q$ 上の $[n, k]$ 符号とする。C の**生成行列** (generator matrix) とは、行が C の基底である $k \times n$ 行列のことである。

定義 2.1.5　$\mathbb{F}_q^n$ 上の**標準内積** (canonical inner product) は、$a = (a_1, \ldots, a_n)$ と $b = (b_1, \ldots, b_n) \in \mathbb{F}_q^n$ に対して、次のように定義される。

$$\langle a, b \rangle := \sum_{i=1}^n a_i b_i.$$

明らかに、これは $\mathbb{F}_q^n$ の上の非退化である対称的な双線形写像である。

定義 2.1.6 $C \subseteq \mathbb{F}_q^n$ が符号であるとき,
$$C^{\perp} := \{\, u \in \mathbb{F}_q^n \mid \langle u, c \rangle = 0, \forall c \in C \,\}$$
を C の**双対符号**(dual code)という.符号 C は $C = C^{\perp}$(または $C \subseteq C^{\perp}$)をみたすとき,**自己双対符号**(self-dual code)(または**自己直交符号**(self-orthogonal code))という.

線形代数学より,$[n,k]$ 符号の双対符号は $[n, n-k]$ 符号であり,$(C^{\perp})^{\perp} = C$ が成り立つことが知られている.特に,長さ n の自己双対符号の次元は $n/2$ である.

定義 2.1.7 $C^{\perp}$ の生成行列 H を C の**パリティ検査行列**(parity check matrix)という.

$[n,k]$ 符号 C のパリティ検査行列 H は,明らかに階数 $n-k$ の $(n-k) \times n$ 行列であり,次が成り立つ.
$$C = \{\, u \in \mathbb{F}_q^n \mid H \cdot u^t = 0 \,\}.$$
(ここで,u^t は u の転置行列を表す).したがって,パリティ検査行列はベクトル $u \in \mathbb{F}_q^n$ が符号語であるかそうでないかを「検査」する.

代数的な符号理論における基本的な問題の一つは,(固定されたアルファベット $\mathbb{F}_q$ 上の符号で)それらの長さと比較して次元と最小距離が大きい符号を構成することである.しかしながら,いくつかの制約がある.大雑把に言えば,符号の次元が(その長さに比較して)大きければ,その最小距離は小さくなる.簡単な限界式は次のようである.

命題 2.1.8(シングルトン限界(singleton bound)) $[n, k, d]$ 符号 C に対して,次が成り立つ.
$$k + d \leq n + 1.$$

【証明】 次の式により与えられる線形空間 $E \subseteq \mathbb{F}_q^n$ を考える.
$$E := \{\, (a_1, \ldots, a_n) \in \mathbb{F}_q^n \mid a_i = 0, \ \forall i \geq d \,\}.$$
すべての $a \in E$ は重み $\leq d-1$ をもつので,$E \cap C = 0$ となる.$\dim E = d - 1$ であるから,以下の式を得る.
$$\begin{aligned} k + (d-1) &= \dim C + \dim E \\ &= \dim(C + E) + \dim(C \cap E) = \dim(C + E) \leq n. \end{aligned}$$
□

$k + d = n + 1$ をみたす符号はある意味で最良である.このような符号は **MDS 符号**(maximum distance separable code)または**最大距離分離符号**と呼ばれている.$n \leq q + 1$

ならば，すべての次元 $k \leq n$ に対して $\mathbb{F}_q$ 上の MDS 符号が存在する（これは 2.3 節で示される）．

シングルトン限界はアルファベット $\mathbb{F}_q$ の大きさを考慮に入れていない．（符号の長さ n とアルファベット $\mathbb{F}_q$ の大きさ q に関連して）パラメーター k と d に対するほかのいくつかの「上界」が知られている．それらは n が q に関して大きければシングルトン限界より強い条件である．これに関しては文献 [25], [28] がある．また，8.4 節も参照せよ．

与えられた符号（あるいは，与えられた符号の種類）の最小距離の「下界」を求めることは，一般にかなり難しい問題である．このような下界が求められる種類の符号は，ほんの少ししか知られていない．たとえば，「BCH 符号」や「ゴッパ符号」，「2 次剰余符号」などである（文献 [25], [28] を参照せよ）．代数幾何符号（次の節で定義される）に関心が高い理由の一つは，この大きな符号の種類にとって最小距離に対する良い下限界式が利用できるからである．

2.2　代数幾何符号

代数幾何符号（AG 符号）は，文献 [15] においてゴッパにより導入された．したがって，それらはしばしば**幾何学的ゴッパ符号**（geometric Goppa code）とも呼ばれる．これらの符号を構成する動機を説明するために，最初に $\mathbb{F}_q$ 上のリード・ソロモン符号を考察する．この重要な符号のクラスは，符号理論において長い間よく知られていた．代数幾何符号はこのリード・ソロモン符号の非常に自然な一般化である．

$n = q - 1$ とする．$\beta \in \mathbb{F}_q$ を乗法群 $\mathbb{F}_q^{\times}$ の原始元，すなわち，$\mathbb{F}_q^{\times} = \{\beta, \beta^2, \ldots, \beta^n = 1\}$ とする．$1 \leq k \leq n$ をみたす整数 k に対して，次のような k-次元ベクトル空間を考える．

$$\mathscr{L}_k := \{ f \in \mathbb{F}_q[X] \mid \deg f \leq k - 1 \}. \tag{2.1}$$

また，**評価写像**（evaluation map）$\mathrm{ev} : \mathscr{L}_k \to \mathbb{F}_q^n$ を次の式によって定義する．

$$\mathrm{ev}(f) := (f(\beta), f(\beta^2), \ldots, f(\beta^n)) \in \mathbb{F}_q^n. \tag{2.2}$$

明らかにこの写像は $\mathbb{F}_q$-線形写像である．また，次数 $< n$ である零でない多項式 $f \in \mathbb{F}_q[X]$ は n 個より少ない零点をもつから，この写像は単射である．したがって，

$$C_k := \{ (f(\beta), f(\beta^2), \ldots, f(\beta^n)) \mid f \in \mathscr{L}_k \} \tag{2.3}$$

は $\mathbb{F}_q$ 上の $[n, k]$ 符号である．これは**リード・ソロモン符号**（Reed-Solomon code），略して **RS 符号**と呼ばれている．符号語 $0 \neq c = \mathrm{ev}(f) \in C_k$ の重みは，次の式によって与えられる．

$$\mathrm{wt}(c) = n - \bigl| \{i \in \{1,\ldots,n\} \,;\, f(\beta^i) = 0\} \bigr|$$
$$\geq n - \deg f \geq n - (k-1).$$

ゆえに，C_k の最小距離 d は不等式 $d \geq n+1-k$ をみたす．一方，シングルトン限界により，$d \leq n+1-k$ である．したがって，リード・ソロモン符号は $\mathbb{F}_q$ 上の MDS 符号である．しかしながら，$n = q-1$ であるから，RS 符号の長さはアルファベット $\mathbb{F}_q$ の大きさに比較して短い．

さて，次に代数幾何符号の概念を導入する．この節全体で用いる記号をいくつか定義し固定する．

- $F/\mathbb{F}_q$ は種数 g の代数関数体である．
- $P_1, \ldots, P_n$ は次数を 1 とする $F/\mathbb{F}_q$ の相異なる座である．
- $D = P_1 + \cdots + P_n$．
- G は $\mathrm{supp}\, G \cap \mathrm{supp}\, D = \emptyset$ をみたす $F/\mathbb{F}_q$ の因子である．

定義 2.2.1 因子 D と G に付随した**代数幾何符号**（algebraic geometry code）（あるいは略して **AG 符号**（AG code））$C_\mathscr{L}(D, G)$ は，次の式で定義される．

$$C_\mathscr{L}(D, G) := \{\, (x(P_1), \ldots, x(P_n)) \mid x \in \mathscr{L}(G) \,\} \subseteq \mathbb{F}_q^n.$$

この定義は意味があることに注意しよう．すなわち，$\mathrm{supp}\, G \cap \mathrm{supp}\, D = \emptyset$ であるから，$x \in \mathscr{L}(G)$ に対して，$v_{P_i}(x) \geq 0 \; (i = 1, \ldots, n)$ が成り立つ．P_i を法とする x の剰余類 $x(P_i)$ は P_i の剰余体の元である（定義 1.1.14 を参照せよ）．$\deg P_i = 1$ であるから，この剰余体は $\mathbb{F}_q$ であり，ゆえに $x(P_i) \in \mathbb{F}_q$ である．

式 (2.2) と同様に，次の式で与えられる**評価写像** $\mathrm{ev}_D : \mathscr{L}(G) \to \mathbb{F}_q^n$ を考えることができる．

$$\mathrm{ev}_D(x) := (x(P_1), \ldots, x(P_n)) \in \mathbb{F}_q^n. \tag{2.4}$$

評価写像は $\mathbb{F}_q$-線形であり，かつ $C_\mathscr{L}(D, G)$ はこの写像による $\mathscr{L}(G)$ の像である．リード・ソロモン符号 (2.3) の定義との類似性は明らかである．実際，関数体 $F/\mathbb{F}_q$ と因子 D と G を適当なやり方で選べば，RS 符号は代数幾何符号の特別な場合であることが容易に分かる．2.3 節を参照せよ．

定義 2.2.1 は，ある一定の $\mathbb{F}_q$ 上の符号を定義するためには非常に人工的な方法であるようにみえる．次の定理は，これらの符号に興味がある理由を示している．すなわち，リーマン・ロッホの定理によってそれらのパラメーター n や k, d を計算できるし（あるいは少

なくとも評価できる），また非常に一般的な枠組みで，それらの最小距離の自明でない下界を得ることができるからである．

定理 2.2.2 $C_{\mathscr{L}}(D,G)$ は以下のパラメーターをもつ $[n,k,d]$ 符号である．
$$k = \ell(G) - \ell(G-D) \quad \text{かつ} \quad d \geq n - \deg G.$$

【証明】 評価写像 (2.4) は $\mathscr{L}(G)$ から $C_{\mathscr{L}}(D,G)$ への全射である線形写像であり，その核は次のようである．
$$\mathrm{Ker}(\mathrm{ev}_D) = \{\, x \in \mathscr{L}(G) \mid v_{P_i}(x) > 0,\ i=1,\ldots,n\,\} = \mathscr{L}(G-D).$$
したがって，$k = \dim C_{\mathscr{L}}(D,G) = \dim \mathscr{L}(G) - \dim \mathscr{L}(D-G) = \ell(G) - \ell(G-D)$ を得る．最小距離 d に関する主張は $C_{\mathscr{L}}(D,G) \neq 0$ であるときのみ意味をもつので，これを仮定する．$\mathrm{wt}(\mathrm{ev}_D(x)) = d$ をみたす元 $x \in \mathscr{L}(G)$ を選ぶ．このとき，D の台の中のちょうど $n-d$ 個の座 $P_{i_1},\ldots,P_{i_{n-d}}$ が x の零点である．ゆえに，
$$0 \neq x \in \mathscr{L}(G - (P_{i_1} + \cdots + P_{i_{n-d}})).$$

したがって，系 1.4.12 (b) より
$$0 \leq \deg(G - (P_{i_1} + \cdots + P_{i_{n-d}})) = \deg G - n + d$$
と結論することができる．ゆえに，$d \geq n - \deg G$ を得る． □

系 2.2.3 G の次数が真に n より小さいと仮定する．このとき，評価写像 $\mathrm{ev}_D : \mathscr{L}(G) \to C_{\mathscr{L}}(D,G)$ は単射であり，以下のことが成り立つ．

(a) $C_{\mathscr{L}}(D,G)$ は次の条件をみたす $[n,k,d]$ 符号である．
$$d \geq n - \deg G \quad \text{かつ} \quad k = \ell(G) \geq \deg G + 1 - g.$$
ゆえに，次が成り立つ．
$$k + d \geq n + 1 - g. \tag{2.5}$$

(b) 上の条件に加えて，$2g-2 < \deg G < n$ ならば，$k = \deg G + 1 - g$ が成り立つ．

(c) $\{x_1, \ldots, x_k\}$ が $\mathscr{L}(G)$ の基底ならば，次の行列
$$M = \begin{pmatrix} x_1(P_1) & x_1(P_2) & \cdots & x_1(P_n) \\ \vdots & \vdots & & \vdots \\ x_k(P_1) & x_k(P_2) & \cdots & x_k(P_n) \end{pmatrix}$$
は $C_{\mathscr{L}}(D,G)$ の生成行列である．

【証明】 仮定より，$\deg(G-D) = \deg G - n < 0$ が成り立つ．ゆえに，$\mathscr{L}(G-D) = 0$ である．$\mathscr{L}(G-D)$ はこの評価写像の核であるから，これは単射である．残りの主張は定理 2.2.2 とリーマン・ロッホの定理より得られる自明な結論である． □

最小距離に対する「下限界式」(2.5) は「上限界式」シングルトン限界に大変よく似ていることを指摘しておこう．二つの限界式を一緒にすれば，$\deg G < n$ に対して，次が成り立つ．

$$n + 1 - g \leq k + d \leq n + 1. \tag{2.6}$$

F が種数 $g = 0$ の関数体ならば，$k + d = n + 1$ が成り立つことに注意しよう．したがって，有理関数体 $\mathbb{F}_q(z)$ により構成された代数幾何符号はつねに MDS 符号である．詳細については，2.3 節を参照せよ．

$C_\mathscr{L}(D, G)$ の最小距離に対する意味のある限界式を定理 2.2.2 から得るためには，$\deg G < n$ と仮定することが多い．

定義 2.2.4 整数 $d^* := n - \deg G$ を，符号 $C_\mathscr{L}(D, G)$ の**設計距離** (designed distance) という．

定理 2.2.2 によれば，代数幾何符号の最小距離 d がその設計距離より小さいことはあり得ない．$d^* = d$ であるか，または $d^* < d$ であるかという問題の解答は，次の注意により与えられる．

注意 2.2.5 $\ell(G) > 0$，かつ $d^* = n - \deg G > 0$ と仮定する．このとき，$d^* = d$ であるための必要十分条件は，$0 \leq D' \leq D$, $\deg D' = \deg G$ であり，かつ $\ell(G - D') > 0$ をみたす因子 D' が存在することである．

【証明】 最初に $d^* = d$ と仮定する．すると，ある元 $0 \neq x \in \mathscr{L}(G)$ が存在して，符号語 $(x(P_1), \ldots, x(P_n)) \in C_\mathscr{L}(D, G)$ はちょうど $n - d = n - d^* = \deg G$ 個の零成分をもつ．これらを $j = 1, \ldots, \deg G$ に対して $x(P_{i_j}) = 0$ とする．そこで，

$$D' := \sum_{j=1}^{\deg G} P_{i_j}$$

とおく．このとき，D' は $0 \leq D' \leq D$, $\deg D' = \deg G$ であり，かつ $\ell(G - D') > 0$ をみたす（$x \in \mathscr{L}(G - D')$ であるから）．

逆に，D' が上の性質をもつならば，元 $0 \neq y \in \mathscr{L}(G - D')$ が存在する．対応している符号語 $(y(P_1), \ldots, y(P_n))$ の重みは $n - \deg G = d^*$ である．ゆえに，$d = d^*$ を得る．□

ヴェイユ微分の局所成分を用いて，因子 G と D に付随したもう一つの符号を構成することができる．第 1 章において導入した記号をいくつか思い出しておこう．因子 $A \in \mathrm{Div}(F)$ に対して，$\Omega_F(A)$ は $(\omega) \geq A$ をみたすヴェイユ微分 ω のつくる空間である．これは $\mathbb{F}_q$ 上の次元 $i(A)$（A の特殊指数）の有限次元ベクトル空間である．ヴェイユ微分 ω と座 $P \in \mathbb{P}_F$ に対して，写像 $\omega_P : F \to \mathbb{F}_q$ は P における ω の局所成分を表している．

定義 2.2.6 G と $D = P_1 + \cdots + P_n$ を前と同じ因子とする（P_i はすべて次数 1 の相異なる座で，$\mathrm{supp}\, G \cap \mathrm{supp}\, D = \emptyset$ をみたしている）．このとき，次の式によって符号 $C_\Omega(D, G) \subseteq \mathbb{F}_q^n$ を定義する．

$$C_\Omega(D, G) := \{ (\omega_{P_1}(1), \ldots, \omega_{P_n}(1)) \mid \omega \in \Omega_F(G - D) \}.$$

符号 $C_\Omega(D, G)$ もまた代数幾何符号と呼ばれる．符号 $C_\mathscr{L}(D, G)$ と $C_\Omega(D, G)$ の間の関係は，定理 2.2.8 と命題 2.2.10 において説明される．$C_\Omega(D, G)$ に関する最初の成果は定理 2.2.2 に類似の定理である．

定理 2.2.7 $C_\Omega(D, G)$ は $[n, k', d']$ 符号である．ただし，パラメーターは以下の条件をみたす．

$$k' = i(G - D) - i(G) \quad \text{かつ} \quad d' \geq \deg G - (2g - 2).$$

さらに $\deg G > 2g - 2$ を仮定すると，$k' = i(G - D) \geq n + g - 1 - \deg G$ が成り立つ．また，さらに $2g - 2 < \deg G < n$ ならば，次が成り立つ．

$$k' = n + g - 1 - \deg G.$$

【証明】 $P \in \mathbb{P}_F$ を次数 1 の座とし，ω を $v_P(\omega) \geq -1$ をみたすヴェイユ微分とする．このとき，

$$\omega_P(1) = 0 \iff v_P(\omega) \geq 0 \tag{2.7}$$

を証明する．これを示すために命題 1.7.3 を用いる．この命題は整数 $r \in \mathbb{Z}$ に対して，次のことを述べている．

$$v_P(\omega) \geq r \iff \forall x \in F, v_P(x) \geq -r \text{ ならば } \omega_P(x) = 0. \tag{2.8}$$

式 (2.7) の $\Longleftarrow$ の主張は式 (2.8) の明らかな帰結である．逆に，$\omega_P(1) = 0$ と仮定する．$x \in F$ を $v_P(x) \geq 0$ とする．$\deg P = 1$ であるから，$x = a + y, a \in \mathbb{F}_q$ かつ $v_P(y) \geq 1$ と表

される．このとき，
$$\omega_P(x) = \omega_P(a) + \omega_P(y) = a \cdot \omega_P(1) + 0 = 0$$
となる．($v_P(\omega) \geq -1$ でかつ $v_P(y) \geq 1$ であるから，$\omega_P(y) = 0$ であることに注意せよ．式 (2.8) 参照．) したがって，式 (2.7) が証明された．

次に，以下のような $\mathbb{F}_q$-線形写像を考える．
$$\varrho_D := \begin{cases} \Omega_F(G-D) & \longrightarrow & C_\Omega(D,G), \\ \omega & \longmapsto & (\omega_{P_1}(1), \ldots, \omega_{P_n}(1)). \end{cases}$$

ϱ_D は全射であり，その核は式 (2.7) より $\Omega_F(G)$ である．したがって，
$$k' = \dim \Omega_F(G-D) - \dim \Omega_F(G) = i(G-D) - i(G). \tag{2.9}$$

$\varrho_D(\omega) \in C_\Omega(D,G)$ を重み $m > 0$ の符号語とする．このとき，添字 $i = i_1, \ldots, i_{n-m}$ に対して $\omega_{P_i}(1) = 0$ である．ゆえに，式 (2.7) より
$$\omega \in \Omega_F\left(G - \left(D - \sum_{j=1}^{n-m} P_{i_j}\right)\right).$$

$\Omega_F(A) \neq 0$ は（定理 1.5.17 より）$\deg A \leq 2g - 2$ を意味しているから，次を得る．
$$2g - 2 \geq \deg G - \bigl(n - (n-m)\bigr) = \deg G - m.$$

したがって，$C_\Omega(D,G)$ の最小距離 d' は不等式 $d' \geq \deg G - (2g-2)$ をみたす．

いま，$\deg G > 2g - 2$ と仮定する．定理 1.5.17 によって，$i(G) = 0$ を得る．次に，式 (2.9) とリーマン・ロッホの定理より，次の式が得られる．
$$k' = i(G-D) = \ell(G-D) - \deg(G-D) - 1 + g$$
$$= \ell(G-D) + n + g - 1 - \deg G.$$

定理 2.2.7 の残りの主張はすぐに得られる． □

定義 2.2.4 に対する類似の量として，整数 $\deg G - (2g-2)$ を $C_\Omega(D,G)$ の**設計距離**という．

符号 $C_\mathscr{L}(D,G)$ と $C_\Omega(D,G)$ の間に密接な関係がある．

定理 2.2.8 符号 $C_\mathscr{L}(D,G)$ と $C_\Omega(D,G)$ は互いに双対である．すなわち，
$$C_\Omega(D,G) = C_\mathscr{L}(D,G)^\perp.$$

【証明】 最初に次の事実に注意しよう．すなわち，次数 1 の座 $P \in \mathbb{P}_F$, $v_P(\omega) \geq -1$ をみたすヴェイユ微分 ω と，$v_P(x) \geq 0$ をみたす元 $x \in F$ を考える．このとき，

$$\omega_P(x) = x(P) \cdot \omega_P(1). \tag{2.10}$$

式 (2.10) を証明するために，$a = x(P)$ と $v_P(y) > 0$ により $x = a + y$ と表す．このとき，式 (2.8) によって，$\omega_P(x) = \omega_P(a) + \omega_P(y) = a \cdot \omega_P(1) + 0 = x(P) \cdot \omega_P(1)$ が成り立つ．

次に，$C_\Omega(D,G) \subseteq C_\mathscr{L}(D,G)^\perp$ を示す．そこで，$\omega \in \Omega_F(G-D)$ と $x \in \mathscr{L}(G)$ とする．すると，次の式が得られる．

$$0 = \omega(x) = \sum_{P \in \mathbb{P}_F} \omega_P(x) \tag{2.11}$$

$$= \sum_{i=1}^{n} \omega_{P_i}(x) \tag{2.12}$$

$$= \sum_{i=1}^{n} x(P_i) \cdot \omega_{P_i}(1) \tag{2.13}$$

$$= \langle (\omega_{P_1}(1), \ldots, \omega_{P_n}(1)), (x(P_1), \ldots, x(P_n)) \rangle.$$

ここで，$\langle , \rangle$ は $\mathbb{F}_q^n$ の標準的な内積を表している．さらに上記の計算で，個々のステップにおける正当性を確認しなければならない．式 (2.11) は，命題 1.7.2 および，ヴェイユ微分は主アデール上で零になるという事実から得られる．$P \in \mathbb{P}_F \setminus \{P_1, \ldots, P_n\}$ に対して，$v_P(x) \geq -v_P(\omega)$ である ($x \in \mathscr{L}(G)$ でかつ $\omega \in \Omega(G-D)$ であるから)．ゆえに，式 (2.8) より $\omega_P(x) = 0$ を得る．これより式 (2.12) が成り立つ．最後に，式 (2.13) は式 (2.10) より導かれる．以上より，$C_\Omega(D,G) \subseteq C_\mathscr{L}(D,G)^\perp$ が示された．

上で証明したことより，符号 $C_\Omega(D,G)$ と $C_\mathscr{L}(D,G)^\perp$ の次元が同じであることを示せば十分である．これは定理 2.2.2，定理 2.2.7 とリーマン・ロッホの定理を用いると，次のようにして得られる．

$$\begin{aligned}
\dim C_\Omega(D,G) &= i(G-D) - i(G) \\
&= \ell(G-D) - \deg(G-D) - 1 + g - (\ell(G) - \deg G - 1 + g) \\
&= \deg D + \ell(G-D) - \ell(G) \\
&= n - (\ell(G) - \ell(G-D)) \\
&= n - \dim C_\mathscr{L}(D,G) = \dim C_\mathscr{L}(D,G)^\perp.
\end{aligned}$$

□

次の目標は，$C_\Omega(D,G)$ が適当な因子 H により $C_\mathscr{L}(D,H)$ として表現されることを証明することである．このために，次の補題が必要である．

補題 2.2.9 以下の条件をみたすヴェイユ微分 η が存在する.
$$v_{P_i}(\eta) = -1 \quad \text{かつ} \quad \eta_{P_i}(1) = 1 \quad (i = 1, \ldots, n).$$

【証明】 任意のヴェイユ微分 $\omega_0 \neq 0$ を選ぶ.すると,弱近似定理によって,$i = 1, \ldots, n$ に対して $v_{P_i}(z) = -v_{P_i}(\omega_0) - 1$ をみたす元 $z \in F$ が存在する.$\omega := z\omega_0$ とおけば,$v_{P_i}(\omega) = -1$ である.したがって,式 (2.7) により $a_i := \omega_{P_i}(1) \neq 0$ である.再び,近似定理により $v_{P_i}(y - a_i) > 0$ をみたす元 $y \in F$ を見つけることができる.すると,$v_{P_i}(y) = 0$ かつ $y(P_i) = a_i$ である.ここで,$\eta := y^{-1}\omega$ とおけば,$v_{P_i}(\eta) = v_{P_i}(\omega) = -1$ が得られ,次が成り立つ.
$$\eta_{P_i}(1) = \omega_{P_i}(y^{-1}) = y^{-1}(P_i) \cdot \omega_{P_i}(1) = a_i^{-1} \cdot a_i = 1. \qquad \square$$

命題 2.2.10 η を $v_{P_i}(\eta) = -1$ かつ $i = 1, \ldots, n$ に対して $\eta_{P_i}(1) = 1$ をみたすヴェイユ微分とする.$H := D - G + (\eta)$ とすれば,次が成り立つ.
$$C_{\mathscr{L}}(D, G)^\perp = C_\Omega(D, G) = C_{\mathscr{L}}(D, H).$$

【証明】 等式 $C_{\mathscr{L}}(D, G)^\perp = C_\Omega(D, G)$ はすでに定理 2.2.8 において証明した.ここで,$i = 1, \ldots, n$ に対して $v_{P_i}(\eta) = -1$ であるから,$\mathrm{supp}(D - G + (\eta)) \cap \mathrm{supp}\, D = \emptyset$ であることに注意しよう.ゆえに,符号 $C_{\mathscr{L}}(D, D - G + (\eta))$ が定義される.定理 1.5.14 より,$\mu(x) := x\eta$ によって定義される同型写像 $\mu : \mathscr{L}(D - G + (\eta)) \to \Omega_F(G - D)$ がある.$x \in \mathscr{L}(D - G + (\eta))$ に対して,
$$(x\eta)_{P_i}(1) = \eta_{P_i}(x) = x(P_i) \cdot \eta_{P_i}(1) = x(P_i)$$
が成り立つ.式 (2.10) を参照せよ.このことは $C_\Omega(D, G) = C_{\mathscr{L}}(D, D - G + (\eta))$ であることを意味している. $\square$

系 2.2.11 以下の式をみたすヴェイユ微分 η が存在すると仮定する.
$$2G - D \leq (\eta) \quad \text{かつ} \quad \eta_{P_i}(1) = 1 \quad (i = 1, \ldots, n).$$
このとき,$C_{\mathscr{L}}(D, G)$ は自己直交符号である.すなわち,$C_{\mathscr{L}}(D, G) \subseteq C_{\mathscr{L}}(D, G)^\perp$ が成り立つ.また
$$2G - D = (\eta) \quad \text{かつ} \quad \eta_{P_i}(1) = 1 \quad (i = 1, \ldots, n)$$
ならば,$C_{\mathscr{L}}(D, G)$ は自己双対符号である.

【証明】 仮定 $2G - D \leq (\eta)$ は $G \leq D - G + (\eta)$ に同値である.ゆえに,命題 2.2.10 より
$$C_{\mathscr{L}}(D, G)^\perp = C_{\mathscr{L}}(D, D - G + (\eta)) \supseteq C_{\mathscr{L}}(D, G)$$

が成り立つ．これより，最初の主張が証明される．等式 $2G - D = (\eta)$ を仮定すると，$G = D - G + (\eta)$ であり，したがって，
$$C_{\mathscr{L}}(D,G)^{\perp} = C_{\mathscr{L}}(D, D - G + (\eta)) = C_{\mathscr{L}}(D,G).$$
□

注意 2.2.12 命題 2.2.10 を用いると，定理 2.2.7 を定理 2.2.2 に帰着させることができる．これより，定理 2.2.7 の別証明が得られる．

定義 2.2.13 二つの符号 $C_1, C_2 \subseteq \mathbb{F}_q^n$ は，あるベクトル $a = (a_1, \ldots, a_n) \in (\mathbb{F}_q^{\times})^n$ が存在して $C_2 = a \cdot C_1$ をみたすとき，**同値である**という．すなわち，
$$C_2 = \{(a_1 c_1, \ldots, a_n c_n) \mid (c_1, \ldots, c_n) \in C_1\}.$$

明らかに，同値である符号は同じ次元と同じ最小距離をもつ．しかしながら，この同値性は符号のすべての重要な性質を保存するわけではない．たとえば，同値である符号でも同型でない自己同型群をもつことがある．第 8 章において符号の自己同型写像を考察する．

命題 2.2.14
(a) G_1 と G_2 を，$G_1 \sim G_2$ かつ $\operatorname{supp} G_1 \cap \operatorname{supp} D = \operatorname{supp} G_2 \cap \operatorname{supp} D = \emptyset$ をみたす因子とする．このとき，符号 $C_{\mathscr{L}}(D, G_1)$ と $C_{\mathscr{L}}(D, G_2)$ は同値である．同じことは，$C_{\Omega}(D, G_1)$ と $C_{\Omega}(D, G_2)$ についても成り立つ．
(b) 逆に，符号 $C \subseteq \mathbb{F}_q^n$ が $C_{\mathscr{L}}(D, G)$（または $C_{\Omega}(D, G)$）に同値であるならば，ある因子 $G' \sim G$ が存在して $\operatorname{supp} G' \cap \operatorname{supp} D = \emptyset$ と $C = C_{\mathscr{L}}(D, G')$（または $C = C_{\Omega}(D, G')$）をみたす．

【証明】
(a) 仮定より，$i = 1, \ldots, n$ に対して $v_{P_i}(z) = 0$ をみたす z により $G_2 = G_1 - (z)$ が成り立つ．ゆえに，$a := (z(P_1), \ldots, z(P_n))$ は $(\mathbb{F}_q^{\times})^n$ に属しており，かつ $\mathscr{L}(G_1)$ から $\mathscr{L}(G_2)$ への写像 $x \mapsto xz$ は全単射である（補題 1.4.6 を参照）．これは $C_{\mathscr{L}}(D, G_2) = a \cdot C_{\mathscr{L}}(D, G_1)$ であることを意味している．$C_{\Omega}(D, G_1)$ と $C_{\Omega}(D, G_2)$ が同値であることも同様に証明される．
(b) $a = (a_1, \ldots, a_n) \in (\mathbb{F}_q^{\times})^n$ により，$C = a \cdot C_{\mathscr{L}}(D, G)$ とする．$z(P_i) = a_i \ (i = 1, \ldots, n)$ をみたす元 $z \in F$ を選び，$G' := G - (z)$ とおく．このとき，$C = C_{\mathscr{L}}(D, G')$ が成り立つ．□

注意 2.2.15 G の台が $\operatorname{supp} D$ と共通部分をもつ因子であるとき，それでも次のようにして D と G に付随した代数幾何符号 $C_{\mathscr{L}}(D, G)$ を定義することができる．$\operatorname{supp} G' \cap$

$\operatorname{supp} D = \emptyset$ をみたす因子 $G' \sim G$ を選び (これは近似定理により可能である), $C_{\mathscr{L}}(D,G) := C_{\mathscr{L}}(D,G')$ とおく. G' の選び方は一意的ではないが,命題 2.2.14 によって,符号 $C_{\mathscr{L}}(D,G)$ は同値であることを除いて矛盾なく定義される.

2.3　有理代数幾何符号

　この節では有理関数体の因子に付随した代数幾何符号を考察する．これらの符号を生成行列とパリティ検査行列によって明示的に説明しよう．符号理論においては，この種類の符号は「一般リード・ソロモン符号」という術語によって知られている．実際に使われているもっとも重要な符号のいくつかは（BCH 符号やゴッパ符号のような符号のこと，これらの符号は後の節で定義される），自然なやり方で一般リード・ソロモン符号の部分体部分符号として表現することができる．

定義 2.3.1　有理関数体 $\mathbb{F}_q(z)/\mathbb{F}_q$ の因子 G と D に付随した代数幾何符号 $C_{\mathscr{L}}(D,G)$ は**有理的**であるといい，**有理代数幾何符号** (rational algebraic geometry code) または**有理 AG 符号**と呼ぶ (2.2 節と同様に，次数 1 の相異なる座により $D = P_1 + \cdots + P_n$ と表され, $\operatorname{supp} G \cap \operatorname{supp} D = \emptyset$ であると仮定している).

　$\mathbb{F}_q(z)$ は次数 1 の座を $q+1$ 個しかもたないから，代数幾何符号の長さは $q+1$ 以下である. すなわち, z の極 P_∞ と，各 $\alpha \in \mathbb{F}_q$ に対して $z-\alpha$ の零点 P_α である (命題 1.2.1 を参照せよ). 次の結果は 2.2 節からすぐに得られる.

命題 2.3.2　$C = C_{\mathscr{L}}(D,G)$ を $\mathbb{F}_q$ 上の有理代数幾何符号とし, n, k, d を C のパラメーターとする．このとき，次が成り立つ.

(a) $n \leq q+1$.
(b) $k = 0$ であるための必要十分条件は $\deg G < 0$ であり, $k = n$ であるための必要十分条件は $\deg G > n-2$ である.
(c) $0 \leq \deg G \leq n-2$ に対して，次が成り立つ.

$$k = 1 + \deg G \quad \text{かつ} \quad d = n - \deg G.$$

　特に, C は MDS 符号である.

(d) $C^\perp$ もまた有理代数幾何符号である.

次に，有理代数幾何符号に対する特殊な生成行列を決定する.

66   第 2 章 代数幾何符号

命題 2.3.3 $C = C_{\mathscr{L}}(D, G)$ を，パラメーターが n, k, d である $\mathbb{F}_q$ 上の有理代数幾何符号とする．

(a) $n \leq q$ ならば，相異なる元 $\alpha_1, \ldots, \alpha_n \in \mathbb{F}_q$ と $v_1, \ldots, v_n \in \mathbb{F}_q^\times$ が存在して（重複可），次が成り立つ．

$$C = \{(v_1 f(\alpha_1), v_2 f(\alpha_2), \ldots, v_n f(\alpha_n)) \mid f \in \mathbb{F}_q[z], \deg f \leq k-1\}.$$

行列

$$M = \begin{pmatrix} v_1 & v_2 & \cdots & v_n \\ \alpha_1 v_1 & \alpha_2 v_2 & \cdots & \alpha_n v_n \\ \alpha_1^2 v_1 & \alpha_2^2 v_2 & \cdots & \alpha_n^2 v_n \\ \vdots & \vdots & & \vdots \\ \alpha_1^{k-1} v_1 & \alpha_2^{k-1} v_2 & \cdots & \alpha_n^{k-1} v_n \end{pmatrix} \tag{2.14}$$

は C の生成行列である．

(b) $n = q + 1$ ならば，C は次の生成行列をもつ．

$$M = \begin{pmatrix} v_1 & v_2 & \cdots & v_{n-1} & 0 \\ \alpha_1 v_1 & \alpha_2 v_2 & \cdots & \alpha_{n-1} v_{n-1} & 0 \\ \alpha_1^2 v_1 & \alpha_2^2 v_2 & \cdots & \alpha_{n-1}^2 v_{n-1} & 0 \\ \vdots & \vdots & & \vdots & \vdots \\ \alpha_1^{k-1} v_1 & \alpha_2^{k-1} v_2 & \cdots & \alpha_{n-1}^{k-1} v_{n-1} & 1 \end{pmatrix}. \tag{2.15}$$

ただし，$\mathbb{F}_q = \{\alpha_1, \ldots, \alpha_{n-1}\}$ かつ $v_1, \ldots, v_{n-1} \in \mathbb{F}_q^\times$ である．

【証明】

(a) $D = P_1 + \cdots + P_n$ とする．$n \leq q$ であるから，D の台に属さない次数 1 の座 P が存在する．次数 1 の座 $Q \neq P$ を選ぶ（たとえば，$Q = P_1$）．リーマン・ロッホの定理により，$\ell(Q - P) = 1$ である．ゆえに，$Q - P$ は主因子である（系 1.4.12）．$Q - P = (z)$ とおく．すると，z は $\mathbb{F}_q$ 上の有理関数体の生成元であり，P は z の極因子である．通常のように，$P = P_\infty$ と書く．命題 2.3.2 によって，$\deg G = k - 1 \geq 0$ と仮定できる（$k = 0$ の場合は自明である）．因子 $(k-1)P_\infty - G$ は次数零であるから，これは主因子である（リーマン・ロッホの定理と系 1.4.12）．たとえば，$(k-1)P_\infty - G = (u)$, $0 \neq u \in F$ とする．k 個の元 $u, zu, \ldots, z^{k-1}u$ は $\mathscr{L}(G)$ に属しており，それらは $\mathbb{F}_q$ 上 1 次独立である．$\ell(G) = k$ であるから，それらは $\mathscr{L}(G)$ の基底を構成する．すなわち，

$$\mathscr{L}(G) = \{uf(z) \mid f \in \mathbb{F}_q[z] \text{ かつ } \deg f \leq k - 1\}.$$

$\alpha_i := z(P_i)$ かつ $v_i := u(P_i)$ とおけば，$i = 1, \ldots, n$ に対して次の式を得る．

$$(uf(z))(P_i) = u(P_i) f(z(P_i)) = v_i f(\alpha_i).$$

したがって，次が成り立つ．
$$C = C_{\mathscr{L}}(D, G) = \{(v_1 f(\alpha_1), \ldots, v_n f(\alpha_n)) \mid \deg f \leq k-1\}.$$

uz^j に対応する C の符号語は $(v_1 \alpha_1^j, v_2 \alpha_2^j, \ldots, v_n \alpha_n^j)$ である．ゆえに，行列 (2.14) は C の生成行列である．

(b) この証明は本質的に $n \leq q$ の場合と同じである．いま $n = q+1$ として，z を，$P_n = P_\infty$ が z の極であるように選ぶことができる．上と同様にして，ある $0 \neq u \in F$ により $(k-1)P_\infty - G = (u)$ と表す．すると，$\{u, zu, \ldots, z^{k-1}u\}$ は $\mathscr{L}(G)$ の基底である．$1 \leq i \leq n-1 = q$ に対して，元 $\alpha_i := z(P_i) \in \mathbb{F}_q$ は相異なるので，$\mathbb{F}_q = \{\alpha_1, \ldots, \alpha_{n-1}\}$ を得る．さらに，$i = 1, \ldots, n-1$ に対して $v_i = u(P_i) \in \mathbb{F}_q^\times$ とおく．$0 \leq j \leq k-2$ に対しては
$$((uz^j)(P_1), \ldots, (uz^j)(P_n)) = (\alpha_1^j v_1, \ldots, \alpha_{n-1}^j v_{n-1}, 0)$$
が得られ，$j = k-1$ に対しては
$$((uz^{k-1})(P_1), \ldots, (uz^{k-1})(P_n)) = (\alpha_1^{k-1} v_1, \ldots, \alpha_{n-1}^{k-1} v_{n-1}, \gamma)$$
が成り立つ．ただし，$0 \neq \gamma \in \mathbb{F}_q$ である．u を $\gamma^{-1} u$ によって置き換えれば，生成行列 (2.15) を得る． □

定義 2.3.4 $\alpha = (\alpha_1, \ldots, \alpha_n)$ とする．ただし，すべての α_i は相異なる $\mathbb{F}_q$ の元である．また，$v = (v_1, \ldots, v_n)$ とする．ただし，すべての v_i は零でない $\mathbb{F}_q$ の元である（重複してもよい）．このとき，**一般リード・ソロモン符号**（generalized Reed-Solomon code）は，これを $\mathrm{GRS}_k(\alpha, v)$ で表し，以下のようなすべてのベクトルから構成されるものである．
$$(v_1 f(\alpha_1), \ldots, v_n f(\alpha_n)).$$
ただし，$f(z) \in \mathbb{F}_q[z]$ で，かつ $\deg f \leq k-1$ である（固定した $k \leq n$ に対して）．

$\alpha = (\beta, \beta^2, \ldots, \beta^n)$（ここで，$n = q-1$ で，β は 1 の原始 n-乗根である）かつ $v = (1, 1, \ldots, 1)$ の場合に，$\mathrm{GRS}_k(\alpha, v)$ はリード・ソロモン符号である．2.2 節を参照せよ．

明らかに，$\mathrm{GRS}_k(\alpha, v)$ は $[n, k]$ 符号であり，命題 2.3.3 (a) より，長さ $n \leq q$ である $\mathbb{F}_q$ 上のすべての有理代数幾何符号は，一般リード・ソロモン符号である．この命題の逆もまた真である．すなわち，次が成り立つ．

命題 2.3.5 すべての一般リード・ソロモン符号 $\mathrm{GRS}_k(\alpha, v)$ は，有理代数幾何符号として表現できる．

【証明】 $\alpha = (\alpha_1, \ldots, \alpha_n)$, $\alpha_i \in \mathbb{F}_q$ とし，$v = (v_1, \ldots, v_n)$, $v_i \in \mathbb{F}_q^\times$ とする．有理関数体 $F = \mathbb{F}_q(z)$ を考える．P_i は $z - \alpha_i$ ($i = 1, \ldots, n$) の零点を，また P_∞ は z の極を表すものとする．$u \in F$ を以下の式をみたす元とする．

$$u(P_i) = v_i \qquad (i = 1, \ldots, n). \tag{2.16}$$

このような元が存在することは近似定理により保証される．（また，ラグランジュの補間公式により，式 (2.16) をみたす多項式 $u = u(z) \in \mathbb{F}_q[z]$ を求めることもできる．）さてここで，

$$D := P_1 + \cdots + P_n \quad \text{かつ} \quad G := (k-1)P_\infty - (u)$$

とおけば，命題 2.3.3 の証明より，$\mathrm{GRS}_k(\alpha, v) = C_\mathscr{L}(D, G)$ であることが分かる． □

$\mathbb{F}_q$ 上長さ $n = q + 1$ の符号に対し同じ議論を適用すると，特殊な形の生成行列 (2.15) を得る．すべてのこのような符号は有理代数幾何符号として表現される．

有理代数幾何符号 $C = C_\mathscr{L}(D, G)$ の双対符号を求めるために，以下の条件をみたす $\mathbb{F}_q(z)$ のヴェイユ微分 ω が（定理 2.2.8 と命題 2.2.10 において）必要となる．

$$v_{P_i}(\omega) = -1 \quad \text{かつ} \quad \omega_{P_i}(1) = 1 \quad (i = 1, \ldots, n). \tag{2.17}$$

補題 2.3.6 有理関数体 $\mathbb{F}_q(z)$ と n 個の相異なる元 $\alpha_1, \ldots, \alpha_n \in \mathbb{F}_q$ を考える．$P_i \in \mathbb{P}_F$ を $z - \alpha_i$ の零点とし，$h(z) := \prod_{i=1}^n (z - \alpha_i)$ とおく．y を $i = 1, \ldots, n$ に対して $y(P_i) = 1$ をみたす F の元とする．このとき，性質 (2.17) と因子として以下の式をもつ $F/\mathbb{F}_q$ のヴェイユ微分 ω が存在する．

$$(\omega) = (y) + (h'(z)) - (h(z)) - 2P_\infty. \tag{2.18}$$

（ただし，$h'(z) \in \mathbb{F}_q[z]$ は多項式 $h(z)$ の導関数である．）

【証明】 $(\eta) = -2P_\infty$ でかつ $\eta_{P_\infty}(z^{-1}) = -1$ をみたすヴェイユ微分 η が存在する（命題 1.7.4 を参照せよ）．

$$\omega := y \cdot (h'(z)/h(z)) \cdot \eta$$

とおく．ω の因子は $(\omega) = (y) + (h'(z)) - (h(z)) - 2P_\infty$ である．特に，$i = 1, \ldots, n$ に対して $v_{P_i}(\omega) = -1$ が成り立つ．$\omega_{P_i}(1) = 1$ であることを示すことが必要である．$h(z) = (z - \alpha_i) g_i(z)$ と表す．すると，以下の式が成り立つ．

$$y \cdot \frac{h'(z)}{h(z)} = (1 + (y - 1)) \cdot \left(\frac{g_i'(z)}{g_i(z)} + \frac{1}{z - \alpha_i} \right) = \frac{1}{z - \alpha_i} + u.$$

ただし，$u \in F$ であり，また $v_{P_i}(u) \geq 0$ である（なぜならば，$v_{P_i}(y-1) > 0$ かつ $v_{P_i}(g_i(z)) = 0$ だからである）．$\eta_{P_i}((z-\alpha_i)^{-1}) = 1$ かつ，（命題 1.7.4 (c) と命題 1.7.3 (a) より）$\eta_{P_i}(u) = 0$ であるから，次の式を得る．

$$\omega_{P_i}(1) = \eta_{P_i}\left(y \cdot \frac{h'(z)}{h(z)}\right) = \eta_{P_i}\left(\frac{1}{z-\alpha_i} + u\right) = 1. \qquad \Box$$

定理 2.2.8，命題 2.2.10，命題 2.3.3 を結びつけると，補題 2.3.6 は $C_{\mathscr{L}}(D,G)$ に対するパリティ検査行列を詳細に記述することを可能にすることに注意せよ．

次に，BCH 符号とゴッパ符号を有理代数幾何符号によって表現したい．

定義 2.3.7　$\mathbb{F}_q$ の拡大体 $\mathbb{F}_{q^m}$ と，$\mathbb{F}_{q^m}$ 上長さ n の符号 C を考える．このとき，

$$C|_{\mathbb{F}_q} := C \cap \mathbb{F}_q^n$$

を C の**部分体部分符号**（subfield subcode）（または C の $\mathbb{F}_q$ への**制限**（restriction））という．

$C|_{\mathbb{F}_q}$ は $\mathbb{F}_q$ 上の符号である．その最小距離は C の最小距離より小さいことはあり得ない．また，$C|_{\mathbb{F}_q}$ の次元については，自明な不等式 $\dim C|_{\mathbb{F}_q} \leq \dim C$ が成り立つ．一般にこの不等式において等号は成り立たない．

定義 2.3.8　$n|(q^m-1)$ とし，$\beta \in \mathbb{F}_{q^m}$ を 1 の原始 n-乗根と仮定する．また，$l \in \mathbb{Z}$ でかつ $\delta \geq 2$ とする．$\mathbb{F}_{q^m}$ 上の符号 $C(n,l,\delta)$ を次の生成行列によって定義する．

$$H := \begin{pmatrix} 1 & \beta^l & \beta^{2l} & \cdots & \beta^{(n-1)l} \\ 1 & \beta^{l+1} & \beta^{2(l+1)} & \cdots & \beta^{(n-1)(l+1)} \\ \vdots & \vdots & \vdots & & \vdots \\ 1 & \beta^{l+\delta-2} & \beta^{2(l+\delta-2)} & \cdots & \beta^{(n-1)(l+\delta-2)} \end{pmatrix}. \tag{2.19}$$

符号 $C := C(n,l,\delta)^{\perp}|_{\mathbb{F}_q}$ は，設計距離を δ とする **BCH 符号**（BCH code）という．言い換えると，C は

$$C = \{\, c \in \mathbb{F}_q^n \mid H \cdot c^t = 0 \,\} \tag{2.20}$$

と表される．ただし，行列 H は式 (2.19) で与えられるものである．

通常，BCH 符号は特殊な巡回符号として定義されることに注意しよう．しかしながら，定義 2.3.8 は通常の定義に一致することを容易に示すことができる．文献 [25], [28] を参照せよ．

命題 2.3.9　$n|(q^m-1)$ とし，$\beta \in \mathbb{F}_{q^m}$ を 1 の原始 n-乗根とする．$F = \mathbb{F}_{q^m}(z)$ を $\mathbb{F}_{q^m}$ 上の有理関数体とし，P_0（または P_∞）を z の零点（または極）とする．$i=1,\ldots,n$ に対して，$z-\beta^{i-1}$ の零点を P_i により表し，$D_\beta := P_1 + \cdots + P_n$ とおく．$a, b \in \mathbb{Z}$ を $0 \leq a+b \leq n-2$ をみたす整数とする．このとき，次が成り立つ．

(a) $C_\mathscr{L}(D_\beta, aP_0 + bP_\infty) = C(n, l, \delta)$ と表される．ただし，$l = -a$ と $\delta = a+b+2$ である（ここで，$C(n, l, \delta)$ は定義 2.3.8 において定義されたものである）．

(b) $C_\mathscr{L}(D_\beta, aP_0 + bP_\infty)$ の双対符号は，次の式で与えられる．

$$C_\mathscr{L}(D_\beta, aP_0 + bP_\infty)^\perp = C_\mathscr{L}(D_\beta, rP_0 + sP_\infty).$$

ただし，$r = -(a+1)$ でかつ $s = n-b-1$ である．したがって，BCH 符号 $C(n, l, \delta)^\perp|_{\mathbb{F}_q}$ は符号 $C_\mathscr{L}(D_\beta, rP_0 + sP_\infty)$ の $\mathbb{F}_q$ への制限である．ただし，$r = l-1$ でかつ $s = n+1-\delta-l$ である．

【証明】

(a) 符号 $C_\mathscr{L}(D_\beta, aP_0 + bP_\infty), 0 \leq a+b \leq n-2$ を考える．このとき，$0 \leq j \leq a+b$ をみたす元 $z^{-a} \cdot z^j$ は，$\mathscr{L}(aP_0 + bP_\infty)$ の基底を構成する．ゆえに，行列

$$\begin{pmatrix} 1 & \beta^{-a} & \beta^{-2a} & \cdots & (\beta^{n-1})^{-a} \\ 1 & \beta^{-a+1} & \beta^{-2a+2} & \cdots & (\beta^{n-1})^{-a+1} \\ \vdots & \vdots & \vdots & & \vdots \\ 1 & \beta^{-a+(a+b)} & \beta^{-2a+2(a+b)} & \cdots & (\beta^{n-1})^{-a+(a+b)} \end{pmatrix}$$

は $C_\mathscr{L}(D_\beta, aP_0 + bP_\infty)$ の生成行列である．$l := -a$ と $\delta := a+b+2$ を代入すれば，行列 (2.19) を得る．したがって，$C_\mathscr{L}(D_\beta, aP_0 + bP_\infty) = C(n, l, \delta)$ を得る．

(b) 補題 2.3.6 の記号を用いて，

$$y := z^{-n} \quad \text{かつ} \quad h(z) := \prod_{i=1}^{n}(z - \beta^{i-1}) = z^n - 1$$

とおく．すると，命題 2.2.10 より $C_\mathscr{L}(D_\beta, aP_0 + bP_\infty)^\perp = C_\mathscr{L}(D_\beta, B)$ と表される．ただし，B は次の式で与えられる．

$$\begin{aligned} B &= D_\beta - (aP_0 + bP_\infty) + (z^{-n}) + (h'(z)) - (h(z)) - 2P_\infty \\ &= D_\beta - (aP_0 + bP_\infty) + n(P_\infty - P_0) + (n-1)(P_0 - P_\infty) \\ &\qquad - (D_\beta - nP_\infty) - 2P_\infty \\ &= (-a-1)P_0 + (n-b-1)P_\infty. \end{aligned}$$

$l = -a$ でかつ $\delta = a+b+2$ であるから ((a) より)，$C_\mathscr{L}(D_\beta, aP_0 + bP_\infty)^\perp = C_\mathscr{L}(D_\beta, rP_0 + sP_\infty)$ が成り立つ．ただし，$s = n-b-1 = n-(\delta-a-2)-1 = n+1-\delta-l$ かつ $r = -a-1 = l-1$ である．　□

次に「ゴッパ符号」を紹介しよう．BCH 符号とともに，本書におけるゴッパ符号の定義は符号理論についてのほとんどの本で与えられる通常の定義とは異なる．しかしながら，これら二つの定義は同値である．

定義 2.3.10　$L = \{\alpha_1, \ldots, \alpha_n\} \subseteq \mathbb{F}_{q^m}$, $|L| = n$ とし，$g(z) \in \mathbb{F}_{q^m}[z]$ を次数 t $(1 \leq t \leq n-1)$ の多項式ですべての $\alpha_i \in L$ に対して $g(\alpha_i) \neq 0$ とする．

(a) 符号 $C(L, g(z)) \subseteq (\mathbb{F}_{q^m})^n$ を次の生成行列により定義する．

$$H := \begin{pmatrix} g(\alpha_1)^{-1} & g(\alpha_2)^{-1} & \cdots & g(\alpha_n)^{-1} \\ \alpha_1 g(\alpha_1)^{-1} & \alpha_2 g(\alpha_2)^{-1} & \cdots & \alpha_n g(\alpha_n)^{-1} \\ \vdots & \vdots & & \vdots \\ \alpha_1^{t-1} g(\alpha_1)^{-1} & \alpha_2^{t-1} g(\alpha_2)^{-1} & \cdots & \alpha_n^{t-1} g(\alpha_n)^{-1} \end{pmatrix}. \tag{2.21}$$

(b) 符号 $\Gamma(L, g(z)) := C(L, g(z))^\perp|_{\mathbb{F}_q}$ を，**ゴッパ多項式**（Goppa polynomial）$g(z)$ をもつ**ゴッパ符号**（Goppa code）という．これは次のことを意味している．

$$\Gamma(L, g(z)) = \{\, c \in \mathbb{F}_q^n \mid H \cdot c^t = 0 \,\}.$$

ただし，H は行列 (2.21) で定義されたものである．

行列 (2.21) は行列 (2.14) の（$v_i = g(\alpha_i)^{-1}$ とする）特別な場合であるから，$C(L, g(z))$ と $C(L, g(z))^\perp$ は一般リード・ソロモン符号である．次に，有理代数幾何符号としてこれらの符号の明示的な表現を与えよう．

命題 2.3.11　定義 2.3.10 の記号に加えて，P_i を $z - \alpha_i$ $(\alpha_i \in L)$ の零点，P_∞ を z の極とし，$D_L := P_1 + \cdots + P_n$ とおく．G_0 を $g(z)$ の（有理関数体 $F = \mathbb{F}_{q^m}(z)$ の因子群における）零因子とする．このとき，次が成り立つ．

$$C(L, g(z)) = C_\mathscr{L}(D_L, G_0 - P_\infty) = C_\mathscr{L}(D_L, A - G_0)^\perp, \tag{2.22}$$

かつ

$$\Gamma(L, g(z)) = C_\mathscr{L}(D_L, G_0 - P_\infty)^\perp|_{\mathbb{F}_q} = C_\mathscr{L}(D_L, A - G_0)|_{\mathbb{F}_q}.$$

ここで，因子 A は次のように定義されるものである．

$$h(z) := \prod_{\alpha_i \in L}(z - \alpha_i) \quad \text{かつ} \quad A := (h'(z)) + (n-1)P_\infty.$$

【証明】　式 (2.22) を証明すれば十分である．

$$(z^j g(z)^{-1}) = j(P_0 - P_\infty) - (G_0 - tP_\infty) \geq -G_0 + P_\infty$$

であるから，$0 \leq j \leq t-1$ に対して，元 $z^j g(z)^{-1}$ は $\mathscr{L}(G_0 - P_\infty)$ に属している．
$\dim \mathscr{L}(G_0 - P_\infty) = t$ であるから，元 $g(z)^{-1}, zg(z)^{-1}, \ldots, z^{t-1}g(z)^{-1}$ は $\mathscr{L}(G_0 - P_\infty)$ の基底を構成する．以上より，行列 (2.21) は $C_\mathscr{L}(D_L, G_0 - P_\infty)$ の生成行列である．すなわち，
$$C(L, g(z)) = C_\mathscr{L}(D_L, G_0 - P_\infty).$$

命題 2.2.10 と補題 2.3.6 より，$C_\mathscr{L}(D_L, G_0 - P_\infty)^\perp = C_\mathscr{L}(D_L, B)$ を得る．ただし，B は次の式で与えられる．

$$\begin{aligned} B &= D_L - (G_0 - P_\infty) + (h'(z)) - (h(z)) - 2P_\infty \\ &= D_L - G_0 + P_\infty + A - (n-1)P_\infty - (D_L - nP_\infty) - 2P_\infty \\ &= A - G_0. \end{aligned}$$ □

符号理論において，BCH 符号（またはゴッパ符号）の最小距離に対していわゆる「BCH 限界」（または「ゴッパ限界」）はよく知られている．これら二つの限界は上記の結果から容易に導かれる．

系 2.3.12

(a) **BCH 限界**（BCH bound）：設計距離を δ とする BCH 符号の最小距離は少なくとも δ である．

(b) **ゴッパ限界**（Goppa bound）：ゴッパ符号 $\Gamma(L, g(z))$ の最小距離は少なくとも $1 + \deg g(z)$ である．

【証明】
(a) 命題 2.3.9 と同じ記号を用いて，BCH 符号を $C = C_\mathscr{L}(D_\beta, rP_0 + sP_\infty)|_{\mathbb{F}_q}$ という形に表す．符号 $C_\mathscr{L}(D_\beta, rP_0 + sP_\infty)$ の最小距離は，命題 2.3.2 と命題 2.3.9 (b) により，次のようである．

$$d = n - \deg(rP_0 + sP_\infty) = n - \bigl((l-1) + (n+1-\delta-l)\bigr) = \delta.$$

部分体部分符号の最小距離はもとの符号の最小距離より小さいことはないので，C の最小距離は $\geq \delta$ である．

(b) 同じやり方で，$\Gamma(L, g(z))$ を（命題 2.3.11 における記号で）$C_\mathscr{L}(D_L, A - G_0)|_{\mathbb{F}_q}$ として表す．$C_\mathscr{L}(D_L, A - G_0)$ は最小距離

$$d = n - \deg(A - G_0) = n - \bigl((n-1) - \deg g(z)\bigr) = 1 + \deg g(z)$$

をもつから，主張はこれより導かれる． □

注意 2.3.13 部分体部分符号の構成は，適当な拡大体 $\mathbb{F}_{q^m}$ 上の符号を考え，それらを $\mathbb{F}_q$ に制限することにより，任意の長さをもつ $\mathbb{F}_q$ 上の符号を構成することを可能にする．しかしながら，次のことに注意しよう．$\mathbb{F}_{q^m}$ 上の符号 C は良いパラメーターをもつ（すなわち，大きな次元でかつ最小の距離をもつ）のに対して，制限符号 $C|_{\mathbb{F}_q}$ はかなり貧弱である（$C|_{\mathbb{F}_q}$ の次元は C の次元よりかなり小さくなる可能性がある．第 9 章を参照せよ）．

注意 2.3.14 一般リード・ソロモン符号の部分体部分符号は**交代符号**（alternant code）として知られている．文献 [28] を参照せよ．この術語を用いると，命題 2.3.3 と命題 2.3.5 は次のことを主張している．すなわち，$\mathbb{F}_q$ 上の交代符号は，拡大体 $\mathbb{F}_{q^m} \supseteq \mathbb{F}_q$ 上で定義されている有理代数幾何符号の部分体部分符号に対応している．

注意 2.3.15 代数学の観点から見れば，有理関数体 $\mathbb{F}_q(z)$ は代数関数体のもっとも自明な例である．にもかかわらず，$\mathbb{F}_q(z)$ の因子に付随した代数幾何符号は，本節においてすでに見たように重要な符号である．それゆえ，非有理関数体 $F/\mathbb{F}_q$ に付随した代数幾何符号を考えることは有望であるように思われる．

関数体 F は多くの場合次のような形に表現される．

$$F = \mathbb{F}_q(x, y), \quad \varphi(x, y) = 0.$$

ただし，φ は $\mathbb{F}_q$ に係数をもつ 2 変数の定数でない既約多項式である．このとき，F は有理関数体 $\mathbb{F}_q(x)$（または $\mathbb{F}_q(y)$）の有限次代数拡大体としてみることができる．このとき，いくつかの問題が生じる．

(1) $\mathbb{F}_q$ は F の完全定数体か？
(2) F の種数を計算すること．
(3) F の座を具体的に記述すること．特に，次数 1 の座はどのようなものか？
(4) 少なくとも特殊な場合における空間 $\mathscr{L}(G)$ に対する基底を構成すること．
(5) ヴェイユ微分とそれらの局所成分の都合のよい表現を求めること．

別の興味ある問題は：

(6) 種数 g の関数体 $F/\mathbb{F}_q$ は次数 1 の座を何個もつか？

問題 (6) は重要である．というのは，多くの場合 $\mathbb{F}_q$ 上の長い符号を構成したいし，また，関数体に付随した代数幾何符号の長さは，次数 1 の座の個数以下だからである．

これらの問題に取り組むために，関数体の理論をさらに発展させる必要がある．これは以下の章においてなされる．第 8 章で符号の議論をさらに続ける．

2.4 演習問題

$\boxed{2.1}$ 空でない部分集合 $M \subseteq \mathbb{F}_q^n$ に対して，M の台を
$$\mathrm{supp}\, M = \{\, i \ \mid\ 1 \leq i \leq n,\ \exists c = (c_1,\ldots,c_n) \in M,\ c_i \neq 0\,\}$$
として定義する．
次に，C を $\mathbb{F}_q$ 上の $[n,k]$ 符号とする．すべての r $(1 \leq r \leq k)$ に対して，C の r 次のハミング重み（Hamming weight）を次のように定義する．
$$d_r(C) := \min\{\ |\mathrm{supp}\, W|\ ;\ W \subseteq C\ \text{は}\ C\ \text{の}\ r\ \text{次元の部分空間}\ \}.$$
列 $(d_1(C), d_2(C), \ldots, d_k(C))$ を符号 C の**重量階層**（weight hierarchy）という．このとき，次を示せ．
 (i) $d_1(C)$ は C の最小距離に等しい．
 (ii) $0 < d_1(C) < d_2(C) < \cdots < d_k(C) \leq n$．
 (iii) （シングルトン限界）．すべての r $(1 \leq r \leq k)$ に対して，$d_r(C) \leq n - k + r$ が成り立つ．

$\boxed{2.2}$ この演習問題では，代数幾何符号の重量階層と関数体のゴナリティ列の間の関係を調べる，演習問題 1.18 を参照せよ．$F/\mathbb{F}_q$ を種数 g の関数体とする．通常のように，次数 1 の相異なる n 個の座 P_i により定まる因子 $D = P_1 + \cdots + P_n$ と，$\mathrm{supp}\, G \cap \mathrm{supp}\, D = \emptyset$ をみたす因子 G を考える．$C_{\mathscr{L}}(D,G)$ を対応する代数幾何符号とし，$k := \dim C_{\mathscr{L}}(D,G)$ とおく．このとき，次を示せ．
 (i) すべての r $(1 \leq r \leq k)$ に対して，以下の式が成り立つ．
$$d_r(C_{\mathscr{L}}(D,G)) \geq n - \deg G + \gamma_r.$$
これは代数幾何符号の最小距離に対するゴッパ限界の一般化であることに注意せよ（定理 2.2.2）．
 (ii) さらに，$\deg G < n$ を仮定すると，次が成り立つ．
$$d_r(C_{\mathscr{L}}(D,G)) = n - k + r, \quad \forall r\ (g+1 \leq r \leq k).$$

$\boxed{2.3}$ $C = C_{\mathscr{L}}(D,G)$ を因子 G と $D = P_1 + \cdots + P_n$ に付随した代数幾何符号とする．ただし，P_i は次数 1 の相異なる n 個の座で，$\mathrm{supp}\, G \cap \mathrm{supp}\, D = \emptyset$ をみたしている．整数 $a := \ell(G-D)$ を C の**豊富数**（abundance）という．このとき，$C_{\mathscr{L}}(D,G)$ の r 次の最小距離 $d_r = d_r(C_{\mathscr{L}}(D,G))$ は以下の式をみたすことを示せ．
$$d_r \geq n - \deg G + \gamma_{r+a}.$$

ただし，γ_j は関数体 $F/\mathbb{F}_q$ の j-次のゴナリティを表す．また，$C_{\mathscr{L}}(D,G)$ の豊富数が ≥ 1 (かつ $\gamma = \gamma_2$ が $F/\mathbb{F}_q$ のゴナリティ) であるとき，次の評価式を結論として導け．

$$d \geq n - \deg G + r.$$

2.4 $C \subseteq \mathbb{F}_q^n$ を次元 $k > 0$ の有理代数幾何符号とする．
 (i) すべての m ($n + 1 - k \leq m \leq n$) に対して，$\mathrm{wt}(c) = m$ をみたす符号語 $c \in C$ が存在することを示せ．
 (ii) C の重量階層を決定せよ．

2.5 $F = \mathbb{F}_q(z)$ を $\mathbb{F}_q$ 上の有理関数体とする．$\alpha \in \mathbb{F}_q$ に対して，P_α を $z - \alpha$ の零点とし，P_∞ によって F における z の極を表す．$D := \sum_{\alpha \in \mathbb{F}_q} P_\alpha$ かつ $G = rP_\infty$ とおく．ただし，$r \leq (q-2)/2$ である．
 (i) $C_{\mathscr{L}}(D,G)$ は自己直交符号であることを示せ．
 (ii) $q = 2^s$ と $r = (q-2)/2$ に対して，$C_{\mathscr{L}}(D,G)$ は自己双対符号であることを示せ．

2.6
 (i) 符号理論についての任意の教科書における BCH 符号の定義を参照し，それが本書の定義 2.3.8 と同値であることを示せ．
 (ii) ゴッパ符号に対して同じ問題を考えよ．定義 2.3.10 を参照せよ．

2.7 C を体 $\mathbb{F}_{q^m}$ 上の $[n,k]$ 符号とする．
 (i) $\dim C|_{\mathbb{F}_q} \geq n - m(n-k)$ であることを示せ．
 (ii) 等号が成り立つ自明でない例をあげよ．
 (iii) $\dim C|_{\mathbb{F}_q}$ の最小距離が C の最小距離より大きい例をあげよ．

2.8 (一般代数幾何符号)．$F/\mathbb{F}_q$ を種数 g の関数体とする．$P_1, \ldots, P_s \in \mathbb{P}_F$ は相異なる座で，G を $P_i \notin \mathrm{supp}\, G$ をみたす因子とする．$i = 1, \ldots, s$ に対して，$\pi_i : F_{P_i} \to C_i$ を剰余体 $F_{P_i} = \mathcal{O}_{P_i}/P_i$ から線形符号 $C_i \subseteq \mathbb{F}_q^{n_i}$ への $\mathbb{F}_q$-線形である同型写像とする．符号 C_i のパラメーターは $[n_i, k_i = \deg P_i, d_i]$ である．$n := \sum_{i=1}^s n_i$ とおき，線形写像 $\pi : \mathscr{L}(G) \to \mathbb{F}_q^n$ を $\pi(f) := (\pi_1(f(P_1)), \ldots, \pi_s(f(P_s)))$ により定義する．このとき，π の像を**一般代数幾何符号** (generalized AG code) という．代数幾何符号に対するゴッパ限界にならって (定理 2.2.2)，このような符号の次元と最小距離を定式化し，評価せよ．

2.9 $F/\mathbb{F}_q$ を種数 g の関数体とする．P_i を次数 1 の相異なる座 P_i として，$D = P_1 + \cdots + P_n$ とする．そこで，$G = A + B$, $A \geq 0$, $B \geq 0$ をみたす因子 G を考える．$Z \geq 0$ を以下の条件が成り立つ別の因子と仮定する．
 (1) $\mathrm{supp}\, G \cap \mathrm{supp}\, D = \mathrm{supp}\, Z \cap \mathrm{supp}\, D = \emptyset.$

(2) $\ell(A-Z) = \ell(A)$ と $\ell(B+Z) = \ell(B)$ が成り立つ.

このとき，符号 $C_\Omega(D, G)$ の最小距離 d は次の式をみたすことを示せ.

$$d \geq \deg G - (2g-2) + \deg Z.$$

定理 2.2.7 と比較せよ.

第 3 章

代数関数体の拡大

K 上のすべての関数体は,有理関数体 $K(x)$ の有限次拡大として考えることができる. このことは代数関数体の拡大 F'/F を考察することが重要である理由の一つである. 本章では,とりわけ F' と F の座や因子,ヴェイユ微分,種数の間の関係を考察する. 最初に, この章全体を通して用いる記号をいくつか固定しておこう.

F/K は完全定数体を K とする 1 変数の代数関数体を表す. K は完全体であると仮定する. すなわち, $1 < [L:K] < \infty$ をみたす純非分離拡大 L/K は存在しない. $F' \supseteq F$ が代数拡大であり, $K' \supseteq K$ をみたす関数体 F'/K' を考える(ここで, K' は F' の完全定数体である). 便宜のために,代数的閉体 $\Phi \supseteq F$ を固定し, $F' \subseteq \Phi$ をみたす拡大 $F' \supseteq F$ のみを考える.

実際には, K が完全体であることは第 3 章のいくつかの部分においてのみ,特に 3.6 節で本質的である. Φ に含まれている F の拡大のみを考えるという事実は,なんら制限にはならない. なぜなら, Φ は代数的閉体であり,ゆえにすべての代数拡大 F'/F は Φ に埋め込まれるからである.

この章はかなり長くなるので,最初に本章の全体を簡単に概観しておこう. 3.1 節では, 次のような基本的概念を導入する. 関数体の代数拡大,座の拡張,分岐指数,剰余次数, ならびに基本等式 $\sum_i f_i = n$ などである.

代数関数体の部分環,特に正則環については 3.2 節において考察される.

3.3 節では,有限次分離拡大 F'/F における F/K の部分環の整閉包を考察し,局所整基底の存在を証明する. この節ではまた,関数体の有限次拡大における座の分解を決定する

際に役に立つクンマーの定理も扱う．

　F'/F を代数関数体の有限次分離拡大とする．フルヴィッツの種数公式より，F の種数，F' の種数と F'/F の差積の間の関係が得られる．3.4 節は主にこの結果に関連している．

　3.5 節では，分岐する座と差積の関係（デデキントの差積定理）を考察し，特殊な場合における差積をどのように計算するかを示す．

　定数拡大は 3.6 節で考察される．このような拡大の研究により，多くの問題は定数体が代数的閉体である場合に帰着される（すべての座が次数 1 であるから，多くの場合それらはより簡単になる）．

　3.7 節では，代数関数体のガロア拡大に関心がある．ガロア拡大 F'/F のある特別な型（クンマー拡大やアルティン・シュライアー拡大）に対して，F' の種数を決定する．

　3.8 節の話題は，ヒルベルトの差積公式を含む高次の分岐群に関するヒルベルトの理論である．

　3.9 節では，二つの拡大の合成における座の分岐と分解を論じる．主要な結果の一つはアビヤンカーの補題である．

　3.10 節では，代数関数体の純非分離拡大を考える．

　最後に，3.11 節において関数体の種数に対するいくつかの上界を与える．すなわち，カステルヌォーヴォの不等式やリーマンの不等式，また，次数 n の平面代数曲線の関数体の種数に対する評価式などである．

　本章の多くの結果（特に，3.1, 3.3, 3.5, 3.7, 3.8 と 3.9 節のほとんど）は，代数関数体の場合においてのみならず，より一般的に，デデキント整域の拡大に対しても成り立つ．したがって，代数的整数論になじみのある読者は適当に節を省略して読み進めることができる．

3.1　関数体の代数拡大

基本的な定義から始める．

定義 3.1.1
- (a) $F' \supseteq F$ は代数拡大でかつ $K' \supseteq K$ であるとき，代数関数体 F'/K' は F/K の**代数拡大** (algebraic extension) であるという．
- (b) F/K の代数拡大 F'/K' は F と K' の合成体であるとき，すなわち，$F' = FK'$ であるとき，**定数拡大** (constant field extension) であるという．
- (c) F/K の代数拡大 F'/K' は $[F' : F] < \infty$ であるとき，**有限次拡大**であるという．

関数体の（必ずしも代数拡大ではない）任意の拡大を考えることもできる．しかしながら，代数拡大はほかの拡大に比べてもっとも重要な拡大であるから，代数拡大に制限して考えることにしよう．関数体の任意の拡大は文献 [7] において研究されている．

上記の定義から得られる簡単な結果のいくつかに注意しよう．

補題 3.1.2 関数体 F'/K' を F/K の代数拡大とする．このとき，次が成り立つ．
(a) K'/K は代数拡大であり，$F \cap K' = K$ が成り立つ．
(b) F'/K' が F/K の有限次拡大であるための必要十分条件は，$[K':K] < \infty$ が成り立つことである．
(c) $F_1 := FK'$ とおく．このとき，F_1/K' が F/K の定数拡大であり，かつ F'/K' は（同じ定数体をもつ）F_1/K' の有限次拡大である．

【証明】 (a) と (c) は自明である．(b) について，最初に F'/K' が F/K の有限次拡大であると仮定する．このとき，F' は K 上の代数関数体で，その完全定数体が K' であると考えることができる．すると，系 1.1.16 より，$[K':K] < \infty$ であると結論できる．

逆に，$[K':K] < \infty$ と仮定する．元 $x \in F \setminus K$ を選ぶ．このとき，$F'/K'(x)$ は（x は K' 上超越的であるから）有限次の体拡大であり，次が成り立つ．

$$[K'(x) : K(x)] \le [K':K] < \infty.$$

（実際，$[K'(x) : K(x)] = [K':K]$ が成り立つ．しかし，ここではこの事実は使わない．）したがって，

$$[F' : K(x)] = [F' : K'(x)] \cdot [K'(x) : K(x)] < \infty.$$

$K(x) \subseteq F \subseteq F'$ であるから，このことより，$[F':F] < \infty$ が得られる． □

さて，次に F の座と F' の座の間の関係を考察する．

定義 3.1.3 F/K の代数拡大 F'/K' を考える．$P \subseteq P'$ であるとき，座 $P' \in \mathbb{P}_{F'}$ は $P \in \mathbb{P}_F$ の**上にある** (lie over) という．また，P' を P の**拡張** (extension)，あるいは，P は P' の**下にある** (lie under) ともいい，$P'|P$ と表す．

命題 3.1.4 F'/K' を F/K の代数拡大とする．P（または P'）を F/K（または F'/K'）の座とし，$\mathcal{O}_P \subseteq F$（または $\mathcal{O}_{P'} \subseteq F'$）を対応している付値環，$v_P$（または $v_{P'}$）を対応している離散付値とする．このとき，次の条件は同値である．

(1) $P'|P$．
(2) $\mathcal{O}_P \subseteq \mathcal{O}_{P'}$．

(3) ある整数 $e \geq 1$ が存在して，すべての $x \in F$ に対して $v_{P'}(x) = e \cdot v_P(x)$ が成り立つ．さらに，$P'|P$ ならば，次が成り立つ．

$$P = P' \cap F \quad \text{かつ} \quad \mathcal{O}_P = \mathcal{O}_{P'} \cap F.$$

これが理由で，P は P' の F への**制限**（restriction）とも呼ばれる．

【証明】

(1)⇒(2) $P'|P$ ではあるが，しかし $\mathcal{O}_P \not\subseteq \mathcal{O}_{P'}$ であると仮定する．このとき，ある元 $u \in F$ が存在して，$v_P(u) \geq 0$ と $v_{P'}(u) < 0$ をみたす．$P \subseteq P'$ であるから，$v_P(u) = 0$ と結論することができる．$v_P(t) = 1$ をみたす元 $t \in F$ を選ぶと，$t \in P'$ となり，$r := v_{P'}(t) > 0$ である．ゆえに，

$$v_P(u^r t) = r \cdot v_P(u) + v_P(t) = 1.$$
$$v_{P'}(u^r t) = r \cdot v_{P'}(u) + v_{P'}(t) \leq -r + r = 0.$$

以上より，$u^r t \in P \setminus P'$ となるが，これは $P \subseteq P'$ に矛盾する．

(2)⇒(1) を証明する前に，次のことを示す．

$$\mathcal{O}_P \subseteq \mathcal{O}_{P'} \Rightarrow \mathcal{O}_P = F \cap \mathcal{O}_{P'}. \tag{3.1}$$

明らかに，$F \cap \mathcal{O}_{P'}$ は F の部分環で，$\mathcal{O}_P \subseteq \mathcal{O}_{P'} \cap F$ をみたしている．ゆえに，定理 1.1.13 (c) より，$F \cap \mathcal{O}_{P'} = \mathcal{O}_P$ であるか，または $F \cap \mathcal{O}_{P'} = F$ である．そこで，$F \cap \mathcal{O}_{P'} = F$ と仮定する．すなわち，$F \subseteq \mathcal{O}_{P'}$ である．$z \in F' \setminus \mathcal{O}_{P'}$ なる元を選ぶ．F'/F は代数拡大であるから，次の等式がある．

$$z^n + c_{n-1} z^{n-1} + \cdots + c_1 z + c_0 = 0, \quad c_\nu \in F. \tag{3.2}$$

$z \notin \mathcal{O}_{P'}$ であるから，$v_{P'}(z^n) = n \cdot v_{P'}(z) < 0$ である．ゆえに，

$$v_{P'}(z^n) < v_{P'}(c_\nu z^\nu), \quad \nu = 0, \ldots, n-1.$$

強三角不等式により，次が成り立つ．

$$v_{P'}(z^n + c_{n-1} z^{n-1} + \cdots + c_1 z + c_0) = n \cdot v_{P'}(z) \neq v_{P'}(0).$$

これは式 (3.2) に矛盾する．したがって，式 (3.1) が証明された．

(2)⇒(1) さて，$\mathcal{O}_P \subseteq \mathcal{O}_{P'}$ と仮定する．そこで，$y \in P$ とする．すると，命題 1.1.5 より，$y^{-1} \notin \mathcal{O}_P$ となる．ゆえに，式 (3.1) より $y^{-1} \notin \mathcal{O}_{P'}$ を得る．再び，命題 1.1.5 を適用すると，$y = (y^{-1})^{-1} \in P'$ が得られる．ゆえに，$P \subseteq P'$ が成り立つ．

(2)⇒(3) $u \in F$ を $v_P(u) = 0$ をみたす元とする．このとき，(2) により $u, u^{-1} \in \mathcal{O}_{P'}$ となる．ゆえに，$v_{P'}(u) = 0$ となる．次に，$v_P(t) = 1$ をみたす $t \in F$ を選び，$e := v_{P'}(t)$ とおく．$P \subseteq P'$ であるから，$e \geq 1$ であることが導かれる．$0 \neq x \in F$ として，$v_P(x) =: r \in \mathbb{Z}$ とおく．このとき，$v_P(xt^{-r}) = 0$ となり，次が得られる．

$$v_{P'}(x) = v_{P'}(xt^{-r}) + v_{P'}(t^r) = 0 + r \cdot v_{P'}(t) = e \cdot v_P(x).$$

(3)⇒(2) $x \in \mathcal{O}_P \Rightarrow v_P(x) \geq 0 \Rightarrow v_{P'}(x) = e \cdot v_P(x) \geq 0 \Rightarrow x \in \mathcal{O}_{P'}$.

以上で，同値であること $((1) \Longleftrightarrow (2) \Longleftrightarrow (3))$，また $P'|P$ ならば $\mathcal{O}_P = \mathcal{O}_{P'} \cap F$ が成り立つことを証明した．主張 $P = P' \cap F$ はいまや明らかである（たとえば (3) より）．□

上記の命題から得られる結果は，次のようである．$P'|P$ に対して，

$$x(P) \longmapsto x(P'), \quad x \in \mathcal{O}_P$$

により与えられる剰余体 $F_P = \mathcal{O}_P/P$ から剰余体 $F'_{P'} = \mathcal{O}_{P'}/P'$ への標準的な埋め込みがある．したがって，F_P を $F'_{P'}$ の部分体として考えることができる．

定義 3.1.5 F'/K' を F/K の代数拡大とし，$P' \in \mathbb{P}_{F'}$ を $P \in \mathbb{P}_F$ の上にある F'/K' の座とする．

(a) すべての $x \in F$ に対して

$$v_{P'}(x) = e \cdot v_P(x)$$

をみたす整数 $e(P'|P) := e$ を P 上 P' の**分岐指数**（ramification index）という．$e(P'|P) > 1$ であるとき，$P'|P$ は**分岐する**（ramify）といい，$e(P'|P) = 1$ であるとき，$P'|P$ は**不分岐**（unramify）であるという．

(b) $f(P'|P) := [F'_{P'} : F_P]$ を P 上の P' の**相対次数**（relative degree）という．

相対次数 $f(P'|P)$ は有限にも無限にもなる．また，分岐指数はつねに自然数であることに注意しよう．

命題 3.1.6 F'/K' を F/K の代数拡大とし，$P' \in \mathbb{P}_{F'}$ を $P \in \mathbb{P}_F$ の上にある F'/K' の座とする．このとき，以下のことが成り立つ．

(a) $f(P'|P) < \infty \iff [F' : F] < \infty$.
(b) F''/K'' を F'/K' の代数拡大とし，$P'' \in \mathbb{P}_{F''}$ を $P' \in \mathbb{P}_{F'}$ の拡張とする．このとき，次が成り立つ．

$$e(P''|P) = e(P''|P') \cdot e(P'|P),$$

$$f(P''|P) = f(P''|P') \cdot f(P'|P).$$

【証明】

(a) 自然な埋め込み $K \subseteq F_P \subseteq F'_{P'}$ と $K \subseteq K' \subseteq F'_{P'}$ を考える．ここで，$[F_P : K] < \infty$ でかつ $[F'_{P'} : K'] < \infty$ である．ゆえに，

$$[F'_{P'} : F_P] < \infty \iff [K' : K] < \infty.$$

この後者の条件は，補題 3.1.2 により $[F' : F] < \infty$ に同値である．

(b) 分岐指数に関する主張は，明らかに定義よりすぐ分かる．また，$f(P''|P) = f(P''|P') \cdot f(P'|P)$ であることは，包含関係 $F_P \subseteq F'_{P'} \subseteq F''_{P''}$ より導かれる． □

次に，関数体の拡大における座の拡張の存在について考察する．

命題 3.1.7 F'/K' を F/K の代数拡大とする．

(a) 任意の座 $P' \in \mathbb{P}_{F'}$ に対して $P'|P$ である，すなわち，$P = P' \cap F$ をみたす唯一つの座 $P \in \mathbb{P}_F$ が存在する．

(b) 逆に，すべての座 $P \in \mathbb{P}_F$ は少なくとも一つ，かつ高々有限個の拡張 $P' \in \mathbb{P}_{F'}$ をもつ．

【証明】

(a) 証明の主要な部分は次の主張である．

（主張）$z \neq 0$ でかつ $v_{P'}(z) \neq 0$ をみたす元 $z \in F$ が存在する． (3.3)

これが偽であると仮定する．$v_{P'}(t) > 0$ をみたす $t \in F$ を選ぶ．F'/F が代数拡大であるから，次の等式がある．

$$c_n t^n + c_{n-1} t^{n-1} + \cdots + c_1 t + c_0 = 0, \quad c_i \in F, \ c_0 \neq 0, \ c_n \neq 0.$$

仮定より，$v_{P'}(c_0) = 0$ であり，$i = 1, \ldots, n$ に対して $v_{P'}(c_i t^i) = v_{P'}(c_i) + i \cdot v_{P'}(t) > 0$ が成り立つ．ところが，これは強三角不等式により矛盾する．以上より，主張 (3.3) は証明された．

$\mathcal{O} := \mathcal{O}_{P'} \cap F$ とし，また $P := P' \cap F$ とおく．主張 (3.3) より，$\mathcal{O}$ は F/K の付値環であり，P はその対応している座であることは明らかである．一意性の主張は自明である．

(b) さて，P を F/K の与えられた座とする．零点が P のみである元 $x \in F \setminus K$ を選ぶ（このことは命題 1.6.6 より可能である）．このとき，$P' \in \mathbb{P}_{F'}$ に対して次が成り立つことを証明する．

$$P'|P \iff v_{P'}(x) > 0. \tag{3.4}$$

x は F'/K' において少なくとも一つ,かつ高々有限個の零点をもつから,命題 (b) は式 (3.4) からすぐに得られる結果である.

さて,式 (3.4) を証明しよう.$P'|P$ ならば,$v_{P'}(x) = e(P'|P) \cdot v_P(x) > 0$ である.逆に,$v_{P'}(x) > 0$ と仮定する.Q を P' の下にある F/K の座とする(ここで,(a) を使う).このとき,$v_Q(x) > 0$ となる.すると,P は F/K における x の唯一つの零点であるから,$Q = P$ を得る. □

上記の命題より,因子群 $\mathrm{Div}(F)$ から因子群 $\mathrm{Div}(F')$ への準同型写像を定義することが可能となる.

定義 3.1.8 F'/K' を F/K の代数拡大とする.座 $P \in \mathbb{P}_F$ に対して,(F'/F に関する) P の**コノルム**(conorm)を次のように定義する.

$$\mathrm{Con}_{F'/F}(P) := \sum_{P'|P} e(P'|P) \cdot P'.$$

ただし,和は P の上にあるすべての座 $P' \in \mathbb{P}_{F'}$ 上を動くものとする.コノルム写像は以下の式によって,因子群 $\mathrm{Div}(F)$ から $\mathrm{Div}(F')$ への準同型写像へ拡張される.

$$\mathrm{Con}_{F'/F}\left(\sum n_P \cdot P\right) := \sum n_P \cdot \mathrm{Con}_{F'/F}(P).$$

コノルムは関数体の塔 $F'' \supseteq F' \supseteq F$ において都合がよい振る舞いをする.すなわち,命題 3.1.6 (b) からすぐに得られる結果は,すべての因子 $A \in \mathrm{Div}(F)$ に対して,公式

$$\mathrm{Con}_{F''/F}(A) = \mathrm{Con}_{F''/F'}(\mathrm{Con}_{F'/F}(A))$$

が成り立つことである.

コノルムのもう一つの良い性質は,それが F の主因子を F' の主因子に移すことである.より詳しく言えば,次のようである.

命題 3.1.9 F'/K' を関数体 F/K の代数拡大とする.$0 \neq x \in F$ に対して,$(x)_0^F$, $(x)_\infty^F$, $(x)^F$(または $(x)_0^{F'}$, $(x)_\infty^{F'}$, $(x)^{F'}$)は $\mathrm{Div}(F)$(または $\mathrm{Div}(F')$)における x の零点,極,そして主因子を表すものとする.このとき,次が成り立つ.

$$\mathrm{Con}_{F'/F}((x)_0^F) = (x)_0^{F'}, \quad \mathrm{Con}_{F'/F}((x)_\infty^F) = (x)_\infty^{F'}, \quad \mathrm{Con}_{F'/F}((x)^F) = (x)^{F'}.$$

【証明】 x の主因子の定義より,次のように計算される.

$$(x)^{F'} = \sum_{P' \in \mathbb{P}_{F'}} v_{P'}(x) \cdot P' = \sum_{P \in \mathbb{P}_F} \sum_{P'|P} e(P'|P) \cdot v_P(x) \cdot P'$$

$$= \sum_{P \in \mathbb{P}_F} v_P(x) \cdot \mathrm{Con}_{F'/F}(P) = \mathrm{Con}_{F'/F}\left(\sum_{P \in \mathbb{P}_F} v_P(x) \cdot P\right)$$
$$= \mathrm{Con}_{F'/F}((x)^F).$$

主因子の正（負の）部分だけを考えれば，x の零因子（極因子）に対して対応する結果が得られる． □

この命題によって，コノルムは次のような因子類群の準同型写像（再び同じコノルムの記号で表す）を引き起こす．

$$\mathrm{Con}_{F'/F}: \mathrm{Cl}(F) \longrightarrow \mathrm{Cl}(F').$$

この写像は一般に単射でもなく全射でもない（にもかかわらず，写像 $\mathrm{Con}_{F'/F}: \mathrm{Div}(F) \longrightarrow \mathrm{Div}(F')$ は明らかに単射である）．

次の目標は，有限次拡大 F'/F の場合に，因子 $A \in \mathrm{Div}(F)$ の次数と $\mathrm{Div}(F')$ におけるそのコノルムの次数の間の関係を見つけることである（一般の場合は 3.6 節で考察される）．このために，最初に補題を一つ証明する．

補題 3.1.10　K'/K を体の有限次拡大とし，x を K 上の超越元とする．このとき，次が成り立つ．
$$[K'(x) : K(x)] = [K' : K].$$

【証明】　ある元 $\alpha \in K'$ によって $K' = K(\alpha)$ と仮定することができる．$K'(\alpha) = K(x)(\alpha)$ であるから，明らかに $[K'(x) : K(x)] \leq [K' : K]$ が成り立つ．逆の不等式については，K 上 α の既約多項式 $\varphi(T) \in K[T]$ が体 $K(x)$ 上でも既約であることを示さなければならない．これが成り立たないと仮定すると，次数が $< \deg \varphi$ であるモニック多項式 $g(T), h(T) \in K(x)[T]$ が存在して，$\varphi(T) = g(T) \cdot h(T)$ と表される．$\varphi(\alpha) = 0$ であるから，一般性を失わずに $g(\alpha) = 0$ としてよい．$g(T)$ は

$$g(T) = T^r + c_{r-1}(x) T^{r-1} + \cdots + c_0(x), \quad c_i(x) \in K(x)$$

と表すことができる．ただし，$r < \deg \varphi$ である．すると，

$$\alpha^r + c_{r-1}(x) \alpha^{r-1} + \cdots + c_0(x) = 0$$

である．共通分母をかけると，適当な多項式 $g_i(x) \in K[x]$ により

$$g_r(x) \cdot \alpha^r + g_{r-1}(x) \cdot \alpha^{r-1} + \cdots + g_0(x) = 0 \tag{3.5}$$

と表すことができる．ここで，ある $g_i(x)$ は x で割り切れないと仮定することができる．式 (3.5) において，$x = 0$ とおけば，$\deg \varphi$ より低い次数の K 上 α に対する自明でない等式が得られる．これは矛盾である． □

定理 3.1.11（基本等式） F'/K' を F/K の有限次拡大とし，P を F/K の座，$P_1, \ldots, P_m$ を P の上にある F'/K' のすべての座とする．$e_i := e(P_i|P)$ を分岐指数とし，$f_i := f(P_i|P)$ を $P_i|P$ の相対次数とする．このとき，次が成り立つ．

$$\sum_{i=1}^{m} e_i f_i = [F' : F].$$

【証明】 P が F/K において x の唯一つの零点であるような元 $x \in F$ を選び，$v_P(x) =: r > 0$ とおく．このとき，座 $P_1, \ldots, P_m \in \mathbb{P}_{F'}$ は，式 (3.4) より，F'/K' における x の零点のすべてである．ここで2通りの異なる方法で，次数 $[F' : K(x)]$ を評価する．

$$\begin{aligned}
[F' : K(x)] &= [F' : K'(x)] \cdot [K'(x) : K(x)] \\
&= \left(\sum_{i=1}^{m} v_{P_i}(x) \cdot \deg P_i \right) \cdot [K' : K] \\
&= \sum_{i=1}^{m} (e_i \cdot v_P(x)) \cdot ([F'_{P_i} : K'] \cdot [K' : K]) \\
&= r \cdot \sum_{i=1}^{m} e_i \cdot [F'_{P_i} : F_P] \cdot [F_P : K] \\
&= r \cdot \deg P \cdot \sum_{i=1}^{m} e_i f_i. \qquad (3.6)
\end{aligned}$$

（上式の第 2 行は補題 3.1.10 から導かれる．F'/K' における x の零因子の次数が $[F' : K'(x)]$ に等しいという事実は，定理 1.4.11 から得られる結果である．）一方，rP は F/K における x の零因子であるから，

$$[F' : K(x)] = [F' : F] \cdot [F : K(x)] = [F' : F] \cdot r \cdot \deg P \qquad (3.7)$$

が成り立つ．式 (3.6) と式 (3.7) を比較すると，求める式が得られる． □

系 3.1.12 F'/K' を F/K の有限次拡大とし，$P \in \mathbb{P}_F$ とする．このとき，次が成り立つ．

(a) $|\{P' \in \mathbb{P}_{F'} \,;\, P' \text{ は } P \text{ の上にある}\}| \leq [F' : F]$．
(b) $P' \in \mathbb{P}_{F'}$ が P の上にあれば，$e(P'|P) \leq [F' : F]$ かつ $f(P'|P) \leq [F' : F]$ が成り立つ．

系 3.1.12 によって，次の定義は意味をもつ．

定義 3.1.13 F'/K' を次数 $[F':F]=n$ である F/K の拡大とし，$P \in \mathbb{P}_F$ とする．このとき，

(a) $P'|P$ をみたすちょうど n 個の座 $P' \in \mathbb{P}_{F'}$ が存在するとき，P は F'/F において**完全分解する**（split completely）という．

(b) $P'|P$ でかつ $e(P'|P)=n$ をみたす座 $P' \in \mathbb{P}_{F'}$ が存在するとき，P は F'/F において**完全分岐する**（totally ramify）という．

基本等式によって，座 $P \in \mathbb{P}_F$ が F'/F において完全分解するための必要十分条件は，F' におけるすべての座 $P'|P$ に対して $e(P'|P) = f(P'|P) = 1$ が成り立つことは明らかである．また，P が F'/F において完全分岐するならば，$P'|P$ をみたす唯一つの座 $P' \in \mathbb{P}_{F'}$ が存在する．

基本等式（定理 3.1.11）の一つの結果として，次の系が得られる．

系 3.1.14 F'/K' を F/K の有限次拡大とする．このとき，任意の因子 $A \in \mathrm{Div}(F)$ に対して，次が成り立つ．

$$\deg \mathrm{Con}_{F'/F}(A) = \frac{[F':F]}{[K':K]} \cdot \deg A.$$

【証明】 素因子 $A = P \in \mathbb{P}_F$ を考えれば十分である．このとき，

$$\begin{aligned}
\deg \mathrm{Con}_{F'/F}(P) &= \deg\left(\sum_{P'|P} e(P'|P) \cdot P'\right) \\
&= \sum_{P'|P} e(P'|P) \cdot [F'_{P'} : K'] \\
&= \sum_{P'|P} e(P'|P) \cdot \frac{[F'_{P'} : K]}{[K':K]} \\
&= \frac{1}{[K':K]} \cdot \sum_{P'|P} e(P'|P) \cdot [F'_{P'} : F_P] \cdot [F_P : K] \\
&= \frac{1}{[K':K]} \cdot \left(\sum_{P'|P} e(P'|P) \cdot f(P'|P)\right) \cdot \deg P \\
&= \frac{[F':F]}{[K':K]} \cdot \deg P \quad \text{（定理 3.1.11 より）．} \quad \square
\end{aligned}$$

前述の一連の結果は，関数体上ある種の多項式の既約性を判定する便利な手法を証明するために用いられる．次の命題の特殊な場合は**アイゼンシュタインの既約判定法** (Eisenstein's irreducibility criterion) として知られている．

命題 3.1.15 関数体 F/K と多項式

$$\varphi(T) = a_n T^n + a_{n-1} T^{n-1} + \cdots + a_1 T + a_0, \quad a_i \in F$$

を考える．以下の条件 (1) または (2) の一つが成り立つような座 $P \in \mathbb{P}_F$ が存在していると仮定する．

(1) $v_P(a_n) = 0$ であり，かつ $i = 1, \ldots, n-1$ に対して $v_P(a_i) \geq v_P(a_0) > 0$ である．さらに，$\gcd(n, v_P(a_0)) = 1$ が成り立つ．

(2) $v_P(a_n) = 0$ であり，かつ $i = 1, \ldots, n-1$ に対して $v_P(a_i) \geq 0$ および $v_P(a_0) < 0$ である．さらに，$\gcd(n, v_P(a_0)) = 1$ が成り立つ．

このとき，$\varphi(T)$ は $F[T]$ において既約である．y を $\varphi(T)$ の根として $F' = F(y)$ とすれば，このとき P は唯一つの拡張 $P' \in \mathbb{P}_{F'}$ をもち，$e(P'|P) = n$ と $f(P'|P) = 1$ が成り立つ（すなわち，P は $F(y)/F$ において完全分岐する）．

【証明】 $\varphi(y) = 0$ をみたす拡大体 $F' = F(y)$ を考える．F'/F の次数は $[F' : F] \leq \deg \varphi(T) = n$ であり，等式が成り立つのは，$\varphi(T)$ が $F[T]$ で既約のときかつそのときに限る．P の拡張 $P' \in \mathbb{P}_{F'}$ を選ぶ．$\varphi(y) = 0$ であるから，次の式が成り立つ．

$$-a_n y^n = a_0 + a_1 y + \cdots + a_{n-1} y^{n-1}. \tag{3.8}$$

最初に (1) を仮定する．$v_{P'}(a_n) = 0$ と，$i = 1, \ldots, n-1$ に対して $v_{P'}(a_i) > 0$ であることから，容易に $v_{P'}(y) > 0$ であることが分かる．$e := e(P'|P)$ とおけば，$v_{P'}(a_0) = e \cdot v_P(a_0)$ であり，かつ $i = 1, \ldots, n-1$ に対して $v_{P'}(a_i y^i) = e \cdot v_P(a_i) + i \cdot v_{P'}(y) > e \cdot v_P(a_0)$ が成り立つ．強近似定理より，式 (3.8) は次のことを意味している．

$$n \cdot v_{P'}(y) = e \cdot v_P(a_0).$$

仮定 (1) より，$\gcd(n, v_P(a_0)) = 1$ であるから，$n | e$ と結論することができる．ゆえに，$n \leq e$ である．一方，系 3.1.12 より $n \geq [F' : F] \geq e$ である．したがって，次を得る．

$$n = e = [F' : F]. \tag{3.9}$$

するといま，命題 3.1.15 のすべての主張は，式 (3.9) と定理 3.1.11 よりすぐに導かれる．(1) のかわりに (2) を仮定したときも同様に証明できる． □

代数関数体の拡大の理論をさらに続ける前に，関数体のある種の部分環を調べる必要がある．

3.2　関数体の部分環

前と同様に，F/K は定数体を K とする関数体を表すものとする．

定義 3.2.1　F/K の**部分環** (subring) とは，$K \subseteq R \subseteq F$ をみたし，体ではない環 R のことである．

特に，R が F/K の部分環ならば，$K \subsetneq R \subsetneq F$ である．ここでは，代表的な例を二つあげておこう．

(a) ある $P \in \mathbb{P}_F$ により，$R = \mathcal{O}_P$ と表される環．
(b) $x_1, \ldots, x_n \in F \setminus K$ により $R = K[x_1, \ldots, x_n]$ と表される環．

$\mathcal{O}_P$ は明らかに部分環であるのに対して，$R = K[x_1, \ldots, x_n]$ も部分環であることを確かめるためには，これが体ではないことを示す必要がある．このために，$v_P(x_1) \geq 0, \ldots, v_P(x_n) \geq 0$ をみたす座 $P \in \mathbb{P}_F$ を選ぶ．$x = x_1$ とし，$d := \deg P$ とおく．剰余類 $1, x(P), \ldots, x^d(P) \in \mathcal{O}_P/P$ は K 上 1 次従属であるから，元 $\alpha_0, \ldots, \alpha_d \in K$ を，$z = \alpha_0 + \alpha_1 x + \cdots + \alpha_d x^d$ が 0 ではなく，$v_P(z) > 0$ をみたすように見つけることができる ($x \notin K$ であるから，x は K 上超越的であることに注意せよ)．明らかに，$z \in K[x_1, \ldots, x_n]$ ではあるが，$z^{-1} \notin K[x_1, \ldots, x_n]$ である (すべての $y \in K[x_1, \ldots, x_n]$ に対して，$v_P(y) \geq 0$ であるから)．

(a) よりもっと一般的な環の種類が以下の定義により与えられる．

定義 3.2.2　$\emptyset \neq S \subsetneq \mathbb{P}_F$ に対して，
$$\mathcal{O}_S := \{ z \in F \mid v_P(z) \geq 0, \ \forall P \in S \}$$
を，$P \in S$ をみたすすべての付値環 $\mathcal{O}_P$ の共通集合とする．ある $S \subsetneq \mathbb{P}_F, S \neq \emptyset$ によって $R = \mathcal{O}_S$ という形で表される環 $R \subseteq F$ を，F/K の**正則環** (holomorphy ring) という．

たとえば，$K[x]$ は有理関数体 $K(x)/K$ の正則環である．すなわち，次のことは容易に確認できる．
$$K[x] = \bigcap_{P \neq P_\infty} \mathcal{O}_P.$$

ただし，P_∞ は $K(x)$ における x の唯一つの極である．

定義 3.2.2 から得られるいくつかの簡単な結果に注意しよう．

補題 3.2.3
- (a) すべての付値環 $\mathcal{O}_P$ は正則環である．すなわち，$S = \{P\}$ として $\mathcal{O}_P = \mathcal{O}_S$ と表されるからである．
- (b) すべての正則環 $\mathcal{O}_S$ は F/K の部分環である．
- (c) $P \in \mathbb{P}_F$ と $\emptyset \neq S \subsetneq \mathbb{P}_F$ に対して，次が成り立つ．
$$\mathcal{O}_S \subseteq \mathcal{O}_P \iff P \in S.$$
したがって，$\mathcal{O}_S = \mathcal{O}_T \iff S = T$．

【証明】
- (b) $\mathcal{O}_S$ は $K \subseteq \mathcal{O}_S \subseteq F$ をみたす環であるから，$\mathcal{O}_S$ が体ではないことを示せばよい．座 $P_1 \in S$ を選ぶ．$S \neq \mathbb{P}_F$ であるから，強近似定理より，次の性質をみたす元 $0 \neq x \in F$ が存在する．
$$v_{P_1}(x) > 0 \quad \text{かつ} \quad v_P(x) \geq 0, \, \forall P \in S.$$
明らかに，$x \in \mathcal{O}_S$ であり，かつ $x^{-1} \notin \mathcal{O}_S$ である．したがって，$\mathcal{O}_S$ は体ではない．
- (c) $P \notin S$ と仮定する．強近似定理より，次の性質をみたす元 $z \in F$ を見つけることができる．
$$v_P(z) < 0 \quad \text{かつ} \quad v_Q(z) \geq 0, \, \forall Q \in S. \tag{3.10}$$
($S \cup \{P\} \neq \mathbb{P}_F$ ならば，これは明らかである．しかしながら，$S \cup \{P\} = \mathbb{P}_F$ であるとき，S の少なくとも一つの零点をもつ $z \in \mathcal{O}_S$ を選ぶ．z は極をもたなければならないから，$v_P(z) < 0$ である．）式 (3.10) をみたす元 z は $\mathcal{O}_S$ に属するが，しかし $\mathcal{O}_P$ に属さない．以上より，$P \notin S$ ならば $\mathcal{O}_S \not\subseteq \mathcal{O}_P$ が成り立つことを証明した．残りの主張は明らかである． □

定義 3.2.4 R を F/K の部分環とする．
- (a) $z \in F$ とする．あるモニック多項式 $f(X) \in R[X]$ が存在して $f(z) = 0$ をみたすとき，すなわち，$a_0, \ldots, a_{n-1} \in R$ なる元が存在して次の式をみたすとき，z は R 上整 (integral) であるという．
$$z^n + a_{n-1}z^{n-1} + \cdots + a_1 z + a_0 = 0.$$
この方程式を R 上 z の**整方程式** (integral equation) という．

(b) 集合
$$\mathrm{ic}_F(R) := \{\, z \in F \mid z \text{ は } R \text{ 上整}\,\}$$
を F における R の**整閉包**（integral closure）という.

(c) $F_0 \subseteq F$ を R の商体とする. $\mathrm{ic}_F(R) = R$ が成り立つとき, すなわち, R 上整であるすべての元 $z \in F_0$ がすでに R に属しているとき, R は**整閉**（integrally closed）であるという.

命題 3.2.5 $\mathcal{O}_S$ を F/K の正則環とする. このとき, 次が成り立つ.

(a) F は $\mathcal{O}_S$ の商体である.
(b) $\mathcal{O}_S$ は整閉である.

【証明】
(a) $x \in F$, $x \neq 0$ とする. 座 $P_0 \in S$ を選ぶ. 強近似定理より次の条件をみたす元 $z \in F$ が存在する.
$$v_{P_0}(z) = \max\{0, v_{P_0}(x^{-1})\} \quad \text{かつ} \quad v_P(z) \geq \max\{0, v_P(x^{-1})\}, \ \forall P \in S.$$
明らかに, $z \in \mathcal{O}_S$, $z \neq 0$ であり, $y := zx \in \mathcal{O}_S$ とおけば, $x = yz^{-1}$ は $\mathcal{O}_S$ の商体に属している.

(b) $u \in F$ を $\mathcal{O}_S$ 上整であるとする. $\mathcal{O}_S$ 上 u の整方程式を
$$u^n + a_{n-1}u^{n-1} + \cdots + a_0 = 0, \quad a_i \in \mathcal{O}_S \tag{3.11}$$
とする. すべての $P \in S$ に対して $v_P(u) \geq 0$ であることを示さなければならない. これが成り立たないと仮定すると, ある $P \in S$ に対して $v_P(u) < 0$ となる. $v_P(a_i) \geq 0$ であるから, $i = 0, \ldots, n-1$ に対して
$$v_P(u^n) = n \cdot v_P(u) < v_P(a_i u^i)$$
が成り立つ. このとき, 強近似定理により, 式 (3.11) に対する矛盾が生じる. □

定理 3.2.6 R を F/K の部分環とし,
$$S(R) := \{\, P \in \mathbb{P}_F \mid R \subseteq \mathcal{O}_P \,\}$$
とおく. このとき, 次が成り立つ.

(a) $\emptyset \neq S(R) \subsetneq \mathbb{P}_F$.
(b) F における R の整閉包は $\mathrm{ic}_F(R) = \mathcal{O}_{S(R)}$ である. 特に, $\mathrm{ic}_F(R)$ は F を商体とする F/K の整閉な部分環である.

【証明】

(a) R は体ではないので，真のイデアル $I \subsetneq R$ が存在し，定理 1.1.19 により，$I \subseteq P$ と $R \subseteq \mathcal{O}_P$ をみたす座 $P \in \mathbb{P}_F$ が存在する．ゆえに，$S(R) \neq \emptyset$ である．一方，K 上超越的な元 $x \in R$ を考える．x の極である任意の座 $Q \in \mathbb{P}_F$ は $S(R)$ に属さない．したがって，$S(R) \neq \mathbb{P}_F$ を得る．

(b) $R \subseteq \mathcal{O}_{S(R)}$ であり，かつ $\mathcal{O}_{S(R)}$ は（命題 3.2.5 より）整閉であるから，これよりすぐに $\mathrm{ic}_F(R) \subseteq \mathcal{O}_{S(R)}$ であることが分かる．逆の包含関係を示すために，元 $z \in \mathcal{O}_{S(R)}$ を考える．このとき，

$$z^{-1} \cdot R[z^{-1}] = R[z^{-1}] \tag{3.12}$$

を証明する．式 (3.12) が成り立たないと仮定する．すなわち，$z^{-1}R[z^{-1}]$ が $R[z^{-1}]$ において真のイデアルであると仮定する．定理 1.1.19 より，次の式をみたす座 $Q \in \mathbb{P}_F$ を見つけることができる．

$$R[z^{-1}] \subseteq \mathcal{O}_Q \quad かつ \quad z^{-1} \in Q.$$

したがって，$Q \in S(R)$ であり，$z \notin \mathcal{O}_Q$ であることが分かる．ところが，これは $z \in \mathcal{O}_{S(R)}$ であることに矛盾する．以上より，式 (3.12) が証明された．式 (3.12) より，

$$1 = z^{-1} \cdot \sum_{i=0}^{s} a_i (z^{-1})^i, \quad a_0, \ldots, a_s \in R \tag{3.13}$$

なる関係式が得られる．式 (3.13) に z^{s+1} をかけると，

$$z^{s+1} - \sum_{i=0}^{s} a_i z^{s-i} = 0$$

なる式が得られる．これは R 上 z の整方程式である． □

注意 3.2.7 定理 3.2.6 の証明において，K が F の完全定数体であるという仮定を実際には使わなかったことに注意しよう．したがって，F/K が関数体であることを仮定するだけでも（F/K の定数体 $\widetilde{K}$ は K より大きいこともある）この定理は成り立つ．

命題 3.2.5 と定理 3.2.6 の一つの簡単な結果は，次のようである．

系 3.2.8 商体を F とする F/K の部分環 R が整閉であるための必要十分条件は，R が正則環になることである．

命題 3.2.9　$\mathcal{O}_S$ を F/K の正則環とする．このとき，S と $\mathcal{O}_S$ の極大イデアル全体の集合との間に，次のような 1 対 1 対応がある．

$$P \longmapsto M_P := P \cap \mathcal{O}_S \quad (P \in S).$$

さらに，写像

$$\varphi : \begin{cases} \mathcal{O}_S/M_P & \longrightarrow & F_P = \mathcal{O}_P/P, \\ x + M_P & \longmapsto & x + P \end{cases}$$

は同型写像である．

【証明】　$P \in S$ に対して，次の準同型写像を考える．

$$\phi : \begin{cases} \mathcal{O}_S & \longrightarrow & F_P, \\ x & \longmapsto & x + P. \end{cases}$$

ϕ が全射であることを証明する．そこで，$z + P \in F_P$, $z \in \mathcal{O}_P$ とする．強近似定理によって，次の条件をみたすある元 $x \in F$ が存在する．

$$v_P(x - z) > 0 \quad \text{かつ} \quad v_Q(x) \geq 0, \ \forall Q \in S \setminus \{P\}.$$

このとき，$x \in \mathcal{O}_S$ であり，$\phi(x) = z + P$ となる．ϕ の核は $M_P = P \cap \mathcal{O}_S$ である．ゆえに，ϕ は同型写像 $\varphi : \mathcal{O}_S/M_P \to F_P$ を誘導する．F_P は体であるから，M_P は $\mathcal{O}_S$ の極大イデアルである．$P \neq Q$ ならば，強近似定理より，$M_P \neq M_Q$ であることが分かる．

示すべく残っていることは，$\mathcal{O}_S$ の任意の極大イデアルがある $P \in S$ によって $P \cap \mathcal{O}_S$ と表されることである．$M \subseteq \mathcal{O}_S$ を極大イデアルとする．定理 1.1.19 によって，次の式をみたす座 $P \in \mathbb{P}_F$ が存在する．

$$M \subseteq P \quad \text{かつ} \quad \mathcal{O}_S \subseteq \mathcal{O}_P.$$

補題 3.2.3 (c) より，$P \in S$ であることが分かる．$M \subseteq P \cap \mathcal{O}_S$ であり，かつ M は $\mathcal{O}_S$ の極大イデアルであるから，$M = P \cap \mathcal{O}_S$ を得る． □

定理 1.1.6 によって，F/K の付値環 $\mathcal{O}_P$ は単項イデアル整域であることが分かっている（すなわち，$\mathcal{O}_P$ のすべてのイデアルは単項である）．一般に，正則環はもはや単項イデアル整域ではない．しかしながら，次の定理 1.1.6 の一般化が成り立つ．

命題 3.2.10　$S \subseteq \mathbb{P}_F$ が F/K の空でない座の有限集合ならば，$\mathcal{O}_S$ は単項イデアル整域である．

【証明】 $S = \{P_1, \ldots, P_s\}$ とし，$\{0\} \neq I \subseteq \mathcal{O}_S$ を $\mathcal{O}_S$ のイデアルとする．$i = 1, \ldots, s$ に対して，次の式をみたす元 $x_i \in I$ を選ぶ．

$$v_{P_i}(x_i) := n_i \leq v_{P_i}(u), \quad \forall u \in I.$$

(すべての $u \in I$ に対して $v_{P_i}(u) \geq 0$ であり，$I \neq \{0\}$ であるから，これは可能である．)
近似定理によって次の条件をみたす元 $z_i \in F$ を見つけることができる．

$$v_{P_i}(z_i) = 0 \quad \text{かつ} \quad v_{P_j}(z_i) > n_j, \, j \neq i.$$

明らかに，$z_i \in \mathcal{O}_S$ であるから，元 $x := \sum_{i=1}^{s} x_i z_i$ は I に属する．強三角不等式により，$i = 1, \ldots, s$ に対して $v_{P_i}(x) = n_i$ が成り立つ．すると，$I \subseteq x\mathcal{O}_S$ を示すことができれば，命題は証明される．元 $z \in I$ を考える．$y := x^{-1}z$ とおけば，次が成り立つ．

$$v_{P_i}(y) = v_{P_i}(z) - n_i \geq 0, \quad i = 1, \ldots, s.$$

したがって，$y \in \mathcal{O}_S$ となり，$z = xy \in x\mathcal{O}_S$ が得られる． □

3.3 局所整基底

本節では，F の拡大体における F/K の部分環の整閉包を考察する．次の状況を仮定する．

F/K は定数体を K とする関数体で，$F' \supseteq F$ は体の有限次拡大である（F' の定数体 K' は K より大きいこともある）．

命題 3.3.1 R は F/K の整閉である部分環で，F を R の商体とする（すなわち，R は F/K の正則環である）．$z \in F'$ に対して，$\varphi(T) \in F[T]$ を F 上 z の最小多項式を表すものとする．このとき，次が成り立つ．

$$z \text{ は } R \text{ 上整} \iff \varphi(T) \in R[T].$$

【証明】 定義により，$\varphi(T)$ は $\varphi(z) = 0$ をみたし，F に係数をもつ唯一つのモニック既約多項式である．$\varphi(T) \in R[T]$ ならば，z は明らかに R 上整である．

逆は必ずしも明らかではない．実際，R が整閉であるという仮定を使わなければならない．そこで，R 上整である元 $z \in F'$ を考える．$f(z) = 0$ をみたすモニック多項式 $f(T) \in R[T]$ を選ぶ．$\varphi(T)$ は F 上 z の最小多項式であるから，$f(T) = \varphi(T) \cdot \psi(T)$ をみたす多項式 $\psi(T) \in F[T]$ がある．$F'' \supseteq F'$ を φ のすべての根を含む F の有限次拡大体とし，$R'' = \mathrm{ic}_{F''}(R)$ を F'' における R の整閉包とする．φ のすべての根はまた f の根でもあるから，それらは R'' に属している．$\varphi(T)$ の係数は φ の根の多項式表現である

から，$\varphi(T) \in R''[T]$ である．ところが，$\varphi(T) \in F[T]$ であり，かつ R は整閉であるから $F \cap R'' = R$ である．したがって，$\varphi(T) \in R[T]$ を得る． □

系 3.3.2 記号は命題 3.3.1 と同じとする．$\mathrm{Tr}_{F'/F} : F' \to F$ を F' から F へのトレース写像とし，$x \in F'$ を R 上整である元とする．このとき，$\mathrm{Tr}_{F'/F}(x) \in R$ が成り立つ．

この系はトレース写像のよく知られた性質から容易に導かれる．以下において用いられるこれらの性質のいくつかを簡単に思い出しておこう．次数を n とする体の有限次拡大 M/L を考える．M/L が分離的でなければ，トレース写像 $\mathrm{Tr}_{M/L} : M \to L$ は零写像である．ゆえに，以後 M/L は分離的であると仮定する．この場合，$\mathrm{Tr}_{M/L} : M \to L$ は恒等的には零でない L-線形写像である．これは以下のように説明される．代数的閉体 $\Psi \supseteq L$ を選ぶ．M/L から Ψ への埋め込みとは，すべての $a \in L$ に対して $\sigma(a) = a$ をみたす体の準同型写像 $\sigma : M \to \Psi$ のことである．M/L が分離的であるから，n 個の相異なる M/L から Ψ への埋め込み $\sigma_1, \ldots, \sigma_n$ が存在し，また $x \in M$ に対して次が成り立つ．

$$\mathrm{Tr}_{M/L}(x) = \sum_{i=1}^{n} \sigma_i(x).$$

$\varphi(T) = T^r + a_{r-1}Y^{r-1} + \cdots + a_0 \in L[T]$ が L 上 x の最小多項式であるとき，次が成り立つ．

$$\mathrm{Tr}_{M/L}(x) = -s a_{r-1}, \quad s := [M : L(x)]. \tag{3.14}$$

トレースは体の塔に対して良い挙動をする．すなわち $H \supseteq M \supseteq L$ に対して

$$\mathrm{Tr}_{H/L}(x) = \mathrm{Tr}_{M/L}(\mathrm{Tr}_{H/M}(x)) \tag{3.15}$$

が成り立つ．

系 3.3.2 は式 (3.14) と命題 3.3.1 からすぐに得られる結論であることに注意せよ．

命題 3.3.3 M/L を体の有限次分離拡大とし，M/L の基底 $\{z_1, \ldots, z_n\}$ を考える．このとき，以下の条件により一意的に定まる元 $z_1^*, \ldots, z_n^* \in M$ が存在する．

$$\mathrm{Tr}_{M/L}(z_i z_j^*) = \delta_{ij}.$$

（δ_{ij} はクロネッカーの記号を表す．）その上，集合 $\{z_1^*, \ldots, z_n^*\}$ は M/L の基底である．これを $\{z_1, \ldots, z_n\}$ の（そのトレースに関する）**双対基底** (dual basis) という．

【証明】 L 上 M の双対空間 $M^\wedge$ を考える．すなわち，$M^\wedge$ はすべての L-線形写像 $\lambda : M \to L$ のつくる空間である．$M^\wedge$ が L 上 n 次元ベクトル空間であることは，線形代数

学よりよく知られている．$z \in M$ と $\lambda \in M^\wedge$ に対して，$z \cdot \lambda \in M^\wedge$ を $(z \cdot \lambda)(w) := \lambda(zw)$ により定義する．この定義より，$M^\wedge$ は M 上次元 1 のベクトル空間となる（$\dim_L(M^\wedge) = [M:L] \cdot \dim_M(M^\wedge)$ であるから）．$\mathrm{Tr}_{M/L}$ は零写像ではないから，すべての $\lambda \in M^\wedge$ は一意的な表現 $\lambda = z \cdot \mathrm{Tr}_{M/L}$ をもつ．特に，$\lambda_j(z_i) := \delta_{ij}$ ($i = 1, \ldots, n$) により定義される線形式 $\lambda_j \in M^\wedge$ は $z_j^* \in M$ により $\lambda_j = z_j^* \cdot \mathrm{Tr}_{M/L}$ と表される．これは次のことを意味している．
$$\mathrm{Tr}_{M/L}(z_i z_j^*) = (z_j^* \cdot \mathrm{Tr}_{M/L})(z_i) = \lambda_j(z_i) = \delta_{ij}.$$

$\lambda_1, \ldots, \lambda_n$ は L 上 1 次独立であるから，同じことが $z_1^*, \ldots, z_n^*$ に対しても成り立つ．したがって，それらは M/L の基底を構成する． □

次の結果は，分離性の仮定がなくても本質的に成り立つ．しかしながら，この追加的な仮定をしたほうが証明はより簡単になり，またあとで必要になるのは分離拡大における結果のみである．

定理 3.3.4　商体を F とする F/K の整閉である部分環を R とし，F'/F を次数 n の有限次分離拡大とする．$R' = \mathrm{ic}_{F'}(R)$ を F' における R の整閉包とする．このとき，次が成り立つ．

(a) F'/F のすべての基底 $\{x_1, \ldots, x_n\}$ に対して，$a_1 x_1, \ldots, a_n x_n \in R'$ をみたす元 $a_i \in R \setminus \{0\}$ が存在する．したがって，R' に含まれる F'/F の基底が存在する．

(b) $\{z_1, \ldots, z_n\} \subseteq R'$ が F'/F の基底で，$\{z_1^*, \ldots, z_n^*\}$ をトレース写像に関する双対基底とすれば，次が成り立つ．
$$\sum_{i=1}^n R z_i \subseteq R' \subseteq \sum_{i=1}^n R z_i^*.$$

(c) さらに，加えて R が単項イデアル整域であるならば，次の性質をみたす F'/F の基底 $\{u_1, \ldots, u_n\}$ が存在する．
$$R' = \sum_{i=1}^n R u_i.$$

【証明】

(a) すべての $x \in F'$ に対して，ax が R 上の整方程式をみたすような元 $0 \neq a \in R$ の存在を示さなければならない．F'/F は代数拡大で，F は R の商体であるから，$a_i \neq 0$ でかつ
$$x^r + \frac{b_{r-1}}{a_{r-1}} x^{r-1} + \cdots + \frac{b_1}{a_1} x + \frac{b_0}{a_0} = 0$$

をみたす元 $a_i, b_i \in R$ が存在する．この式に a^r をかければ，$a := a_0 \cdot a_1 \cdot \cdots \cdot a_{r-1}$ とおいて次の式が得られる．

$$(ax)^r + c_{r-1}(ax)^{r-1} + \cdots + c_1(ax) + c_0 = 0, \quad c_i \in R.$$

したがって，$ax \in R'$ である．

(b) さて，次に $\{z_1, \ldots, z_n\}$ を，すべての i $(1 \leq i \leq n)$ に対して $z_i \in R'$ であるような F'/F の基底とし，$\{z_1^*, \ldots, z_n^*\}$ をその双対基底とする．特に，任意の $z \in F'$ は次のような形に表現することができる．

$$z = e_1 z_1^* + \cdots + e_n z_n^*, \quad e_i \in F.$$

$z \in R'$ ならば，$j = 1, \ldots, n$ に対して $zz_j \in R'$ である．よって，系 3.3.2 より $\mathrm{Tr}_{F'/F}(zz_j) \in R$ を得る．また，

$$\mathrm{Tr}_{F'/F}(zz_j) = \mathrm{Tr}_{F'/F}\left(\sum_{i=1}^n e_i z_j z_i^*\right) = \sum_{i=1}^n e_i \cdot \mathrm{Tr}_{F'/F}(z_j z_i^*) = e_j$$

であるから，$e_j \in R$ となり，ゆえに $R' \subseteq \sum_{i=1}^n R z_i^*$ を得る．

(c) $R' \subseteq \sum_{i=1}^n R w_i$ をみたす $\{w_1, \ldots, w_n\}$ を F'/F の基底とし（これは (b) より可能である），$1 \leq k \leq n$ に対して，

$$R_k := R' \cap \sum_{i=1}^k R w_i \tag{3.16}$$

とおく．このとき，$R_k = \sum_{i=1}^k R u_i$ をみたすように $u_1, \ldots, u_n$ を帰納的に構成する．$k = 1$（すなわち，$R_1 = R' \cap R w_1$）に対して，集合

$$I_1 := \{\, a \in F \mid a w_1 \in R' \,\}$$

を考える．$R' \subseteq \sum_{i=1}^n R w_i$ であるから，これは R に含まれる．実際，I_1 は R のイデアルであるから，適当な $a_1 \in R$ により $I_1 = a_1 R$ と表される（R は単項イデアル整域であるから）．$u_1 := a_1 w_1$ とおけば，容易に $R_1 = R u_1$ であることが確かめられる．

$k \geq 2$ として，$R_{k-1} = \sum_{i=1}^{k-1} R u_i$ をみたす $u_1, \ldots, u_{k-1}$ がすでに存在したと仮定する．そこで，

$$I_k := \{\, a \in F \mid \exists b_1, \ldots, b_{k-1} \in R,\ b_1 w_1 + \cdots + b_{k-1} w_{k-1} + a w_k \in R' \,\}$$

とおく．再び，I_k は R のイデアルであるから，$I_k = a_k R$ と表される．

$$u_k = c_1 w_1 + \cdots + c_{k-1} w_{k-1} + a_k w_k$$

をみたす $u_k \in R'$ を選ぶ．明らかに $R_k \supseteq \sum_{i=1}^{k} Ru_i$ である．逆の包含関係を示すために，$w \in R_k$ とする．w を

$$w = d_1 w_1 + \cdots + d_k w_k, \quad d_i \in R$$

と表現する．このとき，$d_k \in I_k$ である．ゆえに，$d \in R$ として $d_k = da_k$ と表され，

$$w - du_k \in R' \cap \sum_{i=1}^{k-1} Rw_i = R_{k-1} = \sum_{i=1}^{k-1} Ru_i$$

となる．したがって，$w \in \sum_{i=1}^{k} Ru_i$ を得る．

以上で，$R' = R_n = \sum_{i=1}^{n} Ru_i$ を示した．(a) より，R' は F'/F のある基底を含んでいるから，元 $u_1, \ldots, u_n$ は F 上 1 次独立であり，F'/F の基底を構成する． □

系 3.3.5 F'/F を関数体 F/K の有限次分離拡大とし，$P \in \mathbb{P}_F$ を F/K の座とする．このとき，$\mathcal{O}_P$ の F' における整閉包 $\mathcal{O}'_P$ は次の式で与えられる．

$$\mathcal{O}'_P = \bigcap_{P'|P} \mathcal{O}_{P'}.$$

また，以下の式をみたす F'/F の基底 $\{u_1, \ldots, u_n\}$ が存在する．

$$\mathcal{O}'_P = \sum_{i=1}^{n} \mathcal{O}_P \cdot u_i.$$

このようなすべての基底 $\{u_1, \ldots, u_n\}$ を，$\mathcal{O}_P$ 上 $\mathcal{O}'_P$ の**整基底** (integral basis)（あるいは，座 P に対する F'/F の**局所整基底** (local integral basis)）という．

【証明】　この系は定理 3.2.6 (b)，注意 3.2.7 と定理 3.3.4 より明らかである（$\mathcal{O}_P$ が単項イデアル整域であることに注意せよ）． □

局所整基底の存在に関する重要な補足は次の定理で与えられる．

定理 3.3.6 F/K を関数体とし，F'/F を有限次分離拡大とする．このとき，F'/F の任意の基底 $\{z_1, \ldots, z_n\}$ はほとんどすべての（すなわち，有限個を除くすべての）座 $P \in \mathbb{P}_F$ に対する整基底である．

【証明】　$\{z_1, \ldots, z_n\}$ の双対基底 $\{z_1^*, \ldots, z_n^*\}$ を考える．F 上 $z_1, \ldots, z_n, z_1^*, \ldots, z_n^*$ の最小多項式は有限個の係数にのみ関係している．$S \subseteq \mathbb{P}_F$ をこれらの係数のすべての極の集合とする．S は有限集合であり，$P \notin S$ に対して

$$z_1, \ldots, z_n, z_1^*, \ldots, z_n^* \in \mathcal{O}'_P \tag{3.17}$$

が成り立つ．ただし，$\mathcal{O}'_P = \mathrm{ic}_{F'}(\mathcal{O}_P)$ である．したがって，

$$\sum \mathcal{O}_P \cdot z_i \subseteq \mathcal{O}'_P \subseteq \sum \mathcal{O}_P \cdot z_i^* \subseteq \mathcal{O}'_P \subseteq \sum \mathcal{O}_P \cdot z_i.$$

これらの包含関係の最初と第3の部分は式 (3.17) によって明らかであり，第2と第4の包含関係は定理 3.3.4 (b) からすぐに得られる（$\{z_1, \ldots, z_n\}$ は $\{z_1^*, \ldots, z_n^*\}$ の双対基底であることに注意せよ）．以上より，$\{z_1, \ldots, z_n\}$ は任意の $P \notin S$ に対する整基底である． □

次に，座 $P \in \mathbb{P}_F$ の F' へのすべての拡張を決定するためにしばしば用いられる方法を説明したい．便宜のために，いくつかの記号を導入する．

- $\bar{F} := F_P$ は P の剰余体である．
- $\bar{a} := a(P) \in \bar{F}$ は $a \in \mathcal{O}_P$ の剰余類である．
- $\psi(T) = \sum c_i T^i$ が $c_i \in \mathcal{O}_P$ を係数とする多項式であるとき，次のようにおく．

$$\bar{\psi}(T) := \sum \bar{c}_i T^i \in \bar{F}[T].$$

明らかに，すべての多項式 $\gamma(T) \in \bar{F}[T]$ は $\deg \psi(T) = \deg \gamma(T)$ をみたす $\psi(T) \in \mathcal{O}_P[T]$ により $\gamma(T) = \bar{\psi}(T)$ と表すことができる．これらの記号によって，次の定理を得る．

定理 3.3.7（クンマー） y を $\mathcal{O}_P$ 上整である元として $F' = F(y)$ と仮定する．y の F 上の最小多項式 $\varphi(T) \in \mathcal{O}_P[T]$ を考える．

$$\bar{\varphi}(T) = \prod_{i=1}^{r} \gamma_i(T)^{\varepsilon_i}$$

を $\bar{F}$ 上 $\bar{\varphi}(T)$ の既約因子への分解とする（すなわち，多項式 $\gamma_1(T), \ldots, \gamma_r(T)$ は $\bar{F}[T]$ においてモニック，既約で，互いに相異なり，$\varepsilon_i \geq 1$ である）．以下の条件をみたすようにモニック多項式 $\varphi_i(T) \in \mathcal{O}_P[T]$ を選ぶ．

$$\bar{\varphi}_i(T) = \gamma_i(T) \quad \text{かつ} \quad \deg \varphi_i(T) = \deg \gamma_i(T).$$

このとき，$1 \leq i \leq r$ に対して，以下の条件をみたす座 $P_i \in \mathbb{P}_{F'}$ が存在する．

$$P_i | P, \quad \varphi_i(T) \in P_i \quad \text{かつ} \quad f(P_i | P) \geq \deg \gamma_i(T).$$

その上，$i \neq j$ に対して $P_i \neq P_j$ である．

さらに追加した以下の条件のもとで，より詳細に証明することができる．以下の仮定 $(*)$ と $(**)$ の少なくとも一つが満足されると仮定する．

$$\varepsilon_i = 1, \quad i = 1, \ldots, r, \qquad (*)$$

$$\{1, y, \ldots, y^{n-1}\} \text{ は } P \text{ に対して整基底である．} \qquad (**)$$

このとき，$1 \leq i \leq r$ に対して，$P_i | P$ と $\varphi_i(y) \in P_i$ をみたす唯一つの座 $P_i \in \mathbb{P}_{F'}$ が存在する．座 $P_1, \ldots, P_r$ は P の上にある F' のすべての座であり，次が成り立つ．

$$\mathrm{Con}_{F'/F}(P) = \sum_{i=1}^{r} \varepsilon_i P_i.$$

すなわち，$\varepsilon_i = e(P_i|P)$ である．剰余体 $F'_{P_i} = \mathcal{O}_{P_i}/P_i$ は $\bar{F}[T]/(\gamma_i(T))$ に同型であり，ゆえに $f(P_i|P) = \deg \gamma_i(T)$ を得る．

【証明】 $\bar{F}_i := \bar{F}[T]/(\gamma_i(T))$ とおく．$\gamma_i(T)$ は既約であるから，$\bar{F}_i$ は次数

$$[\bar{F}_i : \bar{F}] = \deg \gamma_i(T) \tag{3.18}$$

をもつ $\bar{F}$ の拡大体である．$n = \deg \varphi(T) = [F' : F]$ として，環 $\mathcal{O}_P[y] = \sum_{j=0}^{n-1} \mathcal{O}_P \cdot y^j$ を考える．このとき，次の二つの環準同型写像がある．

$$\rho : \begin{cases} \mathcal{O}_P[T] & \longrightarrow & \mathcal{O}_P[y], \\ \sum c_j T^j & \longmapsto & \sum c_j y^j, \end{cases}$$

そして

$$\pi_i : \begin{cases} \mathcal{O}_P[T] & \longrightarrow & \bar{F}_i, \\ \sum c_j T^j & \longmapsto & \sum \bar{c}_j T^j \bmod \gamma_i(T). \end{cases}$$

ρ の核は $\varphi(T)$ により生成されたイデアルである．

$$\pi_i(\varphi(T)) = \bar{\varphi}(T) \bmod \gamma_i(T) = 0$$

であるから，$\mathrm{Ker}(\rho) \subseteq \mathrm{Ker}(\pi_i)$ である．このとき，$\pi_i = \sigma_i \circ \rho$ をみたす唯一つの準同型写像 $\sigma_i : \mathcal{O}_P[y] \to \bar{F}_i$ が存在することが結論できる．それは具体的に次のように与えられる．

$$\sigma_i : \begin{cases} \mathcal{O}_P[y] & \longrightarrow & \bar{F}_i, \\ \sum_{j=0}^{n-1} c_j y^j & \longmapsto & \sum_{j=0}^{n-1} \bar{c}_j T^j \bmod \gamma_i(T). \end{cases}$$

これより，σ_i が全射準同型写像であることは明らかである．この写像の核は

$$\mathrm{Ker}(\sigma_i) = P \cdot \mathcal{O}_P[y] + \varphi_i(y) \cdot \mathcal{O}_P[y] \tag{3.19}$$

であることを，以下で証明する．$\mathrm{Ker}(\sigma_i) \supseteq P \cdot \mathcal{O}_P[y] + \varphi_i(y) \cdot \mathcal{O}_P[y]$ の包含関係が成り立つことは自明である．逆の包含関係を示すために，元 $\sum_{j=0}^{n-1} c_j y^j \in \mathrm{Ker}(\sigma_i)$ を考える．このとき，適当な $\psi(T) \in \mathcal{O}_P[T]$ により $\sum_{j=0}^{n-1} \bar{c}_j T^j = \bar{\varphi}_i(T) \cdot \bar{\psi}(T)$ と表されるから，

$$\sum_{j=0}^{n-1} c_j T^j - \varphi_i(T) \cdot \psi(T) \in P \cdot \mathcal{O}_P[T]$$

である．ここで，$T = y$ を代入すると，
$$\sum_{j=0}^{n-1} c_j y^j - \varphi_i(y) \cdot \psi(y) \in P \cdot \mathcal{O}_P[y]$$
を得る．これより，等式 (3.19) が示された．

定理 1.1.19 より，$\mathrm{Ker}(\sigma_i) \subseteq P_i$ と $\mathcal{O}_P[y] \subseteq \mathcal{O}_{P_i}$ をみたす座 $P_i \in \mathbb{P}_{F'}$ が存在する．ゆえに，$P_i|P$ であり，かつ $\varphi_i(y) \in P_i$ である．剰余体 $\mathcal{O}_{P_i}/P_i$ は $\mathcal{O}_P[y]/\mathrm{Ker}(\sigma_i)$ を含んでおり，後者は σ_i により $\bar{F}_i$ と同型である．したがって，（式 (3.18) により）次の式を得る．
$$f(P_i|P) \geq [\bar{F}_i : \bar{F}] = \deg \gamma_i(T).$$

$i \neq j$ に対して，多項式 $\gamma_i(T) = \bar{\varphi}_i(T)$ と $\gamma_j(T) = \bar{\varphi}_j(T)$ は $\bar{F}[T]$ において互いに素であるから，適当な $\lambda_i(T), \lambda_j(T) \in \mathcal{O}_P[T]$ が存在して，次の式が成り立つ．
$$1 = \bar{\varphi}_i(T) \cdot \bar{\lambda}_i(T) + \bar{\varphi}_j(T) \cdot \bar{\lambda}_j(T).$$
これは次のことを意味している．
$$\varphi_i(y) \cdot \lambda_i(y) + \varphi_j(y) \cdot \lambda_j(y) - 1 \in P \cdot \mathcal{O}_P[y].$$
式 (3.19) によって，$1 \in \mathrm{Ker}(\sigma_i) + \mathrm{Ker}(\sigma_j)$ と結論することができる．$P_i \supseteq \mathrm{Ker}(\sigma_i)$ かつ $P_j \supseteq \mathrm{Ker}(\sigma_j)$ であるから，以上より，$i \neq j$ に対して $P_i \neq P_j$ であることが証明された．

さて，ここで仮定 (∗)，すなわち次を仮定する．
$$\bar{\varphi}(T) = \prod_{i=1}^{r} \gamma_i(T).$$
このとき，定理 3.1.11 によって次が成り立つ．
$$[F' : F] = \deg \varphi(T) = \sum_{i=1}^{r} \deg \varphi_i(T)$$
$$\leq \sum_{i=1}^{r} f(P_i|P) \leq \sum_{i=1}^{r} e(P_i|P) \cdot f(P_i|P)$$
$$\leq \sum_{P'|P} e(P'|P) \cdot f(P'|P) = [F' : F].$$
これが成り立つのは，$e(P_i|P) = 1$，$f(P_i|P) = \deg \varphi_i(T)$ であり，かつ $P_1, \ldots, P_r$ のほかに $P'|P$ をみたす座 $P' \in \mathbb{P}_{F'}$ が存在しないときであり，かつそのときに限る．

最後に (∗∗) を仮定する．前と同様に，$P_i|P$ と $\varphi_i(y) \in P_i$ をみたす座 $P_i \in \mathbb{P}_{F'}$ を選ぶ．

（主張）P の F' への拡張は $P_1, \ldots, P_r$ に限る．

実際，$P' \in \mathbb{P}_{F'}$ を $P'|P$ をみたすものとする．

$$0 = \varphi(y) \equiv \prod_{i=1}^{r} \varphi_i(y)^{\varepsilon_i} \bmod P \cdot \mathcal{O}_P[y]$$

であるから，

$$\prod_{i=1}^{r} \varphi_i(y)^{\varepsilon_i} \in P' \tag{3.20}$$

を得る．P' は $\mathcal{O}_{P'}$ の素イデアルであるから，式 (3.20) より，適当な $i \in \{1,\ldots,n\}$ に対して $\varphi_i(y) \in P'$ であり，また次が成り立つ．

$$P \cdot \mathcal{O}_P[y] + \varphi_i(y) \cdot \mathcal{O}_P[y] \subseteq P' \cap \mathcal{O}_P[y]. \tag{3.21}$$

この左辺の式は式 (3.19) により $\mathcal{O}_P[y]$ の極大イデアルであるから，式 (3.21) において等式が成り立つ．また，P_i についても

$$P \cdot \mathcal{O}_P[y] + \varphi_i(y) \cdot \mathcal{O}_P[y] \subseteq P_i \cap \mathcal{O}_P[y]$$

が成り立つので，以下の等式が得られる．

$$P' \cap \mathcal{O}_P[y] = P_i \cap \mathcal{O}_P[y] = \varphi_i(y) \cdot \mathcal{O}_P[y] + P \cdot \mathcal{O}_P[y]. \tag{3.22}$$

$\mathcal{O}_P[y]$ は仮定 $(**)$ によって F' における $\mathcal{O}_P$ の整閉包であるから，命題 3.2.9 より，$P' = P_i$ であることが分かる．これで主張は証明された．

主張と系 3.3.5 からすぐに得られる結果として，次のことが分かる．

$$\mathcal{O}_P[y] = \bigcap_{i=1}^{r} \mathcal{O}_{P_i}. \tag{3.23}$$

近似定理によって，以下の条件をみたす元 $t_1,\ldots,t_r \in F'$ が存在する．

$$v_{P_i}(t_i) = 1 \quad \text{かつ} \quad v_{P_j}(t_i) = 0, \; j \neq i.$$

P の素元を $t \in F$ とすると，式 (3.23) と式 (3.22) により

$$t_i \in \mathcal{O}_P[y] \cap P_i = \varphi_i(y) \cdot \mathcal{O}_P[y] + t \cdot \mathcal{O}_P[y]$$

が成り立つ．ゆえに，t_i は次のように表すことができる．

$$t_i = \varphi_i(y) \cdot a_i(y) + t \cdot b_i(y), \quad a_i(y), b_i(y) \in \mathcal{O}_P[y].$$

これより，$a(y), b(y) \in \mathcal{O}_P[y]$ として次の式を得る．

$$\prod_{i=1}^{r} t_i^{\varepsilon_i} = a(y) \cdot \prod_{i=1}^{r} \varphi_i(y)^{\varepsilon_i} + t \cdot b(y). \tag{3.24}$$

また,
$$\prod_{i=1}^{r} \varphi_i(y)^{\varepsilon_i} \equiv \varphi(y) \bmod t \cdot \mathcal{O}_P[y]$$

であり,かつ $\varphi(y) = 0$ であるから,式 (3.24) は,適当な $u(y) \in \mathcal{O}_P[y]$ により

$$\prod_{i=1}^{r} t_i^{\varepsilon_i} = t \cdot u(y) \tag{3.25}$$

が成り立つことを意味している.その結果,次の式が得られる.

$$\varepsilon_i = v_{P_i}\left(\prod_{j=1}^{r} t_j^{\varepsilon_j}\right) \geq v_{P_i}(t) = e(P_i|P). \tag{3.26}$$

一方,式 (3.18), (3.19), (3.22) と命題 3.2.9 より,次が成り立つ.

$$f(P_i|P) = \deg \gamma_i(T). \tag{3.27}$$

したがって,式 (3.26), (3.27) と定理 3.1.11 によって,次の式が成り立つ.

$$[F':F] = \sum_{i=1}^{r} e(P_i|P) \cdot f(P_i|P)$$
$$\leq \sum_{i=1}^{r} \varepsilon_i \cdot \deg \gamma_i(T) = \deg \varphi(T) = [F':F].$$

ゆえに,$i = 1, \ldots, r$ に対して $\varepsilon_i = e(P_i|P)$ となる. □

多くの場合にとりわけ役に立つクンマーの定理の特殊な場合を強調しておこう.

系 3.3.8 $\varphi(T) = T^n + f_{n-1}(x)T^{n-1} + \cdots + f_0(x) \in K(x)[T]$ を有理関数体 $K(x)$ 上の既約多項式とする.y を $\varphi(y) = 0$ をみたす元として,関数体 $K(x,y)$ とすべての j $(1 \leq j \leq n-1)$ に対して $f_j(\alpha) \neq \infty$ をみたす元 $\alpha \in K$ を考える.$P_\alpha \in \mathbb{P}_{K(x)}$ を $K(x)$ における $x - \alpha$ の零点とする.多項式

$$\varphi_\alpha(T) := T^n + f_{n-1}(\alpha)T^{n-1} + \cdots + f_0(\alpha) \in K[T]$$

は,多項式環 $K[T]$ において次のような分解をもつと仮定する.

$$\varphi_\alpha(T) = \prod_{i=1}^{r} \psi_i(T).$$

ただし,$\psi_i(T) \in K[T]$ は相異なるモニック既約多項式である.このとき,次が成り立つ.

(a) すべての $i=1,\ldots,r$ に対して, $x-\alpha \in P_i$ でかつ $\psi_i(y) \in P_i$ をみたす座 $P_i \in \mathbb{P}_{K(x,y)}$ が一意的に存在する. 元 $x-\alpha$ は P_i の素元であり (すなわち, $e(P_i|P_\alpha)=1$ である), また P_i の剰余体は $K[T]/(\psi_i(T))$ に K-同型である. したがって, $f(P_i|P_\alpha) = \deg \psi_i(T)$ である.

(b) 少なくとも一つの $i \in \{1,\ldots,r\}$ に対して $\deg \psi_i(T) = 1$ となるならば, K は $K(x,y)$ の完全定数体である.

(c) $\varphi_\alpha(T)$ が K において $n = \deg \varphi(T)$ 個の相異なる根 β をもつならば, $\varphi_\alpha(\beta) = 0$ をみたす各 β に対して以下の条件をみたす唯一つの座 $P_{\alpha,\beta} \in \mathbb{P}_{K(x,y)}$ が存在する.

$$x - \alpha \in P_{\alpha,\beta} \quad \text{かつ} \quad y - \beta \in P_{\alpha,\beta}.$$

$P_{\alpha,\beta}$ は $K(x,y)$ の次数 1 の座である.

【証明】 $F := K(x)$ かつ $F' := K(x,y)$ とおく. 仮定 $f_j(\alpha) \neq \infty$ は, y が P_α の付値環上整であることを意味している. また, 多項式 $\varphi_\alpha(T)$ は (クンマーの定理の記号を用いると) $\bar{\varphi}(T)$ にほかならない. 以上より, クンマーの定理における仮定 $(*)$ の状況のもとにあることが分かる. 系はこのことよりただちに得られる. □

3.4 ヴェイユ微分のコトレースとフルヴィッツの種数公式

本節は以下の状況のもとで考える.

F/K を代数関数体とし, F'/K' は有限次分離拡大で, K' は F' の定数体とする. 明らかに, K'/K もまた有限次分離拡大である.

本節の目標は, F/K の任意のヴェイユ微分に F'/K' のヴェイユ微分を結びつけることである. これは F' の種数に対する非常に役に立つ公式「フルヴィッツの種数公式」を与える. このために, 拡大 F'/F の差積の概念を導入する必要がある. F'/F はつねに分離拡大であることが仮定されていることに注意しよう. したがって, トレース写像 $\mathrm{Tr}_{F'/F}$ は恒等的に零ではない.

定義 3.4.1 $P \in \mathbb{P}_F$ に対して $\mathcal{O}'_P := \mathrm{ic}_{F'}(\mathcal{O}_P)$ は F' における $\mathcal{O}_P$ の整閉包を表す. このとき, 集合

$$\mathcal{C}_P := \{ z \in F' \mid \mathrm{Tr}_{F'/F}(z \cdot \mathcal{O}'_P) \subseteq \mathcal{O}_P \}$$

を $\mathcal{O}_P$ 上の**相補加群** (complementary module) という.

命題 3.4.2 定義 3.4.1 の記号を用いて, 次が成り立つ.

(a) $\mathcal{C}_P$ は $\mathcal{O}'_P$-加群であり, $\mathcal{O}'_P \subseteq \mathcal{C}_P$ をみたす.
(b) $\{z_1, \ldots, z_n\}$ が $\mathcal{O}_P$ 上 $\mathcal{O}'_P$ の整基底ならば,

$$\mathcal{C}_P = \sum_{i=1}^{n} \mathcal{O}_P \cdot z_i^*$$

が成り立つ. ただし, $\{z_1^*, \ldots, z_n^*\}$ は $\{z_1, \ldots, z_n\}$ の双対基底である.
(c) $\mathcal{C}_P = t \cdot \mathcal{O}'_P$ をみたす元 $t \in F'$ が (P に依存して) 存在する. さらに,

$$v_{P'}(t) \leq 0, \quad \forall P'|P$$

が成り立つ. また, すべての $t' \in F'$ に対して次が成り立つ.

$$\mathcal{C}_P = t' \cdot \mathcal{O}'_P \iff v_{P'}(t') = v_{P'}(t), \quad \forall P'|P.$$

(d) ほとんどすべての $P \in \mathbb{P}_F$ に対して, $\mathcal{C}_P = \mathcal{O}'_P$ である.

【証明】

(a) $\mathcal{C}_P$ が $\mathcal{O}'_P$-加群であるという主張は明らかである. 元 $y \in \mathcal{O}'_P$ のトレースは $\mathcal{O}_P$ に属しているから, 系 3.3.2 により, $\mathcal{O}'_P \subseteq \mathcal{C}_P$ が成り立つ.

(b) 最初に元 $z \in \mathcal{C}_P$ を考える. $\{z_1^*, \ldots, z_n^*\}$ は F'/F の基底であるから, $z = \sum_{i=1}^{n} x_i z_i^*$ をみたす $x_1, \ldots, x_n \in F$ がある. $z \in \mathcal{C}_P$ でかつ $z_1, \ldots, z_n \in \mathcal{O}'_P$ であるから, $1 \leq j \leq n$ に対して $\mathrm{Tr}_{F'/F}(zz_j) \in \mathcal{O}_P$ が成り立つ. すると, 双対基底の性質によって次が成り立つ.

$$\mathrm{Tr}_{F'/F}(zz_j) = \mathrm{Tr}_{F'/F}\left(\sum_{i=1}^{n} x_i z_i^* z_j\right)$$
$$= \sum_{i=1}^{n} x_i \cdot \mathrm{Tr}_{F'/F}(z_i^* z_j) = x_j.$$

したがって, $x_j \in \mathcal{O}_P$ であり, $z \in \sum_{i=1}^{n} \mathcal{O}_P \cdot z_i^*$ が得られる.

逆に, $z \in \sum_{i=1}^{n} \mathcal{O}_P \cdot z_i^*$ かつ $u \in \mathcal{O}'_P$ とする. そこで, $z = \sum_{i=1}^{n} x_i z_i^*$, また, $u = \sum_{j=1}^{n} y_j z_j$ と表す. ただし, $x_i, y_j \in \mathcal{O}_P$ である. このとき,

$$\mathrm{Tr}_{F'/F}(zu) = \mathrm{Tr}_{F'/F}\left(\sum_{i,j=1}^{n} x_i y_j z_i^* z_j\right)$$
$$= \sum_{i,j=1}^{n} x_i y_j \cdot \mathrm{Tr}_{F'/F}(z_i^* z_j) = \sum_{i=1}^{n} x_i y_i \in \mathcal{O}_P.$$

したがって, $z \in \mathcal{C}_P$ が得られる.

(c) (b) により，適当な元 $u_i \in F'$ によって $\mathcal{C}_P = \sum_{i=1}^{n} \mathcal{O}_P \cdot u_i$ と表されることが分かっている．すべての $P'|P$ と $i = 1, \ldots, n$ に対して

$$v_P(x) \geq -v_{P'}(u_i)$$

をみたす元 $x \in F$ を選ぶ．このとき，すべての $P'|P$ と $i = 1, \ldots, n$ に対して

$$v_{P'}(xu_i) = e(P'|P) \cdot v_P(x) + v_{P'}(u_i) \geq 0$$

が成り立つ．ゆえに，$x \cdot \mathcal{C}_P \subseteq \mathcal{O}'_P$ である（系 3.3.5 より，$\mathcal{O}'_P = \{u \in F' \mid v_{P'}(u) \geq 0, \forall P'|P\}$ が成り立つことに注意せよ）．明らかに，$x \cdot \mathcal{C}_P$ は $\mathcal{O}'_P$ のイデアルである．したがって，ある $y \in \mathcal{O}'_P$ により $x \cdot \mathcal{C}_P = y \cdot \mathcal{O}'_P$ と表される．なぜなら，命題 3.2.10 より，$\mathcal{O}'_P$ は単項イデアル整域だからである．$t := x^{-1}y$ とおけば，$\mathcal{C}_P = t \cdot \mathcal{O}'_P$ を得る．$\mathcal{O}'_P \subseteq \mathcal{C}_P$ であるから，すべての $P'|P$ に対して $v_{P'}(t) \leq 0$ であることがただちに分かる．最後に，$t' \in F'$ に対して次が成り立つ．

$$\begin{aligned} t \cdot \mathcal{O}'_P = t' \cdot \mathcal{O}'_P &\iff tt'^{-1} \in \mathcal{O}'_P \text{ かつ } t^{-1}t' \in \mathcal{O}'_P \\ &\iff v_{P'}(tt'^{-1}) \geq 0 \text{ かつ } v_{P'}(t^{-1}t') \geq 0, \forall P'|P \\ &\iff v_{P'}(t) = v_{P'}(t'), \forall P'|P. \end{aligned}$$

(d) F'/F の基底 $\{z_1, \ldots, z_n\}$ を選ぶ．定理 3.3.6 によって，$\{z_1, \ldots, z_n\}$ と $\{z_1^*, \ldots, z_n^*\}$ はほとんどすべての $P \in \mathbb{P}_F$ に対して整基底である．(b) を用いて，ほとんどすべての P に対して $\mathcal{C}_P = \mathcal{O}'_P$ であることが分かる． □

定義 3.4.3 座 $P \in \mathbb{P}_F$ と F' における $\mathcal{O}_P$ の整閉包 $\mathcal{O}'_P$ を考える．$\mathcal{C}_P = t \cdot \mathcal{O}'_P$ を $\mathcal{O}_P$ 上の相補加群とする．このとき，$P'|P$ に対して，

$$d(P'|P) := -v_{P'}(t)$$

によって P 上 P' の**差積指数**（different exponent）を定義する．
命題 3.4.2 によって，$d(P'|P)$ は矛盾なく定義され，$d(P'|P) \geq 0$ である．さらに，ほとんどすべての $P \in \mathbb{P}_F$ に対して $\mathcal{C}_P = 1 \cdot \mathcal{O}'_P$ であるから，ほとんどすべての $P \in \mathbb{P}_F$ かつ $P'|P$ に対して，$d(P'|P) = 0$ が成り立つ．したがって，次のような因子

$$\mathrm{Diff}(F'/F) := \sum_{P \in \mathbb{P}_F} \sum_{P'|P} d(P'|P) \cdot P'$$

を定義することができる．この因子を F'/F の**差積**（different）という．

$\mathrm{Diff}(F'/F)$ は F' の因子であり，$\mathrm{Diff}(F'/F) \geq 0$ であることに注意しよう．あとで，多くの状況でこの差積の決定に利用できる方法をいくつか開発する．たとえば，定理 3.5.1 や定理 3.5.10，定理 3.8.7 を参照せよ．

注意 3.4.4　次のような相補加群 $\mathcal{C}_P$ の役に立つ特徴付けがある．これは定義からただちに得られる．すなわち，すべての元 $z \in F'$ に対して，次が成り立つ．

$$z \in \mathcal{C}_P \iff v_{P'}(z) \geq -d(P'|P), \ \forall P'|P.$$

以下で用いられるいくつかの概念を第 1 章から思い出しておこう．$\mathcal{A}_F$ は F/K のアデール空間である．因子 $A \in \text{Div}(F)$ に対して，

$$\mathcal{A}_F(A) = \{\,\alpha \in \mathcal{A}_F \mid v_P(\alpha) \geq -v_P(A), \ \forall P \in \mathbb{P}_F\,\}$$

とする．これは $\mathcal{A}_F$ の K-部分空間である．体 F は対角的に $\mathcal{A}_F$ に埋め込まれる．F/K のヴェイユ微分 ω は，ある因子 $A \in \text{Div}(F)$ により定まる空間 $\mathcal{A}_F(A) + F$ の上で零となる K-線形写像 $\omega: \mathcal{A}_F \to K$ のことである．$\omega \neq 0$ が F/K のヴェイユ微分ならば，その因子 $(\omega) \in \text{Div}(F)$ は次のように定義される．

$$(\omega) = \max\{\,A \in \text{Div}(F) \mid \omega \text{ は } \mathcal{A}_F(A) + F \text{ 上で零}\,\}.$$

定義 3.4.5　次のように定義する．

$$\mathcal{A}_{F'/F} := \{\,\alpha \in \mathcal{A}_{F'} \mid P' \cap F = Q' \cap F \text{ ならば } \alpha_{P'} = \alpha_{Q'}\,\}.$$

これは $\mathcal{A}_{F'}$ の F'-部分空間である．トレース写像 $\text{Tr}_{F'/F}: F' \to F$ は次のように定義することにより，$\mathcal{A}_{F'/F}$ から $\mathcal{A}_F$ への F-線形写像に拡張できる．

$$(\text{Tr}_{F'/F}(\alpha))_P := \text{Tr}_{F'/F}(\alpha_{P'}), \quad \alpha \in \mathcal{A}_{F'/F}.$$

ただし，P' は P の上にある F' の任意の座である．ほとんどすべての $P' \in \mathbb{P}_{F'}$ に対して $\alpha_{P'} \in \mathcal{O}_{P'}$ であるから，系 3.3.2 により，ほとんどすべての $P \in \mathbb{P}_F$ に対して $\text{Tr}_{F'/F}(\alpha_{P'}) \in \mathcal{O}_P$ であることに注意しよう．したがって，$\text{Tr}_{F'/F}(\alpha)$ は F/K のアデールである．明らかに，主アデール $z \in F'$ のトレースは $\text{Tr}_{F'/F}(z)$ の主アデールである．

因子 $A' \in \text{Div}(F')$ に対して，次のように定義する．

$$\mathcal{A}_{F'/F}(A') := \mathcal{A}_{F'}(A') \cap \mathcal{A}_{F'/F}.$$

定理 3.4.6　上の状況設定で，F/K のすべてのヴェイユ微分 ω に対して，次のような条件をみたす F'/K' の唯一つのヴェイユ微分 ω' が存在する．

$$\text{Tr}_{K'/K}(\omega'(\alpha)) = \omega(\text{Tr}_{F'/F}(\alpha)), \quad \forall \alpha \in \mathcal{A}_{F'/F}. \tag{3.28}$$

このヴェイユ微分は F'/F における ω の**コトレース** (cotrace) といい，これを $\text{Cotr}_{F'/F}(\omega)$ により表す．$\omega \neq 0$ であり，かつ $(\omega) \in \text{Div}(F)$ が ω の因子ならば，次が成り立つ．

$$(\text{Cotr}_{F'/F}(\omega)) = \text{Con}_{F'/F}((\omega)) + \text{Diff}(F'/F).$$

この定理の重要である特殊な場合は次のようである．

系 3.4.7 F/K を関数体とし，$x \in K$ を拡大 $F/K(x)$ が分離的であるような元とする．η を有理関数体 $K(x)$ のヴェイユ微分とする．その存在は命題 1.7.4 において証明されている．このとき，$F/K(x)$ におけるそのコトレースの因子は次のようである．

$$(\mathrm{Cotr}_{F/K(x)}(\eta)) = -2(x)_\infty + \mathrm{Diff}(F/K(x)).$$

注意 3.4.8 ヴェイユ微分の局所成分の概念を用いて（1.7 節参照），等式 (3.28) は次の「局所条件」によって置き換えられる．すなわち，任意の $P \in \mathbb{P}_F$ と $y \in F'$ に対して次が成り立つ．

$$\omega_P(\mathrm{Tr}_{F'/F}(y)) = \mathrm{Tr}_{K'/K}\left(\sum_{P'|P} \omega'_{P'}(y)\right). \tag{3.29}$$

式 (3.28) と式 (3.29) が同値であることは，少し考えれば命題 1.7.2 から導かれる．命題 1.7.2 によれば，$\omega(\gamma)$ は任意のアデール $\gamma = (\gamma_P)_{P \in \mathbb{P}_F}$ に対する局所成分 $\omega_P(\gamma_P)$ の和である．

定理 3.4.6 の証明の中で二つの補題が必要になるので，これらを最初に証明しよう．

補題 3.4.9 任意の $C' \in \mathrm{Div}(F')$ に対して，$\mathcal{A}_{F'} = \mathcal{A}_{F'/F} + \mathcal{A}_{F'}(C')$ が成り立つ．

【証明】 $\alpha = (\alpha_{P'})_{P' \in \mathbb{P}_{F'}}$ を F' のアデールとする．すべての $P \in \mathbb{P}_F$ に対して，近似定理により，以下の条件をみたす元 $x_P \in F'$ が存在する．

$$v_{P'}(\alpha_{P'} - x_P) \geq -v_{P'}(C'), \quad \forall P'|P.$$

$\beta = (\beta_{P'})_{P' \in \mathbb{P}_{F'}}$ とおく．ただし，$P'|P$ のとき $\beta_{P'} := x_P$ とする．このとき，$\beta \in \mathcal{A}_{F'/F}$ であり，かつ $\alpha - \beta \in \mathcal{A}_{F'}(C')$ である．ここで，$\alpha = \beta + (\alpha - \beta)$ であるから，補題の式はこれより得られる． □

補題 3.4.10 M/L を体の有限次分離拡大とし，V を M 上のベクトル空間で，$\mu : V \to L$ を L-線形写像とする．このとき，$\mathrm{Tr}_{M/L} \circ \mu' = \mu$ をみたす M-線形写像 $\mu' : V \to M$ が唯一つ存在する．

【証明】 命題 3.3.3 の証明と同様にして，線形形式のつくる空間 $M^\wedge = \{\lambda : M \to L \mid \lambda$ は L-線形$\}$ を，$\lambda \in M^\wedge$ と $z, w \in M$ に対して $(z \cdot \lambda)(w) = \lambda(z \cdot w)$ とおくことによっ

て，M 上のベクトル空間として定義する．M 上の $M^\wedge$ の次元は 1 であるから，すべての $\lambda \in M^\wedge$ は一意的表現 $\lambda = z \cdot \mathrm{Tr}_{M/L}$ ($z \in M$) をもつ．

固定した元 $v \in V$ に対して，写像 $\lambda_v : M \to L$ を $\lambda_v(a) := \mu(av)$ によって定義する．これは明らかに L-線形写像である．ゆえに，唯一つの元 $z_v \in M$ により $\lambda_v = z_v \cdot \mathrm{Tr}_{M/L}$ と表される．そこで，$\mu'(v) := z_v$ とおく．したがって，すべての $a \in M$ と $v \in V$ に対して次が成り立つ．

$$\mu(av) = (\mu'(v) \cdot \mathrm{Tr}_{M/L})(a) = \mathrm{Tr}_{M/L}(a \cdot \mu'(v)). \tag{3.30}$$

また，$\mu'(v)$ は式 (3.30) により一意的に定まる．これを用いて，$\mu' : V \to M$ が M-線形写像であることは容易に確かめられる．式 (3.30) において，$a = 1$ とおけば $\mu = \mathrm{Tr}_{M/L} \circ \mu'$ を得る．これより，求める性質をもつ M-線形写像 $\mu' : V \to M$ の存在が証明される．

$\mathrm{Tr}_{M/L} \circ \mu' = \mathrm{Tr}_{M/L} \circ \mu^*$ でかつ $\mu^* \ne \mu'$ をみたす別の写像 $\mu^* : V \to M$ が存在したと仮定する．このとき，$\mu' - \mu^*$ の像は M 全体となり，$\mathrm{Tr}_{M/L} \circ (\mu' - \mu^*) = 0$ を得る．$\mathrm{Tr}_{M/L}$ は零写像ではないので，これは矛盾である． □

【定理 3.4.6 の証明】 最初に，すべての $\alpha \in \mathcal{A}_{F'/F}$ に対して

$$\mathrm{Tr}_{K'/K}(\omega'(\alpha)) = \omega(\mathrm{Tr}_{F'/F}(\alpha))$$

が成り立つようなヴェイユ微分 ω' の存在を示したい．$\omega = 0$ に対しては，$\omega' := 0$ とおけばよいので，以下においては，$\omega \ne 0$ と仮定してよい．簡単のために，

$$W' := \mathrm{Con}_{F'/F}((\omega)) + \mathrm{Diff}(F'/F) \tag{3.31}$$

とおく．ω' の構成は以下の三つの段階によりなされる．

(第 1 段) $\omega_1 := \omega \circ \mathrm{Tr}_{F'/F}$ により定義される K-線形写像 $\omega_1 : \mathcal{A}_{F'/F} \to K$ は次の性質をもつ．

(a$_1$) $\alpha \in \mathcal{A}_{F'/F}(W') + F'$ に対して，$\omega_1(\alpha) = 0$ である．
(b$_1$) $B' \in \mathrm{Div}(F')$ が $B' \not\le W'$ をみたす因子ならば，$\omega_1(\beta) \ne 0$ をみたすアデール $\beta \in \mathcal{A}_{F'/F}(B')$ が存在する．

(第 1 段の証明)

(a$_1$) 明らかに，ω_1 は K-線形写像であり，また ω は F 上で零であるから，ω_1 は F' 上で零となる．次に $\alpha \in \mathcal{A}_F(W')$ とする．$\omega_1(\alpha) = 0$ を証明するために，すべての $P \in \mathbb{P}_F$ かつ $P'|P$ に対して，次の式が成り立つことを示せばよい．

$$v_P(\mathrm{Tr}_{F'/F}(\alpha_{P'})) \ge -v_P(\omega). \tag{3.32}$$

(因子 (ω) の定義によって，ω は $\mathcal{A}_F((\omega))$ 上で零であることに注意せよ．) $v_P(x) = v_P(\omega)$ をみたす元 $x \in F$ を選ぶ．このとき，次が成り立つ．

$$v_{P'}(x\alpha_{P'}) = v_{P'}(x) + v_{P'}(\alpha_{P'}) \geq e(P'|P) \cdot v_P(\omega) - v_{P'}(W')$$
$$= v_{P'}(\mathrm{Con}_{F'/F}((\omega))) - W') = -v_{P'}(\mathrm{Diff}(F'/F)) = -d(P'|P).$$

($d(P'|P)$ は $P'|P$ の差積指数を表していることを思い出そう．) 注意 3.4.4 より，これは $x\alpha_{P'} \in \mathcal{C}_P$ であることを意味している．$\mathcal{C}_P$ は $\mathcal{O}_P$ 上の相補加群である．ゆえに，$v_P(\mathrm{Tr}_{F'/F}(x\alpha_{P'})) \geq 0$ であることが分かる．$\mathrm{Tr}_{F'/F}(x\alpha_{P'}) = x \cdot \mathrm{Tr}_{F'/F}(\alpha_{P'})$ であり，かつ $v_P(x) = v_P(\omega)$ であるから，これより不等式 (3.32) が導かれる．

(b$_1$) $B' \nleq W'$ をみたす因子 B' が与えられたと仮定する．すなわち，ある $P^*|P_0$ に対して

$$v_{P^*}(\mathrm{Con}_{F'/F}((\omega)) - B') < -d(P^*|P_0) \tag{3.33}$$

が成り立つような座 $P_0 \in \mathbb{P}_F$ が存在する．$\mathcal{O}'_{P_0}$ (または $\mathcal{C}_{P_0}$) を，F' における $\mathcal{O}_{P_0}$ の整閉包 (または $\mathcal{O}_{P_0}$ 上の相補加群) を表すものとし，集合

$$J := \{\, z \in F' \mid v_{P^*}(z) \geq v_{P^*}(\mathrm{Con}_{F'/F}((\omega)) - B'),\ \forall P^*|P_0\,\}$$

を考える．近似定理によって，すべての $P^*|P_0$ に対して $v_{P^*}(u) = v_{P^*}(\mathrm{Con}_{F'/F}((\omega)) - B')$ が成り立つような元 $u \in J$ が存在する．したがって，注意 3.4.4 と不等式 (3.33) により $J \nsubseteq \mathcal{C}_{P_0}$ である．$J \cdot \mathcal{O}'_{P_0} \subseteq J$ であるから，

$$\mathrm{Tr}_{F'/F}(J) \nsubseteq \mathcal{O}_{P_0} \tag{3.34}$$

である．$v_{P_0}(t) = 1$ をみたす $t \in F$ を選ぶ．適当な $r \geq 0$ に対して $t^r \cdot J \subseteq \mathcal{O}'_{P_0}$ が成り立つ (J の定義により，これは自明)．ゆえに，$t^r \cdot \mathrm{Tr}_{F'/F}(J) = \mathrm{Tr}_{F'/F}(t^r J) \subseteq \mathcal{O}_{P_0}$ となる．$t^r \cdot \mathrm{Tr}_{F'/F}(J)$ が $\mathcal{O}_{P_0}$ のイデアルであることは容易に確かめられるので，ある $s \geq 0$ により $t^r \cdot \mathrm{Tr}_{F'/F}(J) = t^s \cdot \mathcal{O}_{P_0}$ と表される．したがって，適当な $m \in \mathbb{Z}$ により $\mathrm{Tr}_{F'/F}(J) = t^m \cdot \mathcal{O}_{P_0}$ を得る．式 (3.34) より，$m \leq -1$ である．したがって，次の式を得る．

$$t^{-1} \cdot \mathcal{O}_{P_0} \subseteq \mathrm{Tr}_{F'/F}(J). \tag{3.35}$$

ヴェイユ微分の局所成分の概念を思い出そう．1.7 節を参照せよ．命題 1.7.3 (a) によって，

$$v_{P_0}(x) = -v_{P_0}(\omega) - 1 \quad \text{かつ} \quad \omega_{P_0}(x) \neq 0 \tag{3.36}$$

をみたす元 $x \in F$ を見つけることができる．$v_{P_0}(y) = v_{P_0}(\omega)$ をみたす $y \in F$ を選ぶと，$xy \in t^{-1} \cdot \mathcal{O}_{P_0}$ となる．式 (3.35) より，$\mathrm{Tr}_{F'/F}(z) = xy$ をみたすある元 $z \in J$ が存在する．そこで，

$$\beta_{P'} := \begin{cases} 0, & P' \nmid P_0, \\ y^{-1}z, & P'|P_0 \end{cases}$$

により与えられるアデール $\beta \in \mathcal{A}_{F'/F}$ を考える．J の定義から，$P'|P_0$ に対して次が成り立つ．

$$\begin{aligned}
v_{P'}(\beta) &= -v_{P'}(y) + v_{P'}(z) \\
&\geq -v_{P'}(\mathrm{Con}_{F'/F}((\omega))) + v_{P'}(\mathrm{Con}_{F'/F}((\omega))) - B' \\
&= -v_{P'}(B').
\end{aligned}$$

ゆえに，$\beta \in \mathcal{A}_{F'/F}(B')$ となる．最後に，式 (3.36) により $\omega_1(\beta) = \omega(\mathrm{Tr}_{F'/F}(\beta)) = \omega_{P_0}(x) \neq 0$ が成り立つ．これより，(b_1) が示される．

(第 2 段) $\omega_2 : \mathcal{A}_{F'} \to K$ を次のように定義する．$\alpha \in \mathcal{A}_{F'}$ に対して，補題 3.4.9 によって $\alpha = \beta + \gamma$ と表される $\beta \in \mathcal{A}_{F'/F}$ と $\gamma \in \mathcal{A}_{F'}(W')$ が存在する．

$$\omega_2(\alpha) := \omega_1(\beta)$$

とおく．これは矛盾なく定義される．なぜなら，$\beta, \beta_1 \in \mathcal{A}_{F'/F}$ かつ $\gamma, \gamma_1 \in \mathcal{A}_{F'}(W')$ として，二つの表現 $\alpha = \beta + \gamma = \beta_1 + \gamma_1$ があったと仮定すると，

$$\beta_1 - \beta = \gamma - \gamma_1 \in \mathcal{A}_{F'/F} \cap \mathcal{A}_{F'}(W') = \mathcal{A}_{F'/F}(W')$$

が成り立ち，ゆえに，(a_1) より $\omega_1(\beta_1) - \omega_1(\beta) = \omega_1(\beta_1 - \beta) = 0$ となるからである．この写像 ω_2 は明らかに K-線形写像であり，(a_1) と (b_1) より，これは次の性質をもつ．

(a_2) $\alpha \in \mathcal{A}_{F'}(W') + F'$ に対して $\omega_2(\alpha) = 0$ となる．
(b_2) $B' \in \mathrm{Div}(F')$ が $B' \not\leq W'$ をみたす因子ならば，$\omega_2(\beta) \neq 0$ をみたすアデール $\beta \in \mathcal{A}_{F'}(B')$ が存在する．

以上により，$\mathcal{A}_{F'}(W') + F'$ 上で零となる K-線形写像 $\omega_2 : \mathcal{A}_{F'} \to K$ が構成された．しかしながら，K' が K より真に大きければ，ω_2 は F'/K' のヴェイユ微分ではない．したがって，ω_2 を K'-線形写像に「もちあげ」なければならない．これは次の段階でなされる．

(第 3 段) 補題 3.4.10 より，$\mathrm{Tr}_{K'/K} \circ \omega' = \omega_2$ をみたす K'-線形写像 $\omega' : \mathcal{A}_{F'} \to K'$ が存在する．ω_1 と ω_2 の定義からすぐに，$\alpha \in \mathcal{A}_{F'/F}$ に対して

$$\mathrm{Tr}_{K'/K}(\omega'(\alpha)) = \omega_2(\alpha) = \omega_1(\alpha) = \omega(\mathrm{Tr}_{F'/F}(\alpha))$$

が成り立つことが分かる．これより式 (3.28) が証明された．あとは次の条件が成り立つことを示すことが残っている．

(a_3) $\alpha \in \mathcal{A}_{F'}(W') + F'$ に対して $\omega'(\alpha) = 0$ となる．
(b_3) $B' \in \mathrm{Div}(F')$ が $B' \not\leq W'$ をみたす因子ならば，$\omega'(\beta) \neq 0$ をみたすアデール $\beta \in \mathcal{A}_{F'}(B')$ が存在する．

(a_3 の証明)　ω' は K'-線形写像であるから，ω' による $\mathcal{A}_{F'}(W') + F'$ の像は 0 であるか，または K' 全体である．後者の場合には，$\mathrm{Tr}_{K'/K} : K' \to K$ は零写像ではないので，$\mathrm{Tr}_{K'/K}(\omega'(\alpha)) \neq 0$ をみたすある $\alpha \in \mathcal{A}_{F'}(W') + F'$ が存在する．ω' のつくり方より，$\omega_2 = \mathrm{Tr}_{K'/K} \circ \omega'$ が成り立つ．したがって，$\omega_2(\alpha) \neq 0$ となる．ところが，これは (a_2) に矛盾する．

(b_3 の証明)　(b_2) によって，性質 $\omega_2(\beta) \neq 0$ をみたすあるアデール $\beta \in \mathcal{A}_{F'}(B')$ が存在する．ゆえに，$\mathrm{Tr}_{K'/K}(\omega'(\beta)) \neq 0$ である．主張はこれよりすぐに分かる．

以上で，等式 (3.28) をみたす F'/K' のヴェイユ微分 ω' が存在することを示し，また，ω' の因子が

$$(\omega') = W' = \mathrm{Con}_{F'/F}((\omega)) + \mathrm{Diff}(F'/F)$$

であることも証明した．一意性を示すために，ω^* を，式 (3.28) をみたす F'/K' のもう一つのヴェイユ微分と仮定する．すなわち，すべての $\alpha \in \mathcal{A}_{F'/F}$ に対して

$$\mathrm{Tr}_{K'/K}(\omega^*(\alpha)) = \mathrm{Tr}_{K'/K}(\omega'(\alpha)) = \omega(\mathrm{Tr}_{F'/F}(\alpha))$$

が成り立つと仮定する．$\eta := \omega^* - \omega'$ とおけば，すべての $\alpha \in \mathcal{A}_{F'/F}$ に対して

$$\mathrm{Tr}_{K'/K}(\eta(\alpha)) = 0 \tag{3.37}$$

を得る．η は F'/K' のヴェイユ微分であるから，η は適当な $C' \in \mathrm{Div}(F')$ に対し $\mathcal{A}_{F'}(C')$ 上で零となる．補題 3.4.9 と式 (3.37) より，すべての $\alpha \in \mathcal{A}_{F'}$ に対して $\mathrm{Tr}_{K'/K}(\eta(\alpha)) = 0$ であることが分かる．これより，$\eta = 0$ となり，すなわち $\omega^* = \omega'$ が得られる． □

コトレース写像 $\omega \mapsto \mathrm{Cotr}_{F'/F}(\omega)$ の形式的な性質のいくつかに注意しよう．

命題 3.4.11

(a) ω や ω_1, ω_2 を F/K のヴェイユ微分とし，$x \in F$ とすると，次が成り立つ．

$$\mathrm{Cotr}_{F'/F}(\omega_1 + \omega_2) = \mathrm{Cotr}_{F'/F}(\omega_1) + \mathrm{Cotr}_{F'/F}(\omega_2),$$

かつ
$$\mathrm{Cotr}_{F'/F}(x\omega) = x \cdot \mathrm{Cotr}_{F'/F}(\omega).$$

(b) F''/F' をもう一つの有限次分離拡大とすると，F/K の任意のヴェイユ微分 ω に対して次が成り立つ．

$$\mathrm{Cotr}_{F''/F}(\omega) = \mathrm{Cotr}_{F''/F'}(\mathrm{Cotr}_{F'/F}(\omega)).$$

【証明】 定理 3.4.6 の一意性に留意すれば，すべての $\alpha \in \mathcal{A}_{F'/F}$ に対して

$$\mathrm{Tr}_{K'/K}\big((\mathrm{Cotr}_{F'/F}(\omega_1) + \mathrm{Cotr}_{F'/F}(\omega_2))(\alpha)\big) = (\omega_1 + \omega_2)(\mathrm{Tr}_{F'/F}(\alpha)) \tag{3.38}$$

が成り立つことを示せば十分である．式 (3.38) の証明はトレースの線形性を使えばすぐに分かる．同じやり方で，$\mathrm{Cotr}_{F'/F}(x\omega) = x \cdot \mathrm{Cotr}_{F'/F}(\omega)$ であることと，さらに (b) も同様に証明される． □

系 3.4.12（差積の推移律） $F'' \supseteq F' \supseteq F$ が体の有限次分離拡大ならば，次が成り立つ．

(a) $\mathrm{Diff}(F''/F) = \mathrm{Con}_{F''/F'}(\mathrm{Diff}(F'/F)) + \mathrm{Diff}(F''/F')$．
(b) P''（または P', P）が F''（または F', F）の座で，かつ $P'' \supseteq P' \supseteq P$ ならば，$d(P''|P) = e(P''|P') \cdot d(P'|P) + d(P''|P')$ が成り立つ．

【証明】 (b) は単なる (a) の再定式化であるから，(a) のみ証明する．F/K のヴェイユ微分 $\omega \neq 0$ を選ぶ．このとき，$\mathrm{Cotr}_{F''/F}(\omega)$ の因子は定理 3.4.6 によって

$$(\mathrm{Cotr}_{F''/F}(\omega)) = \mathrm{Con}_{F''/F}((\omega)) + \mathrm{Diff}(F''/F) \tag{3.39}$$

である．一方，命題 3.4.11 より次のように計算される．

$$\begin{aligned}
(\mathrm{Cotr}_{F''/F}(\omega)) &= (\mathrm{Cotr}_{F''/F'}(\mathrm{Cotr}_{F'/F}(\omega))) \\
&= \mathrm{Con}_{F''/F'}((\mathrm{Cotr}_{F'/F}(\omega))) + \mathrm{Diff}(F''/F') \\
&= \mathrm{Con}_{F''/F'}(\mathrm{Con}_{F'/F}((\omega)) + \mathrm{Diff}(F'/F)) + \mathrm{Diff}(F''/F') \\
&= \mathrm{Con}_{F''/F}((\omega)) + \mathrm{Con}_{F''/F'}(\mathrm{Diff}(F'/F)) + \mathrm{Diff}(F''/F'). \tag{3.40}
\end{aligned}$$

（ここでコノルムの推移律を用いている．定義 3.1.8 を参照せよ．）等式 (3.39) と (3.40) を比較して，(a) を得る． □

定理 3.4.6 の重要な帰結として，次の結果がある．

定理 3.4.13（フルヴィッツの種数公式） F/K を種数 g の代数関数体とし，F'/F を体の有限次分離拡大とする．K' を F' の定数体とし，g' を F'/K' の種数とする．このとき，次が成り立つ．

$$2g' - 2 = \frac{[F':F]}{[K':K]}(2g-2) + \deg \mathrm{Diff}(F'/F).$$

【証明】 F/K のヴェイユ微分 $\omega \neq 0$ を選ぶ．定理 3.4.6 より次の式が得られる．

$$(\mathrm{Cotr}_{F'/F}(\omega)) = \mathrm{Con}_{F'/F}((\omega)) + \mathrm{Diff}(F'/F). \tag{3.41}$$

標準因子の次数は $2g-2$（それぞれ $2g'-2$）であることを思い出そう．このとき，式 (3.41) と系 3.1.14 から次の式を得る．

$$2g'-2 = \deg \mathrm{Con}_{F'/F}((\omega)) + \deg \mathrm{Diff}(F'/F)$$
$$= \frac{[F':F]}{[K':K]}(2g-2) + \deg \mathrm{Diff}(F'/F). \qquad \square$$

フルヴィッツの種数公式の特殊な場合を強調しておこう．

系 3.4.14　F/K を種数 g の関数体とし，$x \in F \setminus K$ を拡大 $F/K(x)$ が分離的であるような元とする．このとき，次が成り立つ．

$$2g - 2 = -2[F:K(x)] + \deg \mathrm{Diff}(F/K(x)).$$

すべての関数体 F/K は有理関数体 $K(x)$ の有限次拡大として考えることができる（3.10 節で証明するように，$F/K(x)$ が分離的であるような元 x を選ぶことができる）．したがって，フルヴィッツの種数公式（または系 3.4.14）は，$F/K(x)$ の差積によって F の種数を決定することを可能にする強力な道具である．しかしながら，これまでこの差積を決定するためにすぐ使える方法をもたなかった．次の節ではこの問題に取り組む．

3.5　差　積

本節では，F/K（または F'/K'）は定数体を K（または K'）とする代数関数体であるとして，有限次分離拡大 F'/F を考える．いつものように，体 K は（ゆえに K' も）完全体であることを仮定する．

$P'|P$ をみたす $P \in \mathbb{P}_F$ と $P' \in \mathbb{P}_{F'}$ に対して，「分岐指数」$e(P'|P)$ と「差積指数」$d(P'|P)$ をすでに定義した（定義 3.1.5 と定義 3.4.3）．これらの二つの整数の間には，次の定理により与えられる密接な関係がある．

定理 3.5.1（デデキントの差積定理）　上で確認した記号を用いて，すべての $P'|P$ に対して次が成り立つ．

(a) $d(P'|P) \geq e(P'|P) - 1$．
(b) $d(P'|P) = e(P'|P) - 1$ が成り立つための必要十分条件は，$e(P'|P)$ が $\mathrm{char}\, K$ で割り切れないことである．
　特に，$\mathrm{char}\, K = 0$ ならば，$d(P'|P) = e(P'|P) - 1$ である．

デデキントの差積定理の (a) の部分を最初に証明しよう．その証明には，関数体のすべての座の集合上への，自己同型写像の作用について，理解が必要になる．より正確には，次の補題が必要である．

補題 3.5.2　F^*/F を関数体の代数拡大とし，$P \in \mathbb{P}_F$ と $P^* \in \mathbb{P}_{F^*}$ は $P^*|P$ をみたすものとする．F^*/F の自己同型写像 σ を考える．このとき，$\sigma(P^*) := \{\sigma(z) \mid z \in P^*\}$ は F^* の座であり，次が成り立つ．

(a) すべての $y \in F^*$ に対して，$v_{\sigma(P^*)}(y) = v_{P^*}(\sigma^{-1}(y))$ が成り立つ．
(b) $\sigma(P^*)|P$．
(c) $e(\sigma(P^*)|P) = e(P^*|P)$ かつ $f(\sigma(P^*)|P) = f(P^*|P)$．

【補題の証明】　明らかに，$\sigma(\mathcal{O}_{P^*})$ は F^* の付値環であり，$\sigma(P^*)$ はその極大イデアルである．ゆえに，$\sigma(P^*)$ は F^* の座であり，対応している付値環は $\mathcal{O}_{\sigma(P^*)} = \sigma(\mathcal{O}_{P^*})$ である．t^* が P^* の素元，すなわち，$P^* = t^* \cdot \mathcal{O}_{P^*}$ ならば，$\sigma(P^*) = \sigma(t^*) \cdot \sigma(\mathcal{O}_{P^*})$ が成り立ち，したがって $\sigma(t^*)$ は $\sigma(P^*)$ の素元である．

(a) $0 \neq y \in F^*$ とし，$y = \sigma(z)$ とおく．$r = v_{P^*}(z)$ かつ $u \in \mathcal{O}_{P^*} \setminus P^*$ として，$z = t^{*r} u$ と表せば，$y = \sigma(t^*)^r \cdot \sigma(u)$ と表せる．ここで，$\sigma(u) \in \mathcal{O}_{\sigma(P^*)} \setminus \sigma(P^*)$ であり，$\sigma(t^*)$ は $\sigma(P^*)$ の素元である．したがって，$v_{\sigma(P^*)}(y) = r = v_{P^*}(z) = v_{P^*}(\sigma^{-1}(y))$ を得る．
(b) $\sigma(P^*) \supseteq \sigma(P) = P$ であるから，$\sigma(P^*)$ は P の上にある．
(c) P の素元 $x \in F$ を選ぶ．すると，

$$e(\sigma(P^*)|P) = v_{\sigma(P^*)}(x) = v_{P^*}(\sigma^{-1}(x)) = v_{P^*}(x) = e(P^*|P).$$

F^*/F の自己同型写像 σ は次の式

$$\bar{\sigma}(z + P^*) := \sigma(z) + \sigma(P^*)$$

により，剰余体 $F^*_{P^*}$ から $F^*_{\sigma(P^*)}$ の上への同型写像 $\bar{\sigma}$ を誘導する．$\bar{\sigma}$ は F_P 上で恒等写像であり，ゆえに $f(P^*|P) = f(\sigma(P^*)|P)$ となる．　□

【定理 3.5.1 (a) の証明】　前と同様に，$\mathcal{O}'_P$ は F' における $\mathcal{O}_P$ の整閉包を表し，$\mathcal{C}_P$ は $\mathcal{O}_P$ 上の相補加群を表すものとする．このとき，

$$v_{P'}(t) = 1 - e(P'|P), \quad \forall P'|P \tag{3.42}$$

をみたすすべての元 $t \in F'$ に対して

$$\mathrm{Tr}_{F'/F}(t \cdot \mathcal{O}'_P) \subseteq \mathcal{O}_P \tag{3.43}$$

が成り立つことを示したい.

式 (3.43) は $t \in \mathcal{C}_P$ を意味していることに注意せよ,注意 3.4.4 において与えられた $\mathcal{C}_P$ の特徴付けより,$1 - e(P'|P) \geq -d(P'|P)$ が得られ,したがって $d(P'|P) \geq e(P'|P) - 1$ が成り立つ.

式 (3.43) を示すために,$F \subseteq F' \subseteq F^*$ をみたす有限次ガロア拡大 F^*/F を考え,F' への制限した写像が相異なるように F^*/F の $n := [F':F]$ 個の自己同型写像 $\sigma_1, \ldots, \sigma_n$ を選ぶ.$z \in \mathcal{O}'_P$ に対して次が成り立つ.

$$\mathrm{Tr}_{F'/F}(t \cdot z) = \sum_{i=1}^{n} \sigma_i(t \cdot z). \tag{3.44}$$

P の上にある F^* の座 P^* を固定し,$P_i^* := \sigma_i^{-1}(P^*)$ かつ $P_i' := P_i^* \cap F'$ とする.$z \in \mathcal{O}'_P$ であるから,$\sigma_i(z)$ は $\mathcal{O}_P$ 上整であることに注意せよ.ゆえに,$v_{P^*}(\sigma_i(z)) \geq 0$ である.このとき,以下の式が得られる.

$$\begin{aligned}
v_{P^*}(\sigma_i(t \cdot z)) &= v_{P^*}(\sigma_i(t)) + v_{P^*}(\sigma_i(z)) \\
&\geq v_{P^*}(\sigma_i(t)) = v_{P_i^*}(t) && (\text{補題 3.5.2 より}) \\
&= e(P_i^*|P_i')(1 - e(P_i'|P)) && (\text{式 (3.42) より}) \\
&> -e(P_i^*|P_i') \cdot e(P_i'|P) \\
&= -e(P_i^*|P) = -e(P^*|P) && (\text{補題 3.5.2 より}).
\end{aligned}$$

式 (3.44) を使えば,次のように結論することができる.

$$-e(P^*|P) < v_{P^*}(\mathrm{Tr}_{F'/F}(t \cdot z)) = e(P^*|P) \cdot v_P(\mathrm{Tr}_{F'/F}(t \cdot z)).$$

これは $v_P(\mathrm{Tr}_{F'/F}(t \cdot z)) \geq 0$ を意味している.したがって,式 (3.43) を得る. □

定理 3.5.1 の (b) の証明における本質的な部分は次の補題である.

補題 3.5.3 $P \in \mathbb{P}_F$ と $P_1, \ldots, P_r \in \mathbb{P}_{F'}$ は,すべて F'/F における P の拡張とする.剰余体 $k := \mathcal{O}_P/P$(または $k_i := \mathcal{O}_{P_i}/P_i \supseteq k$),および対応している剰余写像 $\pi : \mathcal{O}_P \to k$(または $\pi_i : \mathcal{O}_{P_i} \to k_i$)を考える($i = 1, \ldots, r$).このとき,すべての $u \in \mathcal{O}'_P$($\mathcal{O}_P$ の F' における整閉包)に対して,次が成り立つ.

$$\pi(\mathrm{Tr}_{F'/F}(u)) = \sum_{i=1}^{r} e(P_i|P) \cdot \mathrm{Tr}_{k_i/k}(\pi_i(u)).$$

【定理 3.5.1 (b) の証明】 補題 3.5.3 の記号を継続し,さらに簡略記号 $e_i := e(P_i|P)$ を用いる.$P' = P_1$ として,$e := e(P'|P)$ とおく.このとき,

$$d(P'|P) = e - 1 \iff e \text{ は } \mathrm{char}\, K \text{ で割り切れない} \tag{3.45}$$

を証明しなければならない.

最初に, e は $\operatorname{char} K$ によって割り切れないと仮定する. $d(P'|P) \geq e$ と仮定する. このとき,
$$v_{P'}(w) \leq -e \quad \text{かつ} \quad \operatorname{Tr}_{F'/F}(w \cdot \mathcal{O}'_P) \subseteq \mathcal{O}_P \tag{3.46}$$
をみたす元 $w \in F'$ が存在する. K は完全体であるから, 拡大 k_1/k は分離的であり, また $\operatorname{Tr}_{k_1/k}(\pi_1(y_0)) \neq 0$ をみたす元 $y_0 \in \mathcal{O}_{P'}$ が存在する. 近似定理によって,
$$v_{P'}(y - y_0) > 0$$
かつ
$$v_{P_i}(y) \geq \max\{1, e_i + v_{P_i}(w)\}, \quad 2 \leq i \leq r \tag{3.47}$$
をみたす元 $y \in F'$ が存在する. このとき $y \in \mathcal{O}'_P$ であり, 補題 3.5.3 より次が成り立つ.
$$\begin{aligned}\pi(\operatorname{Tr}_{F'/F}(y)) &= e \cdot \operatorname{Tr}_{k_1/k}(\pi_1(y)) + \sum_{i=2}^{r} e_i \cdot \operatorname{Tr}_{k_i/k}(\pi_i(y)) \\ &= e \cdot \operatorname{Tr}_{k_1/k}(\pi_1(y_0)) \neq 0.\end{aligned}$$
(ここで, e は標数 $\operatorname{char} K$ で割り切れないので, k において $e \neq 0$ であるという事実を用いている.) 結論として,
$$v_P(\operatorname{Tr}_{F'/F}(y)) = 0.$$
さて, $v_P(x) = 1$ をみたす元 $x \in F$ を選ぶ. このとき,
$$\operatorname{Tr}_{F'/F}(x^{-1}y) = x^{-1} \cdot \operatorname{Tr}_{F'/F}(y) \notin \mathcal{O}_P. \tag{3.48}$$
一方, $x^{-1}yw^{-1} \in \mathcal{O}'_P$ が成り立つ. なぜなら, 式 (3.46) より
$$v_{P'}(x^{-1}yw^{-1}) = -e + v_{P'}(y) - v_{P'}(w) \geq 0$$
であり, 式 (3.47) により, $i = 2, \ldots, r$ に対して
$$v_{P_i}(x^{-1}yw^{-1}) = v_{P_i}(y) - (e_i + v_{P_i}(w)) \geq 0$$
が成り立つからである. よって, $x^{-1}y \in w \cdot \mathcal{O}'_P$ であり, また式 (3.46) により $\operatorname{Tr}_{F'/F}(x^{-1}y) \in \mathcal{O}_P$ が得られる. ところが, これは式 (3.48) に矛盾する. 以上より, 式 (3.45) の含意 ($\Leftarrow$) が証明された.

逆を証明するために, いま e は $\operatorname{char} K$ によって割り切れると仮定し, $d(P'|P) \geq e$ であるこを示さなければならない. 元 $u \in F'$ を
$$v_{P'}(u) = -e \quad \text{かつ} \quad v_{P_i}(u) \geq -e_i + 1 \quad (i = 2, \ldots, r) \tag{3.49}$$

をみたすように選ぶ．前と同様に $x \in F$ は P の素元を表す．任意の $z \in \mathcal{O}'_P$ について，$i = 2, \ldots, r$ に対して
$$v_{P'}(xuz) \geq 0 \quad \text{かつ} \quad v_{P_i}(xuz) > 0$$
が成り立つ．したがって $xuz \in \mathcal{O}'_P$ となり，また補題 3.5.3 より次が成り立つ．
$$\pi(\mathrm{Tr}_{F'/F}(xuz)) = e \cdot \mathrm{Tr}_{k_1/k}(\pi_1(xuz)) + \sum_{i=2}^{r} e_i \cdot \mathrm{Tr}_{k_i/k}(\pi_i(xuz))$$
$$= e \cdot \mathrm{Tr}_{k_1/k}(\pi_1(xuz)) = 0.$$

結論として，$x \cdot \mathrm{Tr}_{F'/F}(uz) = \mathrm{Tr}_{F'/F}(xuz) \in P = x\mathcal{O}_P$ が成り立つ．その結果，すべての $z \in \mathcal{O}'_P$ に対して $\mathrm{Tr}_{F'/F}(uz) \in \mathcal{O}_P$ となる．したがって，$u \in \mathcal{C}_P$ が得られ，式 (3.49) と注意 3.4.4 より，$-e = v_{P'}(u) \geq -d(P'|P)$ が得られる． □

【補題 3.5.3 の証明】 トレース $\mathrm{Tr}_{F'/F}(u)$ は，$\mu(z) = u \cdot z$ により定義される F-線形写像 $\mu : F' \to F'$ のトレースとして求めることができる（付録 A を参照せよ）．最初に，$\pi(\mathrm{Tr}_{F'/F}(u))$ はある k-線形写像 $\bar{\mu} : V \to V$ のトレースとして解釈されることを示そう（ここで，V は以下において定義される，ある k-ベクトル空間である）．このとき，V を不変部分空間に分解することによって最後の結果が得られる．

$t \in F$ を P の素元とする．剰余環 $V := \mathcal{O}'_P / t\mathcal{O}'_P$ は，演算を以下のように定義すると，k 上のベクトル空間と考えることができる．
$$(x + P) \cdot (z + t\mathcal{O}'_P) := xz + t\mathcal{O}'_P \quad (x \in \mathcal{O}_P,\ z \in \mathcal{O}'_P). \tag{3.50}$$
このスカラー乗法は矛盾なく定義されることに注意しよう．$\mathcal{O}_P$ 上 $\mathcal{O}'_P$ の整基底 $\{z_1, \ldots, z_n\}$ を選ぶ（ここで，$n = [F' : F]$ である．系 3.3.5 を参照せよ）．このとき，$\{z_1 + t\mathcal{O}'_P, \ldots, z_n + t\mathcal{O}'_P\}$ は k 上 V の基底を構成し（証明は自明である），特に，$\dim_k(V) = n$ である．
$$\bar{\mu}(z + t\mathcal{O}'_P) := u \cdot z + t\mathcal{O}'_P \tag{3.51}$$
によって，k-線形写像 $\bar{\mu} : V \to V$ を定義する．$A = (a_{ij})_{1 \leq i,j \leq n}$ を基底 $\{z_1, \ldots, z_n\}$ に関する μ の表現行列とする．$\{z_1, \ldots, z_n\}$ は整基底でかつ $u \in \mathcal{O}'_P$ であるから，その係数 a_{ij} は $\mathcal{O}_P$ に属する．明らかに，$\bar{A} := (\pi(a_{ij}))_{1 \leq i,j \leq n}$ は $\{z_1 + t\mathcal{O}'_P, \ldots, z_n + t\mathcal{O}'_P\}$ に関する $\bar{\mu}$ の表現行列である．ゆえに，
$$\pi(\mathrm{Tr}_{F'/F}(u)) = \pi(\mathrm{Tr}\, A) = \mathrm{Tr}(\bar{A}) = \mathrm{Tr}(\bar{\mu}). \tag{3.52}$$
次に，$1 \leq i \leq r$ に対して剰余環 $V_i := \mathcal{O}_{P_i}/P_i^{e_i}$ と，
$$\mu_i(z + P_i^{e_i}) := u \cdot z + P_i^{e_i}$$

により定義される写像 $\mu_i : V_i \to V_i$ を導入する．V_i は明らかなやり方で k 上のベクトル空間とみなされ（式 (3.50) 参照），また，μ_i は k-線形写像であることが分かる（すべてこれらは容易に確かめられる）．このとき，自然な同型写像

$$f : V \longrightarrow \bigoplus_{i=1}^{r} V_i$$

が次の式により定義される．

$$f(z + t\mathcal{O}'_P) := (z + P_1^{e_1}, \ldots, z + P_r^{e_r}). \tag{3.53}$$

実際，f は近似定理により全射である．f が単射であることを証明するために，$f(z + t\mathcal{O}'_P) = 0$ と仮定する．このとき，$v_{P_i}(z) \geq e_i$ である．すなわち，$i = 1, \ldots, r$ に対して $v_{P_i}(z \cdot t^{-1}) \geq 0$ が成り立つ．これは $z \cdot t^{-1} \in \mathcal{O}'_P$ を意味している．ゆえに，$z \in t\mathcal{O}'_P$ となる．

図 3.1 のような k-線形写像の可換図式がある．

$$\begin{array}{ccc} V & \xrightarrow{\overline{\mu}} & V \\ \downarrow f & & \downarrow f \\ \bigoplus_{i=1}^{r} V_i & \xrightarrow{(\mu_1, \ldots, \mu_r)} & \bigoplus_{i=1}^{r} V_i \end{array}$$

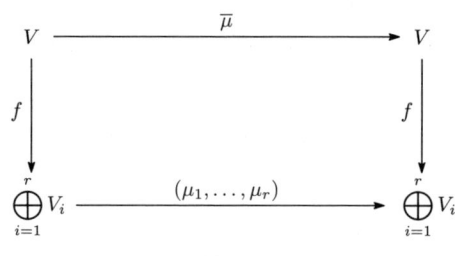

図 3.1

ただし，$(\mu_1, \ldots, \mu_r)(v_1, \ldots, v_r) := (\mu_1(v_1), \ldots, \mu_r(v_r))$，$v_i \in V_i$ である．f は同型写像であるから，$\mathrm{Tr}(\overline{\mu}) = \mathrm{Tr}((\mu_1, \ldots, \mu_r))$ であり，これは明らかに $\sum_{i=1}^{r} \mathrm{Tr}(\mu_i)$ に等しい．これを式 (3.52) と結びつけると，次の式を得る．

$$\pi(\mathrm{Tr}_{F'/F}(u)) = \sum_{i=1}^{r} \mathrm{Tr}(\mu_i). \tag{3.54}$$

補題 3.5.3 の証明は次の等式を証明すれば完成する．

$$\mathrm{Tr}(\mu_i) = e_i \cdot \mathrm{Tr}_{k_i/k}(\pi_i(u)). \tag{3.55}$$

そこで，k-ベクトル空間の列

$$V_i = V_i^{(0)} \supseteq V_i^{(1)} \supseteq \cdots \supseteq V_i^{(e_i)} = \{0\}$$

を考える．ここで，$V_i^{(j)} := P_i^j/P_i^{e_i} \subseteq V_i$ である．これらの空間は μ_i によって不変であるから，μ_i は $j = 0, \ldots, e_i - 1$ に対して次の線形写像を誘導する．

$$\sigma_{ij} := \begin{cases} V_i^{(j)}/V_i^{(j+1)} & \longrightarrow & V_i^{(j)}/V_i^{(j+1)}, \\ [z + P_i^{e_i}] & \longmapsto & [u \cdot z + P_i^{e_i}]. \end{cases}$$

ここで，$[z + P_i^{e_i}]$ は $V_i^{(j)}/V_i^{(j+1)}$ における $z + P_i^{e_i}$ の剰余類を表す．容易に次のことが分かる．

$$\mathrm{Tr}(\mu_i) = \sum_{j=0}^{e_i-1} \mathrm{Tr}(\sigma_{ij}). \tag{3.56}$$

(各 $V_i^{(j)}/V_i^{(j+1)}$ ($1 \le j \le e_i - 1$) で基底となるような V_i の基底に関して μ_i を表現する行列を考えよ．) $\gamma_i : k_i \to k_i$ を $\gamma_i(z + P_i) = u \cdot z + P_i$ によって定義される k-線形写像としたとき，

$$\mathrm{Tr}_{k_i/k}(\pi_i(u)) = \mathrm{Tr}(\gamma_i) \tag{3.57}$$

であることが分かっている．次に，$0 \le j \le e_i - 1$ に対して，以下の図式を可換にする k-ベクトル空間の同型写像 $h : k_i \to V_i^{(j)}/V_i^{(j+1)}$ を構成する．

$$\begin{array}{ccc} k_i & \xrightarrow{\gamma_i} & k_i \\ {\scriptstyle h}\downarrow & & \downarrow{\scriptstyle h} \\ V_i^{(j)}/V_i^{(j+1)} & \xrightarrow{\sigma_{ij}} & V_i^{(j)}/V_i^{(j+1)} \end{array}$$

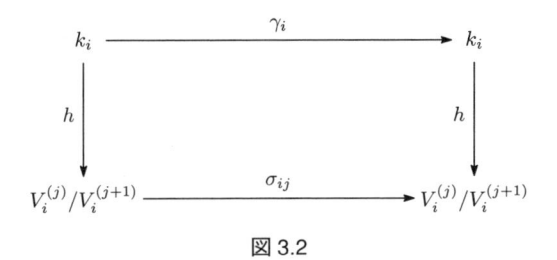

図 3.2

図 3.2 より，$\mathrm{Tr}(\gamma_i) = \mathrm{Tr}(\sigma_{ij})$ が得られる（なぜなら，h は同型写像だからである）．そして，このとき式 (3.55) は，式 (3.56) と式 (3.57) からすぐに導かれる．

写像 h は次のようにして定義される．すなわち，P_i の素元を $t_i \in F'$ とし，

$$h(z + P_i) := [t_i^j z + P_i^{e_i}]$$

とおく．このとき，h が矛盾なく定義されること，および，k-線形でかつ全単射であり，また図 3.2 における図式は可換であることは，容易に確かめられる．これより，補題 3.5.3 の証明は完成し，その結果，定理 3.5.1 が得られる． $\square$

デデキントの差積定理から得られる結果をいくつか導き出したい．$e(P'|P) > 1$ であるとき，$P'|P$ は「分岐する」といい，そうでないとき $P'|P$ は「不分岐である」という定義を思い出しておこう（定義 3.1.5 参照）．

定義 3.5.4 F'/F を関数体の代数拡大とし，$P \in \mathbb{P}_F$ とする．

(a) P の F' への拡張 P' は，$e(P'|P) > 1$ であり，かつ $e(P'|P)$ が K の標数で割り切れないとき，**順分岐**（tamely ramify）であるといい，また，$e(P'|P) > 1$ であり，かつ $e(P'|P)$ が K の標数で割り切れるとき，**野性分岐**（wildly ramify）であるという．

(b) P 上に少なくとも一つの $P' \in \mathbb{P}_{F'}$ が存在して $P'|P$ が分岐するとき，P は F'/F において**分岐**するといい，すべての $P'|P$ に対して $P'|P$ が不分岐であるとき，P は F'/F において**不分岐**であるという．座 P が F'/F において分岐し，かつ P の F' へのいかなる拡張も野性分岐でないとき，P は**順分岐**するという．少なくとも一つの野性分岐する座 $P'|P$ が存在するとき，P は F'/F において**野性分岐**するという．

(c) P の F' への唯一つの拡張 $P' \in \mathbb{P}_{F'}$ が存在し，その分岐指数が $e(P'|P) = [F' : F]$ であるとき，P は F'/F において**完全分岐**（totally ramify）するという．

(d) 少なくとも一つの $P \in \mathbb{P}_F$ が F'/F で分岐するとき，F'/F は**分岐**するといい，すべての $P \in \mathbb{P}_F$ が F'/F で不分岐であるとき，F'/F は**不分岐**であるという．

(e) いかなる座 $P \in \mathbb{P}_F$ も F'/F において野性分岐しないとき，F'/F は**順分岐**であるという．

系 3.5.5 F'/F は代数関数体の有限次分離拡大であるとする．

(a) $P \in \mathbb{P}_F$ と $P' \in \mathbb{P}_{F'}$ が $P'|P$ であるとき，$P'|P$ が分岐するための必要十分条件は，$P' \leq \mathrm{Diff}(F'/F)$ が成り立つことである．

$P'|P$ が分岐するとき，次が成り立つ．
$$d(P'|P) = e(P'|P) - 1 \iff P'|P \text{ は順分岐する},$$
$$d(P'|P) \geq e(P'|P) \iff P'|P \text{ は野性分岐する}.$$

(b) ほとんどすべての座 $P \in \mathbb{P}_F$ は，F'/F において不分岐である．

この系はデデキントの定理からすぐに導かれる．次に，フルヴィッツの種数公式の重要である特殊な場合に注意する．

系 3.5.6 F'/F は同じ定数体 K をもつ代数関数体の有限次分離拡大であると仮定する．g（および g'）は F/K（および F'/K）の種数を表すものとする．このとき，次が成り立つ．

$$2g' - 2 \geq [F' : F] \cdot (2g - 2) + \sum_{P \in \mathbb{P}_F} \sum_{P'|P} (e(P'|P) - 1) \cdot \deg P'.$$

等式が成り立つための必要十分条件は，F'/F が順分岐することである（たとえば，K が標数 0 の体のときである）．

【証明】 定理 3.4.13 と定理 3.5.1 より自明である． □

系 3.5.7 F'/F は同じ定数体をもつ代数関数体の有限次分離拡大であると仮定する．g（および g'）を F/K（および F'/K）の種数とする．このとき，$g \leq g'$ が成り立つ．

系 3.5.8 $F/K(x)$ は次数 $[F : K(x)] > 1$ である有理関数体の有限次分離拡大であるとし，K を F の定数体とする．このとき，$F/K(x)$ は分岐する．

【証明】 フルヴィッツの種数公式より，
$$2g - 2 = -2[F : K(x)] + \deg \mathrm{Diff}(F/K(x))$$
が成り立つ．ただし，g は F/K の種数である．したがって，次が成り立つ．
$$\deg \mathrm{Diff}(F/K(x)) \geq 2([F : K(x)] - 1) > 0.$$
差積の台（サポート）に属している任意の座は系 3.5.5 により分岐するから，系 3.5.8 の主張はこれより導かれる． □

上記の結果の別の応用を与える．

命題 3.5.9（リューローの定理） 有理関数体のすべての部分体は有理的である．すなわち，$K \subsetneq F_0 \subseteq K(x)$ ならば，適当な $y \in F_0$ によって $F_0 = K(y)$ と表される．

【証明】 最初に，$K(x)/F_0$ が分離的であると仮定する．g_0 を F_0/K の種数とする．すると，
$$-2 = [K(x) : F_0] \cdot (2g_0 - 2) + \deg \mathrm{Diff}(K(x)/F_0)$$
が成り立ち，これより $g_0 = 0$ が得られる．P が $K(x)/K$ の次数 1 の座ならば，$P_0 = P \cap F_0$ は F_0/K の次数 1 の座である．したがって，F_0/K は命題 1.6.3 より有理的である．

次に，$K(x)/F_0$ が分離的でないと仮定する．このとき，ある中間体 $F_0 \subseteq F_1 \subseteq K(x)$ が存在して，F_1/F_0 は分離的で，かつ $K(x)/F_1$ は純非分離である．上で証明したことにより，F_1/K が有理的であることを示せば十分である．$K(x)/F_1$ は純非分離であるから，$[K(x) : F_1] = q = p^\nu$ と表され，任意の $z \in K(x)$ に対して $z^q \in F_1$ となっている．ただし，$p = \mathrm{char}\, K > 0$ である．特に，次が成り立つ．
$$K(x^q) \subseteq F_1 \subseteq K(x). \tag{3.58}$$
このとき，定理 1.4.11 によって，次数 $[K(x) : K(x^q)]$ は $K(x)/K$ における x^q の極因子の次数に等しい．ゆえに，$[K(x) : K(x^q)] = q$ である．式 (3.58) より，$F_1 = K(x^q)$ が得られ，したがって F_1/K は有理的である． □

次に，F'/F の差積を評価するために，多くの場合に非常に役立つ定理を証明する．

定理 3.5.10　$F' = F(y)$ は拡大次数を $[F':F] = n$ とする関数体 F の有限次分離拡大であると仮定する．$P \in \mathbb{P}_F$ を，F 上 y の最小多項式 $\varphi(T)$ が $\mathcal{O}_P$ に係数をもつようなものとする（すなわち，y は $\mathcal{O}_P$ 上整である）．また，$P_1, \ldots, P_r \in \mathbb{P}_{F'}$ を P の上にある F' のすべての座とする．このとき，次が成り立つ．

(a) $1 \leq i \leq r$ に対して，$d(P_i|P) \leq v_{P_i}(\varphi'(y))$ である．
(b) $\{1, y, \ldots, y^{n-1}\}$ が座 P における F'/F の整基底であるための必要十分条件は，$1 \leq i \leq r$ に対して $d(P_i|P) = v_{P_i}(\varphi'(y))$ が成り立つことである．
（ここで，$\varphi'(T)$ は多項式環 $F[T]$ における $\varphi(T)$ の導関数である．）

【証明】　$\{1, y, \ldots, y^{n-1}\}$ の双対基底は，命題 3.4.2 により差積指数 $d(P_i|P)$ に密接に関係している．それゆえ，最初の目標はこの双対基底を決定することである．$\varphi(y) = 0$ であるから，$F'[T]$ において多項式 $\varphi(T)$ は次のように分解する．

$$\varphi(T) = (T - y)(c_{n-1}T^{n-1} + \cdots + c_1 T + c_0). \tag{3.59}$$

ただし，$c_0, \ldots, c_{n-1} \in F'$ で，かつ $c_{n-1} = 1$ である．このとき，次のことを示す．

$$\left\{ \frac{c_0}{\varphi'(y)}, \ldots, \frac{c_{n-1}}{\varphi'(y)} \right\} \text{ は } \{1, y, \ldots, y^{n-1}\} \text{ の双対基底である．} \tag{3.60}$$

（y は F 上分離的であるから，$\varphi'(y) \neq 0$ であることに注意せよ．）双対基底の定義により，主張 (3.60) は次の式と同値である．

$$\mathrm{Tr}_{F'/F}\left(\frac{c_i}{\varphi'(y)} \cdot y^l \right) = \delta_{il}, \quad 0 \leq i, l \leq n-1. \tag{3.61}$$

式 (3.61) を証明するために，F'/F から Φ への相異なる n 個の埋め込み $\sigma_1, \ldots, \sigma_n$ を考える（Φ は通常のように F の代数的閉体である拡大体を表す）．$y_j := \sigma_j(y)$ とおくと，次を得る．

$$\varphi(T) = \prod_{j=1}^{n}(T - y_j).$$

この等式を微分して，$T = y_\nu$ を代入すると，次の式を得る．

$$\varphi'(y_\nu) = \prod_{\substack{i \neq \nu}}^{n}(y_\nu - y_i). \tag{3.62}$$

$0 \leq l \leq n-1$ に対して，次の多項式を考える．

$$\varphi_l(T) := \left(\sum_{j=1}^{n} \frac{\varphi(T)}{T - y_j} \cdot \frac{y_j^l}{\varphi'(y_j)} \right) - T^l \in \Phi[T].$$

その次数は高々 $n-1$ であり，$1 \leq \nu \leq n$ に対して式 (3.62) より次が成り立つ．

$$\varphi_l(y_\nu) = \left(\prod_{i \neq \nu}(y_\nu - y_i)\right) \cdot \frac{y_\nu^l}{\varphi'(y_\nu)} - y_\nu^l = 0.$$

n 個の異なる根をもつ次数 $\leq n-1$ の多項式は零多項式である．ゆえに，$\varphi_l(T) = 0$ である．すなわち，

$$T^l = \sum_{j=1}^{n} \frac{\varphi(T)}{T-y_j} \cdot \frac{y_j^l}{\varphi'(y_j)}, \quad 0 \leq l \leq n-1. \tag{3.63}$$

埋め込み $\sigma_i : F' \to \Phi$ を $\sigma_i(T) = T$ とおくことにより，埋め込み $\sigma_i : F'(T) \to \Phi(T)$ へ拡張することができ，式 (3.63) より次が得られる．

$$\begin{aligned} T^l &= \sum_{j=1}^{n} \sigma_j\left(\frac{\varphi(T)}{T-y} \cdot \frac{y^l}{\varphi'(y)}\right) \\ &= \sum_{j=1}^{n} \sigma_j\left(\sum_{i=0}^{n-1} c_i T^i \cdot \frac{y^l}{\varphi'(y)}\right) \quad \text{(式 (3.59) より)} \\ &= \sum_{i=0}^{n-1} \left(\sum_{j=1}^{n} \sigma_j\left(\frac{c_i}{\varphi'(y)} \cdot y^l\right)\right) T^i \\ &= \sum_{i=0}^{n-1} \text{Tr}_{F'/F}\left(\frac{c_i}{\varphi'(y)} \cdot y^l\right) T^i. \end{aligned}$$

係数を比較することによって，式 (3.61) が得られ，これより式 (3.60) が証明される．

次に，以下のことを示したい．

$$c_j \in \sum_{i=0}^{n-1} \mathcal{O}_P \cdot y^i, \quad j = 0, \ldots, n-1. \tag{3.64}$$

F 上 y の最小多項式 $\varphi(T)$ は次のように表される．

$$\varphi(T) = T^n + a_{n-1}T^{n-1} + \cdots + a_1 T + a_0, \quad a_i \in \mathcal{O}_P. \tag{3.65}$$

したがって，式 (3.59) より，$1 \leq i \leq n-1$ に対して次のような漸化式が得られる．

$$c_{n-1} = 1, \quad c_0 y = -a_0, \quad c_i y = c_{i-1} - a_i. \tag{3.66}$$

式 (3.64) は $j = n-1$ については明らかに成り立つ．そこで，ある $j \in \{1, \ldots, n-1\}$ に対して次が成り立つと仮定する．

$$c_j = \sum_{i=0}^{n-1} s_i y^i, \quad s_i \in \mathcal{O}_P.$$

このとき，式 (3.66) と式 (3.65) を用いて次を得る．

$$c_{j-1} = a_j + c_j y = a_j + \sum_{i=0}^{n-2} s_i y^{i+1} + s_{n-1} y^n$$

$$= a_j + \sum_{i=0}^{n-2} s_i y^{i+1} - s_{n-1} \sum_{i=0}^{n-1} a_i y^i \in \sum_{i=0}^{n-1} \mathcal{O}_P \cdot y^i.$$

したがって，式 (3.64) は証明された．同様にして，次のことを証明することができる．

$$y^i \in \sum_{i=0}^{n-1} \mathcal{O}_P \cdot c^i, \quad j = 0, \ldots, n-1. \tag{3.67}$$

実際，$j=0$ については式 (3.67) が成り立つ．ある $j \geq 0$ に対して

$$y^j = \sum_{i=0}^{n-1} r_i c_i, \quad r_i \in \mathcal{O}_P$$

が成り立つと仮定すると，式 (3.66) によって次のように計算できる．

$$y^{j+1} = \sum_{i=0}^{n-1} r_i c_i y = \sum_{i=1}^{n-1} r_i (c_{i-1} - a_i) - r_0 a_0$$

$$= \sum_{i=0}^{n-2} r_{i+1} c_i - \left(\sum_{i=0}^{n-1} r_i a_i \right) \cdot c_{n-1} \in \sum_{i=0}^{n-1} \mathcal{O}_P \cdot c_i.$$

(定理 3.5.10 (a) の証明)　前と同様に，$\mathcal{C}_P$ は相補加群を表し，$\mathcal{O}'_P$ は F' における $\mathcal{O}_P$ の整閉包を表す．このとき，$d(P_i|P) \leq v_{P_i}(\varphi'(y))$ を示さなければならない．これは（差積指数の定義によって）次の命題に同値である．

$$z \in \mathcal{C}_P \Rightarrow v_{P_i}(z) \geq -v_{P_i}(\varphi'(y)), \quad i = 1, \ldots, r. \tag{3.68}$$

元 $z \in \mathcal{C}_P$ は次のように表すことができる．

$$z = \sum_{i=0}^{n-1} r_i \cdot \frac{c_i}{\varphi'(y)}, \quad r_i \in F.$$

(式 (3.60) により，$\{c_0, \ldots, c_{n-1}\}$ は F'/F の基底であることに注意せよ．) y^l は $\mathcal{O}_P$ 上整であり，$z \in \mathcal{C}_P$ であるから，$\mathrm{Tr}_{F'/F}(z \cdot y^l) \in \mathcal{O}_P$ が成り立つ．いま，式 (3.61) より

$$\mathrm{Tr}_{F'/F}(z \cdot y^l) = \mathrm{Tr}_{F'/F} \left(\sum_{i=0}^{n-1} r_i \cdot \frac{c_i}{\varphi'(y)} \cdot y^l \right) = r_l$$

であるから，$r_l \in \mathcal{O}_P$ となる．式 (3.64) を考えると，次が得られる．

3.5 差積

$$z = \frac{1}{\varphi'(y)} \cdot \sum_{i=0}^{n-1} r_i c_i \in \frac{1}{\varphi'(y)} \cdot \sum_{i=0}^{n-1} \mathcal{O}_P \cdot y^i \subseteq \frac{1}{\varphi'(y)} \cdot \mathcal{O}'_P.$$

これは式 (3.68) を意味しており，定理の (a) の部分の証明を完成させる．

(定理 3.5.10 (b) の証明)　式 (3.64) と式 (3.67) によって，次のことが分かっている．

$$\sum_{i=0}^{n-1} \mathcal{O}_P \cdot y^i = \sum_{i=0}^{n-1} \mathcal{O}_P \cdot c^i. \tag{3.69}$$

そこでいま，$\{1, y, \ldots, y^{n-1}\}$ は P に対する整基底であると仮定する．式 (3.60) と命題 3.4.2 より，次が成り立つ．

$$\mathcal{C}_P = \sum_{i=0}^{n-1} \mathcal{O}_P \cdot \frac{c_i}{\varphi'(y)} = \frac{1}{\varphi'(y)} \cdot \sum_{i=0}^{n-1} \mathcal{O}_P \cdot c_i$$
$$= \frac{1}{\varphi'(y)} \cdot \sum_{i=0}^{n-1} \mathcal{O}_P \cdot y^i = \frac{1}{\varphi'(y)} \cdot \mathcal{O}'_P.$$

その結果，定義 3.4.3 によって $d(P'|P) = v_{P_i}(\varphi'(y))$ である．逆に，条件

$$d(P_i|P) = v_{P_i}(\varphi'(y)), \quad i = 1, \ldots, r \tag{3.70}$$

を仮定したとき，次が成り立つことを示さなければならない．

$$\mathcal{O}'_P \subseteq \sum_{i=0}^{n-1} \mathcal{O}_P \cdot y^i. \tag{3.71}$$

(逆の包含関係 $\mathcal{O}'_P \supseteq \sum_{i=0}^{n-1} \mathcal{O}_P \cdot y^i$ は自明である．) $z \in \mathcal{O}'_P$ とする．すると，

$$z = \sum_{i=0}^{n-1} t_i y^i, \quad t_i \in F$$

と表される．式 (3.64) により $c_j \in \mathcal{O}'_P$ であり，式 (3.70) と命題 3.4.2 (c) によって $\mathcal{C}_P = \frac{1}{\varphi'(y)} \cdot \mathcal{O}'_P$ が成り立つことに注意しよう．したがって，次が言える．

$$\operatorname{Tr}_{F'/F}\left(\frac{1}{\varphi'(y)} \cdot c_j \cdot z\right) \in \mathcal{O}_P.$$

すると，

$$\operatorname{Tr}_{F'/F}\left(\frac{1}{\varphi'(y)} \cdot c_j \cdot z\right) = \operatorname{Tr}_{F'/F}\left(\sum_{i=0}^{n-1} t_i \cdot \frac{c_j}{\varphi'(y)} \cdot y^i\right) = t_j$$

であるから，$t_j \in \mathcal{O}_P$ と結論することができる．これより，式 (3.71) が証明される．　□

系 3.5.11　$F' = F(y)$ は拡大次数を $[F' : F] = n$ とする関数体の有限次分離拡大体であるとする．$\varphi(T) \in F[T]$ を F 上 y の最小多項式とする．$P \in \mathbb{P}_F$ は $P'|P$ をみたすすべての $P' \in \mathbb{P}_{F'}$ に対して

$$\varphi(T) \in \mathcal{O}_P[T] \quad \text{かつ} \quad v_{P'}(\varphi'(y)) = 0$$

をみたすものと仮定する．このとき，P は F'/F において不分岐であり，また，$\{1, y, \ldots, y^{n-1}\}$ は P における F'/F の整基底である．

【証明】　定理 3.5.10 によって，すべての $P'|P$ に対して

$$0 \le d(P'|P) \le v_{P'}(\varphi'(y)) \le 0$$

が成り立つ．ゆえに，$v_{P'}(\varphi'(y)) = d(P'|P) = 0$ となる．すると，この系は差積定理と定理 3.5.10 (b) よりすぐに導かれる． □

さて，どのような条件のもとで一つの元のベキの集合が座 P における整基底となるのか，という第二の簡単な判定法を与えよう．

命題 3.5.12　F'/F を関数体の有限次分離拡大とし，$P \in \mathbb{P}_F$ と $P' \in \mathbb{P}_{F'}$ を $P'|P$ をみたすものとする．$P'|P$ が完全分岐する，すなわち，$e(P'|P) = [F' : F] = n$ であると仮定する．$t \in F'$ を P' の素元とし，$\varphi(T) \in F[T]$ を F 上 t の最小多項式とする．このとき，$d(P'|P) = v_{P'}(\varphi'(t))$ が成り立ち，$\{1, t, \ldots, t^{n-1}\}$ は P における F'/F の整基底である．

【証明】　最初に，$1, t, \ldots, t^{n-1}$ が F 上 1 次独立であることを示す．そうではないと仮定すると，少なくとも一つは零でない元 $r_1, \ldots, r_{n-1} \in F$ が存在して，

$$\sum_{i=0}^{n-1} r_i t^i = 0, \quad \exists r_i \ne 0$$

が成り立つ．$r_i \ne 0$ について，

$$v_{P'}(r_i t^i) = v_{P'}(t^i) + e(P'|P) \cdot v_P(r_i) \equiv i \bmod n$$

が成り立つ．ゆえに，$i \ne j$, $r_i \ne 0$ であり，かつ $r_j \ne 0$ であるときはいつでも，$v_{P'}(r_i t^i) \ne v_{P'}(r_j t^j)$ となる．すると，強三角不等式により

$$v_{P'}\left(\sum_{i=0}^{n-1} r_i t^i\right) = \min\{v_{P'}(r_i t^i) \mid r_i \ne 0\} < \infty$$

が成り立つ．これは矛盾である．したがって，$\{1, t, \ldots, t^{n-1}\}$ は F'/F の基底である．

公式 $\sum e_i f_i = n$ によれば（定理 3.1.11），P' は P の上にある F' の唯一つの座であるから，$\mathcal{O}_{P'}$ は F' における $\mathcal{O}_P$ の整閉包である．そこで，

$$\mathcal{O}_{P'} = \sum_{i=0}^{n-1} \mathcal{O}_P \cdot t^i \tag{3.72}$$

を示さなければならない．包含関係 $\supseteq$ は明らかであるから，逆を示す．$z \in \mathcal{O}_{P'}$ として，z を次のように表す．

$$z = \sum_{i=0}^{n-1} x_i t^i, \quad x_i \in F.$$

上の議論より，$0 \leq v_{P'}(z) = \min\{n \cdot v_P(x_i) + i \mid 0 \leq i \leq n-1\}$ であるから，すべての i に対して $v_P(x_i) \geq 0$ であることが分かる．これより，式 (3.72) が成り立つ．すると，証明しようとしている式 $d(P'|P) = v_{P'}(\varphi'(t))$ は，定理 3.5.10 より導かれる． □

後の節で，「フルヴィッツの種数公式」と結びつけると，上の結果を適用して関数体の種数を決定する例をいくつか与えることができる．

3.6　定数拡大

第 3 章でつねにそうしてきたように，K は完全体であると仮定し，定数体を K とする代数関数体 F/K を考える．「この節において，この仮定はほとんどの結果の有効性に対して本質的である．」たとえば，K が完全体でないとき（文献 [7] を参照せよ），命題 3.6.1 と定理 3.6.3 のほとんどの主張に対して反例がある．$\Phi \supseteq F$ は固定された代数的閉体を表すことを思い出しておこう．

$K' \supseteq K$ を代数拡大とする（$K' \subseteq \Phi$ である）．合成体 $F' := FK'$ は K' 上の関数体であり，その結果その定数体は K' の有限次拡大である（系 1.1.16 を参照せよ）．しかしながら，K' が FK' の完全定数体であるかどうかは先験的に明らかではない．そこで，次の結果でこの節を始めよう．

命題 3.6.1　　$F' = FK'$ を F/K の（有限次または無限次の）代数的な定数拡大とする．このとき，次が成り立つ．

(a) K' は F' の完全定数体である．
(b) K 上 1 次独立である F の任意の部分集合は K' 上でもそうである．
(c) すべての元 $x \in F \setminus K$ に対して，$[F : K(x)] = [F' : K'(x)]$ が成り立つ．

この命題の証明については，補題 3.1.10 を一般化した簡単な補題が一つ必要である．

補題 3.6.2 $\alpha \in \Phi$ が K 上代数的であると仮定すると,$[K(\alpha):K]=[F(\alpha):F]$ が成り立つ.

【補題の証明】 不等式 $[F(\alpha):F] \leq [K(\alpha):K]$ は明らかであるから,α の K 上の最小多項式 $\varphi(T) \in K[T]$ が $F[T]$ においても既約であることを証明すればよい.そうではないと仮定すると,次数 ≥ 1 の多項式 $g(T), h(T) \in F[T]$ によって $\varphi(T) = g(T) \cdot h(T)$ と表される.$g(T)$ と $h(T)$ の Φ における任意の根は $\varphi(T)$ の根でもあるから,K 上代数的である.したがって,$g(T)$ と $h(T)$ のすべての係数は K 上代数的である(それらは根の多項式表現で表されることに注意せよ).一方,これらの係数は F の元である.K は F において代数的に閉じているから,$g(T), h(T) \in K[T]$ と結論することができる.ところが,これは K 上 $\varphi(T)$ が既約であることに矛盾する.□

【命題 3.6.1 の証明】
(a) K' 上代数的である元 $\gamma \in F'$ を考える.このとき,γ は K 上代数的であり,有限個の元 $\alpha_1, \ldots, \alpha_r \in K'$ が存在して $\gamma \in F(\alpha_1, \ldots, \alpha_r)$ となる.拡大 $K(\alpha_1, \ldots, \alpha_r)/K$ は有限次であり,かつ分離的であるから,ある元 $\alpha \in K'$ によって $K(\alpha_1, \ldots, \alpha_r) = K(\alpha)$ と表される(ここで,K が完全体であるという仮定を用いている).γ は K 上代数的であるから,$K(\alpha, \gamma) = K(\beta)$ をみたす元 $\beta \in F'$ が存在する.したがって,$F(\beta) = F(\alpha, \gamma) = F(\alpha)$ となり($\gamma \in F(\alpha_1, \ldots, \alpha_r) = F(\alpha)$ であるから),補題 3.6.2 より,以下の式が得られる.

$$[K(\beta):K] = [F(\beta):F] = [F(\alpha):F] = [K(\alpha):K].$$

これは $K(\alpha) = K(\beta)$ を意味しており,したがって $\gamma \in K(\alpha) \subseteq K'$ となる.

(b) $y_1, \ldots, y_r \in F$ を K 上 1 次独立な元として,次の 1 次関係式を考える.

$$\sum_{i=1}^{r} \gamma_i y_i = 0, \quad \gamma_i \in K'. \tag{3.73}$$

$\gamma_1, \ldots, \gamma_r \in K(\alpha)$ をみたす元 $\alpha \in K'$ を選び,γ_i を次のように表す.

$$\gamma_i = \sum_{j=0}^{n-1} c_{ij} \alpha^j, \quad c_{ij} \in K, \ n = [K(\alpha):K].$$

式 (3.73) より,次の式が得られる.

$$0 = \sum_{i=1}^{r} \left(\sum_{j=0}^{n-1} c_{ij} \alpha^j \right) y_i = \sum_{j=0}^{n-1} \left(\sum_{i=1}^{r} c_{ij} y_i \right) \alpha^j. \tag{3.74}$$

ただし，$\sum c_{ij}y_i \in F$ である．補題 3.6.2 より，$[F(\alpha):F] = [K(\alpha):K]$ であるから，元 $1, \alpha, \ldots, \alpha^{n-1}$ は F 上 1 次独立であり，式 (3.74) より次の式が得られる．

$$\sum_{i=1}^{r} c_{ij}y_i = 0, \quad j = 0, \ldots, n-1.$$

$y_1, \ldots, y_r$ は K 上 1 次独立であるから，すべての i,j について $c_{ij} = 0$ となる．したがって，式 (3.73) は自明な 1 次関係式であることが示された．

(c) 明らかに $[F':K'(x)] \le [F:K(x)]$ が成り立つ．ゆえに，$K(x)$ 上 1 次独立である任意の元 $z_1, \ldots, z_s \in F$ は $K'(x)$ 上でも 1 次独立であることを証明すればよい．そうではないと仮定すると，少なくとも一つは $f_i(x) \ne 0$ である元 $f_i(x) \in K'(x)$ が存在して，

$$\sum_{i=1}^{s} f_i(x) \cdot z_i = 0 \tag{3.75}$$

をみたす．共通分母をかけて，すべての $f_i(x)$ は $K'[x]$ に属していると仮定することができる．このとき，式 (3.75) の式は K' 上で集合 $\{x^j z_i \mid 1 \le i \le s,\ j \ge 0\}$ の 1 次従属関係を与える．すると，命題の (b) より，この集合は K 上でも 1 次従属であることが分かる．したがって，$z_1, \ldots, z_s$ は $K(x)$ 上 1 次従属であるが，これは矛盾である． □

次の定理は，体の定数拡大のもっとも重要な性質を要約している．

定理 3.6.3 F/K の代数的な定数拡大 $F' = FK'$ において，次が成り立つ．

(a) F'/F は不分岐である（すなわち，$P'|P$ をみたすすべての $P \in \mathbb{P}_F$ と $P' \in \mathbb{P}_{F'}$ に対して，$e(P'|P) = 1$ である）．
(b) F'/K' は F/K と同じ種数をもつ．
(c) 任意の因子 $A \in \mathrm{Div}(F)$ に対して，$\deg \mathrm{Con}_{F'/F}(A) = \deg A$ が成り立つ．
(d) 任意の因子 $A \in \mathrm{Div}(F)$ に対して，次が成り立つ．

$$\ell(\mathrm{Con}_{F'/F}(A)) = \ell(A).$$

より正確に言うと，$\mathscr{L}(A)$ の基底は $\mathscr{L}(\mathrm{Con}_{F'/F}(A))$ の基底でもある．（$\mathscr{L}(A) \subseteq F$ は K-ベクトル空間であるのに対して，$\mathscr{L}(\mathrm{Con}_{F'/F}(A))$ は K' 上のベクトル空間であることに注意せよ．）

(e) W が F/K の標準因子ならば，$\mathrm{Con}_{F'/F}(W)$ は F'/K' の標準因子である．
(f) F/K の因子類群から F'/K' の因子類群へのコノルム写像 $\mathrm{Con}_{F'/F} : \mathrm{Cl}(F) \to \mathrm{Cl}(F')$ は単射である．

(g) 任意の $P' \in \mathbb{P}_{F'}$ の剰余体 $F'_{P'}$ は，K' と剰余体 F_P の合成体 $F_P K'$ である．ただし，$P = P' \cap F$ である．

(h) K'/K が有限次拡大ならば，K'/K のすべての基底はすべての $P \in \mathbb{P}_F$ に対して F'/F の整基底である．

【証明】　証明の概要は次のようである．最初に，体の有限次の定数拡大の場合における (a) と (b) を吟味し，それから一般の場合において (h), (a), (c), (b), (d), (e), (f)，そして (g) を順次証明する．初めに，次のように仮定する．

$$K' = K(\alpha) \text{ は } K \text{ の有限次拡大である．} \tag{3.76}$$

(a) と (b) をこの追加された条件のもとで証明しよう．この状況では，$F' = F(\alpha)$ であり，K 上 α の最小多項式 $\varphi(T)$ は，補題 3.6.2 によって，F 上でも既約である．$P \in \mathbb{P}_F$ と $P' \in \mathbb{P}_{F'}$ は $P'|P$ をみたしている座とする．定理 3.5.10 により，差積 $d(P'|P)$ は次の式を満足する．

$$0 \leq d(P'|P) \leq v_{P'}(\varphi'(\alpha)).$$

いま，α は K 上分離的である．ゆえに，$\varphi'(\alpha) \neq 0$ となる．$\varphi'(\alpha) \in K'$ であるから，これは $v_{P'}(\varphi'(\alpha)) = 0$ を意味している．したがって，次が成り立つ．

$$d(P'|P) = v_{P'}(\varphi'(\alpha)) = 0. \tag{3.77}$$

デデキントの定理によって，$P'|P$ は不分岐であると結論することができる．フルヴィッツの種数公式より，次が成り立つ．

$$2g' - 2 = \frac{[F':F]}{[K':K]}(2g-2) + \deg \mathrm{Diff}(F'/F). \tag{3.78}$$

ただし，g（または g'）は F/K（または F'/K'）の種数を表す．条件 (3.76) のもとで，補題 3.6.2 より $[F':F] = [K':K]$ が成り立ち，式 (3.77) より $\mathrm{Diff}(F'/F) = 0$ を得る．したがって，式 (3.78) より $2g'-2 = 2g-2$ である．以上で，有限次定数拡大の場合における (a) と (b) を証明した．

(h) $K' = K(\alpha)$ と仮定することができ，$n := [K':K]$ とおく．式 (3.77) と定理 3.5.10 より，すべての $P \in \mathbb{P}_F$ に対して $\{1, \alpha, \ldots, \alpha^{n-1}\}$ は F'/F の整基底であることが分かる．明らかに，K'/K の任意のほかの基底 $\{\gamma_1, \ldots, \gamma_n\}$ に対して次が成り立つ．

$$\sum_{i=0}^{n-1} \mathcal{O}_P \cdot \alpha^i = \sum_{j=1}^{n} \mathcal{O}_P \cdot \gamma_j.$$

したがって，$\{\gamma_1, \ldots, \gamma_n\}$ もまた整基底である．

ここから，K' は K の任意の代数拡大とする（有限次または無限次でもよい）．

(a) $P' \in \mathbb{P}_{F'}$ を P の拡張とする．$t \in F'$ を P' の素元とする．$[K_1 : K]$ が有限でかつ $t \in F_1 := FK_1$ をみたす中間体 $K \subseteq K_1 \subseteq K'$ が存在する．$P_1 := P' \cap F_1$ とおけば，$1 = v_{P'}(t) = e(P'|P_1) \cdot v_{P_1}(t)$ となり，ゆえに $e(P'|P) = 1$ を得る．ここで，すでに $e(P_1|P) = 1$ であることを証明しているから，結局，$e(P'|P) = e(P'|P_1) \cdot e(P_1|P) = 1$ が成り立つ．

(c) 素因子 $P \in \mathbb{P}_F$ を考えれば十分である．$\mathbb{P}_F$ において x の零点が P 唯一つであるような元 $x \in F$ を選ぶ（命題 1.6.6 によって，このような元は存在する）．ゆえに，$\mathrm{Div}(F)$ における x の零因子 $(x)_0^F$ は，ある $r > 0$ により $(x)_0^F = rP$ と表される．したがって，命題 3.1.9 によって次の式が成り立つ．

$$(x)_0^{F'} = \mathrm{Con}_{F'/F}((x)_0^F) = r \cdot \mathrm{Con}_{F'/F}(P).$$

ここで，$[F' : K'(x)] = \deg((x)_0^{F'})$ という事実を用いると（定理 1.4.11 を参照せよ），次のように計算される．

$$\begin{aligned} r \cdot \deg \mathrm{Con}_{F'/F}(P) &= [F' : K'(x)] \\ &= [F : K(x)] \qquad \text{(命題 3.6.1 より)} \\ &= \deg((x)_0^F) = r \cdot \deg P. \end{aligned}$$

これより (c) は証明された．

(b) 最初の段階として，$A \in \mathrm{Div}(F)$ に対して

$$\ell(A) \leq \ell(\mathrm{Con}_{F'/F}(A)) \tag{3.79}$$

が成り立つことを示そう．実際，$\{x_1, \ldots, x_r\}$ が $\mathscr{L}(A)$ の基底ならば，命題 3.1.9 によって $x_i \in \mathscr{L}(\mathrm{Con}_{F'/F}(A))$ となり，また命題 3.6.1 より，$x_1, \ldots, x_r$ は K' 上 1 次独立である．これより，式 (3.79) は証明される．

g（または g'）を F/K（または F'/K'）の種数を表すものとする．次の条件をみたすように因子 $C \in \mathrm{Div}(F)$ を選ぶ．

$$\deg C \geq \max\{2g - 1,\ 2g' - 1\}. \tag{3.80}$$

このとき，リーマン・ロッホの定理より

$$\ell(C) = \deg C + 1 - g \tag{3.81}$$

と

$$\ell(\mathrm{Con}_{F'/F}(C)) = \deg C + 1 - g' \tag{3.82}$$

が成り立つ．ここで，(c) より $\deg \mathrm{Con}_{F'/F}(C) = \deg C$ であるという事実を用いた．すると，式 (3.79), (3.80), (3.81) より $g \geq g'$ が得られる．

逆の不等式 $g \leq g'$ を証明するために，$\mathscr{L}(\mathrm{Con}_{F'/F}(C))$ の基底 $\{u_1, \ldots, u_s\}$ を選ぶ．$[K_0 : K] < \infty$ であり，かつ $u_1, \ldots, u_s \in F_0 := FK_0$ をみたす中間体 $K \subseteq K_0 \subseteq K''$ が存在する．明らかに，$u_1, \ldots, u_s \in \mathscr{L}(\mathrm{Con}_{F_0/F}(C))$ であるから，

$$\ell(\mathrm{Con}_{F_0/F}(C)) \geq \ell(\mathrm{Con}_{F'/F}(C)) \tag{3.83}$$

を得る．F_0/K_0 の種数が g である（F/K の有限次定数拡大であるから）ことはすでに示したので，リーマン・ロッホの定理より

$$\ell(\mathrm{Con}_{F_0/F}(C)) = \deg C + 1 - g \tag{3.84}$$

が成り立つ．式 (3.82), (3.83), (3.84) を合わせると，$g \leq g'$ が得られ，(b) の証明が完成した．

(d) 最初に，$\deg A \geq 2g - 1$ と仮定する．$g' = g$ であるから，リーマン・ロッホの定理と (c) より，次のように計算される．

$$\begin{aligned}
\ell(\mathrm{Con}_{F'/F}(A)) &= \deg \mathrm{Con}_{F'/F}(A) + 1 - g' \\
&= \deg A + 1 - g = \ell(A).
\end{aligned}$$

式 (3.79) の証明で用いた議論より，$\mathscr{L}(A)$ のすべての基底はまた $\mathscr{L}(\mathrm{Con}_{F'/F}(A))$ の基底であることが分かる．

次に，任意の因子 $A \in \mathrm{Div}(F)$ と，$\mathscr{L}(A)$ の基底 $\{x_1, \ldots, x_r\}$ を考える．$x_1, \ldots, x_r \in \mathscr{L}(\mathrm{Con}_{F'/F}(A))$ であり，またそれらは K' 上 1 次独立であるから，任意の元 $z \in \mathscr{L}(\mathrm{Con}_{F'/F}(A))$ が $x_1, \ldots, x_r$ の K'-係数の 1 次結合であることを示せばよい．F/K の素因子 $P_1 \neq P_2$ を選び，$n_1, n_2 \geq 0$ として $A_1 := A + n_1 P_1$ と $A_2 := A + n_2 P_2$ を，$i = 1, 2$ に対して $\deg A_i \geq 2g - 1$ をみたすように定める．このとき，次が成り立つ．

$$A = \min\{A_1, A_2\} \quad \text{かつ} \quad \mathscr{L}(A) = \mathscr{L}(A_1) \cap \mathscr{L}(A_2).$$

$\{x_1, \ldots, x_r\}$ を $\mathscr{L}(A_1)$ の基底 $\{x_1, \ldots, x_r, y_1, \ldots, y_m\}$ に拡張し，また $\mathscr{L}(A_2)$ の基底 $\{x_1, \ldots, x_r, z_1, \ldots, z_n\}$ に拡張する．これらの元

$$\{x_1, \ldots, x_r, y_1, \ldots, y_m, z_1, \ldots, z_n\} \tag{3.85}$$

は K 上 1 次独立である．なぜなら，

$$\sum_{i=1}^{r} a_i x_i + \sum_{j=1}^{m} b_j y_j + \sum_{k=1}^{n} c_k z_k = 0, \quad a_i, b_j, c_k \in K$$

とすると，このとき
$$\sum_{i=1}^{r} a_i x_i + \sum_{j=1}^{m} b_j y_j = -\sum_{k=1}^{n} c_k z_k \in \mathscr{L}(A_1) \cap \mathscr{L}(A_2) = \mathscr{L}(A)$$

となる．$\{x_1,\ldots,x_r\}$ は $\mathscr{L}(A)$ の基底であり，また $x_1,\ldots,x_r,y_1,\ldots,y_m$ は1次独立であるから，これは $b_j = 0$ $(j=1,\ldots,m)$ を意味している．このとき，$(x_1,\ldots,x_r, z_1,\ldots,z_n$ の1次独立性により) $1 \leq i \leq r$, $1 \leq k \leq n$ に対して $a_i = c_k = 0$ となる．K 上1次独立である F の元は，命題 3.6.1 によって K' 上でも1次独立であることに注意すれば，式 (3.85) の元が K' 上1次独立であることを証明したことになる．

さて，$z \in \mathscr{L}(\mathrm{Con}_{F'/F}(A))$ とする．$\deg A_i \geq 2g-1$ であるから，主張 (d) は A_i に対して成り立ち，次のように表すことができる．
$$z = \sum_{i=1}^{r} d_i x_i + \sum_{j=1}^{m} e_j y_j = \sum_{i=1}^{r} f_i x_i + \sum_{k=1}^{n} g_k z_k. \tag{3.86}$$

ただし，$d_i, e_j, f_i, g_k \in K'$ である．$x_1,\ldots,x_r, y_1,\ldots,y_m, z_1,\ldots,z_n$ は1次独立であるから，式 (3.86) における二つの表現は一致し，ゆえに $1 \leq j \leq m$, $1 \leq k \leq n$ に対して $e_j = g_k = 0$ となる．したがって，z は K' 上で $x_1,\ldots,x_r$ の1次結合である．

(e) W が F/K の標準因子ならば，$\deg W = 2g-2$ であり，また $\ell(W) = g$ が成り立つ．上で証明したことによって，次が成り立つ．
$$\deg \mathrm{Con}_{F'/F}(W) = 2g-2 \quad \text{かつ} \quad \ell(\mathrm{Con}_{F'/F}(W)) = g.$$

これらの二つの性質は F'/K' の標準因子を特徴付けているので（命題 1.6.2 を参照せよ），$\mathrm{Con}_{F'/F}(W)$ は F'/K' の標準因子である．

(f) $\mathrm{Con}_{F'/F} : \mathrm{Cl}(F) \to \mathrm{Cl}(F')$ は準同型写像であるから，その核が零であることを示せばよい．そこで，F' におけるコノルムが主因子である因子 $A \in \mathrm{Div}(F)$ を考える．このことは
$$\deg \mathrm{Con}_{F'/F}(A) = 0 \quad \text{かつ} \quad \ell(\mathrm{Con}_{F'/F}(A)) = 1$$
を意味している．したがって，(c) と (d) によって $\deg A = 0$ かつ $\ell(A) = 1$ である．系 1.4.12 より，これは A が主因子であることを意味している．

(g) z を $\mathcal{O}_{P'}$ の元として，$z(P') \in F'_{P'}$ とする．$z \in F_1 := FK_1$ と $[K_1 : K] < \infty$ をみたす中間体 $K \subseteq K_1 \subseteq K'$ が存在する．$P_1 := P' \cap F_1$ とおき，$P_2, \ldots, P_r$ を P の上にある F_1/K_1 のほかの座とする．次の条件をみたす元 $u \in F_1$ を選ぶ．
$$v_{P_1}(z-u) > 0 \quad \text{かつ} \quad v_{P_i}(u) \geq 0, \ 2 \leq i \leq r.$$

このとき，$z(P') = u(P')$ が成り立つ．また，u は F_1 における $\mathcal{O}_P$ の整閉包に属している（系 3.3.5 を参照せよ）．(h) より，次のように表せる．

$$u = \sum_{i=1}^{n} \gamma_i x_i, \quad \gamma_i \in K_1, \ x_i \in \mathcal{O}_P.$$

したがって，最終的に次の式が得られる．

$$z(P') = u(P') = \sum_{i=1}^{n} \gamma_i \cdot x_i(P) \in F_P K'. \qquad \square$$

定理 3.6.3 (c) と系 3.1.14 を結びつけると，（完全体である定数体上で）関数体の任意の代数拡大における因子のコノルムの次数に対する公式が得られる．

系 3.6.4 F'/K' を F/K の代数拡大とする（必ずしも体の定数拡大であるとは限らない）．このとき，任意の因子 $A \in \mathrm{Div}(F)$ に対して次が成り立つ．

$$\deg \mathrm{Con}_{F'/F}(A) = [F' : FK'] \cdot \deg A.$$

【証明】 補題 3.1.2 により，$[F' : FK'] < \infty$ であり，FK'/K' は F/K の定数拡大であることが分かっている．

$$\mathrm{Con}_{F'/F}(A) = \mathrm{Con}_{F'/FK'}(\mathrm{Con}_{FK'/F}(A))$$

であるから，系 3.1.14 と定理 3.6.3 によって次のように求める式が得られる．

$$\deg \mathrm{Con}_{F'/F}(A) = [F' : FK'] \cdot \deg \mathrm{Con}_{FK'/F}(A) = [F' : FK'] \cdot \deg A. \qquad \square$$

次の結果は定理 3.6.3 の (a) と (c) より簡単に導かれる．

系 3.6.5 $P \in \mathbb{P}_F$ を次数 r の F/K の座とし，$\bar{F} = F\bar{K}$ を F/K の定数拡大とする．ここで，$\bar{K}$ は K の代数的閉包である．このとき，互いに相異なる座 $\bar{P}_i \in \mathbb{P}_{\bar{F}}$ によって，次の式が成り立つ．

$$\mathrm{Con}_{\bar{F}/F}(P) = \bar{P}_1 + \cdots + \bar{P}_r.$$

関数体 F/K のある有限次拡大 $F' \supseteq F$ の定数体が K と一致するかどうかを判定する方法を一つ与えて，この節を終わりにしよう．

命題 3.6.6 F/K を定数体を K とする関数体とし，F'/F は K' を定数体とする有限次拡大であると仮定する．また，$\bar{K} \subseteq \Phi$ を K の代数的閉包を表すものとする．このとき，次が成り立つ．

$$[F' : F] = [F'\bar{K} : F\bar{K}] \cdot [K' : K]. \tag{3.87}$$

特に，$F' = F(y)$ の場合には次が成り立つ．すなわち，F 上 y の最小多項式 $\varphi(T) \in F[T]$ に対して，次は同値である．

(1) $K' = K$.
(2) $\varphi(T)$ は $F\bar{K}[T]$ において既約である．

【証明】　$F \subseteq FK' \subseteq F'$ であるから，

$$[F' : F] = [F' : FK'] \cdot [FK' : F] \tag{3.88}$$

が成り立つ．拡大 K'/K は分離的でかつ有限次であるから，適当な元 $\alpha \in K'$ により $K' = K(\alpha)$ と表される．すると，補題 3.6.2 より

$$[FK' : F] = [K' : K] \tag{3.89}$$

が成り立つ．一方，命題 3.6.1 (c) より，任意の $x \in F \setminus K$ に対して

$$[FK' : K'(x)] = [F\bar{K} : \bar{K}(x)] \quad \text{かつ} \quad [F' : K'(x)] = [F'\bar{K} : \bar{K}(x)]$$

が成り立つ．これは

$$[F' : FK'] = [F'\bar{K} : F\bar{K}] \tag{3.90}$$

を意味している．ここで，式 (3.89) と式 (3.90) を式 (3.88) に代入すると，式 (3.87) が得られる．

次に，$F' = F(y)$ の場合を考える．$[F' : F] = \deg \varphi(T)$ であることと，$[F'\bar{K} : F\bar{K}]$ が $F\bar{K}$ 上 y の最小多項式（これは $F\bar{K}[T]$ において $\varphi(T)$ を割り切る）の次数に等しいことに注意しよう．したがって，(1) と (2) が同値であることは，式 (3.87) からすぐに得られる．　□

系 3.6.7　F/K を関数体とし，F'/F は K が F と F' の完全定数体であるような有限次拡大とする．L/K を代数拡大とする．このとき，L は FL と $F'L$ の完全定数体であり，次が成り立つ．

$$[F' : F] = [F'L : FL].$$

【証明】　命題 3.6.1 において，L が FL と $F'L$ の完全定数体であることはすでに示されている．$\bar{K} \supseteq L$ を K の代数的閉包とすると，命題 3.6.6 より，

$$[F' : F] = [F'\bar{K} : F\bar{K}]$$

と

$$[F'L : FL] = [F'L\bar{K} : FL\bar{K}] = [F'\bar{K} : F\bar{K}]$$

が成り立つことが分かる．したがって，$[F':F]=[F'L:FL]$ を得る． □

(有理関数体 $K(x)$ 上の) 多項式 $\varphi(T) \in K(x)[T]$ は，$\varphi(T)$ が多項式環 $\bar{K}(x)[T]$ において既約であるとき，**絶対既約** (absolutely irreducible) であるという．ただし，$\bar{K}$ は K の代数的閉包である．次の系は命題 3.6.6 の特殊な場合である．

系 3.6.8 $F=K(x,y)$ を関数体とし，$\varphi(T) \in K(x)[T]$ を $K(x)$ 上 y の最小多項式とする．このとき，次の条件は同値である．
(1) K は F の完全定数体である．
(2) $\varphi(T)$ は絶対既約である．

3.7 ガロア拡大 I

本節と次節では代数関数体のガロア拡大を考察する．ガロア拡大には任意の有限次拡大においては成り立たない有用な性質がいくつかある．体の有限次拡大 M/L は，自己同型群

$$\mathrm{Aut}(M/L) = \{\sigma : M \to M \mid \sigma \text{ はすべての } a \in L \text{ に対して}$$
$$\sigma(a)=a \text{ をみたす自己同型写像}\}$$

が位数 $[M:L]$ をもつとき，**ガロア拡大** (Galois extension) であるという．この場合，$\mathrm{Aut}(M/L)$ を M/L の**ガロア群** (Galois group) といい，$\mathrm{Gal}(M/L) := \mathrm{Aut}(M/L)$ と表す．ガロア拡大の主要な性質は，付録 A にまとめられている．

関数体 F/K の拡大 F'/K' は，F'/F が有限次ガロア拡大であるとき**ガロア拡大**であるという．

P を F/K の座とする．このとき，$\mathrm{Gal}(F'/F)$ は $\sigma(P') = \{\sigma(x) \mid x \in P'\}$ によってすべての拡張の集合 $\{P' \in \mathbb{P}_{F'} \mid P'|P\}$ の上に作用する．また，補題 3.5.2 において，対応している付値 $v_{\sigma(P')}$ は次の式により与えられることを示した．

$$v_{\sigma(P')}(y) = v_{P'}(\sigma^{-1}(y)), \quad y \in F'.$$

定理 3.7.1 F'/K' は F/K のガロア拡大とし，$P_1, P_2 \in \mathbb{P}_{F'}$ を $P \in \mathbb{P}_F$ の拡張とする．このとき，適当な $\sigma \in \mathrm{Gal}(F'/F)$ によって $P_2 = \sigma(P_1)$ となる．言い換えると，ガロア群は P の拡張の集合上に推移的に作用する．

【証明】 主張が成り立たないと仮定する．すなわち，すべての $\sigma \in G := \mathrm{Gal}(F'/F)$ に対して $\sigma(P_1) \neq P_2$ であるとする．すると，近似定理によって，ある元 $z \in F'$ が存在して，$v_{P_2}(z) > 0$ であり，また $Q | P$ かつ $Q \neq P_2$ をみたすすべての $Q \in \mathbb{P}_{F'}$ に対して $v_Q(z) = 0$ となる．$\mathrm{N}_{F'/F} : F' \to F$ を**ノルム写像**（norm map）とする（付録 A 参照）．このとき，P_2 は $\sigma(P_1)$, $\sigma \in G$ という形をしたすべての座の集合の中に現れないから，以下の式が成り立つ．

$$v_{P_1}(\mathrm{N}_{F'/F}(z)) = v_{P_1}\left(\prod_{\sigma \in G} \sigma(z)\right) = \sum_{\sigma \in G} v_{P_1}(\sigma(z))$$
$$= \sum_{\sigma \in G} v_{\sigma^{-1}(P_1)}(z) = \sum_{\sigma \in G} v_{\sigma(P_1)}(z) = 0. \tag{3.91}$$

一方，

$$v_{P_2}(\mathrm{N}_{F'/F}(z)) = \sum_{\sigma \in G} v_{\sigma(P_2)}(z) > 0 \tag{3.92}$$

である．ところが，$\mathrm{N}_{F'/F}(z) \in F$ であり，ゆえに，

$$v_{P_1}(\mathrm{N}_{F'/F}(z)) = 0 \iff v_P(\mathrm{N}_{F'/F}(z)) = 0 \iff v_{P_2}(\mathrm{N}_{F'/F}(z)) = 0$$

が成り立つ．これは式 (3.91) と式 (3.92) に矛盾する．□

系 3.7.2 定理 3.7.1 の記号を用いる（特に，F'/F はガロア拡大である）．$P_1, \ldots, P_r$ を P の上にある F' のすべての座とする．このとき，以下のことが成り立つ．

(a) すべての i, j に対して，$e(P_i|P) = e(P_j|P)$ と $f(P_i|P) = f(P_j|P)$ が成り立つ．ゆえに，

$$e(P) := e(P_i|P) \quad \text{かつ} \quad f(P) := f(P_i|P)$$

と定義することができ，$e(P)$ を F'/F における P の**分岐指数**といい，$f(P)$ を F'/F における P の**相対次数**という．

(b) $e(P) \cdot f(P) \cdot r = [F' : F]$ が成り立つ．特に，$e(P)$ や $f(P)$，そして r は $[F' : F]$ を割り切る．

(c) 差積指数 $d(P_i|P)$ と $d(P_j|P)$ はすべての i, j に対して一致する．

【証明】 (a) は定理 3.7.1 と補題 3.5.2 より明らかであり，また (b) は (a) と定理 3.1.11 からすぐに得られる．(c) については，F' における $\mathcal{O}_P$ の整閉包

$$\mathcal{O}'_P = \bigcap_{i=1}^{r} \mathcal{O}_{P_i}$$

と相補加群

$$\mathcal{C}_P = \{\, z \in F' \mid \mathrm{Tr}_{F'/F}(z \cdot \mathcal{O}'_P) \subseteq \mathcal{O}_P \,\}$$

を考えなければならない．$\sigma \in \mathrm{Gal}(F'/F)$ とする．$\sigma(\mathcal{O}'_P) = \mathcal{O}'_P$ と $\sigma(\mathcal{C}_P) = \mathcal{C}_P$ は容易に分かる（$u \in F'$ に対して $\mathrm{Tr}_{F'/F}(\sigma(u)) = \mathrm{Tr}_{F'/F}(u)$ という事実を用いる）．$\mathcal{C}_P = t \cdot \mathcal{O}'_P$ と表せば，$\sigma(t) \cdot \mathcal{O}'_P = \sigma(\mathcal{C}_P) = \mathcal{C}_P = t \cdot \mathcal{O}'_P$ が得られる．ゆえに，（命題 3.4.2 (c) と差積指数の定義によって）次が成り立つ．

$$-d(P_i|P) = v_{P_i}(t) = v_{P_i}(\sigma(t)), \quad 1 \le i \le r.$$

さて，P の上にある二つの座 P_i, P_j を考える．$\sigma(P_j) = P_i$ をみたす $\sigma \in \mathrm{Gal}(F'/F)$ を選ぶ．このとき，次が成り立つ．

$$-d(P_i|P) = v_{P_i}(\sigma(t)) = v_{\sigma^{-1}(P_i)}(t) = v_{P_j}(t) = -d(P_j|P). \qquad \square$$

次に，関数体の二つの特殊な型のガロア拡大，すなわち，クンマー拡大とアルティン・シュライアー拡大をより詳細に検討したい．

命題 3.7.3（クンマー拡大） F/K を代数関数体とし，K は 1 の原始 n-乗根を含んでいるものとする（ここで，$n > 1$ であり，n は K の標数と互いに素である）．$u \in F$ を次の条件をみたす元とする．

$$u \ne w^d, \ \forall w \in F \quad \text{かつ} \quad d|n,\ d > 1. \tag{3.93}$$

また，

$$F' = F(y), \quad y^n = u \tag{3.94}$$

とする．このような拡大 F'/F を F の**クンマー拡大**（Kummer extension）という．このとき，以下のことが成り立つ．

(a) 多項式 $\varPhi(T) = T^n - u$ は F 上 y の最小多項式である（特に，これは F 上既約である）．F'/F は次数 $[F' : F] = n$ のガロア拡大であり，F'/F の自己同型写像は $\sigma(y) = \zeta y$ により与えられる．ただし，$\zeta \in K$ は 1 の n-乗根である．

(b) $P \in \mathbb{P}_F$ として，$P' \in \mathbb{P}_{F'}$ を P の拡張とする．このとき，

$$e(P'|P) = \frac{n}{r_P} \quad \text{かつ} \quad d(P'|P) = \frac{n}{r_P} - 1$$

が成り立つ．ただし，

$$r_P := \gcd(n, v_P(u)) > 0 \tag{3.95}$$

は n と $v_P(u)$ の最大公約数である．

(c) K' が F' の定数体を表し，g（または g'）を F/K（または F'/K'）の種数を表すものとすれば，次が成り立つ．

$$g' = 1 + \frac{n}{[K':K]}\left(g - 1 + \frac{1}{2}\sum_{P \in \mathbb{P}_F}\left(1 - \frac{r_P}{n}\right)\deg P\right).$$

ただし，r_P は式 (3.95) で定義されたものである．

n が F の標数と互いに素であり，また F が 1 のすべての n-乗根を含んでいれば，次数 n のすべての巡回拡大 F'/K はクンマー拡大である．この事実はガロア理論においてよく知られている．付録 A を参照せよ．

次のような命題 3.7.3 の特殊な場合は強調しておく価値がある．

系 3.7.4　F/K を関数体，n を $n \not\equiv 0 \bmod(\operatorname{char} K)$ として，$F' = F(y)$，$y^n = u \in F$ とする．また，K は 1 の原始 n-乗根を含んでいるものとする．$\gcd(v_Q(u), n) = 1$ をみたす座 $Q \in \mathbb{P}_F$ が存在すると仮定する．このとき，K は F' の完全定数体であり，F'/F は次数 n の巡回拡大である．また，次が成り立つ．

$$g' = 1 + n(g-1) + \frac{1}{2}\sum_{P \in \mathbb{P}_F}(n - r_P)\deg P.$$

【命題 3.7.3 の証明】　(a) については付録 A を参照せよ．

(b)（場合 1）　$r_P = 1$ のとき．
　式 (3.94) より，

$$n \cdot v_{P'}(y) = v_{P'}(y^n) = v_{P'}(u) = e(P'|P) \cdot v_P(u)$$

が成り立つ．n と $v_P(u)$ は互いに素であるから，この式は $e(P'|P) = n$ を意味している．n は $\operatorname{char} K$ で割り切れないから，デデキントの差積定理によりその差積指数は $d(P'|P) = n - 1$ である．

（場合 2）　$r_P = n$ のとき．
$v_P(u) = l \cdot n$，$l \in \mathbb{Z}$ とおく．$t \in F$ を $v_P(t) = l$ をみたすように選び，

$$y_1 := t^{-1}y, \quad u_1 := t^{-1}u$$

とおく．すると，$y_1^n = u_1$ かつ $v_{P'}(y_1) = v_P(u_1) = 0$ となり，F 上 y_1 の既約多項式は

$$\psi(T) = T^n - u_1 \in F[T]$$

である．ゆえに，y_1 は $\mathcal{O}_P$ 上整であり，定理 3.5.10 より

$$0 \le d(P'|P) \le v_{P'}(\psi'(y_1))$$

が成り立つ．いま $\psi'(y_1) = n \cdot y_1^{n-1}$ であるから，$v_{P'}(\psi'(y_1)) = (n-1) \cdot v_{P'}(y_1) = 0$ となり，$d(P'|P) = 0$ である．デデキントの定理より $e(P'|P) = 1$ が得られ，場合 2 における (b) は証明された．

(場合 3) $1 < r_P < n$ のとき．
中間体
$$F_0 := F(y_0), \quad y_0 := y^{n/r_P}$$
を考える．このとき，$[F' : F_0] = n/r_P$ かつ $[F_0 : F] = r_P$ である．元 y_0 は F 上の等式
$$y_0^{r_P} = u \tag{3.96}$$
を満足する．$P_0 := P' \cap F_0$ とおく．場合 2 を F_0/F に適用すると，$e(P_0|P) = 1$ が成り立つ．式 (3.96) によって，
$$v_{P_0}(y_0) = \frac{v_P(u)}{r_P}$$
が得られる．これは n/r_P と互いに素であるから，場合 1 を拡大 $F' = F_0(y)$ に適用できる（$y^{n/r_P} = y_0$ であることに注意せよ）．したがって，$e(P'|P_0) = n/r_P$ であり，次の式が得られる．
$$e(P'|P) = e(P'|P_0) \cdot e(P_0|P) = n/r_P.$$

(c) 差積 $\mathrm{Diff}(F'/F)$ の次数は次のようである．
$$\deg \mathrm{Diff}(F'/F) = \sum_{P \in \mathbb{P}_F} \sum_{P'|P} d(P'|P) \cdot \deg P'$$
$$= \sum_{P \in \mathbb{P}_F} \left(\frac{n}{r_P} - 1\right) \cdot \sum_{P'|P} \deg P' \quad ((b) \text{ より}). \tag{3.97}$$

固定した座 $P \in \mathbb{P}_F$ に対して，分岐指数 $e(P) = e(P'|P)$ は拡張 P' の選択に依存しないことに注意すれば，(b) と系 3.1.14 により次が成り立つ．
$$\sum_{P'|P} \deg P' = \frac{1}{e(P)} \cdot \deg\left(\sum_{P'|P} e(P'|P) \cdot P'\right)$$
$$= \frac{1}{e(P)} \cdot \deg \mathrm{Con}_{F'/F}(P) = \frac{r_P}{n} \cdot \frac{n}{[K':K]} \cdot \deg P$$
$$= \frac{r_P}{[K':K]} \cdot \deg P.$$

式 (3.97) にこれを代入すると，次を得る．
$$\deg \mathrm{Diff}(F'/F) = \sum_{P \in \mathbb{P}_F} \frac{n - r_P}{r_P} \cdot \frac{r_P}{[K':K]} \cdot \deg P$$

$$= \frac{n}{[K':K]} \cdot \sum_{P \in \mathbb{P}_F} \left(1 - \frac{r_P}{n}\right) \deg P.$$

最後に，フルヴィッツの種数公式より (c) が証明される． □

【系 3.7.4 の証明】 仮定 $\gcd(v_Q(u), n) = 1$ から，u が条件 (3.93) をみたすことが容易に分かる．証明すべく残っているのは，F' の定数体 K' が K に一致するということだけである．これを示せば，系は命題 3.7.3 より容易に導かれる．F' において Q の拡張 Q' を選ぶ．命題の (b) は次のことを示している．

$$e(Q'|Q) = [F':F] = n. \tag{3.98}$$

いま，$[K':K] > 1$ と仮定し，中間体 $F_1 := FK' \supsetneq F$ と座 $Q_1 := Q' \cap F_1$ を考える．式 (3.98) によって，$e(Q_1|Q) = [F_1 : F] > 1$ である．一方，F_1/F は定数拡大であるから，$e(Q_1|Q) = 1$ である（定理 3.6.3 を参照せよ）．これは矛盾であるので，$K' = K$ が証明された． □

注意 3.7.5 上の証明では，K が 1 の原始 n-乗根を含んでいるという仮定を使わなかった．したがって，命題 3.7.3 (b), (c) と系 3.7.4 のすべての主張は，一つの例外を除いてより一般的な場合に成り立つ．すなわち，例外とは K が 1 のすべての n-乗根を含んでいなければ，$F(y)/F$ はガロア拡大ではないということである．

ここまで種数 $g > 0$ の関数体の明示的な例をあげなかったが，このような例はいま容易に提示できる．

例 3.7.6 $\operatorname{char} K \neq 2$ と仮定する．$x, y \in F$ を

$$y^2 = f(x) = p_1(x) \cdots p_s(x) \in K[x]$$

をみたす元とし，$F = K(x, y)$ を考える．ただし，$p_1(x), \ldots, p_s(x)$ は相異なるモニック既約多項式で，かつ $s \geq 1$ とする．$m = \deg f(x)$ とおく．このとき，K は F の定数体であり，F/K は次の種数をもつ．

$$g = \begin{cases} (m-1)/2, & m \equiv 1 \bmod 2, \\ (m-2)/2, & m \equiv 0 \bmod 2. \end{cases}$$

【証明】 $F_0 = K(x)$ を有理関数体とし，$F = F_0(y)$ とおく．$P_i \in \mathbb{P}_{K(x)}$ を $p_i(x)$ の零点，P_∞ を $K(x)$ における x の極とする．このとき，$v_{P_i}(f(x)) = 1$ かつ $v_{P_\infty}(f(x)) = -m$ である．系 3.7.4 より，F/F_0 は次数 2 の巡回拡大であり，K は F の定数体である．（$P \in \mathbb{P}_{K(x)}$

に対して）整数 r_p は次のようになることが容易に分かる．

$$r_{P_i} = 1, \quad i = 1, \ldots, s,$$
$$r_{P_\infty} = 1, \quad m \equiv 1 \bmod 2,$$
$$r_{P_\infty} = 2, \quad m \equiv 0 \bmod 2.$$

すると，例の主張は系 3.7.4 から得られる． □

第 6 章においてこの例に戻る．アルティン・シュライアー拡大に対する準備として，次の補題が必要になる．

補題 3.7.7 F/K は標数 $p > 0$ の代数関数体であるとする．与えられた元 $u \in F$ と座 $P \in \mathbb{P}_F$ に対して，以下の (a) または (b) が成り立つ．

(a) ある元 $z \in F$ が存在して，$v_P(u - (z^p - z)) \geq 0$ をみたす．

(b) 適当な元 $z \in F$ に対して，$m \not\equiv 0 \bmod p$ をみたす整数 m により次が成り立つ．
$$v_P(u - (z^p - z)) = -m < 0.$$

(b) の場合，整数 m は u と P によって一意的に定まる．すなわち，次が成り立つ．
$$-m = \max\{v_P(u - (w^p - w)) \mid w \in F\}. \tag{3.99}$$

【証明】 次の主張を証明することにより始める．$x_1, x_2 \in F \setminus \{0\}$ として，$v_P(x_1) = v_P(x_2)$ と仮定する．このとき，ある元 $y \in F$ が存在して，次が成り立つ．
$$v_P(y) = 0 \quad \text{かつ} \quad v_P(x_1 - y^p x_2) > v_P(x_1). \tag{3.100}$$

なぜなら，剰余類 $(x_1/x_2)(P) \in \mathcal{O}_P/P$ は零ではない，ゆえに，適当な $y \in \mathcal{O}_P \setminus P$ によって $(x_1/x_2)(P) = (y(P))^p$ が成り立つ（ここで，$\mathcal{O}_P/P$ の完全性は本質的である）．これより，$v_P(y) = 0$ と $v_P((x_1/x_2) - y^p) > 0$ であることが分かる．したがって，$v_P(x_1 - y^p x_2) > v_P(x_1)$ を得る．

次に，$v_P(u - (z_1^p - z_1)) = -lp < 0$ ならば，ある元 $z_2 \in F$ が存在して次が成り立つことを示す．
$$v_P(u - (z_2^p - z_2)) > -lp. \tag{3.101}$$

これを示すために，$v_P(t) = -l$ をみたす $t \in F$ を選ぶ．すると，次が成り立つ．
$$v_P(u - (z_1^p - z_1)) = v_P(t^p).$$

式 (3.100) より，$v_P(y) = 0$ をみたす $y \in F$ が存在して，
$$v_P(u - (z_1^p - z_1) - (yt)^p) > -lp$$

が成り立つ．ここで，$v_P(yt) = v_P(t) = -l > -lp$ であるから，
$$v_P(u - (z_1^p - z_1) - ((yt)^p - yt)) > -lp$$
を得る．したがって，$z_2 := z_1 + yt$ とおけば，式 (3.101) は証明された．

式 (3.101) より，(a)（または (b)）が成り立つような元 $z \in F$ が存在することはすぐに分かる．(b) の場合においては，さらに式 (3.99) において与えられた m の特徴付けを証明しなければならない．仮定によって，$m \not\equiv 0 \mod p$ をみたす整数 m により $v_P(u - (z^p - z)) = -m < 0$ が成り立つ．すべての $w \in F$ に対して，$p \cdot v_P(w - z) \neq -m$ が成り立つ．そこで，次のそれぞれの場合を考える．

(場合 1) $p \cdot v_P(w - z) > -m$．このとき，$v_P((w-z)^p - (w-z)) > -m$ であり，$v_P(u - (w^p - w))$
$= v_P(u - (z^p - z) - ((w-z)^p - (w-z))) = -m$ を得る（ここで，強三角不等式を用いた）．
(場合 2) $p \cdot v_P(w - z) < -m$．この場合は，$v_P(u - (w^p - w)) = v_P(u - (z^p - z) - ((w-z)^p - (w-z))) < -m$ を得る．

どちらの場合にも $v_P(u - (w^p - w)) \leq -m$ を得る．これより式 (3.99) は証明される． □

命題 3.7.8（アルティン・シュライアー拡大） F/K を標数 $p > 0$ の代数関数体とする．$u \in F$ は次の条件を満足する元であると仮定する．
$$u \neq w^p - w, \quad \forall w \in F. \tag{3.102}$$
さらに，
$$F' = F(y), \quad y^p - y = u \tag{3.103}$$
とする．このような拡大 F'/F を F の**アルティン・シュライアー拡大**（Artin-Schreier extension）という．$P \in \mathbb{P}_F$ に対して，m_P を次のように定義する．
$$m_P := \begin{cases} m, & \exists z \in F, \ v_P(u - (z^p - z)) = -m < 0 \ \text{かつ} \ m \not\equiv 0 \mod p, \\ -1, & \exists z \in F, \ v_P(u - (z^p - z)) \geq 0. \end{cases}$$
(m_P は補題 3.7.7 により矛盾なく定義されることに注意せよ．）このとき，次が成り立つ．

(a) F'/F は次数 p の巡回ガロア拡大である．F'/F の自己同型写像は $\nu = 0, 1, \ldots, p-1$ として $\sigma(y) = y + \nu$ により与えられる．
(b) P が F'/F において不分岐であるための必要十分条件は，$m_P = -1$ となることである．
(c) P が F'/F において完全分岐するための必要十分条件は，$m_P > 0$ となることである．このとき，P' によって P の上にある F' の唯一つの座を表す．すると，差積指数 $d(P'|P)$ は次の式によって与えられる．
$$d(P'|P) = (p-1)(m_P + 1).$$

(d) 少なくとも一つの座 $P \in \mathbb{P}_F$ が $m_Q > 0$ をみたすならば，K は F' において代数的に閉じている．また，F'/K（または F/K）の種数 g'（または g）は次の式で与えられる．

$$g' = p \cdot g + \frac{p-1}{2}\left(-2 + \sum_{P \in \mathbb{P}_F}(m_P + 1) \cdot \deg P\right).$$

【証明】
(a) これはガロア理論においてよく知られている．付録 A を参照せよ．
(b) 同時に (c) も証明する．最初に，$m_P = -1$ である場合，すなわち，ある元 $z \in F$ により $v_P(u - (z^p - z)) \geq 0$ となる場合を考える．$y_1 = y - z$ かつ $u_1 = u - (z^p - z)$ とおく．すると，$F' = F(y_1)$ であり，$\varphi_1(T) = T^p - T - u_1$ は F 上 y_1 の最小多項式である．$v_P(u_1) \geq 0$ であるから，y_1 は付値環 $\mathcal{O}_P$ 上整であり，P の F' への拡張 P' の差積指数 $d(P'|P)$ は次の不等式をみたす．

$$0 \leq d(P'|P) \leq v_{P'}(\varphi_1'(y_1)) = 0.$$

なぜなら，$\varphi_1'(T) = 1$ だからである（定理 3.5.10 を参照せよ）．ゆえに，$d(P'|P) = 0$ となり，デデキントの差積定理により $P'|P$ は不分岐である．

次に，$m_P > 0$ と仮定する．$v_P(u - (z^p - z)) = -m_P$ をみたす $z \in F$ を選び，元 $y_1 = y - z$ と $u_1 = u - (z^p - z)$ を考える．前と同様に，$F' = F(y_1)$ であり，$\varphi_1(T) = T^p - T - u_1$ は F 上 y_1 の最小多項式である．$P' \in \mathbb{P}_{F'}$ を P の F' への拡張とする．$y_1^p - y_1 = u_1$ であるから，

$$v_{P'}(u_1) = e(P'|P) \cdot v_P(u_1) = -m_P \cdot e(P'|P)$$

かつ

$$v_{P'}(u_1) = v_{P'}(y_1^p - y_1) = p \cdot v_{P'}(y_1)$$

が成り立つ．p と m_P は互いに素であり，かつ $e(P'|P) \leq [F':F] = p$ であるから，上の式より

$$e(P'|P) = p \quad \text{かつ} \quad v_{P'}(y_1) = -m_P$$

が得られる．特に，P は F'/F において完全分岐する．

$x \in F$ を P の素元とする．$1 = ip - jm_P$ をみたす整数 $i, j \geq 0$ を選ぶ（p と m_P が互いに素であるから，これは可能である）．このとき，$v_{P'}(t) = i \cdot v_{P'}(x) + j \cdot v_{P'}(y_1) = ip - jm_P = 1$ となるので，$t = x^i y_1^j$ は P' の素元である．命題 3.5.12 によって，差積指数 $d(P'|P)$ は次のようである．

$$d(P'|P) = v_{P'}(\psi'(t)).$$

ただし，$\psi(T) \in F[T]$ は F 上 t の最小多項式である．$G := \mathrm{Gal}(F'/F)$ を F'/F のガロア群とする．明らかに，

$$\psi(T) = \prod_{\sigma \in G}(T - \sigma(t)) = (T - t) \cdot h(T)$$

と表される．ただし，

$$h(T) = \prod_{\sigma \neq \mathrm{id}}(T - \sigma(t)) \in F'[T]$$

である．すると，$\psi'(T) = h(T) + (T-t) \cdot h'(T)$ かつ $\psi'(t) = h(t)$ である．結論として，次の式が得られる．

$$d(P'|P) = v_{P'}\left(\prod_{\sigma \neq \mathrm{id}}(t - \sigma(t))\right) = \sum_{\sigma \neq \mathrm{id}} v_{P'}(t - \sigma(t)) \tag{3.104}$$

（和は $\sigma \neq \mathrm{id}$ であるすべての $\sigma \in G$ を動く）．任意の $\sigma \in G \setminus \{\mathrm{id}\}$ は適当な $\mu \in \{1, \ldots, p-1\}$ によって $\sigma(y_1) = y_1 + \mu$ という形に表される．ゆえに，

$$t - \sigma(t) = x^i y_1^j - x^i (y_1 + \mu)^j = -x^i \cdot \sum_{l=1}^{j} \binom{j}{l} y_1^{j-l} \mu^l$$

が成り立つ．$l \geq 2$ に対して，$v_{P'}(y_1^{j-1}) < v_{P'}(y_1^{j-l})$ であるから，強三角不等式より以下の式が得られる．

$$\begin{aligned}
v_{P'}(t - \sigma(t)) &= v_{P'}(x^i) + v_{P'}(j\mu y_1^{j-1}) \\
&= ip + (j-1) \cdot (-m_P) = ip - jm_P + m_P = m_P + 1. \tag{3.105}
\end{aligned}$$

（ここで，K において $j \neq 0$ であることを用いた．これは $ip - jm_P = 1$ から得られる．）式 (3.105) を式 (3.104) に代入すると，$d(P'|P) = (p-1)(m_P + 1)$ が得られる．以上で，(b) と (c) を証明した．

(d) 少なくとも一つの座 $Q \in \mathbb{P}_F$ に対して $m_Q > 0$ であると仮定する．(c) より，Q は F'/F において完全分岐することが分かる．K は F' の完全定数体であることが，系 3.7.4 の証明とまったく同様にして分かる．公式

$$g' = p \cdot g + \frac{p-1}{2}\left(-2 + \sum_{P \in \mathbb{P}_F}(m_P + 1) \cdot \deg P\right)$$

は (b), (c) とフルヴィッツの種数公式からすぐに分かる． $\square$

注意 3.7.9

(a) 命題 3.7.8 の記号を用いる．ある座 $Q \in \mathbb{P}_F$ が存在して，
$$v_Q(u) < 0 \quad \text{かつ} \quad v_Q(u) \not\equiv 0 \bmod p$$
をみたしていると仮定する．このとき，u は強三角不等式より条件 (3.102) を満足する．したがって，この場合，命題 3.7.8 を適用することができる．

(b) 次数が $[F' : F] = p = \operatorname{char} F > 0$ のすべての巡回拡大は，アルティン・シュライアー拡大である．付録 A を参照せよ．

命題 3.7.8 の証明において与えられた論証のほとんどは，より一般的な状況に適用できる．$\operatorname{char} K = p > 0$ とする．このとき，特殊な形の多項式
$$a(T) = a_n T^{p^n} + a_{n-1} T^{p^{n-1}} + \cdots + a_1 T^p + a_0 T \in K[T] \tag{3.106}$$
を K 上の**加法多項式**（additive polynomial），または**線形多項式**（linearized polynomial）という．$a(T)$ が分離的であるための必要十分条件は，$a(T)$ とその導関数 $a'(T)$ が次数 > 0 の共通因数をもたないことであることに注意しよう．ここで，$a'(T) = a_0$ は定数であり，よって多項式 (3.106) が分離的であるための必要十分条件は，$a_0 \neq 0$ となることである．加法多項式は次の注目すべき性質をもっている．すなわち，K の適当な拡大体において，すべての元 u, v に対して次が成り立つ．
$$a(u + v) = a(u) + a(v).$$
特に，$a(T)$ が K 上加法的かつ分離多項式で，その根のすべてが K に属しているならば，これらの根は位数を $p^n = \deg a(T)$ とする K の加法群の部分群をつくる．

命題 3.7.10 F/K を標数 $p > 0$ の定数体 K をもつ代数関数体とし，$a(T) \in K[T]$ は次数 p^n の分離的な加法多項式であり，その根はすべて K に属しているものとする．$u \in F$ とする．任意の $P \in \mathbb{P}_F$ に対して，(P に依存して) ある $z \in F$ が存在して
$$v_P(u - a(z)) \geq 0 \tag{3.107}$$
であるか，または
$$v_P(u - a(z)) = -m, \quad m > 0 \text{ かつ } m \not\equiv 0 \bmod p \tag{3.108}$$
が成り立つものと仮定する．
式 (3.107) のとき $m_P := -1$ とし，式 (3.108) のとき $m_P := m$ と定義する．このとき，m_P は矛盾なく定義される整数である．y を
$$a(y) = u$$

をみたす元として，F の拡大体 $F' = F(y)$ を考える．$m_Q > 0$ をみたす少なくとも一つの座 $Q \in \mathbb{P}_F$ が存在するとき，以下のことが成り立つ．

(a) F'/F はガロア拡大であり，$[F' : F] = p^n$ が成り立つ．また，F'/F のガロア群は加法群 $\{\alpha \in K \mid a(\alpha) = 0\}$ と同型になり，ゆえに，$(\mathbb{Z}/p\mathbb{Z})^n$ と同型になる．（このような群は指数 p の**初等アーベル群**（elementary abelian group）と呼ばれ，ゆえに，F'/F は指数 p かつ次数 p^n の**初等アーベル拡大**（elementary abelian extension）と呼ばれる．）

(b) K は F' において代数的に閉じている．

(c) $m_P = -1$ である任意の座 $P \in \mathbb{P}_F$ は，F'/F において不分岐である．

(d) $m_P > 0$ である任意の $P \in \mathbb{P}_F$ は F'/F において完全分岐し，P の F' における拡張 P' の差積指数 $d(P'|P)$ は次のようである．

$$d(P'|P) = (p^n - 1)(m_P + 1).$$

(e) g'（または g）を F'（または F）の種数とする．このとき，次が成り立つ．

$$g' = p^n \cdot g + \frac{p^n - 1}{2}\left(-2 + \sum_{P \in \mathbb{P}_F} (m_P + 1) \cdot \deg P\right).$$

命題 3.7.10 の証明は命題 3.7.8 の証明を少し修正すれば得られるので，省略してもよいだろう．

3.8　ガロア拡大 II

ガロア群 $G := \mathrm{Gal}(F'/F)$ をもつ代数関数体のガロア拡大 F'/F を考える．P を F の座とし，P' を P の F への拡張とする．

定義 3.8.1

(a) $G_Z(P'|P) := \{\sigma \in G \mid \sigma(P') = P'\}$ を，P 上 P' の**分解群**（decomposition group）という．

(b) $G_T(P'|P) := \{\sigma \in G \mid v_{P'}(\sigma z - z) > 0, \forall z \in \mathcal{O}_{P'}\}$ を，$P'|P$ の**惰性群**（inertia group）という．

(c) $G_Z(P'|P)$ の不変体 $Z := Z(P'|P)$ を P 上 P' の**分解体**（decomposition field）といい，$G_T(P'|P)$ の不変体 $T := T(P'|P)$ を P 上 P' の**惰性体**（inertia field）という．

明らかに $G_T(P'|P) \subseteq G_Z(P'|P)$ であり，またこれらは二つとも G の部分群である．

これらを定義すると，次のことがすぐに分かる．$\tau \in G$ に対して，座 $\tau(P')$ の分解群と惰性群はそれぞれ次の式により与えられる．

$$G_Z(\tau(P')|P) = \tau G_Z(P'|P)\tau^{-1},$$
$$G_T(\tau(P')|P) = \tau G_T(P'|P)\tau^{-1}.$$

定理 3.8.2　上記の記号を用いて，次が成り立つ．
- (a) 分解群 $G_Z(P'|P)$ は位数 $e(P'|P) \cdot f(P'|P)$ をもつ．
- (b) 惰性群 $G_T(P'|P)$ は位数を $e(P'|P)$ とする $G_Z(P'|P)$ の正規部分群である．
- (c) 剰余体の拡大 $F_{P'}'/F_P$ はガロア拡大である．任意の自己同型写像 $\sigma \in G_Z(P'|P)$ は，各 $z \in \mathcal{O}_{P'}$ について $\bar{\sigma}(z(P')) = \sigma(z)(P')$ とおくことによって，F_P 上 $F_{P'}'$ の自己同型写像 $\bar{\sigma}$ を誘導する．写像

$$G_Z(P'|P) \longrightarrow \mathrm{Gal}(F_{P'}'/F_P),$$
$$\sigma \longmapsto \bar{\sigma}$$

は全射準同型写像であり，その核は惰性群 $G_T(P'|P)$ である．特に，$\mathrm{Gal}(F_{P'}'/F_P)$ は剰余群 $G_Z(P'|P)/G_T(P'|P)$ に同型である．
- (d) P_Z（または P_T）は P' の分解体 $Z = Z(P'|P)$（または惰性体 $T = T(P'|P)$）への制限を表すものとする．このとき，座 $P'|P_T$ や $P_T|P_Z$，$P_Z|P$ の分岐指数と剰余指数は図 3.3 のように示される．

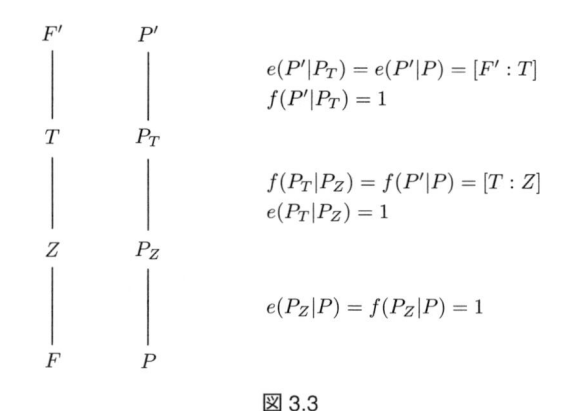

$$
\begin{array}{cc}
F' & P' \\
| & | \\
T & P_T \\
| & | \\
Z & P_Z \\
| & | \\
F & P
\end{array}
\qquad
\begin{array}{l}
e(P'|P_T) = e(P'|P) = [F':T] \\
f(P'|P_T) = 1 \\
\\
f(P_T|P_Z) = f(P'|P) = [T:Z] \\
e(P_T|P_Z) = 1 \\
\\
e(P_Z|P) = f(P_Z|P) = 1
\end{array}
$$

図 3.3

【証明】
- (a) 定理 3.7.1 によって，群 G は F' における P の拡張全体の集合上に推移的に作用する．よって，$\sigma_1, \ldots, \sigma_r \in G$ を適当に選ぶことで，$\sigma_1(P'), \ldots, \sigma_r(P')$ が P の上にあ

る F' のすべての座で，かつ $i \neq j$ のとき $\sigma_i(P') \neq \sigma_j(P')$ であるようにすることができる．このとき，$\sigma_1, \ldots, \sigma_r \in G$ は $G_Z(P'|P)$ を法とする G の剰余類の完全代表系である．ゆえに，$[F':F] = \mathrm{ord}\, G = r \cdot \mathrm{ord}\, G_Z(P'|P)$ である．一方，系 3.7.2 (b) より，$[F':F] = e(P'|P) \cdot f(P'|P) \cdot r$ が成り立つ．これより，(a) が証明された．

さて，P' の Z への制限 $P_Z = P' \cap Z$ を考える．（拡大 F'/Z に関する）P_Z 上 P' の分解群は $G_Z(P'|P)$ に等しく，したがって，(a) より $e(P'|P_Z) \cdot f(P'|P_Z) = \mathrm{ord}\, G_Z(P'|P) = e(P'|P) \cdot f(P'|P)$ が成り立つ．また，$e(P'|P) = e(P'|P_Z) \cdot e(P_Z|P)$ かつ $f(P'|P) = f(P'|P_Z) \cdot f(P_Z|P)$ が成り立つので，上式から次の式が得られる．

$$e(P_Z|P) = f(P_Z|P) = 1. \tag{3.109}$$

さらに，P' は P_Z の F' への唯一つの拡張である．

(c) (b) の前に (c) を証明する．$z \in \mathcal{O}_{P'}$ に対して，$\bar{z} := z(P') \in F'_{P'}$ は P' を法とするその剰余類を表し，$\psi(T) = \sum z_i T^i \in \mathcal{O}_{P'}[T]$ について $\bar{\psi}(T) := \sum \bar{z}_i T^i \in F'_{P'}[T]$ とおく．F の定数体は完全体であるという一般的な仮定をしているので，剰余体の拡大 $F'_{P'}/F_P$ は分離的である．ゆえに，ある元 $u \in \mathcal{O}_{P'}$ により $F'_{P'} = F_P(\bar{u})$ と表される．ここで，$F'_{P'}$ は F_P 上のある多項式の分解体であることを証明する（これは $F'_{P'}/F_P$ がガロア拡大であることを意味している）．座 P' は F'/Z における P_Z の唯一つの拡張であるから，$\mathcal{O}_{P'}$ は P_Z の付値環 $\mathcal{O}_{P_Z}$ の F' における整閉包であり（系 3.3.5 を参照せよ），また Z 上 u の最小多項式 $\varphi(T) \in Z[T]$ は，そのすべての係数が $\mathcal{O}_{P_Z}$ に属している．式 (3.109) より $f(P_Z|P) = 1$ であるから，すべての $z \in \mathcal{O}_{P_Z}$ に対して，$\bar{z} \in F_P$ を得る．ゆえに，$\bar{\varphi}(T) \in F_P[T]$ である．F'/Z はガロア拡大であるから，$\varphi(T)$ は $\varphi(T) = \prod(T - u_i)$, $u_i \in \mathcal{O}_{P'}$ のように完全に 1 次因数に分解する．ゆえに，次のように表される．

$$\bar{\varphi}(T) = \prod(T - \bar{u}_i), \quad \bar{u}_i \in F'_{P'}. \tag{3.110}$$

$\bar{\varphi}(T)$ の根の一つは $\bar{u}$ であるから，$F'_{P'}$ は F_P 上 $\bar{\varphi}(T)$ の分解体である．

$\sigma \in G_Z(P'|P)$ とし，$y, z \in \mathcal{O}_{P'}$ を $\bar{y} = \bar{z}$ をみたす元とする．このとき，$y - z \in P'$ となり，ゆえに $\sigma(y) - \sigma(z) = \sigma(y-z) \in \sigma(P') = P'$ が成り立つので，$\sigma(y)(P') = \sigma(z)(P')$ を得る．したがって，$\bar{\sigma}(z(P')) := \sigma(z)(P')$ により定まる写像 $\bar{\sigma} : F'_{P'} \to F'_{P'}$ は矛盾なく定義され，写像 $\sigma \mapsto \bar{\sigma}$ は $G_Z(P'|P)$ から F_P 上 $F'_{P'}$ のガロア群への準同型写像を定義することが容易に確かめられる．この準同型写像の核は，惰性群の定義によってまさに $G_T(P'|P)$ となる．

自己同型写像 $\alpha \in \mathrm{Gal}(F'_{P'}/F_P)$ は $\alpha(\bar{u})$ によって一意的に定まり，$\alpha(\bar{u})$ は F_P 上 $\bar{u}$ の最小多項式の根である．この最小多項式は $\bar{\varphi}(T)$ を割り切るので，$\varphi(T)$ のある根

$u_i \in \mathcal{O}_{P'}$ が存在して，$\alpha(\bar{u}) = \bar{u}_i$ となる（式 (3.110) により）．$\varphi(T)$ は Z 上 u の最小多項式で，かつ F'/Z はガロア拡大であるから，ある元 $\sigma \in \mathrm{Gal}(F'/Z) = G_Z(P'|P)$ が存在して，$\sigma(u) = u_i$ となる．明らかに，$\bar{\sigma} = \alpha$ であるから，上記の $G_Z(P'|P)$ から $\mathrm{Gal}(F'_{P'}/F_P)$ への準同型写像は全射である．すると，いま (c) の証明が完成した．

(b) $G_T(P'|P)$ は (c) で考えた準同型写像の核であるから，$G_Z(P'|P)$ の正規部分群である．また，(c) と (a) によって，次が成り立つ．

$$f(P'|P) = [F'_{P'} : F_P] = \mathrm{ord}\,\mathrm{Gal}(F'_{P'}/F_P)$$
$$= \mathrm{ord}\,G_Z(P'|P)/\mathrm{ord}\,G_T(P'|P)$$
$$= (e(P'|P) \cdot f(P'|P))/\mathrm{ord}\,G_T(P'|P).$$

したがって，$G_T(P'|P) = e(P'|P)$ を得る．

(d) 定義より，P_T 上 P' の惰性群は $G_T(P'|P)$ に等しいことが分かる．(b) を最初に拡大体 F'/T に適用し，次に F'/F に適用すると

$$e(P'|P_T) = \mathrm{ord}\,G_T(P'|P) = e(P'|P) \tag{3.111}$$

を得る．すると，(d) のすべての主張は，式 (3.109) と式 (3.111)，そして体の塔における分岐指数と相対次数は乗法的であるという事実から，すぐに得られる（命題 3.1.6 (b) を参照せよ）． □

分解体と惰性体のいくつかの有用な特徴付けがある．

定理 3.8.3 関数体のガロア拡大 F'/F と，座 $P \in \mathbb{P}_F$，そして P の F' への拡張 P' を考える．中間体 $F \subseteq M \subseteq F'$ に対して，$P_M := P' \cap M$ を P' の M への制限を表すものとする．このとき，次が成り立つ．

(a) $M \subseteq Z(P'|P) \iff e(P_M|P) = f(P_M|P) = 1.$
(b) $M \supseteq Z(P'|P) \iff P'$ は P_M 上にある唯一つの F' の座である．
(c) $M \subseteq T(P'|P) \iff e(P_M|P) = 1.$
(d) $M \supseteq T(P'|P) \iff P_M$ は F'/M において完全分岐する．

【証明】 定理 3.8.2 (d) より，すべての含意（$\Rightarrow$）は明らかである．逆方向の主張を証明するために，P_M 上 P' の分解群は $G_Z(P'|P)$ に含まれること，また P_M 上 P' の惰性群は $G_T(P'|P)$ に含まれることに注意しよう（これらの事実はそれぞれの群の定義からすぐに分かる）．

(a) $e(P_M|P) = f(P_M|P) = 1$ と仮定する．このとき，$e(P'|P_M) \cdot f(P'|P_M) = e(P'|P) \cdot f(P'|P)$ であるから，定理 3.8.2 (a) によって P_M 上 P' の分解群は $G_Z(P'|P)$ と

同じ位数をもつ．上記の注意より，$G_Z(P'|P)$ は P_M 上 P' の分解群に等しく，特に $G_Z(P'|P) \subseteq \mathrm{Gal}(F'/M)$ であることが分かる．ガロア理論により，これは $Z(P'|P) \supseteq M$ であることを意味している．

(b), (c), (d) の証明も，(a) と同様である． □

以下において，ガロア拡大における野性分岐（定義 3.5.4 を参照）の現象を考察していく．

定義 3.8.4 F'/F を代数関数体のガロア拡大とし，$G = \mathrm{Gal}(F'/F)$ をそのガロア群とする．座 $P \in \mathbb{P}_F$ と P の F' への拡張 P' を考える．すべての $i \geq -1$ に対して，$P'|P$ の **i-次分岐群**を次のように定義する．

$$G_i(P'|P) := \{\sigma \in G \mid v_{P'}(\sigma z - z) \geq i + 1,\ \forall z \in \mathcal{O}_{P'}\}.$$

明らかに $G_i(P'|P)$ は G の部分群である．簡単のために，$G_i := G_i(P'|P)$ と書くことにする．

命題 3.8.5 上の記号を用いて，次が成り立つ．

(a) $G_{-1} = G_Z(P'|P)$ かつ $G_0 = G_T(P'|P)$ である．特に $\mathrm{ord}\, G_0 = e(P'|P)$ である．
(b) $G_{-1} \supseteq G_0 \supseteq \cdots \supseteq G_i \supseteq G_{i+1} \supseteq \cdots$ であり，また十分大きな m に対しては $G_m = \{\mathrm{id}\}$ である．
(c) $\sigma \in G_0, i \geq 0$ とし，また t を P' の素元，すなわち $v_{P'}(t) = 1$ とする．このとき，次が成り立つ．
$$\sigma \in G_i \iff v_{P'}(\sigma t - t) \geq i + 1.$$
(d) $\mathrm{char}\, F = 0$ のとき，すべての $i \geq 1$ に対して $G_i = \{\mathrm{id}\}$ であり，$G_0 = G_T(P'|P)$ は巡回群である．
(e) $\mathrm{char}\, F = p > 0$ のとき，G_1 は G_0 の正規部分群である．G_1 の位数は p のベキ乗であり，剰余群 G_0/G_1 は p と互いに素である位数をもつ巡回群である．
(f) $\mathrm{char}\, F = p > 0$ のとき，（すべての $i \geq 1$ に対して）G_{i+1} は G_i の正規部分群であり，かつ G_i/G_{i+1} は剰余体 $F'_{P'}$ の加法部分群に同型である．したがって，G_i/G_{i+1} は指数 p の初等アーベル p-群である．

【証明】 (a) と (b) は明らかである．
(c) を証明しよう．P 上 P' の惰性体 T，制限 $P_T = P' \cap T$ と，対応している付値環 $\mathcal{O}_{P_T} = \mathcal{O}_{P'} \cap T$ を考える．$P'|P_T$ は完全分岐するから（命題 3.5.12 を参照せよ），元 $1, t, \ldots, t^{e-1}$（ここで $e = e(P'|P)$ である）は P_T において F'/T に対する整基底を構成す

る．いま $\sigma \in G_0 = \mathrm{Gal}(F'/T)$ が $v_{P'}(\sigma t - t) \geq i+1$ を満足していると仮定し，$z \in \mathcal{O}_{P'}$ とする．$x_i \in \mathcal{O}_{P_T}$ として $z = \sum_{i=0}^{e-1} x_i t^i$ と表せば，次の式を得る．

$$\sigma z - z = \sum_{i=1}^{e-1} x_i((\sigma t)^i - t^i) = (\sigma t - t) \cdot \sum_{i=1}^{e-1} x_i u_i.$$

ただし，$u_i = ((\sigma t)^i - t^i)/(\sigma t - t) \in \mathcal{O}_{P'}$ である．これは $v_{P'}(\sigma z - z) \geq v_{P'}(\sigma t - t) \geq i+1$ であることを意味しているので，$\sigma \in G_i$ を得る．以上より (c) が証明された．

$(F'_{P'})^\times$ （または $F'_{P'}$）によって P' における F' の剰余体の乗法群（または加法群）を表し，次の事実を証明しよう．すなわち，準同型写像

$$\chi : G_0 \longrightarrow (F'_{P'})^\times, \quad \mathrm{Ker}(\chi) = G_1 \tag{3.112}$$

と，すべての $i \geq 1$ に対して次の準同型写像が存在する．

$$\psi_i : G_i \longrightarrow F'_{P'}, \quad \mathrm{Ker}(\psi_i) = G_{i+1}. \tag{3.113}$$

主張 (d), (e), (f) は上記の式 (3.112), (3.113) から容易に得られる結果である．体の乗法群の有限部分群は標数と互いに素な位数をもつ巡回群であるから，G_0/G_1 は式 (3.112) により巡回群である．$\mathrm{char}\, F = 0$ ならば，加法群 $F'_{P'}$ のいかなる部分群も有限ではない．ゆえに，式 (3.113) よりすべての $i \geq 1$ に対して $G_i = G_{i+1}$ であり，十分大きな i に対して $G_i = \{\mathrm{id}\}$ であるから，これより (d) は導かれる．
$\mathrm{char}\, F = p > 0$ ならば，$F'_{P'}$ の任意の加法部分群は指数 p の初等アーベル群である．したがって，(e) と (f) の残りの主張は式 (3.113) より得られる．

式 (3.112) と式 (3.113) を証明するために，P' の素元 t を選び，$\sigma \in G_0$ に対して

$$\chi(\sigma) := \frac{\sigma(t)}{t} + P' \in (F'_{P'})^\times$$

と定義する．$\chi(\sigma)$ の定義は t の選び方に依存しない．これを以下に示す．$t^* = u \cdot t$ をもう一つの P' の素元とする（すなわち，$u \in F'$ かつ $v_{P'}(u) = 0$ である）．このとき，次が成り立つ．

$$\frac{\sigma(t^*)}{t^*} + P' = \frac{\sigma(t)}{t} + P'. \tag{3.114}$$

なぜなら，

$$\frac{\sigma(t^*)}{t^*} - \frac{\sigma(t)}{t} = \frac{\sigma(t) \cdot \sigma(u)}{t \cdot u} - \frac{\sigma(t)}{t} = \frac{\sigma(t)}{t} \cdot u^{-1} \cdot (\sigma(u) - u) \in P'.$$

（$\sigma \in G_0$ であるから，$\sigma(u) - u \in P'$ であることに注意せよ．）次に，$\sigma, \tau \in G_0$ に対して，以下が成り立つ．

$$\chi(\sigma\tau) = \frac{(\sigma\tau)(t)}{t} + P' = \frac{\sigma(\tau(t))}{\tau(t)} \cdot \frac{\tau(t)}{t} + P' = \chi(\sigma) \cdot \chi(\tau).$$

ゆえに，χ は準同型写像である（ここで，$\tau(t)$ は P' の素元であり，また $\chi(\sigma)$ の定義は式 (3.114) により素元の選び方に無関係であるという事実を用いた）．元 $\sigma \in G_0$ が χ の核に属するための必要十分条件は $(\sigma(t)/t) - 1 \in P'$ であること，すなわち $v_{P'}(\sigma(t) - t) \geq 2$ が成り立つことである．したがって，(c) より $\mathrm{Ker}(\chi) = G_1$ を得る．

最後に式 (3.113) を示すことが残っている．$i \geq 1$ かつ $\sigma \in G_i$ とすると，適当な $u_\sigma \in \mathcal{O}_{P'}$ によって $\sigma(t) = t + t^{i+1} \cdot u_\sigma$ と表される．このとき，$\psi_i : G_i \to F'_{P'}$ を次の式によって定義する．
$$\psi_i(\sigma) := u_\sigma + P'.$$
（実際，この定義は t の選び方に依存する．）$\tau \in G_i$ に対して，$\tau(t) = t + t^{i+1} \cdot u_\tau$ である．ゆえに，
$$(\sigma\tau)(t) = \sigma(t + t^{i+1} u_\tau) = \sigma(t) + \sigma(t)^{i+1} \cdot \sigma(u_\tau)$$
$$= t + t^{i+1} \cdot u_\sigma + (t + t^{i+1} \cdot u_\sigma)^{i+1} \cdot (u_\tau + tx)$$
（$x \in \mathcal{O}_{P'}$ であり，また $\sigma \in G_i$ より $\sigma(u_\tau) - u_\tau \in P'$ であることに注意）
$$= t + t^{i+1} \cdot u_\sigma + t^{i+1}(1 + t^i u_\sigma)^{i+1} \cdot (u_\tau + tx)$$
$$= t + t^{i+1}(u_\sigma + u_\tau + ty), \quad y \in \mathcal{O}_{P'}.$$
したがって，$u_{\sigma\tau} = u_\sigma + u_\tau + ty$ が成り立ち，これより次が得られる．
$$\psi_i(\sigma\tau) = \psi_i(\sigma) + \psi_i(\tau).$$
ψ_i の核は明らかに G_{i+1} である．このことより式 (3.113) の証明は完成する． □

命題 3.8.5 の一つの結果として，定理 3.8.3 に関する次の補足がある．

系 3.8.6 F'/F を標数 $p > 0$ の代数関数体のガロア拡大であると仮定する．$P \in \mathbb{P}_F$ とし，$P' \in \mathbb{P}_{F'}$ を F' への P の拡張とするとき，1 次分岐群 $G_1(P'|P)$ の不変体 $V_1(P'|P)$ を考える．$F \subseteq M \subseteq F'$ を体の塔とし，P_M を P' の中間体 M への制限とする．このとき，次が成り立つ．

(a) $M \subseteq V_1(P'|P) \iff e(P_M|P)$ は p と互いに素である．
(b) $M \supseteq V_1(P'|P) \iff P_M$ は F'/F において完全分岐し，かつ $e(P'|P_M)$ は p のベキ乗である．

この系の証明は省略する．それは定理 3.8.3 の証明と同様である．

差積指数 $d(P'|P)$ と分岐群 $G_i(P'|P)$ の間には密接な関係がある．

定理 3.8.7（ヒルベルトの差積公式） F'/F を代数関数体のガロア拡大とし，座 $P \in \mathbb{P}_F$ と P 上にある座 $P' \in \mathbb{P}_{F'}$ を考える．このとき，差積指数 $d(P'|P)$ は次の式で与えられる．

$$d(P'|P) = \sum_{i=0}^{\infty} (\operatorname{ord} G_i(P'|P) - 1).$$

（十分大きな i に対して $G_i(P'|P) = \{\operatorname{id}\}$ であるから，これは有限和であることに注意しよう．）

【証明】 最初に，$P'|P$ は完全分岐，すなわち，$G := \operatorname{Gal}(F'/F) = G_0(P'|P)$ と仮定する．$e_i := \operatorname{ord} G_i(P'|P)$ $(i = 0, 1, \ldots)$ および $e := e_0 = [F' : F]$ とおく．P' の素元 t を選ぶ．すると，命題 3.5.12 より $\{1, t, \ldots, t^{e-1}\}$ は P における F'/F の整基底である．また，$\varphi(T) \in F[T]$ を F 上 t の最小多項式とすれば，$d(P'|P) = v_{P'}(\varphi'(t))$ が成り立つ．F'/F はガロア拡大であるから，

$$\varphi(T) = \prod_{\sigma \in G}(T - \sigma(t))$$

と表される．したがって，

$$\varphi'(T) = \pm \prod_{\sigma \neq \operatorname{id}}(\sigma(t) - t).$$

すると，以下の式が得られる．

$$\begin{aligned} d(P'|P) &= \sum_{\sigma \neq \operatorname{id}} v_{P'}(\sigma t - t) = \sum_{i=0}^{\infty} \sum_{\sigma \in G_i \setminus G_{i+1}} v_{P'}(\sigma t - t) \\ &= \sum_{i=0}^{\infty}(e_i - e_{i+1})(i+1) = \sum_{i=0}^{\infty}(e_i - 1). \end{aligned} \quad (3.115)$$

したがって，定理は完全分岐の場合に証明された．次に，一般の場合を考察する．T を $P'|P$ の惰性体とし，$P_T := P' \cap T$ とおく．このとき，$P_T|P$ は不分岐で，$P'|P_T$ は完全分岐する．$i = 0, 1, \ldots$ に対して，分岐群 $G_i(P'|P)$ は $G_i(P'|P_T)$ と同じであり，差積指数 $d(P'|P)$ は，系 3.4.12 (b) より次のようになる．

$$d(P'|P) = e(P'|P_T) \cdot d(P_T|P) + d(P'|P_T) = d(P'|P_T). \quad (3.116)$$

（$P_T|P$ は不分岐であるから，$d(P_T|P) = 0$ であることに注意せよ．）すると，定理は式 (3.115) と式 (3.116) から得られる． □

3.9 関数体の合成における分岐と分解

かなり多くの場合に，次のような状況を考える．すなわち，F_1/F と F_2/F は関数体 F の有限次拡大とし，二つの拡大 F_1/F と F_2/F における座 $P \in \mathbb{P}_F$ の分岐（または分解）する状況である．このとき，合成体 F_1F_2/F における P の分岐（または分解）についてどのようなことが言えるか？ 本節ではこの問題と取り組むことにする．

最初に分岐について考察しよう．ここでの主要な結果は次の定理である．

定理 3.9.1（アビヤンカーの補題） F'/F を関数体の有限次分離拡大とし，$F' = F_1F_2$ を二つの中間体 $F \subseteq F_1, F_2 \subseteq F'$ の合成体と仮定する．$P' \in \mathbb{P}_{F'}$ を $P \in \mathbb{P}_F$ の拡張とし，$i = 1, 2$ に対して $P_i := P' \cap F_i$ とおく．さらに，拡張 $P_1|P$ または $P_2|P$ の少なくとも一つは順分岐であると仮定する．このとき，次が成り立つ．

$$e(P'|P) = \operatorname{lcm}(e(P_1|P), e(P_2|P)).$$

この定理の証明のためには，次の補題が必要である．

補題 3.9.2 G を有限群とする．$U \subseteq G$ は正規部分群で，位数 $\operatorname{ord} U = p^n$ （$p = 1$，または p は素数）をもち，かつ G/U は p と互いに素な位数をもつ巡回群とする．H_1 を $p^n \mid \operatorname{ord} H_1$ をみたす G の部分群とする．このとき，すべての部分群 $H_2 \subseteq G$ に対して，次が成り立つ．

$$\operatorname{ord}(H_1 \cap H_2) = \gcd(\operatorname{ord} H_1, \operatorname{ord} H_2).$$

【補題の証明】 明らかに，$H_1 \cap H_2$ の位数は H_1 の位数と H_2 の位数を割り切るので，次が成り立つ．

$$\operatorname{ord}(H_1 \cap H_2) \mid \gcd(\operatorname{ord} H_1, \operatorname{ord} H_2).$$

ここで，$\operatorname{ord} H_1 = a_1 p^n$ かつ $\operatorname{ord} H_2 = a_2 p^m$ とおく．ただし，$(a_1, p) = (a_2, p) = 1$ である．また，$d := \gcd(a_1, a_2)$ とおく．すると，$\gcd(\operatorname{ord} H_1, \operatorname{ord} H_2) = p^m d$ である．このとき，次の主張を証明すれば十分である．

$$H_1 \cap H_2 \text{ は位数 } p^m \text{ の部分群を含み，かつ} \tag{3.117}$$

$$H_1 \cap H_2 \text{ は位数が } d \text{ の倍数である元を含む．} \tag{3.118}$$

$V \subseteq H_2$ を H_2 の p-シロー部分群とする（すなわち，$\operatorname{ord} V = p^m$ である）．仮定によって，U は G の正規部分群であるから，U は G の唯一つの p-シロー群である．ゆえに，$V \subseteq U \subseteq H_1$ となり，これより主張 (3.117) は証明される．

さて,標準的準同型写像 $\pi: G \to G/U$ を考える.群 $\pi(H_i) \subseteq G/U$ の位数は a_i ($i = 1, 2$) であり,$\pi(H_1) \cap \pi(H_2)$ は位数 $d = \gcd(a_1, a_2)$ の巡回群である(ここで,G/U が巡回群である事実を用いている).$\pi(g_1) = \pi(g_2)$ が $\pi(H_1) \cap \pi(H_2)$ の生成元であるような元 $g_1 \in H_1$ と $g_2 \in H_2$ を選ぶ.このとき,$g_1^{-1} g_2 =: u \in U \subseteq H_1$ となり,ゆえに $g_2 = g_1 u \in H_1 \cap H_2$ である.したがって,g_2 の位数は d の倍数である. □

【定理 3.9.1 の証明】 $F' \subseteq F^*$ であるガロア拡大 F^*/F と,P' の F^* への拡張 $P^* \in \mathbb{P}_{F^*}$ を選ぶ.このとき,図 3.4 に表されるような状況がある.

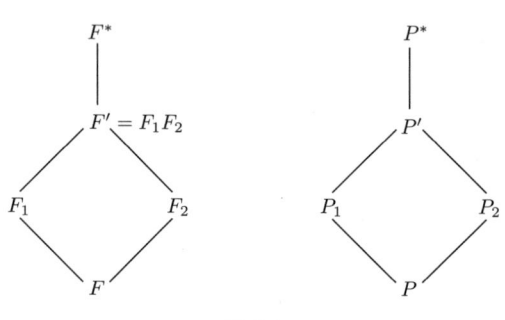

図 3.4

群 $G := G_T(P^*|P)$ と,$i = 1, 2$ に対してその部分群 $H_i := G_T(P^*|P_i)$ を考える.$p = \operatorname{char} F$ とおく(標数 0 の場合は $p = 1$ とする).仮定より,拡張 $P_1|P$ と $P_2|P$ のうち少なくとも一つは順分岐する.それを $\gcd(e(P_1|P), p) = 1$ とする.群 G や H_1, H_2 は補題 3.9.2 の仮定を満足し,ゆえに次の式が成り立つ.

$$\operatorname{ord}(H_1 \cap H_2) = \gcd(\operatorname{ord} H_1, \operatorname{ord} H_2).$$

条件 $F' = F_1 F_2$ より,$\operatorname{Gal}(F^*/F') = \operatorname{Gal}(F^*/F_1) \cap \operatorname{Gal}(F^*/F_2)$ および $G_T(P^*|P') = G_T(P^*|P_1) \cap G_T(P^*|P_2) = H_1 \cap H_2$ が成り立つことが分かる.すると,次のように計算される.

$$\begin{aligned}
e(P^*|P') &= \operatorname{ord} G_T(P^*|P') = \operatorname{ord}(H_1 \cap H_2) \\
&= \gcd(\operatorname{ord} H_1, \operatorname{ord} H_2) = \gcd\bigl(e(P^*|P_1), e(P^*|P_2)\bigr) \\
&= \gcd\bigl(e(P^*|P') \cdot e(P'|P_1), e(P^*|P') \cdot e(P'|P_2)\bigr) \\
&= e(P^*|P') \cdot \gcd\bigl(e(P'|P_1), e(P'|P_2)\bigr).
\end{aligned}$$

したがって,次を得る.

$$\gcd\bigl(e(P'|P_1), e(P'|P_2)\bigr) = 1. \tag{3.119}$$

一方,次の式が成り立つ.

$$e(P'|P) = e(P'|P_1) \cdot e(P_1|P) = e(P'|P_2) \cdot e(P_2|P). \tag{3.120}$$

等式 (3.119) と (3.120) は次のことを意味している．

$$e(P'|P) = \mathrm{lcm}\left(e(P_1|P), e(P_2|P)\right).$$

（これは初等整数論からの簡単な事実である．すなわち，a, b, x, y を零でない整数としたとき，$ax = by$ かつ $\gcd(x, y) = 1$ ならば，a と b の最小公倍数は $\mathrm{lcm}(a, b) = ax = by$ である．） □

E/F を有限次拡大とする．座 $P \in \mathbb{P}_F$ は，$Q|P$ をみたすすべての座 $Q \in \mathbb{P}_E$ に対して $e(Q|P) = 1$ であるとき，「不分岐」であると定義したことを思い出しておこう．アビヤンカーの補題からすぐに得られる結果として，次の系がある．

系 3.9.3　F'/F を関数体の有限次分離拡大とし，P を F の座とする．

(a) $F' = F_1 F_2$ は二つの中間体 $F \subseteq F_1, F_2 \subseteq F'$ の合成体とする．P が F_1/F と F_2/F において不分岐ならば，P は F'/F において不分岐である．

(b) いま F_0 を中間体 $F \subseteq F_0 \subseteq F'$ とし，F'/F は F_0/F のガロア閉包であると仮定する．P が F_0/F において不分岐ならば，P は F'/F において不分岐である．

【証明】

(a) これはちょうど定理 3.9.1 の特殊な場合である．

(b) F_0/F のガロア閉包 F' は体 $\sigma(F_0)$ の合成体である．ただし，σ は F 上のすべての埋め込み $\sigma : F_0 \to \bar{F}$ を動くものとする（ここで，$\bar{F} \supseteq F$ は F の代数的閉包である）．P は F_0/F において不分岐であるから，$\sigma(F_0)/F$ においても不分岐である．すると，いま主張 (b) は (a) から導かれる． □

野性分岐の場合，一般にアビヤンカーの補題は成り立たない．第 7 章における一つの応用に関連して（命題 7.4.13 参照），この状況のもっとも単純な場合を考察しよう．すなわち，標数 $p > 0$ の関数体 F/K，および次数が $[F_1 : F] = [F_2 : F] = p$ である二つの異なるガロア拡大 F_1/K と F_2/K を考える．$F' = F_1 F_2$ を F_1 と F_2 の合成体とすると，F'/F は次数 $[F' : F] = p^2$ のガロア拡大であり，拡大 F'/F_1 と F'/F_2 もまた次数 p のガロア拡大である．P を F の座とし，P' を P 上にある F' の座とする．そして $i = 1, 2$ に対して $P_i := P' \cap F_i$ により P' の F_i への制限を表すものとする．$P_1|P$ または $P_2|P$ が不分岐ならば，アビヤンカーの補題は $P'|P_1$ と $P'|P_2$ がどのように分岐するかを説明している．そこで，いま二つの座 $P_1|P$ と $P_2|P$ が分岐すると仮定する．このとき，$e(P_1|P) = e(P_2|P) = p$ である．ヒルベルトの差積公式によって，差積指数 $d(P_i|P)$ は $d(P_i|P) = r_i(p-1)$ を満足

する．ただし，$i = 1, 2$ に対して $r_i \geq 2$ である．次の命題において特殊な $r_1 = r_2 = 2$ の場合を考える．

命題 3.9.4 上で述べた状況のもとで，$d(P_1|P) = d(P_2|P) = 2(p-1)$ と仮定する．このとき，次の (1) または (2) の主張のいずれか一つが成り立つ．
 (1) $e(P'|P_1) = e(P'|P_2) = 1$．
 (2) $e(P'|P_1) = e(P'|P_2) = p$ かつ $d(P'|P_1) = d(P'|P_2) = 2(p-1)$．

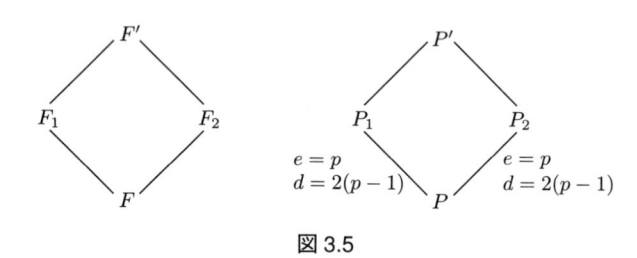

図 3.5

【証明】 $e(P'|P_1) = e(P'|P_2) = p$ の場合を考えれば十分である．$G_i := G_i(P'|P) \subseteq \mathrm{Gal}(F'/F)$ によって $P'|P$ の i-次分岐群を表せば，ある $s \geq 2$ に対して

$$\mathrm{Gal}(F'/F) = G_0 \supseteq G_1 \supseteq \cdots \supseteq G_{s-1} \supsetneq G_s = \{\mathrm{id}\} \tag{3.121}$$

となる．中間体 $F \subseteq H \subseteq F'$ に対して $Q := P' \cap H$ とおく．$U := \mathrm{Gal}(F'/H)$ が H に対応する $\mathrm{Gal}(F'/F)$ の部分群ならば，$P'|Q$ の i-次分岐群は (定義 3.8.4 により) $G_i(P'|Q) = U \cap G_i$ である．ヒルベルトの差積公式によって，$P'|P$ と $P'|Q$ の差積指数はそれぞれ次のようである．

$$d(P'|P) = \sum_{i=0}^{s-1} (\mathrm{ord}\,(G_i) - 1), \tag{3.122}$$

$$d(P'|Q) = \sum_{i=0}^{s-1} (\mathrm{ord}\,(U \cap G_i) - 1). \tag{3.123}$$

二つの場合に分けて考える．

(場合 1) $\mathrm{ord}(G_{s-1}) = p^2$ のとき．等式 (3.122) より $d(P'|P) = s(p^2-1)$ である．$H := F_1$ を選べば，式 (3.123) より $d(P'|P_1) = s(p-1)$ を得る．差積指数の推移律によって（系 3.4.12），$d(P'|P) = e(P'|P_1) \cdot d(P_1|P) + d(P'|P_1)$ が成り立つので，$s(p^2-1) = p \cdot d(P_1|P) + s(p-1)$ と結論することができる．ゆえに，$d(P_1|P) = s(p-1)$ である．仮定によって，$d(P_1|P) = 2(p-1)$ であるから，このとき $s = 2$ であり，かつ $d(P'|P_1) = s(p-1) = 2(p-1)$ となる．

(場合 2) ord(G_{s-1}) = p のとき. 体 F_1, F_2 の少なくとも一つは群 G_{s-1} の不変体ではないから, 一般性を失わずに $U := \mathrm{Gal}(F'/F_1) \neq G_{s-1}$ と仮定することができる. このとき, 等式 (3.123) より $d(P'|P_1) < s(p-1)$ である. よって,

$$\begin{aligned} d(P'|P) &= e(P'|P_1) \cdot d(P_1|P) + d(P'|P_1) \\ &< p \cdot 2(p-1) + s(p-1) = (2p+s)(p-1). \end{aligned} \tag{3.124}$$

一方, 命題 3.8.5 より ord(G_0) = ord(G_1) = p^2 であることに注意すれば, 式 (3.121) と式 (3.122) より次の式が得られる.

$$d(P'|P) \geq 2(p^2-1) + (s-2)(p-1) = (2p+s)(p-1).$$

これは式 (3.124) に矛盾する. したがって, 場合 2 は起こらない. □

さて, 次に分解する座について考察しよう. E/F を次数 $[E:F] = n < \infty$ の拡大体とする. 座 $P \in \mathbb{P}_F$ が拡大 E/F において「完全分解」するとは, P が E において n 個の相異なる拡張 $Q_1, \ldots, Q_n$ をもつことである, という定義を思い出そう. 定理 3.1.11 の基本等式によって, このことは, P 上にあるすべての $Q \in \mathbb{P}_E$ に対して $e(Q|P) = f(Q|P) = 1$ が成り立つという条件と同値である.

補題 3.9.5 F_0/F を関数体の有限次分離拡大とし, $F' \supseteq F_0$ を F_0/F のガロア閉包とする. 座 $P \in \mathbb{P}_F$ が F_0/F において完全分解するならば, P は F'/F において完全分解する.

【証明】 P' を P 上にある F' の座とし, 分解体 $Z := Z(P'|P) \subseteq F'$ を考える (定義 3.8.1 を参照せよ). $P_0 := P' \cap F_0$ とおく. P は F_0/F において完全分解するから, $e(P_0|P) = f(P_0|P) = 1$ である. ゆえに, 定理 3.8.3 (a) より, $F_0 \subseteq Z$ となる. F 上のすべての埋め込み $\sigma: F_0 \to F'$ に対して, 座 P は $\sigma(F_0)/F$ において完全分解する. ゆえに, 体 $\sigma(F_0)$ も Z に含まれる. F/F_0 のガロア閉包 F' はこれらすべての体 $\sigma(F_0)$ の合成体であるから, $F' \subseteq Z$ となり, したがって $F' = Z$ を得る. このとき定理 3.8.2 より, $e(P'|P) = f(P'|P) = 1$ と結論することができる. □

命題 3.9.6 F'/F は関数体の有限次分離拡大であるとし, F_1 と F_2 を F'/F の中間体で $F' = F_1 F_2$ がそれらの合成体となるようなものとする.

(a) P は F の座で, 拡大 F_1/F において完全分解すると仮定する. このとき, P の上にある F_2 のすべての座 Q は, 拡大 F'/F_2 において完全分解する.

(b) $P \in \mathbb{P}_F$ が F_1/F と F_2/F において完全分解するならば, P は F'/F において完全分解する.

【証明】

(a) E/F を F_1/F のガロア閉包とする．すると，補題 3.9.5 によって P は拡大 E/F において完全分解する．そこで，合成体 $E' := EF_2$ を考える．ガロア理論によって，E'/F_2 はガロア拡大であり，ガロア群 $\mathrm{Gal}(E'/F_2)$ は写像 $\sigma \mapsto \sigma|_E$ (σ の E への制限) によって $\mathrm{Gal}(E/F)$ の部分群に同型である．

F'/F_2 において完全分解しない P の上にある F_2 の座 Q が存在すると仮定する．すると，Q は E'/F_2 において完全分解しない．Q 上にある E' の座 Q' を選び，$P' := Q' \cap E$ とおく．この状況は図 3.6 のように表される．

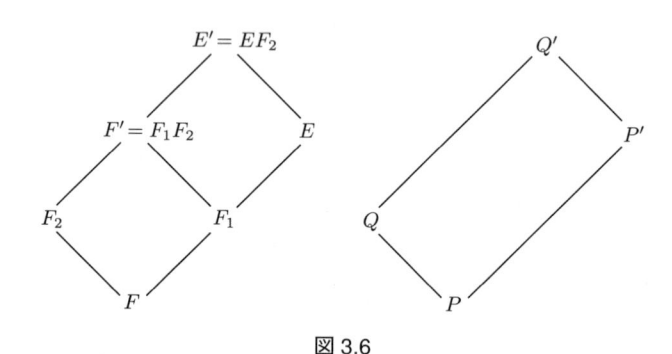

図 3.6

$e(Q'|Q) \cdot f(Q'|Q) > 1$ であるから，定理 3.8.2 (a) によって，$\sigma(Q') = Q'$ と $\sigma \neq \mathrm{id}$ をみたす自己同型写像 $\sigma \in \mathrm{Gal}(E'/F_2)$ が存在する．このとき，制限写像 $\sigma' := \sigma|_E \in \mathrm{Gal}(E/F)$ は E 上で恒等写像ではなく，$\sigma'(P') = P'$ をみたす．ゆえに，分解群 $G_Z(P'|P) \subseteq \mathrm{Gal}(E/F)$ は自明ではない．したがって，$e(P'|P) \cdot f(P'|P) = \mathrm{ord}\, G_Z(P'|P) > 1$ となるが，これは P が E/F において完全分解するという事実に矛盾する．

(b) (a) からすぐに得られる． □

系 3.9.7 F/K はその完全定数体が K である関数体とする．

(a) $F' = F_1 F_2$ を二つの有限次分離拡大 F_1/F と F_2/F の合成体とする．F_1/F と F_2/F において完全分解する次数 1 の座 $P \in \mathbb{P}_F$ が存在していると仮定する．このとき，P は F'/F において完全分解し，K は F' の完全定数体である．

(b) F_0/F を有限次分離拡大とし，$P \in \mathbb{P}_F$ を F_0/F において完全分解している次数 1 の座とする．$\widetilde{F}/F$ を F_0/F のガロア閉包とする．このとき，P は $\widetilde{F}/F$ で完全分解し，K は $\widetilde{F}$ の完全定数体である．

【証明】
(a) K が $F' = F_1 F_2$ の完全定数体であることだけを示せば十分である．そのほかの主張は命題 3.9.6 からすぐに得られる．P 上にある F' の座 P' を選ぶと，$f(P'|P) = 1$ である．ゆえに，P' の剰余体 $F'_{P'}$ は P の剰余体 $F_P = K$ に等しい．F' の完全定数体 K' は $K \subseteq K' \subseteq F'_{P'}$ をみたしているから，$K' = K$ を得る．

(b) 明らかである． □

3.10 非分離拡大

代数関数体のすべての代数拡大 F'/F は，分離的な拡大 F_s/F と純非分離的な拡大 F'/F_s の二つの段階の合成として得られる．付録 A を参照せよ．これまではほとんど分離拡大の場合を考察してきた．本節では純非分離拡大を考察する．本節を通して，K は標数 $p > 0$ の完全体とし，F/K は定数体を K とする関数体とする．

補題 3.10.1　F'/F を次数 p の純非分離拡大とする．このとき，K は F' の定数体でもある．すべての座 $P \in \mathbb{P}_F$ は唯一つの拡張 $P' \in \mathbb{P}_{F'}$ をもつ．すなわち，P' は

$$P' = \{z \in F' \mid z^p \in P\}$$

で与えられる．対応している付値環は

$$\mathcal{O}_{P'} = \{z \in F' \mid z^p \in \mathcal{O}_P\}$$

である．また，$e(P'|P) = p$ かつ $f(P'|P) = 1$ となっている．

【証明】　$a \in F'$ を K 上代数的であるとする．F'/F は次数 p の純非分離拡大であるから，$a^p \in F$ であり，また a^p は K 上代数的である．K は F の定数体であるから，これは $a^p \in K$ であることを示している．ところが，K は完全体であるから，$a^p \in K$ ならば $a \in K$ である．したがって，K は F' の定数体である．

次に，座 $P \in \mathbb{P}_F$ を考える．ここで，

$$R := \{z \in F' \mid z^p \in \mathcal{O}_P\} \quad \text{かつ} \quad M := \{z \in F' \mid z^p \in P\}$$

と定義する．明らかに，R は $\mathcal{O}_P \subseteq R$ をみたす F'/K の部分環であり，M は P を含んでいる R の真のイデアルである．$P' \in \mathbb{P}_{F'}$ を P の拡張とする．$z \in \mathcal{O}_{P'}$ (または $z \in P'$) に対して，$z^p \in \mathcal{O}_{P'} \cap F = \mathcal{O}_P$ (または $z^p \in P' \cap F = P$) が成り立つ．ゆえに，$\mathcal{O}_{P'} \subseteq R$ かつ $P' \subseteq M$ である．$\mathcal{O}_{P'}$ は F' の極大な真の部分環であり (定理 1.1.13 (d) 参照)，かつ P' は $\mathcal{O}_{P'}$ の極大イデアルであるから，上記のことは $\mathcal{O}_{P'} = R$ かつ $P' = M$ を意味している．し

したがって，P' は P の上にある F' の唯一つの座である．剰余体 $F'_{P'} = \mathcal{O}_{P'}/P'$ は明らかに $F_P = \mathcal{O}_P/P$ 上純非分離拡大であるから，$F'_{P'} = F_P$ となる（F_P は完全体 K の有限次拡大であり，F_P の任意の代数拡大は分離的であることに注意しよう）．これは $f(P'|P) = 1$ であることを示している．また，$e(P'|P) = p$ は公式 $\sum_{P_i|P} e(P_i|P) \cdot f(P_i|P) = [F':F] = p$ より得られる． □

元 $x \in F$ は，$F/K(x)$ が有限次分離拡大であるとき，F/K の**分離元** (separating element) であるという．F/K は F/K の分離元が存在するとき，**分離生成** (separably generated) であるという．次に，すべての関数体 F/K は分離生成であることを特に示そう（このことは K が完全体であるという仮定がなければ，一般には成り立たない）．

命題 3.10.2

(a) 元 $z \in F$ がある $P \in \mathbb{P}_F$ に対して $v_P(z) \not\equiv 0 \bmod p$ を満足していると仮定する．このとき，z は F/K の分離元である．特に，F/K は分離生成である．

(b) 元 $x, y \in F$ が存在して $F = K(x, y)$ と表される．

(c) 任意の $n \geq 1$ に対して，集合 $F^{p^n} := \{z^{p^n} \mid z \in F\}$ は F の部分体である．この部分体は以下の性質をもつ．
   (1) $K \subseteq F^{p^n} \subseteq F$ であり，F/F^{p^n} は次数 p^n の純非分離拡大である．
   (2) $\varphi_n(z) := z^{p^n}$ により定義されるフロベニウス写像 $\varphi_n : F \to F$ は，F から F^{p^n} の上への同型写像である．したがって，関数体 F^{p^n}/K は F/K と同じ種数をもつ．
   (3) $K \subseteq F_0 \subseteq F$ であり，かつ F/F_0 は次数 $[F:F_0] = p^n$ の純非分離拡大であると仮定すると，$F_0 = F^{p^n}$ が成り立つ．

(d) 元 $z \in F$ が F/K の分離元であるための必要十分条件は，$z \notin F^p$ をみたすことである．

【証明】

(a) z は分離元ではないと仮定する．$z \notin K$ であるから，拡大 $F/K(x)$ は有限次であり，ゆえに，F/F_s が次数 p の純非分離拡大となるような中間体 $K(z) \subseteq F_s \subseteq F$ が存在する．$P_s := P \cap F_s$ とおく．すると，前の補題によって $e(P|P_s) = p$ である．したがって，$v_P(z) = p \cdot v_{P_s}(z) \equiv 0 \bmod p$ となる．

(b) 分離元 $x \in F \setminus K$ を選ぶ．$F/K(x)$ は有限次分離拡大であるから，ある元 $y \in F$ が存在して $F = K(x, y)$ と表される（付録 A を参照せよ）．

(c) F^{p^n} が体であることは容易に確かめられ，また K は完全体であるから，$K = K^{p^n} \subseteq F^{p^n}$ である．任意の $z \in F$ に対して $z^{p^n} \in F^{p^n}$ であるから，F/F^{p^n} は純非分離拡大

である. x が分離元でかつ $F = K(x,y)$ をみたす $x,y \in F$ を選ぶ. このとき,

$$F = K(x, y^{p^n}) \tag{3.125}$$

が成り立つ. なぜなら, y は $K(x,y^{p^n})$ 上の方程式 $T^{p^n} - y^{p^n} = 0$ を満足するので, $F = K(x,y^{p^n})(y)$ は $F = K(x,y^{p^n})$ 上純非分離拡大である. 一方, $K(x) \subseteq K(x,y^{p^n}) \subseteq F$ であり, したがって, $F/K(x,y^{p^n})$ は分離拡大である. これより, 式 (3.125) は証明される.

さて, $F^{p^n} = K^{p^n}(x^{p^n}, y^{p^n}) = K(x^{p^n}, y^{p^n})$ が成り立つ. すると式 (3.125) より, $F = F^{p^n}(x)$ であることが分かる. x は F^{p^n} 上の多項式 $T^{p^n} - x^{p^n}$ の零点であるから, 次の式が得られる.

$$[F : F^{p^n}] \leq p^n. \tag{3.126}$$

逆の不等式を示すために, F^{p^n}/K の座 P_0 と, $v_{P_0}(u) = 1$ をみたす元 $u \in F^{p^n}$ を選ぶ. $P \in \mathbb{P}_F$ を F への P_0 の拡張とする. このとき, $[F : F^{p^n}] \geq e(P|P_0)$ である. 適当な元 $z \in F$ により $u = z^{p^n}$ と表せば, 次の式を得る.

$$p^n \cdot v_P(z) = v_P(z^{p^n}) = v_P(u) = e(P|P_0) \cdot v_{P_0}(u) = e(P|P_0).$$

したがって,

$$p^n \leq e(P|P_0) \leq [F : F^{p^n}] \tag{3.127}$$

となる. これより (1) の証明は完成する.

主張 (2) は明らかであるから, あとは (3) を示せばよい. 仮定により, F/F_0 は次数 p^n の純非分離拡大である. このとき, 任意の $z \in F$ に対して $z^{p^n} \in F_0$ であるから, $F^{p^n} \subseteq F_0 \subseteq F$ である. (1) によって, 次数 $[F : F^{p^n}]$ は p^n である. したがって, $F^{p^n} = F_0$ を得る.

(d) z が分離元ならば, F/F^p は次数 > 1 の純非分離拡大であるから, $K(z) \not\subseteq F^p$ である. 逆に, $z \in F \setminus K$ が分離元でなければ, F/F_0 が次数 p の純非分離拡大であるような中間体 $K(z) \subseteq F_0 \subseteq F$ が存在する. すると, (c) によって $F_0 = F^p$ となるから, $z \in F^p$ が得られる. □

標数 0 ならば, 当然状況ははるかに簡単である. すなわち, 任意の元 $x \in F \setminus K$ は分離元である. したがって, 適当な元 y が存在して $F = K(x,y)$ が成り立つ.

3.11　関数体の種数に対する評価

関数体の種数を正確に決定することは難しい場合が多い．したがって，特殊な場合における種数の限界をいくつか求めたい．通常のように，F/K は完全体である定数体 K 上の代数関数体とする．

命題 3.11.1　　F_1/K は F/K の部分体で $[F : F_1] = n$ とする．$\{z_1, \ldots, z_n\}$ は F/F_1 の基底で，ある因子 $C \in \mathrm{Div}(F)$ に対して $z_i \in \mathscr{L}(C)$ $(i = 1, \ldots, n)$ をみたしていると仮定する．このとき，
$$g \leq 1 + n(g-1) + \deg C$$
が成り立つ．ただし，g（または g_1）は F/K（または F_1/K）の種数である．

【証明】　　A_1 を十分大きな次数をもつ F_1/K の因子で，次の式をみたすものとする．
$$\ell(A_1) =: t = \deg A_1 + 1 - g_1.$$
$\mathscr{L}(A_1)$ の基底 $\{x_1, \ldots, x_t\} \subseteq F_1$ を選ぶ．また，$A := \mathrm{Con}_{F/F_1}(A_1) \in \mathrm{Div}(F)$ とおく．このとき次の元
$$x_i z_j \quad (1 \leq i \leq t,\ 1 \leq j \leq n)$$
は $\mathscr{L}(A + C)$ に属しており，それらは K 上 1 次独立である．したがって，
$$\ell(A + C) \geq n \cdot (\deg A_1 + 1 - g_1). \tag{3.128}$$
$\deg(A + C)$ は十分大きいと仮定することができ，ゆえにリーマン・ロッホの定理より次のようになる．
$$\begin{aligned}\ell(A + C) &= \deg(A + C) + 1 - g \\ &= n \cdot \deg A_1 + \deg C + 1 - g.\end{aligned} \tag{3.129}$$
式 (3.129) を式 (3.128) に代入すると，$g \leq 1 + n(g_1 - 1) + \deg C$ を得る．　　□

定理 3.11.3 の証明の中で次の補題が必要になる．

補題 3.11.2　　K は代数的閉体であると仮定する．F/F_1 が次数 $[F : F_1] = n > 1$ の分離拡大となるような，F/K の部分体 F_1/K を考える．$y \in F$ を，$F = F_1(y)$ をみたす元とする．このとき，ほとんどすべての座 $P \in \mathbb{P}_{F_1}$ は以下の性質をもつ．

(a) P は F/F_1 において完全分解する．すなわち，P は F/F_1 において相異なる n 個の拡張 $P_1, \ldots, P_n$ をもつ．

(b) 制限 $P_1 \cap K(y), \ldots, P_n \cap K(y)$ は $K(y)$ の相異なる座である．

【証明】 $\varphi(T) = T^n + z_{n-1}T^{n-1} + \cdots + z_0 \in F_1[T]$ を F_1 上 y の最小多項式とする．ほとんどすべての $P \in \mathbb{P}_{F_1}$ に対して次が成り立つ．

$\{1, y, \ldots, y^{n-1}\}$ は P に対して F/F_1 の整基底であり，

P は F/F_1 において不分岐である． (3.130)

以下において，P は条件 (3.130) を満足していると仮定する．K は代数的閉体であるから，P は F において完全分解する．$z \in \mathcal{O}_P$ に対して，$\bar{z} \in \mathcal{O}_P/P = K$ は P を法とする z の剰余類を表す．このとき，多項式 $\bar{\varphi}(T) = T^n + \bar{z}_{n-1}T^{n-1} + \cdots + \bar{z}_0 \in K[T]$ の分解は，F における P の分解に対応している（クンマーの定理によって）．ゆえに，条件 (3.130) によれば，相異なる元 $b_i \in K$ によって次の分解をもつ．

$$\bar{\varphi}(T) = \prod_{i=1}^{n}(T - b_i).$$

$i = 1, \ldots, n$ に対して，（クンマーの定理によって）$P_i | P$ かつ $v_{P_i}(y - b_i) > 0$ をみたす唯一つの座 $P_i \in \mathbb{P}_F$ が存在する．$i = 1, \ldots, n$ に対して元 b_i は相異なるから，制限 $P_i \cap K(y) \in \mathbb{P}_{K(y)}$ は相異なる． □

定理 3.11.3（カステルヌォーヴォの不等式） F/K は定数体を K とする関数体とする．以下の条件 (1), (2) をみたす，F/K の二つの部分体 F_1/K と F_2/K が与えられていると仮定する．

(1) $F = F_1F_2$ は F_1 と F_2 の合成体であり，

(2) $[F : F_i] = n_i$ で，かつ F_i/K の種数は g_i $(i = 1, 2)$ である．

このとき，F/K の種数 g は以下の式による上界をもつ．

$$g \leq n_1 g_1 + n_2 g_2 + (n_1 - 1)(n_2 - 1).$$

【証明】 K は代数的閉体であると仮定することができる．（そうでないとき，K の代数的閉包を $\bar{K} \subseteq \Phi$ として，F/K を定数拡大 $F\bar{K}/\bar{K}$ で置き換え，F_i/K を $F_i\bar{K}/\bar{K}$ で置き換える．定数拡大においては，種数は定理 3.6.3 により不変であり，また，命題 3.6.6 によって，$[F\bar{K} : F_i\bar{K}] = [F : F_i]$ が成り立つからである．）さらに，F/F_1 は分離的であると仮定できる（F/F_1 と F/F_2 が二つとも非分離的ならば，命題 3.10.2 により $F_1F_2 \subseteq F^p \subsetneq F$ である）．

カステルヌォーヴォの不等式の証明の背後にある考え方は，命題 3.11.1 が求める不等式を与えるような，適当な因子 $C \in \text{Div}(F)$ と F/F_1 の基底 $\{u_1, \ldots, u_n\} \subseteq \mathscr{L}(C)$ を見つけることである．

$F = F_1 F_2$ であるから，$F = F_1(y_1, \ldots, y_s)$ をみたす $y_1, \ldots, y_s \in F_2$ が存在する．F/F_1 は分離拡大であるから，元

$$y := \sum_{j=1}^{s} a_j y_j \in F_2$$

が F/F_1 の原始元，すなわち $F = F_1(y)$ をみたすような元 $a_1, \ldots, a_s \in K$ を見つけることができる（付録 A を参照せよ）．命題 1.6.12 によって，$A_0 \geq 0$，$\deg A_0 = g_2$ かつ $\ell(A_0) = 1$ をみたす因子 $A_0 \in \mathrm{Div}(F_2/K)$ が存在する．$P_0 \in \mathbb{P}_{F_2}$ を A_0 の台に属さない座とし，$B_0 := A_0 - P_0$ とおく．$\mathscr{L}(A_0) = K$ であるから，次が成り立つ．

$$\deg B_0 = g_2 - 1 \quad \text{かつ} \quad \ell(B_0) = 0. \tag{3.131}$$

さて，次に座 $P \in \mathbb{P}_{F_1}$ を次の性質をみたすように選ぶ．すなわち，P は F/F_1 において n_1 個の異なる拡張 $P_1, \ldots, P_{n_1}$ をもち，それらの制限

$$Q_i := P_i \cap F_2 \in \mathbb{P}_{F_2}$$

は相異なり，$i = 1, \ldots, n_1$ に対して $Q_i \notin \mathrm{supp}\, B_0$ をみたす．これは補題 3.11.2 により可能である．すると，リーマン・ロッホの定理により，次の不等式が得られる．

$$\ell(B_0 + Q_i) \geq \deg(B_0 + Q_i) + 1 - g_2 = 1. \tag{3.132}$$

式 (3.131) と式 (3.132) によって，以下の条件をみたす元 $u_i \in F_2$ が存在する．

$$(u_i) \geq -(B_0 + Q_i) \quad \text{かつ} \quad v_{Q_i}(u_i) = -1. \tag{3.133}$$

$\{u_1, \ldots, u_{n_1}\}$ が F/F_1 の基底であることを証明する．そのために，これらの元が F_1 上 1 次独立であることを示さなければならない．そこでいま，

$$\sum_{i=1}^{n_1} x_i u_i = 0, \quad x_i \in F_1$$

が自明でない 1 次関係式であると仮定する．そして，次の式をみたすような $j \in \{1, \ldots, n_1\}$ を選ぶ．

$$v_P(x_j) \leq v_P(x_i), \quad i = 1, \ldots, n_1. \tag{3.134}$$

このとき，

$$v_{P_j}(x_j u_j) = v_{P_j}(x_j) + v_{P_j}(u_j) \leq v_P(x_j) - 1$$

が成り立つ．（$P_j|P$ は不分岐であるから $v_{P_j}(x_j) = v_P(x_j)$ であり，式 (3.133) により $v_{P_j}(u_j) \leq -1$ であることに注意せよ．）$i \neq j$ に対して，式 (3.133) と式 (3.134) によって次が成り立つ．

$$v_{P_j}(x_i u_i) = v_P(x_i) + v_{P_j}(u_i) \geq v_P(x_i) \geq v_P(x_j).$$

したがって，強三角不等式より，次の式が得られる．
$$v_{P_j}\left(\sum_{i=1}^{n_1} x_i u_i\right) = v_{P_j}(x_j u_j) < \infty.$$

これは矛盾であり，ゆえに $\{u_1, \ldots, u_{n_1}\}$ は F/F_1 の基底であることが証明される．

さて，次の因子を考える．
$$C := \mathrm{Con}_{F/F_2}\left(B_0 + \sum_{i=1}^{n_1} Q_i\right) \in \mathrm{Div}(F).$$

その次数は次のようである．
$$\deg C = n_2 \cdot \deg\left(B_0 + \sum_{i=1}^{n_1} Q_i\right) = n_2(g_2 - 1 + n_1).$$

式 (3.133) により，元 $u_1, \ldots, u_{n_1}$ は $\mathscr{L}(C)$ に属している．したがって，命題 3.11.1 を適用すると以下の式を得る．
$$g \leq 1 + n_1(g_1 - 1) + n_2(g_2 - 1 + n_1)$$
$$= n_1 g_1 + n_2 g_2 + (n_1 - 1)(n_2 - 1). \qquad \Box$$

$F_1 = K(x)$ かつ $F_2 = K(y)$ という特殊な場合において，カステルヌォーヴォの不等式より次の系が得られる．

系 3.11.4（リーマンの不等式） $F = K(x, y)$ と仮定する．このとき，F/K の種数 g に対して次の評価式が成り立つ．
$$g \leq ([F : K(x)] - 1) \cdot ([F : K(y)] - 1).$$

リーマンの不等式は（そしてカステルヌォーヴォの不等式もまた），多くの場合正確な評価をしているので，一般に改良することは難しい．しかしながら，ある状況においては，$K(x, y)$ の種数に対する別の限界式でさらに良いものがある．

命題 3.11.5 K 上の代数関数体 $F = K(x, y)$ を考える．ここで，$K(x)$ 上 y の既約多項式は次の形をしている．
$$y^n + f_1(x) y^{n-1} + \cdots + f_{n-1}(x) y + f_n(x) = 0. \tag{3.135}$$

ただし，$f_j(x) \in K[x]$ であり，$j = 1, \ldots, n$ に対して $\deg f_j(x) \leq j$ である．このとき，F/K の種数 g は次の不等式を満足する．
$$g \leq \frac{1}{2}(n - 1)(n - 2). \tag{3.136}$$

【証明】 証明は命題 3.11.1 のそれと同様である．$A := (x)_\infty$ は F における x の極因子を表すものとする．それは次数 n の正因子である．このとき，次のことを証明する．

$$v_P(y) \geq -v_P(A), \quad \forall P \in \mathbb{P}_F. \tag{3.137}$$

P が $v_P(x) \geq 0$ をみたす座ならば，式 (3.135) より $v_P(y) \geq 0$ となる．ゆえに，P に対して式 (3.137) が成り立つ．そこで，$v_P(x) < 0$ の場合を考える．このとき，$v_P(x) = -v_P(A)$ であり，仮定 $\deg f_j(x) \leq j$ より $v_P(f_j(x)) \geq j \cdot v_P(x)$ を得る．ここで，$v_P(y) < -v_P(A)$ と仮定する．すると，$j = 1, \ldots, n$ に対して次が成り立つ．

$$\begin{aligned} v_P(f_j(x) y^{n-j}) &\geq j \cdot v_P(x) + (n-j) \cdot v_P(y) \\ &> j \cdot v_P(y) + (n-j) \cdot v_P(y) = v_P(y^n). \end{aligned}$$

したがって，方程式 (3.135) は強三角不等式に矛盾し，これより式 (3.137) は証明された．以上より，次のように結論することができる．

$$(x) \geq -A \quad \text{かつ} \quad (y) \geq -A.$$

したがって，すべての $l \geq n$ に対して，元

$$x^i y^j, \quad 0 \leq j \leq n-1, \ 0 \leq i \leq l-j$$

は $\mathscr{L}(lA)$ に属する．$1, y, \ldots, y^{n-1}$ は $K(x)$ 上 1 次独立であるから，それらは K 上 1 次独立である．したがって，次が成り立つ．

$$\begin{aligned} \ell(lA) &\geq \sum_{j=0}^{n-1}(l-j+1) = n(l+1) - \sum_{j=0}^{n-1} j \\ &= n(l+1) - \frac{1}{2}n(n-1). \end{aligned} \tag{3.138}$$

十分大きな l に対して，リーマン・ロッホの定理により次の式が成り立つ．

$$\ell(lA) = l \cdot \deg A + 1 - g = ln + 1 - g.$$

これを式 (3.138) に代入すれば，$g \leq (n-1)(n-2)/2$ を得る． □

3.12 演習問題

以下のすべての演習問題において，K は完全体であり，F/K は K を完全定数体とする関数体であると仮定する.

3.1 F'/F は F の代数拡大で $A \in \mathrm{Div}(F)$ とする. このとき，$\mathscr{L}(\mathrm{Con}_{F'/F}(A)) \cap F = \mathscr{L}(A)$ が成り立つことを示せ.

3.2 $P_1, \ldots, P_r$ を F/K $(r \geq 1)$ の座とする. このとき，次の性質をもつ元 $x \in F$ が存在することを示せ.
 (a) $P_1, \ldots, P_r$ は x の極であり，このほかに x の極はない.
 (b) $F/K(x)$ は分離拡大である.

3.3 $R = \mathcal{O}_S$ を F/K の正則環とし，R_1 は $R \subseteq R_1 \subsetneq F$ をみたす F の部分環とする. このとき以下のことを示せ.
 (i) 任意の $x \in R_1$ に対して，$R[x]$ は正則環である.
  ■ヒント■ 集合 $T := \{P \in S \mid v_P(x) \geq 0\}$ を考え，$R[x] = \mathcal{O}_T$ となることを示せ.
 (ii) 環 R_1 は F/K の正則環である.

3.4 次数 $[F' : F] = n$ の拡大体 $F' = F(y)$ を考える. $\mathcal{O}_S \subseteq F$ を F の正則環として，F' におけるその整閉包は
$$\mathrm{ic}_{F'}(\mathcal{O}_S) = \sum_{i=0}^{n-1} \mathcal{O}_S \cdot y^i$$
であると仮定する. このとき，$\{1, y, \ldots, y^{n-1}\}$ はすべての座 $P \in S$ に対して F'/F の整基底であることを示せ.

3.5 $S \subsetneq \mathbb{P}_F$ を，$\mathbb{P}_F \setminus S$ が有限集合となるようなものとする. このとき，$\mathcal{O}_S = K[x_1, \ldots, x_r]$ をみたす元 $x_1, \ldots, x_r \in F$ が存在することを示せ.

3.6 有限次分離拡大 F'/F の**分岐ローカス** (ramification locus) を $\mathrm{Ram}(F'/F) := \{P \in \mathbb{P}_F \mid \exists P' \in \mathbb{P}_{F'}, e(P'|P) > 1\}$ とし，またその次数を次のように定義する.
$$\deg \mathrm{Ram}\,(F'/F) := \sum_{P \in \mathrm{Ram}\,(F'/F)} \deg P.$$
ここで，K を完全定数体とする有理関数体の有限次分離拡大を $F/K(x)$ とし，$[F : K(x)] = n > 1$ とする. このとき次を示せ.
 (i) $\mathrm{Ram}\,(F/K(x)) \neq \emptyset$.
 (ii) $\mathrm{char}\, K = 0$ または $\mathrm{char}\, K > n$ ならば，$\deg \mathrm{Ram}\,(F/K(x)) \geq 2$ が成り立つ. さらに，F の種数が > 0 ならば，$\deg \mathrm{Ram}\,(F/K(x)) \geq 3$ となる.

3.7 K は代数的閉体であり，$\operatorname{char} K = 0$ または $\operatorname{char} K > n$ と仮定する．$F/K(x)$ を $\deg \operatorname{Ram}(F/K(x)) = 2$ をみたす次数 n の分離拡大とする．このとき，$F = K(y)$ であり，かつ y が方程式 $y^n = (ax+b)/(cx+d)$ をみたすような元 $y \in F$ が存在することを示せ．ただし，$a, b, c, d \in K$ かつ $ad \neq bc$ である．

3.8 有理関数体 $F = K(x)$ と次数 $\deg f(x) = n \geq 2$ の多項式 $f(x) \in K[x]$ を考える．$\operatorname{char} K = p > 0$ の場合には $f(x) \notin K[x^p]$ と仮定する．$z = f(x)$ とおき，次数 n の分離拡大 $K(x)/K(z)$ を考える（演習問題 1.1 参照）．

(i) $K(x)$ における x の極 P_∞ と導関数 $f'(x)$ の零点である座は，拡大 $K(x)/K(z)$ において真に分岐することを示せ．

(ii) n が K の標数で割り切れないものとして，特殊な $z = f(x) = x^n$ の場合に，$K(z)$ の座で $K(x)/K(z)$ において分岐するものは z の零点と極のみであることを示せ．3.7 節の結果を使わず，それらの上にある座の差積指数を計算せよ．

(iii) $p = \operatorname{char} K > 0$ として，$z = x^{p^s} - x$ の場合を考える．3.7 節の結果を使わず，$K(x)/K(z)$ において分岐するのは z の極のみであること，また，その分岐指数は $e = p^s$ であり，差積指数は $d = 2(p^s - 1)$ であることを示せ．

3.9 $\operatorname{char} K = p > 0$ とする．演習問題 3.8 と同じ記号を用いて，$z = f(x) = g(x) + h(x)$ を K 上次数 n の多項式とする．ただし，$g(x)$ と $h(x)$ は次のようである．
$$g(x) = \sum_{p \nmid i} a_i x^i, \quad h(x) = \sum_{p \mid i} a_i x^i.$$
$f(x) \notin K[x^p]$ と仮定しているから，$\deg g(x) \geq 1$ である．明らかに，z の $K(z)$ における極 P は $K(x)/K(z)$ において完全分岐し，その上にある座は x の $K(x)$ における極 P_∞ のみである．

$P_\infty | P$ の差積指数は，次の式により与えられることを示せ．
$$d(P_\infty | P) = (n-1) + (n - \deg g(x)).$$

3.10
(i) 関数体 F/K の拡大 $F' = F(y)$ を考える．ただし，y は次の式をみたす元である．
$$y^n = u \in F, \quad (n, \operatorname{char} K) = 1.$$

P を F/K の座とし，P' を P の上にある F'/K の座とする．有理関数体 $K(u)$ 上で体 F と $K(y)$ の合成体 F' を考え，演習問題 3.8 (ii) とアビヤンカーの補題を用いて，$P' | P$ の分岐指数を求めよ．これは命題 3.7.3（クンマー拡大における分岐）の別証明となる．

(ii) $\operatorname{char} K = p > 0$ とし，$F' = F(y)$ とする．ただし，y は次の式をみたす元である．
$$y^{p^s} - y = u \in F.$$

(i) と同様にして，F' を二つの体の合成体とする．演習問題 3.8 (iii) とアビヤンカーの補題を用いて，次を示せ．$v_P(u) = -m < 0$ かつ $(m, p) = 1$ をみたす u の極 $P \in \mathbb{P}_F$ が存在すれば，$[F' : F] = p^s$ であり，P は F' において完全分岐し，また $P'|P$ の差積指数は次の式によって与えられる．
$$d(P'|P) = (p^s - 1)(m + 1).$$

これはアルティン・シュライアー拡大における分岐と差積指数（命題 3.7.8 と命題 3.7.10）の別証明となる．

3.11 $\operatorname{char} K = p > 0$ とする．$a_i \in K$, $a_0 \neq 0$, $\deg h(x) = m$ かつ $(m, rp) = 1$ をみたす次の方程式により与えられる関数体 $F = K(x, y)$ の種数を求めよ．
$$y^{rp} + a_{r-1} y^{(r-1)p} + \cdots + a_1 y^p + a_0 y = h(x) \in K[x].$$

■ヒント■ 演習問題 3.9 を使う．

3.12 $\operatorname{char} K = p > 0$ とし，E/F を K 上の関数体 E, F のガロア拡大とする．P を F の座とし，Q を P の上にある E の座とする．このとき，次を示せ．
$$e(Q|P) \equiv 0 \bmod p \quad \Rightarrow \quad d(Q|P) \geq (e(Q|P) - 1) + (p - 1).$$

演習問題 3.9 と比較せよ．

3.13
(i) $g \geq 2$ と仮定する．$\sigma : F \to F$ は K 上 F から F への準同型写像で（すなわち，$\sigma|_K$ は K 上の恒等写像である），$F/\sigma(F)$ が分離的であるとする．このとき，σ は全射であることを示せ．

(ii) $\operatorname{char} K \neq 2$ とし，$F = K(x, y)$ とする．ただし $y^2 = x^3 - x$ である．例 3.7.6 より，K は F の完全定数体であり，F の種数は $g = 1$ であることが分かっている．次のようにおく．
$$u := \frac{(x^2 + 1)^2}{4y^2} \quad \text{かつ} \quad v := \frac{(x^2 + 1)(y^4 - 4x^4)}{8x^2 y^3}.$$
このとき，$\sigma(x) = u$ かつ $\sigma(y) = v$ をみたす K 上の準同型写像 $\sigma : F \to F$ が存在することを示せ．$F/\sigma(F)$ は次数 $[F : \sigma(F)] = 4$ の分離拡大である．

3.14 この演習問題では，簡単のため，K は代数的閉体であり，かつ $\operatorname{char} K = 0$ であると仮定する．$K(x)$ は有理関数体とし，$F_1 = K(x, y)$, $F_2 = K(x, z)$, また $F = F_1 F_2 =$

$K(x, y, z)$ とする. ただし,
$$y^m = f(x) \in K[x], \quad z^n = g(x) \in K[x]$$
をみたし, $f(x)$ と $g(x)$ は無平方であり, $\deg f(x) = r$ かつ $\deg g(x) = s$ とする. ここで, $(m, r) = 1$, $n | s$, かつ $(f(x), g(x)) = 1$ と仮定する. このとき, F_1, F_2 と F の種数を求め, この場合にカステルヌォーヴォの不等式は真の不等式であることを示せ.

3.15
(i) ℓ を素数として, 次数 $[F : K(x)] = \ell$ のガロア拡大 $F/K(x)$ を考える. $K(x)$ の少なくとも $2\ell + 1$ 個の座は $F/K(x)$ において分岐すると仮定する. このとき, $K(x)$ は $[F : K(x)] = \ell$ となる F の唯一つの有理的な部分体であることを示せ.

(ii) $\ell \neq \operatorname{char} K$ は素数であると仮定し, $a_1, \ldots, a_\ell$ と $b_1, \ldots, b_\ell$ を相異なる K の元とする. $f(x) = \prod_{1 \leq i \leq \ell}(x - a_i)$ かつ $g(x) = \prod_{1 \leq i \leq \ell}(x - b_i)$ とおき, $y^\ell = f(x)/g(x)$ をみたす関数体 $F = K(x, y)$ を考える. このとき, $K(x)$ のちょうど 2ℓ 個の座は $F/K(x)$ において分岐し, また $K(x)$ は次数を $[F : K(x)] = \ell$ とする F の唯一つの有理的な部分体ではないことを示せ.

3.16 $\sigma \neq \operatorname{id}$ を, 有限位数をもつ F/K の自己同型写像とし, $F^{\langle \sigma \rangle}$ により σ の不変体を表す. $P \in \mathbb{P}_F$ を次数 1 の座とする. このとき, 次を示せ.
$$P \text{ は } F/F^{\langle \sigma \rangle} \text{ において完全分岐する} \iff \sigma(P) = P.$$

3.17 σ を F/K の自己同型写像とする. $\sigma(P_i) = P_i$ をみたし, 次数 1 をもつ $2g + 3$ 個の相異なる座 P_i が存在すると仮定する. このとき, $\sigma = \operatorname{id}$ となることを示せ.

3.18 簡単のため K は代数的閉体と仮定する. F/K を種数 $g \geq 2$ の関数体とし, $G \subseteq \operatorname{Aut}(F/K)$ を F/K の自己同型写像がつくる有限群とする. $\gcd(\operatorname{ord} G, \operatorname{char} K) = 1$ と仮定する. このとき, $\operatorname{ord} G \leq 84(g - 1)$ が成り立つことを示せ (この評価はフルヴィッツによる).

▌ヒント▐ $P_1, \ldots, P_r$ は F/F^G において分岐する F^G のすべての座とする. $e_1, \ldots, e_r$ によって, それらの F/F^G における分岐指数を表し, $e_1 \leq e_2 \leq \cdots \leq e_r$ と仮定する. このとき, F/F^G に対するフルヴィッツの種数公式を書き下し, 可能な場合を吟味せよ. 体 F^G が有理的で, $r = 3$, $e_1 = 2$, $e_2 = 3$, かつ $e_3 = 7$ である場合は, $\operatorname{ord} G$ に対する可能な最大の値, すなわち $84(g - 1)$ を与える.

▌注意▐ 種数 $g \geq 2$ をもつすべての関数体 F/K に対して, (K が完全体であることを仮定すると) 自己同型群 $\operatorname{Aut}(F/K)$ はつねに有限であることを示すことができる. しかしながら, $\operatorname{ord} G$ が K の標数で割り切れるとき, 評価式 $\operatorname{ord} G \leq 84(g - 1)$ はつねに成り立つとは限らない.

3.19 E/F は F の有限次拡大体であり, $E = F_1 F_2$ が二つの中間体 $F \subseteq F_i \subseteq E$, $i = 1, 2$ の合成体であるとする. $[F_1 : F] = [E : F_2]$ と仮定する. P_1 を F_1 の座, P_2 を F_2 の座とし, $P_1 \cap F = P_2 \cap F$ をみたすものとする. このとき, $Q \cap F_1 = P_1$ と $Q \cap F_2 = P_2$ をみたす E の座 Q が存在することを示せ.

3.20 F/K は少なくとも一つの有理的な座をもつと仮定する. このとき, $F = K(x, y)$ と $K(x) \cap K(y) = K$ をみたす元 $x, y \in F$ が存在することを示せ.

■ヒント■ $F = K(z)$ が有理関数体であるとき, $x = z^n(z-1)$, $n \geq 2$ と, $h(0), h(1) \notin \{0, \infty\}$ をみたす $y = z(z-1)h(z)$ を選ぶ. なぜ $K(x) \cap K(y) = K$ が成り立つか? F が有理関数体でないとき, 類似のやり方で x と y を構成せよ.

3.21 $\mathrm{char}\, K = p > 0$ とする. F'/F を K 上の関数体のガロア拡大とし, 座 $P \in \mathbb{P}_F$ と P 上にある座 $P' \in \mathbb{P}_{F'}$ を考える. $G_i = G_i(P'|P)$ によって $P'|P$ の i-次分岐群を表す. 整数 $s \geq 1$ は, $G_s \supsetneq G_{s+1}$ であるとき, $P'|P$ の跳躍 (jump) であるという.

1 次の分岐群 G_1 は位数 $\mathrm{ord}\, G_1 = p^2$ の非巡回群であるとし, $P'|P$ は二つの跳躍 $s < t$ をもつと仮定する. ゆえに, 次のようである.

$$G_1 = \cdots = G_s \supsetneq G_{s+1} = \cdots = G_t \supsetneq G_{t+1} = \{\mathrm{id}\}.$$

このとき, $s \equiv t \bmod p$ が成り立つことを示せ.

■ヒント■ $H \neq G_t$ かつ $\mathrm{ord}\, H = p$ をみたす部分群 $H \subseteq G_1$ を選ぶ. E を H の不変体とし, $Q := P' \cap E$ とおく. このとき, 次の二つのやり方で $P'|P$ の差積指数を計算せよ.
  (a) ヒルベルトの差積公式による方法.
  (b) $P' \supset Q \supset P$ に対して差積指数の推移律を用いる方法.

■注意■ 演習問題 3.20 はハッセ・アーフの定理のもっとも簡単な特殊な場合である. この定理は, すべてのアーベル拡大 F'/F に対して, $P'|P$ の二つの連続した跳躍 $s < t$ は合同式 $s \equiv t \bmod (G_1 : G_t)$ を満足するということを述べている.

第4章

代数関数体の微分

これまでの章において，ヴェイユ微分が代数関数体を研究するための役に立つ道具を提供することを示した．今度は（解析学に密接な関係のある微分の概念から始めて）微分の理論を発展させ，これらがどのようにヴェイユ微分の概念に関連してくるかを示そう．

本章においては，1変数の代数関数体 F/K を考える．K は F の完全定数体であり，かつ K は完全体であると仮定する．

4.1 導分と微分

まず基本的な概念から始めよう．

定義 4.1.1 M を F 上の加群とする（すなわち，ベクトル空間である）．写像 $\delta : F \to M$ が F/K の**導分**（derivation）であるとは，δ が K-線形写像であり，以下のような積の公式をみたす写像のことである．すなわち，すべての $u, v \in F$ に対して次が成り立つ．

$$\delta(u \cdot v) = u \cdot \delta(v) + v \cdot \delta(u).$$

この定義から得られるいくつかの結果を，以下の補題で列挙する．

補題 4.1.2 $\delta : F \to M$ を F/K から M への導分とする．このとき，次が成り立つ．

(a) 任意の $a \in K$ に対して，$\delta(a) = 0$ である．
(b) $z \in F$ と $n \geq 0$ に対して，$\delta(z^n) = nz^{n-1} \cdot \delta(z)$ が成り立つ．
(c) $\operatorname{char} K = p > 0$ であるとき，任意の元 $z \in F$ に対して $\delta(z^p) = 0$ となる．
(d) $x, y \in F$ として，$y \neq 0$ であるとき，$\delta(x/y) = (y \cdot \delta(x) - x \cdot \delta(y))/y^2$ が成り立つ．

この補題の証明は簡単であるから省略する．

いくつか特殊な導分が存在することを示す前に，一意性の主張を証明する．元 $x \in F$ は，$F/K(x)$ が分離代数拡大であるとき F/K の「分離元」と呼ばれることを思い出そう．3.10 節を参照せよ．

補題 4.1.3 x を F/K の分離元とし，$\delta_1, \delta_2 : F \to M$ は $\delta_1(x) = \delta_2(x)$ をみたす F/K の導分とする．このとき，$\delta_1 = \delta_2$ が成り立つ．

【証明】 補題 4.1.2 (b) より，多項式を $f(x) = \sum a_i x^i \in K[x]$ とすると，$j = 1, 2$ に対して $\delta_j(f(x)) = (\sum i a_i x^{i-1}) \cdot \delta_j(x)$ が成り立つ．ゆえに，$\delta_1(f(x)) = \delta_2(f(x))$ である．したがって補題 4.1.2 (d) より，任意の元 $z = f(x)/g(x) \in K(x)$ に対して次が成り立つ．

$$\begin{aligned}\delta_1(z) &= \frac{g(x) \cdot \delta_1(f(x)) - f(x) \cdot \delta_1(g(x))}{g(x)^2} \\ &= \frac{g(x) \cdot \delta_2(f(x)) - f(x) \cdot \delta_2(g(x))}{g(x)^2} = \delta_2(z).\end{aligned}$$

したがって，δ_1 と δ_2 の $K(x)$ への制限は等しい．さて，任意の元 $y \in F$ を考える．$h(T) = \sum u_i T^i \in K(x)[T]$ を $K(x)$ 上 y の最小多項式とする．δ_j $(j = 1, 2)$ を等式 $h(y) = 0$ に施すと次の式を得る．

$$\begin{aligned}0 &= \delta_j\left(\sum u_i y^i\right) = \sum \left(u_i \cdot \delta_j(y^i) + y^i \cdot \delta_j(u_i)\right) \\ &= \left(\sum i u_i y^{i-1}\right) \cdot \delta_j(y) + \sum y^i \cdot \delta_j(u_i).\end{aligned}$$

y は $K(x)$ 上分離的であるから，微分 $h'(y) = \sum i u_i y^{i-1}$ は零ではない．ゆえに，$j = 1, 2$ に対して

$$\delta_j(y) = \frac{-1}{h'(y)} \cdot \sum y^i \cdot \delta_j(u_i)$$

となる．$u_i \in K(x)$ であるから，すでに $\delta_1(u_i) = \delta_2(u_i)$ であることは分かっている．したがって，$\delta_1(y) = \delta_2(y)$ を得る． □

命題 4.1.4

(a) E/F を F の有限次分離拡大とし，$\delta_0 : F \to N$ を F/K からある体 $N \supseteq E$ への導分とする．このとき，δ_0 は導分 $\delta : E \to N$ へ延長できる．この延長は δ_0 により一意的に定まる．

(b) $x \in F$ を F/K の分離元とし，$N \supseteq F$ をある体とする．このとき，$\delta(x) = 1$ という性質をもつ F/K の唯一つの導分 $\delta : F \to N$ が存在する．

【証明】

(a) 一意性は補題 4.1.3 から分かる．δ_0 の延長の存在を示すために，多項式環 $F[T]$ から $N[T]$ への二つの写像 s' と s^0 を導入する．すなわち，

$$s(T) = \sum s_i T^i \longmapsto s'(T) := \sum i s_i T^{i-1}$$

と

$$s(T) = \sum s_i T^i \longmapsto s^0(T) := \sum \delta_0(s_i) T^i$$

である．明らかに，この二つの写像は K-線形であり，積公式を満足する．そこで，$E = F(u)$ をみたす元 $u \in E$ を選ぶ．$f(T) \in F[T]$ を F 上 u の最小多項式とし，$n := [E : F] = \deg f(T)$ とおく．すべての元 $y \in E$ は次のような一意的表現をもつ．

$$y = h(u), \quad h(T) \in F[T] \text{ かつ } \deg h(T) < n.$$

写像 $\delta : E \to N$ を次の式により定義する．

$$\delta(y) := h^0(u) - \frac{f^0(u)}{f'(u)} \cdot h'(u). \tag{4.1}$$

δ が E の導分であり，かつ δ_0 の延長であることを確かめなければならない（u は F 上の分離元であるから，$f'(u) \neq 0$ であることに注意しよう）．ゆえに，式 (4.1) は意味がある．

最初に，$y \in F$ ならば，$h(T) = y$, $h'(T) = 0$, そして $h^0(T) = \delta_0(y)$ である．ゆえに，式 (4.1) より $\delta(y) = \delta_0(y)$ が得られる．δ の K-線形であることは自明であるから，δ が積公式をみたすことを示せばよい．元 $y, z \in E$ を考える．y と z はそれぞれ $\deg h(T) < n$ と $\deg g(T) < n$ をみたす多項式により $y = h(u)$, $z = g(u)$ と表される．次に，$c(T), r(T) \in F[T]$ でかつ $\deg r(T) < n$ である多項式により，$g(T) \cdot h(T) = c(T) \cdot f(T) + r(T)$ と表すことができる．ゆえに，$y \cdot z = c(u) \cdot f(u) + r(u) = r(u)$ となる．したがって，次のように計算される．

$$\delta(y \cdot z) = \left(r^0 - \frac{f^0}{f'} \cdot r' \right)(u) = \frac{1}{f'(u)} \cdot (r^0 f' - f^0 r')(u)$$

$$= \frac{1}{f'(u)} \cdot \left((gh - cf)^0 \cdot f' - f^0 \cdot (gh - cf)'\right)(u). \tag{4.2}$$

ここで，項 $(gh - cf)^0$ と $(gh - cf)'$ を（積公式を用いて）評価し，$f(u) = 0$ であることに注意する．このとき，式 (4.2) は次の式に還元される．

$$\delta(y \cdot z) = \frac{1}{f'(u)} \cdot (g^0 h f' + gh^0 f' - f^0 g' h - f^0 gh')(u). \tag{4.3}$$

一方，式 (4.1) より次の式が得られる．

$$y \cdot \delta(z) + z \cdot \delta(y) = h(u) \cdot \left(g^0 - \frac{f^0}{f'} \cdot g'\right)(u) + g(u) \cdot \left(h^0 - \frac{f^0}{f'} \cdot h'\right)(u)$$

$$= \frac{1}{f'(u)} \cdot (hg^0 f' - hf^0 g' + gh^0 f' - gf^0 h')(u).$$

これは式 (4.3) と一致する．

(b) 一意性の主張は補題 4.1.3 より導かれる．$\delta(x) = 1$ をみたす導分 $\delta : F \to N$ の存在を示すためには，(a) によって，$\delta_0(x) = 1$ をみたす $K(x)/K$ の導分 $\delta_0 : K(x) \to N$ が存在することを示せば十分である．δ_0 を次のように定義する．

$$\delta_0\left(\frac{f(x)}{g(x)}\right) := \frac{g(x) \cdot f'(x) - f(x) \cdot g'(x)}{g(x)^2}. \tag{4.4}$$

ただし，$f(x), g(x) \in K[x]$ であり，$f'(x)$ は $K[x]$ における $f(x)$ の形式的導関数を表す．式 (4.4) は矛盾なく定義され，δ_0 が $\delta_0(x) = 1$ をみたす $K(x)/K$ の導分であることは容易に確かめられる． □

定義 4.1.5

(a) x は関数体 F/K の分離元であるとする．$\delta_x(x) = 1$ という性質をもつ F/K の唯一つの導分 $\delta_x : F \to F$ を **x に関する導分**という．

(b) $\mathrm{Der}_F := \{\eta : F \to F \mid \eta \text{ は } F/K \text{ の導分}\}$ とする．$\eta_1, \eta_2 \in \mathrm{Der}_F$ と $z, u \in F$ に対して，次のように定義する．

$$(\eta_1 + \eta_2)(z) := \eta_1(z) + \eta_2(z) \quad \text{かつ} \quad (u \cdot \eta_1)(z) := u \cdot \eta_1(z).$$

明らかに，$\eta_1 + \eta_2$ と $u \cdot \eta_1$ は F/K の導分であり，Der_F はこの演算により F-加群となる．ゆえに，これを **F/K の導分のつくる加群** (module of derivations of F/K) という．

補題 4.1.6 x を F/K の分離元とする．このとき，次が成り立つ．

(a) 任意の導分 $\eta \in \mathrm{Der}_F$ に対して，$\eta = \eta(x) \cdot \delta_x$ が成り立つ．特に，Der_F は 1 次元の F-加群である．

(b) （連鎖律）y が F/K のもう一つの分離元であるとき，次が成り立つ．
$$\delta_y = \delta_y(x) \cdot \delta_x. \tag{4.5}$$

(c) $t \in F$ に対して次が成り立つ．
$$\delta_x(t) \neq 0 \iff t \text{ は分離元}.$$

【証明】

(a) F/K から F への二つの導分 η と $\eta(x) \cdot \eta_x$ を考える．$(\eta(x) \cdot \delta_x)(x) = \eta(x) \cdot \delta_x(x) = \eta(x)$ であり，かつ x は分離元であるから，補題 4.1.3 より $\eta(x) \cdot \delta_x = \eta$ であることが分かる．

(b) これは (a) の特殊な場合である．

(c) t が分離元ならば，$1 = \delta_t(t) = \delta_t(x) \cdot \delta_x(t)$ が成り立つ（ここで，δ_t の定義と連鎖律を用いた）．ゆえに，$\delta_x(t) \neq 0$ である．そこで，t が分離元ではないと仮定する．char $K = 0$ のとき，$t \in K$ となり，F/K のすべての導分は K 上零となるので，$\delta_x(t) = 0$ である．char $K = p > 0$ のとき，適当な $u \in F$ により $t = u^p$ と表され（命題 3.10.2 (d) を参照せよ），補題 4.1.2 より $\delta_x(t) = \delta_x(u^p) = 0$ を得る． □

いま F/K の「微分」の概念を導入する準備ができた．

定義 4.1.7

(a) 集合 $Z := \{(u, x) \in F \times F \mid x \text{ は分離元} \}$ の上で，関係 $\sim$ を次のように定義する．
$$(u, x) \sim (v, y) :\iff v = u \cdot \delta_y(x). \tag{4.6}$$

連鎖律 (4.5) を用いると，$\sim$ は Z 上の同値関係であることが容易に確かめられる．

(b) 上の同値関係に関する $(u, x) \in Z$ の同値類を $u\,dx$ により表し，F/K の**微分** (differential) という．$(1, x)$ の同値類は単に dx と表される．式 (4.6) により，次が成り立つことに注意せよ．
$$u\,dx = v\,dy \iff v = u \cdot \delta_y(x). \tag{4.7}$$

(c) 上で定義された記号を用いて，
$$\Delta_F := \{ u\,dx \mid u \in F \text{ かつ } x \in F \text{ は分離元} \}$$

を F/K のすべての微分の集合とする．二つの微分 $u\,dx, v\,dy \in \Delta_F$ の和を次のように定義する．すなわち，分離元 z を選ぶと，式 (4.7) より
$$u\,dx = (u \cdot \delta_z(x))\,dz \quad \text{かつ} \quad v\,dy = (v \cdot \delta_z(y))\,dz$$

と表される．そこで，
$$u\,dx + v\,dy := (u \cdot \delta_z(x) + v \cdot \delta_z(y))\,dz \tag{4.8}$$
とおく．この定義 (4.8) は連鎖律によって z の選び方には依存しない．同様にして，$w \in F$ と $u\,dx \in \Delta_F$ に対して，
$$w \cdot (u\,dx) := (wu)\,dx \in \Delta_F$$
と定義する．これらの演算により，Δ_F は F-加群となることが容易に確かめられる．

(d) 非分離元 $t \in F$ に対して，$dt := 0$ と定義する（Δ_F の零元である）．ゆえに，次のような写像を得る．
$$d := \begin{cases} F & \longrightarrow & \Delta_F, \\ t & \longmapsto & dt. \end{cases} \tag{4.9}$$

組 (Δ_F, d) を F/K の**微分加群**（differential module）という（簡単のため，F/K の微分加群を Δ_F で表す）．

微分加群の主要な性質を次の命題にまとめておく．

命題 4.1.8

(a) $z \in F$ を分離元とする．このとき，$dz \neq 0$ であり，またすべての微分 $\omega \in \Delta_F$ は $u \in F$ として $\omega = u\,dz$ という形に一意的に表される．したがって，Δ_F は 1 次元の F-加群である．

(b) 式 (4.9) において定義された写像 $d : F \to \Delta_F$ は F/K の導分である．すなわち，すべての $x, y \in F$ と $a \in K$ に対して次が成り立つ．
$$d(ax) = a\,dx, \quad d(x+y) = dx + dy, \quad d(xy) = x\,dy + y\,dx.$$

(c) $t \in F$ について次が成り立つ．
$$dt \neq 0 \iff t \text{ は分離元である}.$$

(d) $\delta : F \to M$ を F/K からある F-加群 M への導分とする．このとき，$\delta = \mu \circ d$ をみたす唯一つの F-線形写像 $\mu : \Delta_F \to M$ が存在する．

【証明】

(a) 微分 $0 = 0\,dz$ は Δ_F の零元である．式 (4.6) より，$(0, z)$ は $(1, z)$ に同値ではないことがすぐに分かるので，$dz \neq 0$ である．

さて，任意の微分 $\omega \in \Delta_F$ を考える．ω は分離元 y によって，$\omega = v\,dy$ と表される．$u := v \cdot \delta_z(y)$ とおく．式 (4.7) を用いると，次を得る．
$$u\,dz = (v \cdot \delta_z(y))\,dz = v\,dy = \omega.$$

$dz \neq 0$ であり，Δ_F は体 F 上のベクトル空間であるから，u の一意性は明らかである．

(b) 分離元 $z \in F$ を固定する．すべての $t \in F$ に対して，次が成り立つ．
$$dt = \delta_z(t)\, dz. \tag{4.10}$$

(分離元 t に対して，これは式 (4.7) から成り立つ．t が分離元でなければ，定義より $dt = 0$ となり，また補題 4.1.6 より $\delta_z(t)\, dz = 0$ である．) 式 (4.10) を用いると，$d: F \to \Delta_F$ が F/K の導分であることは容易に示される．ゆえに，積公式のみ証明すればよい．δ_z は F/K の導分であるから，次を得る．
$$d(xy) = \delta_z(xy)\, dz = (x \cdot \delta_z(y) + y \cdot \delta_z(x))\, dz$$
$$= x \cdot (\delta_z(y)\, dz) + y \cdot (\delta_z(x)\, dz) = x\, dy + y\, dx.$$

(c) d の定義より明らかである．

(d) 今度は与えられた導分 $\delta: F \to M$ がある．(a) により，任意の $\omega \in \Delta_F$ は一意的に $\omega = u\, dz$ と表され，$\mu(\omega) := u \cdot \delta(z)$ として $\mu: \Delta_F \to M$ を定義することができる．明らかに，μ は F-線形である．$\delta = \mu \circ d$ を示すためには，以下のことを示せばよい (補題 4.1.3 による)．
$$\delta(z) = (\mu \circ d)(z) \tag{4.11}$$

μ の定義により，等式 (4.11) が成り立つことは自明である．

μ の一意性を示すことが残っている．$\nu: \Delta_F \to M$ が F-線形でかつ $\delta = \nu \circ d$ をみたしていると仮定する．すると，
$$\nu(u\, dz) = u \cdot \nu(dz) = u \cdot ((\nu \circ d)(z)) = u \cdot \delta(z) = \mu(u\, dz).$$

したがって，$\nu = \mu$ を得る． □

注意 4.1.9

(a) 特殊な形の微分 $\omega = dx\, (x \in F)$ は **完全** (exact) であるという．完全微分は Δ_F の K-部分空間をつくる．

(b) Δ_F は 1 次元の F-加群であるから，$\omega_1, \omega_2 \in \Delta_F$ かつ $\omega_2 \neq 0$ に対してその **商** (quotient) $\omega_1/\omega_2 \in F$ を次のようにして定義することができる．
$$u = \frac{\omega_1}{\omega_2} : \iff \omega_1 = u\omega_2.$$

特に，$z \in F$ が分離元でかつ $y \in F$ とすると，その商 dy/dz が定義され，式 (4.10) により次が成り立つ．
$$\delta_z(y) = \frac{dy}{dz}.$$

この記号を用いると，前に述べたいくつかの公式はより示唆に富むやり方で表すことができる．たとえば，x と y が分離元ならば，次が成り立つ．

$$u\,dx = v\,dy \iff v = u \cdot \frac{dx}{dy} \iff u = v \cdot \frac{dy}{dx}. \tag{4.12}$$

また，

$$\frac{dy}{dx} = \frac{dy}{dz} \cdot \frac{dz}{dx}. \tag{4.13}$$

これらの公式の最初のほうは式 (4.7) に対応し，あとのほうは連鎖律 (4.5) に対応している．

4.2　P-進完備化

実数体 $\mathbb{R}$ は通常の絶対値に関して有理数体 $\mathbb{Q}$ を完備化したものである．これは次のことを意味している．すなわち，(1) 体 $\mathbb{Q}$ は $\mathbb{R}$ において稠密であり，(2) $\mathbb{R}$ におけるすべてのコーシー列は収束する．本節においてはこれと類似の状況を考える．すなわち，座 $P \in \mathbb{P}_F$ に関する関数体 F/K の完備化である．これは導分 dz/dt（t は P の素元）を計算する便利な道具を提供し，座 P における微分の「留数」を定義することを可能にする．しかし，最初にいくつか以前の概念を少し一般化する必要がある．

定義 4.2.1　体 T の**離散付値** (discrete valuation) とは，以下の条件をみたす全射である写像 $v: T \to \mathbb{Z} \cup \{\infty\}$ のことである．

(1) $v(x) = \infty \iff x = 0.$
(2) $v(xy) = v(x) + v(y), \quad \forall x, y \in T.$
(3) $v(x+y) \geq \min\{v(x), v(y)\}, \forall x, y \in T$（三角不等式）．

体 T（より正確には組 (T, v)）を**付値体** (valued field) という．補題 1.1.11 と同様にして**強三角不等式**を証明することができる．すなわち，$x, y \in T$ かつ $v(x) \neq v(y)$ ならば，次が成り立つ．

$$v(x+y) = \min\{v(x), v(y)\}.$$

T における列 $(x_n)_{n \geq 0}$ は，以下の条件をみたす元 $x \in T$（これをその列の**極限** (limit) という）が存在するとき，**収束する** (converge) という．

> すべての $c \in \mathbb{R}$ に対して，ある $n_0 \in \mathbb{N}$ が存在して，
> $n \geq n_0$ ならば $v(x - x_n) \geq c$ が成り立つ．

列 $(x_n)_{n\geq 0}$ は，以下の性質をみたすとき**コーシー列**（Cauchy sequence）であるという．

すべての $c \in \mathbb{R}$ に対して，ある $n_0 \in \mathbb{N}$ が存在して，
$n, m \geq n_0$ ならば $v(x_n - x_m) \geq c$ が成り立つ．

解析学と同様にして，次の事実を簡単に確かめることができる．
 (a) 列 $(x_n)_{n\geq 0}$ が収束するならば，その極限 $x \in T$ は一意的である．したがって，$x = \lim_{n \to \infty} x_n$ と表すことができる．
 (b) すべての収束する列はコーシー列である．

一般には，すべてのコーシー列が収束するとは限らない．ゆえに，次のような概念を導入する．

定義 4.2.2
 (a) 付値体 T は，T におけるすべてのコーシー列が収束するとき，**完備**（complete）であるという．
 (b) (T, v) が付値体であると仮定する．T の**完備化**（completion）とは，以下の性質をもつ付値体 $(\hat{T}, \hat{v})$ のことである．
  (1) $T \subseteq \hat{T}$ であり，また v は $\hat{v}$ を T へ制限したものである．
  (2) $\hat{T}$ は付値 $\hat{v}$ に関して完備である．
  (3) T は $\hat{T}$ において稠密である．すなわち，任意の $z \in \hat{T}$ に対して $\lim_{n \to \infty} x_n = z$ となる T の元の列 $(x_n)_{n\geq 0}$ が存在する．

命題 4.2.3 任意の付値体 (T, v) に対して，その完備化 $(\hat{T}, \hat{v})$ が存在する．それは次の意味において一意的である．すなわち，$(\widetilde{T}, \widetilde{v})$ を (T, v) のもう一つの完備化とすると，$\hat{v} = \widetilde{v} \circ f$ をみたす唯一つの同型写像 $f: \hat{T} \to \widetilde{T}$ が存在する．したがって，$(\hat{T}, \hat{v})$ は (T, v) の完備化と呼ばれる．

【**証明**】 証明の概略のみを与えることにする．単調で退屈な詳細は読者に任せよう．最初に，次の集合を考える．

$$R := \{ (x_n)_{n\geq 0} \mid (x_n)_{n\geq 0} \text{ は } T \text{ においてコーシー列である} \}.$$

この集合は，加法と乗法を明らかなやり方，$(x_n) + (y_n) := (x_n + y_n)$ と $(x_n) \cdot (y_n) := (x_n \cdot y_n)$ により定義すれば環となる．集合

$$I := \{ (x_n)_{n\geq 0} \mid (x_n)_{n\geq 0} \text{ は } 0 \text{ に収束する} \}$$

は R のイデアルである．実際，I は R の極大イデアルである．したがって，剰余環

$$\hat{T} := R/I$$

は体となる．$x \in T$ に対して，$\varrho(x) := (x, x, \ldots) \in R$ を定数列とし，$\nu(x) := \varrho(x) + I \in \hat{T}$ とおく．明らかに，$\nu: T \to \hat{T}$ は埋め込みであり，この埋め込みにより T を $\hat{T}$ の部分体と考えることができる．

次に，$\hat{T}$ 上の付値 $\hat{v}$ を次のように構成する．$(x_n)_{n \geq 0}$ が T におけるコーシー列ならば，
$$\lim_{n \to \infty} v(x_n) = \infty$$
であるか（この場合，$(x_n)_{n \geq 0} \in I$ である），またはある $n_0 \geq 0$ が存在して
$$v(x_n) = v(x_m), \quad \forall m, n \geq n_0$$
が成り立つ．これは強三角不等式から容易に分かる．いずれにしても，極限 $\lim_{n \to \infty} v(x_n)$ が $\mathbb{Z} \cup \{\infty\}$ において存在する．さらに，$(x_n) - (y_n) \in I$ ならば，$\lim_{n \to \infty} v(x_n) = \lim_{n \to \infty} v(y_n)$ が成り立つ．したがって，
$$\hat{v}((x_n)_{n \geq 0} + I) := \lim_{n \to \infty} v(x_n)$$
によって，関数 $\hat{v}: \hat{T} \to \mathbb{Z} \cup \{\infty\}$ を定義することができる．v の対応している性質を用いて，$\hat{v}$ が $\hat{T}$ の付値であること，また，$x \in T$ に対して $\hat{v}(x) = v(x)$ が成り立つことを容易に確かめることができる．

さて，$\hat{T}$ におけるコーシー列 $(z_m)_{m \geq 0}$ を考え，たとえば
$$z_m = (x_{mn})_{n \geq 0} + I, \quad (x_{mn})_{n \geq 0} \in R$$
と表す．このとき，対角列 $(x_{nn})_{n \geq 0}$ は T におけるコーシー列であり，次が成り立つ．
$$\lim_{n \to \infty} z_n = (x_{nn})_{n \geq 0} + I \in \hat{T}.$$
以上より，$\hat{T}$ は $\hat{v}$ に関して完備である．

いま，$z = (x_n)_{n \geq 0} + I$ を $\hat{T}$ の元とする．確かめると，$z = \lim_{n \to \infty} x_n$ であることが分かる．したがって，T は $\hat{T}$ において稠密である．

これまでで，(T, v) の完備化 $(\hat{T}, \hat{v})$ が存在することを示した．$(\tilde{T}, \tilde{v})$ が (T, v) のもう一つの完備化であると仮定する．しばらくの間，$\hat{v}$-極限（または $\tilde{v}$-極限）によって，$\hat{T}$（または $\tilde{T}$）における列の極限を表すことにする．このとき，写像 $f: \hat{T} \to \tilde{T}$ を次のように定義することができる．すなわち，$z \in \hat{T}$ を
$$z = \hat{v}\text{-}\lim_{n \to \infty} x_n, \quad x_n \in T$$
として表したとき，
$$f(z) := \tilde{v}\text{-}\lim_{n \to \infty} x_n$$

と定義する．すると，f は $\hat{T}$ から $\widetilde{T}$ への矛盾なく定義される同型写像であり，$\hat{v} = \tilde{v} \circ f$ という性質を満足することが分かる． □

多くの場合，列のかわりに収束級数を考えるほうが都合がよい．$(z_n)_{n \geq 0}$ を付値体 (T, v) における列とし，$s_m := \sum_{i=0}^{m} z_i$ とおく．部分和の列 $(s_m)_{m \geq 0}$ が収束するとき，無限級数 $\sum_{i=0}^{\infty} z_i$ は**収束する**という．この場合，通常と同じく次のように表すことにする．

$$\sum_{i=0}^{\infty} z_i := \lim_{m \to \infty} s_m.$$

完備な体の場合，無限列の収束をごく簡単に判定する方法がある．

補題 4.2.4 $(z_n)_{n \geq 0}$ を完備付値体 (T, v) における列とする．このとき，次が成り立つ．すなわち，無限級数 $\sum_{i=0}^{\infty} z_i$ が収束するための必要十分条件は，列 $(z_n)_{n \geq 0}$ が 0 に収束することである．

【証明】 $(z_n)_{n \geq 0}$ が 0 に収束すると仮定する．m-次の部分和 $s_m := \sum_{i=0}^{m} z_i$ を考える．$n > m$ に対して，次が成り立つ．

$$v(s_n - s_m) = v\left(\sum_{i=m+1}^{n} z_i \right) \geq \min\{v(z_i) \mid m < i \leq n\} \geq \min\{v(z_i) \mid i > m\}.$$

$i \to \infty$ のとき $v(z_i) \to \infty$ であるから，この式より，$(s_n)_{n \geq 0}$ は T におけるコーシー列であることが分かり，ゆえに収束する．

この逆の主張を示すことは簡単である．その証明は解析学と同様である． □

上の結果を代数関数体の場合に特殊化する．

定義 4.2.5 P を F/K の座とする．付値 v_P に関する F の完備化を F の **P-進完備化** (*P*-adic completion) という．この完備化を $\hat{F}_P$ により表し，$\hat{F}_P$ の付値を同じ記号 v_P により表す．

定理 4.2.6 $P \in \mathbb{P}_F$ を次数 1 の座とし，$t \in F$ を P の素元とする．このとき，すべての元 $z \in \hat{F}_P$ は次の形に一意的に表される．

$$z = \sum_{i=n}^{\infty} a_i t^i, \quad n \in \mathbb{Z}, \, a_i \in K. \tag{4.14}$$

この表現は t に関する z の **P-進ベキ級数展開**（P-adic power series expansion）と呼ばれる．

逆に，$(c_n)_{i \geq n}$ が K における列ならば，級数 $\sum_{i=n}^{\infty} c_i t^i$ は $\hat{F}_P$ において収束し，次が成り立つ．

$$v_P\left(\sum_{i=n}^{\infty} c_i t^i\right) = \min\{\, i \mid c_i \neq 0\,\}.$$

【証明】 最初に，z が式 (4.14) の形に表現されることを示す．与えられた $z \in \hat{F}_P$ に対して，$n \leq v_P(z)$ をみたすように $n \in \mathbb{Z}$ を選ぶ．（F は $\hat{F}_P$ において稠密であるから）$v_P(z-y) > n$ をみたす元 $y \in F$ が存在する．強三角不等式によって，$v_P(y) \geq n$ が成り立ち，ゆえに $v_P(yt^{-n}) \geq 0$ を得る．P は次数 1 の座であるから，$v_P(yt^{-n} - a_n) > 0$ をみたす元 $a_i \in K$ が存在し，次が成り立つ．

$$v_P(z - a_n t^n) = v_P\big((z-y) + (y - a_n t^n)\big) > n.$$

同様にして，

$$v_P(z - a_n t^n - a_{n+1} t^{n+1}) > n+1$$

をみたす元 $a_{n+1} \in K$ を見つけることができる．この構成を繰り返せば，すべての $m \geq n$ に対して

$$v_P\left(z - \sum_{i=n}^{m} a_i t^i\right) > m$$

をみたす K の元の無限列 $a_n, a_{n+1}, a_{n+2}, \ldots$ を得る．これは

$$z = \sum_{i=n}^{\infty} a_i t^i$$

であることを示している．

一意性を示すために，次の式をみたす K のもう一つの列 $(b_i)_{i \geq m}$ を考える．

$$z = \sum_{i=n}^{\infty} a_i t^i = \sum_{i=m}^{\infty} b_i t^i.$$

$n = m$ と仮定することができる（そうでないとき，$n < m$ ならば，$n \leq i < m$ に対して $b_i := 0$ と定義すればよい）．$a_j \neq b_j$ をみたすある j が存在したと仮定する．j をこの性質をもつ最小の整数とすれば，すべての $k > j$ に対して次が成り立つ．

$$v_P\left(\sum_{i=n}^{k} a_i t^i - \sum_{i=n}^{k} b_i t^i\right) = v_P\left((a_j - b_j) t^j + \sum_{i=j+1}^{k} (a_i - b_i) t^i\right) = j. \tag{4.15}$$

(ここで $v_P((a_j - b_j)t^j) = j$ であるから,強三角不等式が適用できる.)一方,

$$v_P\left(\sum_{i=n}^k a_i t^i - \sum_{i=n}^k b_i t^i\right) = v_P\left(\sum_{i=n}^k a_i t^i - z + z - \sum_{i=n}^k b_i t^i\right)$$
$$\geq \min\left\{v_P\left(z - \sum_{i=n}^k a_i t^i\right), v_P\left(z - \sum_{i=n}^k b_i t^i\right)\right\}. \tag{4.16}$$

$k \to \infty$ とすれば,表現 (4.16) は無限大に大きくなる.これは式 (4.15) に矛盾し,表現 (4.14) は一意的であることが証明される.

最後に,K における任意の列 $(c_i)_{i \geq n}$ を考える.すべての i に対して $v_P(c_i t^i) \geq i$ であるから,列 $(c_i t^i)_{i \geq n}$ は 0 に収束する.したがって,補題 4.2.4 により,級数 $\sum_{i=n}^\infty c_i t^i$ は $\hat{F}_P$ において収束する.そこで,次のようにおく.

$$\sum_{i=n}^\infty c_i t^i =: y \in \hat{F}_P.$$

また,$j_0 := \min\{i \mid c_i \neq 0\}$ とおく.$j_0 = \infty$ ならば,すべて $c_i = 0$ である.ゆえに,$y = 0$ を得て,このとき,$v_P(y) = \infty$ となる.$j_0 < \infty$ の場合には,強三角不等式により,すべての $k \geq j_0$ に対して次が成り立つ.

$$v_P\left(\sum_{i=n}^k c_i t^i\right) = j_0.$$

すべての十分大きな k に対して,

$$v_P\left(y - \sum_{i=n}^k c_i t^i\right) > j_0$$

が成り立つから,これより次の式が得られる.

$$\begin{aligned} v_P(y) &= v_P\left(y - \sum_{i=n}^k c_i t^i + \sum_{i=n}^k c_i t^i\right) \\ &= \min\left\{v_P\left(y - \sum_{i=n}^k c_i t^i\right), v_P\left(\sum_{i=n}^k c_i t^i\right)\right\} = j_0. \quad \square \end{aligned}$$

続けて,F/K の次数 1 の座 P と,P の素元 t を考える.命題 3.10.2 によって,t は F/K の分離元である.ゆえに,t に関する導分 $\delta_t : F \to F$ について考えることができる(定義 4.1.5 を参照せよ).P-進ベキ級数展開を用いると,$z \in F$ に対して $dz/dt = \delta_t(z)$ を容易に計算することができる(記号 dz/dt は注意 4.1.9 において説明されている).

命題 4.2.7　P を F/K の次数 1 の座とし，$t \in F$ を P の素元とする．$z \in F$ が $a_i \in K$ を係数として P-進展開 $z = \sum_{i=n}^{\infty} a_i t^i$ として表されるならば，次が成り立つ．

$$\frac{dz}{dt} = \sum_{i=n}^{\infty} i a_i t^{i-1}.$$

【証明】　写像 $\delta : \hat{F}_P \to \hat{F}_P$ を次の式により定義する．

$$\delta\left(\sum_{i=m}^{\infty} c_i t^i\right) := \sum_{i=m}^{\infty} i c_i t^{i-1}.$$

この写像は明らかに K-線形であり，すべての $u, v \in \hat{F}_P$ に対して積公式 $\delta(u \cdot v) = u \cdot \delta(v) + v \cdot \delta(u)$ を満足する（積公式の検証は少し技巧的であるが，直接的である）．さらに，$\delta(t) = 1$ が成り立つ．したがって，命題 4.1.4 (b) と定義 4.1.5 によって，任意の $z \in F$ に対して $\delta(z) = \delta_t(z) = dz/dt$ を得る．　□

次の目標は，座 P における微分 $\omega \in \Delta_F$ の「留数」を導入することである．このためには少し基礎知識が必要である．

定義 4.2.8　P を F/K の次数 1 の座とし，$t \in F$ を P の素元とする．$z \in F$ が $n \in \mathbb{Z}$ であり，かつ $a_i \in K$ を係数として P-進展開 $z = \sum_{i=n}^{\infty} a_i t^i$ として表されるとき，P と t に関する z の**留数**（residue）を次のように定義する．

$$\mathrm{res}_{P,t}(z) := a_{-1}.$$

明らかに，$\mathrm{res}_{P,t} : F \to K$ は K-線形写像であり，次が成り立つ．

$$v_P(z) \geq 0 \ \ \text{ならば} \ \ \mathrm{res}_{P,t}(z) = 0. \tag{4.17}$$

留数は次の変換公式を満足する．

命題 4.2.9　$s, t \in F$ を P の素元とする（ここで，P は次数 1 の座である）．このとき，すべての $z \in F$ に対して次が成り立つ．

$$\mathrm{res}_{P,s}(z) = \mathrm{res}_{P,t}\left(z \cdot \frac{ds}{dt}\right).$$

【証明】　t に関する s のベキ級数展開は次の形に表される（定理 4.2.6 を参照せよ）．

$$s = \sum_{i=1}^{\infty} c_i t^i, \quad c_1 \neq 0.$$

命題 4.2.7 より次の式が得られる．

$$\frac{ds}{dt} = c_1 + \sum_{i=2}^{\infty} i c_i t^{i-1}. \tag{4.18}$$

ここで，いくつかの場合に分けて考える．

(場合 1) $v_P(z) \geq 0$．
このとき，（式 (4.18) より）さらに $v_P(z \cdot ds/dt) \geq 0$ となる．また，式 (4.17) より次のようになる．

$$\operatorname{res}_{P,s}(z) = \operatorname{res}_{P,t}\left(z \cdot \frac{ds}{dt}\right) = 0.$$

(場合 2) $z = s^{-1}$．
このとき，明らかに $\operatorname{res}_{P,s}(s^{-1}) = 1$ である．t に関する s^{-1} のベキ級数展開を求める．すなわち，適当な多項式 $f_j(X_2, \ldots, X_j) \in \mathbb{Z}[X_2, \ldots, X_j]$ によって，次のような形に表される．

$$\begin{aligned}
s^{-1} &= \frac{1}{c_1 t + c_2 t^2 + \cdots} = \frac{1}{c_1 t} \cdot \left(1 + \frac{c_2}{c_1} t + \frac{c_3}{c_1} t^2 + \cdots\right)^{-1} \\
&= \frac{1}{c_1 t} \cdot \left(1 + \sum_{r=1}^{\infty} (-1)^r \left(\frac{c_2}{c_1} t + \frac{c_3}{c_1} t^2 + \cdots\right)^r\right) \\
&= \frac{1}{c_1 t}\left(1 + \frac{f_2(c_2)}{c_1} t + \frac{f_3(c_2, c_3)}{c_1^2} t^2 + \cdots\right).
\end{aligned} \tag{4.19}$$

したがって，式 (4.18) と式 (4.19) より

$$s^{-1} \cdot \frac{ds}{dt} = \frac{1}{t} + y, \quad v_P(y) \geq 0$$

が成り立つ．すると，場合 1 より次の式が得られる．

$$\operatorname{res}_{P,t}\left(s^{-1} \cdot \frac{ds}{dt}\right) = 1 + \operatorname{res}_{P,t}(y) = 1.$$

(場合 3) $z = s^{-n}$, $n \geq 2$．
ここで，$\operatorname{res}_{P,s}(s^{-n}) = 0$ である．最初に，$\operatorname{char} K = 0$ の場合の $\operatorname{res}_{P,t}(s^{-n} \cdot ds/dt)$ を計算する．このとき，

$$s^{-n} \cdot \frac{ds}{dt} = \frac{1}{-n+1} \cdot \frac{d(s^{-n+1})}{dt}$$

である．$k = -n+1$ かつ $d_i \in K$ として

$$s^{-n+1} = \sum_{i=k}^{\infty} d_i t^i$$

と書き表すと，
$$\frac{d(s^{-n+1})}{dt} = \sum_{i=k}^{\infty} i d_i t^{i-1}$$
を得る．したがって，留数は
$$\operatorname{res}_{P,t}\left(s^{-n} \cdot \frac{ds}{dt}\right) = \frac{1}{-n+1} \cdot \operatorname{res}_{P,t}\left(\sum_{i=k}^{\infty} i d_i t^{i-1}\right) = 0. \tag{4.20}$$

次に，任意の標数に対して場合 3 を考える．式 (4.18) と式 (4.19) を用いれば，適当な多項式 $g_j(X_1, \ldots, X_j) \in \mathbb{Z}[X_1, \ldots, X_j]$ によって
$$s^{-n} \cdot \frac{ds}{dt} = \frac{1}{c_1^n t^n}(c_1 + 2c_2 t + \cdots) \cdot \left(1 + \frac{f_2(c_2)}{c_1}t + \frac{f_3(c_2,c_3)}{c_1^2}t^2 + \cdots\right)^n$$
$$= \frac{1}{c_1^n t^n}\left(c_1 + \frac{g_2(c_1,c_2)}{c_1}t + \frac{g_3(c_1,c_2,c_3)}{c_1^2}t^2 + \cdots\right)$$
と計算される．これらの多項式は K の標数には無関係であるから，
$$\operatorname{res}_{P,t}\left(s^{-n} \cdot \frac{ds}{dt}\right) = \frac{1}{c_1^{2n-1}} \cdot g_n(c_1, \ldots, c_n)$$
が得られる．式 (4.20) から，標数 0 の体においては，任意の元 $c_1 \neq 0, c_2, \ldots, c_n$ に対して $g_n(c_1, \ldots, c_n) = 0$ であることが分かる．したがって，$g_n(X_1, \ldots, X_n)$ は $\mathbb{Z}[X_1, \ldots, X_n]$ において零多項式でなければならない．以上より，等式
$$\operatorname{res}_{P,t}\left(s^{-n} \cdot \frac{ds}{dt}\right) = 0 = \operatorname{res}_{P,s}(s^{-n})$$
は，($n \geq 2$ の場合）任意の標数の体に対して成り立つ．

(場合 4) z を $v_P(z) < 0$ をみたす F の任意の元とし，
$$z = \sum_{i=-n}^{\infty} a_i s^i, \quad n \geq 1, \; a_i \in K$$
と表す．このとき $\operatorname{res}_{P,s}(z) = a_{-1}$ であり，また $v_P(y) \geq 0$ として $z = a_{-n}s^{-n} + \cdots + a_{-1}s^{-1} + y$ と表される．場合 1，場合 2，場合 3 の結果を用いると，次のように求める結果が得られる．
$$\operatorname{res}_{P,t}\left(z \cdot \frac{ds}{dt}\right) = \sum_{i=-n}^{-1} a_i \cdot \operatorname{res}_{P,t}\left(s^i \cdot \frac{ds}{dt}\right) + \operatorname{res}_{P,t}\left(y \cdot \frac{ds}{dt}\right)$$
$$= a_{-1} \cdot \operatorname{res}_{P,t}\left(s^{-1} \cdot \frac{ds}{dt}\right) = a_{-1} = \operatorname{res}_{P,s}(z). \qquad \square$$

定義 4.2.10　$\omega \in \Delta_F$ を微分とし，$P \in \mathbb{P}_F$ を次数 1 の座とする．P の素元 $t \in F$ を選び，$\omega = u\,dt$, $u \in F$ と表す．このとき，P における ω の**留数** (residue) を次の式により定義する．
$$\operatorname{res}_P(\omega) := \operatorname{res}_{P,t}(u).$$

この定義は素元 t の選び方には無関係である．実際，s を P のもう一つの素元とし，$\omega = u\,dt = z\,ds$ とすると，$u = z \cdot ds/dt$ が成り立つ．すると，命題 4.2.9 より
$$\operatorname{res}_{P,s}(z) = \operatorname{res}_{P,t}\left(z \cdot \frac{ds}{dt}\right) = \operatorname{res}_{P,t}(u)$$
となるからである．

次の節において，次数 1 の座 P における微分の留数は，P における特殊なヴェイユ微分の局所成分として表現されることを示そう．

4.3　微分とヴェイユ微分

本節の目標は，代数関数体の微分の概念とヴェイユ微分の概念の間の関係を確立することにある．通常のように，K は完全体であると仮定する．

初めに，前章までに述べた記号と結果を思い出しておこう（特に 1.5 節や 1.7 節，3.4 節）．$\mathcal{A}_F$ は F/K の**アデール空間**を表す．その元は $\alpha = (\alpha_P)_{P \in \mathbb{P}_F}$ と表され，**アデール**という．ここで，アデール α の **P-成分** α_P は F の元であり，ほとんどすべての $P \in \mathbb{P}_F$ に対して $v_P(\alpha) := v_P(\alpha_P) \geq 0$ である．体 F は対角埋め込み $F \hookrightarrow \mathcal{A}_F$ により，$\mathcal{A}$ の部分空間と考えられる．A が F/K の因子ならば，空間 $\mathcal{A}_F(A) = \{\alpha \in \mathcal{A} \mid v_P(\alpha) \geq -v_P(A),\ \forall P \in \mathbb{P}_F\}$ を考えることができる．F の**ヴェイユ微分**とは，ある因子 A に対して部分空間 $\mathcal{A}(A) + F$ の上で零となる K-線形写像 $\omega : \mathcal{A}_F \to K$ のことである．ヴェイユ微分は 1 次元の F-加群 Ω_F をつくる．$0 \neq \omega \in \Omega_F$ に対して，ω が $\mathcal{A}_F(W)$ の上で零となり，しかし $B > W$ なる任意の因子 B に対して $\mathcal{A}_F(B)$ の上では零にならない因子 $W = (\omega) \in \mathrm{Div}(F)$ が一意的に存在する．このような因子 (ω) は F/K の**標準因子**と呼ばれる．任意の $P \in \mathbb{P}_F$ に対して，もう一つの埋め込み $\iota_P : F \to \mathcal{A}_F$ がある．ここで $\iota_P(z)$ は，P-成分が z であり，$\iota_P(z)$ のほかの成分はすべて 0 であるようなアデールである．座 P におけるヴェイユ微分 ω の**局所成分**とは，$\omega_P(z) := \omega(\iota_P(z))$ によって定義される写像 $\omega_P : F \to K$ のことである．

F'/F が関数体の有限次分離拡大であるとき，ヴェイユ微分 $\omega \in \Omega_F$ の**コトレース** $\omega' := \mathrm{Cotr}_{F'/F}(\omega)$ を定義した．これは F' のヴェイユ微分であり，F' と F が同じ定数体をもつならば，ω' は次の条件により特徴付けられる．すなわち，すべての $P \in \mathbb{P}_F$ と

$y \in F'$ に対して次が成り立つ.

$$\omega_P(\mathrm{Tr}_{F'/F}(y)) = \sum_{P'|P} \omega'_{P'}(y). \tag{4.21}$$

定理 3.4.6 と注意 3.4.8 を参照せよ. 命題 1.7.4 において, 有理関数体 $K(x)/K$ の特殊なヴェイユ微分 η が存在することを示した. これは次の性質によって一意的に定まる. η の因子を (η) で表すと,

$$(\eta) = -2P_\infty \quad \text{かつ} \quad \eta_{P_\infty}(x^{-1}) = -1. \tag{4.22}$$

(P_∞ は $K(x)$ における x の極であり, η_{P_∞} は P_∞ における η の局所成分である.)

定義 4.3.1　F/K を代数関数体とする. 写像

$$\delta : \begin{cases} F & \longrightarrow & \Omega_F, \\ x & \longmapsto & \delta(x) \end{cases}$$

を次のように定義する. すなわち, $x \in F \setminus K$ を F/K の分離元とするとき,

$$\delta(x) := \mathrm{Cotr}_{F/K(x)}(\eta)$$

とおく. ただし, $\eta \in \Omega_{K(x)}$ は式 (4.22) により特徴付けられる $K(x)/K$ のヴェイユ微分である. 非分離元 $x \in F$ に対しては $\delta(x) =: 0$ と定義する. $\delta(x)$ を x に付随した F/K の**ヴェイユ微分**という.

x が分離元ならば, $\delta(x) \neq 0$ であり, ゆえに, 任意のヴェイユ微分 $\omega \in \Omega_F$ は $z \in F$ として $\omega = z \cdot \delta(x)$ と表されることに注意しよう. さて, 本節の主要定理を述べよう.

定理 4.3.2　F/K を完全体 K 上の代数関数体とし, $x \in F$ を分離元とする.
(a) 定義 4.3.1 により与えられた写像 $\delta : F \to \Omega_F$ は, F/K の導分である.
(b) すべての $y \in F$ に対して, 次が成り立つ.

$$\delta(y) = \frac{dy}{dx} \cdot \delta(x).$$

(c) 写像

$$\mu : \begin{cases} \Delta_F & \longrightarrow & \Omega_F, \\ z\, dx & \longmapsto & z \cdot \delta(x) \end{cases}$$

は微分加群 Δ_F から Ω_F の上への同型写像である. この同型写像は導分 $d : F \to \Delta_F$ と $\delta : F \to \Omega_F$ に対して適合している. すなわち, $\mu \circ d = \delta$ が成り立つ.

(d) $P \in \mathbb{P}_F$ を次数 1 の F/K の座とし, $\omega = z \cdot \delta(x) \in \Omega_F$ とすると, P における ω の局所成分は次の式により与えられる.

$$(z \cdot \delta(x))_P(u) = \mathrm{res}_P(uz\,dx).$$

特に,
$$(z \cdot \delta(x))_P(1) = \mathrm{res}_P(z\,dx).$$

(e) $\omega = z \cdot \delta(t) \in \Omega_F$ とし, t を座 P の素元とすれば, $v_P(\omega) = v_P(z)$ が成り立つ.

この定理からすぐに得られる結果は次のようである.

系 4.3.3 (留数の定理) F/K を代数的閉体上の代数関数体とし, $\omega \in \Delta_F$ を F/K の微分とする. このとき, ほとんどすべての座 $P \in \mathbb{P}_F$ に対して $\mathrm{res}_P(\omega) = 0$ であり, また次が成り立つ.

$$\sum_{P \in \mathbb{P}_F} \mathrm{res}_P(\omega) = 0.$$

【系の証明】 $z \in F$ と分離元 x により $\omega = z\,dx$ と表す. 定理 4.3.2 (d) より, $\mathrm{res}_P(\omega) = (z \cdot \delta(x))_P(1)$ が成り立つ. すると, 命題 1.7.2 より求める結果が得られる. □

定理 4.3.2 の証明はかなり単調で退屈である. 最初に, 定数体が代数的閉体であると仮定しよう. 任意の完全体である定数体 K の場合は, F の定数拡大体 $\bar{F} = F\bar{K}$ を考えることによりこの特殊な場合に帰着される. ただし, $\bar{K}$ は K の代数的閉包である. いくつかの準備をしよう.

補題 4.3.4 F/F_0 は代数的閉体 K 上の代数関数体の有限次分離拡大であると仮定する. $\psi \in \Omega_{F_0}$ を F_0/K のヴェイユ微分とし, $\omega := \mathrm{Cotr}_{F/F_0}(\psi)$ とおく. F/F_0 において不分岐である座 $P_0 \in \mathbb{P}_{F_0}$ と, P_0 上にある座 $P \in \mathbb{P}_F$ を考える. このとき, すべての $z \in F_0$ に対して次が成り立つ.

$$\omega_P(z) = \psi_{P_0}(z).$$

【証明】 $\psi \neq 0$ と仮定することができる. $P_1, \ldots, P_n \in \mathbb{P}_F$ を P_0 上にある F のすべての座とし, $P_1 = P$ とする. P_0 は F/F_0 で不分岐であり, また K は代数的閉体であるから, 定理 3.1.11 より $n = [F : F_0]$ が成り立つ. 近似定理によって, 次の式をみたす元 $z' \in F$ を見つけることができる.

$$v_P(z' - z) \geq -v_{P_0}(\psi),$$
$$v_{P_i}(z') \geq -v_{P_0}(\psi), \quad i = 2, \ldots, n. \tag{4.23}$$

(整数 $v_Q(\psi)$ は $v_Q(\psi) := v_Q(W)$ により定義されていることを思い出そう．ただし，$W = (\psi)$ は ψ の因子を表している．) P_0 は F/F_0 において不分岐でかつ $\omega = \mathrm{Cotr}_{F/F_0}(\psi)$ であるから，定理 3.4.6 とデデキントの差積定理より次が成り立つ．

$$v_{P_i}(\omega) = v_{P_0}(\psi), \quad i = 1, \ldots, n. \tag{4.24}$$

ここで，次の条件をみたすアデール $\alpha = (\alpha_Q)_{Q \in \mathbb{P}_F}$ を考える．

$$\alpha_P := z' - z,$$
$$\alpha_{P_i} := z', \quad i = 2, \ldots, n,$$
$$\alpha_Q := 0, \quad Q \neq P_1, \ldots, P_n.$$

このとき，式 (4.23) と式 (4.24) より α は $\mathcal{A}((\omega))$ に属している．ゆえに次の式が得られる．

$$\omega_P(z) = \omega_P(z) + \omega(\alpha) = \omega_P(z) + \omega_P(z' - z) + \sum_{i=2}^{n} \omega_{P_i}(z')$$
$$= \sum_{i=1}^{n} \omega_{P_i}(z') = \psi_{P_0}(\mathrm{Tr}_{F/F_0}(z')). \tag{4.25}$$

(式 (4.25) における最後の等式は式 (4.21) から導かれる．) 式 (4.25) によって，補題の証明は以下の式を示せば完成する．

$$\psi_{P_0}(\mathrm{Tr}_{F/F_0}(z')) = \psi_{P_0}(z). \tag{4.26}$$

トレース Tr_{F/F_0} は，F/F_0 から F の拡大体への埋め込みを用いることによって評価できる．次のように始める．F/F_0 のガロア閉包 $E \supseteq F$ を選ぶ（すなわち，$F_0 \subseteq F \subseteq E$ かつ E/F_0 はガロア拡大であり，E はこの性質をもつ最小のものである）．このとき，系 3.9.3 によって P_0 は E/F_0 において不分岐である．$Q_i | P_i$ をみたすように座 $Q_1 = Q, Q_2, \ldots, Q_n \in \mathbb{P}_E$ を選ぶ．E/F_0 はガロア拡大であるから，

$$\sigma_i^{-1}(Q) = Q_i, \quad i = 1, \ldots, n \tag{4.27}$$

をみたす自己同型写像 $\sigma_1, \ldots, \sigma_n \in \mathrm{Gal}(E/F_0)$ が存在する．定理 3.7.1 を参照せよ．σ_i の F への制限 $\sigma_i|_F$ ($i = 1, \ldots, n$) は互いに相異なることを示そう．実際，$\sigma_i|_F = \sigma_j|_F$ ならば，任意の $u \in F$ に対して

$$v_{P_i}(u) = v_{Q_i}(u) = v_{\sigma_i^{-1}(Q)}(u) = v_Q(\sigma_i(u)) = v_Q(\sigma_j(u)) = v_{P_j}(u)$$

が成り立つ（ここで，式 (4.27) と補題 3.5.2 (a) を用いた）．ゆえに，$i = j$ であり，埋め込み $\sigma_i|_F : F \to E$ は互いに相異なる．したがって，任意の $u \in F$ に対して

$$\mathrm{Tr}_{F/F_0}(u) = \sum_{i=1}^{n} \sigma_i(u)$$

が成り立つ．さて，ここで式 (4.26) を示すことができる．式 (4.23) と式 (4.27) によって，$i = 2, \ldots, n$ に対して

$$v_Q(z' - z) \geq -v_{P_0}(\psi),$$
$$v_Q(\sigma_i(z')) = v_{Q_i}(z') = v_{P_i}(z') \geq -v_{P_0}(\psi)$$

が成り立つ．以上より，

$$v_{P_0}(\mathrm{Tr}_{F/F_0}(z') - z) = v_Q(\mathrm{Tr}_{F/F_0}(z') - z)$$
$$= v_Q\left((z' - z) + \sum_{i=2}^{n} \sigma_i(z')\right) \geq -v_{P_0}(\psi).$$

命題 1.7.3 を使えば

$$\psi_{P_0}(\mathrm{Tr}_{F/F_0}(z') - z) = 0$$

を得る．したがって，式 (4.26) が示された． □

補題 4.3.5 F は代数的閉体 K 上の代数関数体であるとする．x は F/K の分離元であり，$P_0 \in \mathbb{P}_{K(x)}$ は以下の条件をみたしていると仮定する．

(1) P_0 は $F/K(x)$ において不分岐である．

(2) P_0 は $K(x)$ において x の極ではない．

$\delta(x) \in \Omega_F$ は x に付随したヴェイユ微分を表し（定義 4.3.1 において定義されたもの），$u \in F$ とすれば，$P|P_0$ をみたすすべての $P \in \mathbb{P}_F$ に対して次が成り立つ．

$$\delta(x)_P(u) = \mathrm{res}_P(u\,dx). \tag{4.28}$$

【証明】 (1) と (2) によって，$t := x - a$ が P の素元になるような元 $a \in K$ が存在する．通常のように，P_∞ は $K(x)$ における x の極を表すものとする．式 (4.22) により与えられたヴェイユ微分 $\eta \in \Omega_{K(x)}$ を考える．このとき，$\delta(x) = \mathrm{Cotr}_{F/K(x)}(\eta)$ である．最初に，$u = t^k, k \in \mathbb{Z}$ に対して式 (4.28) の左辺を評価する．補題 4.3.4 と命題 1.7.4 (c) より次が得られる．

$$\delta(x)_P(t^k) = \eta_{P_0}(t^k) = \begin{cases} 0, & k \neq -1, \\ 1, & k = -1. \end{cases} \tag{4.29}$$

任意の元 $u \in F$ は

$$u = \sum_{\nu=m}^{l-1} a_\nu t^\nu + u'$$

と表すことができる．ただし，$a_\nu \in K$，$l \geq \max\{0, -v_P(\delta(x))\}$ であり，かつ $v_P(u') \geq l$ である．そして，これは t に関する u の P-進ベキ級数展開から容易に導かれる（定理

4.2.6). 命題 1.7.3 より, $\delta(x)_P(u') = 0$ である. ゆえに, 式 (4.29) より次が成り立つ.

$$\delta(x)_P(u) = \sum_{\nu=m}^{l-1} a_\nu \cdot \delta(x)_P(t^\nu) = a_{-1}.$$

一方, $dt = d(x-a) = dx$ である. ゆえに,

$$\mathrm{res}_P(u\,dx) = \mathrm{res}_P(u\,dt) = \mathrm{res}_{P,t}(u) = a_{-1}.$$

これより式 (4.28) が証明される. □

【K が代数的閉体であるという条件を仮定した定理 4.3.2 の証明】 (b) から始める.

(b) $y \in F$ が分離元でないならば, $\delta(y) = 0$ であり, かつ $dy/dx = 0$ である (定義 4.3.1 と命題 4.1.8 を参照せよ). すると, この場合 $\delta(y) = (dy/dx) \cdot \delta(x)$ となる. したがって, 以下において y が分離元であると仮定することができる. $\delta(x) \neq 0$ であり, Ω_F は 1 次元の F-加群であるから (命題 1.5.9), 適当な元 $z \in F$ により $\delta(y) = z \cdot \delta(x)$ と表される. F の有限個の座のみが $K(x)$ 上, あるいは $K(y)$ 上で分岐するので (系 3.5.5 を参照), ある座 $P \in \mathbb{P}_F$ で, P の $K(x)$ (または $K(y)$) への制限は $F/K(x)$ (または $F/K(y)$) において不分岐であり, P は x の極でもなく, また y の極でもないという条件をみたす座 P を見つけることができる. すべての $u \in F$ に対して,

$$\delta(y)_P(u) = (z \cdot \delta(x))_P(u) = \delta(x)_P(zu)$$

が成り立つ. 一方, 補題 4.3.5 より (拡大 $F/K(x)$ と $F/K(y)$ に適用する), 次が成り立つ.

$$\delta(y)_P(u) = \mathrm{res}_P(u\,dy) = \mathrm{res}_P\left(u\frac{dy}{dx}dx\right) = \delta(x)_P\left(u\frac{dy}{dx}\right).$$

ゆえに, すべての $u \in F$ に対して

$$\delta(x)_P\left(u\left(z - \frac{dy}{dx}\right)\right) = 0.$$

これは $z = dy/dx$ であることを意味している (命題 1.7.3 より). よって (b) が示された.

(a) (b) と命題 4.1.8 (b) を使う. すると, $y_1, y_2 \in F$ と $a \in K$ に対して

$$\delta(y_1 + y_2) = \frac{d(y_1+y_2)}{dx} \cdot \delta(x) = \left(\frac{dy_1}{dx} + \frac{dy_2}{dx}\right) \cdot \delta(x) = \delta(y_1) + \delta(y_2),$$

$$\delta(ay_1) = \frac{d(ay_1)}{dx} \cdot \delta(x) = a \cdot \frac{dy_1}{dx} \cdot \delta(x) = a \cdot \delta(y_1).$$

と, 次の積公式を得る.

$$\delta(y_1 y_2) = \frac{d(y_1 y_2)}{dx} \cdot \delta(x) = \left(y_1 \frac{dy_2}{dx} + y_2 \frac{dy_1}{dx}\right) \cdot \delta(x) = y_1 \cdot \delta(y_2) + y_2 \cdot \delta(y_1).$$

(c) 命題 4.1.8 (d) によって，すべての $y \in F$ に対して $\delta(y) = (\mu \circ d)(y) = \mu(dy)$ をみたす唯一つの F-線形写像 $\mu : \Delta_F \to \Omega_F$ が存在する．μ は F-線形であるから，$\mu(z\,dx) = z \cdot \mu(dx) = z \cdot \delta(x)$ が成り立つ．dx は Δ_F を生成し，$\delta(x)$ は Ω_F を生成するので，μ は全単射である．

(d) これは補題 4.3.5 の一般化であり，(d) の証明をこの補題に帰着させたい．十分多くの相異なる座 $P_1 := P, P_2, \ldots, P_r$ を選び，$\mathscr{L}(P_1 + \cdots + P_r)$ が $\mathscr{L}(P_2 + \cdots + P_r)$ より真に大きくなるようにすることができる．任意の元

$$t_1 \in \mathscr{L}(P_1 + P_2 + \cdots + P_r) \setminus \mathscr{L}(P_2 + \cdots + P_r)$$

は F において単純な極しかもたないので，$P = P_1$ をそれらの一つとする．$t := t_1^{-1}$ かつ $P_0 := P \cap K(t) \in \mathbb{P}_{K(t)}$ とおけば，P_0 は分離拡大 $F/K(t)$ において不分岐であり，また P_0 は $K(t)$ において t の極ではない．さて，(b) と補題 4.3.5 より次が得られる．

$$(z \cdot \delta(x))_P(u) = \left(z \cdot \frac{dx}{dt} \cdot \delta(t)\right)_P(u) = \delta(t)_P\left(uz\frac{dx}{dt}\right)$$
$$= \operatorname{res}_P\left(uz\frac{dx}{dt}dt\right) = \operatorname{res}_P(uz\,dx).$$

(e) t は P の素元であるから，$F/K(x)$ は分離拡大であり（命題 3.10.2），また P は $F/K(t)$ において不分岐である．ヴェイユ微分 $\delta(t)$ の因子は式 (4.22) と定理 3.4.6 により，

$$(\delta(t)) = -2(t)_\infty + \operatorname{Diff}(F/K(t))$$

によって与えられる．ただし，$(t)_\infty$ は F における t の極因子である．P は t の極ではなく，また P は（デデキントの差積定理により）$F/K(t)$ の差積の中にも現れないので，$v_P(\delta(t)) = 0$ である．したがって，次が得られる．

$$v_P(z \cdot \delta(t)) = v_P(z) + v_P(\delta(t)) = v_P(z). \qquad \square$$

さて，次に K が任意の完全体である関数体 F/K を考える．目的はこの場合にもまた定理 4.3.2 を証明することである．$\bar{K} \supseteq K$ を K の代数的閉包として，$\bar{F} := F\bar{K}$ を $\bar{K}$ による F/K の定数拡大とする．F/K の任意の座は $\bar{F}$ において有限個の拡張をもつ．逆に，$\bar{F}/\bar{K}$ の任意の座は F/K のある座の拡張である．ゆえに，アデール空間の自然な埋め込み $\mathcal{A}_F \hookrightarrow \mathcal{A}_{\bar{F}}$ があり，F/K の主アデールはこの埋め込みにより $\bar{F}/\bar{K}$ の主アデールへ移される．したがって，$\mathcal{A}_F$ を $\mathcal{A}_{\bar{F}}$ の部分空間として考えることができる．

分離元 $x \in F \setminus K$ を固定する．このとき，x はさらに $\bar{F}/\bar{K}$ の分離元でもあり，かつ $[F:K(x)] = [\bar{F}:\bar{K}(x)]$ が成り立つ．命題3.6.1を参照せよ．$y \in F$ に対して，$\delta(y) \in \Omega_F$（または $\bar{\delta}(y) \in \Omega_{\bar{F}}$）を y に付随した F/K（または $\bar{F}/\bar{K}$）のヴェイユ微分とする．ヴェイユ微分 $\bar{\omega} \in \Omega_{\bar{F}}$ を空間 $\mathcal{A}_F \subseteq \mathcal{A}_{\bar{F}}$ へ制限したものを $\bar{\omega}|_{\mathcal{A}_F}$ によって表す．

命題 4.3.6　上の記号を用いて次が成り立つ．
$$\bar{\delta}(x)|_{\mathcal{A}_F} = \delta(x). \tag{4.30}$$

【証明】　特殊なヴェイユ微分 $\eta \in \Omega_{K(x)}$（それぞれ $\bar{\eta} \in \Omega_{\bar{K}(x)}$）により，$\delta(x) = \mathrm{Cotr}_{F/K(x)}(\eta)$ および $\bar{\delta}(x) = \mathrm{Cotr}_{\bar{F}/\bar{K}(x)}(\bar{\eta})$ のように表されることを思い出そう．定義4.3.1を参照せよ．命題4.3.6の証明における最初のステップは次の主張である．
$$\bar{\eta}|_{\mathcal{A}_{K(x)}} = \eta. \tag{4.31}$$

実際，写像 $\bar{\eta}|_{\mathcal{A}_{K(x)}} : \mathcal{A}_{K(x)} \to \bar{K}$ は K-線形であり，かつ $\bar{\eta}$ は $\mathcal{A}_{K(x)}(-2P_\infty) + K(x)$ の上で零となる（通常のように，P_∞ は $K(x)$ における x の極である）．アデール $\gamma := \iota_{P_\infty}(x^{-1}) \in \mathcal{A}_{K(x)}$ を考える．これは $\gamma_{P_\infty} := x^{-1}$ と $Q \neq P_\infty$ に対して $\gamma_Q := 0$ として定義されるものである．すると，式 (4.22) により $\bar{\eta}(\gamma) = \eta(\gamma) = -1$ である．ここで，$\gamma \notin \mathcal{A}_{K(x)}(-2P_\infty) + K(x)$ であり，かつ $\dim_K\bigl(\mathcal{A}_{K(x)}/\mathcal{A}_{K(x)}(-2P_\infty) + K(x)\bigr) = 1$ であるから，
$$\mathcal{A}_{K(x)} = \mathcal{A}_{K(x)}(-2P_\infty) + K(x) + K \cdot \gamma$$
が成り立つことに注意しよう．定理1.5.4を参照せよ．すると，任意のアデール $\beta \in \mathcal{A}_{K(x)}$ は $c \in K$ により $\beta = \beta_0 + c\gamma$ と表され，また $\eta(\beta_0) = \bar{\eta}(\beta_0) = 0$ となる．ゆえに，$\bar{\eta}(\beta) = \bar{\eta}(\beta_0) + c \cdot \bar{\eta}(\gamma) = -c = \eta(\beta)$ が得られる．これより，式 (4.31) は証明された．

第2段階として，座 $P \in \mathbb{P}_F$ と $u \in F$ に対して局所成分 $\delta(x)_P(u)$ を評価する．$Q := P \cap K(x)$ とおき，$P_1, \ldots, P_r \in \mathbb{P}_F$ を Q 上にある F のすべての座とする．$P = P_1$ とおく．$\bar{P}_{ij} \in \mathbb{P}_{\bar{F}}$ を $\bar{F}$ における P_i のすべての拡張とし（$1 \leq i \leq r$，$1 \leq j \leq s_i$），また $\bar{Q}_1, \ldots, \bar{Q}_s \in \mathbb{P}_{\bar{K}(x)}$ を $\bar{K}(x)$ における Q のすべての拡張とする．このとき，次の条件をみたすある元 $z \in F$ が存在する．

$$\begin{aligned}
\delta(x)_P(z-u) &= 0, \\
\bar{\delta}(x)_{\bar{P}_{1j}}(z-u) &= 0, \quad 1 \leq j \leq s_1, \\
\delta(x)_{P_i}(z) &= 0, \quad 2 \leq i \leq r, \\
\bar{\delta}(x)_{\bar{P}_{ij}}(z) &= 0, \quad 2 \leq i \leq r,\ 1 \leq j \leq s_i.
\end{aligned} \tag{4.32}$$

このことは，近似定理と，座 R におけるヴェイユ微分 ω の局所成分 $\omega_R(y)$ は $v_R(y)$ が十分大きければ零となる事実から導かれる．このとき，次が得られる．

$$\delta(x)_P(u) = \delta(x)_P(z) = \sum_{i=1}^{r} \delta(x)_{P_i}(z) \qquad (式 (4.32) \text{ より})$$

$$= \eta_Q\bigl(\mathrm{Tr}_{F/K(x)}(z)\bigr) \qquad (式 (4.21) \text{ より})$$

$$= \sum_{l=1}^{s} \bar{\eta}_{\bar{Q}_l}\bigl(\mathrm{Tr}_{F/K(x)}(z)\bigr) \qquad (式 (4.31) \text{ より}).$$

$\mathrm{Tr}_{F/K(x)}(z) = \mathrm{Tr}_{\bar{F}/\bar{K}(x)}(z)$ である（$[F:K(x)] = [\bar{F}:\bar{K}(x)]$ であるから）ことに注意し，再び式 (4.21) を適用すると，次を得る．

$$\sum_{l=1}^{s} \bar{\eta}_{\bar{Q}_l}\bigl(\mathrm{Tr}_{F/K(x)}(z)\bigr) = \sum_{i=1}^{r} \sum_{j=1}^{s_i} \bar{\delta}(x)_{\bar{P}_{ij}}(z) = \sum_{j=1}^{s_1} \bar{\delta}(x)_{\bar{P}_{1j}}(u).$$

したがって，すべての $u \in F$ に対して

$$\delta(x)_P(u) = \sum_{\bar{P}|P} \bar{\delta}(x)_{\bar{P}}(u) \tag{4.33}$$

が成り立つ（ただし，$\bar{P}$ は P の上にある $\bar{F}/\bar{K}$ のすべての座を動く）．

最後に，F/K の任意のアデール $\alpha = (\alpha_P)_{P \in \mathbb{P}_F}$ を考える．このとき，

$$\delta(x)(\alpha) = \sum_{P \in \mathbb{P}_F} \delta(x)_P(\alpha_P) \qquad (命題 1.7.2 \text{ より})$$

$$= \sum_{P \in \mathbb{P}_F} \sum_{\bar{P}|P} \bar{\delta}(x)_{\bar{P}}(\alpha_P) \qquad (式 (4.33) \text{ より})$$

$$= \bar{\delta}(x)(\alpha) \qquad (命題 1.7.2 \text{ より}). \qquad \square$$

前と同様に，K の代数的閉包 $\bar{K}$ による F/K の定数拡大 $\bar{F} := F\bar{K}$ を考える．$(\Delta_{\bar{F}}, \bar{d})$ を $\bar{F}/\bar{K}$ の微分加群とする．$\mu(z\,dx) = z\,\bar{d}x$ により与えられる F-線形写像 $\mu: \Delta_F \to \Delta_{\bar{F}}$ があり（命題 4.1.8 (d) 参照），この埋め込み μ により Δ_F は $\Delta_{\bar{F}}$ の部分加群と考えることができる．$y \in F$ に対して $\bar{d}y = dy$ であるから，同じ d によって $\bar{d}: \bar{F} \to \Delta_{\bar{F}}$ を表す（すなわち，$\bar{F}/\bar{K}$ は微分加群 $(\Delta_{\bar{F}}, d)$ をもつ）．

【任意の定数体 K に対する定理 4.3.2 の証明】　この証明の考え方は，定数拡大 $\bar{F} = F\bar{K}$ を考えることによって，定理を代数的閉体である定数体の場合に帰着させることである．$y \in F$ と，分離元 $x \in F$ に対して

$$\delta(y) = \bar{\delta}(y)|_{\mathcal{A}_F} = \left(\frac{dy}{dx} \cdot \bar{\delta}(x)\right)\Big|_{\mathcal{A}_F} = \frac{dy}{dx} \cdot \bar{\delta}(x)\Big|_{\mathcal{A}_F} = \frac{dy}{dx} \cdot \delta(x)$$

が成り立つ（ここで，$\bar{F}/\bar{K}$ に対して命題 4.3.6 と定理 4.3.2 (b) を用いた）．ゆえに，(b) は証明された．(a) や (c)，(e) は，代数的閉体である定数体の場合の証明とまったく同じ方法で導かれる．

(d) を証明する．次数 1 の座 $P \in \mathbb{P}_F$ は系 3.6.5 より唯一つの拡張 $\bar{P} \in \mathbb{P}_{\bar{F}}$ をもつ．したがって，

$$(z \cdot \delta(x))_P(u) = \delta(x)_P(zu) = \bar{\delta}(x)_{\bar{P}}(zu) = \operatorname{res}_{\bar{P}}(zu\,dx) = \operatorname{res}_P(zu\,dx).$$

(最後の等式は，微分の留数が素元に関するベキ級数展開により定義されるという考察から導かれる．$\bar{P}|P$ は不分岐であるから，すべての素元 $t \in F$ は $\bar{P}$ の素元である．） □

注意 4.3.7

(a) 定理 4.3.2 の一つの結果として，微分加群 Δ_F は F/K のヴェイユ微分のつくる加群 Ω_F と同一視することができる．これは，微分 $\omega = z\,dx \in \Delta_F$ がヴェイユ微分 $\omega = z \cdot \delta(x) \in \Omega_F$ と同じものであることを意味している（$x \in F$ は分離元でかつ $z \in F$ である）．言い換えると，次のようである．

$$\Delta_F = \Omega_F \quad \text{かつ} \quad z\,dx = z \cdot \delta(x). \tag{4.34}$$

(b) $0 \neq \omega \in \Delta_F$ でかつ t が座 $P \in \mathbb{P}_F$ における素元ならば，$z \in F$ として $\omega = z\,dt$ と表すことができ，次のように定義できる．

$$v_P(\omega) := v_P(z) \quad \text{かつ} \quad (\omega) := \sum_{P \in \mathbb{P}_F} v_P(\omega)P. \tag{4.35}$$

定理 4.3.2 (e) より，$v_P(\omega)$ の定義は素元の選び方には無関係であり，これは Δ_F と Ω_F の同一視 (4.34) と適合していることが分かる．したがって，(ω) はまさに 1.5 節で定義された対応しているヴェイユ微分 ω の因子である．

(c) 定理 3.4.6 の重要である特殊な場合として，微分 $\omega = z\,dx \neq 0$ の因子に対する次の公式を得る．

$$(z\,dx) = (z) + (dx) = (z) - 2(x)_\infty + \operatorname{Diff}(F/K(x)). \tag{4.36}$$

この公式の特別な場合は次のようである．

$$(dx) = -2(x)_\infty + \operatorname{Diff}(F/K(x)). \tag{4.37}$$

(d) 再び，K の代数的閉包による F/K の定数拡大 $\bar{F} = F\bar{K}$ を考える．微分加群 Δ_F を $\Delta_{\bar{F}}$ の部分加群と同一視したので，

$$\omega = z \cdot \delta(x) \longmapsto \bar{\omega} := z \cdot \bar{\delta}(x)$$

によって与えられる Ω_F から $\Omega_{\bar{F}}$ への対応する埋め込みが得られる（ここで，命題 4.3.6 の記号を用いている）．命題 4.3.6 より，ω は $\bar{\omega}$ を $\mathcal{A}_F$ へ制限したものである．この考察は，次数 $f \geq 1$ の座 P における ω の局所成分 ω_P を求める公式を与える．

系 3.6.5 より, P 上にあるちょうど $f = \deg P$ 個の座 $\bar{P}_1, \ldots, \bar{P}_f \in \mathbb{P}_{\bar{F}}$ が存在する. ゆえに, 定理 4.3.2 (d) より, $\omega \in \Omega_F$ と $u \in F$ に対して次が成り立つ.

$$\omega_P(u) = \sum_{i=1}^{f} \mathrm{res}_{\bar{P}_i}(u\omega). \tag{4.38}$$

特に, $\deg P = 1$ ならば次が成り立つ.

$$\omega_P(u) = \mathrm{res}_P(u\omega). \tag{4.39}$$

4.4 演習問題

本章のすべての演習問題において, K は完全体であり, F/K は K を完全定数体とする関数体であると仮定する.

4.1 E/F を F の有限次拡大体とする. $P \in \mathbb{P}_F$ と $Q \in \mathbb{P}_E$ を, Q が P の拡張であるような座とする.
 (i) P における F の完備化 $\hat{F}_P$ は, 自然なやり方で $\hat{E}_Q$ の部分体と考えることができることを示せ.
 (ii) $\hat{F}_P = \hat{E}_Q$ であるための必要十分条件は $e(Q|P) = f(Q|P) = 1$ であることを示せ.

4.2 P を次数 1 である F/K の座とし, $t \in F$ を P の素元とする. F の次のような元に対して, t に関する P-進ベキ級数展開を求めよ.

$$\frac{1}{1-t^r} \quad \text{と} \quad \frac{d}{dt}\left(\frac{1}{1-t^r}\right), \quad 0 \neq r \in \mathbb{Z},$$

$$\frac{1+t}{1-t} \quad \text{と} \quad \frac{1-t}{1+t}.$$

4.3 $\mathrm{char}\, K \neq 2$ として, $y^2 = x^3 + x$ を定義方程式とする関数体 $F = K(x,y)$ を考える (例 3.7.6 を参照せよ). 元 x は F において唯一つの極をもつ. これを P とする. このとき, $t := x/y$ は P の素元である. このとき, x と y の t に関する P-進ベキ級数展開を求めよ.

4.4 $x \in F$ を F/K の分離元とする. このとき, $\delta(x) = x$ をみたす F/K の唯一つの導分 $\delta: F \to F$ が存在することを示せ.

4.5 $x, y \in F$ かつ $c \in K$ とする. このとき, 次の条件は同値であることを示せ.
 (a) $dy = c\, dx$.

(b) $y = cx + z$ と表される. ただし, $z \in F$ は F/K の非分離元である（すなわち, K の標数が 0 のとき $z \in K$ であり, $\operatorname{char} K = p > 0$ のとき適当な元 $u \in F$ により $z = u^p$ である）.

$\boxed{4.6}$ $\operatorname{char} K \neq 2$ として, 次の方程式によって与えられる関数体 $F = K(x, y)$ を考える.

$$y^2 = \prod_{i=1}^{2m+1} (x - a_i).$$

ただし, $m \geq 0$ であり, $a_1, \ldots, a_{2m+1} \in K$ は K の相異なる元である.
 (i) 微分 dx/y の因子を求め, F/K の種数が $g = m$ であることの新しい証明を与えよ（例 3.7.6 を参照せよ）.
 (ii) 微分 $x^i\, dx/y$, $0 \leq i \leq m-1$ の集合は空間 $\Omega_F(0)$ の基底（F/K の正則微分のつくる空間）であることを示せ.

$\boxed{4.7}$ x を F/K の分離元とする. このとき, 次数 1 のすべての座 P に対して次式が成り立つことを示せ.

$$\operatorname{res}_P\left(\frac{dx}{x}\right) = v_P(x).$$

（定義） 注意 4.3.7 で指摘しておいたように, 微分加群 Δ_F とヴェイユ微分加群 Ω_F とを同一視する. したがって, 因子 $A \in \operatorname{Div}(F)$ に対して, K-ベクトル空間

$$\Delta_F(A) := \{\, \omega \in \Delta_F \mid \omega = 0 \text{ または } (\omega) \geq A \,\}$$

を定義することは意味がある. これは, Δ_F と Ω_F の同一視のもとで $\Omega_F(A)$ に対応している. さらに, 以下のような定義をする.
 (1) 微分 $\omega \in \Delta_F$ は, $\omega = 0$ であるか, または $(\omega) \geq 0$ であるとき, **正則**（regular holomorphic）（または**第 1 種の微分**（differential of the first kind））であるという.
 (2) 微分 $\omega \in \Delta_F$ は, 適当な元 $x \in F$ により $\omega = dx$ と表されるとき, **完全**（exact）であるという.
 (3) 微分 $\omega \in \Delta_F$ は, すべての有理的な座 $P \in \mathbb{P}_F$ に対して $\operatorname{res}_P(\omega) = 0$ であるとき, **留数自由**（residue-free）であるという.
 (4) $\omega \in \Delta_F$ は, すべての座 $P \in \mathbb{P}_F$ に対してある元 $u \in F$ が（P に依存して）存在し, $v_P(\omega - du) \geq 0$ をみたすとき, **第 2 種の微分**（differential of the second kind）であるという.

以上の定義のもとで, 次のような Δ_F の部分集合を考える.

$$\Delta_F^{(1)} := \Delta_F(0) = \{\, \omega \in \Delta_F \mid \omega \text{ は正則}\,\},$$
$$\Delta_F^{(\mathrm{ex})} := \{\, \omega \in \Delta_F \mid \omega \text{ は完全}\,\},$$

$$\Delta_F^{(\mathrm{rf})} := \{\,\omega \in \Delta_F \mid \omega \text{ は留数自由}\,\},$$
$$\Delta_F^{(2)} := \{\,\omega \in \Delta_F \mid \omega \text{ は第 2 種の微分}\,\}.$$

4.8 次のことを証明せよ．
 (i) $\Delta_F^{(1)}, \Delta_F^{(\mathrm{ex})}, \Delta_F^{(\mathrm{rf})}, \Delta_F^{(2)}$ は Δ_F の K-部分空間である．
 (ii) $\Delta_F^{(\mathrm{ex})} \subseteq \Delta_F^{(2)} \subseteq \Delta_F^{(\mathrm{rf})}$．
 (iii) $\mathrm{char}\,K = 0$ でかつ K が代数的閉体ならば，$\Delta_F^{(2)} = \Delta_F^{(\mathrm{rf})}$ が成り立つ．

4.9 （この演習問題の結果は，演習問題 4.10 で用いられる．）F/K は種数 $g > 0$ をもつ関数体であると仮定する．このとき，次数 g の非特殊因子 B が存在して $B = P_1 + \cdots + P_g$ と表されることを示せ．ただし，$P_1, \ldots, P_g$ は互いに相異なる因子である．

4.10 K は代数的閉体で，かつ $\mathrm{char}\,K = 0$ であるとする．この演習問題の目的は，$\mathrm{char}\,K = 0$ である代数的閉体 K 上の種数 g をもつ関数体 F/K に対して
$$\dim_K(\Delta_F^{(2)}/\Delta_F^{(\mathrm{ex})}) = 2g$$
が成り立つことを示すことである．
 (i) $g = 0$ であるとき，上の主張を証明せよ．

したがって，次に $g > 0$ を仮定して，相異なる座 $P_1, \ldots, P_g$ によって表される非特殊因子 $B = P_1 + \cdots + P_g$ を一つ固定する．
 (ii) すべての $\omega \in \Delta_F^{(2)}$ に対して，$\omega - \omega^*$ が完全となるような唯一つの微分 $\omega^* \in \Omega_F(-2B)$ が存在することを示せ．
 (iii) ω^* を (ii) で定義されたものとするとき，写像 $f : \omega \mapsto \omega^*$ は $\Delta_F^{(2)}$ から $\Delta_F^{(2)} \cap \Delta_F(-2B)$ の上への全射である K-線形写像であり，その核は $\Delta_F^{(\mathrm{ex})}$ であることを示せ．結論として次が成り立つ．
$$\dim_K(\Delta_F^{(2)}/\Delta_F^{(\mathrm{ex})}) = \dim_K(\Delta_F^{(2)} \cap \Delta_F(-2B)).$$
 (iv) $i = 1, \ldots, g$ に対して P_i の素元 $t_i \in F$ を固定する．このとき，すべての $\omega \in \Delta_F^{(2)} \cap \Delta_F(-2B)$ は P_i-進ベキ級数展開
$$\omega = \left(a_{-2}^{(i)} t_i^{-2} + a_0^{(i)} + \sum_{j \geq 1} a_j^{(i)} t_i^j \right) dt_i$$
をもつ．ただし，$1 \leq i \leq g$ に対して $a_j^{(i)} \in K$ である．写像
$$\omega \longmapsto (a_{-2}^{(i)}, a_0^{(i)})_{i=1,\ldots,g}$$
は $\Delta_F^{(2)} \cap \Delta_F(-2B)$ から K^{2g} の上への同型写像を定義することを示せ．

(v) 結論として，$\dim_K(\Delta_F^{(2)}/\Delta_F^{(\mathrm{ex})}) = 2g$ であることを示せ．

4.11 $\operatorname{char} K = p > 0$ とする．F/M が次数 $[F:M] = p$ の純非分離拡大となるような唯一の部分体 $M \subseteq F$ が存在することを思い出そう．すなわち，$M = F^p$ である．以下においては，F/K の分離元 x を固定する．

(i) すべての元 $z \in F$ は次の形に一意的に表されることを示せ．
$$z = \sum_{i=0}^{p-1} u_i^p x^i, \quad u_0, \ldots, u_{p-1} \in F.$$

(ii) $z \in F$ が上の表現をもつものとすれば，次が成り立つことを示せ．
$$\frac{dz}{dx} = \sum_{i=1}^{p-1} i\, u_i^p x^{i-1}.$$

(iii) F/K の導分 η と $n \geq 1$ に対して $\eta^n := \eta \circ \cdots \circ \eta$（$n$ 回の合成）と定義する．このとき，$\delta_x^p = 0$ が成り立つことを示せ．

(iv) すべての導分 $\delta \in \operatorname{Der}_F$ に対して $\delta^p = 0$ は成り立つか？

4.12 $\operatorname{char} K = p > 0$ とし，分離元 $x \in F$ を固定する．このとき，すべての微分 $\omega \in \Delta_F$ は次のような一意的な表現をもつ．
$$\omega = (u_0^p + u_1^p x + \cdots + u_{p-1}^p x^{p-1})\, dx, \quad u_0, \ldots, u_{p-1} \in F.$$

演習問題 4.11 を参照せよ．次に，
$$C(\omega) := u_{p-1} dx$$
によって，写像 $C: \Delta_F \to \Delta_F$ を定義する．この写像は**カルティエ作用素**（Cartier operator）と呼ばれている．この定義は元 x に依存しているようにみえる．しかし，演習問題 4.13 において，実際これは x の選び方に依存しないことが示される．

すべての $\omega, \omega_1, \omega_2 \in \Delta_F$ とすべての元 $z \in F$ に対して，C が次の性質をもつことを証明せよ．

(i) $C(\omega_1 + \omega_2) = C(\omega_1) + C(\omega_2)$.
(ii) $C(z^p \omega) = z C(\omega)$.
(iii) $C: \Delta_F \to \Delta_F$ は全射である．
(iv) $C(\omega) = 0$ であるための必要十分条件は，ω が完全になることである．
(v) $0 \neq z \in F$ ならば，$C(dz/z) = dz/z$ が成り立つ．

■**ヒント**■ (i)〜(iv) の証明は容易である．(v) を証明するために，次のようにすることもできる．(ii) により，$C(dz/z) = dz/z$ であるための必要十分条件は $C(z^{p-1}dz) = dz$ で

あることに注意しよう．そこで，次の集合
$$M := \{\, z \in F \mid C(z^{p-1}dz) = dz \,\}$$
を考え，以下のことを示せ．
  (a) $F^p \subseteq M$ であり，また $x \in M$ である．
  (b) $0 \neq z \in M$ ならば，$z^{-1} \in M$ である．
  (c) $z \in M$ ならば，$z + 1 \in M$ である．
  (d) $z_1, z_2 \in M$ ならば，$z_1 z_2 \in M$ かつ $z_1 + z_2 \in M$ である．
  (e) $M = F$ であることを導けば，これより (v) の証明は完成する．

[4.13]　$\operatorname{char} K = p > 0$ として，$C^* : \Delta_F \to \Delta_F$ は以下の性質をもつ写像であると仮定する．すなわち，すべての $\omega, \omega_1, \omega_2 \in \Delta_F$ とすべての $z \in F$ に対して次が成り立つ．
 (i) $C^*(\omega_1 + \omega_2) = C^*(\omega_1) + C^*(\omega_2)$.
 (ii) $C^*(z^p \omega) = z C^*(\omega)$.
 (iii) $C^*(dz) = 0$.
 (iv) $0 \neq z \in F$ ならば，$C^*(dz/z) = dz/z$ が成り立つ．
このとき，$C^* = C$ となることを示せ．ただし，C は演習問題 4.12 で定義されたものである．このことは，特にカルティエ作用素の定義は分離元 x の選び方に依存しないことを意味している．

[4.14]　$\operatorname{char} K = p > 0$ とする．カルティエ作用素の次の性質を証明せよ．すべての $\omega \in \Delta_F$ と $P \in \mathbb{P}_F$ に対して，次が成り立つ．
 (i) $v_P(\omega) \geq 0 \implies v_P(C(\omega)) \geq 0$.
 (ii) $v_P(\omega) = -1 \implies v_P(C(\omega)) = -1$.
 (iii) $v_P(\omega) \leq -1 \implies v_P(C(\omega)) > v_P(\omega)$.
 (iv) $v_P(\Delta_F^{(1)}) \subseteq \Delta_F^{(1)}$.
 (v) P が F/K の次数 1 の座ならば，$\operatorname{res}_P(\omega) = \operatorname{res}_P(C(\omega))^p$ が成り立つ．

[4.15]　K は代数的閉体で，かつ $\operatorname{char} K = p > 0$ とする．
 (i) $\dim_K(\Delta_F^{(2)}/\Delta_F^{(\mathrm{ex})}) = g$ であることを示せ．
 (ii) $\dim_K(\Delta_F^{(\mathrm{rf})}/\Delta_F^{(\mathrm{ex})}) = \infty$ であることを示せ．
これらの結果を演習問題 4.10 と比較せよ．
■ヒント■ $\Delta_F^{(\mathrm{ex})}$ はカルティエ作用素の核であるという事実を用いる．

[4.16]　$\operatorname{char} K = p > 0$ とする．微分 $\omega \in \Omega_F$ は，適当な元 $0 \neq x \in F$ により $\omega = dx/x$ と表されるとき，**対数的** (logarithmic) であるという．
$$\Lambda := \{\, \omega \in \Omega_F \mid (\omega) \geq 0 \ \text{かつ}\ \omega \text{は対数的} \,\}$$

と定義する．このとき，以下を示せ．
  (i) Λ は $\Delta_F(0)$ の加法部分群である．すなわち，Λ は素体 $\mathbb{F}_p$ 上のベクトル空間である．
  (ii) $\omega_1,\ldots,\omega_m \in \Lambda$ が $\mathbb{F}_p$ 上 1 次独立ならば，それらは K 上 1 次独立である．
  (iii) Λ は位数 p^s の有限群である．ただし，$0 \leq s \leq g$ である（通常のように，g は F/K の種数を表す）．

$\boxed{4.17}$　$\operatorname{char} K = p > 0$ とする．微分 $\omega \in \Omega_F$ が対数的であるための必要十分条件は，$C(\omega) = \omega$ となることである．これを示せ．

$\boxed{4.18}$　$\operatorname{char} K = p > 0$ とする．F/K の因子類群 $\operatorname{Cl}(F)$ を考え，以下の部分群を定義する．
$$\operatorname{Cl}(F)(p) := \{\,[A] \in \operatorname{Cl}(F) \mid p[A] = 0\,\}.$$
写像 $f : \operatorname{Cl}(F)(p) \to \Delta_F$ を定義したい．$[A] \in \operatorname{Cl}(F)(p)$ に対して，$\operatorname{Cl}(F)(p)$ の定義によって，$pA = (x)$ をみたすある元 $0 \neq x \in F$ が存在する．$f([A]) := dx/x$ とおく．このとき，以下を示せ．
  (i) f は $\operatorname{Cl}(F)(p)$ から Λ への矛盾なく定義された群の準同型写像である（Λ は演習問題 4.17 において定義されたものである）．
  (ii) f は $\operatorname{Cl}(F)(p)$ から Λ への同型写像である．これより，$\operatorname{Cl}(F)(p)$ は $0 \leq s \leq g$ として位数 p^s の有限群であると結論することができる．

▎注意▎ K が代数的閉体ならば，この数 s は F/K の **p-階数**（p-rank）（または，**ハッセ・ヴィット階数**（Hasse-Witt rank））と呼ばれている．関数体は $s = g$（または $s < g$）であるとき**正則**（または**特異**）であるといい，$s = 0$ であるとき**超特異**（super singular）であるという．

第 5 章

有限定数体上の代数関数体

これまでの章においては，完全体である任意の定数体 K 上の代数関数論を展開した．そこで，本章では有限定数体の場合を詳細に考察したい．有限体は完全体であるから，第 3 章と第 4 章のすべての結果を適用できることに注意しよう．ここでは主に有限体上の関数体における次数 1 の座に興味がある．それらの個数は有限であり，ハッセ・ヴェイユ限界によって評価される（定理 5.2.3 を参照せよ）．この限界は数論的に多くの潜在的重要性をもち，代数関数体を符号理論に応用する際に非常に重要な役割を果たす．第 8 章や第 9 章を参照せよ．

本章を通して，F は種数 g の代数関数体を表し，その定数体は有限体 $\mathbb{F}_q$ であるとする．

5.1 関数体のゼータ関数

第 1 章と同様に，$\mathrm{Div}(F)$ は関数体 $F/\mathbb{F}_q$ の因子群を表す．因子 $A = \sum_{P \in \mathbb{P}_F} a_P P$ はすべての $P \in \mathbb{P}_F$ に対して $a_P \geq 0$ であるとき，「正」であるという（すなわち「正因子」），$A \geq 0$ と書く．

補題 5.1.1 すべての $n \geq 0$ に対して次数 n の正因子が存在し，それらは有限個である．

【証明】 正因子は素因子の和である．ゆえに，集合 $S := \{P \in \mathbb{P}_F \mid \deg P \leq n\}$ が有限であることを示せば十分である．元 $x \in F \setminus \mathbb{F}_q$ を選び，$S_0 := \{P_0 \in \mathbb{P}_{\mathbb{F}_q(x)} \mid \deg P_0 \leq n\}$ という集合を考える．明らかに，すべての $P \in S$ に対して $P \cap \mathbb{F}_q(x) \in S_0$ であり，任意の $P_0 \in S_0$ は F において有限個の拡張しかもたない．したがって，S_0 が有限であることを示せばよい．$\mathbb{F}_q(x)$ の座は（x の極を除いて）同じ次数の既約なモニック多項式 $p(x) \in \mathbb{F}_q[x]$ に対応しているから（1.2 節参照），S_0 が有限であることは容易に導かれる． □

これまでの章において定義したいくつかの記号を確認しておこう．$\operatorname{Princ}(F)$ は，すべての主因子 $(x) = \sum_{P \in \mathbb{P}_F} v_P(x) \cdot P$ $(0 \neq x \in F)$ からなる $\operatorname{Div}(F)$ の部分群を表し，剰余群 $\operatorname{Cl}(F) = \operatorname{Div}(F)/\operatorname{Princ}(F)$ を $F/\mathbb{F}_q$ の「因子類群」という．二つの因子 $A, B \in \operatorname{Div}(F)$ は，適当な主因子 $(x) \in \operatorname{Princ}(F)$ により $B = A + (x)$ と表されるとき，同値であるという（$A \sim B$ と書く）．因子類群 $\operatorname{Cl}(F)$ における A の同値類は $[A]$ で表される．すると，$A \sim B \iff A \in [B] \iff [A] = [B]$ が成り立つ．同値である因子は同じ次数と同じ次元をもち，ゆえに因子類 $[A] \in \operatorname{Cl}(F)$ に対して，整数

$$\deg[A] := \deg A \quad \text{と} \quad \ell([A]) := \ell(A)$$

は矛盾なく定義される．

定義 5.1.2 集合
$$\operatorname{Div}^0(F) := \{A \in \operatorname{Div}(F) \mid \deg A = 0\}$$
は明らかに $\operatorname{Div}(F)$ の部分群であり，これを**次数 0 の因子群**といい，集合
$$\operatorname{Cl}^0(F) := \{[A] \in \operatorname{Cl}(F) \mid \deg[A] = 0\}$$
は**次数 0 の因子類群**という．

命題 5.1.3 $\operatorname{Cl}^0(F)$ は有限群である．その位数 $h = h_F$ を $F/\mathbb{F}_q$ の**類数**（class number）という．すなわち，
$$h := h_F := \operatorname{ord} \operatorname{Cl}^0(F).$$

【証明】 次数 $\geq g$ の因子 $B \in \operatorname{Div}(F)$ を選び，$n := \deg B$ とおく．因子類の集合
$$\operatorname{Cl}^n(F) := \{[C] \in \operatorname{Cl}(F) \mid \deg[C] = n\}$$
を考える．次の写像
$$\begin{cases} \operatorname{Cl}^0(F) & \longrightarrow & \operatorname{Cl}^n(F), \\ [A] & \longmapsto & [A + B] \end{cases}$$

は全単射である（これは自明である）．したがって，$\mathrm{Cl}^n(F)$ が有限であることを確かめればよい．ここで，次のことを示す．

$$\text{任意の因子類 } [C] \in \mathrm{Cl}^n(F) \text{ に対して，} \\ A \geq 0 \text{ をみたす因子 } A \in [C] \text{ が存在する．} \tag{5.1}$$

実際，$\deg C = n \geq g$ であるから，リーマン・ロッホの定理により

$$\ell([C]) \geq n + 1 - g \geq 1 \tag{5.2}$$

が成り立つ．すると，主張 (5.1) は式 (5.2) と注意 1.4.5 (b) から導かれる．次数 n の因子 $A \geq 0$ は（補題 5.1.1 より）有限個のみ存在し，ゆえに主張 (5.1) より $\mathrm{Cl}^n(F)$ は有限であることが分かる． □

以下の式によって，整数 $\partial > 0$ を定義する．

$$\partial := \min\{\deg A \mid A \in \mathrm{Div}(F) \text{ かつ } \deg A > 0\}. \tag{5.3}$$

次数写像 $\deg : \mathrm{Div}(F) \to \mathbb{Z}$ の像は ∂ により生成される $\mathbb{Z}$ の部分群であり，$F/\mathbb{F}_q$ の任意の因子の次数は ∂ の倍数である．

以下において，次の式により定義される数を調べる．

$$A_n := |\,\{A \in \mathrm{Div}(F) \mid A \geq 0 \text{ かつ } \deg A = n\}\,|. \tag{5.4}$$

たとえば，$A_0 = 1$ であり，A_1 は次数 1 の座 $P \in \mathbb{P}_F$ の個数である．

補題 5.1.4

(a) $\partial \nmid n$ ならば，$A_n = 0$ である．

(b) 固定された因子類 $[C] \in \mathrm{Cl}(F)$ に対して，次が成り立つ．

$$|\,\{A \in [C] \mid A \geq 0\}\,| = \frac{1}{q-1}(q^{\ell([C])} - 1).$$

(c) $\partial \mid n$ をみたす任意の整数 $n > 2g - 2$ に対して，次が成り立つ．

$$A_n = \frac{h}{q-1}(q^{n+1-g} - 1).$$

【証明】

(a) 明らかである．

(b) $A \in [C]$ かつ $A \geq 0$ であるという条件は，次と同値である．

$(x) \geq -C$ をみたすある元 $x \in F$ により, $A = (x) + C$ と表される.

すなわち, $x \in \mathscr{L}(C) \setminus \{0\}$ である. ちょうど $q^{\ell([C])} - 1$ 個の元 $x \in \mathscr{L}(C) \setminus \{0\}$ が存在する. それらの二つが同じ因子を与えるための必要十分条件は, それらが定数因数 $0 \neq \alpha \in \mathbb{F}_q$ だけ異なることである. これより (b) が示される.

(c) 次数 n の因子類が $h = h_F$ 個あり, それらを $[C_1], \ldots, [C_h]$ とする. (b) とリーマン・ロッホの定理により,

$$|\{A \in [C_j] \mid A \geq 0\}| = \frac{1}{q-1}(q^{\ell(C_j)} - 1) = \frac{1}{q-1}(q^{n+1-g} - 1).$$

次数が n である任意の因子は因子類 $[C_1], \ldots, [C_h]$ の唯一つの因子類に属する. したがって, 次の式を得る.

$$A_n = \sum_{j=1}^{h} |\{A \in [C_j] \,;\, A \geq 0\}| = \frac{h}{q-1}(q^{n+1-g} - 1). \qquad \square$$

定義 5.1.5 ベキ級数

$$Z(t) := Z_F(t) := \sum_{n=0}^{\infty} A_n t^n \in \mathbb{C}[[t]]$$

(A_n は式 (5.4) で定義されたもの) を $F/\mathbb{F}_q$ の**ゼータ関数** (zeta function) という.

ここで, t は複素変数とみなし, $Z(t)$ は (第 4 章で考察した P-進ベキ級数ではなく) 複素数体上のベキ級数と考える. さて, このベキ級数が 0 の近傍で収束することを示そう.

命題 5.1.6 ベキ級数 $Z(t) = \sum_{n=0}^{\infty} A_n t^n$ は $|t| < q^{-1}$ に対して収束する. より正確に言うと, $|t| < q^{-1}$ に対して次が成り立つ.

(a) $F/\mathbb{F}_q$ の種数が $g = 0$ ならば,

$$Z(t) = \frac{1}{q-1}\left(\frac{q}{1-(qt)^\partial} - \frac{1}{1-t^\partial}\right).$$

(b) $g \geq 1$ ならば, $Z(t) = F(t) + G(t)$ と表される. ただし, $F(t)$ は

$$F(t) = \frac{1}{q-1} \sum_{0 \leq \deg[C] \leq 2g-2} q^{\ell([C])} \cdot t^{\deg[C]}$$

であり (ここで, $[C]$ は $0 \leq \deg[C] \leq 2g-2$ であるすべての因子類 $[C] \in \mathrm{Cl}(F)$ を動く), また, $G(t)$ は次のようである.

$$G(t) = \frac{h}{q-1}\left(q^{1-g}(qt)^{2g-2+\partial}\frac{q}{1-(qt)^\partial} - \frac{1}{1-t^\partial}\right).$$

【証明】
(a) $g = 0$ とする．最初に，種数が零である関数体は類数 $h = 1$ である，すなわち，次数 0 のすべての因子 A は主因子であることを示す．この事実はリーマン・ロッホの定理から容易に導かれる．$0 > 2g - 2$ であるから，$\ell(A) = \deg A + 1 - g = 1$ が成り立つ．ゆえに，$(x) \geq -A$ をみたす元 $x \neq 0$ を見つけることができる．この二つの因子はともに次数 0 である．ゆえに，$A = -(x) = (x^{-1})$ は主因子となる．次に，補題 5.1.4 を適用すると，$|qt| < 1$ に対して次が得られる．

$$\sum_{n=0}^{\infty} A_n t^n = \sum_{n=0}^{\infty} A_{\partial_n} t^{\partial_n}$$
$$= \sum_{n=0}^{\infty} \frac{1}{q-1}(q^{\partial_n + 1} - 1) t^{\partial_n}$$
$$= \frac{1}{q-1}\left(q \sum_{n=0}^{\infty} (qt)^{\partial_n} - \sum_{n=0}^{\infty} t^{\partial_n}\right)$$
$$= \frac{1}{q-1}\left(\frac{q}{1-(qt)^{\partial}} - \frac{1}{1-t^{\partial}}\right).$$

(b) $g \geq 1$ に対して，まったく同様の計算から以下の式が得られる．

$$\sum_{n=0}^{\infty} A_n t^n = \sum_{\deg[C] \geq 0} |\{A \in [C]\,;\, A \geq 0\}| \cdot t^{\deg[C]} = \sum_{\deg[C] \geq 0} \frac{q^{\ell([C])} - 1}{q-1} \cdot t^{\deg[C]}$$
$$= \frac{1}{q-1} \sum_{0 \leq \deg[C] \leq 2g-2} q^{\ell([C])} \cdot t^{\deg[C]} + \frac{1}{q-1} \sum_{\deg[C] > 2g-2} q^{\deg[C]+1-g} \cdot t^{\deg[C]}$$
$$- \frac{1}{q-1} \sum_{\deg[C] \geq 0} t^{\deg[C]} = F(t) + G(t).$$

ただし，$F(t)$ は

$$F(t) = \frac{1}{q-1} \sum_{0 \leq \deg[C] \leq 2g-2} q^{\ell([C])} \cdot t^{\deg[C]}$$

であり，$G(t)$ は次のようである．

$$(q-1)G(t) = \sum_{n=((2g-2)/\partial)+1}^{\infty} h q^{n\partial + 1 - g} \cdot t^{n\partial} - \sum_{n=0}^{\infty} h t^{n\partial}$$
$$= h q^{1-g} (qt)^{2g-2+\partial} \frac{1}{1-(qt)^{\partial}} - h \frac{1}{1-t^{\partial}}. \qquad \square$$

系 5.1.7 $Z(t)$ は $\mathbb{C}$ 上の有理関数に拡張することができる．この関数は $t = 1$ において単純な極をもつ．

【証明】 $1/(1-t^\partial)$ は $t=1$ において単純な極をもつから,これは明らかである. □

有限な定数拡大による $F/\mathbb{F}_q$ のゼータ関数の挙動を調べるために,無限積として $Z(t)$ のもう一つの表現を考えると都合がよい.($a_i \neq -1$ を複素数とする) 無限積 $\prod_{i=1}^\infty (1+a_i)$ は,$\lim_{n\to\infty} \prod_{i=1}^n (1+a_i) = a \neq 0$ となるとき極限値 $a \in \mathbb{C}$ に**収束する**ことを思い出そう.また,$\sum_{i=1}^\infty |a_i| < \infty$ であるとき,この積は**絶対収束する** (absolutely convergent) という.解析学より,絶対収束すればその積は収束し,絶対収束する積の極限は因数の順序に無関係であることがよく知られている.さらに,積 $\prod_{i=1}^\infty (1+a_i) = a$ が絶対収束するならば,$\prod_{i=1}^\infty (1+a_i)^{-1}$ も絶対収束し,$\prod_{i=1}^\infty (1+a_i)^{-1} = a^{-1}$ となる.

命題 5.1.8 (オイラー積) $|t| < q^{-1}$ に対して,ゼータ関数は絶対収束する積として次のように表現される.

$$Z(t) = \prod_{P \in \mathbb{P}_F} (1 - t^{\deg P})^{-1}. \tag{5.5}$$

特に,$|t| < q^{-1}$ に対して $Z(t) \neq 0$ である.

【証明】 命題 5.1.6 より,$\sum_{P \in \mathbb{P}_F} |t|^{\deg P} \leq \sum_{n=0}^\infty A_n |t|^n < \infty$ であるから,式 (5.5) の右辺は $|t| < q^{-1}$ に対して絶対収束する.式 (5.5) の各因数は幾何級数として表すことができるので,次のように計算される.

$$\prod_{P \in \mathbb{P}_F} (1 - t^{\deg P})^{-1} = \prod_{P \in \mathbb{P}_F} \sum_{n=0}^\infty t^{\deg(nP)}$$
$$= \sum_{A \in \mathrm{Div}(F), A \geq 0} t^{\deg A} = \sum_{n=0}^\infty A_n t^n = Z(t). \quad \square$$

以下において,$\mathbb{F}_q$ の代数的閉包 $\overline{\mathbb{F}}_q$ を固定し,$F/\mathbb{F}_q$ の定数拡大 $\bar{F} = F\overline{\mathbb{F}}_q$ を考える.任意の $r \geq 1$ に対して,$\mathbb{F}_{q^r} \subseteq \overline{\mathbb{F}}_q$ をみたす次数 r の拡大 $\mathbb{F}_{q^r}/\mathbb{F}_q$ が唯一つ存在するので,次のようにおく.

$$F_r := F\mathbb{F}_{q^r} \subseteq \bar{F}.$$

補題 5.1.9
(a) F_r/F は次数 r の巡回拡大である (すなわち,F_r/F は位数 r の巡回ガロア群をもつガロア拡大である).ガロア群 $\mathrm{Gal}(F_r/F)$ は,$\sigma(\alpha) = \alpha^q$ により $\mathbb{F}_{q^r}$ 上に作用するフロベニウス自己同型写像により生成される.
(b) $\mathbb{F}_{q^r}$ は F_r の完全定数体である.
(c) $F_r/\mathbb{F}_{q^r}$ は $F/\mathbb{F}_q$ と同じ種数をもつ.

(d) $P \in \mathbb{P}_F$ を次数 m の座とする．このとき，$d := \gcd(m,r)$ 個の相異なる座 $P_i \in \mathbb{P}_{F_r}$ であり，かつ $\deg P_i = m/d$ をみたすものが存在して，$\mathrm{Con}_{F_r/F}(P) = P_1 + \cdots + P_d$ と表される．

【証明】
(a) $\mathbb{F}_{q^r}/\mathbb{F}_q$ が次数 r の巡回拡大であり，そのガロア群はフロベニウス写像 $\alpha \mapsto \alpha^q$ により生成されることはよく知られている．補題 3.6.2 によって，$[F_r : F] = [\mathbb{F}_{q^r} : \mathbb{F}_q]$ が成り立つので，主張 (a) はこれよりすぐに得られる．
(b) 命題 3.6.1 と定理 3.6.3 を参照せよ．
(c) 命題 3.6.1 と定理 3.6.3 を参照せよ．
(d) P は F_r/F において不分岐である．定理 3.6.3 を参照せよ．P 上にある座 $P' \in \mathbb{P}_{F_r}$ を考える．P' の剰余体は，定理 3.6.3 (g) により，$\mathbb{F}_{q^r}$ と P の剰余体 F_P の合成体である．$l := \mathrm{lcm}(m,r)$ とおく．すると，$F_P = \mathbb{F}_{q^m}$ であるから，この合成体は次のように表される．
$$\mathbb{F}_{q^m} \cdot \mathbb{F}_{q^r} = \mathbb{F}_{q^l}.$$
したがって，
$$\deg P' = [\mathbb{F}_{q^l} : \mathbb{F}_{q^r}] = m/d.$$
$\deg(\mathrm{Con}_{F_r/F}(P)) = \deg P = m$ であるから（定理 3.6.3 (c) 参照），結論として，次数 m/d の座 P_i によって $\mathrm{Con}_{F_r/F}(P) = P_1 + \cdots + P_d$ と表される． $\square$

次の命題を証明するために，単純な多項式の恒等式が必要になる．すなわち，$m \geq 1$ と $r \geq 1$ は整数で，$d = \gcd(m,r)$ とすると，次が成り立つ．
$$(X^{r/d} - 1)^d = \prod_{\zeta^r = 1}(X - \zeta^m). \tag{5.6}$$
ただし，ζ は $\mathbb{C}$ において 1 のすべての r-乗根上を動くものとする．実際，式 (5.6) の両辺は同じ次数のモニック多項式であり，1 の任意の (r/d)-乗根はそれらの d-乗根である．ゆえにこれらの多項式は一致する．式 (5.6) で，$X = t^{-m}$ を代入して t^{mr} をかけると次式を得る．
$$(1 - t^{mr/d})^d = \prod_{\zeta^r = 1}(1 - (\zeta t)^m). \tag{5.7}$$

命題 5.1.10 $Z(t)$（または $Z_r(t)$）は F（または $F_r = F\mathbb{F}_{q^r}$）のゼータ関数を表す．このとき，すべての $t \in \mathbb{C}$ に対して次が成り立つ．
$$Z_r(t^r) = \prod_{\zeta^r = 1} Z(\zeta t) \tag{5.8}$$
（ζ は 1 のすべての r-乗根上を動く）．

【証明】 $|t| < q^{-1}$ に対して式 (5.8) を示せば十分である．この領域において，オイラー積の表現より

$$Z_r(t^r) = \prod_{P \in \mathbb{P}_F} \prod_{P'|P}(1 - t^{r \cdot \deg P'})^{-1} \tag{5.9}$$

が得られる．固定した座 $P \in \mathbb{P}_F$ に対して，$m := \deg P$ かつ $d := \gcd(r, m)$ とおく．すると，式 (5.7) と補題 5.1.9 より，次の式が得られる．

$$\prod_{P'|P}(1 - t^{r \cdot \deg P'}) = (1 - t^{rm/d})^d$$

$$= \prod_{\zeta^r=1}(1 - (\zeta t)^m) = \prod_{\zeta^r=1}(1 - (\zeta t)^{\deg P}).$$

式 (5.9) にこれを代入すると，求める等式が得られる．

$$Z_r(t^r) = \prod_{\zeta^r=1}\prod_{P \in \mathbb{P}_F}(1 - (\zeta t)^{\deg P})^{-1} = \prod_{\zeta^r=1} Z(\zeta t). \qquad \square$$

系 5.1.11 (F. K. シュミット) $\partial = 1$ が成り立つ．

【証明】 $\zeta^\partial = 1$ に対して，次が成り立つ．

$$Z(\zeta t) = \prod_{P \in \mathbb{P}_F}(1 - (\zeta t)^{\deg P})^{-1} = \prod_{P \in \mathbb{P}_F}(1 - t^{\deg P})^{-1} = Z(t).$$

なぜなら，すべての $P \in \mathbb{P}_F$ に対して，∂ は P の次数を割り切るからである．ゆえに，命題 5.1.10 より $Z_\partial(t^\partial) = Z(t)^\partial$ が成り立つ．系 5.1.7 より，有理関数 $Z_\partial(t^\partial)$ は $t = 1$ において単純な極をもち，$Z(t)^\partial$ は $t = 1$ において位数 ∂ の極をもつ．したがって，$\partial = 1$ である． $\square$

系 5.1.12

(a) 種数 0 のすべての関数体 $F/\mathbb{F}_q$ は有理的であり，そのゼータ関数は次のようである．

$$Z(t) = \frac{1}{(1-t)(1-qt)}.$$

(b) $F/\mathbb{F}_q$ が種数 $g \geq 1$ の関数体ならば，そのゼータ関数は $Z(t) = F(t) + G(t)$ という形に表される．ただし，

$$F(t) = \frac{1}{q-1}\sum_{0 \leq \deg[C] \leq 2g-2} q^{\ell([C])} \cdot t^{\deg[C]},$$

かつ

$$G(t) = \frac{h}{q-1}\left(q^g t^{2g-1}\frac{1}{1-qt} - \frac{1}{1-t}\right).$$

【証明】 次数 1 の因子をもつ種数 0 の関数体は有理的である．命題 1.6.3 を参照せよ．残りの主張については命題 5.1.6 において $\partial = 1$ とすればよい． □

命題 5.1.13（ゼータ関数の関数方程式） $F/\mathbb{F}_q$ のゼータ関数は次のような関数方程式を満足する．
$$Z(t) = q^{g-1} t^{2g-2} Z\Big(\frac{1}{qt}\Big).$$

【証明】 $g = 0$ については系 5.1.12 (a) から明らかである．$g \geq 1$ に対して，系 5.1.12 (b) のように $Z(t) = F(t) + G(t)$ と表す．W を F の標準因子とする．このとき，次のように計算できる．

$$\begin{aligned}
(q-1)F(t) &= \sum_{0 \leq \deg [C] \leq 2g-2} q^{\ell([C])} \cdot t^{\deg [C]} \\
&= \sum_{0 \leq \deg [C] \leq 2g-2} q^{\deg [C]+1-g+\ell([W-C])} \cdot t^{\deg [C]} \\
&= q^{g-1} t^{2g-2} \sum_{0 \leq \deg [C] \leq 2g-2} q^{\deg [C]-(2g-2)+\ell([W-C])} \cdot t^{\deg [C]-(2g-2)} \\
&= q^{g-1} t^{2g-2} \sum_{0 \leq \deg [C] \leq 2g-2} q^{\ell([W-C])} \cdot \Big(\frac{1}{qt}\Big)^{\deg [W-C]} \\
&= q^{g-1} t^{2g-2} (q-1) F\Big(\frac{1}{qt}\Big). \tag{5.10}
\end{aligned}$$

上式において，$\deg W = 2g - 2$ を用いた．$[C]$ が $0 \leq \deg[C] \leq 2g - 2$ をみたすすべての因子類上を動けば，$[W - C]$ もそうである．関数 $G(t)$ については次のように計算される．

$$\begin{aligned}
q^{g-1} t^{2g-2} G\Big(\frac{1}{qt}\Big) &= \frac{h}{q-1} q^{g-1} t^{2g-2} \left(q^g \Big(\frac{1}{qt}\Big)^{2g-1} \frac{1}{1-q\frac{1}{qt}} - \frac{1}{1-\frac{1}{qt}} \right) \\
&= \frac{h}{q-1} \left(\frac{1}{t} \frac{1}{1-\frac{1}{t}} - \frac{q^g t^{2g-1}}{qt(1-\frac{1}{qt})} \right) = G(t). \tag{5.11}
\end{aligned}$$

式 (5.10) と式 (5.11) を足すと，$Z(t)$ に対する関数方程式が得られる． □

定義 5.1.14 多項式 $L(t) := L_F(t) := (1-t)(1-qt)Z(t)$ を $F/\mathbb{F}_q$ の **L-多項式**（L-polynomial）という．

系 5.1.12 によって，$L(t)$ は次数 $\leq 2g$ の多項式であることは明らかである．また，
$$L(t) = (1-t)(1-qt) \sum_{n=0}^{\infty} A_n t^n \tag{5.12}$$

という形に表されるので，$L(t)$ が整数 A_n $(n \geq 0)$ に関するすべての情報を含んでいることに注意しよう．

定理 5.1.15
(a) $L(t) \in \mathbb{Z}[t]$ であり，かつ $\deg L(t) = 2g$ である．
(b) (関数方程式) $L(t) = q^g t^{2g} L(1/qt)$．
(c) $L(1) = h$ であり，これは $F/\mathbb{F}_q$ の類数である．
(d) $L(t) = a_0 + a_1 t + \cdots + a_{2g} t^{2g}$ と表す．このとき，次が成り立つ．
　(1) $a_0 = 1$, $a_{2g} = q^g$．
　(2) $a_{2g-i} = q^{g-i} a_i$, $0 \leq i \leq g$．
　(3) $a_1 = N - (q+1)$ が成り立つ．ただし，N は次数 1 の座 $P \in \mathbb{P}_F$ の個数である．
(e) $L(t)$ は $\mathbb{C}[t]$ において次の形に分解する．

$$L(t) = \prod_{i=1}^{2g} (1 - \alpha_i t). \tag{5.13}$$

複素数 $\alpha_1, \ldots, \alpha_{2g}$ は代数的整数であり，それらは $i = 1, \ldots, g$ に対して $\alpha_i \alpha_{g+i} = q$ が成り立つように並べることができる．(複素数 α は，$c_i \in \mathbb{Z}$ を係数とする方程式 $\alpha^m + c_{m-1} \alpha^{m-1} + \cdots + c_1 \alpha + c_0 = 0$ をみたすとき**代数的整数** (algebraic integer) であるという．)

(f) $L_r(t) := (1-t)(1-q^r t) Z_r(t)$ が定数拡大 $F_r = F \mathbb{F}_{q^r}$ の L-多項式を表すとき，次が成り立つ．

$$L_r(t) = \prod_{i=1}^{2g} (1 - \alpha_i^r t).$$

ただし，α_i は式 (5.13) により与えられたものである．

【証明】 $g = 0$ に対して，すべての主張は明らかであるから，以下においては $g \geq 1$ と仮定することができる．
(a) すでに，$L(t)$ が次数 $\leq 2g$ の多項式であることは注意した．(d) において，その最高次係数は q^g であることを示す．ゆえに，$\deg L(t) = 2g$ である．主張 $L(t) \in \mathbb{Z}[t]$ は係数を比較することにより，式 (5.12) から導かれる．
(b) これはゼータ関数に対する関数方程式にほかならない．命題 5.1.13 を参照せよ．
(c) 系 5.1.12 (b) の記号によって，

$$L(t) = (1-t)(1-qt) F(t) + \frac{h}{q-1} \left(q^g t^{2g-1} (1-t) - (1-qt) \right)$$

が成り立つ．ゆえに，$L(1) = h$ である．

(d) $L(t) = a_0 + a_1 t + \cdots + a_{2g} t^{2g}$ と表す.関数方程式 (b) より,

$$L(t) = q^g t^{2g} L\Big(\frac{1}{qt}\Big) = \frac{a_{2g}}{q^g} + \frac{a_{2g-1}}{q^{g-1}} t + \cdots + q^g a_0 t^{2g}$$

が成り立つ.したがって,$i = 0, \ldots, g$ に対して $a_{2g-i} = q^{g-i} a_i$ が成り立ち,(2) が示された.式 (5.12) における t^0 と t^1 の係数を比較して,$a_0 = A_0$ と $a_1 = A_1 - (q+1) A_0$ が分かる.$A_0 = 1$ であり,かつ $A_1 = N$ であるから(これは A_n の定義より明らかである.式 (5.4) を参照せよ),$a_0 = 1$ と $a_1 = N - (q+1)$ を得る.最終的に,(2) より $a_{2g} = q^g a_0 = q^g$ であることが分かる.

(e) 次の相反多項式を考える.

$$L^{\perp}(t) := t^{2g} L\Big(\frac{1}{t}\Big) = a_0 t^{2g} + a_1 t^{2g-1} + \cdots + a_{2g} = t^{2g} + a_1 t^{2g-1} + \cdots + q^g. \quad (5.14)$$

相反多項式 $L^{\perp}(t)$ は $\mathbb{Z}$ に係数をもつモニック多項式であるから,その根は代数的整数である.次のように表す.

$$L^{\perp}(t) = \prod_{i=1}^{2g}(t - \alpha_i), \quad \alpha_i \in \mathbb{C}.$$

したがって,

$$L(t) = t^{2g} L^{\perp}\Big(\frac{1}{t}\Big) = \prod_{i=1}^{2g}(1 - \alpha_i t).$$

$i = 1, \ldots, 2g$ に対して $L(\alpha_i^{-1}) = 0$ であること,また

$$\prod_{i=1}^{2g} \alpha_i = q^g$$

が成り立つことに注意しよう.$t = qu$ を代入して,関数方程式 (b) を用いると,以下の式を得る.

$$\prod_{i=1}^{2g}(t - \alpha_i) = L^{\perp}(t) = t^{2g} L\Big(\frac{1}{t}\Big)$$

$$= q^{2g} u^{2g} L\Big(\frac{1}{qu}\Big) = q^g L(u) = q^g \cdot \prod_{j=1}^{2g}(1 - \alpha_j u)$$

$$= q^g \cdot \prod_{j=1}^{2g}\Big(1 - \frac{\alpha_j}{q} t\Big) = q^g \cdot \prod_{j=1}^{2g} \frac{\alpha_j}{q} \cdot \prod_{j=1}^{2g}\Big(t - \frac{q}{\alpha_j}\Big)$$

$$= \prod_{j=1}^{2g}\Big(t - \frac{q}{\alpha_j}\Big).$$

ゆえに，$L^\perp(t)$ の根を次のように並べ替えることができる．

$$\alpha_1, \frac{q}{\alpha_1}, \ldots, \alpha_k, \frac{q}{\alpha_k}, q^{1/2}, \ldots, q^{1/2}, -q^{1/2}, \ldots, -q^{1/2}.$$

ここで，$q^{1/2}$ は m 回現れ，$-q^{1/2}$ は n 回現れる．式 (5.14) より，

$$\alpha_1 \cdot \frac{q}{\alpha_1} \cdot \cdots \cdot \alpha_k \cdot \frac{q}{\alpha_k} \cdot (q^{1/2})^m \cdot (-q^{1/2})^n = q^g.$$

したがって，n は偶数である．$n + m + 2k = 2g$ であるから，m もまた偶数である．それゆえ，$\alpha_1, \ldots, \alpha_{2g}$ を，$i = 1, \ldots, g$ に対して $\alpha_i \alpha_{g+i} = q$ となるように並べることができる．

(f) 命題 5.1.10 を用いて，次の式を得る．

$$\begin{aligned}
L_r(t^r) &= (1-t^r)(1-q^r t^r) Z_r(t^r) = (1-t^r)(1-q^r t^r) \prod_{\zeta^r=1} Z(\zeta t) \\
&= (1-t^r)(1-q^r t^r) \prod_{\zeta^r=1} \frac{L(\zeta t)}{(1-\zeta t)(1-q\zeta t)} = \prod_{\zeta^r=1} L(\zeta t) \\
&= \prod_{i=1}^{2g} \prod_{\zeta^r=1} (1-\alpha_i \zeta t) = \prod_{i=1}^{2g} (1-\alpha_i^r t^r).
\end{aligned}$$

したがって，$L_r(t) = \prod_{i=1}^{2g}(1-\alpha_i^r t)$ を得る． □

上記の定理は，$F/\mathbb{F}_q$ の L-多項式 $L(t)$ が分かると，整数

$$N(F) := N = \big|\{P \in \mathbb{P}_F \,;\, \deg P = 1\}\big| \tag{5.15}$$

は容易に計算できることを示している．さらに一般的に，$r \geq 1$ に対して，整数

$$N_r := N(F_r) = \big|\{P \in \mathbb{P}_{F_r} \,;\, \deg P = 1\}\big| \tag{5.16}$$

を考える．ただし，$F_r = F\mathbb{F}_{q^r}$ は $F/\mathbb{F}_q$ の次数 r の定数拡大である．5.2 節において，次の結果が本質的な役割を果たす．

系 5.1.16 すべての $r \geq 1$ に対して次が成り立つ．

$$N_r = q^r + 1 - \sum_{i=1}^{2g} \alpha_i^r.$$

ただし，$\alpha_1, \ldots, \alpha_{2g} \in \mathbb{C}$ は $L(t)$ の根の逆数である．特に，$N_1 = N(F)$ であるから次が成り立つ．

$$N(F) = q + 1 - \sum_{i=1}^{2g} \alpha_i.$$

【証明】 定理 5.1.15 (d) より，$N_r - (q^r + 1)$ は L-多項式 $L_r(t)$ における t の係数である．一方，$L_r(t) = \prod_{i=1}^{2g}(1 - \alpha_i^r t)$ であるから，この係数は $-\sum_{i=1}^{2g} \alpha_i^r$ である． □

逆に，十分多くの r に対して整数 N_r が分かると，次のようにして $L(t)$ の係数を計算することができる．

系 5.1.17 $L(t) = \sum_{i=0}^{2g} a_i t^i$ を $F/\mathbb{F}_q$ の L-多項式とし，$S_r := N_r - (q^r + 1)$ とおく．このとき，以下が成り立つ．

(a) $L'(t)/L(t) = \sum_{r=1}^{\infty} S_r t^{r-1}$．
(b) $a_0 = 1$ であり，また $i = 1, \ldots, g$ に対して次が成り立つ．
$$i a_i = S_i a_0 + S_{i-1} a_1 + \cdots + S_1 a_{i-1}. \tag{5.17}$$

したがって，与えられた $N_1, \ldots, N_g$ に対して，式 (5.17) と等式 $a_{2g-i} = q^{g-i} a_i$ ($i = 0, \ldots, g$) より $L(t)$ を決定することができる．

【証明】
(a) 式 (5.13) におけるように，$L(t) = \prod_{i=1}^{2g}(1 - \alpha_i t)$ と表す．このとき，系 5.1.16 と S_r の定義より，求める式が得られる．

$$L'(t)/L(t) = \sum_{i=1}^{2g} \frac{-\alpha_i}{(1 - \alpha_i t)} = \sum_{i=1}^{2g}(-\alpha_i) \cdot \sum_{r=0}^{\infty} (\alpha_i t)^r$$
$$= \sum_{r=1}^{\infty} \left(\sum_{i=1}^{2g} -\alpha_i^r \right) t^{r-1} = \sum_{r=1}^{\infty} S_r t^{r-1}.$$

(b) 定理 5.1.15 より，$a_0 = 1$ であることは分かっている．(a) より次の式が得られる．

$$a_1 + 2a_2 t + \cdots + 2g a_{2g} t^{2g-1} = (a_0 + a_1 t + \cdots + a_{2g} t^{2g}) \cdot \sum_{r=1}^{\infty} S_r t^{r-1}.$$

$t^0, t^1, \ldots, t^{g-1}$ の係数を比較すると，式 (5.17) が得られる． □

5.2 ハッセ・ヴェイユの定理

本節においても 5.1 節のすべての記号を用いる．したがって，$F/\mathbb{F}_q$ は有限体 $\mathbb{F}_q$ 上種数 $g(F) = g$ の関数体を表す．

- $Z_F(t) = L_F(t)/(1-t)(1-qt)$ はゼータ関数．
- $\alpha_1, \ldots, \alpha_{2g}$ は $L_F(t)$ のすべての根の逆数．

- $N(F) = |\{P \in \mathbb{P}_F\,;\,\deg P = 1\}|$.
- $F_r = F\mathbb{F}_{q^r}$ は次数 r の定数拡大.
- $N_r = N(F_r)$.

本節の主要な結果は次の定理である.

定理 5.2.1（ハッセ・ヴェイユ） $L_F(t)$ のすべての根の逆数は次の式を満足する.

$$|\alpha_i| = q^{1/2}, \quad i = 1, \ldots, 2g.$$

注意 5.2.2 ハッセ・ヴェイユの定理は多くの場合，関数体に対する**リーマン仮説**（Riemann hypothesis）と呼ばれている．この表現について簡単に説明しよう．関数体 $F/\mathbb{F}_q$ のゼータ関数 $Z_F(t)$ は，次のようにして古典的なリーマン ζ-関数

$$\zeta(s) := \sum_{n=1}^{\infty} n^{-s} \tag{5.18}$$

の類似の式とみなすことができる（ここで, $s \in \mathbb{C}$ かつ $\mathrm{Re}(s) > 1$ である）．因子 $A \in \mathrm{Div}(F)$ の**絶対ノルム**（absolute norm）を次の式によって定義する.

$$\mathcal{N}(A) := q^{\deg A}.$$

たとえば，素因子 $P \in \mathbb{P}_F$ の絶対ノルム $\mathcal{N}(P)$ は剰余体 F_P の濃度である．このとき，関数

$$\zeta_F(s) := Z_F(q^{-s})$$

は，次のように表すことができる.

$$\zeta_F(s) = \sum_{n=0}^{\infty} A_n q^{-sn} = \sum_{A \in \mathrm{Div}(F), A \geq 0} \mathcal{N}(A)^{-s}.$$

これはリーマン ζ-関数 (5.18) に対する適切な類似である．数論において，リーマン ζ-関数 (5.18) は $\mathbb{C}$ 上の有理型関数として解析接続をもつことはよく知られている．古典的なリーマン仮説によれば，いわゆる自明な零点 $s = -2, -4, -6, \ldots$ とは異なる $\zeta(s)$ のすべての零点は，直線 $\mathrm{Re}(s) = 1/2$ の上にある．関数体の場合，ハッセ・ヴェイユの定理は

$$\zeta_F(s) = 0 \Rightarrow Z_F(q^{-s}) = 0 \Rightarrow |q^{-s}| = q^{-1/2}$$

であることを主張している．$|q^{-s}| = q^{-\mathrm{Re}(s)}$ であるから，これは

$$\zeta_F(s) = 0 \Rightarrow \mathrm{Re}(s) = 1/2$$

を意味している．したがって，定理 5.2.1 は古典的なリーマン仮説の類推とみることができる.

これを証明する前に，ハッセ・ヴェイユの定理から重要な結論が導かれることを示す．

定理 5.2.3 (ハッセ・ヴェイユ限界) $F/\mathbb{F}_q$ の次数 1 の座の個数 $N = N(F)$ は次の式をみたす．
$$|N - (q+1)| \leq 2g q^{1/2}.$$

【証明】 系 5.1.16 より，次が成り立つ．
$$N - (q+1) = -\sum_{i=1}^{2g} \alpha_i.$$

したがって，ハッセ・ヴェイユ限界はハッセ・ヴェイユの定理からすぐに得られる結果である． □

定理 5.2.3 を関数体 $F_r/\mathbb{F}_{q^r}$ に適用すると，すべての $r \geq 1$ に対して次の式が成り立つことに注意せよ．
$$|N_r - (q^r + 1)| \leq 2g q^{r/2}. \tag{5.19}$$

本書で紹介するハッセ・ヴェイユの定理の証明は，ボンビエリ [5] に帰すべきものである．この証明はいくつかの段階に分けて行われる．最初のステップはほとんど明らかである．

補題 5.2.4 $m \geq 1$ とする．このとき，$F/\mathbb{F}_q$ に対してハッセ・ヴェイユの定理が成り立つための必要十分条件は，それが定数拡大 $F_m/\mathbb{F}_{q^m}$ に対して成り立つことである．

【証明】 $L_F(t)$ のすべての根の逆数は $\alpha_1, \ldots, \alpha_{2g}$ である．定理 5.1.15 (f) によって，$L_m(t)$ のすべての根の逆数は $\alpha_1^m, \ldots, \alpha_{2g}^m$ である（定理 5.1.15 と同様に，F_m の L-多項式を $L_m(t)$ により表している）．すると，$|\alpha_i| = q^{1/2} \iff |\alpha_i^m| = (q^m)^{1/2}$ であるから，補題はこれよりすぐに導かれる． □

次のステップは，ハッセ・ヴェイユの定理の証明を式 (5.19) に密接に関連した主張に帰着させることである．

補題 5.2.5 ある定数 $c \in \mathbb{R}$ が存在して，すべての $r \geq 1$ に対して
$$|N_r - (q^r + 1)| \leq c q^{r/2} \tag{5.20}$$
が成り立つと仮定する．このとき，$F/\mathbb{F}_q$ に対してハッセ・ヴェイユの定理が成り立つ．

【証明】 系 5.1.16 より，$N_r - (q^r + 1) = -\sum_{i=1}^{2g} \alpha_i^r$ であるから，仮定 (5.20) よりすべての $r \geq 1$ に対して

$$\left| \sum_{i=1}^{2g} \alpha_i^r \right| \leq c q^{r/2} \tag{5.21}$$

が成り立つ．有理型関数

$$H(t) := \sum_{i=1}^{2g} \frac{\alpha_i t}{1 - \alpha_i t} \tag{5.22}$$

を考える．$\varrho := \min\{|\alpha_i^{-1}| \,;\, 1 \leq i \leq 2g\}$ とおく．$t = 0$ を中心とする $H(t)$ のベキ級数展開の収束半径は正確に ϱ である（$H(t)$ の特異点は $\alpha_1^{-1}, \ldots, \alpha_{2g}^{-1}$ だけであるから）．一方，$|t| < \varrho$ に対して次が成り立つ．

$$H(t) = \sum_{i=1}^{2g} \sum_{r=1}^{\infty} (\alpha_i t)^r = \sum_{r=1}^{\infty} \left(\sum_{i=1}^{2g} \alpha_i^r \right) t^r.$$

式 (5.21) より，この級数は $|t| < q^{-1/2}$ に対して収束するから，$q^{-1/2} \leq \varrho$ を得る．これは $i = 1, \ldots, 2g$ に対して $q^{-1/2} \geq |\alpha_i|$ であることを意味している．$\prod_{i=1}^{2g} \alpha_i = q^g$（定理 5.1.15 (e) より）であるから，$|\alpha_i| = q^{1/2}$ と結論することができる． □

不等式 (5.20) は N_r に対する一つの上界と下界に同値である．すなわち，定数 $c_1 > 0$ と $c_2 > 0$ が存在し，すべての $r \geq 1$ に対して

$$N_r \leq q^r + 1 + c_1 q^{r/2} \tag{5.23}$$

と

$$N_r \geq q^r + 1 - c_2 q^{r/2} \tag{5.24}$$

が成り立つ．補題 5.2.4 によって，ハッセ・ヴェイユの定理が F のある定数拡大に対して成り立てば，$F/\mathbb{F}_q$ に対しても成り立つ．したがって，適当な有限次定数拡大において実現可能な条件を追加して式 (5.23) と式 (5.24) を証明すれば十分である．

命題 5.2.6 $F/\mathbb{F}_q$ は次の条件を満足していると仮定する．

(1) q は平方数で　かつ　(2) $q > (g+1)^4$.

このとき，$F/\mathbb{F}_q$ の次数 1 の座の個数 $N = N(F)$ は，以下の式によって評価される．

$$N < (q+1) + (2g+1) q^{1/2}.$$

5.2 ハッセ・ヴェイユの定理

【証明】 次数 1 の座 $Q \in \mathbb{P}_F$ が存在すると仮定することができる（そうでないとき $N = 0$ となり，このとき命題は自明である）．ここで，

$$q_0 := q^{1/2}, \quad m := q_0 - 1, \quad n := 2g + q_0$$

とおけば容易に次のことが確かめられる．

$$r := q - 1 + (2g+1)q^{1/2} = m + nq_0. \tag{5.25}$$

さらに，

$$T := \{ i \mid 0 \leq i \leq m,\ i は Q の極値 \}$$

とおく．（ある $x \in F$ が存在して $(x)_\infty = iQ$ をみたすとき，i を Q の極値という．定義 1.6.7 を参照せよ．）すべての $i \in T$ に対して，iQ を極因子とする元 $u_i \in F$ を選ぶ．このとき，集合 $\{u_i \mid i \in T\}$ は $\mathscr{L}(mQ)$ の基底である．そこで，次のような空間を考える．

$$\mathscr{L} := \mathscr{L}(mQ) \cdot \mathscr{L}(nQ)^{q_0} \subseteq \mathscr{L}(rQ).$$

（定義より，$\mathscr{L}$ はすべての有限和 $\sum x_\nu y_\nu^{q_0}$ からなる集合である．ただし，$x_\nu \in \mathscr{L}(mQ)$ かつ $y_\nu \in \mathscr{L}(nQ)$ である．明らかに，$\mathscr{L}$ は $\mathbb{F}_q$ 上のベクトル空間であり，式 (5.25) より $\mathscr{L} \subseteq \mathscr{L}(rQ)$ である．）命題 5.2.6 を証明するためには，

$$\deg P = 1 でかつ P \neq Q をみたすすべての P \in \mathbb{P}_F に対して x(P) = 0 である \tag{5.26}$$

という条件をみたす元 $0 \neq x \in \mathscr{L}$ を構成すればよい．なぜなら，このような元が存在したと仮定しよう．このとき，次数 1 のすべての座（Q を除いて）は x の零点であり，零因子 $(x)_0$ の次数は

$$\deg(x)_0 \geq N - 1$$

である．$x \in \mathscr{L} \subseteq \mathscr{L}(rQ)$ であるから，

$$\deg(x)_0 = \deg(x)_\infty \leq r = q - 1 + (2g+1)q^{1/2}$$

が成り立つ．これらの不等式を結びつけると，$N \leq q + (2g+1)q^{1/2}$ が得られ，これより命題の証明は完成する．

（主張 1） すべての元 $y \in \mathscr{L}$ は一意的に

$$y = \sum_{i \in T} u_i z_i^{q_0}, \quad z_i \in \mathscr{L}(nQ) \tag{5.27}$$

と表すことができる．ただし，$\{u_i \mid i \in T\}$ は上で述べた $\mathscr{L}(mQ)$ の基底である．

表現 (5.27) の存在は $\mathscr{L}$ の定義からほとんどすぐに導かれる．一意性を示すために，$x_i \in \mathscr{L}(nQ)$ であり，かつ，ある i について $x_i \neq 0$ である等式

$$\sum_{i \in T} u_i x_i^{q_0} = 0 \tag{5.28}$$

が存在したと仮定する．$x_i \neq 0$ をみたす任意の添字 $i \in T$ に対して次が成り立つ．

$$v_Q(u_i x_i^{q_0}) \equiv v_Q(u_i) \equiv -i \bmod q_0.$$

$m = q_0 - 1$ であるから，整数 $i \in T$ は q_0 を法として互いに相異なる．したがって，強三角不等式より，次が成り立つ．

$$v_Q\left(\sum_{i \in T} u_i x_i^{q_0}\right) = \min\{v_Q(u_i x_i^{q_0}) \mid i \in T\} \neq \infty.$$

これは式 (5.28) に矛盾するので，主張 1 は証明された．

さて，次の式により定義される写像 $\lambda: \mathscr{L} \to \mathscr{L}((q_0 m + n)Q)$ を考える．

$$\lambda\left(\sum_{i \in T} u_i z_i^{q_0}\right) := \sum_{i \in T} u_i^{q_0} z_i, \quad z_i \in \mathscr{L}(nQ).$$

主張 1 によってこの写像は矛盾なく定義される．λ は $\mathbb{F}_q$-線形ではないが，この写像は $\mathscr{L}$ から $\mathscr{L}((q_0 m + n)Q)$ への加法群の準同型写像であることに注意せよ．

(主張 2) λ の核は $\{0\}$ ではない．

λ は $\mathscr{L}$ から $\mathscr{L}((q_0 m + n)Q)$ への準同型写像であるから，

$$\dim \mathscr{L} > \dim \mathscr{L}((q_0 m + n)Q) \tag{5.29}$$

を示せば十分である（ここで，dim は $\mathbb{F}_q$ 上のベクトル空間を表す）．主張 1 とリーマン・ロッホの定理によって，次が成り立つ．

$$\dim \mathscr{L} = \ell(mQ) \cdot \ell(nQ) \geq (m + 1 - g)(n + 1 - g).$$

一方，

$$q_0 m + n = q_0(q_0 - 1) + (2g + q_0) = 2g + q$$

であるから，

$$\dim \mathscr{L}((q_0 m + n)Q) = (2g + q) + 1 - g = g + q + 1$$

を得る．ゆえに，

$$(m + 1 - g)(n + 1 - g) > g + q + 1 \tag{5.30}$$

を証明できれば，式 (5.29) は導かれる．そこで，次の同値変形を考える．

$$
\begin{aligned}
& (m+1-g)(n+1-g) > g+q+1 \\
\iff & (q_0-g)(2g+q_0+1-g) > g+q+1 \\
\iff & q-g^2+q_0-g > g+q+1 \\
\iff & q_0 > g^2+2g+1 = (g+1)^2 \\
\iff & q > (g+1)^4.
\end{aligned}
$$

すると，$q > (g+1)^4$ と仮定しているのであるから（命題 5.2.6 の仮定 (2) を参照せよ），式 (5.30) は証明された．

(主張3) $0 \neq x \in \mathscr{L}$ を λ の核に属する元とし，$P \neq Q$ を次数1の座とする．このとき，$x(P) = 0$ である．

Q は y の唯一つの極であるから，すべての $y \in \mathscr{L}$ に対して $y(P) \neq \infty$ であることに注意せよ．さらに，$\mathbb{F}_q$ は P の剰余体であるから，$y(P)^q = y(P)$ が成り立つ．$\lambda(x) = 0$ をみたす元 $x \in \mathscr{L}$ を考える．x を $x = \sum_{i \in T} u_i z_i^{q_0}$ と表せば，次の式を得る．

$$
\begin{aligned}
x(P)^{q_0} &= \left(\sum_{i \in T} u_i(P) \cdot z_i(P)^{q_0} \right)^{q_0} \\
&= \sum_{i \in T} u_i^{q_0}(P) \cdot z_i(P)^q \\
&= \left(\sum_{i \in T} u_i^{q_0} z_i \right)(P) = \lambda(x)(P) = 0.
\end{aligned}
$$

したがって，主張3は証明された．上で述べたように，これは命題 5.2.6 の主張を意味している． □

命題 5.2.6 は（適当な定数拡大をすれば）整数 N_r に対する一つの上界 (5.23) を与える．次に下界を求めたい．群論における補題から始める．

補題 5.2.7 G' を群とする．G' は巡回部分群 $\langle \sigma \rangle$ と部分群 $G \subseteq G'$ の直積

$$G' = \langle \sigma \rangle \times G \tag{5.31}$$

とし，位数をそれぞれ $\operatorname{ord} G = m$, $\operatorname{ord}(\sigma) = n$ とおいたとき，n は m で割り切れると仮定する．また，$H \subseteq G'$ を G' の部分群で

$$\operatorname{ord} H = ne \quad \text{かつ} \quad \operatorname{ord}(H \cap G) = e \tag{5.32}$$

をみたすものとする．このとき，次の性質をみたすちょうど e 個の部分群 $U \subseteq H$ が存在する．
$$U \text{ は位数 } n \text{ の巡回群であり，かつ } U \cap G = \{1\}. \tag{5.33}$$

【証明】 $\tau \in G$ に対して，巡回部分群 $\langle \sigma\tau \rangle \subseteq G'$ を考える．$\sigma\tau = \tau\sigma$ が成り立ち（式 (5.31) より），$\mathrm{ord}(\sigma) = n$，かつ $\mathrm{ord}(\tau)|m$ であるから，$\mathrm{ord}(\sigma\tau) = n$ と結論することができる．さらに，$\langle \sigma\tau \rangle \cap G = \{1\}$ であり，$\tau \neq \tau'$ に対して $\langle \sigma\tau \rangle \neq \langle \sigma\tau' \rangle$ である（元 $\lambda \in G'$ が $0 \leq i < n$ かつ $\varrho \in G$ として一意的に $\lambda = \sigma^i \varrho$ と表されるので，これらのことはすべて式 (5.31) よりすぐに分かる）．以上より，性質 (5.33) をみたす $m = \mathrm{ord}\, G$ 個の相異なる部分群 $U \subseteq G'$ が存在することを示した．

部分群 $G \subseteq G'$ は正規部分群であるから，$H/H \cap G \simeq HG/G$ が成り立つ．式 (5.32) により，これは $HG = G'$ であること，そして $H/H \cap G \simeq G'/G$ が位数 n の巡回群であることを意味している．元 $\lambda_0 \in H$ で，$H \cap G$ を法とするその位数が n であるものを選ぶ．$\tau' \in G$ かつ $a \in \mathbb{Z}$ として $\lambda_0 = \sigma^a \tau'$ と表す．指数 a は n と互いに素である（そうでないとすると，$\sigma^{ad} = 1$ をみたす整数 $1 \leq d < n$ が存在することになって，$\lambda_0^d = \tau'^d \in H \cap G$ となり，$H \cap G$ を法とする λ_0 の位数が n より小さくなるからである）．したがって，適当なベキ $\lambda = \lambda_0^t$ は $\tau_0 \in G$ として $\lambda = \sigma\tau_0$ のように表現される．$H \cap G = \{\psi_1, \ldots, \psi_e\}$ とする．ここで，次のように定義する．
$$U^{(j)} := \langle \sigma\tau_0\psi_j \rangle, \quad j = 1, \ldots, e.$$
すると，部分群 $U^{(j)} \subseteq H$ は位数 n の巡回群であり，それらは互いに相異なり，かつ $U^{(j)} \cap G = \{1\}$ をみたす．

あとは，H が $U \cap G = \{1\}$ をみたすほかの位数 n の巡回部分群 U を含まないことを示せばよい．実際，$U \subseteq H$ を性質 (5.33) をみたす部分群とする．上で見たように，特殊な形をしている U の生成元 $\sigma\tau_1$ ($\tau_1 \in G$) が存在する．$\sigma\tau_1 \in H$ かつ $\sigma\tau_0 \in H$ であるから，
$$\tau_0^{-1}\tau_1 = (\sigma\tau_0)^{-1}(\sigma\tau_1) \in H \cap G = \{\psi_1, \ldots, \psi_e\}.$$
したがって，適当な j により $\tau_1 = \tau_0\psi_j$ と表され，$U = \langle \sigma\tau_1 \rangle = \langle \sigma\tau_0\psi_j \rangle = U^{(j)}$ となる． □

次の命題は N_r の下界を求める証明において本質的なステップである．次のような状況を考える．E/L は次数を $[E:L] = m$ とする関数体のガロア拡大で，$\mathbb{F}_q$ は E と L の完全定数体であると仮定する．$m|n$ をみたす整数 $n > 0$ を選び，$E' := E\mathbb{F}_{q^n}$（それぞれ $L' := L\mathbb{F}_{q^n} \subseteq E'$）を対応している次数 n の定数拡大とする．このとき，E'/L はガロア群を $G' = \langle \sigma \rangle \times G$ とするガロア拡大である．ただし，$G := \mathrm{Gal}(E'/L') \simeq \mathrm{Gal}(E/L)$ であ

り，σ は E'/E のフロベニウス自己同型写像である（すなわち，$z \in E$ に対して $\sigma(z) = z$ であり，$\alpha \in \mathbb{F}_{q^n}$ に対して $\sigma(\alpha) = \alpha^q$ である）．補題 5.2.7 によって，G' は，$\mathrm{ord}\, U = n$ かつ $U \cap G = \{1\}$ をみたすちょうど m 個の巡回部分群 $U \subseteq G'$ を含んでいる．これらを $U_1, \ldots, U_m$ とする．ここで，$U_1 = \langle \sigma \rangle$ と仮定することができる．

E_i を U_i $(i = 1, \ldots, m)$ の不変体とする．このとき，$E_1 = E$ である．すると，図 5.1 に示されているような状況となる．

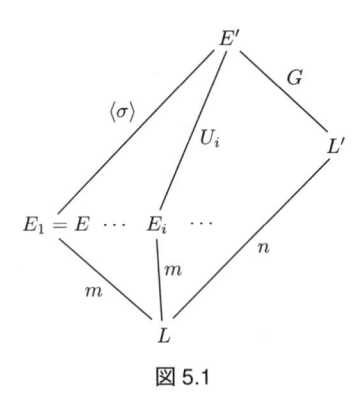

図 5.1

E_i の種数を $g(E_i)$ で表し，E_i（または L）の次数 1 の座の個数を $N(E_i)$（または $N(L)$）により表す．

命題 5.2.8 上記の仮定のもとで，次が成り立つ．

(a) $\mathbb{F}_q$ は E_i の完全定数体である $(1 \leq i \leq m)$．
(b) $E' = E_i \mathbb{F}_{q^n}$ であり，かつ $g(E_i) = g(E)$ が成り立つ $(i = 1, \ldots, m)$．
(c) $m \cdot N(L) = \sum_{i=1}^{m} N(E_i)$．

【証明】

(a) 同時に (b) も証明する．$U_i \cap G = \{1\}$ であることに注意しよう．ガロア理論によって，E' はこのとき E_i と L' の合成体である．ゆえに，$E' = E_i L' = E_i L \mathbb{F}_{q^n} = E_i \mathbb{F}_{q^n}$ は $\mathbb{F}_{q^n}$ による E_i の定数拡大である．$[E' : E_i] = \mathrm{ord}\, U_i = n$ であるから，これは $\mathbb{F}_q$ が E_i の完全定数体であることを意味している．種数は定数拡大によって不変であるから，$i = 1, \ldots, m$ に対して $g(E_i) = g(E') = g(E)$ が成り立つ．

(c) 集合 $X := \{Q \in \mathbb{P}_L \mid \deg P = 1\}$ を考え，$i = 1, \ldots, m$ に対して $X_i := \{Q \in \mathbb{P}_{E_i} \mid \deg Q = 1\}$ とおく．このとき，次の等式を証明すればよい．

$$\left| \bigcup_{i=1}^{m} X_i \right| = m \cdot |X|. \tag{5.34}$$

$P \in X$ とする．P 上にある座 $P' \in \mathbb{P}_{E'}$ を選び，$P_1 := P' \cap E$ とおく．E/L がガロア拡大であるから，相対次数 $f(P_1|P)$ は m を割り切る．ゆえに，$f(P_1|P)$ は n を割り切り，定理 3.6.3 (g) によって，P' の剰余体は $\mathbb{F}_{q^n}$ であることが分かる．このことより，$P'|P$ の相対次数は $f(P'|P) = n$ であることが分かる．$e := e(P'|P)$ によって E'/L における P の分岐指数を表し，r によって P 上にある $\mathbb{P}_{E'}$ の座の個数を表す（E'/L はガロア拡大であるから，e は P にのみ依存する）．このとき，次の式が成り立つ．

$$m \cdot n = [E' : L] = e(P'|P) \cdot f(P'|P) \cdot r = e \cdot n \cdot r.$$

したがって，$m = e \cdot r$ である．すると，式 (5.34) は以下の主張に帰着される．

(主張 1) $Q|P$ であるすべての座 $Q \in X_i$ に対して，Q 上にある唯一つの座 $Q' \in \mathbb{P}_{E'}$ が存在する．

(主張 2) $Q'|P$ であるすべての座 $Q' \in \mathbb{P}_{E'}$ に対して，$Q'|Q$ をみたすちょうど e 個の相異なる座 $Q \in \bigcup_{i=1}^{m} X_i$ が存在する．

(主張 1 の証明) $Q' \in \mathbb{P}_{E'}$ が座 $Q \in X_i$ の上にあり，かつ $Q|P$ であるならば，次が成り立つ．

$$f(Q'|Q) = f(Q'|Q) \cdot f(Q|P) = f(Q'|P) = n.$$

（$Q \in X_i$ であるから，$f(Q|P) = 1$ であることに注意せよ．）したがって，$f(Q'|Q) = [E' : E_i]$ である．これより，Q' は E'/E_i における Q の唯一つの拡張であることが分かる．

(主張 2 の証明) ここで，$Q'|P$ をみたす座 $Q' \in \mathbb{P}_{E'}$ が与えられている．$H \subseteq \mathrm{Gal}(E'/L)$ を P 上 Q' の分解群，$Z \subseteq E'$ を H の不変体とし，$P_Z := Q' \cap Z$ とおく．このとき，定理 3.8.2 より，

$$\mathrm{ord}\, H = e(Q'|P) \cdot f(Q'|P) = e \cdot n$$

と $f(P_Z|P) = 1$ が成り立つ．したがって，特に

$$\mathbb{F}_q \text{ は } Z \text{ の完全定数体である．} \tag{5.35}$$

ガロア理論により，$H \cap G$ の不変体は Z と L' の合成体である．$ZL' = ZL\mathbb{F}_{q^n} = Z\mathbb{F}_{q^n}$ と $[Z\mathbb{F}_{q^n} : Z] = n$ が成り立つ（条件 (5.35) より）．ゆえに，次の式が得られる．

$$\mathrm{ord}\,(H \cap G) = [E' : Z]/[ZL' : Z] = ne/n = e.$$

P_Z は $ZL' = Z\mathbb{F}_{q^n}$ において不分岐であるから，$T := ZL'$ が惰性体であること，また $H \cap G$ が $Q'|P$ の惰性群であることが分かる（定理 3.8.3 を参照せよ）．

さて，次に再び補題 5.2.7 を適用する．すなわち，$U_i \cap G = \{1\}$ をみたす位数 n の巡回群 $U_1, \ldots, U_m \subseteq \mathrm{Gal}(E'/L)$ の中でちょうど e 個が H に含まれている．それを $U_{i_1}, \ldots, U_{i_e}$ とする．$Q_{i_j} := Q' \cap E_{i_j}$ とおく．E_{i_j} は P 上 Q' の分解体を含んでいるから，Q' は Q_{i_j} 上にある E' の唯一つの座である．一方，E' は E_{i_j} の定数拡大であるから ((b) より)，$e(Q'|Q_{i_j}) = 1$ である．これは $f(Q'|Q_{i_j}) = [E' : E_{i_j}] = n = f(Q'|P)$ であることを意味している．ゆえに，$\deg Q_{i_j} = 1$ である．このようにして，$Q'|Q_{i_j}$ をみたす e 個の相異なる座 $Q_{i_j} \in \bigcup_{i=1}^{m} X_i$ を構成できることが分かった．

逆に，ある $i \in \{1, \ldots, m\}$ に対して $Q \in X_i$ であり，かつ $Q'|Q$ と仮定する．このとき，$f(Q'|Q) = n$ である．ゆえに，$U_i = \mathrm{Gal}(E'/E_i)$ は P 上 Q' の分解群 H に含まれる．すなわち，U_i は上の群 U_{i_j} の一つであり，Q は対応している座 Q_{i_j} $(j \in \{1, \ldots, e\})$ である．これより主張 2 は証明され，命題 5.2.8 の証明は完成する． □

【ハッセ・ヴェイユの定理 5.2.1 の証明の完成】　上で述べたように，$N_r = N(F_r)$ に対する下界 (5.24) を証明すればよい．次のように始める．F/F_0 が分離的であるように，有理的部分体 $F_0 = \mathbb{F}_q(t) \subseteq F$ と，E/F_0 がガロア拡大である有限次拡大 $E \supseteq F$ を選ぶ (命題 3.10.2 により，分離元 t が存在することに注意せよ)．E の定数体が $\mathbb{F}_q$ の真の拡大 $\mathbb{F}_{q^d}$ であるようにすることは可能である．この場合，F と F_0 のかわりに体 $F\mathbb{F}_{q^d}$ と $F_0 \mathbb{F}_{q^d} = \mathbb{F}_{q^d}(t)$ を考える．$E/F_0 \mathbb{F}_{q^d}$ はガロア拡大であり，$F\mathbb{F}_{q^d}/\mathbb{F}_{q^d}$ に対してハッセ・ヴェイユの定理を証明すれば十分である (補題 5.2.4 によって)．したがって，記号を変えて最初から $\mathbb{F}_q$ が E の完全定数体であると仮定することができる．さらに，次のように仮定できる．

$$q \text{ は平方数であり，かつ } q > (g(E) + 1)^4. \tag{5.36}$$

$m := [E : F]$ かつ $n := [E : F_0]$ とおき，定数拡大 $E' = E\mathbb{F}_{q^n}$ や $F' = F\mathbb{F}_{q^n}$，$F'_0 = F_0 \mathbb{F}_{q^n}$ を考える．補題 5.2.7 によって，$V_i \cap \mathrm{Gal}(E'/F') = \{1\}$ をみたし，位数が n であるちょうど m 個の異なる巡回部分群 $V_1, \ldots, V_m \subseteq \mathrm{Gal}(E'/F)$ が存在する．一方，性質 $\mathrm{ord}(U_j) = n$ と $U_j \cap \mathrm{Gal}(E'/F'_0) = \{1\}$ をもつ n 個の巡回部分群 $U_1, \ldots, U_n \subseteq \mathrm{Gal}(E'/F_0)$ がある．容易に $V_i \cap \mathrm{Gal}(E'/F'_0) = \{1\}$ であることが (E' は F'_0 と V_i の不変体との合成体であることを示すことにより) 分かるので，$i = 1, \ldots, m$ に対して $V_i = U_i$ であると仮定することができる．$i = 1, \ldots, n$ に対して，U_i の不変体を E_i により表す．すると，命題 5.2.8 より次のことが分かる．

$$m \cdot N(F) = \sum_{i=1}^{m} N(E_i) \tag{5.37}$$

および

$$n \cdot N(F_0) = \sum_{i=1}^{n} N(E_i). \tag{5.38}$$

仮定 (5.36) があるので，命題 5.2.6 により，$1 \leq i \leq n$ に対して
$$N(E_i) \leq q + 1 + (2g(E) + 1)q^{1/2}$$
が成り立つ．次数 1 の $F_0 = \mathbb{F}_q(t)$ の座は，t の極と各 $\alpha \in \mathbb{F}_q$ に対する $t-\alpha$ の零点である．
ゆえに，$N(F_0) = q+1$ である．これと，式 (5.37) と式 (5.38) を結びつけると，次を得る．

$$\begin{aligned} m \cdot N(F) &= n \cdot N(F_0) + \sum_{i=1}^{m} N(E_i) - \sum_{i=1}^{n} N(E_i) \\ &= n(q+1) - \sum_{i=m+1}^{n} N(E_i) \\ &\geq n(q+1) - (n-m)(q+1+(2g(E)+1)q^{1/2}) \\ &= m(q+1) - (n-m)(2g(E)+1)q^{1/2}. \end{aligned}$$

したがって，
$$N(F) \geq q + 1 - \frac{n-m}{m}(2g(E)+1)q^{1/2}.$$

整数 m や n，そして $g(E)$ は，定数拡大によって不変であることに注意せよ．以上より，
定数を $c_2 > 0$ として下限界式
$$N_r \geq q^r + 1 - c_2 q^{r/2} \tag{5.24}$$
を証明した．これより，ハッセ・ヴェイユの定理の証明は完成した． □

ハッセ・ヴェイユ限界を用いて，固定した次数 r をもつ座の個数に対する評価も与えることができる．種数 g の関数体 $F/\mathbb{F}_q$ が与えられたとき，次のような数を定義する．
$$B_r := B_r(F) := \big| \{P \in \mathbb{P}_F \ ; \ \deg P = r\} \big|. \tag{5.39}$$

$B_1 = N(F)$ であることに注意せよ．整数 B_r と N_s（定数拡大 $F_s = F\mathbb{F}_{q^s}$ における次数 1 の座の個数）の間には密接な関係がある．すなわち，以下の式が成り立つ．
$$N_r = \sum_{d|r} d \cdot B_d \tag{5.40}$$

（ここで，和は r を割り切るすべての整数 $d \geq 1$ 上を動く．）この公式は補題 5.1.9 (d) から
容易に導かれる．すなわち，次数 r/d のすべての座 $P \in \mathbb{P}_F$ は，$\mathbb{P}_{F_r}$ において d 個の次数
1 の座に分解し，$\deg P \nmid r$ ならば F_r/F における P の拡張 P' は次数 $\deg P' > 1$ をもつ．
メビウスの反転公式（Möbius inversion formula）（文献 [24] 参照）により，式 (5.40) は次
のように書き換えられる．
$$r \cdot B_r = \sum_{d|r} \mu\left(\frac{r}{d}\right) \cdot N_d \tag{5.41}$$

ここで，$\mu: \mathbb{N} \to \{0, -1, 1\}$ は次のように定義される**メビウスの関数**（Möbius function）を表している．

$$\mu(n) = \begin{cases} 1, & n = 1, \\ 0, & k^2 \mid n \text{ をみたす整数 } k > 1 \text{ が存在するとき}, \\ (-1)^l, & n \text{ が異なる } l \text{ 個の素数の積であるとき}. \end{cases}$$

次のようにおく．

$$S_r := -\sum_{i=1}^{2g} \alpha_i^r. \tag{5.42}$$

ただし，$\alpha_1, \ldots, \alpha_{2g} \in \mathbb{C}$ は $L_F(t)$ の根の逆数である（$g = 0$ に対しては $S_r := 0$ とおく）．このとき，系 5.1.16 によって

$$N_r = q^r + 1 + S_r$$

が成り立つ．これを式 (5.41) に代入すると，

$$\sum_{d \mid r} \mu\left(\frac{r}{d}\right) = 0, \quad r > 1$$

が成り立つ（文献 [24] 参照）．その結果，次の命題が得られる．

命題 5.2.9 すべての $r \geq 2$ に対して，次が成り立つ．

$$B_r = \frac{1}{r} \cdot \sum_{d \mid r} \mu\left(\frac{r}{d}\right) (q^d + S_d).$$

系 5.2.10

(a) すべての $r \geq 1$ に対して次の評価式が成り立つ．

$$\left| B_r - \frac{q^r}{r} \right| \leq \left(\frac{q}{q-1} + 2g \frac{q^{1/2}}{q^{1/2} - 1} \right) \cdot \frac{q^{r/2} - 1}{r} < (2 + 7g) \cdot \frac{q^{r/2}}{r}.$$

(b) $g = 0$ ならば，すべての $r \geq 1$ に対して $B_r > 0$ である．

(c) $2g + 1 \leq q^{(r-1)/2}(q^{1/2} - 1)$ をみたす任意の r に対して，少なくとも一つの次数 r の座が存在する．特に，$r \geq 4g + 3$ ならば $B_r \geq 1$ である．

【証明】

(a) $r = 1$ については，$B_1 = N$ であり，このとき主張はハッセ・ヴェイユ限界から容易に得られる．$r \geq 2$ については，命題 5.2.9 より次が成り立つ．

$$B_r - \frac{q^r}{r} = \frac{1}{r} \sum_{d \mid r, d < r} \mu\left(\frac{r}{d}\right) q^d + \frac{1}{r} \sum_{d \mid r} \mu\left(\frac{r}{d}\right) S_d.$$

$l := [r/2]$ ($r/2$ の整数部分) とおき,$|S_d| = |\sum_{i=1}^{2g} \alpha_i^d| \leq 2gq^{d/2}$ であることに注意すれば,以下の式を得る.

$$\left|B_r - \frac{q^r}{r}\right| \leq \frac{1}{r}\sum_{d=1}^{l} q^d + \frac{2g}{r}\sum_{d=1}^{r} q^{d/2}$$

$$= \frac{q}{r} \cdot \frac{q^l - 1}{q - 1} + \frac{2gq^{1/2}}{r} \cdot \frac{q^{r/2} - 1}{q^{1/2} - 1}$$

$$\leq \left(\frac{q}{q-1} + 2g\frac{q^{1/2}}{q^{1/2} - 1}\right) \cdot \frac{q^{r/2} - 1}{r}$$

$$< (2 + 7g) \cdot \frac{q^{r/2}}{r}.$$

(b) 同時に (c) も証明する.(a) より,以下の式が成り立つときには $B_r > 0$ であることが分かる.

$$\frac{q^r}{r} > \left(\frac{q}{q-1} + 2g\frac{q^{1/2}}{q^{1/2} - 1}\right) \cdot \frac{q^{r/2} - 1}{r}. \tag{5.43}$$

$g = 0$ の場合に,式 (5.43) はすべての $r \geq 1$ に対して成り立つ.これより (b) が示されるので,以下,$g \geq 1$ であると仮定することができる.簡単な計算によって,式 (5.43) は次の式に同値であることが分かる.

$$2g + \frac{1}{1 + q^{-1/2}} < \frac{q^r(q^{1/2} - 1)}{q^{1/2}(q^{r/2} - 1)}. \tag{5.44}$$

次の不等式

$$2g + \frac{1}{1 + q^{-1/2}} < 2g + 1 \quad \text{および} \quad q^{(r-1)/2}(q^{1/2} - 1) < \frac{q^r(q^{1/2} - 1)}{q^{1/2}(q^{r/2} - 1)}$$

は自明であるから,仮定 $2g + 1 \leq q^{(r-1)/2}(q^{1/2} - 1)$ より式 (5.44) が得られる.したがって,$B_r > 0$ が成り立つ.$r \geq 4g + 3$ ならば,

$$2g + 1 < 2^{2g+1}(2^{1/2} - 1) \leq 2^{(r-1)/2}(2^{1/2} - 1) \leq q^{(r-1)/2}(q^{1/2} - 1)$$

となる.これより,(c) の証明が完成する.　　□

5.3　ハッセ・ヴェイユ限界の改良

一般に,ハッセ・ヴェイユ限界 $|N - (q+1)| \leq 2gq^{1/2}$ は厳しい限界である.$N = q + 1 + 2gq^{1/2}$ (それぞれ $N = q + 1 - 2gq^{1/2}$) が成り立つ関数体 $F/\mathbb{F}_q$ の例がある.第 6 章において,いくつかの例が提示される.しかしながら,ある仮定のもとでこの限界は改

良することができる．たとえば，q が平方数でなければ，明らかに改良された次の限界式が成り立つ．
$$|N - (q+1)| \leq [2gq^{1/2}]. \tag{5.45}$$

ここで，$[a]$ は実数 a の整数部分を表す．限界式 (5.45) は実質的に次のように改良される．

定理 5.3.1（セール限界） 種数 g の関数体 $F/\mathbb{F}_q$ に対して，次数 1 の座の個数は次の式によって抑えられる．
$$|N - (q+1)| \leq g[2q^{1/2}]. \tag{5.46}$$

【証明】 $\mathbb{A} \subseteq \mathbb{C}$ を代数的整数全体の集合とする．すなわち，複素数 α が $\mathbb{A}$ に属するための必要十分条件は，α が $b_i \in \mathbb{Z}$ を係数とする等式 $\alpha^m + b_{m-1}\alpha^{m-1} + \cdots + b_1\alpha + b_0 = 0$ を満足することである．代数的整数論において次のような初等的な事実がある．

$$\mathbb{A} は \mathbb{C} の部分環であり，\mathbb{A} \cap \mathbb{Q} = \mathbb{Z} が成り立つ． \tag{5.47}$$

セール限界の証明に対しては，$g > 0$ と仮定することができる．$F/\mathbb{F}_q$ の L-多項式 $L(t) = \prod_{i=1}^{2g}(1 - \alpha_i t)$ を考える．複素数 $\alpha_1, \ldots, \alpha_{2g}$ は，$|\alpha_i| = q^{1/2}$ をみたす代数的整数である（定理 5.1.15 と定理 5.2.1）．それらは $\alpha_i \alpha_{g+i} = q$ をみたすように並べ替えることができるから，
$$\bar{\alpha}_i = \alpha_{g+i} = q/\alpha_i, \quad 1 \leq i \leq g$$

が成り立つ（$\bar{\alpha}$ は α の共役複素数を表す）．ここで，
$$\gamma_i := \alpha_i + \bar{\alpha}_i + [2q^{1/2}] + 1,$$
$$\delta_i := -(\alpha_i + \bar{\alpha}_i) + [2q^{1/2}] + 1$$

とおく．事実 (5.47) より，γ_i と δ_i は実数の代数的整数であり，また $|\alpha_i| = q^{1/2}$ であるから，それらは次の式をみたす．
$$\gamma_i > 0 \quad かつ \quad \delta_i > 0. \tag{5.48}$$

$\prod_{i=1}^{2g}(t - \alpha_i) = L^\perp(t) \in \mathbb{Z}[t]$ であるから，任意の埋め込み $\sigma : \mathbb{Q}(\alpha_1, \ldots, \alpha_{2g}) \longrightarrow \mathbb{C}$ は $\alpha_1, \ldots, \alpha_{2g}$ を並べ替える．式 (5.14) を参照せよ．さらに，$\sigma(\alpha_i) = \alpha_j$ ならば，
$$\sigma(\bar{\alpha}_i) = \sigma(q/\alpha_i) = q/\sigma(\alpha_i) = \overline{\sigma(\alpha_i)} = \bar{\alpha}_j.$$

したがって，σ は集合 $\{\gamma_1, \ldots, \gamma_g\}$ と $\{\delta_1, \ldots, \delta_g\}$ に対して置換として作用する．次に，
$$\gamma := \prod_{i=1}^{g} \gamma_i \quad かつ \quad \delta := \prod_{i=1}^{g} \delta_i$$

と定義する．γ と δ は代数的整数であり，$\mathbb{Q}(\alpha_1,\ldots,\alpha_{2g})$ から $\mathbb{C}$ へのすべての埋め込みによって不変である．ゆえに，$\gamma,\delta \in Q \cap \mathbb{A} = \mathbb{Z}$ である．式 (5.48) により，$\gamma > 0$ かつ $\delta > 0$ であるから，次が成り立つ．

$$\prod_{i=1}^{g} \gamma_i \geq 1 \quad \text{かつ} \quad \prod_{i=1}^{g} \delta_i \geq 1.$$

算術平均と幾何平均の間のよく知られた不等式により，次が成り立つ．

$$\frac{1}{g}\sum_{i=1}^{g} \gamma_i \geq \left(\prod_{i=1}^{g} \gamma_i\right)^{1/g} \geq 1.$$

ここで，

$$g \leq \left(\sum_{i=1}^{g}(\alpha_i + \bar{\alpha}_i)\right) + g[2q^{1/2}] + g$$
$$= \sum_{i=1}^{2g} \alpha_i + g[2q^{1/2}] + g.$$

系 5.1.16 により，$\sum_{i=1}^{2g} \alpha_i = (q+1) - N$ が成り立つことに注意すれば，次の式を得る．

$$N \leq q + 1 + g[2q^{1/2}].$$

同様にすれば，不等式

$$\frac{1}{g}\sum_{i=1}^{g} \delta_i \geq \left(\prod_{i=1}^{g} \delta_i\right)^{1/g} \geq 1$$

より次の式が得られる．

$$N \geq q + 1 - g[2q^{1/2}]. \qquad \Box$$

ここでは次数 1 の座をたくさんもつ関数体に興味がある．そこで，次のような概念を導入する．

定義 5.3.2 種数 g の関数体 $F/\mathbb{F}_q$ は，$N = q + 1 + 2gq^{1/2}$ をみたすとき**最大**であるという．

明らかに，$\mathbb{F}_q$ 上の最大関数体は q が平方数であるときかつそのときに限り存在する．次の定理は伊原康隆による．それは，$F/\mathbb{F}_q$ はその種数が q に関して大きいとき最大ではあり得ないことを示している．

命題 5.3.3（伊原） $F/\mathbb{F}_q$ が最大関数体であると仮定する．このとき，$g \leq (q - q^{1/2})/2$ が成り立つ．

【証明】 $\alpha_1, \ldots, \alpha_{2g}$ を $L(t)$ のすべての根の逆数とする．このとき，
$$N = q + 1 - \sum_{i=1}^{2g} \alpha_i \quad \text{かつ} \quad |\alpha_i| = q^{1/2}$$
が（系 5.1.16 と定理 5.2.1 より）成り立つから，仮定 $N = q + 1 + 2gq^{1/2}$ より
$$\alpha_i = -q^{1/2}, \quad i = 1, \ldots, 2g \tag{5.49}$$
であることが分かる．次に，定数拡大 $F\mathbb{F}_{q^2}/\mathbb{F}_{q^2}$ において次数 1 の座の個数 N_2 を考える．まず $N_2 \geq N$ であり，系 5.1.16 と式 (5.49) により，次が成り立つ．
$$N_2 = q^2 + 1 - \sum_{i=1}^{2g} \alpha_i^2 = q^2 + 1 - 2gq.$$
したがって，
$$q + 1 + 2gq^{1/2} \leq q^2 + 1 - 2gq.$$
すると，不等式 $g \leq (q - q^{1/2})/2$ はすぐに導かれる． $\square$

最大関数体に対する伊原の不等式は，一般には改良できない．一方，第 6 章において種数を $g = (q - q^{1/2})/2$ とする最大関数体が（q が平方数であるとき）存在することを示す．

次数 1 の座の個数に対するほかの限界を求めるために，命題 5.3.3 の証明をさらに精密にすることができる．この方法は J.-P. セールにより発展させられた．
$$N_r = N(F_r) = \left| \{P \in \mathbb{P}_{F_r} ; \deg P = 1\} \right|$$
とおくことから始める．ただし，$F_r = F\mathbb{F}_{q^r}$ は次数を r とする F の定数拡大である．$i = 1, \ldots, 2g$ に対して，
$$\omega_i := \alpha_i q^{-1/2} \tag{5.50}$$
と表す．ただし，$\alpha_1, \ldots, \alpha_{2g}$ は $L_F(t)$ のすべての根の逆数である．このとき，ハッセ・ヴェイユの定理より $|\omega_i| = 1$ であり，次のように仮定することができる．
$$\omega_{g+i} = \bar{\omega}_i = \omega_i^{-1}, \quad i = 1, \ldots, g. \tag{5.51}$$
（これは定理 5.1.15 (e) から分かる．）系 5.1.16 より，次が成り立つ．
$$N_r q^{-r/2} = q^{r/2} + q^{-r/2} - \sum_{i=1}^{g} (\omega_i^r + \omega_i^{-r}). \tag{5.52}$$

実数 $c_1, c_2, \ldots, c_m$ が与えられたとき，式 (5.52) に c_r をかけると

$$N_1 c_r q^{-r/2} = c_r q^{r/2} + c_r q^{-r/2} - \sum_{i=1}^{g} c_r(\omega_i^r + \omega_i^{-r}) - (N_r - N_1) c_r q^{-r/2} \tag{5.53}$$

を得る．$r = 1, \ldots, m$ に対して等式 (5.53) を加えると，次の式が得られる．

$$N_1 \cdot \lambda_m(q^{-1/2}) = \lambda_m(q^{1/2}) + \lambda_m(q^{-1/2}) + g - \sum_{i=1}^{g} f_m(\omega_i)$$
$$- \sum_{r=1}^{m} (N_r - N_1) c_r q^{-r/2}. \tag{5.54}$$

ただし，$t \in \mathbb{C}$, $t \neq 0$ に対して

$$\lambda_m(t) := \sum_{r=1}^{m} c_r t^r, \tag{5.55}$$

$$f_m(t) := 1 + \lambda_m(t) + \lambda_m(t^{-1}) \tag{5.56}$$

である．$|t| = 1$ に対して，$f_m(t) \in \mathbb{R}$ であることに注意せよ．定数 c_r を特別に選べば，等式 (5.54) は N に対する良い評価を与える．たとえば，次の命題を証明しよう．

命題 5.3.4（セールの明示公式） $c_1, c_2, \ldots, c_m \in \mathbb{R}$ が以下の条件をみたすと仮定する．

(1) $r = 1, \ldots, m$ に対して $c_r \geq 0$ であり，かつ，ある r に対して $c_r \neq 0$ である．
(2) $|t| = 1$ であるすべての $t \in \mathbb{C}$ に対して $f_m(t) \geq 0$ である（ここで，$f_m(t)$ は式 (5.56) で定義されたものである）．

このとき，$F/\mathbb{F}_q$ の有理的座の個数は以下の式で抑えられる．

$$N \leq \frac{g}{\lambda_m(q^{-1/2})} + \frac{\lambda_m(q^{1/2})}{\lambda_m(q^{-1/2})} + 1. \tag{5.57}$$

ただし，$\lambda_m(t)$ は式 (5.55) と同じである．

【証明】 すべての $r \geq 1$ に対して $N = N_1 \leq N_r$ である．すると，式 (5.54) と仮定 (1), (2) より次が成り立つ．

$$N \cdot \lambda_m(q^{-1/2}) \leq \lambda_m(q^{1/2}) + \lambda_m(q^{-1/2}) + g.$$

この不等式を $\lambda_m(q^{-1/2})$ で割ると，式 (5.57) が得られる（仮定 (1) より $\lambda_m(q^{-1/2}) > 0$ であることに注意せよ）． □

第 7 章では，命題 5.3.4 を用いて，F の種数が無限に大きくなるときの $N(F)$ に対する漸近的限界式を証明する．

5.4 演習問題

以下のすべての問題において，$F/\mathbb{F}_q$ はその完全定数体を $\mathbb{F}_q$ とする関数体と仮定し，$N = N_1$ は $F/\mathbb{F}_q$ の有理的座の個数を表すものとする．次数を r とする F の定数拡大は $F_r = F\mathbb{F}_{q^r}$ により表され，N_r は $F_r/\mathbb{F}_{q^r}$ の有理的座の個数を表す．さらに，$L(t)$ は $F/\mathbb{F}_q$ の L-多項式を表す．

5.1　F は $\mathbb{F}_5$ 上種数 1 の関数体で，$N = 10$ 個の有理的座をもつと仮定する．
 (i) L-多項式 $L(t)$ と類数 $h = h_F$ を求めよ．
 (ii) N_2 と N_3 を求めよ．
 (iii) $\deg A = 1, 2, 3, 4$ である因子 $A \geq 0$ は何個あるか？
 (iv) 次数が $2, 3, 4$ である $F/\mathbb{F}_5$ の座の個数を求めよ．

5.2　すべての有限体 $\mathbb{F}_q$ 上において，有理的座をもたない関数体が存在することを示せ．

5.3　本章の結果を用いて，次数 $\deg p(x) = n$ のモニックな既約多項式 $p(x) \in \mathbb{F}_q[x]$ の個数を与える公式を求めよ．

5.4　$F/\mathbb{F}_q$ が有限体上の関数体であるとき，その自己同型群 $\mathrm{Aut}(F/\mathbb{F}_q)$ は有限であることを示せ．

5.5　$q = \ell^2$ が平方数で，かつ F の種数が $g \geq 1$ であると仮定する．このとき，次を示せ．
 (i) $F/\mathbb{F}_q$ が最大関数体であるための必要十分条件は，$L(t) = (1 + \ell t)^{2g}$ となることである．
 (ii) $F/\mathbb{F}_q$ が最大関数体であるとき，$F_r/\mathbb{F}_{q^r}$ が最大関数体であるための必要十分条件は r が奇数になることである．

5.6　$F/\mathbb{F}_q$ の有理的座の個数がセール上界 $N = q + 1 + g[2q^{1/2}]$ に到達していると仮定する．このとき，L-多項式 $L(t)$ を求めよ．
■ヒント■ 算術平均はどのようなときに幾何平均に等しくなるか？

5.7
 (i) P を $F/\mathbb{F}_q$ の有理的座とする．このとき，$1 \leq k \leq (N-2)/q$ をみたすすべての整数 k は P の空隙値であることを示せ．

(ii) (i) から評価式 $N \leq q+1+qg$ を導け.

▌注意▐ この簡単な評価式は，一般にハッセ・ヴェイユ限界よりもはるかに劣っている．しかし，$q=2$ または $q=3$ のとき，この評価式はセール限界に一致するので，ハッセ・ヴェイユ限界より良い評価であることに注意しよう．

5.8 $F/\mathbb{F}_q$ を非有理関数体であると仮定する．この演習問題において，類数 $h = h_F$ に対する下界を与えよう．

(i) 次数 $2g$ をもつ $F/\mathbb{F}_q$ の正因子の個数は $h \cdot (q^{g+1}-1)/(q-1)$ に等しいことを示せ．

(ii) 次数 $2g$ の定数体拡大 F_{2g} を考える．Q を F_{2g} の有理的座とし，$P = Q \cap F$ を Q の F への制限とする．このとき，$a := 2g/\deg P$ は整数であり，ゆえに $F/\mathbb{F}_q$ の正因子 aP を得る．このようにして，次数 $2g$ をもつ $F/\mathbb{F}_q$ の相異なる正因子を，少なくとも $N_{2g}/2g$ 個構成できることを示せ．

(iii) (i), (ii) と N_{2g} に対するハッセ・ヴェイユ限界を用いて，次の式が成り立つことを示せ．
$$h \geq \frac{q-1}{2} \cdot \frac{q^{2g}+1-2gq^g}{g(q^{g+1}-1)}.$$

(iv) $h > (q-1)/4$ が成り立つことを証明せよ．

(v) 実数 $M > 0$ が与えられたとき，有限体上の非有理関数体で類数 $h \leq M$ であるものが（同型を除いて）有限個存在することを示せ．特に，類数 1 をもつ有限体上の非有理関数体が有限個存在することを示せ（類似の結果は代数体に対しては成り立たない）．

5.9 $F/\mathbb{F}_q$ は類数が $h = 1$ の非有理関数体であるとする．このとき，以下のことを示せ．

(i) $q \leq 4$.

(ii) $q = 4$ ならば $g = 1$ である．

(iii) $q = 3$ ならば $g \leq 2$ である．

(iv) $q = 2$ ならば $g \leq 4$ である．

▌注意▐ $q=3$, $g=2$ である類数 1 の関数体，および $q=2$, $g=4$ である類数 1 の関数体は存在しないことを示すことができる．

5.10 この演習問題のために，最初にいくつか記号を確認し，少し新しい記号を導入する．$S, T \subseteq \mathbb{P}_F$ を $S \cup T = \mathbb{P}_F$ かつ $S \cap T = \emptyset$ をみたす $\mathbb{P}_F$ の空でない部分集合とする．$\mathcal{O}_S = \bigcap_{P \in S} \mathcal{O}_P$ を対応している正則環とする．3.2 節を参照せよ．$0 \neq x \in F$ に対して，その S-因子 $(x)_S$ が次のように定義される．
$$(x)_S := \sum_{P \in S} v_P(x) P.$$

次のような群を考える.
- $\mathrm{Div}(F)$, F の因子群
- $\mathrm{Div}^0(F)$, 次数 0 の因子群
- $\mathrm{Princ}(F)$, F の主因子群
- $\mathrm{Cl}^0(F) = \mathrm{Div}^0(F)/\mathrm{Princ}(F)$, 次数 0 の因子類群
- Div_S, すべての $P \in S$ により生成される $\mathrm{Div}(F)$ の部分群
- $\mathrm{Princ}_S := \{(x)_S \mid 0 \neq x \in F\}$
- $\mathrm{Cl}_S = \mathrm{Div}_S/\mathrm{Princ}_S$, F の S-類群

最後に, 次のような記号を定義する.
- $h := h_F$, F の類数
- $h_S := \mathrm{ord}\,(\mathrm{Cl}_S)$, F の S-類数
- $r_S := \mathrm{ord}\,(\mathrm{Div}_T \cap \mathrm{Div}^0(F))/(\mathrm{Div}_T \cap \mathrm{Princ}(F))$, $\mathcal{O}_S$ の**単数基準**(regulator)
- $u_S := \gcd\,\{\deg P \mid P \in T\}$

このとき, 以下のことを示せ.
(i) Cl_S は $\mathrm{Div}(F)/(\mathrm{Princ}(F) + \mathrm{Div}_T)$ に同型である.
(ii) $u_S = \mathrm{ord}\,(\mathrm{Div}(F)/(\mathrm{Div}^0(F) + \mathrm{Div}_T))$ が成り立つ.
(iii) 次の完全系列が存在する.
$$0 \longrightarrow \frac{\mathrm{Div}_T \cap \mathrm{Div}^0(F)}{\mathrm{Div}_T \cap \mathrm{Princ}(F)} \longrightarrow \mathrm{Cl}^0(F) \longrightarrow \frac{\mathrm{Div}^0(F) + \mathrm{Div}_T}{\mathrm{Princ}(F) + \mathrm{Div}_T} \longrightarrow 0.$$
(iv) h_S と r_S は有限である. また, $r_S | h$ であり, さらに以下の式が成り立つことが結論される.
$$h_S = u_S \cdot \frac{h}{r_S}.$$

▌**注意**▌ この演習問題の状況を次のように特殊化する. すなわち, F は次数を $[F : \mathbb{F}_q(x)] = 2$ とする有理関数体 $\mathbb{F}_q(x)$ の拡大体であるとする. $S := \{P \in \mathbb{P}_F \mid v_P(x) \geq 0\}$ を選ぶと, $\mathcal{O}_S$ は F における $\mathbb{F}_q[x]$ の整閉包である (3.2 節を参照せよ). ここで, 3 つの場合に分類する.

(場合 1) $(x)_\infty = P_1 + P_2, P_1 \neq P_2$. このとき, $u_S = 1$ であり, r_S は因子類群 $\mathrm{Cl}(F)$ における因子類 $[P_2 - P_1]$ の位数である. ゆえに, $h_S = h/\mathrm{ord}([P_2 - P_1])$ である.

(場合 2) $(x)_\infty = 2P$. このとき, $u_S = r_S = 1$ で, かつ $h_S = h$ である.

(場合 3) $(x)_\infty = P, \deg P = 2$. このとき, $u_S = 2$, $r_S = 1$ で, かつ $h_S = 2h$ である.

代数的整数論との類似で,場合 1 における関数体 F は実 2 次体と呼ばれ,場合 2 と場合 3 における関数体 F は (x に関して) 虚 2 次体と呼ばれる.

有限体上の関数体に関するより多くの問題が第 6 章の終わりにある.

第6章

代数関数体の例

　これまで代数関数体の具体的な例にはほんの少数しか出会わなかった．すなわち，有理関数体 $K(x)/K$（1.2節参照）と有理関数体のいくつかの2次拡大体である（例3.7.6）．ここでは，ほかの例を詳細に検討しよう．これらの例は第1章，第3章，第4章，第5章において展開した代数関数体の一般論を説明する役割を果たす．また，これらの例のいくつかは，代数幾何符号を構成するために第8章において用いられる．

　本章を通して，K は完全体を表す．
この仮定は本質的ではない．実際，少し修正すれば第6章のほとんどの結果は任意の定数体 K に対して成り立つ．

6.1　楕円関数体

　有理関数体 $K(x)$ は種数 0 をもつ．逆に，F/K が種数 0 の関数体で次数 1 の因子 $A \in \mathrm{Div}(F)$ をもつならば，F/K は有理的である．命題1.6.3を参照せよ．したがって，もっとも簡単な非有理関数体は種数 1 の体である．

定義 6.1.1　代数関数体 F/K は（ここで K は F の完全定数体である），以下の条件が成り立つとき**楕円関数体**（elliptic function field）であるという．

(1) F/K の種数が $g = 1$ であり，

(2) $\deg A = 1$ をみたす因子 $A \in \mathrm{Div}(F)$ が存在する.

楕円関数体と（数論や複素解析のような）数学のほかの分野との間には非常に多くの結びつきがあり，楕円関数体の理論に関する文献が多数ある．文献 [38] を参照せよ．ここでは，このテーマに関していくつかの基本的な事実のみを提示しよう．

命題 6.1.2 F/K を楕円関数体とする.

(a) $\mathrm{char}\, K \neq 2$ ならば，ある $x, y \in F$ が存在して $F = K(x, y)$ と表され

$$y^2 = f(x) \in K[x] \tag{6.1}$$

をみたす．ただし，$f(x) \in K[x]$ は次数 3 の無平方な多項式である．

(b) $\mathrm{char}\, K = 2$ ならば，ある $x, y \in F$ が存在して $F = K(x, y)$ であり，かつ

$$y^2 + y = f(x) \in K[x], \quad \deg f(x) = 3 \tag{6.2}$$

であるか，または次の式をみたす．

$$y^2 + y = x + \frac{1}{ax + b}, \quad a, b \in K, \quad a \neq 0. \tag{6.3}$$

【証明】 次数 1 の因子 A を選ぶ．リーマン・ロッホの定理によって，$\ell(A) = \deg A + 1 - g = 1$ が成り立つ（$\deg A > 2g - 2$ であることに注意せよ）．ゆえに，A はある正因子 A_1 に同値である．注意 1.4.5 を参照せよ．$\deg A_1 = 1$ であるから，A_1 は素因子 $A_1 = P \in \mathbb{P}_F$ であると結論することができる．したがって，楕円関数体 F/K は $\deg P = 1$ をみたす座 $P \in \mathbb{P}_F$ を少なくとも一つもつことを示した．

空間の列 $K = \mathscr{L}(0) \subseteq \mathscr{L}(P) \subseteq \cdots \subseteq \mathscr{L}(nP) \subseteq \cdots$ を考える．$2g - 2 = 0$ であるから，リーマン・ロッホの定理より，すべての $i > 0$ に対して $\dim \mathscr{L}(iP) = i$ である．したがって，$\mathscr{L}(P) = K$ であり，かつ $i > 0$ に対して $\mathscr{L}((i+1)P) \supsetneq \mathscr{L}(iP)$ が成り立つ．元 $x_1 \in \mathscr{L}(2P) \setminus K$ と $y_1 \in \mathscr{L}(3P) \setminus \mathscr{L}(2P)$ を選ぶ．それらの極因子は次のようである．

$$(x_1)_\infty = 2P, \quad (y_1)_\infty = 3P.$$

定理 1.4.11 より $[F : K(x_1)] = 2$ かつ $[F : K(y_1)] = 3$ であるから，$F = K(x_1, y_1)$ であることが分かる．

7 個の元 $1, x_1, y_1, x_1^2, x_1 y_1, x_1^3, y_1^2$ は空間 $\mathscr{L}(6P)$ の中にある．$\ell(6P) = 6$ であるから，係数を $\alpha_1, \beta_1, \ldots \in K$ として，次のような非自明な関係式がある．

$$\alpha_1 y_1^2 + \beta_1 x_1 y_1 + \gamma_1 y_1 = \delta_1 x_1^3 + \varepsilon_1 x_1^2 + \lambda_1 x_1 + \mu_1. \tag{6.4}$$

係数 α_1 は零ではない. $\alpha_1 = 0$ とすると,式 (6.4) は $K(x_1)$ 上次数 1 の y_1 に対する等式を与えるからである ($F = K(x_1, y_1)$ でかつ $[F : K(x_1)] = 2$ であるから,これは不可能である). 同様にして,$\delta_1 \neq 0$ であることが分かる. 式 (6.4) の両辺に $\alpha_1^3 \delta^2$ をかけると,次の等式が得られる.

$$\alpha_1^4 \delta_1^2 y_1^2 + \cdots = \alpha_1^3 \delta_1^3 x_1^3 + \cdots.$$

$y_2 := \alpha_1^2 \delta_1 y_1$ かつ $x_2 := \alpha_1 \delta_1 x_1$ とおけば,$F = K(x_2, y_2)$ と,係数を $\beta_2, \gamma_2, \ldots \in K$ として次の式が得られる.

$$y_2^2 + (\beta_2 x_2 + \gamma_2) y_2 = x_2^3 + \varepsilon_2 x_2^2 + \lambda_2 x_2 + \mu_2. \tag{6.5}$$

さて,ここで $\operatorname{char} K \neq 2$ の場合と $\operatorname{char} K = 2$ の場合を区別して考えなければならない.

(a) $\operatorname{char} K \neq 2$ のとき. $y := y_2 + (\beta_2 x_2 + \gamma_2)/2$ かつ $x := x_2$ とおく. このとき,$F = K(x, y)$ であり,かつ係数を $\varepsilon, \lambda, \mu \in K$ として,次のように表される.

$$y^2 = x^3 + \varepsilon x^2 + \lambda x + \mu = f(x) \in K[x]. \tag{6.1}$$

$f(x)$ が無平方であることを示さなければならない. そうではないと仮定する. すなわち,$\zeta, \eta \in K$ として $f(x) = (x - \zeta)^2 (x - \eta)$ と表されたとする. 元 $z := y/(x - \zeta)$ を考える. このとき,$z^2 = x - \eta$ であり,$F = K(x, y) = K(x, z) = K(z)$ が成り立つ. ゆえに,F/K は有理的となるが,これは矛盾である.

(b) $\operatorname{char} K = 2$ のとき. 次の式をみたす x_2, y_2 により,$F = K(x_2, y_2)$ と表されることをすでに示した.

$$y_2^2 + (\beta_2 x_2 + \gamma_2) y_2 = x_2^3 + \varepsilon_2 x_2^2 + \lambda_2 x_2 + \mu_2. \tag{6.5}$$

$\beta_2 x_2 + \gamma_2 \neq 0$ であることを示す. なぜなら,$\beta_2 x_2 + \gamma_2 = 0$ とすると,$y_2^2 \in K(x_2)$ となる. すなわち,拡大 $F/K(x_2)$ は次数 $p = 2$ の純非分離拡大である. 命題 3.10.2 によって,F/F_0 が次数 p の純非分離拡大であるような中間体 $K \subseteq F_0 \subseteq F$ は,体 $F_0 = F^p$ のみである. ゆえに,$K(x_2) = F^p$ となる. しかしながら,$K(x_2)/K$ の種数は零であり,F^p/K の種数は 1 である(命題 3.10.2 (c) 参照). この矛盾より主張は示された.

$y_3 := y_2 (\beta_2 x_2 + \gamma_2)^{-1}$ とおく. すると,$F = K(x_2, y_3)$ であり,次が成り立つ.

$$y_3^2 + y_3 = (\beta_2 x_2 + \gamma_2)^{-2} (x_2^3 + \varepsilon_2 x_2^2 + \lambda_2 x_2 + \mu_2). \tag{6.6}$$

$\beta_2 = 0$ ならば,式 (6.6) の右辺は次数 3 の多項式 $f(x_2) \in K[x_2]$ である. そして,式 (6.2) の状況にある.

$\beta_2 \neq 0$ ならば，式 (6.6) の右辺は係数を $\nu, \varrho, \sigma, \tau \in K$，かつ $\nu \neq 0$ として，次の形に表すことができる．

$$\nu x_2 + \varrho + \frac{\sigma}{(\beta_2 x_2 + \gamma_2)^2} + \frac{\tau}{\beta_2 x_2 + \gamma_2}.$$

K は完全体であるから，ある $\sigma_1 \in K$ により $\sigma = \sigma_1^2$ と表される．元 $y_4 := y_3 + \sigma_1(\beta_2 x_2 + \gamma_2)^{-1}$ は，係数を $\nu_2, \varrho_2, \tau_2 \in K$，かつ $\nu_2 = \nu \neq 0$ として，次の方程式を満足する．

$$y_4^2 + y_4 = \nu_2 x_2 + \varrho_2 + \frac{\tau_2}{\beta_2 x_2 + \gamma_2}. \tag{6.7}$$

また，係数 τ_2 は零にはならない（$\tau_2 = 0$ とすると，$F = K(x_2, y_4)$ は式 (6.7) によって有理的となる）．$y := y_4$ かつ $x := \nu_2 x_2 + \varrho_2$ とおくと，以下の式をみたす x, y により $F = K(x, y)$ と表される．

$$y^2 + y = x + \frac{1}{ax + b} \tag{6.8}$$

(ただし，$a, b \in K$ かつ $a \neq 0$ である). □

次に，上の方程式 (6.1) や (6.2), (6.3) のそれぞれは楕円関数体を定義することを示していく．

命題 6.1.3

(a) $\operatorname{char} K \neq 2$ のとき．$F = K(x, y)$ を次の式により定義される関数体とする．

$$y^2 = f(x) \in K[x]. \tag{6.1}$$

ただし，$f(x)$ は無平方な次数 3 の多項式である．$0 \neq c \in K$ として，$f(x)$ のモニック既約因子 $p_i(x) \in K[x]$ への分解 $f(x) = c \prod_{i=1}^r p_i(x)$ を考える．$P_i \in \mathbb{P}_{K(x)}$ により $p_i(x)$ に対応する $K(x)$ の座を，また $P_\infty \in \mathbb{P}_{K(x)}$ により x の極を表す．このとき，次が成り立つ．

(1) K は F の完全定数体で，F/K は楕円関数体である．

(2) $F/K(x)$ は次数 2 の巡回拡大である．座 $P_1, \ldots, P_r$ と P_∞ は $F/K(x)$ において分岐する．それらの各々は F において唯一つの拡張をもつ．それらを $Q_1, \ldots, Q_r$ と Q_∞ とすると，$e(Q_j | P_j) = e(Q_\infty | P_\infty) = 2$，$\deg Q_j = \deg P_j$ かつ $\deg Q_\infty = 1$ が成り立つ．

(3) $F/K(x)$ において分岐する $K(x)$ の座は $P_1, \ldots, P_r$ と P_∞ だけである．また，$F/K(x)$ の差積は次のようである．

$$\operatorname{Diff}(F/K(x)) = Q_1 + \cdots + Q_r + Q_\infty.$$

(b) $\operatorname{char} K = 2$ のとき．$F = K(x, y)$ を次のいずれかの式により定義される関数体とする．
$$y^2 + y = f(x) \in K[x], \quad \deg f(x) = 3 \tag{6.2}$$
または，
$$y^2 + y = x + \frac{1}{ax+b}, \quad a, b \in K,\ a \neq 0. \tag{6.3}$$

$P_\infty \in \mathbb{P}_{K(x)}$ により $K(x)$ における x の極を，また $P' \in \mathbb{P}_{K(x)}$ により $K(x)$ における $ax + b$ の零点を表す（式 (6.3) の場合における）．このとき，次が成り立つ．
(1) K は F の完全定数体で，F/K は楕円関数体である．
(2) $F/K(x)$ は次数 2 の巡回拡大である．$F/K(x)$ において分岐する $K(x)$ の座は次の座だけである．
$$\begin{cases} P_\infty, & \text{式 (6.2) の場合,} \\ P_\infty \text{ と } P', & \text{式 (6.3) の場合.} \end{cases}$$

Q_∞（または式 (6.3) の場合には Q'）を P_∞（または P'）の上にある F/K の座とする．このとき，$\deg Q_\infty = \deg Q' = 1$ であり，次が成り立つ．
$$\operatorname{Diff}(F/K(x)) = \begin{cases} 4Q_\infty, & \text{式 (6.2) の場合,} \\ 2Q_\infty + 2Q', & \text{式 (6.3) の場合.} \end{cases}$$

【証明】 $\operatorname{char} K \neq 2$ の場合には，すべての主張は命題 3.7.3 から容易に導かれる（系 3.7.4 と例 3.7.6 も参照せよ）．$\operatorname{char} K = 2$ の場合には，命題 3.7.8 を適用せよ． □

楕円関数体 F/K に対しては，
$$\ell(0) = 1 = g \quad \text{かつ} \quad \deg(0) = 0 = 2g - 2$$
であるから，零因子は標準因子である（命題 1.6.2 を参照せよ）．式 (6.1) や式 (6.2)，式 (6.3) のそれぞれの場合において，$(\omega) = 0$ をみたす微分 $\omega \in \Omega_F$ を容易に書き表すことができる．すなわち，
$$\omega = \begin{cases} y^{-1} dx, & \text{式 (6.1) の場合,} \\ dx, & \text{式 (6.2) の場合,} \\ (ax+b)^{-1} dx, & \text{式 (6.3) の場合.} \end{cases}$$
この主張の証明は読者に任せよう．

■ヒント■ 注意 4.3.7 (c) を用いて，微分 dx の因子を計算せよ．

例 6.1.4 ここで，楕円関数体の古典的な例を簡潔に説明しておこう（証明は与えない）．束 (lattice) $\Gamma \subseteq \mathbb{C}$ を考える．すなわち，Γ は

$$\Gamma = \mathbb{Z}\gamma_1 \oplus \mathbb{Z}\gamma_2$$

と表される．ただし，γ_1 と γ_2 は $\gamma_1, \gamma_2 \in \mathbb{C} \setminus \{0\}$ であり，かつ $\gamma_1/\gamma_2 \notin \mathbb{R}$ をみたす数である．（Γ に関する）**楕円関数** (elliptic function) とは，以下の式をみたす $\mathbb{C}$ 上の有理型関数 $f(z)$ のことである．

$$f(z + \gamma) = f(z), \quad \forall \gamma \in \Gamma.$$

楕円関数は $\mathbb{C}$ 上のすべての有理型関数がつくる体の部分体 $\mathcal{M}(\Gamma)$ を構成し，$\mathbb{C} \subseteq \mathcal{M}(\Gamma)$ と考えられる（複素数は定数関数とみなす）．二つの特殊な定数でない楕円関数は

$$\wp(z) := \frac{1}{z^2} + \sum_{0 \neq \gamma \in \Gamma} \left(\frac{1}{(z-\gamma)^2} - \frac{1}{\gamma^2} \right)$$

によって定義される**ワイエルシュトラスの $\wp$-関数** (Weierstrass $\wp$-function) と，その導関数 $\wp'(z)$ である．次の事実を証明することは難しくない．

(1) $\mathcal{M}(\Gamma) = \mathbb{C}(\wp(z), \wp'(z))$.
(2) $\wp'(z)^2 = 4\wp(z)^3 - g_2 \cdot \wp(z) - g_3, \quad g_2, g_3 \in \mathbb{C}$.

ただし，多項式 $f(T) = 4T^3 - g_2 T - g_3 \in \mathbb{C}[T]$ は無平方である．したがって，$\mathcal{M}(\Gamma)/\mathbb{C}$ は命題 6.1.3 によって楕円関数体である．$\alpha \in \mathbb{C}$ に対して，すべての関数 $0 \neq f \in \mathcal{M}(\Gamma)$ はローラン級数展開

$$f(z) = \sum_{i=i_0}^{\infty} a_i(z - \alpha)^i$$

をもつ．ただし，$a_i \in \mathbb{C}$, $i_0 \in \mathbb{Z}$ であり，かつ $a_{i_0} \neq 0$ である．$v_\alpha(f) := i_0$ とおくことにより，離散付値 v_α を定義し，ゆえに $\mathcal{M}(\Gamma)/\mathbb{C}$ の座 P_α を定義することができる．明らかに，$P_\alpha = P_\beta$ であるための必要十分条件は，$\alpha \equiv \beta \bmod \Gamma$ となることである．このようにして，楕円関数体 $\mathcal{M}(\Gamma)$ のすべての座が得られる．

例 6.1.5 体 $\mathbb{F}_2$ 上のいくつかの楕円関数体 F を考察したい．N は次数 1 の $F/\mathbb{F}_2$ の座の個数を表す．セール限界より次の式が得られる．

$$N \leq 2 + 1 + g \cdot \left[2\sqrt{2} \right] = 5.$$

（同型を除いて）$N = 5$ をみたす唯一つの楕円関数体 $F/\mathbb{F}_2$ が存在することを示そう．命題 6.1.2 (b) によって，

$$y^2 + y = x + \frac{1}{x+b}, \quad b \in \mathbb{F}_2 \tag{6.8}$$

であるか，または
$$y^2 + y = f(x) \in \mathbb{F}_2[x], \quad \deg f(x) = 3 \tag{6.9}$$
により $F = \mathbb{F}_2(x,y)$ と書き表すことができる．次数 1 である $\mathbb{F}_2(x)$ の座はちょうど 3 個あり，次数 1 である F のすべての座はそれらの一つの座の上になければならない．式 (6.8) の場合には，次数 1 である $\mathbb{F}_2(x)$ の二つの座は $F/\mathbb{F}_2$ において分岐する．ゆえに，$N \leq 4$ である．式 (6.9) の場合には，$f(x) = x^3 + bx + c$, $b, c \in \mathbb{F}_2$ と仮定することができる（$f(x) = x^3 + x^2 + bx + c$ ならば，y を $z := y + x$ により置き換えると，$z^2 + z = x^3 + b_1 x + c_1$ となる）．四つの場合 $f(x) = x^3$, $x^3 + x$, $x^3 + 1$, $x^3 + x + 1$ を考えなければならない．クンマーの定理（または系 3.3.8）を用いて，それらのそれぞれにおいて N を容易に計算することができる．その結果は次のようである．
$$N = \begin{cases} 1, & y^2 + y = x^3 + x + 1 \text{ のとき,} \\ 3, & y^2 + y = x^3 \text{ または } x^3 + 1 \text{ のとき,} \\ 5, & y^2 + y = x^3 + x \text{ のとき.} \end{cases}$$
したがって，$N = 5$ をみたす楕円関数体 $F/\mathbb{F}_2$ は以下のものだけである．
$$F = \mathbb{F}_2(x,y), \quad y^2 + y = x^3 + x. \tag{6.10}$$
さて，次に式 (6.10) の L-多項式 $L_F(t)$ を決定する．$L_F(t) = a_0 + a_1 t + a_2 t^2$ とすれば，定理 5.1.15 より $a_0 = 1$, $a_2 = 2$ かつ $a_1 = N - (2+1) = 2$ であることが分かっている．ゆえに，
$$L_F(t) = 1 + 2t + 2t^2 = (1 - \alpha t)(1 - \bar{\alpha} t) \tag{6.11}$$
と表される．ただし，$\alpha = -1 + i = \omega\sqrt{2}$, $\omega = \exp(3\pi i/4)$ である（ここで，$i = \sqrt{-1} \in \mathbb{C}$, $\bar{\alpha}$ は α の共役複素数である）．r 次の定数拡大 $F_r := F\mathbb{F}_{2^r}$ を考える．関数体 $F_r/\mathbb{F}_{2^r}$ における次数 1 の座の個数 N_r は以下の式により与えられる（系 5.1.16 参照）．
$$N_r = 2^r + 1 - (\alpha^r + \bar{\alpha}^r). \tag{6.12}$$
ゆえに，$N_r = 2^r + 1 - 2 \cdot 2^{r/2} \cdot \mathrm{Re}(\omega^r)$ を得る．したがって，次のようになる．
$$N_r = \begin{cases} 2^r + 1, & r \equiv 2, 6 \bmod 8, \\ 2^r + 1 + 2 \cdot 2^{r/2}, & r \equiv 4 \bmod 8, \\ 2^r + 1 - 2 \cdot 2^{r/2}, & r \equiv 0 \bmod 8, \\ 2^r + 1 + 2^{(r+1)/2}, & r \equiv 1, 7 \bmod 8, \\ 2^r + 1 - 2^{(r+1)/2}, & r \equiv 3, 5 \bmod 8. \end{cases}$$
$r \equiv 4 \bmod 8$ に対して，N_r はハッセ・ヴェイユ上界 $q + 1 + 2gq^{1/2}$ に達し，$r \equiv 0 \bmod 8$ に対しては，ハッセ・ヴェイユ下界 $q + 1 - 2gq^{1/2}$ に達している．また，$r = 1$ に対しては，セール上界 $q + 1 + g \cdot [2q^{1/2}]$ に達している．

（任意の体 K 上の）楕円関数体 F/K の理論にとって基本的である一つの結果で，この節を終えたいと思う．いくつかの記号の確認をしよう．$\mathrm{Cl}(F)$ は F/K の因子類群であり，$\mathrm{Cl}^0(F) \subseteq \mathrm{Cl}(F)$ は次数が零の因子類からなる部分群である．因子 $B \in \mathrm{Div}(F)$ に対して，$[B] \in \mathrm{Cl}(F)$ は対応している因子類を表す．$A \sim B$ は因子 A と B が同値であることを意味している．

命題 6.1.6　F/K を楕円関数体とする．記号を次のように定義する．
$$\mathbb{P}_F^{(1)} := \{\, P \in \mathbb{P}_F \mid \deg P = 1 \,\}.$$
このとき，以下が成り立つ．

(a) $\deg A = 1$ をみたす任意の因子 $A \in \mathrm{Div}(F)$ に対して，$A \sim P$ をみたす唯一つの座 $P \in \mathbb{P}_F^{(1)}$ が存在する．特に，$\mathbb{P}_F^{(1)} \neq \emptyset$ である．

(b) 座 $P_0 \in \mathbb{P}_F^{(1)}$ を一つ固定する．このとき，次の写像
$$\Phi : \begin{cases} \mathbb{P}_F^{(1)} & \longrightarrow & \mathrm{Cl}^0(F), \\ P & \longmapsto & [P - P_0] \end{cases} \tag{6.13}$$
は全単射である．

【証明】

(a) $A \in \mathrm{Div}(F)$ かつ $\deg A = 1$ とする．命題 6.1.2 の証明と同様にして，$A \sim P$ をみたす座 $P \in \mathbb{P}_F^{(1)}$ の存在を示す．$\ell(A) = \deg A + 1 - g > 0$ であるから，$A_1 > 0$ をみたす因子 $A_1 \sim A$ が存在し，$\deg A = 1$ より，$A_1 = P \in \mathbb{P}_F^{(1)}$ であることがすぐに導かれる．

次に一意性を証明する．$P, Q \in \mathbb{P}_F^{(1)}$ かつ $P \neq Q$ に対して，$A \sim P$ かつ $A \sim Q$ であると仮定する．すると，$P \sim Q$ である．すなわち，ある $x \in F$ により $P - Q = (x)$ と表される．定理 1.4.11 によって，$[F : K(x)] = \deg(x)_\infty = \deg Q = 1$ が成り立つ．ゆえに，$F = K(x)$ である．これは F/K が楕円関数体であることに矛盾する．

(b) 最初に Φ が全射であることを示す．$[B] \in \mathrm{Cl}^0(F)$ とする．因子 $B + P_0$ は次数 1 である．(a) によって，$B + P_0 \sim P$ をみたす座 $P \in \mathbb{P}_F^{(1)}$ がある．このとき，$[B] = [P - P_0] = \Phi(P)$ が成り立つ．ゆえに，Φ は全射である．

さて，$P, Q \in \mathbb{P}_F^{(1)}$ に対して $\Phi(P) = \Phi(Q)$ であると仮定する．このとき，$P - P_0 \sim Q - P_0$ であり，ゆえに $P \sim Q$ となる．(a) の一意性より，$P = Q$ が得られる．　□

前述の命題における全単射 Φ により，$\mathrm{Cl}^0(F)$ の群構造を集合 $\mathbb{P}_F^{(1)}$ に移すことができる．これは $P, Q \in \mathbb{P}_F^{(1)}$ に対して次のように定義できることを意味している．

$$P \oplus Q := \Phi^{-1}(\Phi(P) + \Phi(Q)). \tag{6.14}$$

この定義から得られる諸結果を，次の命題の中でまとめておこう．

命題 6.1.7 F/K を楕円関数体とする．このとき，以下のことが成り立つ．

(a) $\mathbb{P}_F^{(1)}$ は式 (6.14) で定義された演算 $\oplus$ に関してアーベル群になる．
(b) 座 P_0 は群 $\mathbb{P}_F^{(1)}$ の零元である．
(c) $P, Q, R \in \mathbb{P}_F^{(1)}$ に対して次が成り立つ．

$$P \oplus Q = R \iff P + Q \sim R + P_0.$$

(d) 式 (6.13) により与えられた写像 $\Phi : \mathbb{P}_F^{(1)} \to \mathrm{Cl}^0(F)$ は，群の同型写像である．

【証明】 (a) と (b)，(d) は明らかである．

(c) 式 (6.14) によって，次の同値変形できる．

$$\begin{aligned} P \oplus Q = R &\iff \Phi(R) = \Phi(P) + \Phi(Q) \\ &\iff R - P_0 \sim (P - P_0) + (Q - P_0) \\ &\iff P + Q \sim R + P_0. \end{aligned}$$ □

$\mathbb{P}_F^{(1)}$ 上の群構造は座 P_0 の選び方に依存することに注意しよう．しかしながら，$\mathbb{P}_F^{(1)}$ の群論的な構造はこの選択には無関係である．なぜなら，いずれにしても $\mathbb{P}_F^{(1)}$ は $\mathrm{Cl}^0(F)$ に同型だからである．F が命題 6.1.3 のように $F = K(x, y)$ という形に表現されるとき，通常 $P_0 := Q_\infty$，すなわち P_0 として x の極が選ばれる．

6.2 超楕円関数体

本節では，K 上の非有理関数体の中でもう一つの重要な関数体を議論する．

定義 6.2.1 K 上の**超楕円関数体**（hyperelliptic function field）とは，種数 $g \geq 2$ の代数関数体 F/K で，$[F : K(x)] = 2$ をみたす有理的部分体 $K(x) \subseteq F$ を含むものである．

補題 6.2.2

(a) 種数 $g \geq 2$ の代数関数体 F/K が超楕円的であるための必要十分条件は，$\deg A = 2$ かつ $\ell(A) \geq 2$ をみたす因子 $A \in \mathrm{Div}(F)$ が存在することである．
(b) 種数 $g \geq 2$ のすべての関数体 F/K は超楕円的である．

【証明】

(a) F/K が超楕円的であると仮定する．$[F:K(x)]=2$ をみたす元 $x\in F$ を選び，因子 $A:=(x)_\infty$ を考える．このとき，$\deg A=2$ であり，また元 $1,x\in\mathscr{L}(A)$ は K 上1次独立であるから，$\ell(A)\geq 2$ である．

逆に，F/K は種数 $g\geq 2$ で，A は $\ell(A)\geq 2$ をみたす次数 2 の因子であると仮定する．$A_1\sim A$ をみたす因子 $A_1\geq 0$ がある．すると，$\deg A_1=2$ かつ $\ell(A_1)\geq 2$ である．ゆえに，元 $x\in\mathscr{L}(A_1)\setminus K$ が存在する．このとき，$(x)_\infty\leq A_1$ であり，ゆえに $[F:K(x)]=\deg(x)_\infty\leq 2$ である．F/K は有理的ではないから，$[F:K(x)]=2$ と結論することができる．

(b) 種数 $g=2$ の関数体 F/K が与えられたと仮定する．任意の標準因子 $W\in\mathrm{Div}(F)$ に対して，系 1.5.16 より $\deg W=2g-2=2$ と $\ell(W)=g=2$ が成り立つ．これは (a) によって，F/K が超楕円的であることを意味している．　□

F/K は超楕円的であり，かつ $K(x)$ が $[F:K(x)]=2$ をみたす F の部分体ならば，拡大 $F/K(x)$ は分離的である（$F/K(x)$ が純非分離拡大ならば，命題 3.10.2 によって F 自身が有理的となるからである）．したがって，$F/K(x)$ は次数 2 の巡回拡大であり，命題 3.7.3（それぞれ命題 3.7.8）を用いて F/K の具体的表現を与えることができる（この表現は 6.1 節において与えた楕円関数体の表現に類似のものである）．簡単のため，$\mathrm{char}\,K\neq 2$ の場合に議論を限定する．

命題 6.2.3 $\mathrm{char}\,K\neq 2$ と仮定する．

(a) F/K を種数 g の超楕円関数体とする．このとき，$F=K(x,y)$ と表され，かつ以下の式をみたす元 $x,y\in F$ が存在する．
$$y^2=f(x)\in K[x]. \tag{6.15}$$
ただし，$f(x)$ は次数 $2g+1$ または $2g+2$ の無平方な多項式である．

(b) 逆に，$F=K(x,y)$ であり，次数 $m>4$ の無平方な多項式 $f(x)$ により $y^2=f(x)\in K[x]$ と表されるならば，F/K は以下の種数をもつ超楕円関数体である．
$$g=\begin{cases}(m-1)/2, & m\equiv 1\bmod 2\ \text{のとき},\\ (m-2)/2, & m\equiv 0\bmod 2\ \text{のとき}.\end{cases}$$

(c) $F=K(x,y)$ を，式 (6.15) のように $y^2=f(x)$ により定義されるものとする．このとき，$F/K(x)$ において分岐する座 $P\in\mathbb{P}_{K(x)}$ は，以下のようである．
$$\begin{cases}f(x)\text{ のすべての零点}, & \deg f(x)\equiv 0\bmod 2\ \text{のとき},\\ f(x)\text{ のすべての零点と }x\text{ の極}, & \deg f(x)\equiv 1\bmod 2\ \text{のとき}.\end{cases}$$

したがって，$f(x)$ が 1 次因数に分解するならば，$K(x)$ のちょうど $2g+2$ 個の座が $F/K(x)$ において分岐する.

【証明】 (b) と (c) は命題 3.7.3 の特別な場合である（例 3.7.6 も参照せよ）.

(a) $F/K(x)$ は次数 2 の巡回拡大であり，かつ $\operatorname{char} K \neq 2$ であるから，$F = K(x,y)$ と $z^2 = u(x) \in K(x)$ をみたす元 $z \in F$ が存在する．相異なるモニック既約多項式 $p_i(x) \in K[x]$ と $r_i \in \mathbb{Z}$ により，

$$u(x) = c \cdot \prod p_i(x)^{r_i}, \quad 0 \neq c \in K$$

と表す．さらに，$r_i = 2s_i + \varepsilon_i$ とする．ただし，$s_i \in \mathbb{Z}$ かつ $\varepsilon_i \in \{0,1\}$ である．そこで，

$$y := z \cdot \prod p_i^{-s_i}$$

とおく．このとき，無平方な多項式 $f(x) \in K[x]$ により，$F = K(x,y)$ であり，かつ $y^2 = f(x)$ と表される．すると，例 3.7.6 より，$\deg f = 2g+1$ または $\deg f = 2g+2$ である． □

$\operatorname{char} K = 2$ の場合には，2 次拡大 $F/K(x)$ において分岐する F のすべての座は野性的に分岐する．ゆえに，$\operatorname{Diff}(F/K(x))$ におけるそれらの差積指数は（デデキントの差積定理または命題 3.7.8 (c) によって）少なくとも 2 である．したがって，分岐する座の個数 s は区間 $1 \leq s \leq g+1$ の間にある．この範囲にある任意の s に対して，容易に例をつくることができる．たとえば，

$$y^2 + y = f(x) \in K[x], \quad \deg f(x) = 2g+1 \tag{6.16}$$

により定義される超楕円関数体 $F = K(x,y)$ は種数 g をもち，また $F/K(x)$ において唯一つの分岐する座をもつ（x の極である）．一方，相異なる $a_i \in K$ により

$$y^2 + y = \sum_{i=1}^{g+1}(x+a_i)^{-1} \tag{6.17}$$

と表されるとき，F/K の種数は g であり，$F/K(x)$ においてちょうど $g+1$ 個の分岐する座をもつ．これらのことはすべて命題 3.7.8 から容易に導かれる．

これまでの議論では，条件 $g \geq 2$ は本質的ではなかった．超楕円関数体に関するこれまでの結果は，楕円関数体に対しても同様に成り立つ．しかしながら，次の命題は楕円関数体の場合には成り立たない．

最初に次のことを思い出しておこう．F/K の微分のつくる空間 Ω_F は 1 次元の F-加群である．ゆえに，$\omega_1, \omega_2 \in \Omega_F$ に対して，$\omega_2 \neq 0$ であるとき商 $\omega_1/\omega_2 \in F$ が定義される．$\Omega_F(0) = \{\omega \in \Omega_F \mid (\omega) \geq 0\}$ は F/K の正則微分のつくる空間である．

命題 6.2.4　種数 g の超楕円関数体 F/K と $[F : K(x)] = 2$ をみたす有理的部分体 $K(x) \subseteq F$ を考える．このとき，次が成り立つ．

(a) $[F : K(z)] \leq g$ が成り立つすべての有理的部分体 $K(z) \subseteq F$ は $K(x)$ に含まれる．特に，$K(x)$ は $[F : K(x)] = 2$ をみたす F の唯一つの有理的部分体である．

(b) $K(x)$ は F/K の正則微分の商によって生成される F の部分体である．

【証明】

(a) $[F : K(z)] \leq g$ であるが，$z \notin K(x)$ であると仮定する．このとき，$F = K(x, z)$ であることと，リーマンの不等式（系 3.11.4）より，以下の矛盾が導かれる．

$$g \leq ([F : K(x)] - 1) \cdot ([F : K(z)] - 1) \leq g - 1.$$

(b) 最初に，因子 $W := (g-1) \cdot (x)_\infty \in \mathrm{Div}(F)$ が F/K の標準因子であることを示す．$\deg W = 2g - 2$（明らか）と $\ell(W) \geq g$（元 $1, x, \ldots, x^{g-1}$ は $\mathscr{L}(W)$ に属している）であるから，この主張は命題 1.6.2 から得られる．$(\omega) = W$ をみたす微分 $\omega \in \Omega_F$ を選ぶ．このとき，微分 $x^i \omega$, $0 \leq i \leq g - 1$ は $\Omega_F(0)$ に属している．$\Omega_F(0)$ は K 上 g-次元のベクトル空間であるから（注意 1.5.12），これより次の式が得られる．

$$\Omega_F(0) = \{\, f(x) \cdot \omega \mid f(x) \in K[x],\ \deg f(x) \leq g - 1 \,\}.$$

以上より，$K(x)$ は正則微分の商により生成される F の部分体である．　□

F/K が種数 $g \geq 2$ の非超楕円関数体ならば，正則微分の商は F を生成することを，（一つ弱い条件，すなわち，次数 1 の因子の存在を仮定して）証明なしに述べた．文献 [6] を参照せよ．

6.3　有理関数体の順巡回拡大

以下の式によって定義される関数体 $F = K(x, y)$ を考察する．

$$y^n = a \cdot \prod_{i=1}^{s} p_i(x)^{n_i}. \tag{6.18}$$

ただし，$p_i(x) \in K[x]$ は $s > 0$ 個の相異なるモニック既約多項式であり，$0 \neq a \in K$ かつ $0 \neq n_i \in \mathbb{Z}$ である．本節を通して，次のことを仮定する．

$$\operatorname{char} K \nmid n \quad \text{かつ} \quad \gcd(n, n_i) = 1, \quad 1 \leq i \leq s. \tag{6.19}$$

標数 $\neq 2$ である超楕円関数体は式 (6.18) の特別な場合であることに注意しよう．

命題 6.3.1 $F = K(x, y)$ は式 (6.18) と式 (6.19) によって定義されたものと仮定する．このとき，次が成り立つ．

(a) K は F の完全定数体であり，$[F : K(x)] = n$ が成り立つ．K が 1 の原始 n-乗根を含めば，$F/K(x)$ は巡回拡大である．

(b) P_i（または P_∞）を $K(x)$ における $p_i(x)$ の零点（または x の極）を表すものとする．座 $P_1, \ldots, P_s$ は $F/K(x)$ において完全分岐する．$Q_\infty | P_\infty$ をみたすすべての座 $Q_\infty \in \mathbb{P}_F$ は分岐指数 $e(Q_\infty | P_\infty) = n/d$ をもつ．ただし，

$$d := \gcd\left(n, \sum_{i=1}^{s} n_i \cdot \deg p_i(x)\right). \tag{6.20}$$

$P_1, \ldots, P_s, P_\infty$ 以外のいかなる座 $P \in \mathbb{P}_{K(x)}$ も，$F/K(x)$ において分岐しない．

(c) F/K の種数は，式 (6.20) と同じ d を用いて

$$g = \frac{n-1}{2}\left(-1 + \sum_{i=1}^{s} \deg p_i(x)\right) - \frac{d-1}{2}$$

と表される．

【証明】 すべての主張は命題 3.7.3 と系 3.7.4，注意 3.7.5 から容易に導かれる． □

さて，ここで命題 6.3.1 のある特殊な場合を考えよう．

例 6.3.2 $F = K(x, y)$ を以下の式で定義されるものとする．

$$y^n = (x^m - b)/(x^m - c).$$

ただし，$b, c \in K \setminus \{0\}$, $b \neq c$ であり，かつ $\operatorname{char} K \nmid mn$ とする．このとき，式 (6.18) と式 (6.19) が成り立ち，また命題 6.3.1 より，次の式を得る．

$$g = (n-1)(m-1) = ([F : K(x)] - 1)([F : K(y)] - 1).$$

したがって，この場合にはリーマンの不等式（系 3.11.4）は等号が成り立つ．

例 6.3.3 関数体 $F = K(x, y)$ を以下の方程式で定義されるものとする．

$$ax^m + by^n = c, \quad a, b, c \in K \setminus \{0\}, \operatorname{char} K \nmid mn.$$

このとき，F/K の種数は次のようである．
$$g = \frac{1}{2}((n-1)(m-1) + 1 - \gcd(m,n)).$$

例 6.3.4 次の式により定義される関数体 $F = K(x,y)$ は，**フェルマー型**（Fermat type）と呼ばれている．
$$ax^n + by^n = c, \quad a,b,c \in K \setminus \{0\}, \ \mathrm{char}\, K \nmid n.$$

その種数は前の例により $g = (n-1)(n-2)/2$ となる．この例は，命題 3.11.5 において与えられた種数に対する評価が一般に改良できないことを示している．

例 6.3.5 $K = \mathbb{F}_{q^2}$ を濃度 q^2 の有限体とする．ただし，q は素数のベキである．以下の式により定義される関数体 $F = K(x,y)$ を考える．
$$ax^{q+1} + by^n = c, \quad a,b,c \in \mathbb{F}_q \setminus \{0\}, \quad n \mid (q+1). \tag{6.21}$$

このとき，$F/\mathbb{F}_{q^2}$ の有理的座の個数 N を求めたい．
$$N = N(F/\mathbb{F}_{q^2}) = |\{P \in \mathbb{P}_F; \deg P = 1\}|.$$

最初に，$\gamma^{q+1} = a/c$ かつ $\delta^n = -b/c$ として，$x_1 := \gamma x, y_1 := \delta y$ を代入すると，$y_1^n = x_1^{q+1} - 1$ をみたす $F = K(x_1, y_1)$ が得られる（$\mathbb{F}_q$ のすべての元は $\mathbb{F}_{q^2}$ の元の $(q+1)$-次のベキであるから，$\gamma, \delta \in \mathbb{F}_{q^2}$ であることに注意せよ）．したがって，初めから
$$y^n = x^{q+1} - 1 \quad \text{かつ} \quad n \mid (q+1) \tag{6.22}$$

によって定義される関数体 $F = K(x,y)$ と仮定することができる．$P_\alpha \in \mathbb{P}_{K(x)}$（または P_∞）を $K(x)$ における $x - \alpha$ の零点（または x の極）を表すものとする．次数 1 の任意の座 $P \in \mathbb{P}_F$ は，P_∞ または P_α（$\alpha \in K$ として）の上にある．したがって，$F/K(x)$ における P_α と P_∞ の分解を考察しなければならない．

（場合 1） $\alpha \in K$ でかつ $\alpha^{q+1} = 1$ のとき．この場合，α は多項式 $T^{q+1} - 1 \in K[T]$ の単根であり，命題 6.3.1 (b) によって，P_α は $F/K(x)$ において完全分岐する．したがって，P_α は唯一つの拡張 $P \in \mathbb{P}_F$ をもち，$\deg P = 1$ が成り立つ．

（場合 2） $\alpha \in K$ でかつ $\alpha^{q+1} \neq 1$ のとき．クンマーの定理（または系 3.3.8）を用いて，$F/K(x)$ における P_α の分解を求める．$K(x)$ 上 y の最小多項式は $\varphi(T) = T^n - (x^{q+1} - 1) \in K(x)[T]$ である．また，
$$\varphi_\alpha(T) := T^n - (\alpha^{q+1} - 1) \in K[T]$$

は n 個の相異なる根 $\beta \in K = \mathbb{F}_{q^2}$ をもつ（ここで，$\alpha^{q+1} - 1 \in \mathbb{F}_q \setminus \{0\}$ と $n \mid (q+1)$ を用いる）．このような任意の β に対して，$P_{\alpha,\beta} \mid P_\alpha$ かつ $y - \beta \in P_{\alpha,\beta}$ をみたす唯一つの座

$P_{\alpha,\beta} \in \mathbb{P}_F$ が存在し，$P_{\alpha,\beta}$ の次数は 1 である．ゆえに，P_α は $\deg P = 1$ をみたす n 個の相異なる拡張 $P \in \mathbb{P}_F$ をもつ．

(場合 3) $\alpha = \infty$ のとき．この場合，$K(x)$ 上 y の最小多項式のすべての係数は P_∞ の付値環 $\mathcal{O}_\infty$ に属しているとは限らないので，クンマーの定理を直接適用することはできない．そこで，次の式をみたす元 $z := y/x^{(q+1)/n}$ を考える．

$$z^n = 1 - (1/x)^{q+1}.$$

$T^n - 1$ は K において n 個の相異なる根をもつので，クンマーの定理より，P_∞ は n 個の異なる拡張 $P \in \mathbb{P}_F$ をもち，これらはすべて次数 1 であることが分かる．

場合 1 に属している $q+1$ 個の元 $\alpha \in \mathbb{F}_{q^2}$ があり，場合 2 に該当する $q^2 - (q+1)$ 個の元 α がある．合計すると，$F/\mathbb{F}_{q^2}$ は次数 1 の座を

$$N = (q+1) + n(q^2 - (q+1)) + n = q + 1 + n(q^2 - q)$$

個もつことが分かる．例 6.3.3 によって，F の種数は $g = (n-1)(q-1)/2$ であるから，

$$q^2 + 1 + 2gq = q^2 + 1 + q(n-1)(q-1) = q + 1 + n(q^2 - q)$$

となる．したがって，式 (6.21) により定義される $F/\mathbb{F}_{q^2}$ は最大関数体であることが分かる．すなわち，それらはハッセ・ヴェイユ上界

$$N = q^2 + 1 + 2gq \tag{6.23}$$

(定数体 $\mathbb{F}_{q^2}$ 上) に達している．さて，いま $F/\mathbb{F}_{q^2}$ の L-多項式 $L_F(t)$ を容易に決定することができる．$\alpha_1, \ldots, \alpha_{2g} \in \mathbb{C}$ を $L_F(t)$ の根の逆数とすれば，系 5.1.16 によって次が成り立つ．

$$N = q^2 + 1 - \sum_{i=1}^{2g} \alpha_i. \tag{6.24}$$

一方，ハッセ・ヴェイユの定理によって $|\alpha_i| = q$ である．式 (6.23) と式 (6.24) により，これは $i = 1, \ldots, 2g$ に対して $\alpha_i = -q$ であることを意味している．したがって，次を得る．

$$L_F(t) = (1 + qt)^{2g}. \tag{6.25}$$

上の証明は，$\mathbb{F}_{q^2}$ 上のすべての最大関数体に対して等式 (6.25) が成り立つことを示している．

例 6.3.6 以下の式により定義される特殊な関数体 $H := \mathbb{F}_{q^2}(x,y)$ を $\mathbb{F}_{q^2}$ 上の**エルミート関数体** (Hermitian function field) という．

$$x^{q+1} + y^{q+1} = 1. \tag{6.26}$$

式 (6.23) から，これは最大関数体である．したがって，これは種数 $g = q(q-1)/2$ をもつ最大関数体の例を与え，また命題 5.3.3 が改良できないことを示している．次数 1 の座の個数は $N = 1 + q^3$ である．

エルミート関数体はほかのいくつかの著しい性質をもっている．たとえば，その自己同型群 $\text{Aut}(H/\mathbb{F}_{q^2})$ は非常に大きい．文献 [41] と演習問題 6.10 を参照せよ．6.4 節においてエルミート関数体の第二の解釈を与える．

注意 6.3.7　再び，例 6.3.5 の関数体 $F = \mathbb{F}_{q^2}(u,v)$ を考える．すなわち，$a, b, c \in \mathbb{F}_q \setminus \{0\}$ と $n \mid (q+1)$ をみたす方程式 $au^{q+1} + bv^n = c$ により定義される関数体である．式 (6.22) によって，u, v を $F = \mathbb{F}_{q^2}(t, w)$ と以下の式をみたす w, t で置き換えることができる．

$$w^n = t^{q+1} - 1. \tag{6.27}$$

一方，$H = \mathbb{F}_{q^2}(x, y)$ を $x^{q+1} + y^{q+1} = 1$ により与えられるエルミート関数体とする．$q + 1 = n$ と表し，$\zeta^n = -1$ をみたす $\zeta \in \mathbb{F}_{q^2}$ を選び，$z := \zeta y^s \in H$ とおく．このとき，次が成り立つ．

$$z^n = \zeta^n y^{q+1} = x^{q+1} - 1.$$

以上より，$F = \mathbb{F}_{q^2}(u, v)$ は部分体 $\mathbb{F}_{q^2}(x, z) \subseteq H$ に同型である．言い換えると，例 6.3.5 において考えたすべての関数体は，エルミート関数体 H の部分体としてみることができる．さらに，一般に

$$au^n + bv^m = c, \quad a, b, c \in \mathbb{F}_q \setminus \{0\}, \ m \mid (q+1), \ n \mid (q+1) \tag{6.28}$$

によって定義される関数体 $F = \mathbb{F}_{q^2}(u, v)$ は，H の部分体とみなすことができる．直接的な計算によって，すべての関数体 (6.28) が最大関数体であることを示すことができる．

例 6.3.8　以下の式により定義される関数体 $F = K(y, z)$ を考える．

$$z^3 + y^3 z + y = 0. \tag{6.29}$$

F は**クラインの 4 次関数体**（function field of the Klein quartic）と呼ばれている．多項式 $T^3 + y^3 T + y \in K(y)[T]$ は（命題 3.1.15 により）絶対既約であり，ゆえに K は F の完全定数体である（系 3.6.8 参照）．そして $[F : K(y)] = 3$ が成り立つ．

F/K のほかの生成系を選んでおくと都合がよい．式 (6.29) に y^6 をかけて，$x := -y^2 z$ とおくと，以下の式をみたす $F = K(x, y)$ が得られる．

$$y^7 = x^3/(1 - x). \tag{6.30}$$

$\operatorname{char} K = 7$ であるとき，$F/K(x)$ は純非分離拡大であり，ゆえにこの場合 F/K は有理的である（命題 3.10.2 (c)）．$\operatorname{char} K \neq 7$ であるとき，命題 6.3.1 を適用することができる．ちょうど $K(x)$ の 3 個の座が $F/K(x)$ において分岐する．すなわち，x の極 P_∞ と x の零点 P_0，そして $x-1$ の零点 P_1 である．これらの座はすべて拡大 $F/K(x)$ において分岐指数 $e=7$ をもち，そして F/K の種数は $g=3$ である．

次に，$K = \mathbb{F}_2$ へ特殊化する．第 5 章と同様に，N_r は定数拡大 $F_r = F\mathbb{F}_{2^r}$ において次数 1 の座の個数を表す．このとき，次が成り立つ．

$$N_1 = 3, \quad N_2 = 5, \quad \text{かつ} \quad N_3 = 24. \tag{6.31}$$

$N_1 = 3$ は明らかである．なぜなら，次数 1 の $\mathbb{F}_2(x)$ の 3 個の座は F において完全分岐し，それらの各々は $\mathbb{P}_F$ において次数 1 の唯一の拡張をもつからである．$r=2$ に対して，定数体は $\mathbb{F}_4 = \{0, 1, \alpha, \alpha+1\}$ である．ただし，$\alpha^2 + \alpha + 1 = 0$ である．$P_\gamma \in \mathbb{P}_{K(x)}$ を $x-\gamma$ の零点とする．$\gamma \in \{\alpha, \alpha+1\}$ に対して，$\mathbb{F}_4(x, y)/\mathbb{F}_4(x)$ における P_γ の分解を求めよう．クンマーの定理を適用するために，次の多項式を調べなければならない．

$$\varphi_\alpha(T) = T^7 + \frac{\alpha^3}{1+\alpha} = T^7 + \alpha,$$

$$\varphi_{\alpha+1}(T) = T^7 + \frac{(\alpha+1)^3}{1+(1+\alpha)} = T^7 + \alpha + 1.$$

これら二つの多項式はそれらの導関数と互いに素であるから，$\mathbb{F}_4[T]$ において単純な既約因子のみをもち，α（または $\alpha+1$）が $\mathbb{F}_4$ において $\varphi_\alpha(T)$（または $\varphi_{\alpha+1}(T)$）の唯一の根である．ゆえに，P_α（または $P_{\alpha+1}$）の上にある次数 1 の座はちょうど一つ存在し，P_α と $P_{\alpha+1}$ のほかの拡張は次数 > 1 である．合計すると，$\mathbb{F}_4(x, y)/\mathbb{F}_4$ における次数 1 の座をちょうど 5 個見つけたので，$N_2 = 5$ である．

次に，$\beta^3 + \beta + 1 = 0$ をみたす定数体 $\mathbb{F}_8 = \mathbb{F}_2(\beta)$ を考える．$\gamma \in \mathbb{F}_8 \setminus \{0, 1\}$ に対して，次の多項式の分解を調べなければならない．

$$\varphi_\gamma(T) = T^7 + \frac{\gamma^3}{1+\gamma} \in \mathbb{F}_8[T].$$

$\gamma \in \{\beta, \beta^2, \beta^4\}$ に対して，$\varphi_\gamma(T) = T^7 + 1$ が成り立つ．これは $\mathbb{F}_8[T]$ において 7 個の相異なる 1 次因子に分解する．$\gamma \in \{\beta^3, \beta^5, \beta^6\}$ に対して，$\varphi_\gamma(T)$ は $\mathbb{F}_8$ において根をもたない．したがって，$N_3 = 3 + 3 \cdot 7 = 24$ であり，式 (6.31) の証明は完成する．

いま，$\mathbb{F}_2$ 上クラインの 4 次関数体の L-多項式を求めることは容易である．系 5.1.17 と同じ記号を用いると，$S_1 = S_2 = 0$ と $S_3 = 24 - (8 + 1) = 15$ であることが分かる．ゆえに，$a_0 = 1$，$a_1 = a_2 = 0$，$a_3 = 5$，$a_4 = a_5 = 0$ かつ $a_6 = 8$ である．したがって，

$$L_F(T) = 1 + 5t^3 + 8t^6.$$

$\mathbb{F}_8$ 上のクラインの 4 次関数体は，セール上界 $N = q + 1 + g \cdot [2q^{1/2}]$ に達している例を与える (定理 5.3.1). なぜなら, $N = 24 = 8 + 1 + 3 \cdot [2\sqrt{8}]$ が成り立つからである.

6.4　$K(x)$ の初等アーベル p-拡大，char $K = p > 0$

本節において, K は標数 $p > 0$ の体である.

本節で議論される関数体は，符号理論において興味深い応用をもつ，第 8 章と第 9 章を参照せよ.

命題 6.4.1　以下の式により定義される関数体 $F = K(x, y)$ を考える.

$$y^q + \mu y = f(x) \in K[x]. \tag{6.32}$$

ただし, $q = p^s > 1$ は p のベキであり, $0 \neq \mu \in K$ とする. $\deg f =: m > 0$ は p と互いに素であり, $T^q + \mu T = 0$ のすべての根は K に属していると仮定する. このとき, 以下のことが成り立つ.

(a) $[F : K(x)] = q$, また K は F の完全定数体である.
(b) $F/K(x)$ はガロア拡大である. 集合 $A := \{\gamma \in K \mid \gamma^q + \mu\gamma = 0\}$ は K の加法群の位数を q とする部分群である. すべての $\sigma \in \mathrm{Gal}(F/K(x))$ に対して, $\sigma(y) = y + \gamma$ をみたす唯一つの $\gamma \in A$ が存在し, 写像

$$\begin{cases} \mathrm{Gal}(F/K(x)) & \longrightarrow & A, \\ \sigma & \longmapsto & \gamma \end{cases}$$

は, $\mathrm{Gal}(F/K(x))$ から A の上への同型写像である.
(c) $K(x)$ における x の極 $P_\infty \in \mathbb{P}_{K(x)}$ は唯一つの拡張 $Q_\infty \in \mathbb{P}_F$ をもち, $Q_\infty | P_\infty$ は完全分岐である (すなわち, $e(Q_\infty | P_\infty) = q$ である). ゆえに, Q_∞ は F/K における次数 1 の座である.
(d) P_∞ は $F/K(x)$ において分岐する $K(x)$ の唯一つの座である.
(e) F/K の種数は $g = (q - 1)(m - 1)/2$ である.
(f) 微分 dx の因子は次のようである.

$$(dx) = (2g - 2)Q_\infty = ((q - 1)(m - 1) - 2)Q_\infty.$$

(g) x (または y) の極因子は $(x)_\infty = qQ_\infty$ (または $(y)_\infty = mQ_\infty$) である.
(h) $r \geq 0$ とする. このとき, 次の条件

$$0 \leq i, \quad 0 \leq j \leq q - 1, \quad qi + mj \leq r$$

をみたす元 $x^i y^j$ は，K 上のベクトル空間 $\mathscr{L}(rQ_\infty)$ の基底を構成する.

(i) すべての $\alpha \in K$ に対して，以下の場合のうち一つが成り立つ.

(場合1) 　方程式 $T^q + \mu T = f(\alpha)$ は K において q 個の相異なる根をもつ.

(場合2) 　方程式 $T^q + \mu T = f(\alpha)$ は K において根をもたない.

場合1のとき．$\beta^q + \mu\beta = f(\alpha)$ をみたす任意の β に対して，$P_{\alpha,\beta} | P_\alpha$ かつ $y(P_{\alpha,\beta}) = \beta$ をみたす唯一つの座 $P_{\alpha,\beta} \in \mathbb{P}_F$ が存在する．ゆえに，P_α は $F/K(x)$ において q 個の相異なる拡張をもち，それぞれの次数は 1 である.

場合2のとき．P_α の F におけるすべての拡張は次数 > 1 である.

【証明】　方程式 (6.32) は命題 3.7.10 において考察された状況の特殊な場合であるから，(a)〜(e) は成り立つ.

(g) $(x)_\infty = qQ_\infty$ は (c) より導かれる．元 x と y は同じ極をもつ．ゆえに，Q_∞ はさらに y の唯一つの極である．$q \cdot v_{Q_\infty}(y) = v_{Q_\infty}(y^q + y) = v_{Q_\infty}(f(x)) = -mq$ であるから，$(y)_\infty = mQ_\infty$ を得る.

(f) 命題 3.7.10 (d) より，$F/K(x)$ の差積は $\mathrm{Diff}(F/K(x)) = (q-1)(m+1)Q_\infty$ である．ゆえに，注意 4.3.7 (c) より次の式が得られる.

$$(dx) = -2(x)_\infty + \mathrm{Diff}(F/K(x)) = ((q-1)(m-1) - 2)Q_\infty = (2g-2)Q_\infty.$$

(h) P_∞ とは異なるすべての座 $P \in \mathbb{P}_{K(x)}$ において，元 $1, y, \ldots, y^{q-1}$ は $F/K(x)$ の整基底を構成する．このことは定理 3.5.10 (b) から導かれる．なぜなら，$K(x)$ 上 y の最小多項式 $\varphi(T) = T^q + \mu T - f(x)$ は $\mathcal{O}_P[T]$ に属しており，かつすべての $Q | P$ に対して

$$v_Q(\varphi'(y)) = v_Q(\mu) = 0 = d(Q|P)$$

が成り立つからである．$z \in \mathscr{L}(rQ_\infty)$ とする．Q_∞ は z の唯一つの極であるから，z はすべての $P \in \mathbb{P}_{K(x)}$ かつ $P \neq P_\infty$ に対して $\mathcal{O}_P$ 上整である．ゆえに，$z_j \in K(x)$ として，$z = \sum_{j=0}^{q-1} z_j y^j$ と表される．また，z_j は P_∞ と異なる極をもたない．したがって，z_j は $K[x]$ における多項式である．すなわち，

$$z = \sum_{j=0}^{q-1} \sum_{i \geq 0} a_{ij} x^i y^j, \quad a_{ij} \in K. \tag{6.33}$$

$v_{Q_\infty}(x) = -q$, $v_{Q_\infty}(y) = -m$ であり，かつ m と q は互いに素であるから，$0 \leq j \leq q-1$ をみたす元 $x^i y^j$ は相異なる極の位数をもつ．したがって，強三角不等式より，次が成り立つ.

$$v_{Q_\infty}(z) = \min\{-iq - jm \mid a_{ij} \neq 0\}.$$

これより，(h) は証明された.

(i) $\beta^q + \mu\beta = f(\alpha)$ をみたす $\beta \in K$ が存在したと仮定する．したがって，$\gamma^q + \mu\gamma = 0$ をみたすすべての γ に対して $(\beta + \gamma)^q + \mu(\beta + \gamma) = f(\alpha)$ が成り立つ．すると，相異なる元 $\beta_j \in K$ により，次が成り立つ．

$$T^q + \mu T - f(\alpha) = \prod_{j=1}^{q}(T - \beta_j).$$

系 3.3.8 (c) によって，$j = 1, \ldots, q$ に対して $P_j | P_\alpha$ かつ $y - \beta_j \in P_j$，そして P_j の次数が 1 であるような唯一つの座 $P_j \in \mathbb{P}_F$ が存在する．

場合 2 において，多項式 $T^q + \mu T - f(\alpha) \in K[T]$ は相異なる次数 > 1 の既約因数に分解する．系 3.3.8 (a) によって，$P | P_\alpha$ をみたすすべての座 $P \in \mathbb{P}_F$ は次数 > 1 をもつ． □

例 6.4.2 前の命題の特別な場合を考察する．すなわち，

$$F = \mathbb{F}_{q^2}(x, y), \quad y^q + y = x^m \text{ かつ } m | (q+1). \tag{6.34}$$

F の種数は $g = (q-1)(m-1)/2$ である．$F/\mathbb{F}_{q^2}$ は次数 1 の座を

$$N = 1 + q(1 + (q-1)m) \tag{6.35}$$

個もつことを示す．x の極 Q_∞ がそれらの一つである．次数 1 のほかの座はある座 $P_\alpha \in \mathbb{P}_{K(x)}$ の拡張である．したがって，命題 6.4.1 (i) によって，方程式

$$T^q + T = \alpha^m \tag{6.36}$$

が根 $\beta \in \mathbb{F}_{q^2}$ をもつような元 $\alpha \in \mathbb{F}_{q^2}$ の個数を数えなければならない．写像 $\beta \mapsto \beta^q + \beta$ は $\mathbb{F}_{q^2}$ から $\mathbb{F}_q$ へのトレース写像であり，ゆえにそれは全射である（付録 A 参照）．したがって，式 (6.36) が $\mathbb{F}_{q^2}$ に根をもつための必要十分条件は，$\alpha^m \in \mathbb{F}_q$ となることである．$U \subseteq \mathbb{F}_{q^2}^*$ を位数 $(q-1)m$ の部分群とする（ここで，仮定 $m | (q+1)$ を使う）．このとき，$\alpha \in \mathbb{F}_{q^2}$ に対して，次が成り立つ．

$$\alpha^m \in \mathbb{F}_q \iff \alpha \in U \cup \{0\}.$$

ゆえに，命題 6.4.1 (i) によって，$N = 1 + q((q-1)m + 1)$ である．これより，式 (6.35) は示された．

$1 + q((q-1)m + 1) = 1 + q^2 + 2gq$ であるから，式 (6.34) により定義される体はほかの $\mathbb{F}_{q^2}$ 上の最大関数体の例を与える．

例 6.4.3 例 6.3.6 において調べたエルミート関数体 H は，以下の式により与えられた．

$$H = \mathbb{F}_{q^2}(u, v), \quad u^{q+1} + v^{q+1} = 1. \tag{6.37}$$

元 $a, b, c \in \mathbb{F}_{q^2}$ を以下の式をみたすように選ぶ.
$$a^{q+1} = -1, \quad b^q + b = 1, \quad c = -ab^q.$$

このとき, 次が成り立つ.
$$\begin{aligned} ab^q + c &= 0, \\ a^q b + c^q &= (ab^q + c)^q = 0, \\ ac^q + a^q c &= a(-a^q b) + a^q(-ab^q) = -a^{q+1}(b + b^q) = 1. \end{aligned} \quad (6.38)$$

次のようにおく.
$$x = \frac{1}{u + av} \quad \text{かつ} \quad y = \frac{bu + cv}{u + av}.$$

このとき, $H = \mathbb{F}_{q^2}(x, y)$ が成り立ち, 以下の式を得る.
$$(u + av)^{q+1} \cdot x^{q+1} = 1 \tag{6.39}$$

と
$$\begin{aligned} & (u + av)^{q+1} \cdot (y^q + y) \\ &= (u + av)(bu + cv)^q + (u + av)^q(bu + cv) \\ &= (b^q + b)u^{q+1} + (b^q a + c)u^q v + (c^q + ba^q)uv^q + (ac^q + a^q c)v^{q+1} \\ &= u^{q+1} + v^{q+1} = 1. \end{aligned} \tag{6.40}$$

(ここで, 式 (6.38) を用いた.) 式 (6.39) と式 (6.40) を比較して, 次のことが分かる.
$$H = \mathbb{F}_{q^2}(x, y) \quad \text{かつ} \quad y^q + y = x^{q+1}.$$

以上より, エルミート関数体 H は, 例 6.4.2 において考えた関数体の特別な場合とみなすことができる. H のこの表現は特に有用である. なぜなら, 標準因子 $W = (dx)$ や, 空間 $\mathscr{L}(rQ_\infty)$, そして次数 1 のすべての座についての簡単な明示的表現が利用できるからである (命題 6.4.1 と例 6.4.2 によって). 8.3 節における符号理論への応用のために, これらの結果を一緒にまとめて補題の形にしておこう.

補題 6.4.4 $\mathbb{F}_{q^2}$ 上のエルミート関数体は次の式により定義される.
$$H = \mathbb{F}_{q^2}(x, y), \quad y^q + y = x^{q+1}. \tag{6.41}$$

それは以下の性質をもつ.

(a) H の種数は $g = q(q-1)/2$ である.
(b) H は $\mathbb{F}_{q^2}$ 上次数 1 の座を $q^3 + 1$ 個もつ. すなわち,

(1) x と y の共通の極 Q_∞.
(2) 任意の $\alpha \in \mathbb{F}_{q^2}$ に対して，$\beta^q + \beta = \alpha^{q+1}$ をみたす q 個の元 $\beta \in \mathbb{F}_{q^2}$ が存在する．また，このような組 (α, β) に対して $x(P_{\alpha,\beta}) = \alpha$ と $y(P_{\alpha,\beta}) = \beta$ をみたし，次数 1 である唯一の座 $P_{\alpha,\beta} \in \mathbb{P}_H$ が存在する．
(c) $H/\mathbb{F}_{q^2}$ は最大関数体である．
(d) 微分 dx の因子は $(dx) = (q(q-1) - 2)Q_\infty$ である．
(e) $r \geq 0$ に対して，$0 \leq i$, $0 \leq j \leq q-1$ かつ $iq + j(q+1) \leq r$ をみたす元 $x^i y^j$ は $\mathscr{L}(rQ_\infty)$ の基底を構成する．

注意 6.4.5 エルミート関数体は（同型を除いて）$\mathbb{F}_{q^2}$ 上種数を $g = q(q-1)/2$ とする唯一つの最大関数体であることを示すことができる．文献 [34] を参照せよ．

6.5　演習問題

$\boxed{6.1}$　方程式 $y^2 = f(x)$ により定義される $\mathbb{F}_2$ 上の関数体 $F = \mathbb{F}_2(x, y)$ を考える．次の $f(x) \in \mathbb{F}_2(x)$ のそれぞれの選び方に対して，L-多項式 $L(t)$ を求めよ．
 (i) $f(x) = x^3 + 1$,
 (ii) $f(x) = x^3 + x$,
 (iii) $f(x) = x^3 + x + 1$,
 (iv) $f(x) = (x^3 + x)/(x^3 + x + 1)$.

$\boxed{6.2}$　$F = \mathbb{F}_3(x, y)$ を方程式 $y^2 = x^3 - x$ により定義される $\mathbb{F}_3$ 上の楕円関数体とする．すべての $r \geq 1$ に対して，N_r を求めよ．

$\boxed{6.3}$　10 個の有理的座をもつ $F/\mathbb{F}_5$ 上の楕円関数体が存在することを示せ．演習問題 5.1 を参照せよ．F は（同型を除いて）一意的に定まるか？

$\boxed{6.4}$　$N = 8$ 個の有理的座をもつ $\mathbb{F}_3$ 上種数 $g = 2$ の関数体を構成せよ．

$\boxed{6.5}$　関数体 $E = \mathbb{F}_2(x, y, z)$ とその部分体 $F = \mathbb{F}_2(x, y)$ を考える．ただし，x, y, z は次の式を満足しているものとする．
$$y^2 x + y + x^2 + 1 = 0 \quad \text{かつ} \quad z^2 y + z + y^2 + 1 = 0.$$
 (i) $[E : F] = [F : \mathbb{F}_2(x)] = 2$ であることを示せ．また，x の極は $E/\mathbb{F}_2(x)$ において完全分岐することを示せ．
 (ii) $F/\mathbb{F}_2(x)$ の種数と有理的座の個数を求め，例 6.1.5 と比較せよ．
 (iii) $E/\mathbb{F}_2$ の種数と有理的座の個数を求めよ．

6.6 p は $p \equiv 1 \bmod 4$ をみたす素数とする．このとき，次の定義方程式により定まる関数体 $F = \mathbb{F}_p(x,y)$ を考える．
$$y^p - y = x^{p+1}.$$

命題 6.4.1 より，$F/\mathbb{F}_p(x)$ は次数 $[F : \mathbb{F}_p(x)] = p$ のガロア拡大であり，また x は F において唯一つの極 Q_∞ をもつことは明らかである．このとき，次の問に答えよ．

(i) リーマン・ロッホ空間 $\mathscr{L}(pQ_\infty)$ は次元 2 であり，1 と x により生成されることを示せ．

(ii) $F/\mathbb{F}_p$ のすべての有理的座を求めよ．

(iii) 自己同型群 $\mathrm{Aut}(F/\mathbb{F}_p)$ は次数 1 の座の集合上に推移的に作用することを示せ．

▪ヒント▪ $\alpha^2 = -1$ をみたす $\alpha \in \mathbb{F}_p$ を選ぶ（ここにおいてのみ，仮定 $p \equiv 1 \bmod 4$ が必要である）．$\sigma(y) = 1/y$ と $\sigma(x) = \alpha x/y$ をみたす自己同型写像 $\sigma \in \mathrm{Aut}(F/\mathbb{F}_p)$ が存在することを示せ．この自己同型写像は y の零点と極を入れ換える．

6.7 p は $p \equiv 1 \bmod 4$ をみたす素数とする．次の定義方程式
$$t^p + t = s^{p+1}$$
により定まる関数体 $E = \mathbb{F}_p(s,t)$ と，（前の演習問題と同様にして）
$$y^p - y = x^{p+1}$$
により定まる関数体 $F = \mathbb{F}_p(x,y)$ を考える．

(i) $E/\mathbb{F}_p(s)$ はガロア拡大ではないことを示せ．また，$E/\mathbb{F}_p$ のすべての有理的座を求めよ．

(ii) E と F は同じ数の有理的座をもつ，すなわち，$N = p+1$ であることが分かる．E と F は同型ではないことを示せ．

(iii) 次数 2 の定数拡大 $E_2 := E\mathbb{F}_{p^2}$ と $F_2 := F\mathbb{F}_{p^2}$ を考える．E_2 は F_2 に同型であることを示せ．

以下に続く演習問題は，関数体 F/K の自己同型群 $\mathrm{Aut}(F/K)$ に関連するものである．すでに次の事実を証明したことを思い出しておこう．

(1) 有理関数体 $K(x)/K$ の自己同型群は $\mathrm{PGL}_2(K)$ に同型である（演習問題 1.2 を参照せよ）．

(2) K が有限体ならば，F/K の自己同型群は有限である（演習問題 5.4 を参照せよ）．

(3) K を代数的閉体とし，G を $\mathrm{Aut}(F/K)$ の有限部分群とする．G の位数は K の標数で割り切れないものとし，また F/K の種数は $g \geq 2$ であると仮定する．このとき，G の位数は限界式 $\mathrm{ord}\, G \leq 84(g-1)$ を満足する（演習問題 3.18 を参照せよ）．

K が代数的閉体でかつ F の種数が ≥ 2 であるとき，$\mathrm{Aut}(F/K)$ はつねに有限群であることを，証明なしに言及しておこう．この事実の証明は，ワイエルシュトラス点（注意

1.6.9) の理論を用いるものがもっとも多い．

6.8 F/K は K をちょうど定数体とする関数体とし，ある代数拡大体 $L \supseteq K$ による定数拡大 FL/L を考える．

(i) σ を F/K の自己同型写像とする．このとき，F への制限が σ となるような FL/L の唯一つの自己同型写像 $\tilde{\sigma}$ が存在することを示せ．

(ii) $\mathrm{Aut}(F/K)$ を K 上 F の自己同型群とする．(i) の記号を用いて，写像 $\sigma \mapsto \tilde{\sigma}$ は $\mathrm{Aut}(F/K)$ から $\mathrm{Aut}(FL/L)$ への単射準同型写像であることを示せ．

(ii) の結果として，自己同型群 $\mathrm{Aut}(F/K)$ は $\mathrm{Aut}(\bar{F}/\bar{K})$ の部分群と考えることができる．ただし，$\bar{F}$ は K の代数的閉包 $\bar{K}$ による F の定数拡大である．

6.9 有理関数体 $F := \mathbb{F}_q(x)$ とその自己同型群 $G := \mathrm{Aut}(F/\mathbb{F}_q)$ を考える．このとき，$G \simeq \mathrm{PGL}_2(\mathbb{F}_q)$ であることが分かっている．演習問題 1.2 を参照せよ．

(i) G の位数を求めよ．

(ii) $U := \{\sigma \in G \mid \sigma(x) = x + c,\ c \in \mathbb{F}_q\}$ とおく．U は G の p-シロー群であることを示せ（$p := \mathrm{char}\,\mathbb{F}_q$ である）．U の不変体が $F^U = \mathbb{F}_q(z)$ であるような元 $z \in F$ を求めよ．F/F^U におけるすべての分岐する座，それらの分岐指数，そして差積指数を記述せよ．

(iii) $V := \{\sigma \in G \mid \sigma(x) = ax + c,\ a, c \in \mathbb{F}_q,\ a \neq 0\}$ とする．V の不変体が $F^V = \mathbb{F}_q(v)$ であるような元 $v \in F$ を求めよ．F/F^V におけるすべての分岐する座，それらの分岐指数，そして差積指数を記述せよ．

(iv) F^G のちょうど 2 個の座が F/F^G において分岐し，それらの二つとも F^G の有理的座であることを示せ．また，それらの F/F^G における相対次数，分岐指数，そして差積指数を求めよ．さらに，次数 2 をもつ F のすべての座は群 G のもとで共役であることを示せ．

(v) G の不変体が $F^G = \mathbb{F}_q(t)$ となるような元 $t \in F$ を求めよ．

6.10 $K = \mathbb{F}_{q^2}$ とし，以下の定義式をもつエルミート関数体 $H = K(x, y)$ を考える．

$$y^q + y = x^{q+1}.$$

補題 6.4.4 を参照せよ．元 x は H において唯一つの極をもち，これを Q_∞ で表す．

(i) $e^q + e = d^{q+1}$ をみたす任意の組 $(d, e) \in K \times K$ に対して，$\sigma(x) = x + d$ かつ $\sigma(y) = y + d^q x + e$ をみたすような自己同型写像 $\sigma \in \mathrm{Aut}(H/K)$ が存在することを示せ．これらの自己同型写像は位数 q^3 の部分群 $V \subseteq \mathrm{Aut}(H/K)$ をつくる．

(ii) 任意の元 $c \in K^\times$ に対して，$\tau(x) = cx$ かつ $\tau(y) = c^{q+1}y$ をみたすような自己同型写像 $\tau \in \mathrm{Aut}(H/K)$ が存在することを示せ．これらの自己同型写像は位数 $q^2 - 1$ の巡回部分群 $W \subseteq \mathrm{Aut}(H/K)$ をつくる．

(iii) $U \subseteq \mathrm{Aut}(H/K)$ を V と W によって生成される群とするとき, 以下のことを証明せよ.
   (a) $\mathrm{ord}\, U = q^3(q^2-1)$ であり, V は U の正規部分群である.
   (b) すべての $\rho \in U$ に対して, $\rho(Q_\infty) = Q_\infty$ が成り立つ.
   (c) 群 U は集合 $S := \{Q \mid Q$ は H/K の有理的座で, $Q \neq Q_\infty$ である $\}$ の上に推移的に作用する.

(iv) $\lambda(Q_\infty) = Q_\infty$ であるすべての自己同型写像 $\lambda \in \mathrm{Aut}(H/K)$ は U に属することを示せ.
   ▎ヒント▎ 補題 6.4.4 によって, 元 $1, x, y$ は $\mathscr{L}((q+1)Q_\infty)$ の K-基底を構成する.

(v) $\mu(x) = x/y$ かつ $\mu(y) = 1/y$ をみたす自己同型写像 $\mu \in \mathrm{Aut}(H/K)$ が存在することを示せ. この自己同型写像は座 Q_∞ を x と y の共通の零点に移す.

(vi) $G \subseteq \mathrm{Aut}(H/K)$ を U と μ によって生成された群とする. このとき, 以下のことを証明せよ.
   (a) G は H/K のすべての有理的座の集合上に推移的に作用する.
   (b) $G = \mathrm{Aut}(H/K)$ かつ $\mathrm{ord}\, G = q^3(q^3+1)(q^2-1)$ が成り立つ.
   (c) $g = g(H)$ が H/K の種数を表すとき, $\mathrm{ord}\, G > 16g^4 > 84(g-1)$ が成り立つ.

6.11 簡単のため, K は代数的閉体であると仮定する. F/K を種数 $g \geq 2$ の超楕円関数体とし, $K(x) \subseteq F$ を $[F : K(x)] = 2$ をみたす唯一の有理的部分体とする (命題 6.2.4 参照). $S := \{P \in \mathbb{P}_F \mid P$ は $F/K(x)$ で分岐する $\}$ とおく.

(i) $\mathrm{char}\, K \neq 2$ ならば $|S| = 2g+2$ であり, $\mathrm{char}\, K = 2$ ならば $1 \leq |S| \leq g+1$ であることを思い出しておこう.

(ii) $\mathrm{Aut}(F/K)$ は S の上に作用する (すなわち, $\sigma \in \mathrm{Aut}(F/K)$ かつ $P \in S$ ならば, $\sigma(P) \in S$ である) ことを示せ.

(iii) 座 $P_0 \in S$ を固定し, $U := \{\sigma \in \mathrm{Aut}(F/K) \mid \sigma(P_0) = P_0\}$ を考える. U は有限指数をもつ $\mathrm{Aut}(F/K)$ の部分群であることを示せ.

(iv) 上のような部分群 U は有限群であることを示せ.

(v) 超楕円関数体 (任意の完全体である定数体上の) の自己同型群は有限であることを結論として導き出せ.

6.12 F/K を代数的閉体上の関数体とする. 座 $P \in \mathbb{P}_F$ に対して, その**ワイエルシュトラス半群** (Weierstrass semigroup)

$$W(P) := \{r \in \mathbb{N}_0 \mid r\text{ は }P\text{ の極値}\}$$

を考える. 定義 1.6.7 を参照せよ. いま, (前の演習問題と同様に) F/K を種数 g の超楕円関数体と仮定し, $K(x) \subseteq F$ は $[F : K(x)] = 2$ をみたす F の唯一の有理的部分体であ

るとする．また，$S \subseteq \mathbb{P}_F$ を $F/K(x)$ において分岐するすべての座の集合とする．このとき，以下のことを証明せよ．

(i) $P \in S$ ならば，$W(P) = \{0, 2, 4, \ldots, 2g-2, 2g, 2g+1, 2g+2, \ldots\} = \mathbb{N}_0 \setminus \{1, 3, \ldots, 2g-1\}$ である．

(ii) $P \notin S$ ならば，$W(P) = \{0, g+1, g+2, \ldots\} = \mathbb{N}_0 \setminus \{1, 2, \ldots, g\}$ である．

これらの結果は次のことを示している．すなわち，超楕円関数体 F/K のワイエルシュトラス点（注意 1.6.9 参照）は，拡大 $F/K(x)$ において分岐する座と正確に一致する．ただし，$K(x) \subseteq F$ は次数 $[F : K(x)] = 2$ である唯一つの有理的部分体である．

$\boxed{6.13}$ K を標数 $\neq 2$ の完全体とし，$F = K(x, y)$ を以下の定義方程式により定まる種数 $g \geq 2$ の超楕円関数体とする．
$$y^2 = \prod_{i=1}^{2g+1}(x - a_i).$$
ただし，$a_1, \ldots, a_{2g+1} \in K$ は相異なる元である．$P_i \in \mathbb{P}_F$ を F における $x - a_i$ $(i = 1, \ldots, 2g+1)$ の唯一つの零点とし，$P_\infty \in \mathbb{P}_F$ を x の唯一つの極とする．$A_i := P_i - P_\infty$ とおき，また $[A_i] \in \mathrm{Cl}(F)$ を A_i の因子類とする（定義 1.4.3 参照）．因子類 $[A_1], [A_2], \ldots, [A_{2g+1}]$ により生成される F/K の因子類群の部分群を調べる．以下のことを証明せよ．

(i) $[A_i] \neq [0]$ かつ $i = 1, \ldots, 2g+1$ に対して，$2[A_i] = [0]$ である．

(ii) $\sum_{i=1}^{2g+1}[A_i] = [0]$．

(iii) $M \subseteq \mathrm{Cl}(F)$ を $[A_1], [A_2], \ldots, [A_{2g+1}]$ により生成される F/K の因子類群の部分群とする．このとき，$M \simeq (\mathbb{Z}/2\mathbb{Z})^{2g}$ が成り立つ．

(iv) $2[A] = [0]$ であるすべての因子類 $[A] \in \mathrm{Cl}(F)$ は M に属する（これらの因子類を F の **2分割類**（2-division class）という）．したがって，F の2分割類の個数は 2^{2g} である．

▌**注意▍** 演習問題 6.12 は，以下に示すはるかに一般的な結果の特殊な場合である．すなわち，F/K を代数的閉体 K 上種数 g の関数体とする．$n \geq 1$ に対して，以下の群を考える．
$$\mathrm{Cl}(F)(n) := \{ [A] \in \mathrm{Cl}(F) \mid n[A] = [0] \}.$$

n が K の標数と互いに素であるならば，$\mathrm{Cl}(F)(n) \simeq (\mathbb{Z}/n\mathbb{Z})^{2g}$ が成り立つ．

$\boxed{6.14}$ E/K を楕円関数体とする．簡単のため，K は代数的閉体と仮定する．以下において，自己同型群 $\mathrm{Aut}(E/K)$ の構造を調べよう．

座 $P_0 \in \mathbb{P}_E$ を固定する．このとき，$\mathbb{P}_E$ はアーベル群の構造をもっている（命題 6.1.7 を参照せよ）．$\mathbb{P}_E$ 上の加法 $\oplus$ は，$P, Q, R \in \mathbb{P}_E$ に対して次のように与えられる．
$$P \oplus Q = R \iff P + Q \sim R + P_0$$

(〜 は主因子を法とする因子の同値関係を意味している). $P \in \mathbb{P}_E$ に対して，リーマン・ロッホの定理より $\ell(P + P_0) = 2$ であることが分かる．ゆえに，極因子が $(x)_\infty = P + P_0$ となる元 $x \in E$ が存在する．自己同型写像 $\sigma_P \in \mathrm{Aut}(E/K)$ を次のように定義する．

$$\sigma_P := E/K(x) \text{ の非自明な自己同型写像}.$$

また，次のように定義する．
$$\tau_P := \sigma_P \circ \sigma_{P_0}.$$

σ_P と τ_P の定義は座 P_0 の選び方に依存することに注意しよう．このとき，以下のことを証明せよ．

(i) 自己同型写像 σ_P と τ_P は矛盾なく定義される（すなわち，それらは上の元 x の特別な選び方に依存しない）．

(ii) $P \neq Q$ に対して，$\sigma_P \neq \sigma_Q$ かつ $\tau_P \neq \tau_Q$ が成り立つ．特に，$\mathrm{Aut}(E/K)$ は無限群である．

(iii) すべての $P, Q \in \mathbb{P}_E$ に対して，$\sigma_P(Q) \oplus Q = P$ かつ $\tau_P(Q) = P \oplus Q$ が成り立つ．ゆえに，τ_P は**変換自己同型写像**（translation automorphism）と呼ばれている．

(iv) 写像 $P \mapsto \tau_P$ は $\mathbb{P}_E$ から $\mathrm{Aut}(E/K)$ への群の単射準同型写像である．その像 $T := \{\tau_P \mid P \in \mathbb{P}_E\} \subseteq \mathrm{Aut}(E/K)$ は因子類群 $\mathrm{Cl}^0(E)$ に同型であり，したがって $\mathrm{Aut}(E/K)$ の無限アーベル部分群である．これを E/K の**変換群** (translation group) という．

(v) 変換群 T は座 P_0 の選び方に依存しない（これは $\mathbb{P}_E$ 上の群構造の定義に対して用いられた）．

(vi) T は $\mathrm{Aut}(E/K)$ の正規部分群であり，その剰余群 $\mathrm{Aut}(E/K)/T$ は有限である．

6.15 $\mathrm{char}\, K = p > 0$ として，有理関数体 $K(x)/K$ とその元 $y := x - x^{-p}$ を考える．このとき，以下のことを示せ．

(i) $K(x)/K(y)$ は次数 $[K(x) : K(y)] = p + 1$ の分離拡大である．

(ii) $K(x)/K(y)$ において分岐する $K(y)$ の唯一つの座は y の極 P_∞ である．P_∞ 上にある $K(x)$ の座はちょうど 2 個ある．

6.16 F/K を標数 $p > 0$ の完全体である定数体 K 上の関数体とする．演習問題 6.15 を用いて，以下の性質をみたす元 $y \in F \setminus K$ が存在することを示せ．

(i) $F/K(y)$ は分離拡大である．

(ii) y の極は $F/K(y)$ において分岐する $K(y)$ の唯一つの極である．

この結果を演習問題 3.6 (ii) と比較せよ．

第 7 章

有理的座の個数に対する漸近的限界

$F/\mathbb{F}_q$ を有限体 $\mathbb{F}_q$ 上の関数体とする．第 5 章において，$\mathbb{F}_q$ 上 F の有理的座の個数 N はハッセ・ヴェイユ限界式 $N \leq q+1+2gq^{1/2}$ を満足すること，また，この上界は $g \leq (q-q^{1/2})/2$ であるときにのみ達成されることが分かった．ここでの目的は，種数が q に関して大きいときにどのようなことが起こるかを考察することである．本章の結果は符号理論において興味ある応用をもつ．8.4 節を参照せよ．

本章においては，有限体 $\mathbb{F}_q$ 上の関数体 F を考える．$F/\mathbb{F}_q$ の有理的座の個数は $N = N(F)$ により表される．

7.1 伊原の定数 $A(q)$

$\mathbb{F}_q$ 上の関数体はいくつ有理的座をもつかを記述するために，次の記号を導入する．

定義 7.1.1
(a) 整数 $g \geq 0$ に対して，次のようにおく．
$$N_q(g) := \max\{ N(F) \mid F \text{ は種数 } g \text{ をもつ } \mathbb{F}_q \text{ 上の関数体} \}.$$
(b) 次の実数
$$A(q) := \limsup_{g \to \infty} N_q(g)/g$$
を伊原の定数 (Ihara's constant) と呼ぶ．

注意 7.1.2　　セール限界（定理 5.3.1）より，$N_q(g) \leq q+1+g[2q^{1/2}]$ が成り立つことに注意しよう．したがって，自明な限界式 $0 \leq A(q) \leq [2q^{1/2}]$ がある．

　本章の最初の目標は，評価式 $A(q) \leq [2q^{1/2}]$ を改良することである．以下の定理 7.1.3 において与えられる限界は，セールの明示公式に基礎をおいている．命題 5.3.4 を参照せよ．読者の便宜のために，この方法を簡潔に振り返ってみよう．

$c_1,\ldots,c_m \geq 0$ を非負実数で，少なくとも一つは 0 でないとする．$t \in \mathbb{C} \setminus \{0\}$ に対して，次のような関数を定義する．

$$\lambda_m(t) = \sum_{r=1}^{m} c_r t^r \quad かつ \quad f_m(t) = 1 + \lambda_m(t) + \lambda_m(t^{-1}).$$

また，次のように仮定する．

$$|t| = 1 \text{ であるすべての } t \in \mathbb{C} \text{ に対して } f_m(t) \geq 0. \tag{7.1}$$

（$|t| = 1$ であるすべての $t \in \mathbb{C}$ に対して $f_m(t) \in \mathbb{R}$ であることに注意せよ．）このとき，種数を g とする任意の関数体 $F/\mathbb{F}_q$ の有理的座の個数は，次のような上界をもつ．

$$N \leq \frac{g}{\lambda_m(q^{-1/2})} + \frac{\lambda_m(q^{1/2})}{\lambda_m(q^{-1/2})} + 1. \tag{7.2}$$

定理 7.1.3（Drinfeld-Vladut 限界）　　伊原の定数 $A(q)$ は次のような上界をもつ．

$$A(q) \leq q^{1/2} - 1.$$

【証明】　　上で設定した記号を用いて，固定した整数 $m \geq 1$ に対して次のようにおく．

$$c_r := 1 - \frac{r}{m}, \quad r = 1,\ldots,m.$$

このとき，次が成り立つ．

$$\lambda_m(t) = \sum_{r=1}^{m} \left(1 - \frac{r}{m}\right) t^r.$$

関数 $f_m(t) = 1 + \lambda_m(t) + \lambda_m(t^{-1})$ に対して，性質 (7.1) を確かめるために，次の関数を考える．

$$u(t) := \sum_{r=1}^{m} t^r = \frac{t^{m+1} - t}{t - 1}.$$

すると，$u'(t) = \sum_{r=1}^{m} r t^{r-1}$ であるから，

$$\frac{t \cdot u'(t)}{m} = \sum_{r=1}^{m} \frac{r}{m} t^r.$$

したがって，次の式を得る．

$$\lambda_m(t) = \sum_{r=1}^{m}\left(1 - \frac{r}{m}\right)t^r = u(t) - \frac{t \cdot u'(t)}{m}$$
$$= \frac{t}{t-1}(t^m - 1) - \frac{t}{m} \cdot \frac{(t-1)((m+1)t^m - 1) - (t^{m+1} - t)}{(t-1)^2}$$
$$= \frac{t}{(t-1)^2}\left(\frac{t^m - 1}{m} + 1 - t\right). \tag{7.3}$$

直接計算することにより，関数 $f_m(t) = 1 + \lambda_m(t) + \lambda_m(t^{-1})$ は次のように表すことができる．

$$f_m(t) = \frac{2 - (t^m + t^{-m})}{m(t-1)(t^{-1} - 1)}. \tag{7.4}$$

$|t| = 1$ に対して $t^{-1} = \bar{t}$ であるから，式 (7.4) より $|t| = 1$ であるすべての $t \in \mathbb{C}$ に対して $f_m(t) \geq 0$ となる．よって，関数 $f_m(t)$ は性質 (7.1) を満足する．さて，式 (7.2) より次の不等式を得る．

$$\frac{N}{g} \leq \frac{1}{\lambda_m(q^{-1/2})} + \frac{1}{g}\left(1 + \frac{\lambda_m(q^{1/2})}{\lambda_m(q^{-1/2})}\right). \tag{7.5}$$

ただし，N は種数を g とする $\mathbb{F}_q$ 上の任意の関数体の有理的座の個数を表す．等式 (7.3) は次のことを意味している．すなわち，$m \to \infty$ であるとき，

$$\lambda_m(q^{-1/2}) \longrightarrow \frac{q^{-1/2}}{(q^{-1/2} - 1)^2}(1 - q^{-1/2}) = \frac{1}{q^{1/2} - 1}.$$

したがって，任意の $\varepsilon > 0$ に対して，次の式をみたす $m_0 \in \mathbb{N}$ が存在する．

$$\lambda_{m_0}(q^{-1/2})^{-1} < q^{1/2} - 1 + \varepsilon/2.$$

次の式をみたす g_0 を選ぶ．

$$\frac{1}{g_0}\left(1 + \frac{\lambda_{m_0}(q^{1/2})}{\lambda_{m_0}(q^{-1/2})}\right) < \varepsilon/2.$$

すると，式 (7.5) を用いて，すべての $g \geq g_0$ と種数を g とする $\mathbb{F}_q$ 上のすべての関数体 F に対して，次の評価式を得る．

$$\frac{N}{g} < q^{1/2} - 1 + \varepsilon.$$

以上より，定理 7.1.3 の証明は完成する． □

注意 7.1.4 ここで，伊原の定数 $A(q)$ に関する事実をいくつか述べておこう．

(a) すべての素数のベキ $q = p^e$（p は素数，$e \geq 1$）に対して $A(q) > 0$ が成り立つ．より正確に言うと，すべての q に対して $A(q) \geq c \cdot \log q$ をみたす定数 $c > 0$ が存在する．この結果はセール [36] に帰すべきものであり，その証明は類体論を用いているため，本書の範囲内でその証明を与えることはできない．セールによる方法の改善については，文献 [31] を参照せよ．7.3 節において，すべての $q = p^e, e > 1$ に対して $A(q) > 0$ が成り立つことの簡単な証明を与える．

(b) $q = \ell^2$ が平方数ならば，$A(q) = q^{1/2} - 1$ が成り立つ．すなわち，Drinfeld-Vladut 限界に達している場合である．この等式は，モジュラー曲線の理論を用いて，最初に伊原 [22] と Tsfasman, Vladut and Zink [44] により証明された．7.4 節において，Garcia and Stichtenoth [12] による，より初等的な方法を紹介しよう．

(c) $q = \ell^3$ が立方数ならば，$A(q) \geq 2(\ell^2 - 1)/(\ell + 2)$ が成り立つ．素数である ℓ に対して，これは Zink の結果 [47] である．任意の ℓ については，この限界は最初に Bezerra, Garcia and Sticktenoth [4] によって証明された．定理 7.4.17 において，Bassa, Garcia and Sticktenoth [2] に従ってより簡単な証明を与えよう．

(d) 平方数でない任意の q に対して，$A(q)$ の正確な値は知られていない．

7.2 関数体の塔

関数体の列 $F_i/\mathbb{F}_q$ ($i = 0, 1, 2, \ldots$) を考え，$g(F_i) \to \infty$ かつ $\lim_{i \to \infty} N(F_i)/g(F_i) > 0$ であると仮定する（ただし，$N(F_i)$ は有理的座の個数，$g(F_i)$ は F_i の種数を表す）．このとき，明らかに $A(q) \geq \lim_{i \to \infty} N(F_i)/g(F_i)$ が成り立つ．したがって，伊原の定数 $A(q)$ に対する自明でない下界を得る．本節と以下に続く節において，このような関数体の列を調べるための体系的な方法を解説する．

定義 7.2.1 $\mathbb{F}_q$ 上の塔 (tower) とは，以下の条件をみたす関数体 $F_i/\mathbb{F}_q$ の無限列 $\mathcal{F} = (F_0, F_1, F_2, \ldots)$ のことである．

(i) $F_0 \subsetneq F_1 \subsetneq F_2 \subsetneq \cdots \subsetneq F_n \subsetneq \cdots$．
(ii) 各拡大 F_{i+1}/F_i は有限次であり，かつ分離的である．
(iii) 種数は $i \to \infty$ のとき $g(F_i) \to \infty$ を満足する．

$\mathbb{F}_q$ は，すべての $i \geq 0$ に対して，F_i の完全定数体であることをつねに仮定していることに注意せよ．

注意 7.2.2 上の条件 (iii) は，条件 (i), (ii) と以下の少し弱い条件から導かれる．

(iii*) ある $j \geq 0$ に対して $g(F_j) \geq 2$ である．

【証明】 フルヴィッツの種数公式より，すべての i に対して次の式が成り立つ．

$$g(F_{i+1}) - 1 \geq [F_{i+1} : F_i](g(F_i) - 1).$$

$g(F_j) \geq 2$ かつ $[F_{i+1} : F_i] \geq 2$ であるから，次が成り立つ．

$$g(F_j) < g(F_{j+1}) < g(F_{j+2}) < \cdots.$$

ゆえに，$i \to \infty$ のとき $g(F_i) \to \infty$ となる． □

上で指摘したように，ここでは $i \to \infty$ のときの商 $N(F_i)/g(F_i)$ の挙動に興味がある．また，有理的座の個数と種数の挙動を別々に考えると都合がよい．

補題 7.2.3 $\mathcal{F} = (F_0, F_1, F_2, \ldots)$ を $F/\mathbb{F}_q$ 上の塔とする．このとき，次が成り立つ．

(a) 有理数列 $(N(F_i)/[F_i : F_0])_{i \geq 0}$ は単調に減少し，ゆえに $\mathbb{R}^{\geq 0}$ において収束する．

(b) 有理数列 $((g(F_i) - 1)/[F_i : F_0])_{i \geq 0}$ は単調に増加し，ゆえに $\mathbb{R}^{\geq 0} \cup \{\infty\}$ において収束する．

(c) $j \geq 0$ は $g(F_j) \geq 2$ をみたすものとする．このとき，$(N(F_i)/(g(F_i) - 1))_{i \geq j}$ は単調に減少し，ゆえに $\mathbb{R}^{\geq 0}$ において収束する．

【証明】

(a) Q が F_{i+1} の有理的座ならば，Q の F_i への制限 $P := Q \cap F_i$ は F_i の有理的座である．逆に，高々 $[F_{i+1} : F_i]$ 個の F_{i+1} の有理的座が F_i の一つの有理的座の上にある (系 3.1.12 を参照せよ)．ゆえに，$N(F_{i+1}) \leq [F_{i+1} : F_i] \cdot N(F_i)$ が成り立ち，したがって次を得る．

$$\frac{N(F_{i+1})}{[F_{i+1} : F_0]} \leq \frac{[F_{i+1} : F_i]}{[F_{i+1} : F_0]} \cdot N(F_i) = \frac{N(F_i)}{[F_i : F_0]}.$$

(b) 体の拡大 F_{i+1}/F_i に対してフルヴィッツの種数公式を用いると，$g(F_{i+1}) - 1 \geq [F_{i+1} : F_i](g(F_i) - 1)$ を得る．$[F_{i+1} : F_0]$ で両辺を割ると，求める不等式が得られる．

$$\frac{g(F_i) - 1}{[F_i : F_0]} \leq \frac{g(F_{i+1}) - 1}{[F_{i+1} : F_0]}.$$

(c) 証明は (a) と (b) のそれと同様である． □

補題 7.2.3 によって，次の定義が意味をもつ．

定義 7.2.4 $\mathcal{F} = (F_0, F_1, F_2, \ldots)$ を $\mathbb{F}_q$ 上の塔とする．

(a) F_0 上の塔 $\mathcal{F}$ の**分解率**（splitting rate）$\nu(\mathcal{F}/F_0)$ は，次のように定義される．
$$\nu(\mathcal{F}/F_0) := \lim_{i \to \infty} N(F_i)/[F_i : F_0].$$

(b) F_0 上の塔 $\mathcal{F}$ の**種数** $\gamma(\mathcal{F}/F_0)$ は，次のように定義される．
$$\gamma(\mathcal{F}/F_0) := \lim_{i \to \infty} g(F_i)/[F_i : F_0].$$

(c) 塔 $\mathcal{F}$ の**極限** $\lambda(\mathcal{F})$ は，次のように定義される．
$$\lambda(\mathcal{F}) := \lim_{i \to \infty} N(F_i)/g(F_i).$$

補題 7.2.3 と $A(q)$ の定義から，次のことは明らかである．
$$0 \leq \nu(\mathcal{F}/F_0) < \infty,$$
$$0 < \gamma(\mathcal{F}/F_0) \leq \infty,$$
$$0 \leq \lambda(\mathcal{F}) \leq A(q).$$

さらに，次の等式が成り立つ．
$$\lambda(\mathcal{F}) = \nu(\mathcal{F}/F_0)/\gamma(\mathcal{F}/F_0). \tag{7.6}$$

これは特に，$\gamma(\mathcal{F}/F_0) = \infty$ ならば $\lambda(\mathcal{F}) = 0$ であることを意味している．

定義 7.2.5 $\mathbb{F}_q$ 上の塔 $\mathcal{F}$ は，次のように言われる．

$\lambda(\mathcal{F}) > 0$ のとき，　　　（漸近的に）**良い**，
$\lambda(\mathcal{F}) = 0$ のとき，　　　（漸近的に）**悪い**，
$\lambda(\mathcal{F}) = A(q)$ のとき，　（漸近的に）**最良**である．

等式 (7.6) からすぐ得られる結果が，以下の良い塔の特徴付けである．

命題 7.2.6 $\mathbb{F}_q$ 上の塔 $\mathcal{F} = (F_0, F_1, F_2, \ldots)$ が漸近的に良いための必要十分条件は，$\nu(\mathcal{F}/F_0) > 0$ かつ $\gamma(\mathcal{F}/F_0) < \infty$ が成り立つことである．

漸近的に良い塔を見つけることは自明ではない課題である．良い塔を構成しようとするとき，「ほとんど」の場合 $\nu(\mathcal{F}/F_0) = 0$ であるか，または $\gamma(\mathcal{F}/F_0) = \infty$ であることが分かる（ゆえに，塔は悪い）．一方，符号理論への応用に対して（さらに暗号作成やほかの分

野において）明示的な良い塔があることは非常に重要である．7.3 節と 7.4 節においていくつかの例を与える．

定義 7.2.7　$\mathcal{F} = (F_0, F_1, F_2, \ldots)$ と $\mathcal{E} = (E_0, E_1, E_2, \ldots)$ を $\mathbb{F}_q$ 上の塔とする．任意の $i \geq 0$ に対して，ある添字 $j = j(i)$ と $\mathbb{F}_q$ 上の埋め込み $\varphi_i : E_i \to F_j$ が存在するとき，$\mathcal{E}$ は $\mathcal{F}$ の**部分塔**（subtower）であるという．

次の結果はときどき役に立つ．

命題 7.2.8　$\mathcal{E}$ を $\mathcal{F}$ の部分塔とする．このとき，$\lambda(\mathcal{E}) \geq \lambda(\mathcal{F})$ が成り立つ．特に，次の性質がある．

(a) $\mathcal{F}$ が漸近的に良い塔ならば，$\mathcal{E}$ もまた漸近的に良い塔である．

(b) $\mathcal{E}$ が漸近的に悪い塔ならば，$\mathcal{F}$ もまた漸近的に悪い塔である．

【証明】　$\varphi_i : E_i \to F_{j(i)}$ を E_i から $F_{j(i)}$ への埋め込みとする．H_i を以下の性質により一意的に定まる $F_{j(i)}$ の部分体とする．

- $\varphi_i(E_i) \subseteq H_i \subseteq F_{j(i)}$．
- $H_i/\varphi_i(E_i)$ は分離拡大である．
- $F_{j(i)}/H_i$ は純非分離拡大である．

このとき，命題 3.10.2 (c) によって，H_i は $F_{j(i)}$ に同型である．ゆえに，

$$\frac{N(F_{j(i)})}{g(F_{j(i)}) - 1} = \frac{N(H_i)}{g(H_i) - 1} \leq \frac{N(\varphi_i(E_i))}{g(\varphi_i(E_i)) - 1} = \frac{N(E_i)}{g(E_i) - 1}.$$

上の不等式は補題 7.2.3 (c) から導かれる．すると，$i \to \infty$ のとき，求める結果 $\lambda(\mathcal{F}) \leq \lambda(\mathcal{E})$ が得られる．　□

$\mathbb{F}_q$ 上の塔 $\mathcal{F}$ の分解率 $\nu(\mathcal{F}/F_0)$ と種数 $\gamma(\mathcal{F}/F_0)$ を調べるために，分解ローカスと分岐ローカスの概念を導入する．関数体の有限次拡大 E/F が与えられたとき，座 $P \in \mathbb{P}_F$ は，$Q_i | P$ をみたすちょうど $n := [E : F]$ 個の座 $Q_1, \ldots, Q_n \in \mathbb{P}_E$ が存在する場合に，E/F において完全分解するということを思い出そう．同様に，P は，$Q | P$ かつ $e(Q|P) > 1$ をみたす少なくとも一つの座 $Q \in \mathbb{P}_E$ が存在するとき，E/F において分岐するという．

定義 7.2.9　$\mathcal{F} = (F_0, F_1, F_2, \ldots)$ を $\mathbb{F}_q$ 上の塔とする．

(a) 次の集合

$$\mathrm{Split}(\mathcal{F}/F_0) := \{P \in \mathbb{P}_{F_0} \mid \deg P = 1,\ P \text{ はすべての拡大 } F_n/F_0 \text{ で完全分解}\}$$

を，F_0 上 $\mathcal{F}$ の**分解ローカス**（splitting locus）という．
(b) 次の集合

$$\mathrm{Ram}(\mathcal{F}/F_0) := \{\, P \in \mathbb{P}_{F_0} \mid P \text{ はある } n \geq 1 \text{ に対して } F_n/F_0 \text{ で分岐する}\,\}$$

を，F_0 上 $\mathcal{F}$ の**分岐ローカス**（ramification locus）という．

明らかに分解ローカス $\mathrm{Split}(\mathcal{F}/F_0)$ は有限集合である（空集合であるかもしれない）．これに対して，分岐ローカスは有限集合または無限集合である．

定理 7.2.10 $\mathcal{F} = (F_0, F_1, F_2, \ldots)$ を $\mathbb{F}_q$ 上の塔とする．
(a) $s := |\mathrm{Split}(\mathcal{F}/F_0)|$ とおく．このとき，分解率 $\nu(\mathcal{F}/F_0)$ は次の式を満足する．

$$\nu(\mathcal{F}/F_0) \geq s.$$

(b) 分岐ローカス $\mathrm{Ram}(\mathcal{F}/F_0)$ は有限であり，任意の $P \in \mathrm{Ram}(\mathcal{F}/F_0)$ に対して次の性質をみたす定数 $a_P \in \mathbb{R}$ が存在すると仮定する．すなわち，すべての $n \geq 0$ と P 上にあるすべての座 $Q \in \mathbb{P}_{F_n}$ に対して，差積指数 $d(Q|P)$ は次の不等式により抑えられる．

$$d(Q|P) \leq a_P \cdot e(Q|P). \tag{7.7}$$

このとき，塔の種数 $\gamma(\mathcal{F}/F_0)$ は有限であり，次の上界をもつ．

$$\gamma(\mathcal{F}/F_0) \leq g(F_0) - 1 + \frac{1}{2} \sum_{P \in \mathrm{Ram}(\mathcal{F}/F_0)} a_P \cdot \deg P.$$

(c) 次に，$\mathcal{F}/F_0$ の分解ローカスは空集合ではなく，$\mathcal{F}/F_0$ は (b) における条件を満足していると仮定する．このとき，$\mathcal{F}$ は漸近的に良い塔であり，その極限 $\lambda(\mathcal{F})$ は次の式を満足する．

$$\lambda(\mathcal{F}) \geq \frac{2s}{2g(F_0) - 2 + \sum_{P \in \mathrm{Ram}(\mathcal{F}/F_0)} a_P \cdot \deg P} > 0.$$

ただし，$s := |\mathrm{Split}(\mathcal{F}/F_0)|$ であり，a_P は仮定 (7.7) の記号と同じ定数である．

【証明】
(a) 任意の座 $P \in \mathrm{Split}(\mathcal{F}/F_0)$ の上に，ちょうど $[F_n : F_0]$ 個の F_n の座があり，それらはすべて有理的である．ゆえに，$N(F_n) \geq [F_n : F_0] \cdot |\mathrm{Split}(\mathcal{F}/F_0)|$ が成り立つ．すると，(a) はこれよりすぐに分かる．
(b) 簡単のため，すべての $n \geq 0$ に対して $g_n := g(F_n)$ とおく．F_n/F_0 に対するフルヴィッツの種数公式を適用すると，以下の式を得る．

$$2g_n - 2 = [F_n : F_0](2g_0 - 2) + \sum_{P \in \mathrm{Ram}(\mathcal{F}/F_0)} \sum_{Q \in \mathbb{P}_{F_n}, Q|P} d(Q|P) \cdot \deg Q$$

$$\leq [F_n : F_0](2g_0 - 2) + \sum_{P \in \mathrm{Ram}(\mathcal{F}/F_0)} \sum_{Q \in \mathbb{P}_{F_n}, Q|P} a_P \cdot e(Q|P) \cdot f(Q|P) \cdot \deg P$$

$$= [F_n : F_0](2g_0 - 2) + \sum_{P \in \mathrm{Ram}(\mathcal{F}/F_0)} a_p \cdot \deg P \cdot \sum_{Q \in \mathbb{P}_{F_n}, Q|P} e(Q|P) \cdot f(Q|P)$$

$$= [F_n : F_0]\left(2g_0 - 2 + \sum_{P \in \mathrm{Ram}(\mathcal{F}/F_0)} a_p \cdot \deg P\right).$$

ここで,仮定 (7.7) と基本等式

$$\sum_{Q|P} e(Q|P) \cdot f(Q|P) = [F_n : F_0]$$

を用いた.定理 3.1.11 を参照せよ.上の不等式を $2[F_n : F_0]$ で割り,$n \to \infty$ とすると,以下の不等式を得る.

$$\gamma(\mathcal{F}/F_0) \leq g(F_0) - 1 + \frac{1}{2}\sum_{P \in \mathrm{Ram}(\mathcal{F}/F_0)} a_P \cdot \deg P.$$

(c) $\lambda(\mathcal{F}) = \nu(\mathcal{F})/\gamma(\mathcal{F}/F_0)$ であるから,(c) は (a) と (b) からすぐに導かれる(等式 (7.6) を参照せよ). □

差積指数に関する仮定 (7.7) は,特に順分岐の場合に成り立つ.塔 $\mathcal{F} = (F_0, F_1, F_2, \ldots)$ は,すべての拡大 F_n/F_0 におけるすべての分岐指数 $e(Q|P)$ が $\mathbb{F}_q$ の標数と互いに素であるとき,順であるという.そうでないとき,塔 $\mathcal{F}/F_0$ は **野性的** であるという.このとき,定理 7.2.10 に対する次の系を得る.

系 7.2.11 $\mathcal{F} = (F_0, F_1, F_2, \ldots)$ を順である塔とする.分解ローカス $\mathrm{Split}(\mathcal{F}/F_0)$ は空集合ではなく,分岐ローカス $\mathrm{Ram}(\mathcal{F}/F_0)$ は有限であると仮定する.このとき,$\mathcal{F}$ は漸近的に良い塔である.より正確に言うと,

$$s := |\mathrm{Split}(\mathcal{F}/F_0)| \quad \text{かつ} \quad r := \sum_{P \in \mathrm{Ram}(\mathcal{F}/F_0)} \deg P$$

とおけば,以下の式を得る.

$$\lambda(\mathcal{F}) \geq \frac{2s}{2g(F_0) - 2 + r}.$$

【証明】 順分岐する座 $Q|P$ に対して,デデキントの差積定理によって,$d(Q|P) = e(Q|P) - 1 \leq e(Q|P)$ が成り立つ.したがって,仮定 (7.7) において $a_P := 1$ を選ぶことができる.すると,定理 7.2.10 (c) より求める結果が得られる. □

7.3 節や 7.4 節で構成しようとしている塔は，多くの場合再帰的な方法で与えられる．これが意味している正確な定義を与えよう．$\mathbb{F}_q$ 上の有理関数 $f(T)$ は，$f_1(T), f_2(T) \in \mathbb{F}_q[T]$ かつ $f_2(T) \neq 0$ である二つの多項式の商 $f(T) = f_1(T)/f_2(T)$ として表されることを思い出そう．$f_1(T)$ と $f_2(T)$ は互いに素であると仮定できる．このとき，$\deg f(T) := \max\{\deg f_1(T), \deg f_2(T)\}$ とおき，$f(T)$ の**次数**という．$f(T) \in \mathbb{F}_q(T) \setminus \mathbb{F}_q$ のとき，$f(T)$ は**非定数**であるという．これは条件 $\deg F(T) \geq 1$ と同値である．すべての多項式 $f(T) \in \mathbb{F}_q[T]$ は有理関数とみなすことができることに注意しよう．

定義 7.2.12 $f(Y) \in \mathbb{F}_q(Y)$ と $h(X) \in \mathbb{F}_q(X)$ を定数でない有理関数とし，$\mathcal{F} = (F_0, F_1, F_2, \ldots)$ を関数体の列とする．以下の条件をみたす元 $x_i \in F_i$ ($i = 0, 1, 2, \ldots$) が存在すると仮定する．

  (i) x_0 は $\mathbb{F}_q$ 上超越的であり，$F_0 = \mathbb{F}_q(x_0)$ である．すなわち，F_0 は有理関数体である．
  (ii) すべての $i \geq 0$ に対して，$F_i = \mathbb{F}_q(x_0, x_1, \ldots, x_i)$ である．
  (iii) すべての $i \geq 0$ に対して，元 x_i, x_{i+1} は $f(x_{i+1}) = h(x_i)$ をみたす．
  (iv) $[F_1 : F_0] = \deg f(Y)$.

このとき，列 $\mathcal{F}$ は次の方程式により $\mathbb{F}_q$ 上で**再帰的に定義される**（recursively defined）という．
$$f(Y) = h(X).$$

注意 7.2.13 定義 7.2.12 の記号を用いて，すべての $i \geq 0$ に対して次が成り立つ．
$$[F_{i+1} : F_i] \leq \deg f(Y).$$

【**証明**】 互いに素な多項式 $f_1(Y), f_2(Y) \in \mathbb{F}_q[Y]$ により $f(Y) = f_1(Y)/f_2(Y)$ と表す．このとき，$F_{i+1} = F_i(x_{i+1})$ であり，また x_{i+1} は多項式
$$\varphi_i(Y) := f_1(Y) - h(x_i) f_2(Y) \in F_i[Y]$$
の零点である．この多項式は次数 $\deg \varphi_i(Y) = \deg f(Y)$ をもつ． □

注意 7.2.14 定義 7.2.12 の条件 (iv) は再帰的塔に関するほとんどの証明において実際には必要とされない．しかしながら，本書において考える再帰的塔のすべての例において，この仮定は成り立ち，あとで述べる命題を分かりやすくするであろう．明らかに，条件 (iv) は多項式
$$\varphi(Y) := f_1(Y) - h(x_0) f_2(Y) \in \mathbb{F}_q(x_0)[Y]$$
が $\mathbb{F}_q(x_0)$ 上既約であるという条件に同値である．ある $i \geq 1$ に対して，次数 $[F_{i+1} : F_i]$ は $\deg f(Y)$ より小さいこともありうることを注意しておこう．

ここで，二つの型の再帰的に定義された関数体の列の例をあげておく．最初は次の方程式によって与えられる例である．
$$Y^m = a(X+b)^m + c. \tag{7.8}$$
ただし，$a, b, c \in \mathbb{F}_q^\times$，$m > 1$ でかつ $\gcd(m, q) = 1$ である．第二の例は次の方程式により与えられる．
$$Y^\ell - Y = \frac{X^\ell}{1 - X^{\ell-1}}. \tag{7.9}$$
ただし，$q = \ell^2$ は平方数である．7.3 節と 7.4 節において，これら二つの列を詳細に調べる．

さて，定数でないある有理関数 $f(Y) \in \mathbb{F}_q(Y)$ と $h(X) \in \mathbb{F}_q(X)$ の方程式 $f(Y) = h(X)$ により定義される再帰的な体の列 $\mathcal{F} = (F_0, F_1, F_2, \ldots)$ を考える．列 $\mathcal{F}$ が $\mathbb{F}_q$ 上の「塔」であるかどうかを決定するために，最初に次の問に答えなければならない．

- すべての $n \geq 0$ に対して，$F_n \subsetneq F_{n+1}$ となるか？
- すべての $n \geq 0$ に対して，$\mathbb{F}_q$ は F_n の完全定数体であるか？

次の命題は（単に「再帰的」に定義された体の列に適用されるだけではなく）これらの問題に対して肯定的な回答を与えるための十分条件となる．

命題 7.2.15 体の列 $F_0 \subseteq F_1 \subseteq F_2 \subseteq \cdots$ を考える．ただし，F_0 はちょうど定数体を $\mathbb{F}_q$ とする関数体で，すべての $n \geq 0$ に対して $[F_{n+1} : F_n] < \infty$ である．すべての n に対して，座 $P_n \in \mathbb{P}_{F_n}$ と，$Q_n | P_n$ かつ $e(Q_n | P_n) > 1$ をみたす座 $Q_n \in \mathbb{P}_{F_{n+1}}$ が存在すると仮定する．このとき，$F_n \subsetneq F_{n+1}$ が成り立つ．
さらに，すべての n に対して $e(Q_n | P_n) = [F_{n+1} : F_n]$ を仮定すれば，$\mathbb{F}_q$ はすべての n に対して F_n の完全定数体である．

【証明】 基本等式により $[F_{n+1} : F_n] \geq e(Q_n | P_n)$ が成り立ち，ゆえに $F_n \subsetneq F_{n+1}$ である．等式 $e(Q_n | P_n) = [F_{n+1} : F_n]$ を仮定すると，F_n と F_{n+1} は同じ定数体をもつ（定数拡大は定理 3.6.3 より不分岐であるから）． □

簡単な例によって命題 7.2.15 の使い方を説明しよう．

例 7.2.16 q を「奇」素数のベキとする．方程式
$$Y^2 = \frac{X^2 + 1}{2X} \tag{7.10}$$

により $\mathbb{F}_q$ 上で再帰的に定義される列 $\mathcal{F} = (F_0, F_1, F_2, \ldots)$ は，$\mathbb{F}_q$ 上の塔であることを示そう．したがって，以下のことを示さなければならない．

(i) $F_n \subsetneq F_{n+1}$ であり，かつすべての $n \geq 0$ に対して F_{n+1}/F_n は分離的である．
(ii) $\mathbb{F}_q$ はすべての F_n の完全定数体である．
(iii) ある j に対して $g(F_j) \geq 2$ である．

最初に，$F_{n+1} = F_n(x_{n+1})$ かつ $x_{n+1}^2 = (x_n^2 + 1)/2x_n$ であることに注意しよう．ゆえに，$[F_{n+1} : F_n] \leq 2$ である．$q \equiv 1 \bmod 2$ であるから，F_{n+1}/F_n は分離的であることが分かる．次の目標は，$Q_n | P_n$ かつ $e(Q_n | P_n) = 2$ をみたす座 $P_n \in \mathbb{P}_{F_n}$ と $Q_n \in \mathbb{P}_{F_{n+1}}$ を見つけることである．このような座が見つかれば，条件 (i) と (ii) は命題 7.2.15 からすぐに導かれる．次のように始める．$P_0 \in \mathbb{P}_{F_0}$ を有理関数体 $F_0 = \mathbb{F}_q(x_0)$ における x_0 の唯一つの極とし，P_0 上にある適当な座 $Q_0 \in \mathbb{P}_{F_1}$ を選ぶ．等式 $x_1^2 = (x_0^2 + 1)/2x_0$ より次の式が得られる．

$$2v_{Q_0}(x_1) = v_{Q_0}(x_1^2) = e(Q_0|P_0) \cdot v_{P_0}\left(\frac{x_0^2 + 1}{2x_0}\right) = e(Q_0|P_0) \cdot (-1).$$

したがって，$e(Q_0|P_0) = 2$ かつ $v_{Q_0}(x_1) = -1$ である（ここで，$e(Q_0|P_0) \leq [F_1 : F_0] \leq 2$ であることに注意せよ）．

次のステップとして，Q_0 として P_1 をとり，P_1 上にある F_2 の座として Q_1 を選ぶ．再び，等式 $x_2^2 = (x_1^2 + 1)/2x_1$ から，$e(Q_1|P_1) = 2$ かつ $v_{Q_1}(x_2) = -1$ であることが分かる．この操作を繰り返すと，すべての $n \geq 0$ に対して $Q_n | P_n$ かつ $e(Q_n|P_n) = 2$ をみたす求める座 $P_n \in \mathbb{P}_{F_n}$ と $Q_n \in \mathbb{P}_{F_{n+1}}$ を得る．

(iii) を示すことが残っている．等式 $x_1^2 = (x_0^2 + 1)/2x_0$ より，ちょうど F_0 の以下の座が F_1/F_0 において分岐することが分かる．

- x_0 の零点と極．
- $x_0^2 + 1$ が $\mathbb{F}_q[x_0]$ において 1 次因数に分解する場合に $x_0^2 + 1$ の二つの零点，または $x_0^2 + 1$ が既約である場合に $x_0^2 + 1$ に対応する次数 2 の座．

それぞれの場合に，F_1/F_0 の差積次数はデデキントの差積定理により $\deg \mathrm{Diff}(F_1/F_0) = 4$ である．また，このとき F_1/F_0 に対するフルヴィッツの種数公式により $g(F_1) = 1$ となる．拡大 F_2/F_1 において，少なくとも一つの分岐する座（すなわち，上で構成された座 $Q_1|P_1$) が存在し，ゆえに $\deg \mathrm{Diff}(F_2/F_1) \geq 1$ である．再び，フルヴィッツの種数公式により $g(F_2) \geq 2$ が得られる．これより，(iii) が証明される．

注意 7.2.17 以下において，方程式 $f(Y) = h(X)$ によって再帰的に定義された $\mathbb{F}_q$ 上の関数体の塔を調べていく．塔における各ステップは分離拡大であるから，有理関数 $f(Y)$ は分離的でなければならない（すなわち，$p = \mathrm{char}\,\mathbb{F}_q$ としたとき，$f(Y) \notin \mathbb{F}_q(Y^p)$ である）．

ここでの主要な目標は，$\mathbb{F}_q$ 上の「漸近的に良い」塔 $\mathcal{F}$ を構成することである．それゆえ，定理 7.2.10 に従って「空でない」分解ローカス $\mathrm{Split}(\mathcal{F}/F_0)$ と「有限」な分岐ローカス $\mathrm{Ram}(\mathcal{F}/F_0)$ を保証する判定基準を定式化することに興味がある．再帰的に定義された塔に対してこれらの問題に取り組むために，「基本関数体」の概念を導入する．

定義 7.2.18　$\mathcal{F} = (F_0, F_1, F_2, \ldots)$ を方程式 $f(Y) = h(X)$ により再帰的に定義された関数体の列とする．ただし，$f(Y), h(X)$ は $\mathbb{F}_q$ 上の定数でない有理関数である．このとき，塔 $\mathcal{F}$ に対応する**基本関数体** (basic function field) F を，以下の式により定義する．

$$F := \mathbb{F}_q(x, y), \quad f(y) = h(x).$$

拡大 $F/\mathbb{F}_q(x)$ は注意 7.2.17 により分離的であることに注意せよ．定義 7.2.12 の条件 (iv) の結果として，次が成り立つ．

$$[F : \mathbb{F}_q(x)] = \deg f(Y) \quad \text{かつ} \quad [F : \mathbb{F}_q(y)] = \deg h(X).$$

さらに，$\mathbb{F}_q(x_i, x_{i+1})$ $(0 \leq i \leq n-1)$ なる形の F_n のすべての部分体は，$x \mapsto x_i$, $y \mapsto x_{i+1}$ により定まる写像によって，基本関数体 $F = \mathbb{F}_q(x, y)$ に $\mathbb{F}_q$-同型である．

命題 7.2.20 として基本関数体の最初の応用を与える前に，有理関数体の有理的座に対して便利な記号を導入する．

定義 7.2.19　$K(z)$ を任意の体 K 上の有理関数体とする．このとき，$\alpha \in K$ に対して，$z - \alpha$ の零点である $K(z)$ の唯一つの座を $(z = \alpha)$ によって表す．同様にして，$K(z)$ における z の唯一つの極を $(z = \infty)$ により表す．

この記号は，1.2 節において用いられた $K(z)$ の有理的座に対する記号とは異なることに注意しよう．

命題 7.2.20　$\mathcal{F} = (F_0, F_1, F_2, \ldots)$ を方程式 $f(Y) = h(X)$ により再帰的に定義された $\mathbb{F}_q$ 上の塔とし，$F = \mathbb{F}_q(x, y)$ を関係式 $f(y) = h(x)$ により定まる基本関数体とする．$\Sigma \subseteq \mathbb{F}_q \cup \{\infty\}$ を，以下の二つの条件を満足する空でない集合と仮定する．
(1) すべての $\alpha \in \Sigma$ に対して，$\mathbb{F}_q(x)$ の座 $(x = \alpha)$ は拡大 $F/\mathbb{F}_q(x)$ において完全分解する．
(2) $\alpha \in \Sigma$ かつ Q が座 $(x = \alpha)$ の上にある F の座であるならば，$y(Q) \in \Sigma$ である．

このとき，すべての $\alpha \in \Sigma$ に対して，$F_0 = \mathbb{F}_q(x_0)$ の座 $(x_0 = \alpha)$ は $\mathcal{F}/F_0$ において完全分解する．特に，$\mathcal{F}/F_0$ の分解ローカスは次の式をみたす．

$$|\mathrm{Split}(\mathcal{F}/F_0)| \geq |\Sigma|.$$

したがって，塔 $\mathcal{F}$ の分解率 $\nu(\mathcal{F}/F_0)$ に対する次のような下界を得る．

$$\nu(\mathcal{F}/F_0) \geq |\Sigma|.$$

【証明】 $\alpha \in \Sigma$ とする．帰納法によって，すべての $n \geq 0$ に対して座 $(x_0 = \alpha)$ は F_n/F_0 において完全分解することを示す．これは $n = 0$ のとき明らかであるから，ある n について主張が成り立つと仮定しよう．$(x_0 = \alpha)$ 上にあるすべての座 $Q \in \mathbb{P}_{F_n}$ が F_{n+1}/F_n において分解することを示さなければならない．条件 (2) より，$x_n(Q) =: \beta \in \Sigma$ であることが分かっている．このとき，条件 (1) より座 $(x_n = \beta)$ は拡大 $\mathbb{F}_q(x_n, x_{n+1})/\mathbb{F}_q(x_n)$ において完全分解する．F_{n+1} は F_n と $\mathbb{F}_q(x_n, x_{n+1})$ の合成体であるから，命題 3.9.6 により座 Q は F_{n+1}/F_n において完全分解する．するといま，不等式 $\nu(\mathcal{F}/F_0) \geq |\Sigma|$ は定理 7.2.10 (a) から導かれる． □

系 7.2.21 $\mathcal{F} = (F_0, F_1, F_2, \ldots)$ は方程式 $f(Y) = h(X)$ により再帰的に定義された $\mathbb{F}_q$ 上の塔であるとする．$m := \deg f(Y)$ とおく．$\Sigma \subseteq \mathbb{F}_q$ を次の条件が成り立つような空でない集合とする．

すべての $\alpha \in \Sigma$ に対して $h(\alpha) \in \mathbb{F}_q$ であり（すなわち，α は有理関数 $h(X)$ の極ではない），方程式 $f(t) = h(\alpha)$ は Σ において m 個の相異なる根 $t = \beta$ をもつ．

このとき，$\alpha \in \Sigma$ とするすべての座 $(x_0 = \alpha)$ は F_0 上 $\mathcal{F}$ の分解ローカスに属し，その分解率は $\nu(\mathcal{F}/F_0) \geq |\Sigma|$ を満足する．

【証明】 $F = \mathbb{F}_q(x, y)$ を定義方程式が $f(y) = h(x)$ の基本関数体とする．$P = (x = \alpha)$，$\alpha \in \Sigma$ を $x - \alpha$ の零点である $\mathbb{F}_q(x)$ の座とし，$\mathcal{O}_P \subseteq \mathbb{F}_q(x)$ を対応する付値環とする．互いに素な多項式 $f_1(Y), f_2(Y) \in \mathbb{F}_q[Y]$ により $f(Y) = f_1(Y)/f_2(Y)$ と表す．ただし，$\max\{\deg f_1(Y), \deg f_2(Y)\} = m$ である．そこで，$f_1(Y) = a_m Y^m + \cdots + a_0$，また $f_2(Y) = b_m Y^m + \cdots + b_0$ とおく．このとき，$y \in F$ は次の多項式の根である．

$$\varphi(Y) = f_1(Y) - h(x)f_2(Y) \in \mathbb{F}_q(x)[Y].$$

仮定より，方程式 $f_1(t) - h(\alpha)f_2(t) = 0$ は m 個の異なる根 $\beta_1, \ldots, \beta_m \in \Sigma$ をもつ．ゆえに，最高次係数 $a_m - b_m h(\alpha)$ は零ではない．このことは，関数 $a_m - b_m h(x) \in \mathbb{F}_q(x)$ が $\mathcal{O}_P$ の単元であることを意味している．$\varphi(Y)$ を $a_m - b_m h(x)$ で割ると，$\mathcal{O}_P$ 上 y の整方程式が得られる．P を法とする方程式は根 $\beta_1, \ldots, \beta_m$ をもつ．クンマーの定理 3.3.7 によっ

て，P の上にある m 個の相異なる座 $Q_1, \ldots, Q_m \in \mathbb{P}_F$ が存在し，$i = 1, \ldots, m$ に対して $y(Q_i) = \beta_i$ である．以上より，命題 7.2.20 の条件 (1), (2) が証明された．したがって，系の主張はこれより得られる． □

例 7.2.16（続き） 例 7.2.16 における塔 $\mathcal{F}$ に戻る．すなわち，$\mathcal{F}$ は奇素数標数の体 $\mathbb{F}_q$ 上 $f(Y) = Y^2$ と $h(X) = (X^2+1)/2X$ の方程式 $f(Y) = h(X)$ により，再帰的に与えられている．すべての平方数 $q = \ell^2$ に対して（ℓ は奇素数のベキである）$\mathcal{F}/F_0$ の分解ローカスは空集合ではないことを示すことができる．証明には道具が必要なので本書では扱わず，$q = 9$ の場合を証明することで満足しよう．体 $\mathbb{F}_9$ は $\delta^2 = -1$ をみたす δ により $\mathbb{F}_9 = \mathbb{F}_3(\delta)$ として表現されるので，$\mathbb{F}_9 = \{0, \pm 1, \pm \delta, \pm(\delta+1), \pm(\delta-1)\}$ である．集合 $\Sigma := \{\pm(\delta+1), \pm(\delta-1)\}$ は系 7.2.21 の条件を満足することを示す．実際，直接的な計算によって次のことが分かる．

$$h(\delta+1) = h(\delta-1) = \delta = f(\delta-1) = f(-\delta+1),$$
$$h(-\delta-1) = h(-\delta+1) = -\delta = f(\delta+1) = f(-\delta-1).$$

系 7.2.21 より，F_0 上 $\mathcal{F}$ の分解率は $\nu(\mathcal{F}/F_0) \geq 4$ を満足する．

次に，考察の対象を塔の分岐のほうに向けよう．

注意 7.2.22 $\mathcal{F} = (F_0, F_1, F_2, \ldots)$ を $\mathbb{F}_q$ 上の塔で，$L \supseteq \mathbb{F}_q$ を $\mathbb{F}_q$ の体の代数拡大とする．このとき，L による $\mathcal{F}$ の**定数拡大** $\mathcal{F}' := \mathcal{F}L$ を考えることができる．これは次のように定義される．

$$\mathcal{F}' = (F_0', F_1', F_2', \ldots), \quad F_i' := F_i L.$$

したがって，$[F_{i+1}' : F_i'] = [F_{i+1} : F_i]$ が成り立ち，かつ L はすべての $i \geq 0$ に対して F_i' の完全定数体である．さらに，$g(F_i') = g(F_i)$ が成り立つ．座 $P \in \mathbb{P}_{F_i}$ が F_{i+1}/F_i において分岐するための必要十分条件は，P 上にある座 $P' \in \mathbb{P}_{F_i'}$ が F_{i+1}'/F_i' において分岐することである．したがって，次が成り立つ．

$$\mathrm{Ram}(\mathcal{F}'/F_0') = \{\, P' \in \mathbb{P}_{F_0'} \mid P' \cap F_0 \in \mathrm{Ram}(\mathcal{F}/F_0) \,\}$$

かつ
$$\gamma(\mathcal{F}'/F_0') = \gamma(\mathcal{F}/F_0).$$

有限分岐ローカスの場合には，$\mathcal{F}/F_0$ の**分岐因子**（ramification divisor）を次のように定義する．

$$R(\mathcal{F}/F_0) := \sum_{P \in \mathrm{Ram}(\mathcal{F}/F_0)} P.$$

このとき，
$$R(\mathcal{F}'/F_0') = \mathrm{Con}_{F_0'/F_0} R(\mathcal{F}/F_0)$$

かつ
$$\deg R(\mathcal{F}'/F_0') = \deg R(\mathcal{F}/F_0)$$

もまた成り立つ．上で述べたことはすべて 3.6 節の内容からすぐに導かれる．

次に，再帰的な塔の分岐ローカスの有限性に対する役に立つ判定基準を証明する．

命題 7.2.23 $\mathcal{F} = (F_0, F_1, F_2, \ldots)$ を方程式 $f(Y) = h(X)$ によって定義された $\mathbb{F}_q$ 上の再帰的な塔とし，$\mathcal{F}' = \mathcal{F}L = (F_0', F_1', F_2', \ldots)$ を代数拡大体 $L \supseteq \mathbb{F}_q$ による $\mathcal{F}$ の定数拡大とする．F（または F'）によって，$\mathcal{F}$（または $\mathcal{F}'$）の基本関数体を表せば，関係式 $f(y) = h(x)$ により $F = \mathbb{F}_q(x,y)$ かつ $F' = FL = L(x,y)$ と表される．$L(x)$ のすべての座（これらは拡大 $F'/L(x)$ において分岐している）は有理的であると仮定する．ゆえに，集合
$$\Lambda_0 := \{ x(P) \mid P \in \mathbb{P}_{L(x)} \text{ は } F'/L(x) \text{ で分岐する} \}$$
は $L \cup \{\infty\}$ に含まれている．Λ は次の二つの条件が成り立つ $L \cup \{\infty\}$ の有限部分集合であると仮定する．

(1) $\Lambda_0 \subseteq \Lambda$．

(2) $\beta \in \Lambda$ と $\alpha \in \bar{\mathbb{F}}_q \cup \{\infty\}$ が方程式 $f(\beta) = h(\alpha)$ を満足するならば，$\alpha \in \Lambda$ である．

このとき，分岐ローカス $\mathrm{Ram}(\mathcal{F}'/F_0')$ は（ゆえに $\mathrm{Ram}(\mathcal{F}/F_0)$ もまた）有限であり，次が成り立つ．
$$\mathrm{Ram}(\mathcal{F}'/F_0') \subseteq \{ P \in \mathbb{P}_{F_0'} \mid x_0(P) \in \Lambda \}.$$

【証明】 定義によって，体 F_0' は L 上の有理関数体 $F_0' = L(x_0)$ である．$P \in \mathrm{Ram}(\mathcal{F}'/F_0')$ とする．ある $n \geq 0$ と P 上にある F_n' の座 Q が存在して，Q は拡大 F_{n+1}'/F_n' において分岐する．$R := Q \cap L(x_n)$ とおけば，以下の図 7.1 において示されているような状況が得られる．

Q は F_{n+1}'/F_n' において分岐するから，アビヤンカーの補題より，座 R は拡大 $L(x_n, x_{n+1})/L(x_n)$ において分岐することが分かる．ゆえに，$\beta_n := x_n(Q) \in \Lambda_0$ となる．$\beta_i := x_i(Q)$ とおけば，$i = 0, \ldots, n-1$ に対して $f(\beta_{i+1}) = h(\beta_i)$ が得られ，条件 (2) より $\beta_0 = x_0(Q) = x_0(P)$ が Λ に属することが結論される．□

例 7.2.16（続き） 命題 7.2.23 を $\mathbb{F}_q$ 上の再帰的な塔 $\mathcal{F}$ に適用する．これは例 7.2.16 で考察されたものである．$\mathcal{F} = (F_0, F_1, F_2, \ldots)$ は奇素数標数の体 $\mathbb{F}_q$ 上
$$Y^2 = (X^2 + 1)/2X$$

図 7.1

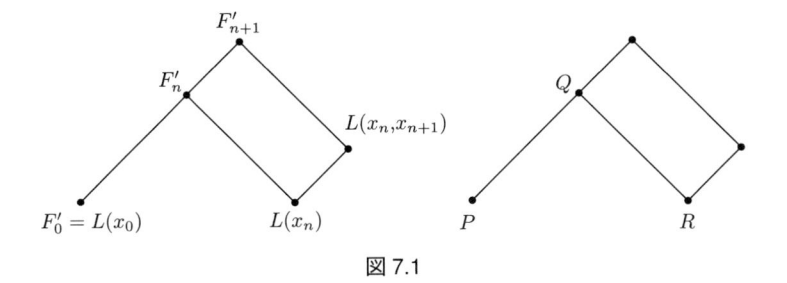

なる方程式により再帰的に定義されたことを思い出そう．$\delta^2 = -1$ をみたす元 δ を含んでいる有限体 $L \supseteq \mathbb{F}_q$ を固定する．命題 7.2.23 における集合 Λ_0 は，ここでは命題 3.7.3 の直接的な結果として次の集合によって与えられる．

$$\Lambda_0 = \{\infty,\ 0,\ \pm\delta\}.$$

そこでいま，次の集合

$$\Lambda := \{0,\ \infty,\ \pm 1,\ \pm\delta\} \subseteq L \cup \{\infty\}$$

を考え，Λ は命題 7.2.23 の条件 (2) を満足することを示す．すべての $\beta \in \Lambda$ に対して，方程式 $(\alpha^2 + 1)/2\alpha = \beta^2$ をみたすすべての解 $\alpha \in \bar{\mathbb{F}}_q \cup \{\infty\}$ が，Λ に属することを示さなければならない．これは次のようにして容易に確かめられる．

$$\begin{aligned}
&\beta = \infty \text{ のとき}, &&\alpha = 0 \text{ または } \alpha = \infty, \\
&\beta = 0 \text{ のとき}, &&\alpha = \pm\delta, \\
&\beta = \pm 1 \text{ のとき}, &&\alpha = 1, \\
&\beta = \pm\delta \text{ のとき}, &&\alpha = -1.
\end{aligned}$$

すると命題 7.2.23 はいま，$F'_0 = L(x_0)$ 上 $\mathcal{F}' = \mathcal{F}L$ の分岐ローカスが以下の集合に含まれていることを意味している．

$$\{(x_0 = 0), (x_0 = \infty), (x_0 = 1), (x_0 = -1), (x_0 = \delta), (x_0 = -\delta)\} \subseteq \mathbb{P}_{L(x_0)}.$$

$\text{char}(\mathbb{F}_q) \neq 2$ であり，かつすべての拡大 F_{i+1}/F_i は次数 $[F_{i+1} : F_i] = 2$ であるから，塔 $\mathcal{F}$ は順である．ゆえに，定理 7.2.10 (b) によって，塔の種数に対して次の上界を得る．

$$\gamma(\mathcal{F}/F_0) \leq -1 + \frac{1}{2} \sum_{P \in \text{Ram}(\mathcal{F}/F_0)} \deg P \leq -1 + \frac{6}{2} = 2.$$

特殊な場合 $q = 9$ については，分解率 $\nu(\mathcal{F}/F_0)$ に対して不等式 $\nu(\mathcal{F}/F_0) \geq 4$ を（ちょうど注意 7.2.22 の前で）証明した．したがって，$\lambda(\mathcal{F}) = \nu(\mathcal{F}/F_0)/\gamma(\mathcal{F}/F_0) \geq 4/2 = 2$ が成り立つ．伊原の定数 $A(9)$ は不等式 $A(9) \leq \sqrt{9} - 1 = 2$ を満足するので，$2 \leq \lambda(\mathcal{F}) \leq A(9) \leq 2$ が成り立つ．

例 7.2.16 の結果を要約すると，次のようになる．

- 方程式 $Y^2 = (X^2 + 1)/2X$ により再帰的に定義された $\mathbb{F}_9$ 上の塔 $\mathcal{F}$ は，漸近的に最良である．
- $A(9) = 2$．

2番目の主張は，7.4節において証明される不等式 $A(q^2) = q - 1$ の特殊な場合であることに注意しよう．

7.3　順である塔

本節では，漸近的に良い順である塔の例を二つ紹介しよう．それらのどちらも次の定理の特殊な場合である．通常のように，$\overline{\mathbb{F}}_q$ は $\mathbb{F}_q$ の代数的閉包を表す．

定理 7.3.1　$m \geq 2$ を $q \equiv 1 \bmod m$ をみたす整数とする．多項式 $h(X) \in \mathbb{F}_q[X]$ は以下の性質をもつと仮定する．

(1) $\deg h(X) = m$ であり，$h(X)$ の最高次係数はある元 $c \in \mathbb{F}_q^\times$ の m-次のベキである．
(2) $h(0) = 0$ でかつ $h'(0) \neq 0$ である．すなわち，0 は $h(X)$ の単純零点である．
(3) ある部分集合 $\Lambda \subseteq \mathbb{F}_q$ が存在して，すべての $\beta, \gamma \in \overline{\mathbb{F}}_q$ に対して以下が成り立つ．
   (a) $h(\gamma) = 0 \implies \gamma \in \Lambda$,
   (b) $\alpha \in \Lambda, \beta^m = h(\alpha) \implies \beta \in \Lambda$.

このとき，方程式
$$Y^m = h(X) \tag{7.11}$$
は $\mathbb{F}_q$ 上の漸近的に良い塔 $\mathcal{F}$ を定義し，その極限は以下の式をみたす．
$$\lambda(\mathcal{F}) \geq \frac{2}{|\Lambda| - 2}.$$

【証明】　列 $\mathcal{F} = (F_0, F_1, F_2, \ldots)$ を考える．ただし，$F_0 = \mathbb{F}_q(x_0)$ は有理関数体で，すべての $n \geq 0$ に対して以下の式をみたしている．
$$F_{n+1} = F_n(x_{n+1}), \quad x_{n+1}^m = h(x_n). \tag{7.12}$$

明らかに，F_{n+1}/F_n は次数 $\leq m$ の分離拡大である．いま各ステップ F_{n+1}/F_n において，分岐指数 $e = m$ をもつ座が存在することを示す（これは $[F_{n+1} : F_n] = m$ を意味している）．$P_0 = (x_0 = 0)$ によって，F_0 における x_0 の零点を表す．$n \geq 0$ に対して，$P_{n+1}|P_n$ をみたす F_{n+1} の座 P_{n+1} を帰納的に選び，すべての $n \geq 0$ に対して，次の式が成り立つ

ことを示す.
$$v_{P_n}(x_n) = 1 \quad \text{かつ} \quad e(P_{n+1}|P_n) = m. \tag{7.13}$$

$n = 0$ に対して $v_{P_0}(x_0) = 1$ が成り立つ. 条件 (2) は, P_0 が関数 $h(x_0)$ の単純零点であることを意味している. ゆえに, $v_{P_0}(h(x_0)) = 1$ である. 式 (7.12) より,
$$m \cdot v_{P_1}(x_1) = v_{P_1}(x_1^m) = v_{P_1}(h(x_0)) = e(P_1|P_0) \leq [F_1 : F_0] \leq m$$

が得られる. ゆえに, 式 (7.13) は $n = 0$ に対して成り立つ. 同じ議論を用いれば, 帰納法によってすべての $n \geq 0$ に対して式 (7.13) が成り立つことを示すことができる. 結論として, $[F_{n+1} : F_n] = m$ であり, $\mathbb{F}_q$ はすべての $n \geq 0$ に対して F_n の完全定数体であることが分かる. 命題 7.2.15 を参照せよ.

x_0 の極 $(x_0 = \infty)$ はすべての拡大 F_n/F_0 において完全分解することを示す. これを証明するために, 次の基本関数体を考える.
$$F = \mathbb{F}_q(x, y), \quad y^m = h(x).$$

命題 7.2.20 によって, 以下のことを示せば十分である.

(i) 座 $P_\infty := (x = \infty)$ は $F/\mathbb{F}_q(x)$ において完全分解する.
(ii) $Q \in \mathbb{P}_F$ が $Q|P_\infty$ をみたす座ならば, $y(Q) = \infty$ である.

条件 (1) によって $y^m = c^m x^m + \cdots$ と表される. ゆえに, 元 $z := y/x$ は次の式を満足する.
$$z^m = c^m + r(1/x), \quad v_{P_\infty}(r(1/x)) > 0 \quad \text{かつ} \quad c \in \mathbb{F}_q^\times.$$

ゆえに, z は付値環 $\mathcal{O}_{P_\infty}$ 上整である. 方程式 $Z^m = c^m$ は $\mathbb{F}_q$ において m 個の相異なる根をもつ (ここで, 仮定 $q \equiv 1 \bmod m$ を使う). したがって, クンマーの定理 3.3.7 より, P_∞ は $F/\mathbb{F}_q(x)$ において完全分解する. これは主張 (i) である. 主張 (ii) は等式 $y^m = h(x)$ よりすぐに得られる.

以上で, $\mathcal{F}/F_0$ の分解ローカスは空集合ではないことを示した. 結果として, $F_n/\mathbb{F}_q$ の有理的座の個数 $N(F_n)$ は不等式 $N(F_n) \geq m^n$ を満足し, ゆえに種数 $g(F_n)$ は $n \to \infty$ のとき無限大に大きくなる. したがって, $\mathcal{F}$ は実際に $\mathbb{F}_q$ 上の塔となる.

命題 3.7.3 より, 拡大 $F/\mathbb{F}_q(x)$ において分岐する $\mathbb{F}_q(x)$ の座は $h(x)$ の零点だけである. ゆえに, 命題 7.2.23 によって, $\mathcal{F}/F_0$ の分岐ローカスは有限であり, 次の式をみたす.
$$|\mathrm{Ram}(\mathcal{F}/F_0)| \leq |\Lambda|.$$

(命題 7.2.23 の仮定は条件 3 (a), (b) から導かれることに注意しよう.) すると, 系 7.2.11 は塔 $\mathcal{F}$ の極限に対して求める評価式を与える.
$$\lambda(\mathcal{F}) \geq 2/(|\Lambda| - 2). \qquad \square$$

高々2個の分岐する（次数1の）座をもつ有理関数体の順拡大は，フルヴィッツの種数公式によって有理的であるから，上の集合 Λ の濃度は 2 より確かに大きいことを注意しておこう．

命題 7.3.2　$q = \ell^2$, $\ell > 2$ を平方数とする．このとき，方程式

$$Y^{\ell-1} = 1 - (X+1)^{\ell-1}$$

は以下の極限をもつ $\mathbb{F}_q$ 上漸近的に良い塔 $\mathcal{F}$ を定義する．

$$\lambda(\mathcal{F}) \geq 2/(\ell-1).$$

$\ell = 3$ について，この塔は体 $\mathbb{F}_9$ 上最良である．

【証明】　$h(X) = 1 - (X+1)^{\ell-1}$ かつ $\Lambda = \mathbb{F}_\ell$ とおく．定理 7.3.1 の仮定が満足されていることを確かめる必要がある．

(1) $h(X)$ の最高次の係数は -1 である．$q = \ell^2$ であるから，これは $\mathbb{F}_q$ において平方数である．
(2) 条件 $h(0) = 0$ は明らかであり，$h'(0) \neq 0$ は式 $h'(X) = (X+1)^{\ell-2}$ から得られる．
(3) (a) $h(\gamma) = 0$ とする．このとき，$(\gamma+1)^{\ell-1} = 1$ であるから，$\gamma + 1 \in \mathbb{F}_\ell^\times$ となり，ゆえに $\gamma \in \mathbb{F}_\ell = \Lambda$ を得る．
(b) $\alpha \in \mathbb{F}_\ell$ かつ $\beta^{\ell-1} = h(\alpha) = 1 - (\alpha+1)^{\ell-1}$ とする．このとき，$h(\alpha) = 0$ ($\alpha \neq -1$ のとき) であるか，または $h(\alpha) = 1$ ($\alpha = -1$ のとき) であり，したがって，$\beta \in \mathbb{F}_\ell = \Lambda$ を得る．

以上より，定理 7.3.1 を使えば，命題の証明は完成する．□

次に，すべての素体ではない体上の漸近的に良い塔の例をいくつか与えよう．

命題 7.3.3　$q = \ell^e$, $e > 2$ を平方数とする．$m := (q-1)/(\ell-1)$ とおけば，方程式

$$Y^m = 1 - (X+1)^m$$

は $\mathbb{F}_q$ 上漸近的に良い塔 $\mathcal{F}$ を定義し，以下の極限をもつ．

$$\lambda(\mathcal{F}) \geq 2/(q-2).$$

$\ell = e = 2$ について，これは体 $\mathbb{F}_4$ 上最良の塔である．

【証明】　この場合，$h(X) = 1 - (X+1)^m$ であり，$\Lambda := \mathbb{F}_q$ とおく．写像 $\gamma \mapsto \gamma^m$ は $\mathbb{F}_q$ から $\mathbb{F}_\ell$ へのノルム写像であり，ゆえに全射である．さらに，$\beta^m \in \mathbb{F}_\ell$ であるすべての元

$\beta \in \mathbb{F}_q$ は $\mathbb{F}_q$ に属する．この事実を用いると，この命題の証明は命題 7.3.2 のそれと本質的に同じである． □

伊原の定数 $A(q)$ は，すべての素数のベキ $q = p^e$ に対して正であることを思い出そう．注意 7.1.4 (a) を参照せよ．命題 7.3.3 は $e > 1$ の場合にこの事実の簡単な証明を与える．しかしながら，この下界 $A(q) \geq 2/(q-2)$ は $q \neq 4$ に対しては少し弱い．

7.4 野性的な塔

伊原の定数 $A(q)$ は，$q = \ell^2$ が平方数であるとき Drinfeld-Vladut 限界 $A(q) = q^{1/2} - 1$ に達する．注意 7.1.4 を参照せよ．本節では，$q = \ell^2$ のとき，極限を $\lambda(\mathcal{G}) = \ell - 1$ とする $\mathbb{F}_q$ 上の再帰的な塔 $\mathcal{G} = (G_0, G_1, G_2, \ldots)$ を与えることにより，この結果を証明しよう．また，$q = \ell^3$ をみたす 3 次体 $\mathbb{F}_q$ 上の再帰的な塔 $\mathcal{H} = (H_0, H_1, H_2, \ldots)$ で，その極限が $\lambda(\mathcal{H}) \geq 2(\ell^2-1)/(\ell+2)$ を満足するものを提示する．ゆえに，限界式 $A(\ell^3) \geq 2(\ell^2-1)/(\ell+2)$ を得る．二つの塔 $\mathcal{G}$ と $\mathcal{H}$ はどちらも野性的である．すなわち，ある $i \geq 1$ に対して，拡大 G_i/G_0 (それぞれ H_i/H_0) において野性的に分岐する座が存在する．

2 次体 $\mathbb{F}_q$ 上の塔 $\mathcal{G}$ から始めよう．

定義 7.4.1 $q = \ell^2$ とする．ただし，ℓ はある素数 p のベキである．方程式

$$Y^\ell - Y = \frac{X^\ell}{1 - X^{\ell-1}} \tag{7.14}$$

により再帰的に $\mathbb{F}_q$ 上の関数体 G_i の塔 $\mathcal{G} = (G_0, G_1, G_2, \ldots)$ を定義する．すなわち，$G_0 = \mathbb{F}_q(x_0)$ は有理関数体で，すべての $i \geq 0$ に対して $G_{i+1} = G_i(x_{i+1})$ である．ただし，x_i は次の式をみたしている．

$$x_{i+1}^\ell - x_{i+1} = \frac{x_i^\ell}{1 - x_i^{\ell-1}}. \tag{7.15}$$

方程式 (7.14) は実際に一つの塔を定義し（補題 7.4.3 を参照せよ），この塔は $\mathbb{F}_q$ 上の Drinfeld-Vladut 限界に達していることを示そう．

注意 7.4.2 定義 7.4.1 の記号を用いて，$i = 0, 1, 2, \ldots$ に対して $\tilde{x}_i := \zeta x_i$ とおく．ただし，$\zeta \in \mathbb{F}_q$ は式 $\zeta^{\ell-1} = -1$ を満足する．このとき，次のような計算ができる．

$$\tilde{x}_{i+1}^\ell + \tilde{x}_{i+1} = \zeta^\ell x_{i+1}^\ell + \zeta x_{i+1} = -\zeta(x_{i+1}^\ell - x_{i+1})$$
$$= -\zeta \cdot \frac{x_i^\ell}{1 - x_i^{\ell-1}} = \frac{\zeta^\ell x_i^\ell}{1 + \zeta^{\ell-1} x_i^{\ell-1}} = \frac{\tilde{x}_i^\ell}{\tilde{x}_i^{\ell-1} + 1}.$$

この式より，塔 $\mathcal{G}$ は次の方程式により定義されることも分かる．

$$Y^\ell + Y = \frac{X^\ell}{X^{\ell-1}+1}. \tag{7.16}$$

実際，この塔 $\mathcal{G}$ は定義方程式を式 (7.16) として，Garcia-Stichtenoth [12] により最初に導入された．ここで方程式 (7.14) を選んだ理由は，以下で考える塔 $\mathcal{H}$ と $\mathcal{G}$ の間の類似性がより明確になるからである．

補題 7.4.3　方程式 (7.14) は $\mathbb{F}_q$ 上の再帰的な塔 $\mathcal{G} = (G_0, G_1, G_2, \ldots)$ を定義する．すべての拡大 G_{i+1}/G_i は次数を $[G_{i+1} : G_i] = \ell$ とするガロア拡大であり，G_0 の座 $(x_0 = \infty)$ はすべての拡大 G_n/G_0 において完全分岐する．

【証明】　方程式 $Y^\ell - Y = X^\ell/(1 - X^{\ell-1})$ が分離的であることは明らかである．ゆえに，すべての拡大 G_{i+1}/G_i は次数を $[G_{i+1} : G_i] \leq \ell$ とする分離拡大である．$P_0 := (x_0 = \infty)$ を有理関数体 $G_0 = \mathbb{F}_q(x_0)$ における x_0 の極とする．すべての $i \geq 0$ に対して $P_{i+1}|P_i$ をみたす座 $P_{i+1} \in \mathbb{P}_{G_{i+1}}$ を帰納的に選ぶ．このとき，$e(P_{i+1}|P_i) = \ell$ が成り立つことを示す．式 $x_1^\ell - x_1 = x_0^\ell/(1 - x_0^{\ell-1})$ より，

$$v_{P_1}(x_1^\ell - x_1) = e(P_1|P_0) \cdot (-1) < 0$$

であることが分かる．ゆえに，P_1 は x_1 の極であり，このとき強三角不等式より $v_{P_1}(x_1^\ell - x_1) = \ell \cdot v_{P_1}(x_1)$ が得られる．これより，

$$-\ell \cdot v_{P_1}(x_1) = e(P_1|P_0) \leq [G_1 : G_0] \leq \ell$$

が得られ，よって $e(P_1|P_0) = \ell$ かつ $v_{P_1}(x_1) = -1$ となる．帰納法によって，すべての $i \geq 0$ に対して $e(P_{i+1}|P_i) = \ell$ かつ $v_{P_{i+1}}(x_{i+1}) = -1$ を得る．したがって，すべての $i \geq 0$ に対して $[G_{i+1} : G_i] = \ell$ であり，$\mathbb{F}_q$ は G_i の完全定数体であると結論することができる．G_i 上 x_{i+1} の方程式はアルティン・シュライアー方程式 $y^\ell - y = x_i^\ell/(1 - x_i^{\ell-1})$ であるから，G_{i+1}/G_i もまたガロア拡大であることが分かる．

ある n に対して $g(G_n) \geq 2$ を示すことが残っている．

$$G_1 = G_0(x_1), \quad x_1^\ell - x_1 = x_0^\ell/(1 - x_0^{\ell-1})$$

が成り立ち，この式の右辺は G_0 において ℓ 個の単純極をもつのであるから（すなわち，$(x_0 = \infty)$ と $\alpha^{\ell-1} = 1$ に対する $(x_0 = \alpha)$），G_1 の種数は命題 3.7.8 によって次のようになる．

$$g(G_1) = \frac{\ell-1}{2}(-2 + 2\ell) = (\ell-1)^2.$$

したがって，すべての $\ell \neq 2$ に対して，望んだとおりに $g(G_1) \geq 2$ となる．$\ell = 2$ については $g(G_1) = 1$ である．拡大 G_2/G_1 において，少なくとも一つの座（すなわち x_0 の極）が分岐し，かつこのとき，G_2/G_1 に対してフルヴィッツの種数公式を適用すると，$g(G_2) \geq 2$ を得る． □

次の目的は，体 $\mathbb{F}_q$ 上の分解率 $\nu(\mathcal{G}/G_0)$ を評価することである．系 7.2.21 を適用したい．

補題 7.4.4 $\mathcal{G}$ を方程式 (7.14) で再帰的に定義された $\mathbb{F}_q$ ($q = \ell^2$) 上の塔とする．$\mathcal{G}/G_0$ の分解ローカスは
$$\mathrm{Split}(\mathcal{G}/G_0) \supseteq \{(x_0 = \alpha) \mid \alpha \in \mathbb{F}_q \setminus \mathbb{F}_\ell\}$$
を満足し，また，その分解率 $\nu(\mathcal{G}/G_0)$ は次の式を満足する．
$$\nu(\mathcal{G}/G_0) \geq \ell^2 - \ell.$$

【証明】 集合 $\Sigma := \mathbb{F}_q \setminus \mathbb{F}_\ell$ が系 7.2.21 の条件を満足することを示したい．そこで，$\alpha \in \Sigma$ とする．このとき，$\alpha^{\ell-1} \neq 1$ であるから，
$$\frac{\alpha^\ell}{1 - \alpha^{\ell-1}} \in \mathbb{F}_q$$
となる．以下の式をみたす元 $\beta \in \bar{\mathbb{F}}_q$ ($\mathbb{F}_q$ の代数的閉包) を考える．
$$\beta^\ell - \beta = \frac{\alpha^\ell}{1 - \alpha^{\ell-1}}. \tag{7.17}$$
このとき，次式が成り立つ．
$$\beta^{\ell^2} - \beta = \frac{\alpha^{\ell^2}}{(1 - \alpha^{\ell-1})^\ell} = \frac{\alpha}{(1 - \alpha^{\ell-1})^\ell}. \tag{7.18}$$
ここで，$\alpha \in \mathbb{F}_q$ と $q = \ell^2$ であることを考慮して，式 (7.17) と式 (7.18) を加えると，以下の式を得る．
$$\beta^{\ell^2} - \beta = \frac{\alpha^\ell}{1 - \alpha^{\ell-1}} + \frac{\alpha}{(1 - \alpha^{\ell-1})^\ell} = \frac{(\alpha^\ell - \alpha^{\ell^2}) + (\alpha - \alpha^\ell)}{(1 - \alpha^{\ell-1})^{\ell+1}}$$
$$= \frac{\alpha - \alpha^{\ell^2}}{(1 - \alpha^{\ell-1})^{\ell+1}} = 0.$$
ゆえに，$\beta^{\ell^2} = \beta$ となる．すなわち，$\beta \in \mathbb{F}_q$ である．$\beta^\ell - \beta = \alpha^\ell/(1 - \alpha^{\ell-1}) \neq 0$ であるから，$\beta \notin \mathbb{F}_\ell$ となり，ゆえに $\beta \in \Sigma$ を得る．方程式 (7.17) は ℓ 個の相異なる根 β をもつことも明らかである．以上より，系 7.2.21 の条件が成り立つことを確かめた．これより証明は完成する． □

命題 7.2.23 を用いて，分岐ローカス $\mathrm{Ram}(\mathcal{G}/G_0)$ は以下のように決定される．塔 $\mathcal{G}$ の基本関数体を
$$G := \mathbb{F}_q(x,y), \quad y^\ell - y = x^\ell/(1-x^{\ell-1})$$
によって表す．アルティン・シュライアー拡大の理論により，座 $(x = \infty)$ と $\gamma^{\ell-1} = 1$（すなわち，$\gamma \in \mathbb{F}_\ell^\times$）をみたす座 $(x = \gamma)$ のみが $G/\mathbb{F}_q(x)$ において分岐する．ゆえに，次が成り立つ．
$$\Lambda_0 := \{\, x(P) \mid P \in \mathbb{P}_{\mathbb{F}_q(x)} \text{ は } G/\mathbb{F}_q(x)\text{で分岐する}\,\} = \mathbb{F}_\ell^\times \cup \{\infty\}.$$

$\Lambda := \mathbb{F}_\ell \cup \{\infty\}$ とおく．命題 7.2.23 の条件 (2) を示すために，次のことを示さなければならない．すなわち，$\beta \in \Lambda$ と $\alpha \in \bar{\mathbb{F}}_q \cup \{\infty\}$ が式
$$\beta^\ell - \beta = \frac{\alpha^\ell}{1-\alpha^{\ell-1}} \tag{7.19}$$
を満足するならば，$\alpha \in \Lambda$ である．次の二つの場合に分けて考える．

(場合 1)　$\beta \in \mathbb{F}_\ell$．このとき，$\beta^\ell - \beta = 0$ である．すると，式 (7.19) より $\alpha = 0 \in \Lambda$ であることが分かる．

(場合 2)　$\beta = \infty$．このとき，式 (7.19) より $\alpha = \infty$ であるか，または $\alpha^{\ell-1} = 1$ である．ゆえに，再び $\alpha \in \Lambda$ を得る．

以上より，命題 7.2.23 を適用することができ，次の補題を得る．

補題 7.4.5　方程式 (7.14) により再帰的に定義された $\mathbb{F}_q$ 上の塔 $\mathcal{G}$ は，有限な分岐ローカスをもつ．ただし，$q = \ell^2$ である．より正確に言うと，次が成り立つ．
$$\mathrm{Ram}(\mathcal{G}/G_0) \subseteq \{\, (x_0 = \beta) \mid \beta \in \mathbb{F}_\ell \cup \{\infty\}\,\}.$$

塔 $\mathcal{G}$ が野性的な塔であることを示すのは容易である．補題 7.4.3 で示したように，各ステップ G_{i+1}/G_i において完全分岐する座が存在する（ゆえに野性的である）．したがって，ある拡大 $G_n \supseteq G_0$ において，すべての $P \in \mathrm{Ram}(\mathcal{G}/G_0)$ と P 上にあるすべての Q に対して $d(Q|P) \leq e(Q|P)$ なる評価式をもつというわけではない．しかしながら，以下のより弱い主張は成り立つ．

補題 7.4.6　$\mathcal{G} = (G_0, G_1, G_2, \ldots)$ を方程式 (7.14) により定義された $\mathbb{F}_q$ 上の塔とする．$P \in \mathbb{P}_{G_0}$ を $\mathcal{G}/G_0$ の分岐ローカスに属している座とし，$Q \in \mathbb{P}_{G_n}$ を P 上にある座とする．このとき，次が成り立つ．
$$d(Q|P) = 2e(Q|P) - 2.$$

この補題の証明を後にすることにして，これから得られる次の重要な結論を最初に導き出しておこう．

定理 7.4.7 (Garcia-Stichtenoth)　　$q = \ell^2$ とする．このとき，方程式
$$Y^\ell - Y = X^\ell/(1 - X^{\ell-1})$$
は $\mathbb{F}_q$ 上の再帰的な塔 $\mathcal{G} = (G_0, G_1, G_2, \ldots)$ を定義し，その極限は次のようである．
$$\lambda(\mathcal{G}) = \ell - 1 = q^{1/2} - 1.$$
したがって，$\mathcal{G}$ は最良の塔である．

実際，$q = \ell^2$ として極限 $\ell - 1$ に達している $\mathbb{F}_q$ 上の塔の最初の例は，伊原によって与えられた．彼はモジュラー曲線を用いてこの例を構成した．

系 7.4.8 (伊原)　　q が平方数ならば，$A(q) = q^{1/2} - 1$ である．

【定理 7.4.7 の証明】　　定理 7.2.10 を適用する．分解ローカス $\mathrm{Split}(\mathcal{G}/G_0)$ は補題 7.4.4 によって次の濃度をもつ．
$$|\mathrm{Split}(\mathcal{G}/G_0)| =: s \geq \ell^2 - \ell.$$
また，分岐ローカス $\mathrm{Ram}(\mathcal{G}/G_0)$ は補題 7.4.5 によって次の濃度をもつ．
$$|\mathrm{Ram}(\mathcal{G}/G_0)| \leq \ell + 1.$$
すべての座 $P \in \mathrm{Ram}(\mathcal{G}/G_0)$ は次数 1 をもち，すべての $n \geq 0$ と P の上にあるすべての $Q \in \mathbb{P}_{G_n}$ に対して，補題 7.4.6 により，その差積指数は次の不等式によって抑えられる．
$$d(Q|P) \leq 2e(Q|P).$$
さて，定理 7.2.10 (c) における公式より，次が成り立つ．
$$\lambda(\mathcal{G}) \geq \frac{2(\ell^2 - \ell)}{-2 + 2(\ell + 1)} = \ell - 1.$$
Drinfeld-Vladut 限界によって，逆の不等式 $\lambda(\mathcal{G}) \leq \ell - 1$ が成り立つので，等式 $\lambda(\mathcal{G}) = \ell - 1$ が得られる．　　□

注意 7.4.9　　補題 7.4.4 と補題 7.4.5 において等式が成り立つことを容易に示すことができる．すなわち，
$$\mathrm{Split}(\mathcal{G}/G_0) = \{(x_0 = \alpha) \mid \alpha \in \mathbb{F}_q \setminus \mathbb{F}_\ell\},$$
$$\mathrm{Ram}(\mathcal{G}/G_0) = \{(x_0 = \beta) \mid \beta \in \mathbb{F}_\ell \text{ または } \beta = \infty\}.$$

注意 7.4.10 塔 $\mathcal{G}$ における任意の体 G_n に対してその種数と有理的座の個数を容易に求めることができる.しかしながら,このことは長々しくかつ非常に技術的な計算を必要とする.

なお,補題 7.4.6 を証明しなければならない.このために,ほかの野性的な塔との関連においても役に立つ記号を導入する.次数 $[E:F] = p = \mathrm{char}\,F$ である関数体のガロア拡大 E/F における差積指数の性質を思い出そう.$P \in \mathbb{P}_F$ と $Q \in \mathbb{P}_E$ を $Q|P$ をみたす座とするとき,ある整数 $k \geq 2$ に対して次が成り立つ.

$$d(Q|P) = k \cdot (e(Q|P) - 1). \tag{7.20}$$

これはヒルベルトの差積公式からすぐに導かれる.$e(Q|P) = 1$ であるときもまた,式 (7.20) が成り立つことに注意しよう.$e(Q|P) = p$ の場合,式 (7.20) における整数 k は,次のように $Q|P$ の高次の分岐群によって決定される.

$$\mathrm{ord}\,G_i(Q|P) = p,\ 0 \leq i < k, \quad \text{かつ} \quad \mathrm{ord}\,G_k(Q|P) = 1.$$

式 (7.20) において,$k = 2$ のとき,$Q|P$ は**弱分岐**(weakly ramify)であるという.この概念を一般化して次数 $p^m \geq p$ に拡大したい.

注意 7.4.11 $\mathrm{char}\,F = p$ として,E/F を次数 $[E:F] = p^m$ である関数体の拡大とする.以下の性質をもつ中間体の鎖 $F = E_0 \subseteq E_1 \subseteq \cdots \subseteq E_n = E$ が存在すると仮定する.

> すべての $0 \leq i \leq n$ に対して,E_{i+1}/E_i はガロア拡大である.

$P \in \mathbb{P}_F$ として,$Q \in \mathbb{P}_E$ を $Q|P$ をみたす座とし,また Q の E_i への制限を $Q_i := Q \cap E_i$ で表す.このとき,次は同値である.

(1) $d(Q|P) = 2(e(Q|P) - 1)$.
(2) $d(Q_{i+1}|Q_i) = 2(e(Q_{i+1}|Q_i) - 1)$, $i = 0, \ldots, n-1$.

【証明】

(2)⇒(1) (2) を仮定し,帰納法により $0 \leq i \leq n - 1$ に対して次のことが成り立つことを示す.

$$d(Q_{i+1}|P) = 2(e(Q_{i+1}|P) - 1). \tag{7.21}$$

$P = Q_0$ であるから,$i = 0$ の場合は明らかである.$0 \leq i \leq n-2$ をみたすある i に対して式 (7.21) を仮定する.このとき,差積指数の推移律により次の式を得る.

$$d(Q_{i+2}|P) = e(Q_{i+2}|Q_{i+1}) \cdot d(Q_{i+1}|P) + d(Q_{i+2}|Q_{i+1})$$

$$= e(Q_{i+2}|Q_{i+1}) \cdot 2(e(Q_{i+1}|P) - 1) + 2(e(Q_{i+2}|Q_{i+1}) - 1)$$
$$= 2(e(Q_{i+2}|P) - 1).$$

以上で帰納法のステップを証明した．式 (7.21) において，$i := n-1$ とおけば $d(Q|P) = 2(e(Q|P) - 1)$ を得る．

(1)⇒(2)　次に (1) を仮定する．E_{i+1}/E_i は（ある $n_i \geq 0$ に対して）次数 p^{n_i} のガロア拡大であるから，ヒルベルトの差積公式より，すべての i に対して $d(Q_{i+1}|Q_i) \geq 2(e(Q_{i+1}|Q_i) - 1)$ が成り立つことが分かる．この不等式においてある $i \in \{0, \ldots, n-1\}$ に対して真の不等号が成り立つと仮定すると，(2)⇒(1) の証明のようにして，差積指数の推移律により $d(Q|P) > 2(e(Q|P)-1)$ が成り立つ．これは仮定 (1) に矛盾するから，すべての i に対して $d(Q_{i+1}|Q_i) = 2(e(Q_{i+1}|Q_i)-1)$ が成り立つ．　□

定義 7.4.12　F を標数 $\operatorname{char} F = p > 0$ の関数体とする．有限次拡大 E/F は以下の条件が成り立つとき，**弱分岐**であるという．

(1) 中間体の鎖 $F = E_0 \subseteq E_1 \subseteq \cdots \subseteq E_n = E$ が存在し，$i = 0, 1, \ldots, n-1$ に対してすべての拡大 E_{i+1}/E_i はガロア p-拡大である（すなわち，$[E_{i+1} : E_i]$ は p のベキである）．
(2) すべての座 $P \in \mathbb{P}_F$ と $Q|P$ をみたす座 $Q \in \mathbb{P}_E$ に対して，その差積指数は $d(Q|P) = 2(e(Q|P) - 1)$ により与えられる．

次の命題は補題 7.4.6 の証明に対して非常に重要である（また，ほかのいくつかの野性的な塔が漸近的に良いことを証明するためにも重要である）．

命題 7.4.13　E/F を関数体の有限次拡大とし，M, N を $E = MN$ が M と N の合成体となるような $E \supseteq F$ の中間体とする．M/F と N/F の二つの拡大が弱分岐であると仮定する．このとき，E/F は弱分岐である．

【証明】　特殊な場合 $[M : F] = [N : F] = p$ は命題 3.9.4 において考察された．ここでの証明の考え方は，一般の場合をこの特殊な場合に帰着させることである．中間体の列

$$F = M_0 \subseteq M_1 \subseteq \cdots \subseteq M_k = M \tag{7.22}$$

があり，そのすべての拡大 M_{i+1}/M_i は弱分岐ガロア p-拡大である．群論のよく知られた事実より，すべての有限 p-群 G は部分群の鎖 $\{1\} = G_0 \subseteq G_1 \subseteq \cdots \subseteq G_s = G$ を含む．ただし，$j = 0, \ldots, s-1$ に対して，G_j は指数を $(G_{j+1} : G_j) = p$ とする G_{j+1} の正規部分群である．したがって，ガロア理論により，拡大 $M_i \subseteq M_{i+1}$ を細分して次数 p のガロア拡

大を得ることができる．すなわち，

$$M_i = M_i^{(0)} \subseteq M_i^{(1)} \subseteq \cdots \subseteq M_i^{k_i} = M_{i+1}.$$

ここで，$M_i^{(j+1)}/M_i^{(j)}$ は次数 p の弱分岐ガロア拡大である．以上より，鎖 (7.22) における拡大 M_{i+1}/M_i はすべて次数 p のガロア拡大であると，あらかじめ仮定できる．

同様にして，拡大 N/F を次数 p の弱分岐ガロア拡大に分解する．すると，次数 $[N:F]$ に関する帰納法により，命題 7.4.13 の証明は，N/F が次数 $[N:F] = p$ のガロア拡大である場合に帰着させることができる．したがって，いま次のような状況にある．すなわち，$F = M_0 \subseteq M_1 \subseteq \cdots \subseteq M_k = M$ なる体の鎖があり，M_{i+1}/M_i は次数 p の弱分岐ガロア拡大であり，かつ $E = MN$ である．ただし，N/F は次数 p の弱分岐ガロア拡大である．このとき，拡大 E/M は次数 1 または p のガロア拡大である．そして，E/M もまた弱分岐拡大であることを示さなければならない．$[E:M] = 1$ ならば何も証明することはないので，$[E:M] = p$ の場合を考える．$i = 0, \ldots, k$ に対して $N_i := M_i N$ とおけば，$[N_{i+1} : N_i] = p$ をみたすガロア拡大の鎖 $N = N_0 \subseteq N_1 \subseteq \cdots \subseteq N_k = E$ を得る．このとき，拡大 N_i/M_i もまた次数 p のガロア拡大である．すると，命題 3.9.4 によって，i についての帰納法より，すべての拡大 N_i/M_i は弱分岐であり，したがって E/M は弱分岐であることが分かる． □

さて，ここで補題 7.4.6 を証明するための準備が整った．補題 7.4.6 を証明すると，定理 7.4.7 の証明は完成する．

【補題 7.4.6 の証明】 $q = \ell^2$ とする．方程式 $Y^\ell - Y = X^\ell/(1 - X^{\ell-1})$ で再帰的に定義された $\mathbb{F}_q$ 上の再帰的な塔 $\mathcal{G} = (G_0, G_1, G_2, \ldots)$ を考える．補題 7.4.6 は，すべての拡大 G_n/G_0 が弱分岐であることを主張している．これを n に関する帰納法で証明する．体 G_0 と G_1 は以下の式をみたす元により，$G_0 = \mathbb{F}_q(x_0)$ と $G_1 = \mathbb{F}_q(x_0, x_1)$ によって与えられる．

$$x_1^\ell - x_1 = x_0^\ell/(1 - x_0^{\ell-1}). \tag{7.23}$$

命題 3.7.8 から分かるように，座 $(x_0 = \infty)$ と座 $(x_0 = \beta), \beta \in \mathbb{F}_\ell^\times$ のみが拡大 G_1/G_0 において分岐する．そして，その分岐指数は $e = \ell$ であり，差積指数は $d = 2(\ell - 1)$ である．ゆえに，G_1/G_0 は弱分岐である．帰納法のステップとして，G_n/G_0 は弱分岐であると仮定し，G_{n+1}/G_n もまた弱分岐であることを示さなければならない．$1 \leq i \leq n+1$ に対して，$L_i := \mathbb{F}_q(x_1, \ldots, x_i)$ とおく．図 7.2 を参照せよ．
$\varphi : x_j \to x_{j+1}, 0 \leq j \leq n$ により定まる同型写像により，体 L_{n+1} は G_n と $\mathbb{F}_q$-同型である．したがって，帰納法の仮定より L_{n+1}/L_1 は弱分岐である．

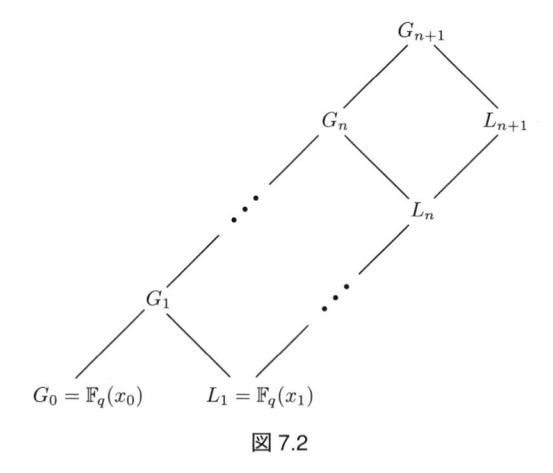

```
                        G_{n+1}
                       /      \
                   G_n         L_{n+1}
                    |   \      /
                    .    L_n
                    .   /
              G_1  .
             /   \
            /     .
           /      .
      G_0=F_q(x_0)  L_1=F_q(x_1)
```

図 7.2

さて，等式 (7.23) は次のように表されることに注意せよ．

$$\left(\frac{1}{x_0}\right)^\ell - \frac{1}{x_0} = \frac{1}{x_1^\ell - x_1}.$$

この式は，拡大 G_1/L_1 もまた次数 ℓ のアルティン・シュライアー拡大であることを示している．拡大 G_1/G_0 と同様にすれば，命題 3.7.10 より G_1/L_1 は弱分岐であることが分かる（分岐する座はちょうど座 $(x_1 = \alpha), \alpha \in \mathbb{F}_\ell$ である）．G_{n+1} は L_1 上 G_1 と L_{n+1} の合成体であるから，命題 7.4.13 より G_{n+1}/L_1 は弱分岐であることが分かる．したがって，注意 7.4.11 より拡大 G_{n+1}/G_n は弱分岐である． □

塔 $\mathcal{G}$ における各拡大 G_{i+1}/G_i は (補題 7.4.3 より) ガロア拡大であるが，$i \geq 2$ に対してすべての G_i/G_0 がガロア拡大というわけではない．このことは，座 $(x_0 = 0) \in \mathbb{P}_{G_0}$ が G_i において分岐する拡張および不分岐である拡張をもつ，という事実から生じる．したがって，塔 $\mathcal{G} = (G_0, G_1, G_2, \ldots)$ を以下の性質をもつ $\mathbb{F}_q$ 上の関数体 G_i^* の塔 $\mathcal{G}^* = (G_0^*, G_1^*, G_2^*, \ldots)$ に「拡張」できるかどうかという問題が生じる．

(1) $\mathcal{G}$ は $\mathcal{G}^*$ の部分塔である．
(2) すべての $i \geq 0$ に対して，G_i^*/G_0^* はガロア拡大である．
(3) $\mathcal{G}^*$ は $\mathbb{F}_q$ 上最良の塔である．すなわち，$\lambda(\mathcal{G}^*) = q^{1/2} - 1$ である．

明らかな選択肢の一つは，G_i^* として G_0 上 G_i のガロア閉包をとることである．第 8 章における符号理論への応用に関しては，少し異なるやり方を用いる．

補題 7.4.14 $K(x)$ を体 $K \supseteq \mathbb{F}_\ell$ 上の有理関数体とする．以下の式をみたす元による部分体の拡大 $K(u) \subseteq K(t) \subseteq K(x)$ を考える．

$$t := x^\ell - x \quad \text{かつ} \quad u := (x^\ell - x)^{\ell-1} + 1 = t^{\ell-1} + 1. \tag{7.24}$$

このとき以下が成り立つ.

(a) 拡大 $K(x)/K(u)$ や $K(x)/K(t)$, $K(t)/K(u)$ は, 次の次数をもつガロア拡大である.

$$[K(x):K(u)] = \ell(\ell-1), \quad [K(x):K(t)] = \ell, \quad [K(t):K(u)] = \ell-1.$$

(b) $K(u)$ の座 $(u=\infty)$ は拡大 $K(x)/K(u)$ において完全分岐する. $(u=\infty)$ 上の $K(x)$ の座は x の極 $(x=\infty)$ であり, $(u=\infty)$ 上の $K(t)$ の座は t の極 $(t=\infty)$ である. それらの分岐指数と差積指数は以下のようである.

$$e((t=\infty)|(u=\infty)) = \ell-1, \qquad d((t=\infty)|(u=\infty)) = \ell-2,$$
$$e((x=\infty)|(t=\infty)) = \ell, \qquad d((x=\infty)|(t=\infty)) = 2(\ell-1),$$
$$e((x=\infty)|(u=\infty)) = \ell(\ell-1), \qquad d((x=\infty)|(u=\infty)) = \ell^2-2.$$

ゆえに, $(x=\infty)|(t=\infty)$ は弱分岐である.

(c) 座 $(u=1)$ は $K(t)/K(u)$ において完全分岐し, $(u=1)$ 上にある $K(t)$ の座は $(t=0)$ であり, その分岐指数は $e((t=0)|(u=1)) = \ell-1$, 差積指数は $d((t=0)|(u=1)) = \ell-2$ である. $K(x)/K(t)$ において, 座 $(t=0)$ は完全分解する. $(t=0)$ 上にある $K(x)$ のすべての座は, 座 $(x=\beta)$, $\beta \in \mathbb{F}_\ell$ によって与えられる.

(d) $(u=\infty)$ と $(u=1)$ を除くいかなる $K(u)$ の座も, $K(x)/K(u)$ において分岐しない.

(e) $\mathbb{F}_{\ell^2} \subseteq K$ ならば, $K(u)$ の座 $(u=0)$ は $K(x)/K(u)$ において完全分解する. $(u=0)$ 上にある $K(x)$ のすべての座は, 座 $(x=\alpha)$, $\alpha \in \mathbb{F}_{\ell^2} \setminus \mathbb{F}_\ell$ によって与えられる.

【証明】

(a) 以下の式により定義される, $K(x)/K$ の自己同型群の二つの部分群 U_0, U_1 を考える.

$$U_0 := \{\sigma : x \mapsto ax + b \mid a \in \mathbb{F}_\ell^\times,\ b \in \mathbb{F}_\ell\},$$
$$U_1 := \{\sigma : x \mapsto x + b \mid b \in \mathbb{F}_\ell\} \subseteq U_0.$$

明らかに, $\operatorname{ord} U_0 = \ell(\ell-1)$ かつ $\operatorname{ord} U_1 = \ell$ であり, U_1 は U_0 の正規部分群である. このとき, u はすべての $\sigma \in U_0$ により不変であり, t はすべての $\sigma \in U_1$ により不変であることを確認できる. 式 (7.24) より $[K(x):K(u)] = \ell(\ell-1)$ かつ $[K(x):K(t)] = \ell$ であるから, $K(x)/K(u)$ はガロア群を U_0 とするガロア拡大であり, また $K(x)/K(t)$ はガロア群を U_1 とするガロア拡大である.

(b) u と t は x に関する多項式であるから, 分岐指数に関する主張は明らかである. したがって, (b) の自明でない主張は以下の二つである.

$$d((x=\infty)|(t=\infty)) = 2(\ell-1), \quad d((x=\infty)|(u=\infty)) = \ell^2-2. \tag{7.25}$$

これらを証明するために，$K(x)/K(t)$ は次数 ℓ のガロア拡大であり，$e((x=\infty)|(t=\infty))=\ell$ であることに注意しよう．したがって，ヒルベルトの差積公式により次が成り立つ．
$$d((x=\infty)|(t=\infty)) \geq 2(\ell-1).$$
一方，$K(x)/K(t)$ に対してフルヴィッツの種数公式を適用すると，次の式が成り立つ．
$$-2 = -2\ell + \deg \mathrm{Diff}(K(x)/K(t)).$$
ゆえに，以下の式が得られる．
$$d((x=\infty)|(t=\infty)) = \deg \mathrm{Diff}(K(x)/K(t)) = 2(\ell-1).$$
したがって，$d((x=\infty)|(t=\infty)) = 2(\ell-1)$ である．拡大 $K(x) \supseteq K(t) \supseteq K(u)$ において，差積指数の推移律を用いれば，容易に $d((x=\infty)|(u=\infty)) = \ell^2 - 2$ であることが分かる．

(c) $u-1 = t^{\ell-1}$ であるから，$(t=0)$ は $K(u)$ の座 $(u=1)$ の上にある $K(t)$ の唯一つの座であることは明らかである．このとき，分岐指数は $e((t=0)|(u=1)) = \ell-1$ であり，差積指数は $d((t=0)|(u=1)) = \ell - 2$ である．式 $x^\ell - x = t$ より，$(t=0)$ は $K(x)/K(t)$ において完全分解し，また $(t=0)$ の上にある $K(x)$ のすべての座は $\beta^\ell - \beta = 0$ をみたす元 β により $(x=\beta)$ という形をしている．

(d) これは拡大 $K(x)/K(u)$ に対してフルヴィッツの種数公式を適用し，(b) と (c) を用いることにより導かれる．

(e) 次の式
$$u = (x^\ell - x)^{\ell-1} + 1 = (x^{\ell^2} - x)/(x^\ell - x) = \prod_{\alpha \in \mathbb{F}_{\ell^2} \setminus \mathbb{F}_\ell}(x - \alpha)$$
が成り立つことに注意すると，主張 (e) はすぐに導かれる． □

$q = \ell^2$ として，$\mathbb{F}_q$ 上の塔 $\mathcal{G}^*$ を構成することに戻ろう．定義方程式 $Y^\ell - Y = X^\ell/(1 - X^{\ell-1})$ による再帰的塔 $\mathcal{G} = (G_0, G_1, G_2, \ldots)$ から出発すると，すべての $i \geq 0$ に対して次が成り立つ．
$$G_0 = \mathbb{F}_q(x_0) \quad \text{かつ} \quad G_{i+1} = G_i(x_{i+1}),\ x_{i+1}^\ell - x_{i+1} = \frac{x_i^\ell}{1 - x_i^{\ell-1}}.$$
ここで，
$$t_0 := x_0^\ell - x_0 \quad \text{かつ} \quad u_0 := t_0^{\ell-1} + 1 = (x_0^\ell - x_0)^{\ell-1} + 1 \tag{7.26}$$
とおく．このとき $G_0^* := \mathbb{F}_q(u_0)$，また $i \geq 1$ に対して
$$G_i^* := \mathbb{F}_q(u_0) \text{ 上 } G_i \text{ のガロア閉包} \tag{7.27}$$

と定義する．すると，次のような体の列を得る．

$$G_0^* = \mathbb{F}_q(u_0) \subseteq \mathbb{F}_q(t_0) \subseteq \mathbb{F}_q(x_0) \subseteq G_1^* \subseteq G_2^* \subseteq \cdots.$$

ここで，$\mathbb{F}_q(t_0)/\mathbb{F}_q(u_0)$ は次数 $\ell-1$ のガロア拡大であり，$\mathbb{F}_q(x_0)/\mathbb{F}_q(t_0)$ は次数 ℓ のガロア拡大である．ゆえに，補題 7.4.14 より，$\mathbb{F}_q(x_0)/\mathbb{F}_q(u_0)$ もまたガロア拡大である．

定理 7.4.15 $q = \ell^2$ を平方数とする．上記の記号を用いると以下の命題が成り立つ．

(a) $\mathbb{F}_q$ はすべての $i \geq 0$ に対して，G_i^* の完全定数体である．したがって，列

$$\mathcal{G}^* := (G_0^*, G_1^*, G_2^*, \ldots)$$

は $\mathbb{F}_q$ 上の塔である．ただし，$G_0^* = \mathbb{F}_q(u_0)$ は有理的であり，すべての G_i^*/G_0^* はガロア拡大である．

(b) $\mathbb{F}_q(u_0)$ の座 $(u_0 = 0)$ は，すべての拡大 $G_i^*/\mathbb{F}_q(u_0)$ において完全分解する．

(c) $\mathbb{F}_q(u_0)$ 上の塔 $\mathcal{G}^*$ において分岐する $\mathbb{F}_q(u_0)$ の座は，$(u_0 = \infty)$ と $(u_0 = 1)$ だけである．それらの二つとも，次数 $\ell-1$ の拡大 $\mathbb{F}_q(t_0)/\mathbb{F}_q(u_0)$ において完全分岐する．

(d) 拡大 $G_i^*/\mathbb{F}_q(t_0)$ は弱分岐ガロア p-拡大である（ただし，$p = \operatorname{char} \mathbb{F}_q$ である）．

(e) 塔 $\mathcal{G}^*$ は Drinfeld-Vladut 限界に達している．すなわち，

$$\lambda(\mathcal{G}^*) = \ell - 1 = q^{1/2} - 1.$$

【証明】

(a) 同時に (b) も証明する．次の体の列を考える．

$$\mathbb{F}_q(u_0) \subseteq \mathbb{F}_q(t_0) \subseteq \mathbb{F}_q(x_0) = G_0 \subseteq G_1 \subseteq G_2 \subseteq \cdots. \tag{7.28}$$

最初の拡大 $\mathbb{F}_q(t_0)/\mathbb{F}_q(u_0)$ は次数 $\ell-1$ のガロア拡大であり，式 (7.28) のほかのすべての拡大は次数 ℓ の弱分岐ガロア拡大である（補題 7.4.14 と補題 7.4.6 により）．$\mathbb{F}_q(u_0)$ の座 $(u_0 = 0)$ は $\mathbb{F}_q(x_0)/\mathbb{F}_q(u_0)$ において完全分解する．$(u_0 = 0)$ 上にある $\mathbb{F}_q(x_0)$ の座は元 $\alpha \in \mathbb{F}_q \setminus \mathbb{F}_\ell$ により $(x_0 = \alpha)$ と表される座と一致する（補題 7.4.14 (e) により）．これらの座 $(x_0 = \alpha)$ は $G_0 = \mathbb{F}_q(x_0)$ 上の塔 $\mathcal{G}$ の分解ローカスに属しており（補題 7.4.4），ゆえに，座 $(u_0 = 0)$ はすべての拡大 $G_i/\mathbb{F}_q(u_0)$ において完全分解すると結論できる．系 3.9.7 より，$(u_0 = 0)$ は $\mathbb{F}_q(u_0)$ 上 G_i のガロア閉包 G_i^* において完全分解し，かつ $\mathbb{F}_q$ は G_i^* の完全定数体であることが分かる．以上より，(a) と (b) を証明した．

(c) P を $(u_0 = 1)$ と $(u_0 = \infty)$ とは異なる $\mathbb{F}_q(u_0)$ の座とする．このとき，P は $G_0 = \mathbb{F}_q(x_0)$ において不分岐であり，また P 上にある G_0 の座は $\beta \in \mathbb{F}_\ell \cup \{\infty\}$ をみたす座 $(x_0 = \beta)$ とは異なる（補題 7.4.14）．補題 7.4.5 より，G_0 上 $\mathcal{G}$ の分岐ローカスは

集合 $\{(x_0 = \beta) \mid \beta \in \mathbb{F}_\ell \cup \{\infty\}\}$ に含まれる．ゆえに，P はすべての拡大 $G_i/\mathbb{F}_q(u_0)$ において不分岐である．したがって，系 3.9.3 より，P は $\mathbb{F}_q(u_0)$ 上 G_i のガロア閉包 G_i^* において不分岐である．(c) の部分の残りは補題 7.4.14 からすぐに導かれる．

(d) $G_i^*/\mathbb{F}_q(u_0)$ のガロア群を Γ_i により表す．$\mathbb{F}_q(t_0)/\mathbb{F}_q(u_0)$ はガロア拡大であるから，すべての $\tau \in \Gamma_i$ は体 $\mathbb{F}_q(t_0)$ をそれ自身に移す．補題 7.4.14 (b) と補題 7.4.6 によって，拡大 $G_i/\mathbb{F}_q(t_0)$ は弱分岐であるから，すべての $\tau \in \Gamma_i$ に対して $\tau(G_i)/\mathbb{F}_q(t_0)$ は弱分岐である．体 G_i^* は体 $\tau(G_i)$, $\tau \in \Gamma_i$ の合成体である．すると，命題 7.4.13 によって拡大 $G_i^*/\mathbb{F}_q(t_0)$ もまた弱分岐である．

(e) 定理 7.2.10 (c) を $\mathbb{F}_q(u_0)$ 上の塔 $\mathcal{G}^*$ に適用したい．このためには，不等式 (7.7) のように $G_n^*/\mathbb{F}_q(u_0)$ において分岐する座の差積指数に対する評価が必要である．そこで，G_n^* において分岐する $\mathbb{F}_q(u_0)$ の座 P を考える（(c) により $P = (u_0 = \infty)$ または $P = (u_0 = 1)$ である）．Q^* を P の上にある G_i^* の座とし，$Q := Q^* \cap \mathbb{F}_q(t_0)$ とおく．このとき，(c) より $Q|P$ は分岐指数 $e(Q|P) = \ell - 1$ の順分岐であり，$Q^*|Q$ は (d) より弱分岐である．差積指数の推移律を使うと，以下の式を得る．

$$\begin{aligned}
d(Q^*|P) &= d(Q^*|Q) + e(Q^*|Q) \cdot d(Q|P) \\
&= 2(e(Q^*|Q) - 1) + (\ell - 2) \cdot e(Q^*|Q) \\
&< \ell \cdot e(Q^*|Q) = \frac{\ell}{\ell-1} \cdot e(Q^*|P). \tag{7.29}
\end{aligned}$$

したがって，次の不等式が成り立つ．

$$d(Q^*|P) \leq a_P \cdot e(Q^*|P), \quad a_P := \frac{\ell}{\ell-1}.$$

(b) の部分で示されたように，$\mathbb{F}_q(u_0)$ の座 $(u_0 = 0)$ は塔 $\mathcal{G}^*$ において完全分解する．さてここで，定理 7.2.10 より次の評価式が成り立つ．

$$\lambda(\mathcal{G}^*) \geq \frac{2}{-2 + 2 \cdot \frac{\ell}{\ell-1}} = \ell - 1.$$

Drinfeld-Vladut 限界より，不等式 $\lambda(\mathcal{G}^*) \leq \ell - 1$ が成り立つので，$\lambda(\mathcal{G}^*) = \ell - 1$ が得られる． □

符号理論への応用に関連して（8.4 節を参照），塔 $\mathcal{G}^*$ のいくつかの特殊な性質を注意しておこう．

系 7.4.16 定理 7.4.15 の記号を用いて，すべての $i \geq 0$ に対して

$$n_i := [G_i^* : \mathbb{F}_q(u_0)] = (\ell - 1) \cdot m_i \tag{7.30}$$

とおく.すると,$m_i = [G_i^* : \mathbb{F}_q(t_0)]$ は $p = \text{char}\,\mathbb{F}_q$ のベキである.

$e_i^{(0)}$ により,$G_i^*/\mathbb{F}_q(t_0)$ の座 $(t_0 = 0)$ の分岐指数を,
$e_i^{(\infty)}$ により,$G_i^*/\mathbb{F}_q(t_0)$ の座 $(t_0 = \infty)$ の分岐指数を

表す.以上の記号により,G_i^* における t_0 の主因子は,正因子を $A_i, B_i \in \text{Div}(G_i^*)$ として

$$(t_0)^{G_i^*} = e_i^{(0)} A_i - e_i^{(\infty)} B_i \tag{7.31}$$

と表される.このとき,以下のことが成り立つ.

(a) 関数体 G_i^* の種数は次の式で与えられる.

$$g(G_i^*) = 1 + m_i \left(1 - \frac{1}{e_i^{(0)}} - \frac{1}{e_i^{(\infty)}}\right).$$

(b) G_i^* における u_0 の零因子は,n_i 個の有理的座 $P_j^{(i)} \in \mathbb{P}_{G_i^*}$ を用いて次のような形に表される.

$$D_i = \sum_{j=1}^{n_i} P_j^{(i)}. \tag{7.32}$$

(c) G_i^* の微分 $\eta^{(i)} := du_0/u_0$ の因子は次の形に表される.

$$(\eta^{(i)}) = (\ell e_i^{(0)} - 2) A_i + (e_i^{(\infty)} - 2) B_i - D_i.$$

ただし,因子 A_i, B_i, D_i は式 (7.31) と式 (7.32) によって定義されたものである.すべての座 $P = P_j^{(i)} \leq D_i$ において,$\eta^{(i)}$ の留数は次のようである.

$$\text{res}_P(\eta^{(i)}) = 1.$$

【証明】 座 $(t_0 = 0)$ と $(t_0 = \infty)$ だけが拡大 $G_i^*/\mathbb{F}_q(t_0)$ において分岐する $\mathbb{F}_q(t_0)$ の座である.それらは弱分岐であるから(定理 7.4.15 (c), (d) 参照),$G_i^*/\mathbb{F}_q(t_0)$ の差積は次の式によって与えられる.

$$\text{Diff}(G_i^*/\mathbb{F}_q(t_0)) = (2e_i^{(0)} - 2) A_i + (2e_i^{(\infty)} - 2) B_i.$$

(因子 A_i, B_i は式 (7.31) におけるものである.)このとき,微分 dt_0(体 G_i^* の微分として)は,注意 4.3.7 によって次のような因子をもつ.

$$(dt_0) = -2e_i^{(\infty)} B_i + \text{Diff}(G_i^*/\mathbb{F}_q(t_0))$$
$$= (2e_i^{(0)} - 2) A_i - 2 B_i. \tag{7.33}$$

$\deg A_i = m_i/e_i^{(0)}$ かつ $\deg B_i = m_i/e_i^{(\infty)}$ であるから，次の式を得る．

$$2g(G_i^*) - 2 = \deg(dt_0) = (2e_i^{(0)} - 2) \cdot \frac{m_i}{e_i^{(0)}} - 2 \cdot \frac{m_i}{e_i^{(\infty)}}.$$

これより (a) が示される．(b) の部分は定理 7.4.15 (b) より明らかである．(c) の部分を示すために，式 (7.26) によって $u_0 = 1 + t_0^{\ell-1}$ であることに注意すると，$du_0 = -t_0^{\ell-2}dt_0$ であり，次のようになる．

$$(du_0) = (\ell - 2) \cdot (e_i^{(0)} A_i - e_i^{(\infty)} B_i) + (dt_0)$$
$$= (\ell e_i^{(0)} - 2)A_i - ((\ell - 2)e_i^{(\infty)} + 2)B_i.$$

G_i^* における u_0 の主因子は

$$(u_0)^{G_i^*} = D_i - (\ell - 1)e_i^{(\infty)} B_i$$

となる．ゆえに，微分 $\eta^{(i)} := du_0/u_0$ は (G_i^* において) 次のような因子をもつ．

$$(\eta^{(i)}) = (\ell e_i^{(0)} - 2)A_i + (e_i^{(\infty)} - 2)B_i - D_i.$$

D_i の台に属しているすべての座 P において，元 u_0 は素元である．したがって，微分の留数の定義によって $\operatorname{res}_P(du_0/u_0) = 1$ を得る． □

さて，ここで $q = \ell^3$ を立方数とする有限体 $\mathbb{F}_q$ 上の関数体へ議論を変えよう．以下の式で定義される $\mathbb{F}_q$ 上の再帰的な塔 $\mathcal{H}$ を考察する．

$$(Y^\ell - Y)^{\ell-1} + 1 = \frac{-X^{\ell(\ell-1)}}{(X^{\ell-1} - 1)^{\ell-1}}. \tag{7.34}$$

この考察の主要な結果は次の定理である．

定理 7.4.17 方程式 (7.34) は体 $\mathbb{F}_q$, $q = \ell^3$ 上の再帰的な塔 $\mathcal{H}$ を定義する．その極限 $\lambda(\mathcal{H})$ は次の式を満足する．

$$\lambda(\mathcal{H}) \geq \frac{2(\ell^2 - 1)}{\ell + 2}.$$

以下の系で与えられる $A(\ell^3)$ の下界は，素数 ℓ の場合については T. Zink により示された．任意の ℓ に対しては，最初に Bezerra, Garcia and Stichtenoth [4] により示された．

系 7.4.18 $q = \ell^3$ に対して，伊原の定数 $A(q)$ は次のような下界をもつ．

$$A(q) \geq \frac{2(\ell^2 - 1)}{\ell + 2}.$$

定理 7.4.17 をいくつかのステップに分けて証明しよう．$\mathcal{H}$ を体 $\mathbb{F}_q$ 上だけでなく，$\mathbb{F}_\ell$ を含む任意の体 K 上においても考察すると都合がよい．そこで，$H_0 = K(y_0)$ を K 上の有理関数体として，$\mathcal{H} = (H_0, H_1, H_2, \ldots)$ という形をしており，すべての $i \geq 0$ に対して以下の式をみたすものと考える．

$$H_{i+1} = H_i(y_{i+1}), \quad (y_{i+1}^\ell - y_{i+1})^{\ell-1} + 1 = \frac{-y_i^{\ell(\ell-1)}}{(y_i^{\ell-1} - 1)^{\ell-1}}. \tag{7.35}$$

塔 $\mathcal{G}$ の生成元 $x_0, x_1, x_2, \ldots$ と混同することを避けるために，$\mathcal{H}$ の生成元を $y_0, y_1, y_2, \ldots$ によって表す．

塔 $\mathcal{H}$ を理解するためのもっとも良い方法は，以下の方程式

$$(y^\ell - y)^{\ell-1} + 1 = \frac{-x^{\ell(\ell-1)}}{(x^{\ell-1} - 1)^{\ell-1}} =: u \tag{7.36}$$

と

$$(z^\ell - z)^{\ell-1} + 1 = \frac{-y^{\ell(\ell-1)}}{(y^{\ell-1} - 1)^{\ell-1}} =: v \tag{7.37}$$

により定義される**第二基本関数体** (second fundamental function field) $H := K(x, y, z)$ を調べることである．最初に，図 7.3 において示されるような H の部分体上の H の次数を求める．

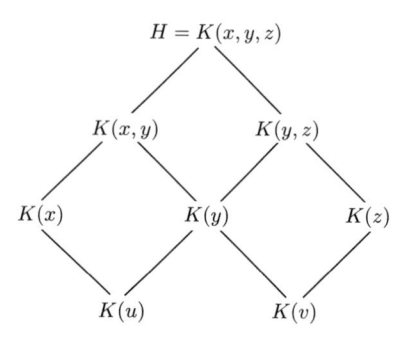

図 7.3 第二基本関数体

補題 7.4.19 $\mathbb{F}_\ell \subseteq K$ と仮定する．上で定義した記号を用いて以下のことが成り立つ．

(a) 拡大 $K(x)/K(u)$ や $K(y)/K(u)$，$K(y)/K(v)$，$K(z)/K(v)$ は，次数 $\ell(\ell-1)$ のガロア拡大である．

(b) 次の高さにおける拡大 $K(x,y)/K(x)$ や $K(x,y)/K(y)$，$K(y,z)/K(y)$，$K(y,z)/K(z)$ もまた，次数 $\ell(\ell-1)$ のガロア拡大である．

(c) 拡大 $K(x,y,z)/K(x,y)$ と $K(x,y,z)/K(y,z)$ は次数 ℓ のガロア拡大である.
(d) K は $H = K(x,y,z)$ の完全定数体である.

【証明】
(a) $u = (y^\ell - y)^{\ell-1} + 1$ であるから,補題 7.4.14 (a) より $K(y)/K(u)$ は次数 $[K(y) : K(u)] = \ell(\ell-1)$ のガロア拡大である.ここで,方程式 $u = -x^{\ell(\ell-1)}/(x^{\ell-1} - 1)^{\ell-1}$ は次の式に同値であることに注意しよう.

$$\left(\left(\frac{1}{x}\right)^\ell - \frac{1}{x}\right)^{\ell-1} + 1 = \frac{u-1}{u}. \tag{7.38}$$

$K(x) = K(1/x)$ かつ $K(u) = K((u-1)/u)$ であるから,再び補題 7.4.14 (a) より,$K(x)/K(u)$ は次数 $\ell(\ell-1)$ のガロア拡大であると結論することができる.$K(y)/K(v)$ と $K(z)/K(v)$ に対する主張も同様に導かれる.

(b) 拡大 $K(x,y)/K(x)$ を考える.$K(y)/K(u)$ はガロア拡大であるから,ガロア理論より,$K(x,y)/K(x)$ はガロア拡大であり,そのガロア群 $\mathrm{Gal}(K(x,y)/K(x))$ は $\mathrm{Gal}(K(y)/K(u))$ の部分群に同型である.すると,$[K(x,y) : K(x)] \geq \ell(\ell-1)$ を示すことだけが残っている.このために,図 7.4 のように,体 H の部分拡大における分岐を考える.

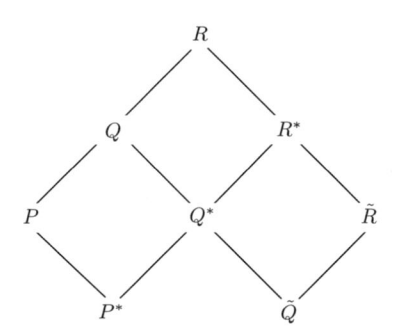

図 7.4 H の部分体の座

座 $R \in \mathbb{P}_H$ に対して,図 7.4 によって対応している H の部分体への制限を表す.これは,たとえば $P = R \cap K(x)$ や $\widetilde{Q} = R \cap K(v)$ を意味している.元 u の零点である $K(x,y)$ の座 Q を特別に一つ選ぶ.このとき,$P^* = (u=0)$ である.式 (7.36) より,$P = (x=0)$ かつ $e(P|P^*) = \ell(\ell-1)$ であることが分かる.一方,補題 7.4.14 (d) より,$e(Q^*|P^*) = 1$ であり,ゆえに $e(Q|Q^*) = \ell(\ell-1)$ を得る.したがって,$[K(x,y) : K(x)] = [K(x,y) : K(y)] \geq \ell(\ell-1)$ と結論することができる.

以上で，$K(x,y)/K(x)$ は次数 $\ell(\ell-1)$ のガロア拡大であることを示した．ほかの拡大 $K(x,y)/K(y)$ や $K(y,z)/K(y)$，$K(y,z)/K(z)$ に対しても，対応する主張はすぐに導かれる．

(c) 次に，x の極である $K(x,y,z)$ の座 R を選ぶ．したがって，$P = (x = \infty)$ であり，式 (7.36) と式 (7.37) から座 $P^*, Q^*, \widetilde{Q}, \widetilde{R}$ は次のようである．

$$\begin{aligned}
P^* &= (u = \infty), & e(P \mid P^*) &= \ell - 1, \\
Q^* &= (y = \infty), & e(Q^* \mid P^*) &= \ell(\ell - 1), \\
\widetilde{Q} &= (v = \infty), & e(Q^* \mid \widetilde{Q}) &= \ell - 1, \\
\widetilde{R} &= (z = \infty), & e(\widetilde{R} \mid \widetilde{Q}) &= \ell(\ell - 1).
\end{aligned}$$

ここで，アビヤンカーの補題より $e(Q|Q^*) = 1$ や $e(R^*|Q^*) = \ell$，$e(R|Q) = \ell$ が得られる（図 7.4 の記号に注意せよ）．したがって，次の不等式が成り立つ．

$$[K(x,y,z) : K(x,y)] \geq e(R \mid Q) = \ell. \tag{7.39}$$

一方，式 (7.36) と式 (7.37) から次の式が得られる．

$$\begin{aligned}
(z^\ell - z)^{\ell-1} &= \frac{-y^{\ell(\ell-1)}}{(y^{\ell-1} - 1)^{\ell-1}} - 1 \\
&= \frac{-((y^\ell - y)^{\ell-1} + 1)}{(y^{\ell-1} - 1)^{\ell-1}} \\
&= \frac{x^{\ell(\ell-1)}}{(x^{\ell-1} - 1)^{\ell-1}(y^{\ell-1} - 1)^{\ell-1}}.
\end{aligned}$$

したがって，ある $\mu \in \mathbb{F}_\ell^\times$ に対して次が成り立つ．

$$z^\ell - z = \mu \cdot \frac{x^\ell}{(x^{\ell-1} - 1)(y^{\ell-1} - 1)}. \tag{7.40}$$

これは z に対する $K(x,y)$ 上次数 ℓ の方程式であるから，$[K(x,y,z) : K(x,y)] \leq \ell$ が成り立つ．不等式 (7.39) と合わせると，拡大 $K(x,y,z)/K(x,y)$ は次数 ℓ であることが分かる．式 (7.40) から，$K(x,y,z)/K(x,y)$ がガロア拡大であることも分かる．

(d) (b) と (c) の証明の中で，$K(x,y)/K(x)$ と $K(x,y,z)/K(x,y)$ の二つの拡大体において完全分岐する座があることを示した．定理 3.6.3 (a) は，K が $K(x,y)$ と $K(x,y,z)$ の完全定数体であることを意味している． □

次に，体 $K(u)$ 上で分岐する体 $H = K(x,y,z)$ のすべての座を決定する（ここで，u は式 (7.36) により与えられるものである）．分岐の様態（すなわち，分岐指数と差積指数）は定数拡大によって変化しないので，簡単のため，K は体 $\mathbb{F}_{\ell^2}$ を含んでいると仮定する．次の補題は塔 $\mathcal{H}$ を考察するときに基本的な重要性をもつ．

補題 7.4.20 式 (7.36), 式 (7.37) と図 7.3, 図 7.4 の記号を継続して用いる．また，$\mathbb{F}_{\ell^2} \subseteq K$ も仮定する．R を拡大 $H/K(u)$ において分岐する H の座とする．このとき，R の $K(u)$ への制限 $P^* = R \cap K(u)$ は座 $(u=0)$, $(u=1)$, あるいは $(u=\infty)$ のうちの一つである．より正確に言うと，次が成り立つ．

(場合 1) $P^* = (u=0)$ のとき，$P = (x=0)$ であり，次が成り立つ．
$$e(Q\,|\,P) = e(R\,|\,Q) = 1, \quad e(R\,|\,R^*) = \ell.$$

(場合 2) $P^* = (u=1)$ のとき，$\beta \in \mathbb{F}_{\ell^2} \setminus \mathbb{F}_\ell$ により $P = (x = \beta)$ と表され，次が成り立つ．
$$e(Q\,|\,P) = \ell - 1, \quad e(R\,|\,Q) \in \{1, \ell\}, \quad e(R\,|\,R^*) = 1.$$

(場合 3) $P^* = (u=\infty)$ のとき，ある $\alpha \in \mathbb{F}_\ell^\times \cup \{\infty\}$ により $P = (x = \alpha)$ と表され，また $Q^* = (y = \infty)$ であり，次が成り立つ．
$$e(Q\,|\,P) = e(R\,|\,Q) = \ell, \quad e(Q\,|\,Q^*) = e(R\,|\,R^*) = e(R^*\,|\,\widetilde{R}) = 1.$$

上のすべての場合において，分岐指数は $e = \ell$ であり，対応している差積指数は $d = 2(\ell - 1)$ である．

【証明】 $R|P^*$ は分岐しているから，座 $P|P^*$ または $R^*|P^*$ の少なくとも一つは分岐する．図 7.4 を参照せよ．いくつかの場合に分けて調べる．

(i) $P|P^*$ が分岐すると仮定する．$K(x) = K(1/x)$ かつ
$$\left(\left(\frac{1}{x}\right)^\ell - \frac{1}{x}\right)^{\ell-1} + 1 = \frac{u-1}{u} =: u'$$

であるから（式 (7.38) 参照），補題 7.4.14 より，$P^* = (u' = \infty)$ であるか，または $P^* = (u' = 1)$ である．$u' = \infty \iff u = 0$ であり，また $u' = 1 \iff u = \infty$ であるから，結論として $P^* = (u = 0)$ であるか，または $P^* = (u = \infty)$ である．

(ii) $R^*|P^*$ が分岐すると仮定する．このとき，座 $Q^*|P^*$ または $R^*|Q^*$ の一つが分岐する．

(ii$_1$) $Q^*|P^*$ が分岐するとき，補題 7.4.14 により，$P^* = (u = \infty)$ であるか，または $P^* = (u = 1)$ である．

(ii$_2$) $R^*|Q^*$ が分岐するとき，$\widetilde{R}|\widetilde{Q}$ が分岐する（図 7.4 参照）．ゆえに，補題 7.4.14 により $\widetilde{Q} = (v = \infty)$ または $\widetilde{Q} = (v = 1)$ である．最初に $\widetilde{Q} = (v = \infty)$ の場合を検討する．このとき，式 (7.37) より $Q^* = (y = \infty)$ または $Q^* = (y = \gamma)$, $\gamma \in \mathbb{F}_\ell^\times$ である．$Q^* = (y = \infty)$ ならば $P^* = (u = \infty)$ であり，また $Q^* = (y = \gamma)$ ならば，方程式 (7.36) より $P^* = (u = 1)$ となる．

$v' := (v-1)/v$ として $\widetilde{Q} = (v=1) = (v'=0)$ の場合を考えることが残っている。式

$$\left(\left(\frac{1}{y}\right)^\ell - \frac{1}{y}\right)^{\ell-1} + 1 = v'$$

(方程式 (7.38) 参照) と補題 7.4.14 (e) より，$\alpha \in \mathbb{F}_{\ell^2} \setminus \mathbb{F}_\ell$ として $Q^* = (1/y = \alpha)$ を得る．ゆえに，$\delta = \alpha^{-1} \in \mathbb{F}_{\ell^2} \setminus \mathbb{F}_\ell$ として $Q^* = (y = \delta)$ と表される．したがって，再び補題 7.4.14 (e) より $P^* = (u=0)$ を得る．

以上で，$R|P^*$ が分岐するならば，$P^* = (u=0)$ であるか，または $(u=1)$，あるいは $(u=\infty)$ であることを示した．次に，これら三つの場合を検討しなければならない．

(場合 1) $P^* = (u=0)$ のとき．上と同様にして，方程式 (7.36) と (7.37)，そして補題 7.4.14 を用いて以下のことが分かる．

$$P = (x=0) \quad \text{かつ} \quad Q^* = (y=\gamma), \quad \gamma \in \mathbb{F}_{\ell^2} \setminus \mathbb{F}_\ell,$$
$$\widetilde{Q} = (v=1) \quad \text{かつ} \quad \widetilde{R} = (z=\beta), \quad \beta \in \mathbb{F}_\ell.$$

また，その分岐指数と差積指数は次のようである．

$$e(P \mid P^*) = \ell(\ell-1) \quad \text{かつ} \quad d(P \mid P^*) = \ell^2 - 2,$$
$$e(Q^* \mid P^*) = e(Q^* \mid \widetilde{Q}) = 1,$$
$$e(\widetilde{R} \mid \widetilde{Q}) = \ell - 1.$$

図 7.4 において一つ高さを上げると，以下の関係式が成り立つことがすぐに分かる．

$$e(Q \mid P) = 1 \quad \text{かつ} \quad e(R^* \mid Q^*) = \ell - 1,$$
$$e(Q \mid Q^*) = \ell(\ell-1) \quad \text{かつ} \quad d(Q \mid Q^*) = \ell^2 - 2.$$

図 7.4 においてもう一つ高さを上げ，アビヤンカーの補題を適用すると，以下の式を得る．

$$e(R \mid Q) = 1,$$
$$e(R \mid R^*) = \ell \quad \text{かつ} \quad d(R \mid R^*) = 2(\ell-1).$$

これより，場合 1 における補題 7.4.20 の証明は完成する．ほかの二つの場合も同様である． □

系 7.4.21 二つの拡大 $K(x,y,z)/K(x,y)$ と $K(x,y,z)/K(y,z)$ は，次数 ℓ の弱分岐ガロア拡大である．

いま，方程式 (7.34) が実際に一つの塔を定義することを証明できる．

命題 7.4.22　K を $\mathbb{F}_\ell \subseteq K$ をみたす体とし，列 $\mathcal{H} = (H_0, H_1, H_2, \ldots)$ を考える．ただし，$H_0 = K(y_0)$ は有理関数体であり，すべての $i \geq 0$ に対して以下の式をみたし，$H_{i+1} = H_i(y_{i+1})$ が成り立つものとする．

$$(y_{i+1}^\ell - y_{i+1})^{\ell-1} + 1 = \frac{-y_i^{\ell(\ell-1)}}{(y_i^{\ell-1} - 1)^{\ell-1}}.$$

このとき，$\mathcal{H}$ は K 上の塔である．拡大 H_1/H_0 は次数 $[H_1 : H_0] = \ell(\ell-1)$ のガロア拡大であり，また，すべての $i \geq 1$ に対して，拡大 H_{i+1}/H_i は次数 $[H_{i+1} : H_i] = \ell$ のガロア拡大である．

【証明】　体 $H_2 = K(y_0, y_1, y_2)$ は，補題 7.4.19 と補題 7.4.20 で検討した関数体 $H = K(x, y, z)$ に同型である．したがって，H_1/H_0 は次数 $\ell(\ell-1)$ のガロア拡大，H_2/H_1 は次数 ℓ のガロア拡大であり，そして K は H_2 の完全定数体であることがすでに分かっている．さて，$i \geq 2$ とする．$H_{i+1} = H_i(y_{i+1})$ なる関係があり，また y_{i+1} は等式

$$y_{i+1}^\ell - y_{i+1} = \mu \cdot \frac{y_{i-1}^\ell}{(y_{i-1}^{\ell-1} - 1)(y_i^{\ell-1} - 1)}, \quad \mu \in \mathbb{F}_\ell^\times$$

をみたしているから（式 (7.40) 参照），H_{i+1}/H_i は次数 $[H_{i+1} : H_i] \leq \ell$ のガロア拡大である．いま，帰納法によって次の主張を証明する．この主張より容易に命題 7.4.22 の残りの主張が導かれる．H_1 で元 y_0 の極である座 $P_1 \in \mathbb{P}_{H_1}$ を固定する．

　　（主張）$i \geq 2$ とし，P_i を P_1 上にある H_i の座とする．このとき，P_i もまた y_i の極となり，次が成り立つ．

$$e(P_i | P_{i-1}) = \ell \quad \text{かつ} \quad e(P_i | (y_i = \infty)) = 1.$$

（主張の証明）$i = 2$ の場合は補題 7.4.20 の場合 3 より導かれる．そこでいま，ある $i \geq 2$ に対して主張が成り立つと仮定する．P_i の上にある H_{i+1} の座 P_{i+1} を選ぶ．体 H_{i+1} は $K(y_i)$ 上体 H_i と $K(y_i, y_{i+1})$ の合成体である．帰納法の仮定により，$P_i \cap K(y_i) = (y_i = \infty)$ と $e(P_i | (y_i = \infty)) = 1$ が成り立つ．$P_{i+1}^* := P_{i+1} \cap K(y_i, y_{i+1})$ かつ $\widetilde{P}_{i+1} := P_{i+1} \cap K(y_{i+1})$ とおく．したがって，補題 7.4.20 の場合 3 より，$\widetilde{P}_{i+1}$ は $K(y_{i+1})$ において y_{i+1} の極であり，$e(P_{i+1}^* | (y_i = \infty)) = \ell$ と $e(P_{i+1}^* | \widetilde{P}_{i+1}) = 1$ が成り立つ．この状況は図 7.5 に示されている．図 7.5 より，$e(P_{i+1} | P_i) = \ell$ と $e(P_{i+1} | (y_{i+1} = \infty)) = 1$ が成り立つことが分かる．以上で命題 7.4.22 の証明は完成した．　□

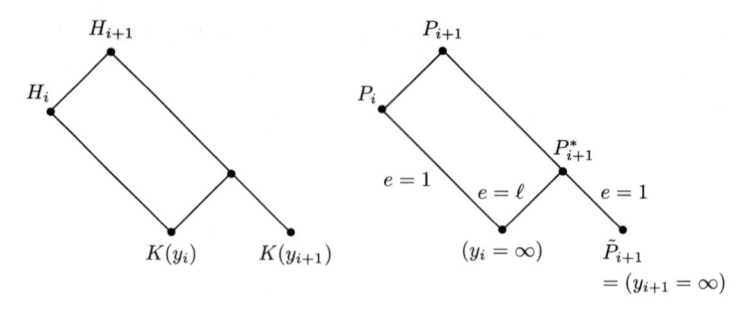

図 7.5

以上で，方程式 (7.34) はすべての定数体 $K \supseteq \mathbb{F}_\ell$ 上の塔 $\mathcal{H} = (H_0, H_1, H_2, \ldots)$ を定義し，かつその塔におけるすべての拡大はガロア拡大であり，拡大次数については $[H_1 : H_0] = \ell(\ell-1)$，また $i \geq 1$ に対して $[H_{i+1} : H_i] = \ell$ であることを証明した．

注意 7.4.23 塔を定義している性質の一つは，それが種数 $g \geq 2$ の関数体を含まなければならないことである（定義 7.2.1 と注意 7.2.2 を参照せよ）．まだ塔 $\mathcal{H}$ に対してこの性質を確かめていない．一つの方法は直接（補題 7.4.20 を用いて），第二基本関数体 $H = K(x, y, z)$ が種数 $g \geq 2$ をもつことを示すことである．もう一つの方法は，$i \to \infty$ のとき有理的座の個数 $N(H_i)$ が無限に大きくなることを示すことである．以下の補題 7.4.26 において，この事実を証明しよう．

次に，H_0 上の塔 $\mathcal{H}$ の分岐ローカスを考える．次の補題は補題 7.4.5 に類似している．

補題 7.4.24 $\mathbb{F}_{\ell^2} \subseteq K$ と仮定する．このとき，H_0 上の塔 $\mathcal{H}$ の分岐ローカスは次の式を満足する．
$$\mathrm{Ram}(\mathcal{H}/H_0) \subseteq \{ (y_0 = \beta) \mid \beta \in \mathbb{F}_{\ell^2} \cup \{\infty\} \}.$$

この補題を証明する前に，塔 $\mathcal{H}$ の定義方程式は次のように少し異なったやり方で表すことができることに注意しよう．
$$f(T) := (T^\ell - T)^{\ell-1} + 1 = (T^{\ell^2} - T)/(T^\ell - T). \tag{7.41}$$

方程式 (7.34) は次の式に同値である．
$$f(Y) = \frac{1}{1 - f(1/X)}. \tag{7.42}$$

式 (7.41) より，$\bar{K}$ における多項式 $f(T)$ の零点がすべて元 $\gamma \in \mathbb{F}_{\ell^2} \setminus \mathbb{F}_\ell$ によって与えられることは明らかである．

【補題 7.4.24 の証明】 命題 7.2.23 を適用したい.
$$\Lambda_0 := \{\, y_0(P) \mid P \in \mathbb{P}_{H_0} \text{ は } H_1/H_0 \text{ で分岐する}\,\}$$
とおく. このとき, 補題 7.4.20 の場合 2 と場合 3 によって, $\Lambda_0 := \mathbb{F}_{\ell^2}^\times \cup \{\infty\}$ が成り立つ. 集合
$$\Lambda = \Lambda_0 \cup \{0\} = \mathbb{F}_{\ell^2} \cup \{\infty\}$$
が命題 7.2.23 の条件 (2) を満足することを証明する. そこで, $\beta \in \Lambda$ と $\alpha \in \bar{K} \cup \{\infty\}$ を考える. ただし,
$$(\beta^\ell - \beta)^{\ell-1} + 1 = \frac{-\alpha^{\ell(\ell-1)}}{(\alpha^{\ell-1} - 1)^{\ell-1}} = \frac{1}{1 - f(1/\alpha)}. \tag{7.43}$$
(方程式 (7.42) に注意せよ.) $\alpha \in \Lambda$ であることを示さなければならない.

(場合 1) $\beta \in \mathbb{F}_\ell$ のとき. このとき,
$$1 = \frac{1}{1 - f(1/\alpha)}$$
が成り立つ. ゆえに, $f(1/\alpha) = 0$ である. よって, $1/\alpha \in \mathbb{F}_{\ell^2} \setminus \mathbb{F}_\ell$ となる. したがって, $\alpha \in \mathbb{F}_{\ell^2} \setminus \mathbb{F}_\ell \subseteq \Lambda$ が得られる.

(場合 2) $\beta = \infty$ のとき. 式 (7.43) より, $\alpha = \infty$ であるか, または $\alpha \in \mathbb{F}_\ell^\times$ が導かれる. ゆえに, $\alpha \in \Lambda$ である.

(場合 3) $\beta \in \mathbb{F}_{\ell^2} \setminus \mathbb{F}_\ell$ のとき. このとき, $(\beta^\ell - \beta)^{\ell-1} + 1 = 0$ が成り立つ. ゆえに, $\alpha = 0 \in \Lambda$ を得る. 命題 7.2.23 を使うと, これより証明は完成する. □

系 7.4.25 塔 $\mathcal{H}$ の種数 $\gamma(\mathcal{H}/H_0)$ は有限である. すなわち, それは次のような上界をもつ.
$$\gamma(\mathcal{H}/H_0) \leq \frac{\ell^2 + 2\ell}{2}.$$

【証明】 系 7.4.21 によって, 二つの拡大 $H_2/K(y_0, y_1)$ と $H_2/K(y_1, y_2)$ は次数を ℓ とする弱分岐ガロア拡大であることを思い出そう. すべての $n \geq 2$ に対して, 体 H_n を $K(y_{n-2}, y_{n-1})$ 上体 H_{n-1} と $K(y_{n-2}, y_{n-1}, y_n)$ の合成体として考える. すると, 命題 7.4.13 より, 帰納法によって, H_n/H_1 は次数を $[H_n : H_1] = \ell^{n-1}$ とする弱分岐であることが分かる.

さて, $P \in \mathrm{Ram}(\mathcal{H}/H_0)$ とし, Q を P の上にある H_n の座とするとき, 差積指数 $d(Q|P)$ を評価しよう.

(場合 1) $\alpha \in \mathbb{F}_\ell \cup \{\infty\}$ として, $P = (y_0 = \alpha)$ であるとき. 補題 7.4.20 より, P は H_2/H_0 において弱分岐である. ゆえに, $Q|P$ は H_n/H_0 において弱分岐である. したがって, 場合 1 において次を得る.

$$d(Q\,|\,P) = 2(e(Q\,|\,P) - 1) \leq 2e(Q\,|\,P).$$

(場合 2) $\beta \in \mathbb{F}_{\ell^2} \setminus \mathbb{F}_\ell$ として, $P = (y_0 = \beta)$ であるとき. $P_1 := Q \cap H_1$ とおけば, $e(P_1|P) = \ell - 1$ であり, 補題 7.4.20 より $Q|P_1$ は弱分岐である. したがって, 以下のように計算できる.

$$\begin{aligned}
d(Q\,|\,P) &= e(Q\,|\,P_1) \cdot d(P_1\,|\,P) + d(Q\,|\,P_1) \\
&= e(Q\,|\,P_1) \cdot (\ell - 2) + 2(e(Q\,|\,P_1) - 1) \\
&= \frac{\ell}{\ell - 1} \cdot e(Q\,|\,P) - 2 \leq \frac{\ell}{\ell - 1} \cdot e(Q\,|\,P).
\end{aligned}$$

場合 1 においては $(\ell + 1)$ 個の座があり, 場合 2 においては $(\ell^2 - \ell)$ 個の座がある. すると, 定理 7.2.10 (b) より次の評価式が得られる.

$$\gamma(\mathcal{H}/H_0) \leq -1 + \frac{1}{2} \cdot (\ell + 1) \cdot 2 + \frac{1}{2} \cdot (\ell^2 - \ell) \cdot \frac{\ell}{\ell - 1} = \frac{\ell^2 + 2\ell}{2}. \qquad \square$$

系 7.4.25 はすべての定数体 $K \supseteq \mathbb{F}_\ell$ に対して成り立つことに注意しよう. 種数 $\gamma(\mathcal{H}/H_0)$ は定数拡大において変化しないので, $K \supseteq \mathbb{F}_{\ell^2}$ という仮定は必要ない.

最後に, 塔 $\mathcal{H}$ において完全分解する座について考察する. 定数体 $\mathbb{F}_{\ell^3}$ 上の塔 $\mathcal{H}$ が分解する状況は, 定数体 $\mathbb{F}_{\ell^2}$ 上の塔 $\mathcal{G}$ が分解する状況に非常によく類似している (補題 7.4.4 を参照せよ).

補題 7.4.26 3 次体 $K = \mathbb{F}_{\ell^3}$ 上の方程式 (7.34) により定義された塔 $\mathcal{H} = (H_0, H_1, H_2, \ldots)$ を考える. このとき, すべての座 $(y_0 = \alpha), \alpha \in \mathbb{F}_{\ell^3} \setminus \mathbb{F}_\ell$ は $\mathcal{H}/H_0$ において完全分解する. すなわち,

$$\mathrm{Split}(\mathcal{H}/H_0) \supseteq \{(y_0 = \alpha) \mid \alpha \in \mathbb{F}_{\ell^3} \setminus \mathbb{F}_\ell\}.$$

したがって, 分解率 $\nu(\mathcal{H}/H_0)$ は次の式を満足する.

$$\nu(\mathcal{H}/H_0) \geq \ell^3 - \ell.$$

【証明】 系 7.2.21 を用いる. したがって,

$$f(Y) := (Y^\ell - Y)^{\ell - 1} + 1, \tag{7.44}$$

$$h(X) := \frac{-X^{\ell(\ell-1)}}{(X^{\ell-1} - 1)^{\ell-1}} = \frac{1}{1 - f(1/X)}, \tag{7.45}$$

$$\varSigma := \mathbb{F}_{\ell^3} \setminus \mathbb{F}_\ell$$

とおく．そこで，以下の条件が成り立つことを示さなければならない．

(主張) すべての $\alpha \in \varSigma$ に対して，$h(\alpha) \neq \infty$ であり，かつ方程式 $f(t) = h(\alpha)$ は $\ell(\ell-1)$ 個の相異なる根 $t = \gamma \in \varSigma$ をもつ．

これが示されると，補題 7.4.26 のすべての主張は系 7.2.21 によりただちに導かれる．この主張を証明するために，次の多項式を導入する．

$$g(Y) := (Y^{\ell^3} - Y)/(Y^\ell - Y) \in K[Y].$$

この方程式の根は $\varSigma$ の元全体である．このとき，次のような多項式の恒等式が成り立つ．

$$f(Y)^\ell (f(Y) - 1) + 1 = g(Y). \tag{7.46}$$

なぜなら，以下のように変形できるからである．

$$\begin{aligned}
f(Y)^\ell(f(Y)-1)+1 &= \frac{(Y^{\ell^2}-Y)^\ell}{(Y^\ell-Y)^\ell}\left(\frac{Y^{\ell^2}-Y}{Y^\ell-Y}-1\right)+1 \\
&= \frac{Y^{\ell^3}-Y^\ell}{(Y^\ell-Y)^{\ell+1}}\left(Y^{\ell^2}-Y-(Y^\ell-Y)\right)+1 \\
&= \frac{Y^{\ell^3}-Y^\ell}{Y^\ell-Y}+1 = \frac{Y^{\ell^3}-Y}{Y^\ell-Y} = g(Y).
\end{aligned}$$

いま，$\alpha \in \varSigma = \mathbb{F}_{\ell^3} \setminus \mathbb{F}_\ell$ とすると，式 (7.45) より $h(\alpha) \neq \infty$ である．ゆえに，$1/\alpha \in \varSigma$ となり，したがって，$g(1/\alpha) = 0$ であることも分かる．恒等式 (7.46) より，次のように結論することができる．

$$f(1/\alpha)^\ell = \frac{1}{1 - f(1/\alpha)}. \tag{7.47}$$

γ を $f(\gamma) = h(\alpha)$ をみたす代数的閉包 $\bar{K}$ の元とすると，式 (7.45) と式 (7.47) により次が成り立つ．

$$f(\gamma) = \frac{1}{1 - f(1/\alpha)} = f(1/\alpha)^\ell. \tag{7.48}$$

このとき，式 (7.46) と式 (7.48) を用いて次のように計算される．

$$\begin{aligned}
g(\gamma) &= f(\gamma)^\ell (f(\gamma) - 1) + 1 \\
&= \left(\frac{1}{1 - f(1/\alpha)}\right)^\ell (f(1/\alpha)^\ell - 1) + 1 = -1 + 1 - 0.
\end{aligned}$$

多項式 $g(Y)$ の根は $\varSigma$ の元全体と一致しているから，$\gamma \in \varSigma$ であると結論することができる．多項式 $f(t) - h(\alpha) \in K[t]$ は，その導関数 $f'(t) = (t^\ell - t)^{\ell-2}$ が $f(t) - h(\alpha) =$

$(t^\ell - t)^{\ell-1} + 1 - h(\alpha)$ との共通根をもたないので，重根をもたない．これより，主張の証明が完成し，したがって補題 7.4.26 の証明も完成する． □

系 7.4.25 と補題 7.4.26 の結果を一緒にすると，塔 $\mathcal{H}$ の極限に対する次の評価式が得られる．

$$\lambda(\mathcal{H}) = \frac{\nu(\mathcal{H}/H_0)}{\gamma(\mathcal{H}/H_0)} \geq \frac{\ell^3 - \ell}{(\ell^2 + 2\ell)/2} = \frac{2(\ell^2 - 1)}{\ell + 2}.$$

これより定理 7.4.17 の証明が完成する．

7.5　演習問題

7.1　$\mathcal{F} = (F_0, F_1, F_2, \ldots)$ と $\mathcal{G} = (G_0, G_1, G_2, \ldots)$ を $\mathbb{F}_q$ 上の塔とする．すべての $i \geq 0$ に対して $F_i \subseteq G_j \subseteq F_k$ をみたす $j, k \geq 0$ が存在するとき，$\mathcal{F}$ と $\mathcal{G}$ は**同値**であるという．このとき，以下のことを示せ．

(i) この関係は同値関係である．

(ii) $\mathcal{F}$ と $\mathcal{G}$ は同値であると仮定する．このとき，次のことが成り立つ．

(a) $\lambda(\mathcal{F}) = \lambda(\mathcal{G})$．

(b) $\gamma(\mathcal{F}/F_0) < \infty \iff \gamma(\mathcal{G}/G_0) < \infty$．

(c) $\nu(\mathcal{F}/F_0) > 0 \iff \nu(\mathcal{G}/G_0) > 0$．

7.2　$\mathcal{F} = (F_0, F_1, F_2, \ldots)$ を $\mathbb{F}_q$ 上の順である塔とする．その分岐ローカス $\mathrm{Ram}(\mathcal{F}/F_0)$ は有限であり，分解ローカス $\mathrm{Split}(\mathcal{F}/F_0)$ は空集合ではないと仮定する．F_i^* を F_i/F_0 のガロア閉包として，$\mathcal{F}^* = (F_0^*, F_1^*, F_2^*, \ldots)$ と定義する．このとき，$\mathcal{F}^* = (F_0^*, F_1^*, F_2^*, \ldots)$ は $\mathbb{F}_q$ 上漸近的に良い塔であることを示せ．

7.3　$\mathcal{F} = (F_0, F_1, F_2, \ldots)$ を漸近的に良いガロア塔であると仮定する（すなわち，すべての F_i/F_0 はガロア拡大である）．このとき，次を示せ．

(i) 分岐ローカス $\mathrm{Ram}(\mathcal{F}/F_0)$ は有限である．

(ii) ある $n \geq 0$ に対して，すべての拡大 $F_m/F_n, m \geq n$ において完全分解する有理的座 $P \in \mathbb{P}_{F_n}$ が存在する．

7.4　$\mathcal{F} = (F_0, F_1, F_2, \ldots)$ を $\mathbb{F}_q$ 上の関数体の塔とする．すべての $n \geq 1$ に対して，$D_n := \deg(\mathrm{Diff}(F_n/F_{n-1}))$ とおく．

(i) $0 \leq \varepsilon < 1$ をみたす ε と整数 $m \geq 1$ が存在して，すべての $n \geq m$ に対して $D_{n+1} \leq \varepsilon \cdot [F_{n+1} : F_n] \cdot D_n$ が成り立つと仮定する．このとき，$\mathcal{F}/F_0$ の種数は $\gamma(\mathcal{F}/F_0) < \infty$ を満足することを示せ．

(ii) ある m に対して $D_m \neq 0$ であり，すべての $n \geq m$ に対して $D_{n+1} \geq [F_{n+1} : F_n] \cdot D_n$ が成り立つと仮定する．このとき，$\mathcal{F}/F_0$ の種数は $\gamma(\mathcal{F}/F_0) = \infty$ であることを示せ．特に，この塔は漸近的に悪い．

7.5 $\mathcal{F} = (F_0, F_1, F_2, \ldots)$ を，$f(Y) \in \mathbb{F}_q[Y]$ と $h(X) \in \mathbb{F}_q[X]$ の方程式 $f(Y) = h(X)$ によって再帰的に定義された塔であると仮定する．すなわち，
 (1) $F_0 = \mathbb{F}_q(x_0)$ であり，すべての $n \geq 0$ に対して $F_{n+1} = F_n(x_{n+1})$ である．
 (2) すべての $n \geq 0$ に対して，$f(x_{n+1}) = h(x_n)$ である．
さらに，以下のことも仮定する．
 (3) 二つの有理関数 $f(Y)$ と $h(X)$ は分離的である．
 (4) すべての $n \geq 0$ に対して，式 $f(Y) = h(x_n)$ は F_n 上絶対既約である．
 (5) $\deg f(Y) \neq \deg h(X)$．
このとき，$\mathcal{F}$ は漸近的に悪いことを示せ．

7.6 $\operatorname{char} \mathbb{F}_q \neq 2$ とし，$f_1(X), f_2(X) \in \mathbb{F}_q[X]$ を $\deg f_1(X) = 1 + \deg f_2(X)$ をみたす多項式とする．このとき，方程式

$$Y^2 = f_1(X)/f_2(X)$$

は $\mathbb{F}_q$ 上再帰的な塔を定義することを示せ．さらに，$\deg f_1 \geq 3$ ならば，この塔は漸近的に悪い．

7.7 q は平方数，かつ $\operatorname{char} \mathbb{F}_q \neq 2$ とし，$\mathbb{F}_q$ 上以下の方程式により再帰的に定義されている塔 $\mathcal{F} = (F_0, F_1, F_2, \ldots)$ を考える．

$$Y^2 = X(1-X)/(X+1).$$

(演習問題 7.6 によって，この方程式は $\mathbb{F}_q$ 上の一つの塔を定義することに注意せよ．) このとき，$\mathcal{F}/F_0$ の分岐ローカスは

$$x_0(P) \in \{0,\ 1,\ -1,\ \infty\}$$

であるか，または

$$x_0(P) \in \{\alpha \in \mathbb{F}_q \mid (\alpha^2+1)(\alpha^2-2\alpha-1)(\alpha^2+2\alpha-1) = 0\}$$

をみたす座 $P \in \mathbb{P}_{F_0}$ の集合である．$\gamma(\mathcal{F}/F_0)$ に対する上界を求めよ．

7.8 体 $\mathbb{F}_{81}$ 上で演習問題 7.7 の塔を考える．F_0 の少なくとも 8 個の有理的座はこの塔において完全分解することを示し，この塔の極限は $\lambda(\mathcal{F}) \geq 2$ を満足することを結論せよ．

7.9 注意 7.4.9 を証明せよ．

7.10 $c \in \mathbb{F}_8$ を $c^3 + c + 1 = 0$ をみたす元とする．このとき，以下のことを示せ．

(i) 方程式
$$Y^2 + Y = 1/(X^2 + cX)$$
は $\mathbb{F}_8$ 上の再帰的な塔 $\mathcal{F} = (F_0, F_1, F_2, \ldots)$ を定義する．

(ii) $\mathcal{F}/F_0$ の分岐ローカスは有限である．

(iii) $\mathcal{F}/F_0$ は弱分岐であることを証明し，種数 $\gamma(\mathcal{F}/F_0)$ に対する上界を一つ求めよ．

(iv) この塔は漸近的に良い塔であるかどうかを調べよ．

7.11 $F_0 = \mathbb{F}_2(x)$ を $\mathbb{F}_2$ 上の有理関数体とする．すべての $n \geq 1$ に対して，以下の条件を満足する体 $F_n = F_0(y_1, \ldots, y_n)$ を考える．

$$y_1^2 + y_1 = x(x^2 + x),$$
$$y_2^2 + y_2 = x^3(x^2 + x),$$
$$\vdots$$
$$y_n^2 + y_n = x^{2n-1}(x^2 + x).$$

(i) F_n/F_0 は次数 $[F_n : F_0] = 2^n$ のガロア拡大であり，x の極は F_n/F_0 において完全分岐することを示せ．

(ii) $F_n/\mathbb{F}_2$ の種数と有理的座の個数を求めよ．

(iii) $\mathbb{F}_2$ 上の塔 $\mathcal{F} = (F_0, F_1, F_2, \ldots)$ は漸近的に悪いことを結論せよ．

(iv) この例を任意の有限体 $\mathbb{F}_q$ に一般化せよ．

▍注意▍ この演習問題の (iii) の部分は，次の一般的な結果の特殊な場合である．$\mathbb{F}_q$ 上の塔 $\mathcal{F} = (F_0, F_1, F_2, \ldots)$ は次の性質，すなわち，すべての拡大 F_n/F_0 が可換なガロア群をもつガロア拡大であるという性質をもつならば，$\mathcal{F}/F_0$ の種数は無限であり，したがってこの塔は漸近的に悪い．

7.12 $\mathcal{F} = (F_0, F_1, F_2, \ldots)$ を $\mathbb{F}_q$ 上の関数体の漸近的に良い塔であると仮定する．同じ定数体 $\mathbb{F}_q$ をもつ有限次拡大体 $E \supseteq F_0$ を考え，すべての $j \geq 0$ に対して $E_j := EF_j$ とおくことにより，列 $\mathcal{E} = (E_0, E_1, E_2, \ldots)$ を定義する．$E/\mathbb{F}_q$ の有理的座で F_0 への制限が $\mathcal{F}/F_0$ の分解ローカスに属するようなものが少なくとも一つ存在すると仮定する．このとき，$\mathcal{E}$ は $\mathbb{F}_q$ 上漸近的に良い塔であることを示せ．

7.13 $q = p^a$, $a \geq 2$ とし，$F/\mathbb{F}_q$ を少なくとも一つの有理的座をもつ関数体とする．このとき，$F_0 = F$ として $\mathbb{F}_q$ 上の漸近的に良い塔 $\mathcal{F} = (F_0, F_1, F_2, \ldots)$ が存在することを示せ．

第 8 章

代数幾何符号の詳細

第 2 章において，$\mathbb{F}_q$ 上の代数関数体の因子を用いて定義された代数幾何符号（AG 符号）を考察した．本章では，引き続きそれらを検討する．第 8 章全体に対する記号を以下のようにいくつか固定して用いる．

- $F/\mathbb{F}_q$ は種数 g の代数関数体で，$\mathbb{F}_q$ は F の完全定数体である．
- $P_1, \ldots, P_n \in \mathbb{P}_F$ は次数 1 の相異なる座である．
- $D = P_1 + \cdots + P_n$．
- G は $\operatorname{supp} G \cap \operatorname{supp} D = \emptyset$ をみたす F の因子である．
- $C_{\mathscr{L}}(D, G) = \{(x(P_1), \ldots, x(P_n)) \in \mathbb{F}_q^n \mid x \in \mathscr{L}(G)\}$ は，D と G に付随した代数幾何符号である．
- $C_{\Omega}(D, G) = \{(\omega_{P_1}(1), \ldots, \omega_{P_n}(1)) \mid \omega \in \Omega_F(G - D)\}$ は，$C_{\mathscr{L}}(D, G)$ の双対符号である．

8.1　$C_{\Omega}(D, G)$ の留数表現

$P \in \mathbb{P}_F$ を次数 1 の座とし，$\omega \in \Omega_F$ をヴェイユ微分とする．第 4 章において，Ω_F を微分加群 Δ_F と同一視した（注意 4.3.7 (a) 参照）．この同一視によって，座 P における ω の局所成分は P における ω の留数によって評価することができる．すなわち，すべての $u \in F$ に対して $\omega_P(u) = \operatorname{res}_P(u\omega)$ が成り立つ（定理 4.3.2 (d) 参照）．特に，$\omega_P(1) = \operatorname{res}_P(\omega)$ で

ある．したがって，符号 $C_\Omega(D,G)$ について次のような別の表現がある．

命題 8.1.1　符号 $C_\Omega(D,G)$ に対して次が成り立つ．
$$C_\Omega(D,G) = \{(\mathrm{res}_{P_1}(\omega),\ldots,\mathrm{res}_{P_n}(\omega)) \mid \omega \in \Omega_F(G-D)\}.$$

符号理論の文献において，符号 $C_\Omega(D,G)$ を定義するためにもっとも普通に用いられているのが，この表現である．

命題 2.2.10 によって，符号 $C_\Omega(D,G)$ は $C_\mathscr{L}(D,G)$ と表すこともできる．ただし，$H = D - G + (\eta)$ であり，η は $i = 1,\ldots,n$ に対して $v_{P_i}(\eta) = -1$ と $\eta_{P_i}(1) = 1$ をみたす微分である．

命題 8.1.2　F の元 t は，$i = 1,\ldots,n$ に対して $v_{P_i}(t) = 1$ をみたすものとする．このとき，次が成り立つ．

(a) 微分 $\eta := dt/t$ は，$i = 1,\ldots,n$ に対して $v_{P_i}(\eta) = -1$ かつ $\mathrm{res}_{P_i}(\eta) = 1$ を満足する．
(b) $C_\Omega(D,G) = C_\mathscr{L}(D, D - G + (dt) - (t))$.

【証明】

(a) t は $P := P_i$ の素元であるから，t に関する $\eta = dt/t$ の P-進ベキ級数は次のようである．
$$\eta = \frac{1}{t}dt.$$

ゆえに，$v_P(\eta) = -1$ であり，かつ $\mathrm{res}_P(\eta) = 1$ である．

(b) (a) と命題 2.2.10 からすぐに導かれる． □

系 8.1.3　元 $t \in F$ はすべての座 $P_1,\ldots,P_n$ に対して素元であると仮定する．

(a) $2G - D \leq (dt/t)$ ならば，符号 $C_\mathscr{L}(D,G)$ は自己直交符号である．すなわち，
$$C_\mathscr{L}(D,G) \subseteq C_\mathscr{L}(D,G)^\perp.$$

(b) $2G - D = (dt/t)$ ならば，符号 $C_\mathscr{L}(D,G)$ は自己双対符号である．

【証明】　これは系 2.2.11 からすぐに得られる結果である． □

8.2 代数幾何符号の自己同型写像

対称群 $\mathcal{S}_n$ （その元は集合 $\{1,\ldots,n\}$ の置換である）は，次の式によりベクトル空間 $\mathbb{F}_q^n$ に作用する．
$$\pi(c_1,\ldots,c_n) := (c_{\pi(1)},\ldots,c_{\pi(n)}).$$
ただし，$\pi \in \mathcal{S}_n$ かつ $c = (c_1,\ldots,c_n) \in \mathbb{F}_q^n$ である．

定義 8.2.1 符号 $C \subseteq \mathbb{F}_q^n$ の自己同型群は次の式により定義される．
$$\mathrm{Aut}(C) := \{\,\pi \in \mathcal{S}_n \mid \pi(C) = C\,\}.$$

明らかに，$\mathrm{Aut}(C)$ は $\mathcal{S}_n$ の部分群である．興味ある符号の多くは自明でない自己同型群をもつ．本節では，対応している関数体の自己同型写像から誘導された代数幾何符号の自己同型写像を調べる．

$F/\mathbb{F}_q$ を関数体とし，$\mathrm{Aut}(F/\mathbb{F}_q)$ を $\mathbb{F}_q$ 上 F の自己同型群とする（すなわち，$\sigma \in \mathrm{Aut}(F/\mathbb{F}_q)$ と $a \in \mathbb{F}_q$ に対して $\sigma(a) = a$ である）．群 $\mathrm{Aut}(F/\mathbb{F}_q)$ は $\sigma(P) := \{\sigma(x) \mid x \in P\}$ とおくことにより $\mathbb{P}_F$ 上に作用する．補題 3.5.2 を参照せよ．対応している付値 v_P と $v_{\sigma(P)}$ は，次のように関係している．
$$v_{\sigma(P)}(y) = v_P(\sigma^{-1}(y)), \quad \forall y \in F. \tag{8.1}$$

さらに，σ は，$\sigma(z(P)) := \sigma(z)(\sigma(P))$ により与えられる P と $\sigma(P)$ の剰余体の間の同型写像を誘導するから，$\deg \sigma(P) = \deg P$ が成り立つ．$\mathbb{P}_F$ 上への $\mathrm{Aut}(F/\mathbb{F}_q)$ の作用は，以下の式によって因子群上への作用に拡張することができる．
$$\sigma\Big(\sum n_P P\Big) := \sum n_P \sigma(P).$$

前と同様に，$F/\mathbb{F}_q$ の因子 $D = P_1 + \cdots + P_n$ と G を考える．ここで，$P_1,\ldots,P_n$ は相異なる次数 1 の座であり，また $\mathrm{supp}\, G \cap \mathrm{supp}\, D = \emptyset$ をみたしているものとする．

定義 8.2.2 次のように定義する．
$$\mathrm{Aut}_{D,G}(F/\mathbb{F}_q) := \{\,\sigma \in \mathrm{Aut}(F/\mathbb{F}_q) \mid \sigma(D) = D \text{ かつ } \sigma(G) = G\,\}.$$

自己同型写像 $\sigma \in \mathrm{Aut}_{D,G}(F/\mathbb{F}_q)$ は座 $P_1,\ldots,P_n$ を固定するとは限らないが，$P_1,\ldots,P_n$ の置換を引き起こすことに注意せよ．$\sigma(G) = G$ であるから，式 (8.1) より，$\sigma \in \mathrm{Aut}_{D,G}(F/\mathbb{F}_q)$ に対して容易に
$$\sigma(\mathscr{L}(G)) = \mathscr{L}(G) \tag{8.2}$$

が成り立つことが分かる．さて，すべての自己同型写像 $\sigma \in \mathrm{Aut}_{D,G}(F/\mathbb{F}_q)$ は，対応している符号 $C_\mathscr{L}(D,G)$ の自己同型写像を誘導することを示す．

命題 8.2.3

(a) $\mathrm{Aut}_{D,G}(F/\mathbb{F}_q)$ は符号 $C_{\mathscr{L}}(D,G)$ に対して次の式により作用する．

$$\sigma((x(P_1),\ldots,x(P_n))) := (x(\sigma(P_1)),\ldots,x(\sigma(P_n))), \quad x \in \mathscr{L}(G).$$

これは $\mathrm{Aut}_{D,G}(F/\mathbb{F}_q)$ から $\mathrm{Aut}(C_{\mathscr{L}}(D,G))$ への準同型写像を与える．

(b) $n > 2g+2$ をみたすならば，上の準同型写像は単射である．ゆえに，$\mathrm{Aut}_{D,G}(F/\mathbb{F}_q)$ は $\mathrm{Aut}(C_{\mathscr{L}}(D,G))$ の部分群とみることができる．

【証明】

(a) 最初に，次の主張を証明する．すなわち，次数 1 の座 P と $v_P(y) \geq 0$ をみたす元 $y \in F$ が与えられたとき，次が成り立つ．

$$\sigma(y)(\sigma(P)) = y(P). \tag{8.3}$$

なぜなら，$a := y(P) \in \mathbb{F}_q$ とおけば，$y-a \in P$ を得る．ゆえに，$\sigma(y)-a = \sigma(y-a) \in \sigma(P)$ が成り立つ．これより式 (8.3) は導かれる．

(a) の証明については，すべての $x \in \mathscr{L}(G)$ と $\sigma \in \mathrm{Aut}_{D,G}(F/\mathbb{F}_q)$ に対して，ベクトル $(x(\sigma(P_1)),\ldots,x(\sigma(P_n)))$ が $C_{\mathscr{L}}(D,G)$ に属することを示さなければならない．式 (8.2) より $\mathscr{L}(G) = \sigma(\mathscr{L}(G))$ であるから，$y \in \mathscr{L}(G)$ として $x = \sigma(y)$ と表すことができる．ゆえに，式 (8.3) より次の式が得られる．

$$(x(\sigma(P_1)),\ldots,x(\sigma(P_n))) = (y(P_1),\ldots,y(P_n)) \in C_{\mathscr{L}}(D,G).$$

(b) 次数 1 の座を $2g+2$ 個より多く固定する $F/\mathbb{F}_q$ の自己同型写像は恒等写像のみであることを証明すれば十分である．そこで，$\sigma(Q) = Q$ であり，$i = 1,\ldots,2g+2$ に対して $\sigma(Q_i) = Q_i$ であると仮定する．ただし，$\sigma \in \mathrm{Aut}(F/\mathbb{F}_q)$ であり，また $Q, Q_1,\ldots,Q_{2g+2}$ は次数 1 の相異なる座である．$(x)_\infty = 2gQ$ かつ $(z)_\infty = (2g+1)Q$ をみたす元 $x, z \in F$ を選ぶ（これはリーマン・ロッホの定理により可能である）．このとき，次数 $[F:\mathbb{F}_q(x)] = 2g$ と $[F:\mathbb{F}_q(z)] = 2g+1$ は互いに素であるから，$\mathbb{F}_q(x,z) = F$ となる．元 $x - \sigma(x)$ と $z - \sigma(z)$ は少なくとも $2g+2$ 個の零点をもつ（すなわち，$Q_1,\ldots,Q_{2g+2}$）．ところが，Q はそれらの唯一つの極であるから，それらの極因子の次数は $\leq 2g+1$ である．したがって，$\sigma(x) = x$ かつ $\sigma(z) = z$ であると結論することができ，ゆえに σ は恒等写像である． $\square$

例 8.2.4　例として，$\mathbb{F}_q$ 上長さ n の BCH 符号 C を考える．2.3 節において示したように，符号 C は次のように有理代数幾何符号の部分体部分符号として，具体的に表現できる．すなわち，$n \mid (q^m - 1)$ とし，$\beta \in \mathbb{F}_{q^m}$ を 1 の原始 n 乗根とする．有理関数体 $F = \mathbb{F}_{q^m}(z)$

を考える.$i = 1, \ldots, n$ に対して,P_i を $z - \beta^{i-1}$ の零点とし,$D_\beta := P_1 + \cdots + P_n$ とおく.P_0 と P_∞ により,それぞれ F における z の零点と極を表す.このとき,$r, s \in \mathbb{Z}$ として

$$C = C_\mathscr{L}(D_\beta, rP_0 + sP_\infty)|_{\mathbb{F}_q}$$

が成り立つ(命題 2.3.9 参照).$\sigma(z) = \beta^{-1} z$ により定義される自己同型写像 $\sigma \in \mathrm{Aut}(F/\mathbb{F}_{q^m})$ は P_0 と P_∞ を固定し,次が成り立つ.

$$\sigma(P_i) = P_{i+1} \ (i = 1, \ldots, n-1), \quad \sigma(P_n) = P_1.$$

したがって,命題 8.2.3 によって,σ は符号 $C_\mathscr{L}(D_\beta, rP_0 + sP_\infty)$ の次のような自己同型写像を引き起こす.

$$\sigma(c_1, \ldots, c_n) = (c_2, \ldots, c_n, c_1). \tag{8.4}$$

これは BCH 符号が(符号理論における通常の術語で)「巡回符号」であることを意味している.

8.3 エルミート符号

第 6 章において代数関数体の例をいくつか考察した.これらすべての例を用いて,代数幾何符号を明示的に構成することができる.本節では,エルミート関数体によって構成される符号をいくつか考察する.このようにしてつくられる符号は,自明でない代数幾何符号の興味ある例を提供する.これらの符号は $\mathbb{F}_{q^2}$ 上の符号であり,それらはアルファベット $\mathbb{F}_q$ の大きさに比べてあまりに小さいということはなく,またそれらのパラメーター k と d はかなり良い.

最初に,エルミート関数体 H の性質を思い起こそう(補題 6.4.4 を参照).H は $\mathbb{F}_{q^2}$ 上の関数体である.それは次のように表される.

$$H = \mathbb{F}_{q^2}(x, y), \quad y^q + y = x^{q+1}. \tag{8.5}$$

H の種数は $g = q(q-1)/2$ であり,H は次数 1 の座を $N = 1 + q^3$ 個もつ.すなわち,次のようである.

- x と y の唯一つの共通の極 Q_∞ と,
- $\beta^q + \beta = \alpha^{q+1}$ をみたす任意の組 $(\alpha, \beta) \in \mathbb{F}_{q^2} \times \mathbb{F}_{q^2}$ に対して,$x(P_{\alpha,\beta}) = \alpha$ と $y(P_{\alpha,\beta}) = \beta$ をみたす唯一つの次数 1 である座 $P_{\alpha,\beta}$ が存在する.

ここで,すべての $\alpha \in \mathbb{F}_{q^2}$ に対して,$\beta^q + \beta = \alpha^{q+1}$ をみたす q 個の相異なる元 $\beta \in \mathbb{F}_{q^2}$ が存在する.ゆえに,座 $P_{\alpha,\beta}$ の個数は q^3 であることに注意しよう.

定義 8.3.1 $r \in \mathbb{Z}$ に対して，符号

$$C_r := C_{\mathscr{L}}(D, rQ_\infty) \tag{8.6}$$

を定義する．ただし，

$$D := \sum_{\beta^q + \beta = \alpha^{q+1}} P_{\alpha,\beta} \tag{8.7}$$

はエルミート関数体 $H/\mathbb{F}_{q^2}$ の（Q_∞ を除く）次数 1 のすべての座の和である．この符号 C_r を**エルミート符号**（Hermitian code）という．

エルミート符号は体 $\mathbb{F}_{q^2}$ 上長さ $n = q^3$ をもつ符号である．$r \leq s$ に対して，明らかに $C_r \subseteq C_s$ が成り立つ．最初に自明な例をいくつか検討しよう．$r < 0$ のとき，$\mathscr{L}(rQ_\infty) = 0$ であり，ゆえに $C_r = 0$ となる．$r > q^3 + q^2 - q - 2 = q^3 + (2g - 2)$ のとき，定理 2.2.2 とリーマン・ロッホの定理より，次が成り立つ．

$$\dim C_r = \ell(rQ_\infty) - \ell(rQ_\infty - D)$$
$$= (r + 1 - g) - (r - q^3 + 1 - g) = q^3 = n.$$

ゆえに，この場合 $C_r = \mathbb{F}_{q^2}^n$ となる．したがって，残っているのは $0 \leq r \leq q^3 + q^2 - q - 2$ の場合のエルミート符号を調べることである．

命題 8.3.2 C_r の双対符号は

$$C_r^\perp = C_{q^3 + q^2 - q - 2 - r}$$

である．したがって，$2r \leq q^3 + q^2 - q - 2$ ならば，C_r は自己直交符号であり，また $r = (q^3 + q^2 - q - 2)/2$ ならば C_r は自己双対符号である．

【証明】 次のような元を考える．

$$t := \prod_{\alpha \in \mathbb{F}_{q^2}} (x - \alpha) = x^{q^2} - x.$$

元 t はすべての座 $P_{\alpha,\beta} \leq D$ に対して素元であり，その主因子は $(t) = D - q^3 Q_\infty$ である．$dt = d(x^{q^2} - x) = -dx$ であるから，その微分 dt の因子は $(dt) = (dx) = (q^2 - q - 2)Q_\infty$ である（補題 6.4.4）．すると，定理 2.2.8 と命題 8.1.2 より以下の式が得られる．

$$C_r^\perp = C_\Omega(D, rQ_\infty) = C_{\mathscr{L}}(D, D - rQ_\infty + (dt) - (t))$$
$$= C_{\mathscr{L}}(D, (q^3 + q^2 - q - 2 - r)Q_\infty) = C_{q^3 + q^2 - q - 2 - r}. \quad \square$$

次の目標は，C_r のパラメーターを決定することである．Q_∞ の極値の集合 I を考える（定義 1.6.7 参照）．すなわち，I は次のようである．

$$I = \{\, n \geq 0 \mid \exists z \in H,\ (z)_\infty = nQ_\infty \,\}.$$

$s \geq 0$ に対して，次のようにおく．

$$I(s) := \{\, n \in I \mid n \leq s \,\}. \tag{8.8}$$

このとき，$|I(s)| = \ell(sQ_\infty)$ が成り立ち，かつリーマン・ロッホの定理より，$s \geq 2g - 1 = q(q-1) - 1$ に対して次が成り立つ．

$$|I(s)| = s + 1 - q(q-1)/2.$$

補題 6.4.4 より，$I(s)$ について次のような表現が得られる．

$$I(s) = \{\, n \leq s \mid n = iq + j(q+1),\ i \geq 0 \text{ かつ } 0 \leq j \leq q-1 \,\}.$$

したがって，以下の式が成り立つ．

$$|I(s)| = \bigl|\{\, (i,j) \in \mathbb{N}_0 \times \mathbb{N}_0\, ;\, j \leq q-1 \text{ かつ } iq + j(q+1) \leq s \,\}\bigr|.$$

命題 8.3.3 $0 \leq r \leq q^3 + q^2 - q - 2$ と仮定する．このとき，次のことが成り立つ．

(a) C_r の次元は以下の式により与えられる．

$$\dim C_r = \begin{cases} |I(r)|, & 0 \leq r < q^3, \\ q^3 - |I(s)|, & q^3 \leq r \leq q^3 + q^2 - q - 2. \end{cases}$$

ただし，$s := q^3 + q^2 - q - 2 - r$ であり，かつ $I(r)$ は式 (8.8) により定義されたものである．

(b) $q^2 - q - 2 < r < q^3$ に対して，次が成り立つ．

$$\dim C_r = r + 1 - q(q-1)/2.$$

(c) C_r の最小距離 d は次の式をみたす．

$$d \geq q^3 - r.$$

$0 \leq r < q^3$ であり，二つの整数 r と $q^3 - r$ が両方とも Q_∞ の極値ならば，次が成り立つ．

$$d = q^3 - r.$$

【証明】

(a) $0 \leq r < q^3$ については，系 2.2.3 より次が成り立つ.
$$\dim C_r = \dim \mathscr{L}(rQ_\infty) = |I(r)|.$$

$q^3 \leq r \leq q^3 + q^2 - q - 2$ に対して，$s := q^3 + q^2 - q - 2 - r$ とおく．このとき，$0 \leq s \leq q^2 - q - 2 < q^3$ である．すると，命題 8.3.2 より次の式を得る．
$$\dim C_r = q^3 - \dim C_s = q^3 - |I(s)|.$$

(b) $q^2 - q - 2 = 2g - 2 < r < q^3$ については，系 2.2.3 より次が成り立つ．
$$\dim C_r = r + 1 - g = r + 1 - q(q-1)/2.$$

(c) 不等式 $d \geq q^3 - r$ は定理 2.2.2 より得られる．そこで，$0 \leq r < q^3$ として，r と $q^3 - r$ が両方とも Q_∞ の極値であると仮定する．等式 $d = q^3 - r$ を証明するために，三つの場合に分けて考える．

(場合 1) $r = q^3 - q^2$ のとき．$i := q^2 - q$ 個の相異なる元 $\alpha_1, \ldots, \alpha_i \in \mathbb{F}_{q^2}$ を選ぶ．このとき，元
$$z := \prod_{\nu=1}^{i}(x - \alpha_\nu) \in \mathscr{L}(rQ_\infty)$$

はちょうど $qi = r$ 個の次数 1 の異なる零点 $P_{\alpha,\beta}$ をもち，対応する符号語 $\mathrm{ev}_D(z) \in C_r$ の重みは $q^3 - r$ である．ゆえに，$d = q^3 - r$ が成り立つ．

(場合 2) $r < q^3 - q^2$ のとき．$i \geq 0$ かつ $0 \leq j \leq q - 1$ として $r = iq + j(q+1)$ と表すと，$i \leq q^2 - q - 1$ である．元 $0 \neq \gamma \in \mathbb{F}_q$ を固定し，集合 $A := \{\alpha \in \mathbb{F}_{q^2} \mid \alpha^{q+1} \neq \gamma\}$ を考える．このとき，$|A| = q^2 - (q+1) \geq i$ であり，相異なる元 $\alpha_1, \ldots, \alpha_i \in A$ を選ぶことができる．元
$$z_1 := \prod_{\nu=1}^{i}(x - \alpha_\nu)$$

は iq 個の異なる零点 $P_{\alpha,\beta} \leq D$ をもつ．次に，$\beta_\mu^q + \beta_\mu = \gamma$ をみたす j 個の相異なる元 $\beta_1, \ldots, \beta_j \in \mathbb{F}_{q^2}$ を選び，
$$z_2 := \prod_{\mu=1}^{j}(y - \beta_\mu)$$

とおく．z_2 は $j(q+1)$ 個の零点 $P_{\alpha,\beta} \leq D$ をもち，それらすべては z_1 の零点とは異なる．なぜなら，$\mu = 1, \ldots, j$ と $\nu = 1, \ldots, i$ に対して $\beta_\mu^q + \beta_\mu = \gamma \neq \alpha_\nu^{q+1}$ だからである．したがって，
$$z := z_1 z_2 \in \mathscr{L}\big((iq + j(q+1))Q_\infty\big) = \mathscr{L}(rQ_\infty)$$

は，r 個の相異なる零点 $P_{\alpha,\beta} \leq D$ をもつ．対応する符号語 $\mathrm{ev}_D(z) \in C_r$ は重み $q^3 - r$ をもつ．

（場合 3）　$q^3 - q^2 < r < q^3$ のとき．仮定より，$s := q^3 - r$ は極値であり，$0 < s < q^2 \leq q^3 - q^2$ である．場合 2 より，ある元 $z \in H$ が存在して，その主因子は $(z) = D' - sQ_\infty$ と表される．ただし，$0 \leq D' \leq D$ かつ $\deg D' = s$ である．元 $u := x^{q^2} - x \in H$ は因子 $(u) = D - q^3 Q_\infty$ をもつ．ゆえに，

$$(z^{-1}u) = (D - D') - (q^3 - s)Q_\infty = (D - D') - rQ_\infty.$$

符号語 $\mathrm{ev}_D(z^{-1}u) \in C_r$ は重み $q^3 - r$ をもつ． □

C_r の最小距離は残りの場合（すなわち，$r \geq q^3$ であるか，数 r あるいは $q^3 - r$ の一つが Q_∞ の空隙である場合）にもまた知られていることに言及しておく．

容易にエルミート符号 C_r の生成行列を明細に述べることができる．集合 $T := \{(\alpha, \beta) \in \mathbb{F}_{q^2} \times \mathbb{F}_{q^2} \mid \beta^q + \beta = \alpha^{q+1}\}$ の順序付けを固定する．$s = iq + j(q+1)$ に対して（ここで，$i \geq 0$ かつ $0 \leq j \leq q-1$ である），次のベクトルを定義する．

$$u_s := (\alpha^i \beta^j)_{(\alpha,\beta) \in T} \in (\mathbb{F}_{q^2})^{q^3}.$$

このとき，次の系が成り立つ．

系 8.3.4　$0 \leq r < q^3$ と仮定する．$0 = s_1 < s_2 < \cdots < s_k \leq r$ を Q_∞ のすべての極値とする．このとき，$u_{s_1}, \ldots, u_{s_k}$ を行とする $k \times q^3$ 型の行列 M_r は C_r の生成行列である．

【証明】　系 2.2.3 より得られる． □

C_r の双対符号は $s = q^3 + q^2 - q - 2 - r$ とする符号 C_s であるから，同様にして C_r に対するパリティ検査行列を得る（$r > q^2 - q - 2$ に対して）．

最後に，エルミート符号の自己同型写像を検討する．前と同様に，$H = \mathbb{F}_{q^2}(x, y)$ とする．式 (8.5) を参照せよ．

$$\varepsilon \in \mathbb{F}_{q^2} \setminus \{0\}, \quad \delta \in \mathbb{F}_{q^2} \text{ かつ } \mu^q + \mu = \delta^{q+1} \tag{8.9}$$

とする．このとき，$\mu \in \mathbb{F}_{q^2}$ であり，以下の式をみたす自己同型写像 $\sigma \in \mathrm{Aut}(H/\mathbb{F}_{q^2})$ が存在する．

$$\sigma(x) = \varepsilon x + \delta \quad \text{かつ} \quad \sigma(y) = \varepsilon^{q+1} y + \varepsilon \delta^q x + \mu. \tag{8.10}$$

（式 (8.10) を満足する自己同型写像 σ の存在は，$\sigma(y)$ と $\sigma(x)$ が方程式 $\sigma(y)^q + \sigma(y) = \sigma(x)^{q+1}$ を満足しているという事実から導かれる．これは式 (8.9) から得られる結果であ

る.）$H/\mathbb{F}_{q^2}$ のすべての自己同型写像 (8.10) の集合は，位数 $q^3(q^2-1)$ の群 $\Gamma \subseteq \operatorname{Aut}(H/\mathbb{F}_{q^2})$ をつくる（$\varepsilon \neq 0$ と δ は任意であり，各 δ に対して q 個の μ の値が可能であるため）．明らかに，すべての $\sigma \in \Gamma$ に対して $\sigma(Q_\infty) = Q_\infty$ であり，σ は H の座 $P_{\alpha,\beta}$ を置換する．なぜなら，Q_∞ と異なる次数 1 の H の座はそれらだけであるから．命題 8.2.3 によって，Γ は自己同型写像の群としてエルミート符号 C_r 上に作用する．以上より，次の命題を証明した．

命題 8.3.5 エルミート符号 C_r の自己同型群 $\operatorname{Aut}(C_r)$ は，位数 $q^3(q^2-1)$ の部分群を含む．

注意 8.3.6 Γ は座 $P_{\alpha,\beta}$ の集合全体に対して「推移的に作用する」．すなわち，任意の $P_{\alpha,\beta}$ と $P_{\alpha,\beta}$ に対して $\sigma(P_{\alpha,\beta}) = P_{\alpha',\beta'}$ をみたす $\sigma \in \Gamma$ が存在する．

8.4 Tsfasman-Vladut-Zink の定理

符号理論において，大きな単位の長さ（ゆえに大きな次元と大きな最小距離）が情報の信頼ある伝達を達成するために必要であることは，よく知られている．符号の漸近的な能力についての議論を簡単にする記号をいくつか導入する．

定義 8.4.1
(a) $\mathbb{F}_q$ 上の $[n,k,d]$ 符号 C が与えられたとき，その**符号化率**（information rate）
$$R = R(C) := k/n$$
と次の**相対最小距離**（relative minimum distance）を定義する．
$$\delta = \delta(C) := d/n.$$
(b) $V_q := \{(\delta(C), R(C)) \in [0,1]^2 \mid C \text{ は } \mathbb{F}_q \text{ 上の符号}\}$ とし，$U_q \subseteq [0,1]^2$ を V_q の極限点の集合とする．

これは次のことを意味している．すなわち，点 $(\delta, R) \in \mathbb{R}^2$ が U_q に属するための必要十分条件は，点 $(\delta(C), R(C))$ が (δ, R) にいくらでも接近できるように，任意の長さをもつ $\mathbb{F}_q$ 上の符号 C が存在することである．

命題 8.4.2 次の条件をみたす連続関数 $\alpha_q : [0,1] \to [0,1]$ が存在する．
$$U_q = \{(\delta, R) \mid 0 \leq \delta \leq 1 \text{ かつ } 0 \leq R \leq \alpha_q(\delta)\}.$$

さらに以下のことが成り立つ．$1-q^{-1} \leq \delta \leq 1$ に対して $\alpha_q(0) = 1$, $\alpha_q(\delta) = 0$ であり，かつ区間 $0 \leq \delta \leq 1-q^{-1}$ において α_q は減少関数である．

この命題の証明には，単に符号理論の初等的な技術のみが必要である．文献 [29] を参照せよ．

$0 < \delta < 1-q^{-1}$ に対して，$\alpha_q(\delta)$ の正確な値は知られていない．しかしながら，いくつかの上界と下界が利用できる．以下の命題において，これらの限界のいくつかを述べる．証明は符号理論に関するほとんどの本に見いだされる．たとえば，文献 [28] を参照せよ．
q-エントロピー関数（q-ary entropy function）$H_q : [0, 1-q^{-1}] \to \mathbb{R}$ は，$H_q(0) := 0$ とし，$0 < x \leq 1-q^{-1}$ に対して

$$H_q(x) := x\log_q(q-1) - x\log_q(x) - (1-x)\log_q(1-x)$$

として定義される．

命題 8.4.3 $\alpha_q(\delta)$ に対して以下の上界を与える式が成り立つ．

(a)（プロトキン限界）$0 \leq \delta \leq 1-q^{-1}$ に対して，

$$\alpha_q(\delta) \leq 1 - \frac{q}{q-1} \cdot \delta.$$

(b)（ハミング限界）$0 \leq \delta \leq 1$ に対して，

$$\alpha_q(\delta) \leq 1 - H_q(\delta/2).$$

(c)（Bassalygo-Elias 限界）$0 \leq \delta \leq \theta := 1-q^{-1}$ に対して，

$$\alpha_q(\delta) \leq 1 - H_q\big(\theta - \sqrt{\theta(\theta-\delta)}\big).$$

命題 8.4.3 における上界の中では，Bassalygo-Elias 限界がつねに最良である．図 8.1 を参照せよ．さらに良い上界（この説明は複雑であり，証明も難しい）は **McEliece-Rodemich-Rumsey-Welch 限界**である．文献 [28], [32] を参照せよ．

おそらく「上界」より重要なものは $\alpha_q(\delta)$ に対する「下界」であろう．なぜなら，$\alpha_q(\delta)$ に対するすべての非自明な下界は，良いパラメーター $(\delta(C), R(C))$ をもつ任意の長い符号の存在を保証するからである．

命題 8.4.4（ギルバート・バルシャモフ限界） $0 \leq \delta \leq 1-q^{-1}$ に対して，次が成り立つ．

$$\alpha_q(\delta) \geq 1 - H_q(\delta).$$

図 8.1　$q=2$ に対する限界

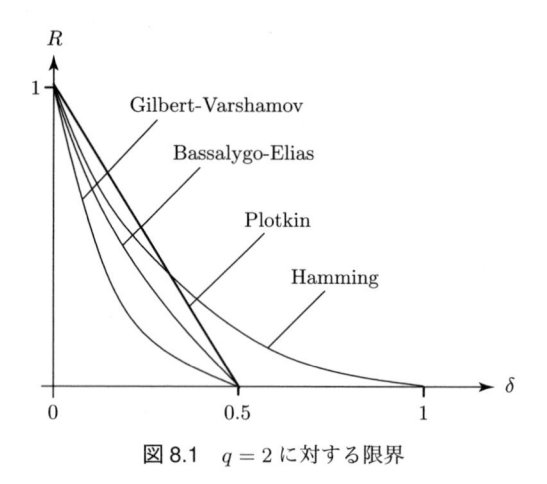

ギルバート・バルシャモフ限界は初等符号理論において知られている $\alpha_q(\delta)$ に対する最良の下界である．しかしながら，その証明は構成的ではない（すなわち，それは長い良い符号の構成に対して，単純な代数的アルゴリズムを与えていないからである）．

ここでの目標は，ギルバート・バルシャモフ限界を改良するために大きい符号長をもつ代数幾何符号をつくることである．次数 1 の座を $N=N(F)$ 個もつ代数関数体 $F/\mathbb{F}_q$ が与えられたとき，F の因子 D と G に付随した代数幾何符号 $C_{\mathscr{L}}(D,G)$（または $C_\Omega(D,G)$）の長さは N により抑えられる．なぜなら，D は次数 1 の座の和だからである．実際，これは単に関数体 F により構成される代数幾何符号の長さに制限したものにすぎない．

補題 8.4.5　$P_1,\ldots,P_n$ を $F/\mathbb{F}_q$ の次数 1 の相異なる座とする．このとき，任意の $r \geq 0$ に対して，$\deg G = r$ でかつ $P_i \notin \operatorname{supp} G$ ($i=1,\ldots,n$) をみたす因子 G が存在する．

【証明】　$P_1,\ldots,P_n$ と異なる次数 1 のもう一つの座 Q が存在すれば，この補題は明らかである．この場合，$G := rQ$ とおく．また，$P_1,\ldots,P_n$ が $F/\mathbb{F}_q$ の次数 1 のすべての座であるならば，$i=1,\ldots,n$ に対して $v_{P_i}(G)=0$ となる因子 $G \sim rP_1$（すなわち，G は rP_1 に同値である）を選べばよい．これは近似定理によって可能である．□

補題 8.4.5 によれば，大きい符号長をもつ代数幾何符号を構成するためには，多くの有理的座をもつ $\mathbb{F}_q$ 上の関数体が必要である．第 7 章において与えられた伊原の定数 $A(q)$ の定義を思い出そう．$g \geq 0$ に対して，

$$N_q(g) := \max\{\, N(F) \mid F \text{ は種数を } g \text{ とする } \mathbb{F}_q \text{ 上の関数体である}\,\}$$

とおく．ただし，$N(F)$ は $F/\mathbb{F}_q$ の次数 1 の座の個数を表す．このとき，$A(q)$ は次のように定義される．
$$A(q) = \limsup_{g \to \infty} \frac{N_q(g)}{g}.$$

命題 8.4.6　$A(q) > 1$ と仮定する．このとき，区間 $0 \leq \delta \leq 1 - A(q)^{-1}$ においては次が成り立つ．
$$\alpha_q(\delta) \geq (1 - A(q)^{-1}) - \delta.$$

【証明】　$\delta \in [0, 1 - A(q)^{-1}]$ とする．以下の条件をみたす種数 g_i の関数体 $F_i/\mathbb{F}_q$ の列を選ぶ．
$$g_i \to \infty \quad \text{かつ} \quad n_i/g_i \to A(q). \tag{8.11}$$
ただし，$n_i := N(F_i)$ である．次に，
$$r_i/n_i \to 1 - \delta \tag{8.12}$$
をみたす $r_i > 0$ を選ぶ．$i \to \infty$ のとき $n_i \to \infty$ であるから，これは可能である．D_i を次数 1 である $F_i/\mathbb{F}_q$ のすべての座の和とする．ゆえに，$\deg D_i = n_i$ である．補題 8.4.5 より，$\deg G_i = r_i$ かつ $\mathrm{supp}\, G_i \cap \mathrm{supp}\, D_i = \emptyset$ をみたす $F_i/\mathbb{F}_q$ の因子 G_i が存在する．そこで，符号 $C_i := C_\mathscr{L}(D_i, G_i)$ を考える．これは $[n_i, k_i, d_i]$ 符号である．そのパラメーター k_i と d_i は以下の不等式を満足する．
$$k_i \geq \deg G_i + 1 - g_i = r_i + 1 - g_i \quad \text{かつ} \quad d_i \geq n_i - \deg G_i = n_i - r_i$$
（系 2.2.3 を参照せよ）．ゆえに，
$$R_i := R(C_i) \geq \frac{r_i + 1}{n_i} - \frac{g_i}{n_i} \quad \text{かつ} \quad \delta_i := \delta(C_i) \geq 1 - \frac{r_i}{n_i}. \tag{8.13}$$
一般性を失わずに，列 $(R_i)_{i \geq 1}$ と $(\delta_i)_{i \geq 1}$ は収束すると仮定できる（そうでないときは適当な部分列をとればよい）．そこで，$R_i \to R$ かつ $\delta_i \to \tilde{\delta}$ とする．式 (8.11) と式 (8.12)，式 (8.13) より，$R \geq 1 - \delta - A(q)^{-1}$ と $\tilde{\delta} \geq \delta$ が得られる．したがって，$\alpha_q(\tilde{\delta}) \geq R \geq 1 - \delta - A(q)^{-1}$ である．α_q は非減少関数であるから，これは以下のことを意味している．
$$\alpha_q(\delta) \geq \alpha_q(\tilde{\delta}) \geq 1 - \delta - A(q)^{-1}. \qquad \square$$

ここまでの準備により，本節の主要定理を容易に証明することができる．

定理 8.4.7（Tsfasman-Vladut-Zink 限界）　$q = \ell^2$ を平方数とする．このとき，$0 \leq \delta \leq 1 - (q^{1/2} - 1)^{-1}$ をみたすすべての δ に対して次が成り立つ．
$$\alpha_q(\delta) \geq \left(1 - \frac{1}{q^{1/2} - 1}\right) - \delta.$$

【証明】 q が平方数ならば,系 7.4.8 より $A(q) = q^{1/2} - 1$ が成り立つ.すると,定理の主張は命題 8.4.6 よりすぐに導かれる. □

すべての $q \geq 49$ に対して,Tsfasman-Vladut-Zink 限界はある区間においてギルバート・バルシャモフ限界より改良されている.図 8.2 を参照せよ.

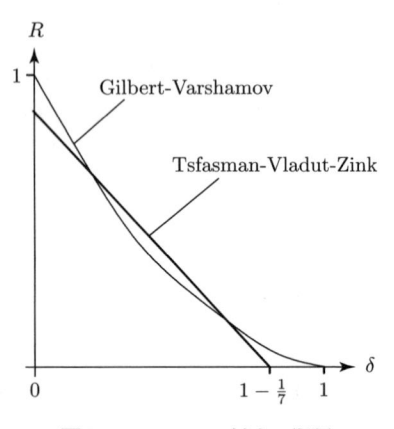

図 8.2　$q = 64$ に対する限界

注意 8.4.8　また,q が平方数でないとき,伊原の定数 $A(q)$ に対する良い下界が利用できれば,ギルバート・バルシャモフ限界を改良することができる.たとえば,$q = \ell^3$ を立方数とする.このとき,$0 \leq \delta \leq 1 - (\ell + 2)/(2(\ell^2 - 1))$ であるすべての δ に対して,$\alpha_q(\delta)$ に対する次の下界がある.

$$\alpha_q(\delta) \geq \left(1 - \frac{\ell + 2}{2(\ell^2 - 1)}\right) - \delta. \tag{8.14}$$

この限界の証明は定理 8.4.7 とまったく同じである.これは単に系 7.4.18 において与えられた $A(\ell^3)$ に対する限界を用いればよい.式 (8.14) により,すべての立方数 $q \geq 7^3$ に対してギルバート・バルシャモフ限界は改良されることに注意しよう.

Tsfasman-Vladut-Zink の定理の証明において,$\lim_{n \to \infty} N(F_i)/g(F_i) = \ell - 1$ をみたす関数体 $F_i/\mathbb{F}_q$ ($q = \ell^2$ として) の列が存在することのみを用いた.関数体 F_i が追加されたさらに良い性質をもてば,対応する代数幾何符号もまた良い性質をもつことが期待できる.この考え方に対する例として,パラメーターが Tsfasman-Vladut-Zink 限界に達している大きい符号長をもつ自己双対符号が存在することを証明しよう.

8.4 Tsfasman-Vladut-Zink の定理

定理 8.4.9 $q = \ell^2$ を平方数とする．このとき，パラメーター $[n_i, k_i, d_i]$ をもつ $\mathbb{F}_q$ 上の自己双対符号の列 $(C_i)_{i \geq 0}$ が存在する．ただし，$n_i \to \infty$ であり，以下の式をみたしている．

$$\liminf_{i \to \infty} \frac{d_i}{n_i} \geq \frac{1}{2} - \frac{1}{\ell - 1}. \tag{8.15}$$

不等式 (8.6) は，まさに列 $(C_i)_{i \geq 0}$ が Tsfasman-Vladut-Zink 限界に達していることを意味していることに注意しよう．なぜなら，自己双対符号 C の符号化率は $R(C) = 1/2$ だからである．結果として，その性能がギルバート・バルシャモフ限界よりも良い，任意の大きい長さをもつ $\mathbb{F}_q$（$q = \ell^2 \geq 49$ とする）上の自己双対符号が存在することが分かる．

【定理 8.4.9 の証明】 簡単のため，q は偶数であると仮定しよう．すなわち，$\mathrm{char}\,\mathbb{F}_q = 2$ とする（主張は奇数標数の場合においても正しい．しかし，その証明は少し複雑になる）．7.4 節で考察された $\mathbb{F}_q$ 上の関数体のガロア塔 $\mathcal{G}^* = (G_0^*, G_1^*, G_2^*, \ldots)$ を用いる．定理 7.4.15 と系 7.4.16 を参照せよ．以下において必要となるこの塔の性質を簡単に思い出しておこう．

体 $G_0^* = \mathbb{F}_q(u_0)$ は有理関数体である．$i \geq 1$ に対して

$$n_i = [G_i^* : G_0^*] = (\ell - 1)m_i$$

が成り立つ．ただし，$m_i \geq \ell$ は $p = \mathrm{char}\,\mathbb{F}_q$ のベキである．G_i^* における u_0 の零因子は相異なる次数 1 の座 $P_j^{(i)}$ により

$$(u_0)_0^{G_i^*} = D_i = \sum_{j=1}^{n_i} P_j^{(i)} \tag{8.16}$$

と表される．関数体 G_i^* におけるその微分 $\eta^{(i)} = du_0/u_0$ の因子は

$$(\mathrm{supp}\, A_i \cup \mathrm{supp}\, B_i) \cap \mathrm{supp}\, D_i = \emptyset$$

をみたす正因子 A_i, B_i により，次のように表される．

$$(\eta^{(i)}) = (\ell e_i^{(0)} - 2)A_i + (e_i^{(\infty)} - 2)B_i - D_i. \tag{8.17}$$

さらに，因子 A_i, B_i の次数は，ある整数 $e_i^{(0)}, e_i^{(\infty)}$ を用いて以下の式を満足する．

$$e_i^{(0)} \cdot \deg A_i = e_i^{(\infty)} \cdot \deg B_i = n_i/(\ell - 1). \tag{8.18}$$

次に，因子 $H_i \in \mathrm{Div}(G_i^*)$ を次のように定義する．

$$H_i := \left(\frac{\ell e_i^{(0)} - 2}{2}\right) A_i + \left(\frac{\ell e_i^{(\infty)} - 2}{2}\right) B_i.$$

ここで，q（ゆえに ℓ）が偶数であるという仮定を用いた．式 (8.17) より $2H_i - D_i = (\eta^{(i)})$ であるから，系 8.1.3 より符号

$$C_i := C_{\mathscr{L}}(D_i, H_i) \subseteq \mathbb{F}_q^{n_i}$$

は自己双対符号であることが分かる．定理 2.2.2 によって，最小距離 $d_i := d(C_i)$ は次のように評価される．

$$\begin{aligned} d_i &\geq \deg(D_i - H_i) = \deg D_i - \deg H_i \\ &= n_i - \left(\frac{\ell e_i^{(0)} - 2}{2}\right) \deg A_i - \left(\frac{\ell e_i^{(\infty)} - 2}{2}\right) \deg B_i \\ &\geq n_i - \frac{1}{2}\left(\ell e_i^{(0)} \deg A_i + e_i^{(\infty)} \deg B_i\right) \\ &= n_i - \frac{1}{2}\left(\ell \frac{n_i}{\ell - 1} + \frac{n_i}{\ell - 1}\right) \\ &= n_i\left(\frac{1}{2} - \frac{1}{\ell - 1}\right) \end{aligned}$$

(ここで，等式 (8.16), (8.18) を用いた)．したがって，以下の式を得る．

$$\delta_i := \delta(C_i) = \frac{d_i}{n_i} \geq \frac{1}{2} - \frac{1}{\ell - 1}. \qquad \square$$

8.5　代数幾何符号の復号

　ある符号を実際的に使うためには，それを復号する効果的なアルゴリズムをもつことが必要不可欠である．このことが意味していることを簡潔に説明しよう．$[n, k, d]$ 符号 $C \subseteq \mathbb{F}_q^n$ を考える．このとき，C はすべての $t \leq (d-1)/2$ に対して t 重誤り訂正符号である．2.1 節を参照せよ．$a \in \mathbb{F}_q^n$ を以下の式をみたす n-列とする．

$$a = c + e. \tag{8.19}$$

ただし，$c \in C$ は符号語であり，$e \in \mathbb{F}_q^n$ は以下の重みをもつ．

$$\mathrm{wt}(e) \leq (d-1)/2. \tag{8.20}$$

このとき，c は a と条件 (8.19), (8.20) によって一意的に定まる．すなわち，それは a との距離が最小の唯一つの符号語である．条件 (8.19) におけるベクトル e を C に関する a の**誤りベクトル**（error vector）という．**復号アルゴリズム**（decoding algorithm）とは，条件 (8.19), (8.20) をみたすすべての元 $a \in \mathbb{F}_q^n$ に対して対応する符号語 c（あるいは同じことであるが，対応する誤りベクトル e）を求めるアルゴリズムのことである．

代数幾何符号に対して，非常に一般的な復号アルゴリズムが利用できる．次の符号を考える．
$$C_\Omega := C_\Omega(D, G). \tag{8.21}$$
このとき，本章ではつねにそうしているように，$D = P_1 + \cdots + P_n$ かつ $\mathrm{supp}\, D \cap \mathrm{supp}\, G = \emptyset$ とする．$b = (b_1, \ldots, b_n) \in \mathbb{F}_q^n$ と $f \in \mathscr{L}(G)$ に対して，次のようにシンドローム (syndrome) を定義する．
$$[b, f] := \sum_{\nu=1}^{n} b_\nu \cdot f(P_\nu). \tag{8.22}$$
記号 $[\,,\,]$ は明らかに双線形写像である．C_Ω は $C_\mathscr{L}(D, G)$ の双対であるから (定理 2.2.8)，次が成り立つ．
$$C_\Omega = \{\, b \in \mathbb{F}_q^n \mid [b, f] = 0, \; \forall f \in \mathscr{L}(G) \,\}. \tag{8.23}$$
$t \geq 0$ を整数とし，G_1 を以下の条件をみたす $F/\mathbb{F}_q$ の因子とする．
$$\begin{cases} \mathrm{supp}\, G_1 \cap \mathrm{supp}\, D = \emptyset, \\ \deg G_1 < \deg G - (2g-2) - t, \\ \ell(G_1) > t. \end{cases} \tag{8.24}$$

以上の仮定のもとで，重み $\leq t$ のすべての誤りベクトルは単純なアルゴリズムによって訂正されることを示そう．

注意 8.5.1 $d^* = \deg G - (2g-2)$ を C_Ω の設計距離とする．2.2 節を参照せよ．$d(C_\Omega)$ を C_Ω の最小距離とすると，$d^* \leq d(C_\Omega)$ であることが分かっている (定理 2.2.7)．このとき，次の主張が成り立つ．
(a) G_1 と t が条件 (8.24) を満足すれば，$t \leq (d^* - 1)/2$ である．
(b) $0 \leq t \leq (d^* - 1 - g)/2$ ならば，条件 (8.24) を満足する因子 G_1 が存在する．

【証明】
(a) 条件 (8.24) と第 1 章の不等式 (1.21) によって，$t \leq \ell(G_1) - 1 \leq \deg G_1$ と $t \leq \deg G - \deg G_1 - 2g + 1$ が成り立つ．これらを加えると，$2t \leq \deg G + 1 - 2g = d^* - 1$ が得られ，ゆえに $t \leq (d^* - 1)/2$ となる．
(b) いま $t \leq (d^* - 1 - g)/2$ と仮定する．以下の条件をみたす因子 G_1 を選ぶ．
$$\deg G_1 = g + t \quad \text{かつ} \quad \mathrm{supp}\, G_1 \cap \mathrm{supp}\, D = \emptyset. \tag{8.25}$$
これは近似定理より可能である．すると，リーマン・ロッホの定理により次が成り立つ．
$$\ell(G_1) \geq \deg G_1 + 1 - g = t + 1 > t.$$

仮定 $t \leq (d^* - 1 - g)/2$ は $d^* - 2t - g \geq 1$ と同値である．ゆえに，
$$\deg G - (2g - 2) - t - \deg G_1 = d^* - 2t - g > 0.$$

以上より条件 (8.24) が満足される． □

以下，条件 (8.24) を仮定する．そして，次のように仮定する．
$$a = c + e, \quad c \in C_\Omega, \quad \mathrm{wt}(e) \leq t. \tag{8.26}$$

さらに，
$$e = (e_1, \ldots, e_n) \quad として \quad I := \{\nu \mid 1 \leq \nu \leq n \text{ かつ } e_\nu \neq 0\} \tag{8.27}$$

を**誤り位置**（error position）の集合とする（ゆえに $|I| = \mathrm{wt}(e) \leq t$ である）．復号アルゴリズムの最初のステップとして，**誤り位置指摘関数**（error locator function）を構成しよう．すなわち，すべての $\nu \in I$ に対して $f(P_\nu) = 0$ となる性質をもつ元 $0 \neq f \in \mathscr{L}(G_1)$ のことである．これは，誤り位置の集合が次の集合に含まれていることを意味している．
$$N(f) := \{\nu \mid 1 \leq \nu \leq n \text{ かつ } f(P_\nu) = 0\}. \tag{8.28}$$

第二のステップとして，すべての $\nu \in N(f)$ に対して**誤り値**（error value）e_ν を決定する．$\nu \notin N(f)$ に対して $e_\nu = 0$ であるから，これは誤りベクトル e を与える．以上のステップのそれぞれにおいて，連立 1 次方程式の解が必要となることをこれから見ていこう．それぞれの基底を指定する．

$$\begin{aligned}
&\mathscr{L}(G_1) \text{ の基底 } \{f_1, \ldots, f_l\}, \\
&\mathscr{L}(G - G_1) \text{ の基底 } \{g_1, \ldots, g_k\}, \\
&\mathscr{L}(G) \text{ の基底 } \{h_1, \ldots, h_m\}.
\end{aligned} \tag{8.29}$$

これらの基底の選び方は復号されるべきベクトル a には依存しない．明らかに，$1 \leq \lambda \leq l$ と $1 \leq \rho \leq k$ に対して $f_\lambda g_\rho \in \mathscr{L}(G)$ である．

復号アルゴリズムにおいて本質的な役割を果たす次の連立 1 次方程式を考える．
$$\sum_{\lambda=1}^{l} [a, f_\lambda g_\rho] \cdot x_\lambda = 0, \quad \rho = 1, \ldots, k. \tag{8.30}$$

命題 8.5.2 上記の記号と仮定を用いると（特に，条件 (8.24) と式 (8.26)～(8.29)），連立 1 次方程式 (8.30) は自明でない解をもつ．$(\alpha_1, \ldots, \alpha_l)$ が連立方程式 (8.30) の非自明な解であるとき，
$$f := \sum_{\lambda=1}^{l} \alpha_\lambda f_\lambda \in \mathscr{L}(G_1) \tag{8.31}$$

とおく．このとき，すべての誤り位置 $\nu \in I$ に対して $f(P_\nu) = 0$ である．すなわち，f は誤り位置指摘関数である．

【証明】 $I \subseteq \{1, \ldots, n\}$ を誤り位置の集合とする．式 (8.27) を参照せよ．式 (8.26) より $|I| \leq t$ であり，また条件 (8.24) より $\ell(G_1) > t$ であるから，$\ell(G_1 - \sum_{\nu \in I} P_\nu) > 0$ が成り立つ．補題 1.4.8 を参照せよ．元 $0 \neq z \in \mathscr{L}(G_1 - \sum_{\nu \in I} P_\nu)$ を選び，次のように表す．

$$z = \sum_{\lambda=1}^{l} \gamma_\lambda f_\lambda, \quad \gamma_\lambda \in \mathbb{F}_q.$$

このとき，$1 \leq \rho \leq k$ に対して $zg_\rho \in \mathscr{L}(G)$ であり，次の式を得る．

$$[a, zg_\rho] = \sum_{\lambda=1}^{l} [a, f_\lambda g_\rho] \cdot \gamma_\lambda. \tag{8.32}$$

一方，$c \in C_\Omega$ かつ $zg_\rho \in \mathscr{L}(G)$ であるから，式 (8.23) より $[c, zg_\rho] = 0$ である．ゆえに，次が成り立つ．

$$[a, zg_\rho] = [c + e, zg_\rho] = [e, zg_\rho] = \sum_{\nu=1}^{n} e_\nu \cdot z(P_\nu) \cdot g_\rho(P_\nu) = 0. \tag{8.33}$$

(z は $\mathscr{L}(G_1 - \sum_{\nu \in I} P_\nu)$ の元であるから，$\nu \notin I$ のとき $e_\nu = 0$ であり，$\nu \in I$ のとき $z(P_\nu) = 0$ であることに注意せよ．) 式 (8.32) と式 (8.33) は，$(\gamma_1, \ldots, \gamma_l)$ が連立方程式 (8.30) の非自明な解であることを示している．

さて，次に連立方程式 (8.30) の任意の解の一つ $(\alpha_1, \ldots, \alpha_l)$ をとり，$f := \sum_{\lambda=1}^{l} \alpha_\lambda f_\lambda$ とおく．$f(P_{\nu_0}) \neq 0$ をみたす誤り位置 $\nu_0 \in I$ が存在したと仮定する．条件 (8.24) より，

$$\deg\left(G - G_1 - \sum_{\nu \in I} P_\nu\right) \geq \deg G - \deg G_1 - t > 2g - 2.$$

これは次のことを意味している．

$$\mathscr{L}\left(G - G_1 - \sum_{\nu \in I} P_\nu\right) \subsetneq \mathscr{L}\left(G - G_1 - \sum_{\nu \in I \setminus \{\nu_0\}} P_\nu\right).$$

したがって，$h(P_{\nu_0}) \neq 0$，かつ，すべての $\nu \in I \setminus \{\nu_0\}$ に対して $h(P_\nu) = 0$ をみたす元 $h \in \mathscr{L}(G - G_1)$ が存在する．すると，次の式を得る．

$$[a, fh] = [e, fh] = \sum_{\nu=1}^{n} e_\nu \cdot f(P_\nu) \cdot h(P_\nu) = e_{\nu_0} \cdot f(P_{\nu_0}) \cdot h(P_{\nu_0}) \neq 0. \tag{8.34}$$

ところが，h は $g_1,\ldots,g_k$ の 1 次結合であり，$(\alpha_1,\ldots,\alpha_l)$ は連立方程式 (8.30) の解であるから，

$$[a, fg_\rho] = \sum_{\lambda=1}^{l} [a, f_\lambda g_\rho] \cdot \alpha_\lambda = 0$$

を得る．これは式 (8.34) に矛盾する． $\square$

さて，集合 $N(f) = \{\nu \mid 1 \leq \nu \leq n,\ f(P_\nu) = 0\}$ の濃度は，G_1 の次数を超えない．なぜなら，$f \in \mathscr{L}(G_1 - \sum_{\nu \in N(f)} P_\nu)$ より，次の式が成り立つからである．

$$\deg G_1 - |N(f)| \geq 0. \tag{8.35}$$

一般に，すべての $\nu \in N(f)$ が実際に誤り位置になるわけではないことに注意せよ．

誤り値 e_ν を決定するために，以下の連立 1 次方程式を考える．

$$\sum_{\nu \in N(f)} h_\mu(P_\nu) \cdot z_\nu = [a, h_\mu], \quad \mu = 1,\ldots,m. \tag{8.36}$$

($\{h_1,\ldots,h_m\}$ は $\mathscr{L}(G)$ の基底であることを思い出そう．式 (8.29) を参照せよ．)

命題 8.5.3　　上記の仮定のもとで，連立 1 次方程式 (8.36) は唯一つの解をもつ．すなわち，ベクトル $(e_\nu)_{\nu \in N(f)}$ である．

【証明】　$h_\mu \in \mathscr{L}(G)$ であるから，

$$[a, h_\mu] = [c + e, h_\mu] = [e, h_\mu] = \sum_{\nu=1}^{n} e_\nu \cdot h_\mu(P_\nu) = \sum_{\nu \in N(f)} h_\mu(P_\nu) \cdot e_\nu.$$

(命題 8.5.2 によって，$\nu \notin N(f)$ に対して $e_\nu = 0$ であることに注意せよ．) よって，$(e_\nu)_{\nu \in N(f)}$ は連立方程式 (8.36) の解である．

$(b_\nu)_{\nu \in N(f)}$ を連立方程式 (8.36) のもう一つの解とする．ベクトル $(b_1,\ldots,b_n) \in \mathbb{F}_q^n$ を，$\nu \notin N(f)$ のとき $b_\nu := 0$ として定義する．このとき，$\mu = 1,\ldots,m$ に対して次が成り立つ．

$$[b, h_\mu] = \sum_{\nu \in N(f)} h_\mu(P_\nu) \cdot b_\nu = [a, h_\mu] = [e, h_\mu].$$

$\{h_1,\ldots,h_m\}$ は $\mathscr{L}(G)$ の基底であるから，式 (8.23) により，これは $b - e \in C_\Omega$ であることを意味している．$b - e$ の重みは次のように評価される．

$$\mathrm{wt}(b - e) \leq |N(f)| \leq \deg G_1 < \deg G - (2g - 2) = d^*.$$

(再び，式 (8.35) と条件 (8.24) を用いた．) C_Ω の最小距離は $\geq d^*$ であるから，結論として $b = e$ を得る． □

命題 8.5.2 と命題 8.5.3 は，以下で述べる符号 C_Ω の復号アルゴリズムとして要約される．いままでに用いたすべての記号を継続して用いる．

復号アルゴリズム 8.5.4　　元 $a \in \mathbb{F}_q^n$ が与えられているものとする．

(1) 連立方程式 (8.30) の非自明な解 $(\alpha_1, \ldots, \alpha_l)$ を求め，$f := \sum_{\lambda=1}^{l} \alpha_\lambda f_\lambda$ とおく．(連立方程式 (8.30) が自明な解しかもたないならば，a を復号することはできない．)

(2) $N(f) = \{\nu \mid 1 \leq \nu \leq n, \, f(P_\nu) = 0\}$ を求める．(これは $\nu = 1, \ldots, n$ に対して，$f(P_\nu) = \sum_{\lambda=1}^{l} \alpha_\lambda f_\lambda(P_\nu)$ を計算することにより可能である．)

(3) 連立方程式 (8.36) が唯一つの解 $(e_\nu)_{\nu \in N(f)}$ をもつとき，$e := (e_1, \ldots, e_n)$ とおく．ただし，$\nu \notin N(f)$ に対して $e_\nu = 0$ である．(連立方程式 (8.36) が一意的に解けなければ，a を復号することはできない．)

(4) $c := a - e$ が C_Ω の元であるかどうか ($\mu = 1, \ldots, m$ に対してシンドローム $[c, h_\mu]$ を計算することによる)，また $\mathrm{wt}(e) \leq t$ が成り立つかどうかを調べる．この回答が肯定的ならば a を符号語 c に復号する．回答が否定的ならば a を復号することはできない．

定理 8.5.5（Skorobogatov-Vladut）

(a) G_1 と t が条件 (8.24) を満足すれば，アルゴリズム 8.5.4 は重み $\leq t$ のすべての誤りを復号する．

(b) アルゴリズム 8.5.4 が，以下の重みをもつすべての誤り e を復号できるような因子 G_1 を選ぶことができる．
$$\mathrm{wt}(e) \leq (d^* - 1 - g)/2.$$
ただし，$d^* = \deg G - (2g - 2)$ は C_Ω の設計距離である．

【証明】　　(a) は命題 8.5.2 と命題 8.5.3 より明らかである．また，(b) は注意 8.5.1 (b) から導かれる． □

注意 8.5.6

(a) 復号アルゴリズムのステップ (1)〜(3) は機能するが，$a - e \notin C_\Omega$ であるか，または $\mathrm{wt}(e) > t$ である場合が起こりうる．いずれの場合においても，性質 $\mathrm{wt}(c) \leq t$ をみたす符号語 $c \in C_\Omega$ は存在しない．

(b) 復号アルゴリズム 8.5.4 は，J. Justesen らの考え方に従った A. N. Skorobogatov and

S. G. Vladut [39] による．このアルゴリズムの不完全なところは，これは一般に重み $\leq (d^* - 1 - g)/2$ の誤りを復号するが，重み $\leq (d^* - 1)/2$ のすべての誤りを復号することではない点である．さらに追加的な仮定をして，$(d^* - 1 - g)/2$ 個より多くの誤りを復号する，このアルゴリズムのいくつかの変形がある．

(c) 代数幾何符号を復号するまったく異なる方法がいくつかある．たとえば G. L. Feng and T. R. N. Rao による方法（文献 [32] の第 10 章を参照せよ），また M. Sudan の復号アルゴリズム（文献 [17] を参照せよ）である．このアルゴリズムは**リスト復号** (list decoding) として知られている．

8.6 演習問題

8.1 F を有限体 $\mathbb{F}_q$ 上の関数体とする．因子 G と $D = P_1 + \cdots + P_n$ を考える．ただし，通常のように $P_1, \ldots, P_n$ は次数 1 の相異なる座で，$\mathrm{supp}\, G \cap \mathrm{supp}\, D = \emptyset$ をみたしているものとする．$F/\mathbb{F}_q$ のすべての自己同型写像 σ に対して $C_{\mathscr{L}}(D, G) = C_{\mathscr{L}}(\sigma(D), \sigma(G))$ と $C_\Omega(D, G) = C_\Omega(\sigma(D), \sigma(G))$ が成り立つことを示せ．

8.2
(i) Tsfasman-Vladut-Zink 限界は $q = \ell^2 \geq 49$ に対してギルバート・バルシャモフ限界を改良しているが，$q \leq 25$ に対してはそうではないことを示せ．
(ii) $q = \ell^3$ を立方数とする．次の限界
$$\alpha_q(\delta) \geq \left(1 - \frac{\ell + 2}{2(\ell^2 - 1)}\right) - \delta$$
はすべての $q = \ell^3 \geq 343$ に対してギルバート・バルシャモフ限界を改良していることを示せ（注意 8.4.8 を参照せよ）．

8.3 （この問題は演習問題 8.4 に役立つ．）定理 7.4.15 におけるように，体 $\mathbb{F}_q$, $q = \ell^2$ 上の塔 $\mathcal{G}^* = (G_0^*, G_1^*, G_2^*, \ldots)$ を考える．これはとりわけ以下の性質をもつ．
(1) $G_0^* = \mathbb{F}_q(u_0)$ は有理的である．
(2) すべての G_i^*/G_0^* はガロア拡大である．
(3) ある拡大 G_n^*/G_0^* において分岐する $\mathbb{F}_q(u_0)$ の座は，$(u_0 = 1)$ と $(u_0 = \infty)$ だけである．
(4) 座 $(u_0 = 0)$ はすべての拡大 G_n^*/G_0^* において完全分解する．

G_n^*/G_0^* における座 $(u_0 = 1)$ と $(u_0 = \infty)$ の分岐指数が，$n \to \infty$ のとき無限に大きくなることを示せ．

8.6 演習問題

8.4 符号 $C \subseteq \mathbb{F}_q^n$ は，その自己同型群 $\mathrm{Aut}(C)$ が対称群 $\mathcal{S}_n$ の推移的な部分群のとき（すなわち，任意の二つの添字 $i, j \in \{1,\ldots,n\}$ に対して，$\pi(i) = j$ をみたす自己同型写像 $\pi \in \mathrm{Aut}(C)$ が存在するとき）推移的であるという．これは明らかに巡回符号の概念の一般化である．

$q = \ell^2$ を平方数とする．$\mathbb{F}_q$ 上の推移的な符号の族は Tsfaman-Vladut-Zink 限界に達している．より正確に言えば，$R, \delta \geq 0$ を，$R = 1 - \delta - 1/(\ell - 1)$ をみたす実数とする．このとき，$\mathbb{F}_q$ 上で以下の性質をもつパラメーター $[n_j, k_j, d_j]$ の線形符号の列 $(C_j)_{j \geq 0}$ が存在することを示せ．

(1) すべての C_j は推移的である．
(2) $j \to \infty$ のとき $n_j \to \infty$ である．
(3) $\lim_{j \to \infty} k_j/n_j \geq R$ かつ $\lim_{j \to \infty} d_j/n_j \geq \delta$ である．

8.5 $q = \ell^2$ を平方数とする．$0 \leq R \leq 1/2$ と $\delta \geq 0$ は，$R = 1 - \delta - 1/(\ell-1)$ をみたすものとする．このとき，以下の性質をもつ $\mathbb{F}_q$ 上パラメーター $[n_j, k_j, d_j]$ の線形符号の列 $(C_j)_{j \geq 0}$ が存在することを示せ．

(1) すべての C_j は自己直交符号，すなわち $C_j \subseteq C_j^\perp$ である．
(2) $j \to \infty$ のとき $n_j \to \infty$ である．
(3) $\lim_{j \to \infty} k_j/n_j \geq R$ かつ $\lim_{j \to \infty} d_j/n_j \geq \delta$ である．
(4) その双対符号 $(C_j^\perp)_{j \geq 0}$ もまた Tsfasman-Vladut-Zink 限界に達している．

8.6 $q = \ell^2$ を平方数とする．$\mathbb{F}_q$ 上で以下の条件をみたすパラメーター $[n_i, k_i, d_i]$ をもつ自己双対符号の列 $(C_i)_{i \geq 0}$ が存在する，すなわち，$n_i \to \infty$ であり，かつ

$$\liminf_{i \to \infty} \frac{d_i}{n_i} \geq \frac{1}{2} - \frac{1}{\ell - 1}.$$

であることを示せ．

▎ヒント▎ この問題は，q が偶数の場合のみ証明した，まさに定理 8.4.9 の主張そのものである．ゆえに，いま q は奇数であると仮定できる．再び，定理 7.4.15 における塔 $\mathcal{G}^* = (G_0^*, G_1^*, G_2^*, \ldots)$ を用いる．式 (7.26) で定義された元 u_0 と t_0 を考える．それらは等式 $u_0 = t_0^{\ell-1} + 1$ を満足する．$\varepsilon^{\ell-1} = -1$ をみたす元 $\varepsilon \in \mathbb{F}_q$ を選び，G_n^* における微分 $\omega := \varepsilon \cdot dt_0/u_0$ を考える．このとき，その因子 (ω) は $H \geq 0$ と G_n^* の有理的座の和である D によって，$(\omega) = 2H - D$ という形に表されることを示せ．これらの有理的座における ω の留数を計算し，それらが $\mathbb{F}_q^\times$ における平方数であることを示せ．このことより，符号 $C_\mathscr{L}(D, H)$ は自己双対符号と同値であることを結論せよ（定義 2.2.13 を参照せよ）．

第 9 章

部分体部分符号とトレース符号

$\mathbb{F}_q$ 上の符号を構築するために非常に役に立つ方法は，拡大体 $\mathbb{F}_{q^m}$ 上で定義された符号を制限することである．これは次のことを意味している．すなわち，符号 $C \subseteq (\mathbb{F}_{q^m})^n$ が与えられたとき，部分体部分符号 $C|_{\mathbb{F}_q} = C \cap \mathbb{F}_q^n$ が考えられる．多くのよく知られた符号は，このようにして定義される．たとえば，BCH 符号，ゴッパ符号，そしてより一般的に交代符号などがある（2.3 節を参照せよ）．

$\mathbb{F}_{q^m}$ 上の符号が与えられたとき，$\mathbb{F}_q$ 上の符号を定義するもう一つ別の方法がある．この構成にはトレース写像 $\mathrm{Tr}: \mathbb{F}_{q^m} \to \mathbb{F}_q$ が用いられる．トレース符号として自然なやり方で表現される重要な符号の種類は巡回符号である（特に，以下の命題 9.2.4 を参照せよ）．デルサルトの定理 9.1.2 によって，部分体部分符号の構成とトレース符号の構成は密接に関係していることが分かる．

本章においては，部分体部分符号とトレース符号に関する結果をいくつか提示しよう．トレース符号の考察が符号理論と代数関数論の間の第二の自明でない関係を導くことは，驚くべき事実である．

9.1　部分体部分符号とトレース符号の次元

体の拡大 $\mathbb{F}_{q^m}/\mathbb{F}_q$ を考える．これは次数 $[\mathbb{F}_{q^m} : \mathbb{F}_q] = m$ のガロア拡大である．

$$\mathrm{Tr}: \mathbb{F}_{q^m} \longrightarrow \mathbb{F}_q$$

はトレース写像を表すものとする（付録 A 参照）．$a = (a_1, \ldots, a_n) \in (\mathbb{F}_{q^m})^n$ に対して次

のように定義する．
$$\mathrm{Tr}(a) := \bigl(\mathrm{Tr}(a_1), \ldots, \mathrm{Tr}(a_n)\bigr) \in \mathbb{F}_q^n.$$

このようにして，$\mathbb{F}_q$-線形写像 $\mathrm{Tr} : (\mathbb{F}_{q^m})^n \longrightarrow \mathbb{F}_q^n$ を得る．

定義 9.1.1 $C \subseteq (\mathbb{F}_{q^m})^n$ を $\mathbb{F}_{q^m}$ 上の符号とする．
(a) $C|_{\mathbb{F}_q} := C \cap \mathbb{F}_q^n$ を**部分体部分符号**という（または C の $\mathbb{F}_q$ への**制限**という）．
(b) $\mathrm{Tr}(C) := \{\mathrm{Tr}(c) \mid c \in C\} \subseteq \mathbb{F}_q^n$ を C の**トレース符号**（trace code）という．

部分体部分符号と符号 $C \subseteq (\mathbb{F}_{q^m})^n$ のトレース符号は，$\mathbb{F}_q$ 上長さ n の符号であることに注意しよう．

定理 9.1.2（デルサルト） $\mathbb{F}_{q^m}$ 上の符号 C に対して次が成り立つ．
$$(C|_{\mathbb{F}_q})^\perp = \mathrm{Tr}(C^\perp).$$

【証明】 $\langle\,,\,\rangle$ によって $\mathbb{F}_q^n$（または $(\mathbb{F}_{q^m})^n$）上の標準的な内積を表すことを思い出そう．$(C|_{\mathbb{F}_q})^\perp \supseteq \mathrm{Tr}(C^\perp)$ を示すために，次のことを示さなければならない．
$$\langle c, \mathrm{Tr}(a)\rangle = 0, \quad \forall c \in C|_{\mathbb{F}_q},\ \forall a \in C^\perp. \tag{9.1}$$

$c = (c_1, \ldots, c_n)$ かつ $a = (a_1, \ldots, a_n)$ と表せば，次のように計算される．
$$\langle c, \mathrm{Tr}(a)\rangle = \sum_{i=1}^n c_i \cdot \mathrm{Tr}(a_i) = \mathrm{Tr}\Bigl(\sum c_i a_i\Bigr) = \mathrm{Tr}(\langle a, c\rangle) = \mathrm{Tr}(0) = 0.$$

ここで，トレースの $\mathbb{F}_q$-線形性と，$\langle a, c\rangle = 0$ という事実（これは $c \in C$ と $a \in C^\perp$ より成り立つ）を用いた．以上より，式 (9.1) は証明された．

次に $(C|_{\mathbb{F}_q})^\perp \subseteq \mathrm{Tr}(C^\perp)$ を示す．これは次と同値である．
$$\mathrm{Tr}(C^\perp)^\perp \subseteq C|_{\mathbb{F}_q}. \tag{9.2}$$

式 (9.2) が成り立たないと仮定する．このとき，ある元 $u \in \mathrm{Tr}(C^\perp)^\perp \setminus C$ が存在する．ゆえに，$\langle u, v\rangle \neq 0$ をみたす元 $v \in C^\perp$ がある．$\mathrm{Tr} : \mathbb{F}_{q^m} \longrightarrow \mathbb{F}_q$ は零写像ではないから，$\mathrm{Tr}(\gamma \cdot \langle u, v\rangle) \neq 0$ をみたす元 $\gamma \in \mathbb{F}_{q^m}$ が存在する．したがって，
$$\langle u, \mathrm{Tr}(\gamma v)\rangle = \mathrm{Tr}(\langle u, \gamma v\rangle) = \mathrm{Tr}(\gamma \cdot \langle u, v\rangle) \neq 0.$$

ところが一方で，$u \in \mathrm{Tr}(C^\perp)^\perp$ かつ $\gamma v \in C^\perp$ であるから，$\langle u, \mathrm{Tr}(\gamma v)\rangle = 0$ が成り立つ．これは矛盾である．これより式 (9.2) が証明された． □

部分体部分符号とトレース符号の次元に対する明らかな上界がある．すなわち，

$$\dim C|_{\mathbb{F}_q} \leq \dim C \tag{9.3}$$

と

$$\dim \mathrm{Tr}(C) \leq m \cdot \dim C \tag{9.4}$$

である．式 (9.3) は，$\mathbb{F}_q$ 上 $C|_{\mathbb{F}_q}$ の基底が $\mathbb{F}_{q^m}$ 上でも 1 次独立であるという事実から導かれる．また，式 (9.4) は $\mathrm{Tr}: C \to \mathrm{Tr}(C)$ が全射 $\mathbb{F}_q$-線形写像であり，かつ体 $\mathbb{F}_q$ 上のベクトル空間とみたとき C の次元は $m \cdot \dim C$ であることから導かれる．

デルサルトの定理を用いて，部分体部分符号とトレース符号の次元に対する下界もまた得られる．

補題 9.1.3　C を $\mathbb{F}_{q^m}$ 上長さ n の符号とする．このとき，次が成り立つ．

$$\dim C \leq \dim \mathrm{Tr}(C) \leq m \cdot \dim C, \tag{9.5}$$

$$\dim C - (m-1)(n - \dim C) \leq \dim C|_{\mathbb{F}_q} \leq \dim C. \tag{9.6}$$

【証明】　デルサルトの定理と式 (9.3) より，次が成り立つ．

$$\dim \mathrm{Tr}(C) = \dim(C^{\perp}|_{\mathbb{F}_q})^{\perp} = n - \dim C^{\perp}|_{\mathbb{F}_q} \geq n - \dim C^{\perp} = \dim C.$$

これより，式 (9.5) が示される．式 (9.6) における下界の評価は同様に示される．　□

補題 9.1.3 において与えられた限界は一般的な限界であり，$\mathbb{F}_{q^m}$ 上の任意の符号に対して成り立つ．ここでの目標は特殊な場合にこれらの評価式を改良することであり，特にある代数幾何符号を目標にしている．

以下において，符号 $C \subseteq (\mathbb{F}_{q^m})^n$ の**部分符号**（subcode）とは，$\mathbb{F}_{q^m}$-部分空間 $U \subseteq C$ を意味するものとする．U^q によって，次の集合を表す．

$$U^q := \{ (a_1^q, \ldots, a_n^q) \mid (a_1, \ldots, a_n) \in U \}.$$

明らかに，U^q は $(\mathbb{F}_{q^m})^n$ の $\mathbb{F}_{q^m}$-部分空間でもある．

命題 9.1.4　C を $\mathbb{F}_{q^m}$ 上の符号とし，$U \subseteq C$ をさらに性質 $U^q \subseteq C$ をみたす部分符号とする．このとき，次が成り立つ．

$$\dim \mathrm{Tr}(C) \leq m \cdot (\dim C - \dim U) + \dim C|_{\mathbb{F}_q}.$$

【証明】 $\phi(u) := u^q - u$ により定義される $\mathbb{F}_q$-線形写像 $\phi : U \to C$ を考える．ϕ の核は容易に

$$\mathrm{Ker}(\phi) = U|_{\mathbb{F}_q} \tag{9.7}$$

であることが分かる．$a \in \mathbb{F}_{q^m}$ に対して $\mathrm{Tr}(a^q) = \mathrm{Tr}(a)$ であるから，ϕ の像はトレース写像 $\mathrm{Tr} : C \to \mathrm{Tr}(C)$ の核に含まれる．すなわち，

$$\mathrm{Im}(\phi) \subseteq \mathrm{Ker}(\mathrm{Tr}). \tag{9.8}$$

すると，式 (9.7) と式 (9.8) より以下の式が得られる．

$$\begin{aligned}\dim \mathrm{Tr}(C) &= \dim_{\mathbb{F}_q} C - \dim \mathrm{Ker}(\mathrm{Tr}) \leq m \cdot \dim C - \dim \mathrm{Im}(\phi) \\ &= m \cdot \dim C - (\dim_{\mathbb{F}_q} U - \dim \mathrm{Ker}(\phi)) \\ &= m \cdot (\dim C - \dim U) + \dim U|_{\mathbb{F}_q}. \qquad \square\end{aligned}$$

命題 9.1.4 はトレース符号の次元に対する上界 (9.5) を改良している．また，以下のように，部分体部分符号の次元に対する下界 (9.6) もまた改良することができる．

系 9.1.5 C を $\mathbb{F}_{q^m}$ 上長さ n の符号とし，$V \subseteq C^\perp$ を $V^q \subseteq C^\perp$ をみたす $C^\perp$ の部分符号とする．このとき次が成り立つ．

$$\begin{aligned}\dim C|_{\mathbb{F}_q} &\geq \dim C - (m-1)(n - \dim C) + m \cdot \dim V - \dim V|_{\mathbb{F}_q} \\ &\geq \dim C - (m-1)(n - \dim C - \dim V).\end{aligned}$$

【証明】 命題 9.1.4 とデルサルトの定理を用いる．

$$\begin{aligned}\dim C|_{\mathbb{F}_q} &= \dim \mathrm{Tr}(C^\perp)^\perp = n - \dim \mathrm{Tr}(C^\perp) \\ &\geq n - (m \cdot (\dim C^\perp - \dim V) + \dim V|_{\mathbb{F}_q}) \\ &= \dim C - (m-1)(n - \dim C) + m \cdot \dim V - \dim V|_{\mathbb{F}_q}. \quad \square\end{aligned}$$

さて，次に上の結果を代数幾何符号に適用する．

定理 9.1.6 F を定数体 $\mathbb{F}_{q^m}$ 上種数 g の代数関数体とする．次のような代数幾何符号を考える．すなわち，

$$C_\mathscr{L} := C_\mathscr{L}(D, G) \quad \text{かつ} \quad C_\Omega := C_\Omega(D, G). \tag{9.9}$$

ただし，$D = P_1 + \cdots + P_n$ ($P_1, \ldots, P_n$ は相異なる次数 1 の座) であり，$\mathrm{supp}\, D \cap \mathrm{supp}\, G = \emptyset$ と $\deg G < n$ を満足している．G_1 は次の条件を満足する F の因子であると仮定する．

$$G_1 \leq G \quad \text{かつ} \quad q \cdot G_1 \leq G. \tag{9.10}$$

このとき，以下の不等式が成り立つ．

$$\dim \mathrm{Tr}(C_\mathscr{L}) \leq \begin{cases} m(\ell(G) - \ell(G_1)) + 1, & G_1 \geq 0, \\ m(\ell(G) - \ell(G_1)), & G_1 \not\geq 0, \end{cases} \quad (9.11)$$

かつ

$$\dim C_\Omega|_{\mathbb{F}_q} \leq \begin{cases} n - 1 - m(\ell(G) - \ell(G_1)), & G_1 \geq 0, \\ n - m(\ell(G) - \ell(G_1)), & G_1 \not\geq 0. \end{cases} \quad (9.12)$$

【証明】 $U := C_\mathscr{L}(D, G_1)$ とする．式 (9.10) より，$U^q \subseteq C_\mathscr{L}$ であることが分かる．すると，命題 9.1.4 を適用して次の式を得る．

$$\dim \mathrm{Tr}(C_\mathscr{L}) \leq m(\ell(G) - \ell(G_1)) + \dim U|_{\mathbb{F}_q}. \quad (9.13)$$

したがって，部分体部分符号 $U|_{\mathbb{F}_q} = C_\mathscr{L}(D, G_1)|_{\mathbb{F}_q}$ を決定しなければならない．$i = 1, \ldots, n$ に対して $x(P_i) \in \mathbb{F}_q$ をみたす元 $x \in \mathscr{L}(G_1)$ を考える．このとき，$x^q - x \in \mathscr{L}(G)$ かつ $(x^q - x)(P_i) = 0$ となり，ゆえに $x^q - x \in \mathscr{L}(G - D)$ を得る．$\deg(G - D) < 0$ と仮定したので，$x^q - x = 0$ であることになる．すなわち，$x \in \mathbb{F}_q$ である．したがって，

$$\dim U|_{\mathbb{F}_q} = \begin{cases} 1, & G_1 \geq 0, \\ 0, & G_1 \not\geq 0. \end{cases}$$

これを式 (9.13) に代入すると，求める $\mathrm{Tr}(C_\mathscr{L})$ の次元に対する評価式 (9.11) を得る．$C_\Omega|_{\mathbb{F}_q}$ の次元に対応する評価式 (9.12) は，系 9.1.5 より導かれる． □

注意 9.1.7 定理 9.1.6 の仮定に加えて，さらに $\deg G_1 > 2g - 2$ と仮定する．このとき，式 (9.11) と式 (9.12) における項 $\ell(G)$ と $\ell(G_1)$ を，$\deg G$ と $\deg G_1$ により置き換えることができる．このことはリーマン・ロッホの定理からただちに導かれる．

例 9.1.8 定理 9.1.6 の説明として，次のゴッパ符号を考える．

$$\Gamma(L, g(z)) = C_\Omega(D_L, G_0 - P_\infty)|_{\mathbb{F}_q}$$

(定義 2.3.10 と命題 2.3.11 の記号を用いている)．$g_1(z) \in \mathbb{F}_{q^m}[z]$ を，$g_1(z)^q$ が $g(z)$ を割り切る最大次数の多項式とする．$(G_1(z))_0$ を $g_1(z)$ の零因子として，$G_1 := (g_1(z))_0 - P_\infty$ とおくと，式 (9.12) より次の評価式を得る．

$$\dim \Gamma(L, g(z)) \geq n - m(\deg g(z) - \deg g_1(z)). \quad (9.14)$$

多くの場合，式 (9.14) において等号が成り立つ．これは命題 9.2.13 において証明される．

9.2　トレース符号の重み

本節では，いくつかの特殊なトレース符号を考察する．その主要な考え方は，それらの符号語の重みをある代数関数体における有理的座の個数に結びつけることである．このとき，ハッセ・ヴェイユ・セール限界はこれらの符号の重みと最小距離に対する評価を与える．

最初に，考察すべき符号を導入する．

定義 9.2.1　F を定数体 $\mathbb{F}_{q^m}$ 上の代数関数体とし，$V \subseteq F$ を F の有限次元 $\mathbb{F}_{q^m}$-部分空間とする．$P_1, \ldots, P_n \in \mathbb{P}_F$ を，すべての $f \in V$ と $i = 1, \ldots, n$ に対して $v_{P_i}(f) \geq 0$ をみたすような次数 1 の相異なる座とする．$D := P_1 + \cdots + P_n$ とおく．このとき，次のように定義する．
$$C(D, V) := \{ (f(P_1), \ldots, f(P_n)) \mid f \in V \} \subseteq (\mathbb{F}_{q^m})^n,$$
$$\mathrm{Tr}_D(V) := \mathrm{Tr}(C(D, V)) \subseteq \mathbb{F}_q^n.$$

すなわち，$\mathrm{Tr}_D(V)$ は拡大 $\mathbb{F}_{q^m}/\mathbb{F}_q$ に関する $C(D, V)$ のトレース符号である．

$C(D, V)$ が $\mathbb{F}_{q^m}$ 上の符号であるのに対して，$\mathrm{Tr}_D(V)$ は $\mathbb{F}_q$ 上の符号であることに注意しよう．本節の主な目的は符号 $\mathrm{Tr}_D(V)$ を調べることである．最初にこのような符号のいくつかの例を紹介しよう．

例 9.2.2　符号 $C(D, V)$ は代数幾何符号の一般化である．G を通常のように $\mathrm{supp}\, G \cap \mathrm{supp}\, D = \emptyset$ をみたす因子として $V := \mathscr{L}(G)$ を選ぶと，$C(D, V) = C_{\mathscr{L}}(D, G)$ が成り立つ．

例 9.2.3　$\mathbb{F}_q$ 上のすべての符号 $C \subseteq \mathbb{F}_q^n$ は，適当な因子 V と D によって $C = \mathrm{Tr}_D(V)$ として表現できる．これは次のようになされる．$q^m \geq n$ をみたす十分大きな $m \in \mathbb{N}$ を選ぶ．$F := \mathbb{F}_{q^m}(z)$ を $\mathbb{F}_{q^m}$ 上の有理関数体とする．n 個の相異なる元 $\alpha_1, \ldots, \alpha_n \in \mathbb{F}_{q^m}$ を選び，$z - \alpha_i$ の零点を $P_i \in \mathbb{P}_F$ により表す．$\mathbb{F}_q$ 上 C の基底 $\{a^{(1)}, \ldots, a^{(k)}\}$ を選ぶ．$a^{(j)} = (a_1^{(j)}, \ldots, a_n^{(j)})$ と表す．$j = 1, \ldots, k$ に対して，$f_j(\alpha_i) = a_i^{(j)}$, $i = 1, \ldots, n$ をみたす多項式 $f_j = f_j(z) \in \mathbb{F}_{q^m}[z]$ を選ぶ．$V \subseteq F$ を $f_1, \ldots, f_k$ により生成された $\mathbb{F}_{q^m}$-ベクトル空間とする．このとき，容易に $C = \mathrm{Tr}_D(V)$ が成り立つことが分かる．

上の例よりもさらに興味のあることは，$\mathbb{F}_q$ 上の特殊な符号の種類は，自然な方法でトレース符号として表現できるという事実である．以下において，巡回符号に対するこのような表現を与えよう．

$\mathbb{F}_q$ 上長さ n の符号 C は,その自己同型群 $\mathrm{Aut}(C)$ が次のような**巡回シフト**(cyclic shift)を含むときに**巡回符号**(cyclic code)と呼ばれる.

$$(c_0, c_1, \ldots, c_{n-1}) \in C \implies (c_1, \ldots, c_{n-1}, c_0) \in C.$$

符号理論において通常なされているように,$\mathbb{F}_q^n$ を以下の対応によって $\mathbb{F}_q$ 上次数 $\leq n-1$ である多項式のつくるベクトル空間と同一視する.

$$c = (c_0, \ldots, c_{n-1}) \longleftrightarrow c(x) = c_0 + c_1 x + \cdots + c_{n-1} x^{n-1} \in \mathbb{F}_q[x]. \tag{9.15}$$

つねに以下のことを仮定する.

$$\gcd(n, q) = 1. \tag{9.16}$$

m を $q^m \equiv 1 \bmod n$ をみたす最小の正の整数 ≥ 1 とする.このとき,多項式 $x^n - 1$ は体 $\mathbb{F}_{q^m} \supseteq \mathbb{F}_q$ 上で次のように分解する.

$$x^n - 1 = \prod_{\nu=0}^{n-1} (x - \beta^\nu). \tag{9.17}$$

ただし,$\beta \in \mathbb{F}_{q^m}$ は 1 の原始 n-乗根である.式 (9.17) におけるすべての 1 次因数は相異なる.

巡回符号に関する基礎的な事実をいくつか簡潔に思い出してみよう.文献 [28] を参照せよ.$\mathbb{F}_q$ 上長さ n の巡回符号 $C \neq \{0\}$ が与えられたとき,最小次数をもつ唯一つのモニック多項式 $g(x) \in C$ が存在する.これを C の**生成多項式**(generator polynomial)という.この生成多項式は $x^n - 1$ を割り切るから,次のように表される.

$$g(x) = \prod_{\nu \in I} (x - \beta^\nu). \tag{9.18}$$

ただし,β は式 (9.17) のように 1 の原始 n-乗根であり,I は $\{0, \ldots, n-1\}$ のある部分集合である.元 β^ν, $\nu \in I$ を C の**零点**という.なぜなら,それらは C に関する次のような性質をもつからである.すなわち,$\deg c(x) \leq n-1$ をみたす $c(x) \in \mathbb{F}_q[x]$ に対して,次が成り立つ.

$$c(x) \in C \iff c(\beta^\nu) = 0, \quad \forall \nu \in I. \tag{9.19}$$

式 (9.19) の右側に関する条件は弱めることができる.これを示すためには,整数 $i \in \mathbb{Z}$, $0 \leq i \leq n-1$ の**円分コセット**(cyclotomic coset)$\mathcal{C}(i)$ を,次のように定義する.

$$\mathcal{C}(i) := \{ j \in \mathbb{Z} \mid 0 \leq j \leq n-1, \, \exists l \geq 0, \, j \equiv q^l i \bmod n \}.$$

容易に,$\mathcal{C}(i) = \mathcal{C}(i')$ であるか,または $\mathcal{C}(i) \cap \mathcal{C}(i') = \emptyset$ が成り立つことが確かめられる.したがって,集合 $\{0, 1, \ldots, n-1\}$ は互いに共通部分をもたない円分コセットに分割され

る. すなわち, $\{0,1,\ldots,n-1\} = \bigcup_{\mu=1}^{s} \mathcal{C}_\mu$ ($s \leq n$ かつ, 適当な i_μ, $0 \leq i_\mu \leq n-1$ により $\mathcal{C}_\mu = \mathcal{C}(i_\mu)$) である.

$\nu \in \mathbb{Z}$ に対して, $\nu \equiv \tilde{\nu} \bmod n$ をみたす $\{0,1,\ldots,n-1\}$ の唯一つの整数を $\tilde{\nu}$ により表す. $\emptyset \neq M \subseteq \{0,1,\ldots,n-1\}$ とする. ある部分集合 $M_0 \subseteq \mathbb{Z}$ は, 任意の $\nu \in M$ に対して $\tilde{\nu}_0 \in \mathcal{C}(\nu)$ をみたす唯一つの元 $\nu_0 \in M_0$ が存在するとき, M の**円分コセットによる完全代表系** (complete set of cyclotomic coset representative of M) という. 明らかに, $\{0,1,\ldots,n-1\}$ に含まれる M の円分コセットによる完全代表系をつねに見つけることができる.

さて, ここで式 (9.18) により与えられる集合 $I \subseteq \{0,1,\ldots,n-1\}$ を考える. すなわち, $\{\beta^\nu \mid \nu \in I\}$ は巡回符号 C の零点集合である. I_0 を I の円分コセットによる完全代表系とする. $c(x) \in \mathbb{F}_q[x]$ に対して,
$$c(\beta^\nu) = 0 \iff c(\beta^{q^l \nu}) = 0$$
であるから, 式 (9.19) を次の条件により置き換えることができる.
$$c(x) \in C \iff c(\beta^\nu) = 0, \ \forall \nu \in I_0. \tag{9.20}$$
ただし, $c(x) \in \mathbb{F}_q[x]$ かつ $\deg c(x) \leq n-1$ である.

巡回符号 C の双対符号 $C^\perp$ もまた巡回符号である. $g(x) \in \mathbb{F}_q[x]$ を C の生成多項式とし, 次のようにおく.
$$h(x) := (x^n - 1)/g(x) \in \mathbb{F}_q[x]. \tag{9.21}$$
多項式 $h(x)$ を C の**検査多項式** (check polynomial) という. $h(x)$ の相反多項式 $h^\perp(x)$, すなわち,
$$h^\perp(x) := h(0)^{-1} \cdot x^{\deg h(x)} \cdot h(x^{-1}) \tag{9.22}$$
は, $C^\perp$ の生成多項式である. これを
$$h^\perp(x) = \prod_{\rho \in J}(x - \beta^\rho), \quad J \subseteq \{0,1,\ldots,n-1\} \tag{9.23}$$
と表す. すると, 式 (9.21), 式 (9.22) と式 (9.23) より次が得られる.
$$\rho \in J \iff h^\perp(\beta^\rho) = 0 \iff h(\beta^{-\rho}) = 0$$
$$\iff g(\beta^{-\rho}) \neq 0 \iff \rho \not\equiv -\nu \bmod n, \ \forall \nu \in I.$$

J_0 を円分コセットによる J の完全代表系とする. 式 (9.20) より, $a(x) = a_0 + a_1 x + \cdots + a_{n-1} x^{n-1} \in \mathbb{F}_q[x]$ に対して次の関係が得られる.
$$a(x) \in C^\perp \iff a(\beta^\rho) = 0, \ \forall \rho \in J_0. \tag{9.24}$$

$(\mathbb{F}_{q^m})^n$ 上の標準的内積 $\langle\,,\,\rangle$ を用いれば，等式 $a(\beta^\rho) = 0$ は次のように表すことができる．

$$\langle (a_0, a_1, \ldots, a_{n-1}), (1, \beta^\rho, \beta^{2\rho}, \ldots, \beta^{(n-1)\rho})\rangle = 0. \tag{9.25}$$

いま，与えられた巡回符号 C をトレース符号として表現できる準備が整った．有理関数体 $F = \mathbb{F}_{q^m}(z)$ と，$\{z^\rho \mid \rho \in J_0\}$ により生成されるベクトル空間 $V \subseteq F$ を考える．$P_i \in \mathbb{P}_F$ により $z - \beta^{i-1}$ の零点を表し，$D = P_1 + \cdots + P_n$ とおく．定義により（$\mathbb{F}_{q^m}$ 上のベクトル空間として）符号 $C(D, V)$ はベクトル $(1, \beta^\rho, \beta^{2\rho}, \ldots, \beta^{(n-1)\rho})$, $\rho \in J_0$ により生成される．式 (9.24) と式 (9.25) より，結論として以下の式を得る．

$$C^\perp = C(D, V)^\perp|_{\mathbb{F}_q}.$$

デルサルトの定理を適用すると，最終的に次の式を得る．

$$C = \left(C(D, V)^\perp|_{\mathbb{F}_q}\right)^\perp = \text{Tr}(C(D, V)) = \text{Tr}_D(V).$$

以上を要約すると，次の命題が得られる．

命題 9.2.4 C を生成多項式が $g(x)$ である $\mathbb{F}_q$ 上長さ n の巡回符号とし，また β を 1 の原始 n-乗根として $\mathbb{F}_{q^m} = \mathbb{F}_q(\beta)$ とする．$J = \{0 \leq \rho \leq n - 1 \mid g(\beta^{-\rho}) \neq 0\}$ とし，J_0 を円分コセットによる J の完全代表系とする．$\mathbb{F}_{q^m}$ 上の有理関数体 $F = \mathbb{F}_{q^m}(z)$ と $\{z^\rho \mid \rho \in J_0\}$ により生成される $\mathbb{F}_{q^m}$-ベクトル空間 $V \subseteq F$ を考える．このとき，$C = \text{Tr}_D(V)$ と表される．ただし，$D = P_1 + \cdots + P_n$ で，かつ $P_i \in \mathbb{P}_F$ は $z - \beta^{i-1}$ $(i = 1, \ldots, n)$ の零因子である．

ここで，本節の冒頭で説明した一般的状況に戻る．$\{0\} \neq V \subseteq F$ を，与えられた有限次元のベクトル空間とすると，すべての $0 \neq f \in V$ に対して $(f)_\infty \leq A$ をみたす次数最小である唯一の正因子 A が存在する．正因子 A は次のように説明することができる．V の基底 $\{f_1, \ldots, f_k\}$ を選ぶと，すべての $P \in \mathbb{P}_F$ に対して，次が成り立つ．

$$v_P(A) = \max\{v_P((f_i)_\infty) \mid 1 \leq i \leq k\}. \tag{9.26}$$

たとえば，$V = \mathscr{L}(G)$ で，$G_+ \geq 0$ かつ $G_- \geq 0$ として $G = G_+ - G_-$ と表したとき，$A \leq G_+$ である．因子 A に対して，以下の式により定義される第二の因子 A^0 を結びつける．

$$A^0 := \sum_{P \in \text{supp} A} P. \tag{9.27}$$

複雑さを避けるために，$q = p$ を素数とし，F を $\mathbb{F}_{p^m}$ 上の有理関数体である場合に限定する．

定理 9.2.5 $F = \mathbb{F}_{p^m}(z)$ を $\mathbb{F}_{q^m}$ 上の有理関数体（p は素数），$P_i \in \mathbb{P}_F$ を次数 1 の相異なる座として $D = P_1 + \cdots + P_n$ とおき，$s := p^m + 1 - n$ とする．また $V \subseteq F$ を，すべての $f \in V$ と $i = 1, \ldots, n$ に対して $v_{P_i}(f) \geq 0$ をみたす F の有限次元 $\mathbb{F}_{p^m}$-部分空間とする．このとき，$\mathrm{Tr}_D(V)$ の符号語の重み w は $w = 0$ であるか，または $w = n$ であるか，あるいは以下の式をみたす．

$$\left| w - \frac{p-1}{p} n \right| \leq \frac{p-1}{2p}(-2 + \deg A + \deg A^0) \cdot [2p^{m/2}] + \frac{p-1}{p} s.$$

ただし，因子 A と A^0 は式 (9.26) と式 (9.27) により定義されたものである．

　この定理の証明には少し準備が必要である．最初にいくつか記号を導入しよう．$f \in V$ に対して，

$$\mathrm{Tr}_D(f) := \bigl(\mathrm{Tr}(f(P_1)), \ldots, \mathrm{Tr}(f(P_n))\bigr) \in \mathbb{F}_p^n$$

とおくと，$\mathrm{Tr}_D(V) = \{\mathrm{Tr}_D(f) \mid f \in V\}$ である．

定義 9.2.6　元 $f \in F$ が $\gamma \in \mathbb{F}_{p^m}$ と $h \in F$ によって $f = \gamma + (h^p - h)$ と表されるとき，f は**退化する**（degenerate）という．そうでないとき，f は**非退化**（non-degenerate）であるという．

補題 9.2.7　$f \in V$ は退化していると仮定する．このとき，

$$\mathrm{Tr}_D(f) = (\alpha, \alpha, \ldots, \alpha), \quad \alpha \in \mathbb{F}_p$$

が成り立つ．したがって，$\mathrm{Tr}_D(f)$ の重みは 0 または n である．

【証明】 $\gamma \in \mathbb{F}_{p^m}$ と $h \in F$ により $f = \gamma + (h^p - h)$ と表す．$v_{P_i}(f) \geq 0$ であるから，三角不等式より $1 \leq i \leq n$ に対して $v_{P_i}(h) \geq 0$ が成り立つ．$\gamma_i := h(P_i) \in \mathbb{F}_{p^m}$ とおけば，

$$\mathrm{Tr}(f(P_i)) = \mathrm{Tr}(\gamma) + \mathrm{Tr}(\gamma_i^p - \gamma_i) = \mathrm{Tr}(\gamma)$$

が得られ，これは i に無関係である（Tr は $\mathbb{F}_p$ へのトレース写像であり，ゆえに $\mathrm{Tr}(\gamma_i^p) = \mathrm{Tr}(\gamma_i)$ であることに注意せよ）． $\square$

　明らかに非退化の場合のほうにより興味がある．以下においては，定理 9.2.5 の記号を続けて用いる．

命題 9.2.8　$f \in V$ は非退化であると仮定する．このとき，多項式 $\varphi(Y) := Y^p - Y - f \in F[Y]$ は F 上既約である．y を $\varphi(Y)$ の根として，$E_f := F(y)$ とおく．すなわち，

$$E_f = F(y), \quad y^p - y = f.$$

体の拡大 E_f/F は次数 p の巡回拡大であり，$\mathbb{F}_{p^m}$ は E_f の完全定数体である．$S := \{P \in \mathbb{P}_F \mid \deg P = 1 \text{ かつ } P \notin \operatorname{supp} D\}$ とおくと，$|S| = s = p^m + 1 - n$ である．$\bar{S} := \{Q \in \mathbb{P}_{E_f} \mid \deg Q = 1 \text{ かつ } Q \cap F \in S\}$ とおき，$\bar{s}$ により $\bar{S}$ の濃度を表す．このとき，

$$0 \leq \bar{s} \leq ps \tag{9.28}$$

が成り立ち，重み $w_f := w(\operatorname{Tr}_D(f))$ は以下の公式により与えられる．

$$w_f = n - \frac{N(E_f) - \bar{s}}{p}. \tag{9.29}$$

(通常のように，$N(E_f)$ は $E_f/\mathbb{F}_{p^m}$ の次数 1 のすべての座の個数を表す．)

【証明】 アルティン・シュライアー拡大に関する事実を用いる．付録 A を参照せよ．多項式 $\varphi(Y) = Y^p - Y - f$ は $F[Y]$ において既約であるか，または F において一つの根をもつ．すなわち，$h \in F$ により $f = h^p - h$ と表される．f は非退化であるから，$\varphi(Y)$ の既約性はこれから分かる．また，$y^p - y = f$ により定義される体 $E_f = F(y)$ は次数を p とする F の巡回拡大である．

E_f の定数体 L が F の定数体 $\mathbb{F}_{p^m}$ より真に大きいと仮定する．このとき，$L/\mathbb{F}_{p^m}$ は次数 p の巡回拡大である．ゆえに，$\delta^p - \delta = \varepsilon \in \mathbb{F}_{p^m}$ をみたす $\delta \in L$ によって $L = \mathbb{F}_{p^m}(\delta)$ となる．$\delta \notin F$ であるから，これは E_f/F のアルティン・シュライアー生成元でもある．したがって，$0 \neq \lambda \in \mathbb{F}_p$ と $h \in F$ により $f = \lambda \varepsilon + (h^p - h)$ と表される（付録 A を参照せよ）．f が非退化であるから，これは矛盾である．以上より，$\mathbb{F}_{p^m}$ は E_f の完全定数体であることが示された．

D の台（サポート）は二つの共通部分をもたない部分集合からなる．すなわち，$\{P_1, \ldots, P_n\} = N \cup Z$．ここで，$N$ と Z は次のようである．

$$N := \{P_i \in \operatorname{supp} D \mid \operatorname{Tr}(f(P_i)) \neq 0\}$$

かつ

$$Z := \{P_i \in \operatorname{supp} D \mid \operatorname{Tr}(f(P_i)) = 0\}.$$

拡大 E_f/E における座 $P_i \in N$（または Z）の分解される状況を決定する．

ヒルベルトの定理 90 より（付録 A），$\gamma \in \mathbb{F}_{p^m}$ に対して次が成り立つ．

$$\operatorname{Tr}(\gamma) = 0 \iff \gamma = \beta^p - \beta, \exists \beta \in \mathbb{F}_{p^m}. \tag{9.30}$$

$P_i \in N$ かつ $\gamma_i := f(P_i)$ とおく．式 (9.30) より，アルティン・シュライアー多項式 $Y^p - Y - \gamma_i$ は $\mathbb{F}_{p^m}$ に根をもたないから，$\mathbb{F}_{p^m}$ 上で既約である．さて，クンマーの定理よ

り，P_i は相対次数 $f(Q|P_i) = p$ をもつ唯一つの拡張 $Q \in \mathbb{P}_{E_f}$ をもつことが分かる．したがって，E_f には座 $P_i \in N$ の上にある次数 1 の座は存在しない．

次に，座 $P_i \in Z$ を考える．式 (9.30) によって，$f(P_i)$ はある $\beta_i \in \mathbb{F}_{p^m}$ により $f(P_i) := \gamma_i = \beta_i^p - \beta_i$ と表されるので，多項式 $Y^p - Y - \gamma_i$ は $\mathbb{F}_{p^m}$ 上 p 個の相異なる 1 次因数に分解する．この場合，クンマーの定理より，P_i は E_f の相異なる p 個の座に分解し，これらの座はすべて次数 1 である．

上の考察より，以下の式が導かれる．

$$N(E_f) = |\bar{S}| + p \cdot |Z| = \bar{s} + p(n - |N|). \tag{9.31}$$

$w_f = w(\mathrm{Tr}_D(f)) = |N|$ であるから，式 (9.29) は式 (9.31) からすぐに得られる結果である．不等式 (9.28) は自明である． □

次の目標は関数体 E_f の種数 $g(E_f)$ を決定することである（ここで，$f \in V$ は非退化である）．命題 3.7.8 を用いて，ときどき $g(E_f)$ を正確に計算できることがある．ここでは $g(E_f)$ の上界を与えることで満足しよう．

補題 9.2.9 $f \in V$ は非退化であると仮定する．このとき，次が成り立つ．

$$g(E_f) \leq \frac{p-1}{2}(-2 + \deg A + \deg A^0).$$

ただし，A と A^0 は式 (9.26) と式 (9.27) により定義されたものである．

【証明】 この補題は命題 3.7.8 (d) の簡単な応用である．すべての座 $P \notin \mathrm{supp}\, A$ は E_f/F において不分岐であり，$P \in \mathrm{supp}\, A$ について（命題 3.7.8 で定義された）整数 m_P は明らかに $v_P(A)$ 以下である． □

【定理 9.2.5 の証明】 補題 9.2.7 より，$w = w_f$ は $f \in V$ を非退化とする符号語 $\mathrm{Tr}_D(f)$ の重みであると仮定することができる．命題 9.2.8 の記号を用いる．等式 (9.29) より次が成り立つ．

$$N(E_f) = p(n - w_f) + \bar{s}.$$

両辺から $p^m + 1$ を引き，セール限界（定理 5.3.1）を適用すると，次の式を得る．

$$\left| p(n - w_f) + \bar{s} - (p^m + 1) \right| \leq g(E_f) \cdot [2p^{m/2}]. \tag{9.32}$$

$p^m + 1 = s + n$ であるから，

$$p(n - w_f) + \bar{s} - (p^m + 1) = (p-1)n - pw_f + (\bar{s} - s).$$

これを式 (9.32) に代入し，p で割り，補題 9.2.9 を用いて $g(E_f)$ を評価する．その結果は次のようである．

$$\left| w_f - \frac{p-1}{p}n - \frac{\bar{s}-s}{p} \right| \leq \frac{p-1}{2p}(-2 + \deg A + \deg A^0) \cdot [2p^{m/2}]. \tag{9.33}$$

最後に，式 (9.28) より $-s \leq \bar{s} - s \leq (p-1)s$ である．したがって，次の不等式を得る．

$$\left| \frac{\bar{s}-s}{p} \right| \leq \frac{p-1}{p} \cdot s.$$

これより，定理 9.2.5 の証明は完成する． □

注意 9.2.10
(a) ある特殊な場合において，整数 $\bar{s}$ はより正確に求めることができる．このような場合において，不等式 (9.33) は定理 9.2.5 よりも良い評価を与える．以下の例 9.2.12 を参照せよ．
(b) 明らかに，定理 9.2.5 はその符号の長さが m と A の次数に比較して大きいときにのみ，$\mathrm{Tr}_D(V)$ における符号語の重みに対して自明でない限界を与える．この制限のもとで，定理 9.2.5 において与えられた評価式はしばしばかなり良いことが分かる．

系 9.2.11 定理 9.2.5 の記号を用いる．$V \neq \{0\}$ かつ $V \neq \mathbb{F}_{p^m}$ であるならば，$\mathrm{Tr}_D(V)$ の最小距離 d は，以下の式で与えられる下界をもつ．

$$d \geq \frac{p-1}{p}n - \frac{s}{p} - \frac{p-1}{2p}(-2 + \deg A + \deg A^0) \cdot [2p^{m/2}]. \tag{9.34}$$

【証明】 仮定 $V \neq \{0\}$ かつ $V \neq \mathbb{F}_{p^m}$ は $\deg A > 0$ であることを意味しているから，式 (9.34) の右辺は $\leq n$ である．したがって，非退化である元 $f \in V$ に対して重み $w_f = w(\mathrm{Tr}_D(f))$ を評価すれば十分である．式 (9.33) より，

$$w_f \geq \frac{p-1}{p}n + \frac{\bar{s}-s}{p} - \frac{p-1}{2p}(-2 + \deg A + \deg A^0) \cdot [2p^{m/2}].$$

$\bar{s} \geq 0$ であるから，系はこれより導かれる． □

例 9.2.12 $\mathbb{F}_p$ 上長さ $n = p^m - 1$ でかつ設計距離 $\delta = 2t + 1 > 1$ をもつ BCH 符号 C の双対符号 $C^\perp$ を考える．C は次のように表される．

$$C = \left\{ (c_0, c_1, \ldots, c_{n-1}) \in \mathbb{F}_p^n \,\middle|\, \sum_{i=0}^{n-1} c_i \beta^{i\lambda} = 0, \ \lambda = 1, \ldots, \delta - 1 \right\}.$$

ただし，$\beta \in \mathbb{F}_{p^m}$ は 1 の原始 $(p^m - 1)$-乗根である．定義 2.3.8 を参照せよ．このとき，双対符号 $C^\perp$ における符号語 w の重みは $w = 0$ であるか，$w = n$，または以下の式をみたしている．

$$\left| w - p^m \left(1 - \frac{1}{p}\right) \right| \leq \frac{(p-1)(2t-1)}{2p} \cdot [2p^{m/2}]. \tag{9.35}$$

$p = 2$ の場合は，これは次のように改良される．

$$\left| w - 2^{m-1} \right| \leq \frac{t-1}{2} \cdot [2^{\frac{m}{2}+1}]. \tag{9.36}$$

これはいわゆる**カーリッツ・ウチヤマ限界**である．文献 [28] を参照せよ．限界 (9.35) と (9.36) は定理 9.2.5 からは得られない．

さて，限界 (9.35), (9.36) が前の結果からどのようにして得られるかを示そう．$F = \mathbb{F}_{p^m}(z)$ とする．$1 \leq i \leq n$ に対して，$P_i \in \mathbb{P}_F$ を $z - \beta^{i-1}$ の零点とする．$D = P_1 + \cdots + P_n$ かつ $(z) = P_0 - P_\infty$ とおく．命題 2.3.9 とデルサルトの定理によって，

$$C^\perp = \left(C_{\mathscr{L}}(D, aP_0 + bP_\infty)^\perp \big|_{\mathbb{F}_p}\right)^\perp = \mathrm{Tr}_D(\mathscr{L}(aP_0 + bP_\infty))$$

が成り立つ．ただし，$a = -1$ かつ $\delta = a + b + 2 = b + 1$ である．$\delta = 2t + 1$ であるから，

$$C^\perp = \mathrm{Tr}_D(\mathscr{L}(-P_0 + 2tP_\infty))$$

であることが分かる．$f \in \mathscr{L}(-P_0 + 2tP_\infty)$ を非退化とする．$y^p - y = f$ により定義される，対応している体の拡大 $E_f = F(y)$ を考える．$f(P_0) = 0$ であるから，座 P_0 は E_f において次数 1 である p 個の拡張をもつ．z の極 P_∞ は E_f/F において分岐する．命題 9.2.8 と同じ記号を用いて $\bar{s} = p + 1$ を得る．したがって，式 (9.32) より次が成り立つ．

$$\left| w_f - \left(1 - \frac{1}{p}\right) \cdot p^m \right| \leq \frac{g(E_f)}{p} \cdot [2p^{m/2}].$$

$f \in \mathscr{L}(-P_0 + 2tP_\infty)$ であるから，命題 3.7.8 より

$$g(E_f) \leq \frac{p-1}{2} \cdot (-2 + (2t+1)) = \frac{(p-1)(2t-1)}{2}$$

が得られる．これより限界 (9.35) が証明される．$p = 2$ の場合に，種数は $\leq (2t-2)/2$ である．なぜなら，命題 3.7.8 における整数 m_{P_∞} は標数と互いに素であり，ゆえに $p = 2$ に対して $m_{P_\infty} \leq 2t - 1$ だからである．これより限界 (9.36) が得られる．

定理 9.2.5 の証明の方法は，あるトレース符号とそれらの双対符号の次元を正確に計算するためにも使うことができる．この考え方を例によって説明しよう．この例は，定理

9.1.6 において与えられたトレース符号の次元に対する評価がしばしば厳しいことを示している.

命題 9.2.13 $L = \mathbb{F}_{p^m}$ とし,$g(z) \in \mathbb{F}_{p^m}[z]$ を $\mathbb{F}_{p^m}$ に零点をもたないモニック多項式とするとき,$\mathbb{F}_p$ 上のゴッパ符号 $\Gamma(L, g(z))$ を考える(定義 2.3.10 を参照せよ).相異なるモニック既約多項式 $h_j(z) \in \mathbb{F}_{p^m}[z]$ と指数 $a_j > 0$ によって

$$g(z) = \prod_{j=1}^{l} h_j(z)^{a_j}$$

と表す.$0 \le c_j \le p-1$ として $a_j = pb_j + c_j$ とする.また,

$$g_1(z) := \prod_{j=1}^{l} h_j(z)^{b_j} \quad \text{かつ} \quad g_2(z) := \prod_{j=1}^{l} h_j(z)$$

とおく.このとき,

$$2(p^m + 1) > (-2 + \deg g(z) + \deg g_2(z)) \cdot [2p^{m/2}] \tag{9.37}$$

が成り立つと仮定する.すると,$\Gamma(L, g(z))$ の次元は次の式で与えられる.

$$\dim \Gamma(L, g(z)) = p^m - m(\deg g(z) - \deg g_1(z)). \tag{9.38}$$

【証明】 命題 2.3.11 とデルサルトの定理によって,双対符号 $\Gamma(L, g(z))^{\perp}$ を次のように表現することができる.

$$\Gamma(L, g(z))^{\perp} = \left(C_{\mathscr{L}}(D, G_0 - P_\infty)^{\perp} \big|_{\mathbb{F}_p} \right)^{\perp} = \mathrm{Tr}_D(\mathscr{L}(G_0 - P_\infty)). \tag{9.39}$$

ただし,以下のような通常用いてきた記号を使っている.すなわち,P_∞ は関数体 $F = \mathbb{F}_{p^m}[z]$ における z の極因子,因子 G_0 はゴッパ多項式 $g(z)$ の零因子,また D は P_∞ を除く $F/\mathbb{F}_{p^m}$ の次数 1 のすべての座の和である($L = \mathbb{F}_{p^m}$ であることに注意せよ).$\mathbb{F}_p$-線形写像 $\mathrm{Tr}_D : \mathscr{L}(G_0 - P_\infty) \to \mathrm{Tr}_D(\mathscr{L}(G_0 - P_\infty))$ は全射であり,その核を決定したい.

(主張) $f \in \mathscr{L}(G_0 - P_\infty)$ かつ $\mathrm{Tr}_D(f) = 0$ ならば,f は退化する.

(主張の証明) $f \in \mathscr{L}(G_0 - P_\infty)$ が非退化であり,$\mathrm{Tr}_D(f) = 0$ であると仮定する.対応している次数 p の体の拡大 E_f/F を考える(命題 9.2.8 を参照せよ).$f(P_\infty) = 0$ であるから,座 P_∞ は E_f において p 個の次数 1 の座に分解する(クンマーの定理により).ゆえに,式 (9.29) より $0 = w_f = p^m - p^{-1}(N(E_f) - p)$ となる.すなわち,

$$N(E_f) = p(p^m + 1). \tag{9.40}$$

種数 $g(E_f)$ は命題 3.7.8 (d) より次の上界をもつ.

$$g(E_f) \leq \frac{p-1}{2}(-2 + \deg g(z) + \deg g_2(z)). \tag{9.41}$$

式 (9.40), (9.41) とセール限界を結びつけると,

$$p(p^m + 1) \leq p^m + 1 + \frac{p-1}{2}(-2 + \deg g(z) + \deg g_2(z)) \cdot [2p^{m/2}]$$

を得る. これは式 (9.37) に矛盾する. これより主張は証明された.

$G_1 := (g_1(z))_0$ を多項式 $g_1(z)$ の零因子とする. このとき, 次の $\mathbb{F}_p$-線形写像がある.

$$\phi : \begin{cases} \mathscr{L}(G_1 - P_\infty) & \longrightarrow & \mathrm{Ker}(\mathrm{Tr}_D) \subseteq \mathscr{L}(G_0 - P_\infty), \\ h & \longmapsto & h^p - h. \end{cases}$$

$h^p - h = 0$ であるための必要十分条件は $h \in \mathbb{F}_p$ であるから, ϕ の核は $\mathbb{F}_p \cap \mathscr{L}(G_1 - P_\infty) = \{0\}$ である. したがって, ϕ は単射である.

ϕ は全射でもある. これを見るために, $f \in \mathrm{Ker}(\mathrm{Tr}_D)$ とする. 上で示した主張より, $h_1 \in F$ と $\gamma \in \mathbb{F}_{p^m}$ により $f = h_1^p - h_1 + \gamma$ と表される. $\mathrm{Tr}_D(f) = 0$ より $\mathrm{Tr}(\gamma) = 0$ であることが分かる. ヒルベルトの定理 90 より, これは $\alpha \in \mathbb{F}_{p^m}$ により $\gamma = \alpha^p - \alpha$ と表されることを意味している. ゆえに, $h := h_1 + \alpha \in F$ とおけば $f = h^p - h$ である. 三角不等式より $h \in \mathscr{L}(G_1)$ であることが分かる (なぜなら, $f = h^p - h \in \mathscr{L}(G_0)$ であるから). さらに, 式

$$\prod_{\mu \in \mathbb{F}_p}(h - \mu) = h^p - h = f \in \mathscr{L}(G_0 - P_\infty)$$

より, P_∞ はある一つの因数 $h - \mu$ の零点である. この因数 $h - \mu$ は空間 $\mathscr{L}(G_1 - P_\infty)$ に属しているから, $f = (h - \mu)^p - (h - \mu) = \phi(h - \mu)$ は ϕ の像に含まれている.

以下において, $\dim V$ により $\mathbb{F}_p$ 上のベクトル空間 V の次元を表す. このとき, 次のように結論することができる.

$$\dim \mathrm{Ker}(\mathrm{Tr}_D) = \dim \mathscr{L}(G_1 - P_\infty) = m \cdot \deg g_1(z).$$

ゆえに,

$$\dim \Gamma(L, g(z))^\perp = \dim \mathrm{Tr}_D(\mathscr{L}(G_0 - P_\infty))$$
$$= \dim \mathscr{L}(G_0 - P_\infty) - \dim \mathrm{Ker}(\mathrm{Tr}_D) = m(\deg g(z) - \deg g_1(z)).$$

したがって, 双対符号の次元は次のようになる.

$$\dim \Gamma(L, g(z)) = p^m - m(\deg g(z) - \deg g_1(z)). \qquad \square$$

9.3 演習問題

9.1 命題 9.2.13 の方法が適用できるトレース符号の大きなクラスを見つけよ.

9.2 次数 $m \geq 1$ の拡大 $\mathbb{F}_{q^m}/\mathbb{F}_q$ と,恒等的に零でない任意の $\mathbb{F}_q$-線形写像 $\lambda : \mathbb{F}_{q^m} \to \mathbb{F}_q$ を考える.この写像を $\lambda(c_1, \ldots, c_n) = (\lambda(c_1), \ldots, \lambda(c_n))$ として写像 $\lambda : (\mathbb{F}_{q^m})^n \to \mathbb{F}_q^n$ へ拡張せよ.$\mathbb{F}_{q^m}$ 上長さ n の符号 C に対して,

$$\lambda(C) := \{\, \lambda(c) \mid c \in C \,\}$$

と定義する.これは明らかに $\mathbb{F}_q$ 上長さ n の符号である.このとき,$\lambda(C) = \mathrm{Tr}(C)$ であることを示せ.

9.3 C を $\mathbb{F}_{q^m}$ 上長さ n の符号とする.$\mathbb{F}_q$ に成分をもつ階数 s の $r \times n$ 行列 M が存在して,すべての $c \in C$ に対して $M \cdot c^t = 0$ が成り立つと仮定する.このとき,次が成り立つことを示せ.
$$\dim C\big|_{\mathbb{F}_q} \geq \dim C - (m-1)(n - s - \dim C).$$
上の評価式で等号が成り立つような符号の例($m > 1$ とする)を与えよ.

9.4 p を素数,$m > 1$ として $n = p^m - 1$ とおく.$(1, 1, \ldots, 1) \notin C$ をみたす $\mathbb{F}_q$ 上長さ n の巡回符号 C を考える.
  (i) $C^\perp$ の巡回コセットの完全代表系 $J_0 = \{\rho_1, \ldots, \rho_s\} \subseteq \{1, \ldots, n-1\}$ が存在し,$i = 1, \ldots, s$ に対して $(p, \rho_i) = 1$ をみたすことを示せ.
  (ii) 零でない符号語 $c \in C$ の重み w は,次の式を満足することを示せ.
  $$\left| w - p^m(1 - p^{-1}) \right| \leq \frac{(p-1)(\rho-1)}{2p} \cdot [2p^{m/2}].$$
  ただし,$\rho := \max\{\rho_1, \ldots, \rho_s\}$ である.

付録 A

体　　論

この付録は，体論からいくつかの使用頻度の高い事実を集めたものである．それらの証明などは，どの標準的な代数の教科書にも掲載されている．たとえば，文献 [23] を参照せよ．

A.1　代数拡大

L は K を部分体として含む体であるとする．このとき，L/K を**体の拡大**（field extension）という．L を K 上のベクトル空間として考えたとき，その次元を L/K の**拡大次数**または単に**次数**（degree）といい，$[L:K]$ により表す．

体の拡大 L/K は，$[L:K] = n < \infty$ であるとき**有限次拡大**（finite extension）であるという．このとき，L/K の**基底**（basis）$\{\alpha_1, \ldots, \alpha_n\}$ が存在する．すなわち，すべての $\gamma \in L$ は $c_i \in K$ を係数とする一意的な表現 $\gamma = \sum_{i=1}^n c_i \alpha_i$ をもつ．L/K と M/L が体の有限次拡大ならば，M/K もまた有限次拡大であり，その次数は $[M:K] = [M:L] \cdot [L:K]$ である．

元 $\alpha \in L$ は，$f(\alpha) = 0$ をみたす零でない多項式 $f(X) \in K[X]$（K 上の多項式環）が存在するとき，K 上で**代数的**（algebraic）であるという．とりわけ，このような多項式の中でモニックな（すなわち，最高次係数が 1 である）最小次数の多項式が唯一つ存在する．これを α の**最小多項式**（minimal polynomial）という．最小多項式は環 $K[X]$ において既

約である．ゆえに，それはしばしば K 上 α の**既約多項式**（irreducible polynomial）と呼ばれる．

体の拡大 L/K は，すべての元 $\alpha \in L$ が K 上代数的であるとき，**代数拡大**（algebraic extension）であるという．

$\gamma_1, \ldots, \gamma_r \in L$ とする．K とすべての $\gamma_1, \ldots, \gamma_r$ を含む L の最小の体は $K(\gamma_1, \ldots, \gamma_r)$ により表される．拡大 $K(\gamma_1, \ldots, \gamma_r)/K$ が有限次であるための必要十分条件は，すべての γ_i が K 上代数的になることである．

特に，$\alpha \in L$ が K 上代数的であるための必要十分条件は，$[K(\alpha) : K] < \infty$ となることである．$p(X) \in K[X]$ を K 上 α の最小多項式とし，$r = \deg p(X)$ とする．このとき，$[K(\alpha) : K] = r$ であり，元 $1, \alpha, \alpha^2, \ldots, \alpha^{r-1}$ は $K(\alpha)/K$ の基底を構成する．

A.2 　埋め込みと K-同型写像

体の拡大 L_1/K と L_2/K を考える．体の準同型写像 $\sigma : L_1 \to L_2$ は，すべての $a \in K$ に対して $\sigma(a) = a$ が成り立つとき，K 上 L_1 から L_2 への**埋め込み**（embedding）と呼ばれる．σ は単射であり，ゆえに L_1 から部分体 $\sigma(L_1) \subseteq L_2$ の上への同型写像を与える．全射である（ゆえに全単射である）K 上 L_1 から L_2 への埋め込みは，**K-同型写像**（K-isomorphism）である．

A.3 　多項式の根の添加

与えられた K と定数でない多項式 $f(X) \in K[X]$ に対して，$f(\alpha) = 0$ により定まる代数拡大体 $L = K(\alpha)$ が存在する．$f(X)$ が既約ならば，この拡大体は K-同型を除いて一意的に定まる．このことは次のことを意味している．すなわち，$L' = K(\alpha')$ が $f(\alpha') = 0$ により定まるもう一つの拡大体であるとき，$\sigma(\alpha) = \alpha'$ をみたす K-同型写像 $\sigma : L \to L'$ が存在する．$L = K(\alpha)$ は K に $p(X)$ の**根を添加**（adjoining a root）して得られるという．

$f_1(X), \ldots, f_r(X) \in K[X]$ がそれぞれ次数 $d_i \geq 1$ のモニック多項式ならば，ある拡大体 $Z \supseteq K$ が存在してすべての $f_i(X)$ は $\alpha_{ij} \in Z$ とする 1 次因数に分解し $f_i(X) = \prod_{j=1}^{d_i}(X - \alpha_{ij})$，また $Z = K(\{\alpha_{ij} \mid 1 \leq i \leq r, \ 1 \leq j \leq d_i\})$ が成り立つ．この体 Z は K-同型を除いて一意的に定まり，これを K 上 $f_1, \ldots, f_r$ の**分解体**（splitting field）という．

A.4　代数的閉包

体 M は，次数 ≥ 1 のすべての多項式 $f(X) \in M[X]$ が M に一つの根をもつとき**代数的に閉じている**（algebraically closed）といい，このとき，M を**代数的閉体**という．

すべての体 K に対して，代数的閉体を $\bar{K}$ とする代数拡大 $\bar{K}/K$ が存在する．この体 $\bar{K}$ は K-同型を除いて一意的に定まる．これを K の**代数的閉包**（algebraic closure）という．

代数的な体の拡大 L/K が与えられたとき，K 上の埋め込み $\sigma: L \to \bar{K}$ が存在する．$[L:K] < \infty$ ならば，K 上 L から $\bar{K}$ への相異なる埋め込みの個数は高々 $[L:K]$ である．

A.5　体の標数

K を体として，$1 \in K$ を乗法に関する**単位元**とする．任意の整数 $m > 0$ に対して，$\bar{m} = 1 + \cdots + 1 \in K$（$m$ 個の和）とする．すべての $m > 0$ に対して $\bar{m} \neq 0$（K の零元）であるとき，K の**標数は零**（characteristic 0）である，あるいは K は標数 0 をもつという．そうでないとき，$\bar{p} = 0$ をみたす唯一の素数 $p \in \mathbb{N}$ が存在する．このとき，K の**標数は p**（characteristic p）である，あるいは K は標数 p をもつという．簡約記号として，$\mathrm{char}\, K$ を用いる．また，整数 $m \in \mathbb{Z}$ と元 $\bar{m} \in K$ を同一視する，すなわち，これを単に $m = \bar{m} \in K$ と表すと都合がよい．

$\mathrm{char}\, K = 0$ であるとき，K は（同型写像によって）有理数体 $\mathbb{Q}$ を含んでいる．$\mathrm{char}\, K = p > 0$ であるとき，K は体 $\mathbb{F}_p = \mathbb{Z}/p\mathbb{Z}$ を含んでいる．

標数 $p > 0$ の体においては，すべての $a, b \in K$ と $q = p^j$, $j \geq 0$ に対して $(a+b)^q = a^q + b^q$ が成り立つ．

A.6　分離多項式

$f(X) \in K[X]$ を次数 $d \geq 1$ のモニック多項式とする．ある拡大体 $L \supseteq K$ 上で，$f(X)$ は 1 次因数に分解する $f(X) = \prod_{i=1}^{d}(X - \alpha_i)$．すべての $i \neq j$ について $\alpha_i \neq \alpha_j$ であるとき，多項式 $f(X)$ は**分離的**（separable）であるといい，そうでないとき，$f(X)$ は**非分離的**（inseparable）であるという．

$\mathrm{char}\, K = 0$ であるとき，すべての既約多項式は分離的である．$\mathrm{char}\, K = p > 0$ である場合，既約多項式 $f(X) = \sum a_i X^i \in K[X]$ が分離的であるための必要十分条件は，ある $i \not\equiv 0 \bmod p$ について $a_i \neq 0$ となることである．

$f(X) = \sum a_i X^i \in K[X]$ の**導関数** (derivative) は，通常のように $f'(X) = \sum i a_i X^{i-1}$ により定義される（ここで，$i \in \mathbb{N}$ は A.5 節におけるように K の元と考えている）．既約多項式 $f(X) \in K[X]$ が分離的であるための必要十分条件は，$f'(X) \neq 0$ となることである．

A.7　体の分離拡大

L/K を体の代数拡大とする．元 $\alpha \in L$ は，その最小多項式 $p(X) \in K[X]$ が分離多項式であるとき，K 上**分離的** (separable) であるという．L/K は，すべての元 $\alpha \in L$ が K 上分離的であるとき**分離拡大** (separable extension) であるという．$\mathrm{char}\, K = 0$ ならば，すべての代数拡大 L/K は分離的である．

Φ を代数的閉体で $\Phi \supseteq K$ とし，また L/K は次数 $[L : K] = n$ の有限次拡大であると仮定する．このとき，L/K が分離的であるための必要十分条件は，n 個の相異なる K 上の埋め込み $\sigma_1, \ldots, \sigma_n : L \to \Phi$ が存在することである（A.4 節参照）．この場合，元 $\gamma \in L$ が K に属するための必要十分条件は，$i = 1, \ldots, n$ に対して $\sigma_i(\gamma) = \gamma$ となることである．

体の代数拡大の塔 $M \supseteq L \supseteq K$ が与えられたとき，拡大 M/K が分離的であるための必要十分条件は，二つの拡大 M/L と L/K が分離的になることである．

A.8　純非分離拡大

体の代数拡大 L/K を考え，$\mathrm{char}\, K = p > 0$ とする．元 $\gamma \in L$ は，ある $r \geq 0$ に対して $\gamma^{p^r} \in K$ となるとき K 上**純非分離的** (purely inseparable) であるという．この場合，K 上 γ の最小多項式は $c \in K$ として $f(X) = X^{p^e} - c$ という形をしている（またこのとき $e \leq r$ である）．拡大 L/K は，すべての元 $\gamma \in L$ が K 上純非分離的であるとき，**純非分離拡大** (purely inseparable extension) であるという．

任意の代数拡大 L/K に対して，S/K が分離的かつ L/S が純非分離的であるような中間体 S, $K \subseteq S \subseteq L$ が唯一つ存在する．

A.9　完全体

体 K はすべての代数拡大 L/K が分離的であるとき**完全体** (perfect field) であるという．標数 0 の体はつねに完全体である．標数 $p > 0$ の体 K が完全体であるための必要十分条件は，すべての元 $\alpha \in K$ がある $\beta \in K$ により $\alpha = \beta^p$ と表されることである．すべての有限体は完全体である（A.15 節参照）．

A.10 単純代数拡大

代数拡大 L/K は,ある $\alpha \in L$ によって $L = K(\alpha)$ と表されるとき,**単純拡大** (simple extension) であるという.このとき,元 α を L/K に対する**原始元** (primitive element) という.すべての有限次分離代数拡大は単純拡大である.

$L = K(\alpha_1, \ldots, \alpha_r)$ は有限次分離拡大であり,かつ $K_0 \subseteq K$ を K の無限集合とする.このとき,$\alpha = \sum_{i=1}^{r} c_i \alpha_i, c_i \in K_0$ という形の原始元 α が存在する.

A.11 ガロア拡大

体の拡大 L/K に対して,K 上 L の自己同型写像がつくる群を $\mathrm{Aut}(L/K)$ により表す.すなわち,元 $\sigma \in \mathrm{Aut}(L/K)$ は L から L の上への K-同型写像である.$[L:K] < \infty$ ならば,$\mathrm{Aut}(L/K)$ の位数はつねに $\leq [L:K]$ である.拡大 L/K は $\mathrm{Aut}(L/K)$ の位数が $[L:K]$ であるとき**ガロア拡大** (Galois extension) であるという.この場合,$\mathrm{Gal}(L/K) := \mathrm{Aut}(L/K)$ を L/K の**ガロア群** (Galois group) という.体の有限次拡大 L/K に対して,以下の条件は同値である.

(1) L/K はガロア拡大である.
(2) L は K 上の分離多項式 $f_1(X), \ldots, f_r(X) \in K[X]$ の最小分解体である.
(3) L/K は分離拡大であり,かつ L に根をもつすべての既約多項式 $p(X) \in K[X]$ は $L[X]$ において 1 次因数に分解する.

与えられた有限次分離拡大 L/K と代数的閉体 $\Phi \supseteq L$ に対して,以下の条件をみたす唯一つの中間体 $M, L \subseteq M \subseteq \Phi$ が存在する.

(a) M/K はガロア拡大である.
(b) $L \subseteq N \subseteq \Phi$ かつ N/K がガロア拡大ならば,$M \subseteq N$ である.

この体 M を L/K の**ガロア閉包** (Galois closure) という.M のもう一つの特徴付けとして,M は σ が K 上 L から Φ へのすべての埋め込みを動くときの体 $\sigma(L)$ の合成として表される.

A.12 ガロア理論

ガロア群を $G = \mathrm{Gal}(L/K)$ とするガロア拡大 L/K を考える.ここで,
$$\mathcal{U} := \{U \subseteq G \mid U \text{ は } G \text{ の部分群}\},$$
また

$$\mathcal{F} := \{\, N \mid N \text{ は } L/K \text{ の中間体}\,\}$$

と定義する．L/K の中間体 N に対して L/N はガロア拡大であるから，次のような写像がある．

$$\begin{aligned}\mathcal{F} &\longrightarrow \mathcal{U}, \\ N &\longmapsto \mathrm{Gal}(L/N).\end{aligned} \qquad (*)$$

一方，任意の部分群 $U \subseteq G$ に対して U の**不変体**（fixed field）を次のように定義する．

$$L^U := \{\, c \in L \mid \sigma(c) = c,\ \forall \sigma \in U\,\}.$$

このようにして，次の写像が得られる．

$$\begin{aligned}\mathcal{U} &\longrightarrow \mathcal{F}, \\ U &\longmapsto L^U.\end{aligned} \qquad (**)$$

すると，いまガロア理論の主要な結果を以下のように定式化できる．

(1) 写像 $(*)$ と写像 $(**)$ は互いに逆写像である．それらは $\mathcal{U}$ と $\mathcal{F}$ の間の 1 対 1 対応を与える（**ガロア対応**（Galois correspondence））．
(2) $U \in \mathcal{U}$ に対して次が成り立つ．
$$[L : L^U] = \mathrm{ord}\, U \quad \text{かつ} \quad [L^U : K] = (G : U).$$
(3) $U \subseteq G$ が部分群ならば，$U = \mathrm{Gal}(L/L^U)$ が成り立つ．
(4) N が L/K の中間体ならば，$U = \mathrm{Gal}(L/N)$ として $N = L^U$ が成り立つ．
(5) 部分群 $U, V \subseteq G$ に対して，$U \subseteq V \iff L^U \supseteq L^V$ が成り立つ．
(6) N_1 と N_2 を L/K の中間体とし，$N = N_1 N_2$ を N_1 と N_2 の合成体とする．このとき，$\mathrm{Gal}(L/N) = \mathrm{Gal}(L/N_1) \cap \mathrm{Gal}(L/N_2)$ が成り立つ．
(7) N_1 と N_2 を L/K の中間体とすると，$L/(N_1 \cap N_2)$ のガロア群は $\mathrm{Gal}(L/N_1)$ と $\mathrm{Gal}(L/N_2)$ により生成される G の部分群である．
(8) 部分群 $U \subseteq G$ が G の正規部分群であるための必要十分条件は，L^U/K がガロア拡大になることである．この場合，$\mathrm{Gal}(L^U/K)$ は剰余群 G/U に同型である．

A.13 巡回拡大

ガロア拡大 L/K は $\mathrm{Gal}(L/K)$ が巡回群であるとき，**巡回拡大**（cyclic extension）であるという．特に二つの特殊な場合に興味がある．すなわち，クンマー拡大とアルティン・シュライアー拡大である．

(1) (**クンマー拡大**) L/K は次数 $[L:K] = n$ の巡回拡大であると仮定する．ただし，n は K の標数と互いに素であり，また K は 1 のすべての n-乗根を含んでいるものとする（すなわち，多項式 $X^n - 1$ は $K[X]$ において 1 次因数に分解する）．このとき，以下の条件をみたし，$L = K(\gamma)$ である元 $\gamma \in L$ が存在する．

$$\gamma^n = c \in K, \quad かつ \quad c \neq w^d, \forall w \in K, \quad かつ \quad d \mid n, \, d > 1. \tag{$\circ$}$$

このような体の拡大を**クンマー拡大**（Kummer extension）という．$\zeta \in K$ を 1 の n-乗根とするとき，自己同型写像 $\sigma \in \mathrm{Gal}(L/K)$ は $\sigma(\gamma) = \zeta \cdot \gamma$ により与えられる．

逆に，K が 1 のすべての n-乗根を含み（n は $\mathrm{char}\, K$ と互いに素である），かつ条件 ($\circ$) をみたす γ により $L = K(\gamma)$ と表されるならば，L/K は次数 n の巡回拡大である．

(2) (**アルティン・シュライアー拡大**) L/K を次数 $[L:K] = p = \mathrm{char}\, K$ の巡回拡大とする．このとき，以下の性質をみたす元 $\gamma \in L$ が存在して $L = K(\gamma)$ が成り立つ．

$$\gamma^p - \gamma = c \in K, \quad c \neq \alpha^p - \alpha, \, \forall \alpha \in K. \tag{$\circ\circ$}$$

このような体の拡大を，次数 p の**アルティン・シュライアー拡大**（Artin-Schreier extension）という．L/K の自己同型写像は $\nu \in \mathbb{Z}/p\mathbb{Z} \subseteq K$ として $\sigma(\gamma) = \gamma + \nu$ により与えられる．

$L = K(\gamma_1)$ かつ $\gamma_1^p - \gamma_1 \in K$ をみたす元 $\gamma_1 \in L$ を，L/K に対する**アルティン・シュライアー生成元**（Artin-Schreier generator）という．L/K の任意の二つのアルティン・シュライアー生成元 γ と γ_1 は，式 $\gamma_1 = \mu \cdot \gamma + (b^p - b)$ $(0 \neq \mu \in \mathbb{Z}/p\mathbb{Z}$ かつ $b \in K)$ をみたす関係をもつ．

逆に，γ が ($\circ\circ$) を満足している（かつ $\mathrm{char}\, K = p$ である）拡大体 $L = K(\gamma)$ があれば，L/K は次数 p の巡回拡大である．

A.14 ノルムとトレース

L/K を次数 $[L:K] = n < \infty$ の体の拡大とする．任意の元 $\alpha \in L$ により，$z \in L$ に対して $\mu_\alpha(z) := \alpha \cdot z$ により定義される K-線形写像 $\mu_\alpha : L \to L$ が得られる．体の拡大 L/K に関して，α の**ノルム**（norm）と**トレース**（trace）が，次のように定義される．

$$\mathrm{N}_{L/K}(\alpha) := \det(\mu_\alpha), \quad \mathrm{Tr}_{L/K}(\alpha) := \mathrm{Trace}(\mu_\alpha).$$

これは次のことを意味している．すなわち，$\{\alpha_1, \ldots, \alpha_n\}$ を L/K の基底として，

$$\alpha \cdot \alpha_i = \sum_{j=1}^n a_{ij} \alpha_j, \quad a_{ij} \in K$$

と表したとき，$N_{L/K}(\alpha)$ と $\mathrm{Tr}_{L/K}(\alpha)$ は次のように表される．

$$N_{L/K}(\alpha) = \det(a_{ij})_{1 \leq i,j \leq n} \quad \text{かつ} \quad \mathrm{Tr}_{L/K}(\alpha) = \sum_{i=1}^{n} a_{ii}.$$

以下においてノルムとトレースの性質を列挙しよう．

(1) ノルム写像は乗法的である．すなわち，すべての $\alpha, \beta \in L$ に対して $N_{L/K}(\alpha \cdot \beta) = N_{L/K}(\alpha) \cdot N_{L/K}(\beta)$ が成り立つ．さらに，$N_{L/K}(\alpha) = 0 \iff \alpha = 0$ が成り立つ．また，$a \in K$ については $n = [L:K]$ として $N_{L/K}(a) = a^n$ が成り立つ．

(2) $\alpha, \beta \in L$ と $a \in K$ に対して次が成り立つ．

$$\mathrm{Tr}_{L/K}(\alpha + \beta) = \mathrm{Tr}_{L/K}(\alpha) + \mathrm{Tr}_{L/K}(\beta),$$
$$\mathrm{Tr}_{L/K}(a \cdot \alpha) = a \cdot \mathrm{Tr}_{L/K}(\alpha),$$
$$\mathrm{Tr}_{L/K}(a) = n \cdot a, \quad n = [L:K].$$

特に，$\mathrm{Tr}_{L/K}$ は K-線形写像である．

(3) L/K と M/L が有限次拡大ならば，すべての $\alpha \in M$ に対して次が成り立つ．

$$\mathrm{Tr}_{M/K}(\alpha) = \mathrm{Tr}_{L/K}(\mathrm{Tr}_{M/L}(\alpha)),$$
$$N_{M/K}(\alpha) = N_{L/K}(N_{M/L}(\alpha)).$$

(4) 体の拡大 L/K が分離的であるための必要十分条件は，$\mathrm{Tr}_{L/K}(\gamma) \neq 0$ をみたす元 $\gamma \in L$ が存在することである（トレース写像は K-線形であるため，このとき $\mathrm{Tr}_{L/K}: L \to K$ が全射となるからである）．

(5) $f(X) = X^r + a_{r-1}X^{r-1} + \cdots + a_0 \in K[X]$ を K 上 α の最小多項式とし，$[L:K] = n = rs$ とする（$s = [L:K(\alpha)]$ として）．このとき，次が成り立つ．

$$N_{L/K}(\alpha) = (-1)^n a_0^s \quad \text{かつ} \quad \mathrm{Tr}_{L/K}(\alpha) = -s a_{r-1}.$$

(6) L/K は次数 n の分離拡大であると仮定する．K 上 L から代数的閉体 $\Phi \supseteq K$ への n 個の相異なる埋め込み $\sigma_1, \ldots, \sigma_n : L \to \Phi$ を考える．このとき，$\alpha \in L$ に対して次が成り立つ．

$$N_{L/K}(\alpha) = \prod_{i=1}^{n} \sigma_i(\alpha) \quad \text{かつ} \quad \mathrm{Tr}_{L/K}(\alpha) = \sum_{i=1}^{n} \sigma_i(\alpha).$$

(7) 特に，L/K がガロア群 $G = \mathrm{Gal}(L/K)$ をもつガロア拡大体とするとき，$\alpha \in L$ に対して次が成り立つ．

$$N_{L/K}(\alpha) = \prod_{\sigma \in G} \sigma(\alpha) \quad \text{かつ} \quad \mathrm{Tr}_{L/K}(\alpha) = \sum_{\sigma \in G} \sigma(\alpha).$$

A.15　有限体

$p > 0$ を素数とし，$q = p^n$ を p のベキとする．このとき，$|\mathbb{F}_q| = q$ となる有限体 $\mathbb{F}_q$ が存在し，$\mathbb{F}_q$ は同型を除いて一意的に定まる．これは体 $\mathbb{F}_p := \mathbb{Z}/p\mathbb{Z}$ 上の多項式 $X^q - X$ の分解体である．このようにして，標数 p の「すべて」の有限体が得られる．

$\mathbb{F}_q$ の乗法群 $\mathbb{F}_q^\times$ は位数 $q-1$ の巡回群である．すなわち，次のようである．

$$\mathbb{F}_q = \{0, \beta, \beta^2, \ldots, \beta^{q-1} = 1\}.$$

ここで，β は $\mathbb{F}_q^\times$ の生成元である．

$m \geq 1$ とする．このとき，$\mathbb{F}_q \subseteq \mathbb{F}_{q^m}$ であり，拡大 $\mathbb{F}_{q^m}/\mathbb{F}_q$ は次数 m のガロア拡大である．ガロア群 $\mathrm{Gal}(\mathbb{F}_{q^m}/\mathbb{F}_q)$ は巡回群である．すなわち，この群は次の**フロベニウス自己同型写像**（Frobenius automorphism）によって生成される．

$$\varphi : \begin{cases} \mathbb{F}_{q^m} & \longrightarrow & \mathbb{F}_{q^m}, \\ \alpha & \longmapsto & \alpha^q. \end{cases}$$

特に，すべての有限体は完全体である．

$\mathbb{F}_{q^m}$ から $\mathbb{F}_q$ へのノルムとトレースは，以下の式で与えられる．

$$\mathrm{N}_{\mathbb{F}_{q^m}/\mathbb{F}_q}(\alpha) = \alpha^{1+q+q^2+\cdots+q^{m-1}},$$
$$\mathrm{Tr}_{\mathbb{F}_{q^m}/\mathbb{F}_q}(\alpha) = \alpha + \alpha^q + \cdots + \alpha^{q^{m-1}}.$$

ヒルベルトの定理 90（Hilbert's theorem 90）は，$\alpha \in \mathbb{F}_{q^m}$ について以下のことを述べている．

$$\mathrm{Tr}_{\mathbb{F}_{q^m}/\mathbb{F}_q}(\alpha) = 0 \iff \alpha = \beta^q - \beta, \ \exists \beta \in \mathbb{F}_{q^m}.$$

A.16　超越拡大

L/K を体の拡大とする．K 上代数的でない元 $x \in L$ は K 上**超越的**（transcendental）であるという．有限部分集合 $\{x_1, \ldots, x_n\} \subseteq L$ は，$f(x_1, \ldots, x_n) = 0$ となる零でない多項式 $f(X_1, \ldots, X_n) \in K[X_1, \ldots, X_n]$ が存在しないとき，K 上**代数的に独立**（algebraically independent）であるという．任意の部分集合 $S \subseteq L$ は，S のすべての有限部分集合が K 上代数的に独立であるとき，K 上**代数的に独立**であるという．

L/K の**超越基底**（transcendental basis）とは，L の極大な代数的に独立である集合のことである．L/K の任意の二つの超越基底は同じ濃度をもち，これを L/K の**超越次数**（transcendental degree）という．

L/K が有限な超越次数 n をもち，$\{x_1,\ldots,x_n\}$ が L/K の超越基底ならば，体 $K(x_1,\ldots,x_n) \subseteq L$ は $K(X_1,\ldots,X_n)$ に K-同型である．ここで，$K(X_1,\ldots,X_n)$ は K 上 n 変数の多項式環 $K[X_1,\ldots,X_n]$ の商体である．拡大 $L/K(x_1,\ldots,x_n)$ は代数的である．

付録 B

代数曲線と関数体

この付録では，代数曲線と代数関数体の関係を概観する．詳細と証明については，代数幾何学に関する文献を参照していただきたい．たとえば，文献 [11], [18], [37], [38] などがある．

付録 B では，K は代数的閉体であると仮定する．

B.1 アフィン多様体

n-次元**アフィン空間**（affine space）$\mathbf{A}^n = \mathbf{A}^n(K)$ とは，K の元のすべての n-列の集合のことである．元 $P = (a_1, \ldots, a_n) \in \mathbf{A}^n$ は**点**（point）であり，$a_1, \ldots, a_n$ は P の**座標**（coordinate）である．

$K[X_1, \ldots, X_n]$ を K 上 n 変数の多項式環とする．部分集合 $V \subseteq \mathbf{A}^n$ は次の条件をみたす集合 $M \subseteq K[X_1, \ldots, X_n]$ が存在するとき，**代数的集合**（algebraic set）であるという．
$$V = \{\, P \in \mathbf{A}^n \mid F(P) = 0,\ \forall F \in M \,\}.$$

代数的集合 $V \subseteq \mathbf{A}^n$ が与えられたとき，多項式の集合
$$I(V) = \{ F \in K[X_1, \ldots, X_n] \mid F(P) = 0,\ \forall P \in V \}$$
を V の**イデアル**（ideal）という．$I(V)$ は明らかに $K[X_1, \ldots, X_n]$ におけるイデアルであり，このイデアルは有限個の多項式 $F_1, \ldots, F_r \in K[X_1, \ldots, X_n]$ によって生成される．し

たがって，次が成り立つ．
$$V = \{\, P \in \mathbf{A}^n \mid F_1(P) = \cdots = F_r(P) = 0 \,\}.$$

代数的集合 $V \subseteq \mathbf{A}^n$ は，V_1 と V_2 を V の真の代数的部分集合として $V = V_1 \cup V_2$ と表すことができないとき，**既約** (irreducible) であるという．言い換えると，V が既約であるための必要十分条件は，対応しているイデアル $I(V)$ が素イデアルになることである．**アフィン多様体** (affine variety) とは既約な代数的集合 $V \subseteq \mathbf{A}^n$ のことである．

アフィン多様体 V の**座標環** (coordinate ring) とは，剰余環 $\Gamma(V) = K[X_1, \ldots, X_n]/I(V)$ のことである．$I(V)$ は素イデアルであるから，$\Gamma(V)$ は整域である．すべての $f = F + I(V) \in \Gamma(V)$ は，$P \in V$ に対して $f(P) := F(P)$ とおくことにより，関数 $f : V \to K$ を誘導する．商体
$$K(V) = \mathrm{Quot}(\Gamma(V))$$
を V の**関数体** (function field) という．これは部分体として K を含んでいる．V の**次元** (dimension) とは，$K(V)/K$ の超越次数のことである．

点 $P \in V$ に対して，
$$\mathcal{O}_P(V) = \{\, f \in K(V) \mid f = g/h,\ g, h \in \Gamma(V),\ h(P) \neq 0 \,\}$$
とおく．この環は $K(V)$ を商体とする局所環であり，その極大イデアルは
$$M_P(V) = \{\, f \in K(V) \mid f = g/h,\ g, h \in \Gamma(V),\ h(P) \neq 0 \text{ かつ } g(P) = 0 \,\}$$
である．$\mathcal{O}_P(V)$ を点 P における V の**局所環** (local ring) という．$h(P) \neq 0$ とする $f = g/h \in \mathcal{O}_P(V)$ に対して，P における f の**値** (value) は，$f(P) := g(P)/h(P)$ によって定義される．

B.2　射影多様体

集合 $\mathbf{A}^{n+1} \setminus \{(0, \ldots, 0)\}$ の上に，以下のようにして同値関係 $\sim$ が与えられる．
$$(a_0, a_1, \ldots, a_n) \sim (b_0, b_1, \ldots, b_n) : \iff \exists \lambda \in K,\ \lambda \neq 0,\ b_i = \lambda a_i,\ 0 \leq i \leq n.$$

$\sim$ に関する $(a_0, a_1, \ldots, a_n)$ の同値類を $(a_0 : a_1 : \cdots : a_n)$ で表す．n 次元**射影空間** (projective space) $\mathbf{P}^n = \mathbf{P}^n(K)$ とは，次のようなすべての同値類の集合である．
$$\mathbf{P}^n = \{\, (a_0 : \cdots : a_n) \mid a_i \in K,\ \exists a_i \neq 0 \,\}.$$

元 $P = (a_0 : \cdots : a_n) \in \mathbf{P}^n$ は**点** (point) であり，$a_0, \ldots, a_n$ を点 P の**斉次座標** (homogeneous coordinate) という．

次数 d の**単項式** (monomial) とは，次の形をしている多項式 $G \in K[X_0,\ldots,X_n]$ のことである．

$$G = a \cdot \prod_{i=0}^{n} X_i^{d_i}, \quad 0 \neq a \in K \text{ かつ } \sum_{i=0}^{n} d_i = d.$$

多項式 F は，F が同じ次数の単項式の和で表されるとき，**斉次多項式** (homogeneous polynomial) であるという．斉次多項式によって生成されているイデアル $I \subseteq K[X_0,\ldots,X_n]$ を**斉次イデアル** (homogeneous ideal) という．

$P = (a_0 : \cdots : a_n) \in \mathbf{P}^n$ とし，$F \in K[X_0,\ldots,X_n]$ を斉次多項式とする．$F(a_0,\ldots,a_n) = 0$ であるとき，$F(P) = 0$ と表す．これは意味がある．すなわち，$d = \deg F$ とすれば $F(\lambda a_0,\ldots,\lambda a_n) = \lambda^d \cdot F(a_0,\ldots,a_n)$ であるため，$F(a_0,\ldots,a_n) = 0 \iff F(\lambda a_0,\ldots,\lambda a_n) = 0$ が成り立つからである．

部分集合 $V \subseteq \mathbf{P}^n$ は，ある斉次多項式の集合 $M \subseteq K[X_0,\ldots,X_n]$ が存在して次の条件をみたすとき，**射影代数的集合** (projective algebraic set) であるという．

$$V = \{ P \in \mathbf{P}^n \mid F(P) = 0, \ \forall F \in M \}.$$

すべての $P \in V$ に対して $F(P) = 0$ をみたすすべての斉次多項式 F によって生成されるイデアル $I(V) \subseteq K[X_0,\ldots,X_n]$ を，V の**イデアル**という．これは斉次イデアルである．射影代数的集合の**既約性**は，アフィンの場合と同様に定義される．また，$V \subseteq \mathbf{P}^n$ が既約であるための必要十分条件は，$I(V)$ が $K[X_0,\ldots,X_n]$ の斉次素イデアルとなることである．**射影多様体** (projective variety) とは，既約な射影代数的集合のことである．

空でない多様体 $V \subseteq \mathbf{P}^n$ が与えられたとき，その座標環を次のように定義する．

$$\Gamma_h(V) = K[X_0,\ldots,X_n]/I(V).$$

この環は K を含んでいる整域である．元 $f \in \Gamma_h(V)$ はある斉次多項式 $F \in K[X_0,\ldots,X_n]$，$\deg F = d$ によって $f = F + I(V)$ と表されるとき，次数 d の**形式** (form) であるという．V の**関数体** (function field) は次のように定義される．

$$K(V) := \left\{ \frac{g}{h} \;\middle|\; g, h \in \Gamma_h(V) \text{ は同じ次数の形式，かつ } h \neq 0 \right\}.$$

これは $\mathrm{Quot}(\Gamma_h(V))$ の部分体であり，$\Gamma_h(V)$ の商体である．

V の**次元** (dimension) とは，K 上 $K(V)$ の超越次数のことである．

$P = (a_0 : a_1 : \cdots : a_n) \in V$ かつ $f \in K(V)$ とする．$f = g/h$ と表す．ただし，$g = G + I(V)$，$h = H + I(V) \in \Gamma_h(V)$ で，G, H は次数 d の斉次多項式である．

$$\frac{G(\lambda a_0,\ldots,\lambda a_n)}{H(\lambda a_0,\ldots,\lambda a_n)} = \frac{\lambda^d \cdot G(a_0,\ldots,a_n)}{\lambda^d \cdot H(a_0,\ldots,a_n)} = \frac{G(a_0,\ldots,a_n)}{H(a_0,\ldots,a_n)}$$

であるから，$H(P) \neq 0$ のとき $f(P) := G(a_0,\ldots,a_n)/H(a_0,\ldots,a_n) \in K$ とおくことができる．このとき，f は P で**定義され**，$f(P)$ を P における f の**値**という．環

$$\mathcal{O}_P(V) = \{\, f \in K(V) \mid f \text{ は } P \text{ で定義される}\,\} \subseteq K(V)$$

は，以下のイデアルを極大イデアルとする局所環である．

$$M_P(V) = \{\, f \in \mathcal{O}_P(V) \mid f(P) = 0\,\}.$$

B.3　アフィン多様体による射影多様体の被覆

$0 \leq i \leq n$ に対して，以下の式により与えられる写像 $\varphi_i : \mathbf{A}^n \to \mathbf{P}^n$ を考える．

$$\varphi_i(a_0,\ldots,a_{n-1}) = (a_0 : \cdots : a_{i-1} : 1 : a_i : \cdots : a_{n-1}).$$

φ_i は $\mathbf{A}^n$ から集合

$$U_i = \{\, (c_0 : \cdots : c_n) \in \mathbf{P}^n \mid c_i \neq 0\,\}$$

の上への全単射であり，$\mathbf{P}^n = \bigcup_{i=0}^{n} U_i$ が成り立つ．ゆえに，$\mathbf{P}^n$ は $n+1$ 個のアフィン空間 $\mathbf{A}^n$ の同型像により被覆される（これは直和ではない）．

$V \subseteq \mathbf{P}^n$ を射影多様体とすれば，$V = \bigcup_{i=0}^{n}(V \cap U_i)$ である．$V \cap U_i \neq \emptyset$ と仮定する．このとき，

$$V_i := \varphi_i^{-1}(V \cap U_i) \subseteq \mathbf{A}^n$$

はアフィン多様体であり，（B.1 節における意味の）イデアル $I(V_i)$ は，以下の式によって与えられる．

$$I(V_i) = \{\, F(X_0,\ldots,X_{i-1},1,X_{i+1},\ldots,X_n) \mid F \in I(V)\,\}.$$

簡単のため，以下において $i = n$ の場合に限定する（また $V \cap U_n \neq \emptyset$ とする）．補集合 $H_n = \mathbf{P}^n \setminus U_n = \{(a_0 : \cdots : a_n) \in \mathbf{P}^n \mid a_n = 0\}$ は**無限遠超平面**（hyperplane at infinity）といい，点 $P \in V \cap H_n$ を V の**無限遠点**（point at infinity）という．

　$K(V)$（射影多様体 V の関数体）から $K(V_n)$（アフィン多様体 $V_n = \varphi_n^{-1}(V \cap U_n)$ の関数体）の上への自然な K-同型写像 α が存在する．この同型写像は次のように定義される．すなわち，$f = g/h \in K(V)$ と表す．ただし，$g, h \in \Gamma_h(V)$ は同じ次数の形式で $h \neq 0$ である．それぞれ g と h を代表する斉次多項式 $G, H \in K[X_0,\ldots,X_n]$ を選ぶ．$G_* = G(X_0,\ldots,X_{n-1},1)$ かつ $H_* = G(X_0,\ldots,X_{n-1},1) \in K[X_0,\ldots,X_{n-1}]$ とおく．それらの $\Gamma(V_n) = K[X_0,\ldots,X_{n-1}]/I(V_n)$ における剰余類はそれぞれ g_* と h_* である．このとき，$\alpha(f) = g_*/h_*$ と定義する．この同型写像によって，点 $P \in V \cap U_n$ の局所環は $\varphi_n^{-1}(P) \in V_n$ の局所環の上に写像される．ゆえに，これらの局所環は同型である．

B.4　アフィン多様体の射影閉包

次数 d の多項式 $F = F(X_0, \ldots, X_{n-1}) \in K[X_0, \ldots, X_{n-1}]$ に対して，次のようにおく．
$$F^* = X_n^d \cdot F(X_0/X_n, \ldots, X_{n-1}/X_n) \in K[X_0, \ldots, X_{n-1}].$$
F^* は $n+1$ 個の変数に関する次数 d の斉次多項式である．

いま，アフィン多様体 $V \subseteq \mathbf{A}^n$ と，対応しているイデアル $I(V) \subseteq K[X_0, \ldots, X_{n-1}]$ を考える．このとき，射影多様体 $\bar{V} \subseteq \mathbf{P}^n$ を次のように定義する．
$$\bar{V} = \{\, P \in \mathbf{P}^n \mid F^*(P) = 0,\ \forall F \in I(V) \,\}.$$
この多様体 $\bar{V}$ を V の**射影閉包**（projective closure）という．B.3 節で解説した手順によって，$\bar{V}$ から V をもとに戻すことができる．すなわち，
$$V = \varphi_n^{-1}(\bar{V} \cap U_n) = (\bar{V})_n.$$
したがって，V と $\bar{V}$ の関数体は自然な同型であり，また V と $\bar{V}$ は同じ次元をもつ．

B.5　有理写像と射

$V \subseteq \mathbf{P}^m$ と $W \subseteq \mathbf{P}^n$ を射影多様体とする．$F_0, \ldots, F_n \in K[X_0, \ldots, X_m]$ を以下の性質をもつ斉次多項式とする．

(a) $F_0, \ldots, F_n$ は同じ次数をもつ．
(b) ある F_i は $I(V)$ に属さない．
(c) すべての $H \in I(W)$ に対して，$H(F_0, \ldots, F_n) \in I(V)$ である．

$Q \in V$ として，少なくとも一つの $i \in \{0, \ldots, n\}$ について $F_i(Q) \neq 0$ であると仮定する ((b) によりこのような点は存在する)．このとき，(c) により点 $(F_0(Q) : \cdots : F_n(Q)) \in \mathbf{P}^n$ は W に属する．$(G_0, \ldots, G_n)$ を (a), (b), (c) をみたす斉次多項式のもう一つの n-列とする．$(F_0, \ldots, F_n)$ と $(G_0, \ldots, G_n)$ は次の条件をみたすとき，同値であるという．

(d) $F_i G_j \equiv F_j G_i \bmod I(V),\ 0 \leq i,\, j \leq n.$

この同値関係に関する $(F_0, \ldots, F_n)$ の同値類は
$$\phi = (F_0 : \cdots : F_n)$$
と表され，ϕ を V から W への**有理写像**（rational map）という．

有理写像 $\phi = (F_0 : \cdots : F_n)$ は，斉次多項式 $G_0, \ldots, G_n \in K[X_0, \ldots, X_m]$ が存在して，$\phi = (G_0 : \cdots : G_n)$，かつ，少なくとも一つの i に対して $G_i(P) \neq 0$ をみたすとき，点

$P \in V$ において**正則**（regular）である（または**定義される**（defined））という．このとき，
$$\phi(P) = (G_0(P) : \cdots : G_n(P)) \in W$$
とおく．これは (a) と (b) によって矛盾なく定義される．

二つの多様体 V_1 と V_2 は，有理写像 $\phi_1 : V_1 \to V_2$ と $\phi_2 : V_2 \to V_1$ が存在して $\phi_1 \circ \phi_2$ と $\phi_2 \circ \phi_1$ がそれぞれ V_2 上と V_1 上で恒等写像になるとき，**双有理同値**（birationally equivalent）であるという．V_1 と V_2 が双有理同値であるための必要十分条件は，それらの関数体 $K(V_1)$ と $K(V_2)$ が K-同型になることである．

すべての点 $P \in V$ で正則である有理写像 $\phi : V \to W$ を**射**（morphism）という．この射はある射 $\psi : W \to V$ が存在して $\phi \circ \psi$ と $\psi \circ \phi$ がそれぞれ W と V の上で恒等写像となるとき，**同型射**（isomorphism）であるという．この場合，V と W は**同型**（isomorphic）であるという．明らかに，同型ならば双有理同値であるが，逆は一般に成り立たない．

B.6　代数曲線

射影（アフィン）代数曲線 V とは，次元 1 の射影（アフィン）多様体のことである．このことは，V 上の有理関数体 $K(V)$ が 1 変数の代数関数体であることを意味している．

点 $P \in V$ は，その局所環 $\mathcal{O}_P(V)$ が離散付値環であるとき**非特異**（non-singular）（または**単純**（simple））であるという（すなわち，$\mathcal{O}_P(V)$ は唯一つの極大イデアル $\neq \{0\}$ をもつ単項イデアル整域である）．一つの曲線上には有限個の特異点しか存在しない．曲線 V は，すべての $P \in V$ が非特異であるとき，**非特異**（non-singular）（または**滑らか**（smooth））であるという．

アフィン平面曲線（plane affine curve）とはアフィン曲線 $V \subseteq \mathbf{A}^2$ のことである．そのイデアル $I(V) \subseteq K[X_0, X_1]$ は一つの既約多項式 $G \in K[X_0, X_1]$ によって生成される（G は定数因子を除いて一意的である）．逆に，既約多項式 $G \in K[X_0, X_1]$ が与えられたとき，集合 $V = \{P \in \mathbf{A}^2 \mid G(P) = 0\}$ はアフィン平面曲線であり，G は対応しているイデアル $I(V)$ を生成する．$P \in V$ が非特異点であるための必要十分条件は，
$$G_{X_0}(P) \neq 0 \quad \text{または} \quad G_{X_1}(P) \neq 0$$
が成り立つことである．ただし，$G_{X_i} \in K[X_0, X_1]$ は X_i に関する G の偏導関数を表す（**ヤコビの判定法**（Jacobi-criterion））．

したがって，射影平面曲線 $V \subseteq \mathbf{P}^2$ のイデアルは，既約な斉次多項式 $H \in K[X_0, X_1, X_2]$ によって生成される．点 $P \in V$ が非特異であるための必要十分条件は，少なくとも一つの $i \in \{0, 1, 2\}$ について $H_{X_i}(P) \neq 0$ が成り立つことである．

$V = \{P \in \mathbf{A}^2 \mid G(P) = 0\}$ が（次数 d の既約多項式 $G \in K[X_0, X_1]$ により定まる）アフィン平面曲線ならば，その射影閉包 $\bar{V} \subseteq \mathbf{P}^2$ は斉次多項式 $G^* = X_2^d \cdot G(X_0/X_2, X_1/X_2)$ の零点集合である．

B.7　曲線間の写像

V と W を射影曲線として，有理写像 $\phi : V \to W$ を考える．このとき，次が成り立つ．
(a) ϕ はすべての非特異点 $P \in V$ において定義される．ゆえに，V が非特異曲線ならば，ϕ は射となる．
(b) V が非特異曲線でかつ ϕ が定数でなければ，ϕ は全射である．

B.8　曲線の非特異モデル

V を射影曲線とする．このとき，非特異射影曲線 V' と双有理射 $\phi' : V' \to V$ が存在する．組 (V', ϕ') は次のような意味で一意的である．すなわち，別の非特異曲線 V'' と双有理射 $\phi'' : V'' \to V$ が与えられたとき，$\phi' = \phi'' \circ \phi$ をみたす同型射 $\phi : V' \to V''$ が唯一つ存在する．ゆえに，V'（より正確には組 (V', ϕ')）は V の**非特異モデル** (non-singular model) と呼ばれている．

$\phi' : V' \to V$ が V の非特異モデルで，かつ $P \in V$ が非特異点ならば，$\phi'(P') = P$ をみたす唯一つの点 $P' \in V'$ が存在する．特異点 $P \in V$ に対して，$\phi'(P') = P$ をみたす点 $P' \in V'$ の個数は有限である（一つでもよい）．

B.9　代数関数体に付随した曲線

1 変数の代数関数体 F/K から出発して，その関数体 $K(V)$ が F（に K-同型）である非特異射影曲線 V が（同型を除いて一意的に）存在する．V は次のように構成することができる．$F = K(x, y)$ をみたす $x, y \in F$ を選ぶ（これは命題 3.10.2 より可能である）．$G(X, Y) \in K[X, Y]$ は $G(x, y) = 0$ をみたす既約多項式であるとする．$W = \{P \in \mathbf{A}^2 \mid G(P) = 0\}$ とし，$\bar{W} \subseteq \mathbf{P}^2$ を W の射影閉包とする．V を $\bar{W}$ の非特異モデルとすると，$K(V) \simeq F$ が成り立つ．

B.10　非特異曲線と代数関数体

V を非特異射影曲線とし，$F = K(V)$ をその関数体とする．点 $P \in V$ と F/K の座の間には，次のような1対1対応がある．

$$P \longmapsto M_P(V).$$

ここで，$M_P(V)$ は局所環 $\mathcal{O}_P(V)$ の極大イデアルである．この対応により，代数関数体における定義と結果を代数曲線の定義と結果に翻訳することが可能である（その逆も可能である）．いくつかの例をあげてみよう．

- 曲線 V の**種数**は関数体 $K(V)$ の種数である．
- V の**因子**は形式的和 $D = \sum_{P \in V} n_P P$ である．ここで，$n_P \in \mathbb{Z}$ であるが，ほとんどすべての場合 $n_P = 0$ である．D の次数は $\deg D = \sum_{P \in V} n_P$ である．V の因子は加法群 $\mathrm{Div}(V)$ をつくり，これは V の**因子群**である．
- 点 $P \in V$ における有理関数 f の**位数**は，$v_P(f)$ により定義される．ただし，v_P は付値環 $\mathcal{O}_P(V)$ に対応する $K(V)$ の離散付値である．
- 有理関数 $0 \neq f \in K(V)$ の**主因子** (f) は $(f) = \sum_{P \in V} v_P(f) P$ である．主因子の次数は 0 である．
- 主因子は因子群 $\mathrm{Div}(V)$ の部分群 $\mathrm{Princ}(V)$ をつくる．次数 0 の因子がつくる群 $\mathrm{Div}^0(V)$ の剰余群 $\mathrm{Jac}(V) = \mathrm{Div}^0(V)/\mathrm{Princ}(V)$ を V の**ヤコビアン**（Jacobian）という．
- $D \in \mathrm{Div}(V)$ に対して，空間 $\mathscr{L}(D)$ は関数体の場合と同様に定義される．それは K 上有限次元のベクトル空間であり，その次元はリーマン・ロッホの定理により与えられる．

B.11　代数的閉体でない体上の多様体

これまで K は代数的閉体であると仮定してきた．いまこの仮定を外して，K は**完全体**であることのみを仮定する．$\bar{K} \supseteq K$ を K の代数的閉包とする．

アフィン多様体 $V \subseteq \mathbf{A}^n(\bar{K})$ は，そのイデアル $I(V) \subseteq \bar{K}[X_1, \ldots, X_n]$ が多項式 $F_1, \ldots, F_r \in K[X_1, \ldots, X_n]$ によって生成されるとき，**K 上で定義される**（defined over K）という．V が K 上で定義されているとき，集合

$$V(K) = V \cap \mathbf{A}^n(K) = \{ P = (a_1, \ldots, a_n) \in V \mid \forall a_i \in K \}$$

を V の **K-有理点**（K-rational point）の集合という．

同様にして，射影多様体 $V \subseteq \mathbf{P}^n(\bar{K})$ は，そのイデアル $I(V) \subseteq \bar{K}[X_1,\ldots,X_n]$ が斉次多項式 $F_1,\ldots,F_r \in K[X_0,\ldots,X_n]$ によって生成されるとき，**K 上で定義される**という．点 $P \in V$ は，K に属している P の斉次座標 $a_0,\ldots,a_n$ が存在するとき，**K-有理点**といい，次のようにおく．
$$V(K) = \{\, P \in V \mid P \text{ は } K\text{-有理点} \,\}.$$

$V \subseteq \mathbf{A}^n(\bar{K})$ を K 上で定義されたアフィン多様体とする．次のように，イデアル
$$I(V/K) = I(V) \cap K[X_1,\ldots,X_n]$$
と剰余環
$$\varGamma(V/K) = K[X_1,\ldots,X_n]/I(V/K)$$
を定義する．その商体
$$K(V) = \mathrm{Quot}(\varGamma(V/K)) \subseteq \bar{K}(V)$$
は，V の **K-有理関数**（K-rational function）のつくる体である．体の拡大 $K(V)/K$ は有限生成であり，その超越次数は V の次元である．同様にして，射影多様体の K-有理関数のつくる体が定義される．

二つの多様体 $V \subseteq \mathbf{P}^m(\bar{K})$ と $W \subseteq \mathbf{P}^n(\bar{K})$ を考える．有理写像 $\phi : V \to W$ が **K 上で定義される**とは，B.5 節の条件 (a), (b), (c) をみたす斉次多項式 $F_0,\ldots,F_n \in K[X_0,\ldots,X_m]$ が存在して $\phi = (F_0 : \cdots : F_n)$ と表されることである．

K 上で定義されている多様体上の K-有理点や K-有理関数などを説明するもう一つの方法は，次のようである．$\mathcal{G}_{\bar{K}/K}$ を $\bar{K}/K$ のガロア群とする．$\bar{K}$ の上への $\mathcal{G}_{\bar{K}/K}$ の作用は，集合 $\mathbf{A}^n(\bar{K})$，$\mathbf{P}^n(\bar{K})$，$\bar{K}[X_1,\ldots,X_n]$，V，$\varGamma(V)$，$\bar{K}(V)$ などの上に自然に拡張される．たとえば，射影多様体 $V \subseteq \mathbf{P}^n(\bar{K})$（$K$ 上で定義されている）や，点 $P = (a_0 : \cdots : a_n) \in V$，自己同型写像 $\sigma \in \mathcal{G}_{\bar{K}/K}$ を考えると，$P^\sigma = (a_0^\sigma : \cdots : a_n^\sigma)$ である．このとき，
$$V(K) = \{\, P \in V \mid P^\sigma = P,\ \forall \sigma \in \mathcal{G}_{\bar{K}/K} \,\},$$
$$K(V) = \{\, f \in \bar{K}(V) \mid f^\sigma = f,\ \forall \sigma \in \mathcal{G}_{\bar{K}/K} \,\}$$
などが成り立つことが容易に分かる．

B.12 代数的閉体でない体上の曲線

K 上で定義された射影曲線 $V \subseteq \mathbf{P}^n(\bar{K})$ を考える（ここで，K は完全体で，$\bar{K}$ は B.11 節のように K の代数的閉包である）．このとき，V 上 K-有理関数のつくる体 $K(V)$ は K 上 1 変数の代数関数体であり，また $\bar{K}(V)$ は $\bar{K}$ による $K(V)$ の定数拡大である．

因子 $D = \sum_{P \in V} n_P P \in \mathrm{Div}(V)$ が **K 上で定義される**とは，すべての $\sigma \in \mathcal{G}_{\bar{K}/K}$ に対して $D^\sigma = D$ が成り立つことである（このことは，すべての $P \in V$ に対して $n_{P^\sigma} = n_P$ であることを意味している）．K 上で定義される V の因子は部分群 $\mathrm{Div}(V/K) \subseteq \mathrm{Div}(V)$ をつくる．$D \in \mathrm{Div}(V/K)$ に対して，空間 $\mathscr{L}_K(D)$ は次のように与えられる．

$$\mathscr{L}_K(D) = K(V) \cap \mathscr{L}(D).$$

これは有限次元 K-ベクトル空間であり，定理 3.6.3 (d) より，その（K 上の）次元は（$\bar{K}$ 上の）$\mathscr{L}(D)$ の次元に等しい．

因子 $Q \in \mathrm{Div}(V/K)$, $Q > 0$ が V/K の**素因子**（prime divisor）であるとは，Q が正因子 $Q_1, Q_2 \in \mathrm{Div}(V/K)$ によって $Q = Q_1 + Q_2$ と表せないことをいう．因子群 $\mathrm{Div}(V/K)$ は素因子により生成される自由アーベル群であることが容易に分かる．V/K の素因子は関数体 $K(V)/K$ の座に対応している．すなわち，この対応によって V の次数 1 の素因子（すなわち，K-有理点）は $K(V)/K$ の次数 1 の座に対応する．

B.13　一つの例

K を標数 $p \geq 0$ の完全体とし，次のように仮定する．

$$G(X,Y) = aX^n + bY^n + c, \quad a,b,c \in K \setminus \{0\}, \quad n \geq 1, \ p \nmid n.$$

（これは例 6.3.4 と同じ仮定である．）多項式 $G(X,Y)$ は既約である（このことはアイゼンシュタインの既約判定法から容易に分かる．命題 3.1.15 を参照せよ）．アフィン曲線 $V = \{P \in \mathbf{A}^2(\bar{K}) \mid G(P) = 0\}$ は非特異である．なぜなら，$P = (\alpha, \beta) \in V$ に対して，

$$G_X(\alpha, \beta) = na\alpha^{n-1} \neq 0 \ \text{または} \ G_Y(\alpha, \beta) = nb\beta^{n-1} \neq 0.$$

$G^*(X,Y,Z) = aX^n + bY^n + cZ^n$ とする．このとき，V の射影閉包は以下の曲線である．

$$\bar{V} = \{(\alpha : \beta : \gamma) \in \mathbf{P}^2(\bar{K}) \mid G^*(\alpha, \beta, \gamma) = 0\}.$$

無限遠点 $P \in \bar{V}$ を考える．すなわち，$(\alpha : \beta) \neq (0,0)$ として $P = (\alpha : \beta : 0)$ と表され，かつ $G^*(\alpha, \beta, 0) = 0$ である．式 $0 = G^*(\alpha, \beta, 0) = a\alpha^n + b\beta^n$ より，$\beta \neq 0$ であることが分かり，$\beta = 1$ とすることができる．すなわち，$P = (\alpha : 1 : 0)$ である．方程式 $a\alpha^n + b = 0$ は n 個の相異なる根 $\alpha \in \bar{K}$ をもつので，$\bar{V}$ の n 個の相異なる無限遠点がある．$G^*_Y(\alpha, 1, 0) = nb \neq 0$ であるから，それらのすべては非特異点である．

$K = \mathbb{F}_{q^2}$ かつ $G(X,Y) = X^{q+1} + Y^{q+1} - 1$ とした特殊な場合（エルミート曲線，例 6.3.6 参照）に，K-有理点 $P = (\alpha : \beta : \gamma) \in \bar{V}(K)$ を決定したい．最初に，$\gamma \neq 0$，すなわち

$P = (\alpha : \beta : 1)$ とする．$\alpha^{q+1} \neq 1$ をみたすすべての $\alpha \in K$ に対して，$G^*(\alpha, \beta, 1) = 0$ をみたす $q+1$ 個の相異なる元 $\beta \in K$ が存在する．$\alpha^{q+1} = 1$ ならば，$\beta = 0$ が $G^*(\alpha, \beta, 1) = 0$ の唯一つの根である．最後に，$\gamma = 0$ ならば，$q+1$ 個の点 $P = (\alpha : 1 : 0) \in \bar{V}(K)$ が存在する．このようにして，$\mathbb{F}_{q^2}$ 上のエルミート曲線上にすべての K-有理点が構成される．それらの個数は $|\bar{V}(\mathbb{F}_{q^2})| = q^3 + 1$ であり，これは補題 6.4.4 の結果と一致している．

記 号 表

$\widetilde{K}$	F/K の定数体（p.1）	
$\mathbb{P}_F$	F/K の座の集合（p.5）	
$\mathcal{O}_P$	座 P の付値環（p.5）	
v_P	座 P に対応する付値（p.6）	
F_P	座 P の剰余体（p.8）	
$x(P)$	F_P における $x \in \mathcal{O}_P$ の剰余類（p.7）	
$\deg P$	座 P の次数（p.8）	
$P_{p(x)}$	既約多項式 $p(x)$ に対応する $K(x)$ の座（p.11）	
P_∞	$K(x)$ の無限遠の座（p.11）	
$\mathbf{P}^1(K)$	射影直線（p.13）	
$\mathrm{Div}(F)$	F の因子群（p.18）	
$\mathrm{supp}\, D$	D の台，サポート（p.18）	
$v_Q(D)$	（p.18）	
$\deg D$	因子 D の次数（p.19）	
$(x)_0, (x)_\infty, (x)$	x の零点，極，主因子（p.19）	
$\mathrm{Princ}(F)$	F の主因子のつくる群（p.19）	
$\mathrm{Cl}(F)$	F の因子類群（p.19）	
$[D]$	因子 D の因子類（p.20）	
$D \sim D'$	因子の同値関係（p.20）	
$\mathscr{L}(A)$	因子 A のリーマン・ロッホ空間（p.20）	
$\ell(A)$	リーマン・ロッホ空間 $\mathscr{L}(A)$ の次元（p.22）	
g	F の種数（p.26）	
$i(A)$	A の特殊指数（p.27）	
$\mathcal{A}_F$	F のアデール空間（p.28）	
$\mathcal{A}_F(A)$	（p.28）	
Ω_F	F のヴェイユ微分のつくる空間（p.31）	
$\Omega_F(A)$	（p.31）	

(ω)	ヴェイユ微分 ω の因子 (p.33)	
$v_P(\omega)$	(p.33)	
$\iota_P(x)$	(p.43)	
ω_P	ヴェイユ微分の局所成分 (p.44)	
$d(a,b)$	ハミング距離 (p.53)	
$\mathrm{wt}(a)$	ベクトル $a \in \mathbb{F}_q^n$ の重み (p.53)	
$d(C)$	符号 C の最小距離 (p.54)	
$[n, k, d]$ code	パラメーター n, k, d をもつ符号 (p.54)	
$\langle a, b \rangle$	$\mathbb{F}_q^n$ の標準内積 (p.54)	
$C^\perp$	C の双対符号 (p.55)	
$C_\mathscr{L}(D, G)$	因子 D と G に付随した代数幾何符号 (p.57)	
$\mathrm{ev}_D(x)$	(p.58)	
$C_\Omega(D, G)$	因子 D と G に付随した微分符号 (p.60)	
$\mathrm{GRS}_k(\alpha, v)$	一般リード・ソロモン符号 (p.67)	
$C\vert_{\mathbb{F}_q}$	部分体部分符号 (p.69)	
$P'\vert P$	座 P' は P の上にある (p.79)	
$e(P'\vert P)$	$P'\vert P$ の分岐指数 (p.81)	
$f(P'\vert P)$	$P'\vert P$ の相対次数 (p.81)	
$\mathrm{Con}_{F'/F}(P)$	拡大 F'/F における P のコノルム (p.83)	
$\mathcal{O}_S$	集合 $S \subseteq \mathbb{P}_F$ に対応する正則環 (p.88)	
$\mathrm{ic}_F(R)$	F における R の整閉包 (p.90)	
$\mathcal{O}'_P$	F' における $\mathcal{O}_P$ の整閉包 (p.97)	
$\mathcal{C}_P$	$\mathcal{O}_P$ 上の相補加群 (p.103)	
$d(P'\vert P)$	$P'\vert P$ の差積指数 (p.105)	
$\mathrm{Diff}(F'/F)$	F'/F の差積 (p.105)	
$G_Z(P'\vert P)$	$P'\vert P$ の分解群 (p.147)	
$G_T(P'\vert P)$	$P'\vert P$ の惰性群 (p.147)	
$G_i(P'\vert P)$	$P'\vert P$ の i 次分岐群 (p.151)	
δ_x	x に関する導分 (p.178)	
Der_F	F/K の導分のつくる加群 (p.178)	
$u\, dx$	F/K の微分 (p.179)	
$\Delta_F, (\Delta_F, d)$	F/K の微分加群 (p.179)	
$(\hat{T}, \hat{v})$	付値体 (T, v) の完備化 (p.183)	
$\hat{F}_P$	F の P-進完備化 (p.185)	
$\mathrm{res}_{P,t}(z)$	P と t に関する z の留数 (p.188)	

$\mathrm{res}_P(\omega)$	座 P における ω の留数 (p.191)	
$\delta(x)$	x に付随したヴェイユ微分 (p.192)	
$\mathrm{Div}^0(F)$	次数 0 の因子のつくる群 (p.208)	
$\mathrm{Cl}^0(F)$	次数 0 の因子類のつくる群 (p.208)	
h, h_F	$F/\mathbb{F}_q$ の類数 (p.208)	
∂	(p.209)	
$Z(t), Z_F(t)$	$F/\mathbb{F}_q$ のゼータ関数 (p.210)	
$F_r = F\mathbb{F}_{q^r}$	次数 r である $F/\mathbb{F}_q$ の定数拡大 (p.213)	
$L(t), L_F(t)$	$F/\mathbb{F}_q$ の L-多項式 (p.215)	
N_r	F_r の有理的座の個数 (p.218)	
B_r	次数 r の座の個数 (p.230)	
$N_q(g)$	(p.269)	
$A(q)$	伊原の定数 (p.269)	
$\lambda_m(t)$	(p.270)	
$f_m(t)$	(p.270)	
$\mathcal{F} = (F_0, F_1, F_2, \ldots)$	関数体の塔 (p.272)	
$\nu(\mathcal{F}/F_0)$	$\mathcal{F}/F_0$ の分解率 (p.274)	
$\gamma(\mathcal{F}/F_0)$	塔 $\mathcal{F}/F_0$ の種数 (p.274)	
$\lambda(\mathcal{F})$	塔 $\mathcal{F}$ の極限 (p.274)	
$\mathrm{Split}(\mathcal{F}/F_0)$	F_0 上 $\mathcal{F}$ の分解ローカス (p.275)	
$\mathrm{Ram}(\mathcal{F}/F_0)$	F_0 上 $\mathcal{F}$ の分岐ローカス (p.276)	
$(z = \alpha)$	$K(z)$ における $z - \alpha$ の零点 (p.281)	
$(z = \infty)$	$K(z)$ における z の極 (p.281)	
$\mathrm{Aut}(C)$	符号 C の自己同型群 (p.319)	
$\mathrm{Aut}_{D,G}(F/\mathbb{F}_q)$	(p.319)	
$R, R(C)$	符号 C の符号化率 (p.326)	
$\delta, \delta(C)$	符号 C の相対最小距離 (p.326)	
$\alpha_q, \alpha_q(\delta)$	(p.326)	
$H_q(x)$	q-エントロピー関数 (p.327)	
$[b, f]$	シンドローム (p.333)	
$C|_{\mathbb{F}_q}$	部分体部分符号 (p.342)	
$\mathrm{Tr}(C)$	C のトレース符号 (p.343)	
$\bar{K}$	K の代数的閉包 (p.361)	
$\mathrm{char}\, K$	K の標数 (p.361)	
$\mathrm{Aut}(L/K)$	L/K の自己同型群 (p.363)	

$\mathrm{Gal}(L/K)$	L/K のガロア群	(p.363)
$\mathrm{N}_{L/K}$	L/K のノルム写像	(p.365)
$\mathrm{Tr}_{L/K}$	L/K のトレース写像	(p.365)

参考文献

1. E. Artin, *Algebraic numbers and algebraic functions,* Gordon and Breach, New York, 1967.
2. A. Bassa, A. Garcia and H. Stichtenoth, *A new tower over cubic finite fields,* Moscow Math. J., **8**, No. 3, 2008, pp. 401-418.
3. E. Berlekamp, *Algebraic coding theory,* McGraw-Hill, New York, 1968.
4. J. Bezerra, A. Garcia and H. Stichtenoth, *An explicit tower of function fields over cubic finite fields and Zink's lower bound,* J. Reine Angew. Math. **589**, 2005, pp. 159-199.
5. E. Bombieri, *Counting points on curves over finite fields,* Sem. Bourbaki, No. 430, Lecture Notes Math. **383**, Springer-Verlag, Berlin-Heidelberg-New York, 1974, pp. 234-241.
6. C. Chevalley, *Introduction to the theory of algebraic functions of one variable,* AMS Math. Surveys No. **6**, 1951.
7. M. Deuring, *Lectures on the theory of algebraic functions of one variable,* Lecture Notes in Math. **314**, Springer-Verlag, Berlin-Heidelberg-New York, 1973.
8. V. G. Drinfeld and S. G. Vladut, *The number of points of an algebraic curve,* Func. Anal. **17**, 1983, pp. 53–54.
9. M. Eichler, *Introduction to the theory of algebraic numbers and functions,* Academic Press, New York, 1966.
10. H. M. Farkas and I. Kra, *Riemann surfaces,* 2nd edition, Graduate Texts in Math. **71**, Springer-Verlag, New York, 1991.
11. W. Fulton, *Algebraic curves,* Benjamin, New York, 1969.
12. A. Garcia and H. Stichtenoth, *On the asymptotic behavior of some towers of functions fields over finite fields,* J. Number Theory **61**, 1996, pp. 248-273.
13. A. Garcia and H. Stichtenoth (eds.), *Topics in geometry, coding theory and cryptography,* Algebr. Appl. **6**, Springer-Verlag, Dordrecht, 2007.
14. D. M. Goldschmidt, *Algebraic functions and projective curves,* Graduate Texts in

Math. **215**, Springer-Verlag, New York, 2002.

15. V. D. Goppa, *Codes on algebraic curves,* Soviet Math. Dokl. **24**, No. 1, 1981, pp. 170-172.
16. V. D. Goppa, *Geometry and codes,* Kluwer Academic Publ., Dordrecht, 1988.
17. V. Guruswami and M. Sudan, *Improved decoding of Reed-Solomon and algebraic geometry codes,* IEEE Trans. Inform. Th. **45**, 1999, pp. 1757-1768.
18. R. Hartshorne, *Algebraic geometry,* Graduate Texts in Math. **52**, Springer-Verlag, New York-Heidelberg-Berlin, 1977.
19. H. Hasse, *Theorie der relativ-zyklischen algebraischen Funktionenkörper, insbesondere bei endlichem Konstantenkörper,* J. Reine Angew. Math. **172**, 1934, pp. 37-54.
20. K. Hensel and G. Landsberg, *Theorie der algebraischen Funktionen einer Variablen,* Leipzig, 1902. Reprinted by Chelsea Publ. Comp., New York, 1965.
21. J. W. P. Hirschfeld, G. Korchmaros and F. Torres, *Algebraic curves over a finite field,* Princeton Ser. in Applied Math., Princeton Univ. Press, Princeton and Oxford, 2008.
22. Y. Ihara, *Some remarks on the number of rational points of algebraic curves over finite fields,* J. Fac. Sci. Univ. Tokyo Sect. IA Math. **28**, 1981, pp. 721-724.
23. S. Lang, *Algebra,* 3rd edition, Graduate Texts in Math. **211**, Springer-Verlag, New York, 2002.
24. R. Lidl and H. Niederreiter, *Finite fields,* 2nd edition, Cambridge Univ. Press, Cambridge, 1997.
25. J. H. van Lint, *Introduction to coding theory,* 2nd edition, Graduate Texts in Math. **86**, Springer-Verlag, Berlin-Heidelberg-New York, 1992.
26. J. H. van Lint and G. van der Geer, *Introduction to coding theory and algebraic geometry,* DMV Seminar **12**, Birkhäuser-Verlag, Basel-Boston-Berlin, 1988.
27. W. Lütkebohmert, *Codierungstheorie,* Vieweg-Verlag, Braunschweig, 2003.
28. F. J. MacWilliams and N. J. A. Sloane, *The theory of error-correcting codes,* North-Holland, Amsterdam, 1977.
29. Y. I. Manin, *What is the maximum number of points on a curve over $\mathbb{F}_2$?,* J. Fac. Sci. Univ. Tokyo Sect. IA Math. **28**, 1981, pp. 715-720.
30. C. Moreno, *Algebraic curves over finite fields,* Cambridge Tracts in Math. **97**, Cambridge Univ. Press, Cambridge, 1991.
31. H. Niederreiter and C. P. Xing, *Rational points on curves over finite fields,* London Math. Soc. Lecture Notes Ser. **285**, Cambridge Univ. Press, Cambridge, 2001.
32. V. Pless and W. C. Huffmann (eds.), *Handbook of coding theory,* Vol. I and II, Elsevier, Amsterdam, 1998.

33. O. Pretzel, *Codes and algebraic curves,* Oxford Lecture Ser. in Math. and its Applications **8**, Oxford Univ. Press, 1998.
34. H.-G. Rück and H. Stichtenoth, *A characterization of Hermitian function fields over finite fields,* J. Reine Angew. Math. **457**, 1994, pp. 185-188.
35. J.-P. Serre, *Local fields,* Springer-Verlag, New York-Berlin, 1979.
36. J.-P. Serre, *Sur le nombre des points rationnels d'une courbe algébrique sur un corps fini,* C. R. Acad. Sci. Paris **296**, 1983, pp. 397-402.
37. I. R. Shafarevic, *Basic algebraic geometry,* Grundlehren der math. Wissensch. **213**, Springer-Verlag, Berlin-Heidelberg-New York, 1977.
38. J. H. Silverman, *The arithmetic of elliptic curves,* Graduate Texts in Math. **106**, Springer-Verlag, Berlin-Heidelberg-New York, 1986.
39. A. N. Skorobogatov and S. G. Vladut, *On the decoding of algebraic-geometric codes,* IEEE Trans. Inform. Th. **36**, 1990, pp. 1461-1463.
40. S. A. Stepanov, *Arithmetic of algebraic curves,* Monographs in Contemp. Math., Plenum Publ. Corp., New York, 1994.
41. H. Stichtenoth, *Über die Automorphismengruppe eines algebraischen Funktionenkörpers von Primzahlcharakteristik,* Arch. Math. **24**, 1973, pp. 527-544 and 615-631.
42. M. A. Tsfasman and S. G. Vladut, *Algebraic-geometric codes,* Kluwer Academic Publ., Dordrecht-Boston-London, 1991.
43. M. A. Tsfasman, S. G. Vladut and D. Nogin, *Algebraic-geometric codes: basic notions,* AMS Math. Surveys and Monographs **139**, 2007.
44. M. A. Tsfasman, S. G. Vladut and T. Zink, *Modular curves, Shimura curves, and Goppa codes, better than the Varshamov-Gilbert bound,* Math. Nachr. **109**, 1982, pp. 21-28.
45. G. D. Villa Salvador, *Topics in the theory of algebraic function fields,* Birkhäuser-Verlag, Boston, 2006.
46. B. L. van der Waerden, *Algebra,* Teil 1 und 2, 7th edition, Springer-Verlag, Berlin-Heidelberg-New York, 1966.
47. T. Zink, *Degeneration of Shimura surfaces and a problem in coding theory,* in Fundamentals of Computation Theory (L. Budach, ed.), Lecture Notes in Computer Science **199**, Springer-Verlag, Berlin, 1985, pp. 503–511.

関数体と代数幾何符号に関する最近の研究の包括的な参考文献は [13] や, [21], [31], [42], [43], [45] などに見いだされる.

訳者あとがき

　本書は H. シュティヒテノスが著した *Algebraic Function Fields and Codes* の第 2 版 (2008 年) を翻訳したものである．初版は 1993 年に出版されている．

　符号理論の研究は 1948 年に C. E. シャノンによって発表された情報理論の論文 *A Mathematical Theory of Communication* (Bell System Tech. J., 1948) を出発点としている．1950 年にハミング符号が考案され，1960 年頃には BCH 符号やリード・ソロモン符号が考案された．ゴッパは 1970 年にゴッパ符号，そして 1981 年に論文 *Codes on algebraic curves* (Soviet Math. Dokl., 1981) [15] において代数幾何符号を定義した．これ以後，今まで制約の多かった符号構成に対して，代数幾何符号は比較的構成しやすく信頼性が高いことが分かってきた．最近では代数幾何符号が実用化され，重要な役割を果たしている．また，代数幾何符号の理論が活発に研究され，それがすぐに実装されるという段階に至っており，多くの論文が発表されている．

　このような状況の中で，シュティヒテノス氏は代数幾何学（または数論）における関数体に注目し，代数関数体の理論によって純代数的に暗号理論が構成できることを示した．それをまとめたのが本書である．代数関数体はデデキントやクロネッカー，ウェーバーらによって始められ，アルティンやハッセ，シュミット，ヴェイユらによって発展した．そして，シュヴァレーの *Introduction to the theory of algebraic functions of one variable* (AMS Math. Surveys, 1951)（1 変数の代数関数論）[6] において一応の完成をみた．シュヴァレーの後，関数体についてまとまった本は，Eichler [9] と Deuring [7] 以後本書を除いてあまり見あたらない．

　本書の第 1 版は 1993 年に出版されているが，これは 260 ページの本であった．このとき購入して読んだが，非常に衝撃的な本であった．まだ日本ではそれほど符号理論は知られていなかったが，代数幾何学（代数関数体）の理論が符号理論に応用でき，しかも工学系研究者の間ではそれを最短で読むことができるということで，本書第 1 版は急速に知れ渡っていったと思う．

　その後，2008 年に第 2 版が出版されたとき，驚いたことには演習問題が追加されて 100 ページ近くも増えていた．第 1 版が世界中でかなり読まれ，内容をさらに充実した改訂版を出版社が企画したのである．

本書の特徴は次のようなところにある.

1. 代数幾何符号への最短の本である．通常はスキームを用いた代数幾何学を学んだあとでないと代数幾何符号を理解することは難しく，代数幾何学を理解するのに時間がかかりすぎて，肝心の代数幾何符号になかなかたどり着けなかった．関数体を用いた本書の構成だと，通常の学部の代数学を学んでいれば，本書のみで独学できる.
2. 理論に興味をもつ純粋数学者に有用である一方で，符号を実装する技術者にとっても例が多く読みやすい．特に，第2版になって演習問題が非常にたくさん付け加えられたが，これらの問題は具体的な曲線の方程式であり，実用的である.
3. インターネット上で符号理論について検索すると，実用上の応用関連で本書の引用が非常に多い．現在でも本書は実用面で重要な役割を果たしていることがわかる.

シュティヒテノス氏は謝辞で，代数関数体の部分については P. Roquette 氏の影響を強く受けていると述べている．私事で恐縮であるが，学生時代，私の恩師である川原雄作先生の代数学特別講義で P. Roquette 氏の「p-進数体上の楕円関数」に関する講義を聴いたことを思い出して感無量であった.

私の力不足のために適当でないと思われる訳語や，特に符号関係で適切でない部分がありましたら，ご教示いただければありがたく思います.

最後に，本書の出版に際して共立出版の吉村氏にお世話になりました．感謝致します.

参考文献に関する補足

著者による参考文献の中で次のものが邦訳されています.

18. R. ハーツホーン「代数幾何学 1, 2, 3」，シュプリンガー・フェアラーク東京，2004～2005 年.
46. B. L. ファン・デル・ヴェルデン「現代代数学 1, 2, 3」，東京図書，1959～1960 年.

著者による参考文献にはなく和書で比較的手に入りやすい文献として，以下があります.

1. 今井秀樹「符号理論」，電子情報通信学会，1990 年.
2. 岩澤健吉「代数函数論」，岩波書店，1973 年.
3. 内田興二「有限体と符号理論」，サイエンス社，2000 年.
4. J. H. シルバーマン「楕円曲線論入門」，シュプリンガー・フェアラーク東京，1995 年.
5. 平松豊一「応用代数学」，裳華房，1997 年.
6. J. ノイキルヒ 著，足立恒雄 監訳，梅垣敦紀 訳「代数的整数論」，シュプリンガー・フェアラーク東京，2003 年.
7. 藤原良・神保雅一「符号と暗号の数理」，共立出版，1993 年.

最近では，このほか代数幾何学と符号に関する本もたくさん出版されているので，必要に応じて参考にするとよいと思います.

索　引

■ 記号・数字
$[n, k]$ 符号　54
1 変数代数関数体　1
2 分割類　266

■ A
AG 符号　57

■ B
Bassalygo-Elias 限界　327
BCH 限界　72
BCH 符号　69

■ D
Drinfeld-Vladut 限界　270

■ F
F/K の導分のつくる加群　178

■ G
Garcia-Stichtenoth　293

■ I
i-次分岐群　151

■ K
K 上で定義される　376–378
K-同型写像　360
K-有理関数　377
K-有理点　376, 377

■ L
L-多項式　215

■ M
McEliece-Rodemich-Rumsey-Welch 限界　327
MDS 符号　55

■ P
p-階数　206
P-進完備化　185
P-進ベキ級数展開　186
P-成分　191

■ Q
q-エントロピー関数　327

■ R
RS 符号　56

■ T
Tsfasman-Vladut-Zink 限界　329
t-誤り訂正符号　54

■ X
x に関する導分　178

■ あ
アイゼンシュタインの既約判定法　87
値　370, 372
アデール　28, 191
　　——空間　28, 191
アビヤンカーの補題　155
アフィン空間　369
アフィン多様体　370
アフィン平面曲線　374
誤り位置　334
　　——指摘関数　334
誤り値　334
誤り訂正符号　54
誤りベクトル　332
アルティン・シュライアー拡大　143, 365
アルティン・シュライアー生成元　365

■ い
位　数　9, 376
一般代数幾何符号　75
一般リード・ソロモン符号　67
イデアル　369, 371
伊原康隆　293
　　——の定数　269
　　——の不等式　235
因　子　18, 376
　　——群　18, 208, 376
因子類　20
　　——群　20, 208

■う

ヴェイユ微分　31, 191, 192
　　——加群　31
　　——の因子　33
上にある　79
埋め込み　360

■え

エルミート関数体　255
エルミート符号　322
円分コセット　347
　　——による完全代表系　348

■お

オイラー積　212
重み　53

■か

カーリッツ・ウチヤマ限界　354
拡大次数　359
拡張　79
カステルヌォーヴォの不等式　165
加法多項式　146
カルティエ作用素　204
ガロア拡大　136, 363
ガロア群　136, 363
ガロア対応　364
ガロア閉包　363
関数体　1, 9, 370, 371
完全　181, 202
完全定数体　1
完全体　362, 376
完全微分　181
完全分解　86, 159, 275
完全分岐　86, 120
完備　183
　　——化　183

■き

幾何学的ゴッパ符号　56
基底　359
基本関数体　281, 304
基本等式　85
既約　370, 371
　　——多項式　360
強近似定理　38
強三角不等式　6, 182
極　9, 34
　　——因子　19
　　——値　39
極限　182, 274
局所埋め込み　43
局所環　370
局所整基底　97
局所成分　44, 191
ギルバート・バルシャモフ限界　327

■く

空隙値　39
クラインの4次関数体　256
クリフォードの定理　42
クンマー拡大　138, 365
クンマーの定理　98

■け

形式　371
検査多項式　348
原始元　363
原始的　50

■こ

交代符号　73
コーシー列　183
ゴッパ限界　72
ゴッパ多項式　71
ゴッパ符号　71
コトレース　106, 191
ゴナリティ　50
　　——列　51
コノルム　83
根の添加　360

■さ

座　5
再帰的な塔　289
再帰的に定義される列　278
最小距離　54
最小多項式　359
最小被覆葉数　50
最大関数体　234
最大距離分離符号　55
差積　105
　　——指数　105
　　——の推移律　112
座標　369
　　——環　370
三角不等式　5, 54

■し

次元　22, 54, 370, 371
自己双対符号　55
自己直交符号　55
次数　8, 278, 359, 376
　　——0の因子群　208
　　——0の因子類群　208
下にある　79
射　374
射影空間　370
射影代数的集合　371
射影多様体　371
射影直線　13
射影閉包　373

索　引

弱近似定理　14
弱分岐　294, 295
主アデール　28
主因子　19, 376
　　——群　19
収束する　182, 185, 212
重量階層　74
種　数　26, 274, 376
シュミット　214
順　277
巡回拡大　364
巡回シフト　347
巡回符号　347
純非分離拡大　362
純非分離的　362
順分岐　120
商　181
定数拡大　78, 127, 283
定数体　1, 9
剰余写像　8
剰余体　8
初等アーベル拡大　147
初等アーベル群　147
シングルトン限界　55, 74

■せ

整　89
　　——基底　97
　　——方程式　89
正因子　19, 207
制　限　69, 80, 342
斉次イデアル　371
斉次座標　370
斉次多項式　371
生成行列　54
生成多項式　347
正　則　34, 202, 206, 374
　　——環　88
整　閉　90
　　——包　90
ゼータ関数　210
　　——の関数方程式　215
セール限界　233
セールの明示公式　236
設計距離　59, 61
絶対既約　136
絶対収束する　212
絶対ノルム　220
漸近的に最良　274
漸近的に良い　274
漸近的に悪い　274
線形系　50
線形多項式　146
線形符号　54

■そ

素因子　18, 378
相対最小距離　326
相対次数　81, 137
双対基底　94
双対定理　34
双対符号　55
相補加群　103
双有理同値　374
束　246
素　元　5

■た

台　18, 74
第1種の微分　202
第2種の微分　202
対角埋め込み　28, 43
退化する　350
代数拡大　78, 360
代数幾何符号　57
代数的　359
　　——集合　369
　　——整数　216
　　——に独立　367
　　——に閉じている　1, 361
　　——閉体　361
　　——閉包　361
対数微分　205
第二基本関数体　304
体の拡大　359
楕円関数　246
　　——体　241
惰性群　147
惰性体　147
単位元　361
単項式　371
単純拡大　363
単純点　374
単数基準　239

■ち

超越基底　367
超越次数　367
超越的　367
超楕円関数体　249
超特異　206
跳　躍　173

■つ

通常の座　40

■て

定義される　372, 374, 376–378
デデキントの差積定理　113
デルサルト　342
点　369, 370

■と

塔　272
　　——の極限　274
導関数　362
同　型　374
　　——射　374
同　値　20, 64, 314
導　分　175, 178
　　——のつくる加群　178
特　異　206
特殊因子　40
特殊指数　27
トレース　365
　　——符号　342

■な

長　さ　54
滑らか　374

■の

ノルム　365
　　——写像　137

■は

ハッセ・ヴィット階数　206
ハッセ・ヴェイユ限界　221
ハッセ・ヴェイユの定理　220
ハミング重み　74
ハミング距離　53
ハミング限界　327
パリティ検査行列　55

■ひ

非退化　350
　　——ペア　50
非定数　278
非特異　374
　　——点　374
　　——モデル　375
非特殊因子　40
微　分　179
　　——加群　180
非分離的　361
評価写像　56, 57
標準因子　34, 191
　　——類　34
標準内積　54
標　数　361
ヒルベルトの差積公式　154
ヒルベルトの定理 90　367

■ふ

フェルマー型関数体　254
復号アルゴリズム　332
符　号　54
　　——化率　326
　　——語　54
付値環　2, 5, 48
付値体　182
部分環　88
不分岐　81, 120, 157
部分体部分符号　69, 342
部分塔　275
部分符号　343
不変体　47, 364
フルヴィッツの種数公式　112
プロトキン限界　327
フロベニウス自己同型写像　367
分解群　147
分解体　147, 360
分解率　274
分解ローカス　276
分　割　28
分　岐　81, 120, 275
　　——因子　283
　　——指数　81, 137
　　——ローカス　169, 276
分離拡大　362
分離元　162
分離生成　162
分離的　362

■へ

変換群　267
変換自己同型写像　267

■ほ

豊富数　74

■む

無限遠超平面　372
無限遠点　372
無限遠の座　11
無平方　172, 242

■や

ヤコビアン　376
ヤコビの判定法　374
野性的　277
野性分岐　120

■ゆ

有限次拡大　78, 359
有効因子　19
有理 AG 符号　65
有理関数　377
　　——体　2
有理写像　373
有理代数幾何符号　65
有理的　2, 65
　　——な座　8
有理点　376, 377

■ り

リード・ソロモン符号　56
リーマン仮説　220
リーマンの定理　26
リーマンの不等式　167
リーマン・ロッホ空間　20
リーマン・ロッホの定理　35
離散付値　5, 182
　──環　3
リスト復号　338
留　数　188, 191
　──自由　202
　──の定理　193

■ る

リューローの定理　121

類　数　208

■ れ

零因子　19
零　点　9, 34, 347

■ わ

ワイエルシュトラス空隙定理　39
ワイエルシュトラス点　40
ワイエルシュトラスの $\wp$-関数　246
ワイエルシュトラス半群　265

■■ 訳者紹介 ■■

新妻　弘（にいつま　ひろし）

1946 年	茨城県に生まれる
1970 年	東京理科大学大学院理学研究科修士課程修了
現　在	東京理科大学理学部数学科教授を経て，東京理科大学嘱託教授・理学博士
著訳書	『詳解 線形代数の基礎』（共立出版，共著）
	『群・環・体入門』（共立出版，共著）
	『演習 群・環・体入門』（共立出版，著）
	『代数学の基本定理』（共立出版，共訳）
	『代数方程式のガロアの理論』（共立出版，訳）
	『Atiyah-MacDonald 可換代数入門』（共立出版，訳）
	『Northcott イデアル論入門』（共立出版，訳）
	『オイラーの定数 ガンマ ── γ で旅する数学の世界 ──』（共立出版，共訳）
	『Northcott ホモロジー代数入門』（共立出版，訳）
	『平面代数曲線入門』（共立出版，訳）

代数関数体と符号理論

原題：Algebraic Function Fields and Codes

2013 年 8 月 25 日 初版 1 刷発行

著　者　Henning Stichtenoth（ヘニヒ・シュティヒテノス）
訳　者　新妻 弘　© 2013
発　行　共立出版株式会社／南條光章
　　　　東京都文京区小日向 4-6-19
　　　　電話 03-3947-2511（代表）
　　　　〒112-8700／振替口座 00110-2-57035
　　　　http://www.kyoritsu-pub.co.jp/
制　作　㈱グラベルロード
印　刷　錦明印刷
製　本　ブロケード

一般社団法人
自然科学書協会
会員

検印廃止
NDC 411, 411.8
ISBN 978-4-320-11045-8

Printed in Japan

JCOPY <（社）出版者著作権管理機構委託出版物>
本書の無断複写は著作権法上での例外を除き禁じられています．複写される場合は，そのつど事前に，（社）出版者著作権管理機構（電話 03-3513-6969，FAX 03-3513-6979，e-mail: info@jcopy.or.jp）の許諾を得てください．